『十二五』國家重點圖書出版規劃項目
二〇一一—二〇二〇年國家古籍整理出版規劃項目
國家古籍整理出版專項經費資助項目

中國古農書集粹

王思明——主編

鳳凰出版社

ISBN 978-7-5506-4073-3

圖書在版編目（CIP）數據

齊民四術、浦泖農咨、農言著實、農蠶經、馬首農言、撫郡農産考略、夏小正、田家五行、卜歲恆言、農候雜占/（清）包世臣等撰. -- 南京 : 鳳凰出版社, 2024.5
（中國古農書集粹 / 王思明主編）
ISBN 978-7-5506-4073-3

Ⅰ. ①齊… Ⅱ. ①包… Ⅲ. ①農學－中國－古代
Ⅳ. ①S-092.2

中國國家版本館CIP數據核字(2024)第042344號

書　　名	齊民四術 等
著　　者	(清)包世臣 等
主　　編	王思明
責任編輯	孫　州
裝幀設計	姜　嵩
責任監製	程明嬌
出版發行	鳳凰出版社(原江蘇古籍出版社) 發行部電話025-83223462
出版社地址	江蘇省南京市中央路165號,郵編:210009
印　　刷	常州市金壇古籍印刷廠有限公司 江蘇省金壇市晨風路186號,郵編:213200
開　　本	889毫米×1194毫米　1/16
印　　張	43.25
版　　次	2024年5月第1版
印　　次	2024年5月第1次印刷
標準書號	ISBN 978-7-5506-4073-3
定　　價	430.00圓

(本書凡印裝錯誤可向承印廠調換,電話:0519-82338389)

《中國古農書集粹》編委會

主　編

王思明

副主編

惠富平　熊帝兵

編　委

沈志忠　盧　勇　丁曉蕾　夏如兵　陳少華　何紅中

劉馨秋　李昕升　劉啓振　朱鎖玲　何彦超

序

中國是世界農業的重要起源地之一，農耕文化有着上萬年的歷史，在農業方面的發明創造舉世矚目。中國幾千年的傳統文明本質上就是農業文明。農業是國民經濟中不可替代的重要的物質生產部門，在傳統社會中一直是支柱産業。農業的自然再生産與經濟再生産曾奠定了中華文明的物質基礎。在漫長的歷史進程中，中華農業文明孕育出南方水田農業文化與北方旱作農業文化、漢民族與其他少數民族農業文化等不同的發展模式。無論是哪種模式，都是人與環境協調發展的路徑選擇。中國之所以能够在十九世紀以前的一兩千年中，長期保持着世界領先的地位，就在於中國農民能够根據不斷變化的人口狀況以及自然、經濟環境作出正確的判斷和明智的選擇。

中國農業文化遺産十分豐富，包括思想、技術、生産方式以及農業遺存等。在傳統農業生産過程中，形成了以尊重自然、順應自然，天、地、人『三才』協調發展的農學指導思想；形成了以種植業爲主，種植業和養殖業相互依存、相互促進的多樣化經營格局；凸顯了『寧可少好，不可多惡』的農業經營策略和精耕細作的技術特點；藴含了『地可使肥，又可使棘』『地力常新壯』的辯證土壤耕作理論；總結了輪作復種、間作套種和多熟種植的技術經驗；形成了北方旱地保墒栽培與南方合理管水用水相結合的農業生産模式。與世界其他國家或民族的傳統農業以及現代農學相比，中國傳統農業自身的特色明顯，既有成熟的農學理論，又有獨特的技術體系。

世代相傳的農業生産智慧與技術精華，經過一代又一代農學家的總結提高，涌現了數量龐大、種類繁多的農書。《中國農業古籍目録》收録存目農書十七大類，二千零八十四種。閔宗殿等學者在此基礎上又根據江蘇、浙江、安徽、江西、福建、四川、臺灣、上海等省市的地方志，整理出明清時期二百三十六種『新書目』。[一]隨着時間的推移和學者的進一步深入研究，還將會有不少沉睡在古籍中的農書被不斷地揭示出來。作爲中華農業文明的重要載體，這些古農書總結了不同歷史時期中國農業經營理念和傳統農業科技的精華，是人類寶貴的文化財富。

中國古代農書豐富多彩、源遠流長，反映了中國農業科學技術的起源、發展、演變與轉型的歷史進程與發展規律，折射出中華農業文明發展的曲折而漫長的發展歷程。這些農書中包含了豐富的農業實用技術、農業經濟智慧、農村社會發展思想等，覆蓋了農、林、牧、漁、副等諸多方面，廣泛涉及傳統社會中農業生産、農村社會、農民生活等主要領域，還記述了許許多多關於生物學、土壤學、氣候學、地理學、水利工程等自然科學原理。存世豐富的中國古農書，不僅指導了我國古代農業生産與農村社會的發展，也包含了許多當今經濟社會發展中所迫切需要解決的問題——生態保護、可持續發展、農村建設、鄉村振興等思想和理念。

作爲中國傳統農業智慧的結晶，中國古農書通過各種途徑傳播到世界各地，對世界農業文明産生了深遠影響，例如《齊民要術》在唐代已傳入日本。被譽爲『宋本中之冠』的北宋天聖年間崇文院本《齊民要術》被日本視爲『國寶』，珍藏在京都博物館。而以《齊民要術》爲对象的研究被稱爲日本『賈學』。江户時代的宮崎安貞曾依照《農政全書》的體系、格局，撰寫了適合日本國情的《農業全書》十

[一] 閔宗殿《明清農書待訪録》，《中國科技史料》二〇〇三年第四期。

卷，成爲日本近世時期最有代表性、最系統、水準最高的農書，被稱爲『人世間一日不可或缺之書』。據不完全統計，受《農政全書》或《農業全書》影響的日本農書達四十六部之多。[一] 中國古農書直接或間接地推動了當時整個日本農業技術的發展，提升了農業生産力。

朝鮮在新羅時期就可能已經引進了《齊民要術》。[二] 高麗宣宗八年（一〇九一）李資義出使中國，宋哲宗（一〇八六—一一〇〇）要求他在高麗覆刊的書籍目録裏有《氾勝之書》。高麗後期的一三四九年與一三七二年，曾兩次刊印《元朝正本農桑輯要》。朝鮮太宗年間（一三六七—一四二二），學者從《農桑輯要》中抄録養蠶部分，譯成《養蠶經驗撮要》，摘取《農桑輯要》中穀和麻的部分譯成吏讀，並以此爲底本刊印了《農書輯要》。朝鮮的《閒情録》以《陶朱公致富奇書》爲基礎出版，《農政會要》則主要引自《授時通考》。《農家集成》《農事直説》以及姜希孟的《四時纂要》主要根據王禎《農書》等多部中國古農書編成。據不完全統計，目前韓國各文教單位收藏中國農業古籍四十種，[三] 包括《齊民要術》《農政全書》《授時通考》《御製耕織圖》《江南催耕課稻編》《廣群芳譜》《農桑輯要》等。

中國古農書還通過絲綢之路傳播至歐洲各國。《農政全書》至遲在十八世紀傳入歐洲，一七三五年法國杜赫德（Jean-Baptiste Du Halde）主編的《中華帝國及華屬韃靼全志》卷二摘譯了《農政全書》卷三十一至卷三十九的《蠶桑》部分。至遲在十九世紀末，《齊民要術》已傳到歐洲。達爾文的《物種起源》和《動物和植物在家養下的變異》援引《中國紀要》中的有關事例佐證其進化論，達爾文在談到人

[一]韓興勇《〈農政全書〉在近世日本的影響和傳播——中日農書的比較研究》，《農業考古》二〇〇三年第一期。

[二][韓]崔德卿《韓國的農書與農業技術——以朝鮮時代的農書和農法爲中心》，《中國農史》二〇〇一年第四期。

[三]王華夫《韓國收藏中國農業古籍概況》，《農業考古》二〇一〇年第一期。

工選擇時説：『如果以爲這種原理是近代的發現，就未免與事實相差太遠。……在一部古代的中國百科全書中，已有關於選擇原理的明確記述。』〔一〕而《中國紀要》中有關家畜人工選擇的内容主要來自《齊民要術》。〔二〕中國古農書間接地爲生物進化論提供了科學依據。英國著名學者李約瑟（Joseph Needham）編著的《中國科學技術史》第六卷『生物學與農學』分册以《齊民要術》爲重要材料，説它『即使在世界範圍内也是卓越的、傑出的、系統完整的農業科學理論與實踐的巨著』。〔三〕

世界上許多國家都收藏有中國古農書，如大英博物館、巴黎國家圖書館、柏林圖書館、聖彼得堡（列寧格勒）圖書館、美國國會圖書館、哈佛大學燕京圖書館、日本内閣文庫、東洋文庫等，大多珍藏有《齊民要術》《茶經》《農桑輯要》《農書》《農政全書》《授時通考》《花鏡》《植物名實圖考》等早期刻本。不少中國著名古農書還被翻譯成外文出版，如《齊民要術》有日文譯本（缺第十章），《天工開物》與《茶經》有英、日譯本，《農政全書》《授時通考》《群芳譜》的個别章節已被譯成英、法、俄等文字，《元亨療馬集》有德、法文節譯本。法蘭西學院的斯坦尼斯拉斯·儒蓮（一七九九—一八七三）翻譯的法文版《蠶桑輯要》廣爲流行，並被譯成英、德、意、俄等多種文字。顯然，中國古農書已經是全世界人民的共同財富，也是世界了解中國的重要媒介之一。

近代以來，有不少學者在古農書的搜求與整理出版方面做了大量工作。晚清務農會於光緒二十三年（一八九七）鉛印《農學叢刻》，但是收書的規模不大，僅刊古農書二十三種。一九二〇年，金陵大學在

〔一〕［英］達爾文《物種起源》，謝藴貞譯。科學出版社，一九七二年，第二十四—二十五頁。

〔二〕《中國紀要》即十八世紀在歐洲廣爲流行的全面介紹中國的法文著作《北京耶穌會士關於中國人歷史、科學、技術、風俗、習慣等紀要》。一七八〇年出版的第五卷介紹了《齊民要術》，一七八六年出版的第十一卷介紹了《齊民要術》中的養羊技術。

〔三〕轉引自繆啓愉《試論傳統農業與農業現代化》，《傳統文化與現代化》一九九三年第一期。

全國率先建立了農業歷史文獻的專門研究機構，在萬國鼎先生的引領下，開始了系統收集和整理中國古代農業歷史文獻的研究工作，着手編纂《先農集成》，從浩如煙海的農業古籍文獻資料中，搜集整理了三千七百多萬字的農史資料，後被分類輯成《中國農史資料》四百五十六册，是巨大的開創性工作。

民國期間，影印興起之初，《齊民要術》、王禎《農書》、《農政全書》等代表性古農學著作均有石印本或影印本。一九四九年以後，爲了保存農書珍籍，曾影印了一批國内孤本或海外回流的古農書珍本，如中華書局上海編輯所分别在《中國古代科技圖録叢編》和《中國古代版畫叢刊》的總名下，影印了《天工開物》（崇禎十年本）、《便民圖纂》（萬曆本）、《救荒本草》（嘉靖四年本）、《授衣廣訓》（嘉慶原刻本）等。上海圖書館影印了元刻大字本《農桑輯要》（孤本）。一九八二年至一九八三年，農業出版社以《中國農學珍本叢書》之名，先後影印了《全芳備祖》（日藏宋刻本），《金薯傳習録、種薯譜合刊》（前者刊本僅存福建圖書館，後者朝鮮徐有榘以漢文編寫，内存徐光啓《甘薯蔬》全文），以及《新刻注釋馬牛駝經大全集》（孤本）等。

古農書的輯佚、校勘、注釋等整理成果顯著。萬國鼎、石聲漢先生都曾對《四民月令》《氾勝之書》等進行了輯佚、整理與深入研究。到二十世紀末，具有代表性的古農書基本得到了整理，如夏緯瑛的《管子地員篇校釋》和《呂氏春秋上農等四篇校釋》，石聲漢的《齊民要術今釋》《農桑輯要校注》《農政全書校注》等，繆啓愉的《齊民要術校釋》和《四時纂要》，王毓瑚的《農桑衣食撮要》，馬宗申的《授時通考校注》等。特别是農業出版社自二十世紀五十年代一直持續到八十年代末的《中國農書叢刊》，先後出版古農書整理著作五十餘部，涉及範圍廣泛，既包括綜合性農書，也收録不少畜牧、蠶桑、水利等專業性農書。此外，中華書局、上海古籍出版社等也有相應的古農書整理著作出版。

一些有識之士還致力於古農書的編目工作。一九二四年，金陵大學毛邕、萬國鼎編著了最早的農書簡目《中國農書目錄彙編》，存佚兼收，薈萃七十餘種古農書。但因受時代和技術手段的限制，規模較小。一九四九年以後，古農書的編目、典藏等得以系統進行。一九五七年，王毓瑚的《中國農學書錄》出版（一九六四年增訂），含英咀華，精心考辨，共收農書五百多種。一九五九年，北京圖書館據全國二十五個圖書館的古農書書目彙編成《中國古農書聯合目錄》，收錄古農書及相關整理研究著作六百餘種。一九九〇年，中國農業歷史學會和中國農業博物館據各農史單位和各大圖書館所藏農書彙編成《農業古籍聯合目錄》，收書較此前更加豐富。二〇〇三年，張芳、王思明的《中國農業古籍目錄》收錄了古農書存目二千零八十四種。經過幾代人的艱辛努力，中國古農書的規模已基本摸清。上述基礎性工作爲古農書的搜求、彙集、出版奠定了堅實的基礎。

目前，以各種形式出版的中國古農書的數量和種類已經不少，具有代表性的重要農書還被反復出版。但是，仍有不少農書尚存於各館藏單位，一些孤本、珍本急待搶救出版。部分大型叢書已經注意到古農書的彙集與影印，《續修四庫全書》『子部農家類』收錄農書六十七部，《中國科學技術典籍通匯》『農學卷』影印農書四十三種。相對於存量巨大的古代農書而言，上述影印規模還十分有限。可喜的是，在鳳凰出版社和中華農業文明研究院的共同努力下，《中國古農書集粹》被列入《二〇一一—二〇二〇年國家古籍整理出版規劃》。本《集粹》是一個涉及目錄、版本、館藏、出版的系統工程，工作於二〇一二年啓動，經過近八年的醞釀與準備，影印出版在即。《集粹》原計劃收錄農書一百七十七部，後根據時代的變化以及各農書的自身價值情況，幾易其稿，最終決定收錄代表性農書一百五十二部。

《中國古農書集粹》填補了目前中國農業文獻集成方面的空白。本《集粹》所收錄的農書，歷史跨度時間長，從先秦早期的《夏小正》一直至清代末期的《撫郡農産考略》，既展現了中國古農書的萌芽、形成、發展、成熟、定型與轉型的完整過程，也反映了中華農業文明的發展進程。明清時期是中國傳統農業發展的巔峰，它繼承了中國傳統農業中許多好的東西並將其發展到極致，而這一階段的農書恰是本《集粹》收録的重點。本《集粹》還具有專業性强的特點。古農書屬大宗科技文獻，而非傳統意義的歷史文獻，本《集粹》更側重於與古代農業密切相關的技術史料的收録。本《集粹》所收農書覆蓋面廣，涵蓋了綜合性農書、時令占候、農田水利、農具、土壤耕作、大田作物、園藝作物、竹木茶、植物保護、畜牧獸醫、蠶桑、水産、食品加工、物産、農政農經、救荒賑災等諸多領域。收書規模也爲目前中國農業古籍集成之最。

《中國古農書集粹》彙集了中國古代農業科技精華，是研究中國古代農業科技的重要資料。同時，中國古農書也廣泛記載了豐富的鄉村社會狀況、多彩的民間習俗、真實的物質與文化生活，反映了中國古代農民的宗教信仰與道德觀念，體現了科技語境下的鄉村景觀。不僅是科學技術史研究不可或缺的第一手資料，還是研究傳統鄉村社會的重要依據，對歷史學、社會學、人類學、哲學、經濟學、政治學及其他社會科學都具有重要參考價值。古農書是傳統文化的重要載體，是繼承和發揚優秀農業文化遺産的主要文獻依憑，對我們認識和理解中國農業、農村、農民的發展歷程，乃至整個社會經濟與文化的歷史脉絡都具有十分重要的意義。本《集粹》不僅可以加深我們對中國農業文化、本質和規律的認識，還可以鑒古知今，把握國情，爲今天的經濟與社會發展政策的制定提供歷史智慧。

本《集粹》的出版，可以加强對中國古農書的利用與研究，加深對農業與農村現代化歷史進程的必然性和艱巨性的認識。祖先們千百年耕種這片土地所積累起來的知識和經驗，對於如今人們利用這片土地仍具有指導和借鑒作用，對今天我國農業與農村存在問題的解決也不無裨益。現代農學雖然提供了一些『普適』的原理，但這些原理要發揮作用，仍要與這個地區特殊的自然環境相適應。而且現代農學原理並不否定傳統知識和經驗的作用，也不能完全代替它們。中國這片土地孕育了有中國特色的傳統農業，積累了有自己特色的知識和經驗，有利於建立有中國特色的現代農業科技體系。人類文明是世界各個民族共同創造的，人類文明未來的發展當然要繼承各個民族已經創造的成果。中國傳統的農業知識必將對人類未來農業乃至社會的發展作出貢獻。

王思明

二〇一九年二月

目錄

齊民四術

（清）包世臣　撰

《齊民四術》(又題《郡縣農政》),(清)包世臣撰。包世臣,字慎伯,安徽寧國府涇縣(今宣城市涇縣)人,清嘉慶十三年(一八〇八)戊辰科舉人。他爲人耿直,政治上不得志,長期爲他人幕僚,但畢生留心經世之學,並勤於實際考察,於治河、漕政、荒政、賦税及農學方面皆有深入研究。著有《中衢一勺》《藝舟雙楫》《管情三義》和《齊民四術》等書,合編爲《安吴四種》(『安吴』是涇縣的古稱)。此外還有《説儲全書》並《文集》十多卷。

據包氏自稱,其幼年時曾學過種地,後奔走四方,留心政事,覺得『治平之樞在郡縣,而郡縣之治首農桑』,因此收集自古以來的農業資料,結合早年的生産實踐,於嘉慶六年(一八〇一)著成《農政篇》,别題爲《郡縣農政》,後來編入《齊民四術》中。

《齊民四術》分《辨穀》《任土》《養種》《作力》《蠶桑》《樹植》《畜牧》等七篇。《辨穀》篇叙述稻麥、黍、玉米、粟、豆類、芝麻和大麻等作物品種的鑒别;《任土》篇叙耕作、灌溉、土壤、肥料、區田、代田等事項;《作力》篇講述作物栽培技術,其中蔬菜部分尤爲詳盡而實用。書末附有農家曆,按照二十四節氣安排主要農事活動,簡明扼要,簡單易行。

該書被收入《安吴四種》,曾多次重刻。一九六二年農業出版社出版王毓瑚點校的《郡縣農政》單行本。今據南京圖書館藏清同治十一年(一八七二)刻《安吴四種》本影印。

(惠富平)

齊民四術目錄敘

農一上

農政 辨穀 任土 養種 作力 嘉慶辛酉

農一下

農政 蠶桑 樹植 畜牧 以下辛酉

農二

庚辰雜著二 嘉慶庚辰 與張淵甫書 道光壬辰

答王亮生書 甲午 再答王亮生書 丁酉

銀荒小補說 己亥 致伊揚州書 嘉慶丙寅

爲秦易堂侍讀條畫白門荒政 救荒總畧 勸捐事畧 採買事畧 平糶事畧

粥賑事畧 甲戌 上百節相書 甲戌

答方葆岩尚書 乙亥 告族子孟開書 丙午

致許太常書 丙午 致陳樞密書 丁未

農三

密雲稅口說 嘉慶己巳 青口議 乙亥

答楊承宣書 乙亥 答姚伯山書 道光癸未

覆陸蓬萊書 辛卯 答陸曹縣書 甲午

留致江西新撫部陳玉生書 丙申

皇敕授文林郎山東館陶縣知縣加五級張君墓表 癸巳

張館陶墓志銘 癸巳

皇崇祀名宦浙江餘姚縣知縣張君行狀 辛丑

禮一上

說保甲事宜 嘉慶辛酉 說學政事宜 辛酉

與沈小宛論禮書 丙子 庚辰雜著一 庚辰

禮一下

書亭林兩書後 嘉慶庚辰 書貞珉錄後 道光丙戌

代丁夔江蘇臬司裕魯山具摺稿 丙申

答張南昌問能否歸宗議 丙申

陳情得請編序 戊戌 答蔣清江書 庚子

答陳卓人庶常書 丙午

禮二

說課績事宜 嘉慶辛酉 答錢學士書 道光壬午

御寄戴大司寇書 壬辰

書寶應訓導張君遺像後 戊子

南昌縣重修學宮記 乙未

上海縣新建黃婆專祠碑文 丁亥

寗海曲氏義莊規約序 甲申

三溪趙氏續修宗譜序 嘉慶庚辰

龍山包氏重修家譜序 道光丁酉

續修弓氏家譜序 庚子 上吳侍郎書 乙未

敘曰明農之教熄久矣樊遲親炙至聖欲深究稼圃之法以安集流亡而至聖謂民之所以流亡者由上不依於禮義信多虐使以致之非僅農事不明之咎也蓋好禮必正其經界好義必取民有制好信必不違農時則其民莫不敬服用情力勤所事懷土歸業固無待上之教以稼圃也近者農民之苦劇矣爲其上者莫不以漁奪牟侵爲務則以不知稼穡之艱難而各急子孫之計故也僕深以爲憂故少小講求農事爲郡縣農政一書近世人心趨末富其權加本富之上則制幣以通民財使公私交裕實治道之宜急者農事修矣而天災流行代事也救荒之政所宜豫慮至關榷近唯主於益上然或有新設而利民或有仍貫

而害民事異農而農之利害係焉鹽臣輕於聚斂故記之言傷已若聚斂既非以益上仍復不免於盜官吏之弊藪各半知其藪則宜求所以塞之然而萊蕪遊魚非恆情所堪則養廉之術必出於儉有能留心民瘼著成績者是前事師也故並檢集其書以廣農政之所極庶使已仕者有所取法而改其素行未仕者知學古入官之不當專計筐篋以兼并農民果有能好禮義信之君子出而爲上鄙僕爲小人則固僕所願望未見而不敢辭者也農事不緩爲小民籌生計者得矣孟子曰人之爲道飽食煖衣逸居無教則近於禽獸孔子曰爲國以禮安上治民莫善於禮記

曰君子觀於鄉而知王道之易易孟子曰鄉田同井出入相友守望相助疾病相扶持則百姓親睦鄉田同井禮之制也百姓親睦禮之行也然鄉田同井之制後世不可復而近似於此者則有保甲是宜最先科目之設千有餘載爲民擇吏而進以一日之文其法已非盡善然鄉舉里選以此日之人心士習言之斷不可行已則謹學政以敎士亦在綱之說也無貴賤一古惟喪服周公作喪服一經以維持萬世之世道人心而

國家編於律例之首其用意至深遠士大夫忌爲凶事置之不講則其去野人父母何算者幾何矣科目進身原其本意欲因文以見學使出學以爲治是故領於禮部以驅率天下之人材大而封圻小而州縣什七八出於此然而決得失於一夫之目且弊端百出以壞廉恥之防於就傅挾筴時推其究竟可不爲之寒心哉課績者考之始事而所係至大故首列之孔子之論士曰行己有恥士人不勉養而類充之其何以長人以敎人哉至韋布下士食力小民閭閻秀異或守陳編以自淑或本至性而成文亦足以見禮敎本在人心非由外鑠我者故並採錄焉語曰齊之以禮斥齊刑之政爲不足得民恥故曰刑自反此作則刑與禮固對待之具也治獄之於治民末已然萬民托命於

此而撓小民生計者尤以此爲大端不必至鬻獄賣法也稽延之苦實徧閭閻居癡牀者已罕計及況士人未習吏職而計專筐篋則邪說熒之匪人比之矣至失刑之甚者一成不可變前此君子不知盡心以爲後世戒苟無紀載且何戒之有凡是編錄庶使秉禮以司刑者有所鑒擇焉大刑陳之原野爲其悖禮已甚非常刑所能制於是乎有兵兵者禁暴除亂而非得已也故老子曰戰勝以喪禮處之孟子曰善戰者服上刑古人之言兵事如此其愼也然人使長之出使治之左之左之君子宜之右之右之君子有之則其事固宜豫立也僕少小有所戒而究斯術未幾兵事連起前後與當路陳說機宜條別得失不幸而言多中近則閱事稍多聞警而懼非復少壯豪舉矣夫兵之爲費甚大其及人至慘烈故以能銷兵於未形者爲上眹兆已見而能弭者次之兵勢已成而能謹守吾圉不被蹂躪者又次之至置身鋒鏑之中與士卒同心戮力百戰以捍疆場尤近日所罕見故並錄之編後嗚呼明農以養之貴禮以敎之刑且可以不施何論於兵僕老矣況廢棄之餘乎然生平所學或亦有足裨當路君子之節取者生民之難庶其小有瘳乎

安吳四種卷第二十五上

齊民四術卷第一上　　涇縣包世臣愼伯著

農一上

農政

周公曰先知稼穡之艱難乃逸則知小人之依孔子曰使民以時旣庶矣又何加焉曰富之孟子曰民事不可緩也易其田疇薄其稅斂民可使富也夫民歸農則穀植繁奸邪息上明農則力作勸侈靡衰倉廩實而知禮節先王之本政已本政衰於上游民盛於下曠土則州郡荒蕪稠鄉則椽櫓比櫛又水穀之區遂絕旱種標樣之土不識桑麻各敝土風曷由濟弊故穀賤者薪貴畜豐者衣窶肥磽各殊疾苦同貫是故君子之主其土也省偏枯之失宜酌高下之定勢精其所習興其所缺因地制利以力待歲使民困少瘳則國脈益厚自士不興學鄙夷田事高者談性命卑者矜詞章洎乎通籍兼并農民蓋田輸兩稅復攤丁倍則一田而三征內外正供取農十九而官吏徵收公私加費往往及倍紳富之戶以銀米數少而耗折較輕力作之民以銀米數多而耗折倍重是故囂獄賣法分紳富之膏肥折糧加漕浚煢獨之脊血至於申訴所及紳則勢脅富則利誘聽論常速以助其踰濫武斷之威鄉里愚民不識

城市之區未覩官吏之面自非極屈鮮敢籲號而官則受詞若罔聞吏則居奇以責賂偶有蹈觸厥罰必行故農民終歲勤動幸不離于天災而父母妻子已迫饑寒又竭其財以給貪婪出其身以快慘酷歲率為常何以堪此推原初心匪盡無良知識溺於俗學情性汨于師友見聞所限釁此伊戚不亦傷矣余居家瘠野且以食貧幼親園圃近歲客遊頗究吏術足跡所及東西越數千里訪其風俗驗其得失爰證舊聞殊不相遠竊謂治平之樞在郡縣而郡縣之治首農桑裒集農說斷以今宜條鬯旨趣務在易曉其有驗而不切日用者則從芟除言必切實非文獻之無徵法可舉行無迂闊而遠事別為郡縣農政詳其節目使勸課有方而懲罰可據士君子或有所採擇焉其目有七曰辨穀曰任土曰養種曰作力曰蠶桑曰樹植曰畜牧

辨穀

稻類至多其要二粘者名糯稻蒸而曝之炒為點心炸之可為糖磨粉為粢餻扁食皆可可釀酒其類有赤白二種白者佳赤者惟可供釀皮硬厚收成斤兩多而得米少南人多以充租不粘者名粳稻今供常食其早者名秈稻立秋而穫畢其尤遲者名糭稻白長味香美尤益人九月杪熟其八月熟者專名粳稻以紅者為益人收成相似惟秈

稻差薄取其早熟接濟又避秋旱也又有香者皮帶紫黑色名香稻味羶不中常食和糯以釀特佳其草爲牛冬糧抽其心可織鞋打索去穗去褲取淨稈可以灰煮爲紙又燒灰和新熟酒連糟入鹽瀝取汁淋跌打傷處又燒灰取新汲水淋汁定清冷服解砒毒皆驗古名稴名秔名占皆謂稻其種自二月下旬至五月中旬穫自六月中旬至九月下旬不等南土多收兩熟者上熟厚下熟薄上熟移秧栽芸如他處旱稻六月中旬穫先十日撒種禾下穫去上熟下熟秧長四五寸以鋤芸之如治旱種法八月杪穫仍種大麥名三月黃者其秈稻既穫可種蕎麥八月穫者于

未穫前撒泥黃豆于禾下如種下熟稻法糞力厚者田不損其水田不能種麥者穫畢耕起板田放水爲畦種白菜蘿蔔皆于田有益其種麥者亦可先栽白菜初伏多雨不能栲田則葉盛入秋多生結蟲立秋日雷主多風落稻畝減至五六斗宜及青穫當秀畏旱尤甚宜先備水又有旱稻法收成略同水稻河北人多種之未得其法著其名以俟博考

麥種二其有殼而穀黃白者名大麥有三月黃四月黃之別撒種叢生收成至早而豐去其殼曝乾貯之其殼中糞舂者微浸以水舂去其皮名麥米和稻米炊飯頗香脆其

漲鍋勝稻而熬餳亦過然味減不爲人所貴惟饑年乃以爲穀炒而磨之取其麪可爲點心宜爲醬以養牲尤肥豬可釀酒性至猛糟亦可飼牲又有名賫麥者形性皆相似其穎殼紅黃者名小麥爲溝塍以種五寸而一叢叢二三十莖亦可撒種磨爲麪供常食其麩可飼豬又可以粗布置篩內和水揉成麪筋爲素食要品其渣仍可糞田下沉者爲小粉可爲漿其草可織爲帽麥性熱不宜炒食其頭麪極細白者尤熱須和次麪雜爲食乃益人常食令人輕健麩性涼以夾被盛爲褥能治身體疼痛及瘡瘍潰爛及小兒暑月瘡疹潰爛不能着席者炒麪入臙粉油調治湯

火傷灼其成瘡者和梔子仁油調傅之麥芒入目取大麥煎汁洗之即出取隔年小粉陳者炒之成黃黑色冷定研末和陳米醋爲糊熬如黑漆以瓷瓶收之名烏龍膏攤無灰紙上翦孔貼患處治一切癰腫發背無名腫毒皆驗古名來名牟名穬名青稞皆謂麥下種自八月至十月不等關西多種春麥南方亦有田極旱不能起板至歲底即撒子裂縫中者來年麥殊美蓋穀宜蓄地熱秋冬燥田積熱入地春得膏雨而上蒸故麥盛也然不可爲常麥宜冬有雪斂之便不甚長又土潤則傳科大其冬暖麥起節者遇春雪常折損中州于春分前縱馬牛食麥至分日乃禁不

十日而長數尺亦其地氣厚也惟忌猪食食則不復透出
麥宜春寒太暖則于松花時黃茵名松花瘟春多雨麥腳
着土而黃名黃疸瘟最忌春甲子日驚蟄日二月十二日
四月初八日晴則麥熟其雨反是凡糞麥小麥糞於冬大
麥糞於春社故有大麥糞芒小麥糞橁之諺其小麥地種
棉花者不及耕就麥塍二叢爲一窩種棉子計麥熟而棉
長數寸矣凡大麥二芸小麥三芸乃善麥田旁可種蠶豆
又大麥蠶豆宜爲秧田底　蕎麥紫莖弱而歧生枝枝結
實花細白實黑甲三稜以磨麪如麥故名收成不盛爲間
穀不當正熟立秋前後下種八九月收刈性好雨亦不甚

畏旱最忌霜一霜而枯再霜而落霜重則莖萎矣麪色稍
緇味與麥等稍膩滑消練腸胃沈滯歲必須食數次其常
食者和猪羊肉熱食令人發熱風落須髮又忌黃魚有黃
病人不可食頭風畏冷者以麪湯和粉爲餅更令護罨出
汗雖數十年者皆瘥又腹中時時微痛日夜瀉泄四五次
者久之極傷人專以蕎麥作食飽食二三日即愈神效其
稭作薦可辟臭蟲蜈蚣燒煙薰之亦效其殼和黑豆皮菊
花裝枕明目其春社前後種者名苦蕎味苦劣聊充荒備
古名荍名烏麥名花蕎皆謂蕎麥
黍稷本一類粘者爲黍不粘者爲稷今名蘆稷又名蘆粟

又名蘆穄又名荻粱又名高粱其實亦名黃米隨地異名
也其種穫熟遲早之則皆與稻同宜熟田壯土古撒種今
俱移栽爲飯香淡舂粉可爲餅爲糖釀酒尤美久食令人
煩熱緩筋骨宜養牲穗可爲埽帚稈皮可織箔稈心可飼
牛馬古名穄名秬名秠皆謂蘆稷而色各有別
玉黍一名包穀一名陸穀一名玉高粱一名御米形似蘆
稷而稈較肥矮六月開花成穗如蘆葉心別出苞外垂白
鬚內結穀攢簇成穗生地瓦礫山場皆可植其嵌石罅尤
耐旱宜勤鋤不須厚糞旱甚亦宜溉米舂爲飯亞于麥惟
不耐饑可炒食磨粉爲餅味黏澀收成至盛工本輕爲旱

種之最煎湯飲可治淋瀝
粱今名粟亦名小米有硬軟二種如糯粳米有有芒無芒
二種如大小麥米作粥飯香脆軟者尤佳亦可釀酒有青
白赤黃諸種以黃爲上早熟者名趕麥黃晚熟者名鴈頭
青早者皮薄而米實較勝凡粟耗地力而收成薄故宜薄
地稀種也稈惟中薪久食能益腎研粉和蜜可治小兒滿
身瘡潰如火燒者研粉和甘草煮取汁和蜜灌之可解一
切毒藥研粉煮粥如飴嬰兒生七日後日哺少許解毒益
元氣其淘粟米泔洗瘙疥甚效可嚼爛傳犬咬及凍瘡古
名衆名糯秫名青粱名黃粱皆謂粟

稗子。本草種今多植者。稗略似薏米。或名龍爪鴨爪稗。皆狀其穗也。米形似粟。四五月種。八九月收。不擇肥磽。耐水旱。最能保歲收成。勝粟。煮飯甚香滑。益氣厚腸胃。磨麪作餅味爲劣。釀酒味勝糯米。汁少減。稈中糞。可飼牛馬。古名稊子。名莛。皆謂稗。

薏米。叢生。稈葉似蘆稷而瘦狹。種法同。亦有風根自生者。米益人心脾。尤宜老病孕產。合糯米爲粥。味至美。價于穀中爲至高。然人罕種之。此種不耗地。不耗糞。保水旱。可度植也。

菽。莢穀之總名。其角曰莢。葉曰藿。莖曰萁。今名豆。其青豆赤豆黑豆爲大豆。莢豆六月白綠豆爲小豆。宜高亦土。太肥則葉茂少實。名發青。科南人多沿田岸開窩下種。撒灰其上。不耡不糞。畝收二斗。桑下收豆。又益桑。此分外之利也。亦黑綠豆皆可雜米炊飯。黑者尤益人。青豆尤鮮美。炒食可爲蔬。黃白者可磨爲腐。其渣宜飼豕。又可榨油供食。比菜油性爲和平。味亦不燿。可燃燈。又可合蠟爲燭。其餅中糞。亞于菜餅。可爲醬爲豉。萁莢中薪。炒豆忌與猪肉同食。小兒食者多壅氣致夭。十歲以上不忌。然亦非宜。以水拌大豆溼。炒熱以布裹熨猝然腰痛。神驗。凡湯火傷者。煮大豆汁爲飲。易愈。可滅瘢。其葉搗傅。治蛇咬。煮赤小豆汁

飲之通乳汁。綠豆食法尤多。軟糕盪皮搓索皆爲素食佳品。生研和冷水。解一切砒信金石草木之毒。古名尗名荅。皆謂豆。　泥黃豆。其萁短。著地多混泥。故名。亦有黑黃二種。豆之最小者。爲腐色淄而味轉滑。可炒食飼馬豕。又煮以糞田。過菜餅。南人多種于稻下。爲間穀。雖收成薄。然不損田。不勞人。亦分外之利也。古名稹。

豌豆。種收與麥同時。南人多雜大麥中種之。性耐旱。又耐凍。其苗中蔬。收成盛而價值低。宜飼豕。亦可食。古名戎菽。畢豆麻累皆謂豌豆。　蠶豆。莢狀如蠶。種收同豌豆。南人多傍麥田種之。收時嫩可煮食。老則甲堅。炒食加以鹽。可代蔬。磨粉以爲醬。特鮮美。不擇地。可保歲。宜多種。古名胡豆。　豇豆。一名角豆。一名羊角。蔓生。以竹援之。花實至盛。採折復生。莢俱雙垂。長者至二尺。色備各種。嫩時中蔬。老收子可炒食。可雜米爲飯。可合糖爲豆沙。病水腫者忌食。　扁豆。一名刀角。一名蛾眉豆。蔓生同豇豆。採爲蔬。味冠諸品。性尤益人。患寒熱者忌食。又刀豆。似扁豆而莢長巨數倍。採入醬爲蔬。味美。又益腎也。

脂麻。一名胡麻。有黑白二種。種刈同稻時。子炒碾爲粉。和糖食味鮮馨。尤益人。能解百毒。生嚼末傅。治小兒頭瘡坐板瘡疥。煎水洗一切瘡毒皆效。打油香美。爲素食要品。稈

燒灰可以醃蛋煮粥下少許即稠且去火毒

黃蔴一名火蔴一名大蔴其子名蔴仁古名蕡爲八穀上品今惟入藥未見充穀以打油可油物皮可績布稈置水田中漚空取出曝乾可代火把又肥田其花搗傅一切腫毒古名麻勃搗根及葉取汁服治撾打瘀血心脹氣短骨折痛不可忍者皆驗古名枲名苴名蕡名漢麻皆謂黃麻

又苧麻一歲三刈麻尤堅潔

任土

凡地肥而有水源者宜稻其冬無水浸者則植麥麥資糞不損地力其源水浸濩不絕者放乾刈稻即起板凡刈穀後耕過爲起板勿勞勞謂耕過塊大以耙碎其塊使養根保澤水田冬不種勞即滲膏故勿勞水弗令浸塊背作田缺五寸上令水流水浸塊則冬不提凍塊不舒缺低則水刮田底流去土油缺高則絕下田水五寸則水入田濼渟而後出不害澤也斷水則日遲浮膏下老土令浮土塊又水盪能活土氣保溫澤稻根鬚橫出全資浮土力力薄者資糞古謂地無良薄水清則稻美者謬其水源發自石山者性寒又清冽無膏宜糞以石灰資瀉流瀿者不用灰性能板田尤宜勤耕入春凍解又耕之及時又耕之乃勞耕宜淺常勿太深若起老土穤碎雜糊坼即硬軟不相人能害禾又漏出不保澤勞有二耕過以耙碎塊乃以木鎝鎝土木著土者厚半寸闊五寸起兩梿上爲橫梳人憑梳牛引行則土從鎝上翻過塊勻而活復耙平冬不耕者老土耗下澤流水刮上膏土板不經凍塊硬稻柔不能起土收常減古云冬凍不密夏發不盛匪直陰陽循環之理實資凍舒以養土氣春不再耕者土性凍澀不和亦減收其植麥者起板耙過

以耡聚爲畦溝宜深濶以備泄水麥喜耘資糞收成尙有遺澤益田也其非係源水資豬水溉者並同平田不必爲溝其山鄉水落石燥又無停豬步步低下不可灌者宜相左右夾澗之山形勢便利處沿山開溝截斷歸澗偏源攔水入溝展轉澆灌并省桔槹工力其離山既遠落地又高遠過流澗不能吸灌者宜於澗之上流較田稍高處以樁排沙石截溪流旁開溝攔水入展轉澆灌秋後不資水可灌水碓利人工也稻利不必極重而穀正益人又省工力計三耕兩勞三耘一蒔一刈每畝不過費人工七八日耳六月草盛刈置田中水熱日炎三二日輒腐水色如靛最肥又鬆土畝四擔計人一工而膏庇兩熟至要不植麥者宜種白菜蘿蔔既充蔬又資糞益田蘿蔔尤能鬆土且佐冬糧其植麥者耗糞工太甚宜三分之以二分植麥一分植菜子菜子冬春之交採充蔬多可賣畝收子二石可榨油八十斤得餅百二十斤可糞田三畝力庇兩熟菜子利同麥糞工同麥稈供薪同麥而得糞可濟麥田之耗至要其平鄉有大川而田去遠不能資灌者度地爲渠以豬洩之如計地若干里以渠繞之爲圩假川水不甚盛不能濟渠者則量開池塘平鄉土骨堅保澤池深七尺常蓄水五尺池十畝可溉田二頃又資魚荷之利凡圩遠渠處皆開

池及小渠瀦蓄、外繞渠爲大隄、面廣一丈以上、內外障拒、隄內外皆植柳白楊、二木喜水易生長、又根鬚深遠能固隄、空土不扇田、且平鄉之薪、尤資其利、又遇旱運水入渠、晝夜不徹、柳陰最能祛暑宜人也

凡芸稻須上有蓄水放乾芸之、則殺草利穀、須繞苗縱橫疏之、以土附苗本、其一區田一家所種者、芸自下起、凡植物皆新根奪舊根、橫鬚奪直根、直根深者保澤、鬚多者得膏、以土護苗本、苗附土長新根、則膏沃、乃放水灌之、芸過翻土壓草、水浸沒之、則草鬱蒸而死、并資爲糞、芸旱種亦然、惟豆宜遠本、近則傷根、走膏潤、凡芸宜勤於稚苗、以治

草舒根、故冬再芸則麥茂、及苗長既遮碍、又土滯嫩根、不復滋盛、

凡度備水源墾荒種稻者、先就地刈其草燒之、既熯土易耕、又益肥、緩耕使深、蓋土深則澤固膏足、熟田恐動老土、生田以初耕爲度、故宜深也、耕畢引水滲之、或就雨土溼、鋤築爲畔、令廣、常放牛踐之使實、乃勞、不漏水、植豆仍不棄地、凡治稻田、皆以滑泥泥岸令潤、種麥乃復之田、稻爭水、麥爭地也、初播種宜疏、新田力盛、密則發青科、力歸葉實不足、常減收、一熟後辨田性以增損之、

凡糞皆宜田、惟忌雜糞、一糞即盡地力、豐收無繼、惟畦種瓜果者、資糞力不資地力、則爲美糞也、

其必不能開通水利興稻田者、亦須多開池塘蓄水、以溉旱穀、北方土厚、冬凍多雪、麥性好寒、藉土溫潤、根鬚舒實、苗葉不長、無入春傷折之患、故收常倍、然春雨愆期、即大祲、誠蓄水入春得再溉、則無不成矣、其下熟擇土最厚者種蘆稷包穀、隨宜差、薄者種棉花、尤薄者種粟及豆、蓋棉花利厚、然資糞、地稍薄可成、黍深根堅稈、全資地力、故以厚地與黍、而以黍糞與棉花、粟最耗地、又收薄、惟不甚費人功、故以薄地種之、薄收以備穀耳、豆惟宜耕勞地熟、一芸可收、自有膏潤、不資糞力、土薄者、密種即相當、其土骨

太厚地不能及泉者、宜度畝鑿井、約一頃而三井、上爲架、架轆轤、以木盆接竹、引水入隊灌飲、

不論山水平原、各鄉皆宜樹桑種蔬果、桑宜近居、土既肥、又便採折修理也、蔬果地少人多而糞足者、宜畦種、地廣人少而糞乏者、宜漫種、凡作畦、不擇地、掘長八尺、廣四尺、或長四尺廣二尺、爲坑、深尺許、掘平、外爲溝環之、深半坑、以土壅坑畔、築令堅實、坑內掘出土、勞碎和熟糞、或蠶沙拌勻、先以足踐坑底、令平實保澤、以草薄燒之、下和糞之土、鋪二三寸、攤平、足踐實、以水澆之令透、乃下種、上以糞土輕覆之寸許、俟芽出土一二寸、乃於早晚灌之、計中塡

比外溝稍高雨多滲出坑不積水旱則以水灌溝使之遥潤不致灌刷糞力

凡山除巉巖峭壑莫施人力及已標樣柴薪外其人衆地狹之所皆宜開種開山法擇稍平地爲棚自山尖以下分爲七層五層以下乃可開種就下層開起凡山係土壠者開如高田其石骨諸山開種者皆石七八土二三每大雨山水發洪刷土膏下流故三年之後不復可用又山膏附皮而流開通則膏內溜常畏旱先就地芟其柴草燒之卽用重尖钁一劚兩敲開之初開無論秋冬先徧種蘿蔔一熟此物最能鬆土且保歲根充蔬糧葉可飼猪及爲糞凡棚須備二三間養猪山穀之下者飼之歲出二槽收利既重又資其糞雜亦宜多乃種玉黍稗子雜以蘆稷粟其土膏較重者亦可種棉花皆宜擇稍平地掘坑種芋山藥各瓜菜十數畦以充蔬且備穀山棚人多糞非所乏故宜多備區種兩年則易一層以漸而上土膏不竭且土膏自上而下至旱不枯上半不開澤自皮流限以下層潤足周到又度澗壑與所開之層高下相當委曲開溝于澗以石沙截水渟滿乃聽溢出既便汲用旱急亦可攔入溝中展轉沾溉也至第五層上四層膏日下流下層又可周而復始收利無窮冬可種膴芥子其田農就山嶺開地種麥者實爲非計山去家遠糞溉不便山多赤土雜以沙礫二麥弱根難爲滋茂其赤白土者陰宜植茶陽宜植竹若去出水在五十里外者則竹無利

以油桐爲宜或種松杉鵶臼也其黑黃土者陰宜松杉陽宜樹漆收利畧遠而計入十倍

凡圩底及河沿當夏必沒不可樹藝者宜植箕柳白楊利不減穀其山河岸坡常被沖刷石六沙四者可種麻麻根夙深一歲數刈山水一二日卽過無損且淤泥資糞其受潮浸溢者可種膴茶子此茶四月卽成潮尚未盛卽有早湊結莢已堅泥淤不損十可九收利且勝樹

凡附城民令多備缸桶至城運糞仍以桶置各家收尿凡尿須和大糞破水或牛糞乃可下田否則火氣鹹氣逼穀不長得大糞牛糞濟之發力最足官時飭輸作清街巷大小各溝於城外可通水處築坑貯之使鄉民便運積糞既收利裕公又溝港不停穢惡居之不生疾疫流通積滯無穢汁汙城河水泉香美食之不生淫邪凡城內瓦礫荒場皆宜多樹柳柘以備不虞其下有積土飽糞汁最肥木加長亦收利也凡近河渠池蕩者至冬以竹夾取底泥糞田最美凡糞止藉力河泥力不減他糞而增浮土故尤妙又藉浚深也

凡治稻皆宜精雖地寬之處廣種薄收者多耗本又致惰且不保歲可舉代田之法每田一區分三分每歲更代收成過漫種不治者

區種卽畦種法相傳伊尹制以捄旱擇近居高處爲之以備水人二

十區節次藝豆黍芋薯墊糞負澆可以奪歲地狹處尤宜究此荒坵故址皆可盡力也

養種

凡稼必先擇種移栽者必先培秧稻麥黍粟麻豆各穀俱有遲早數種于田內擇其尤肥實黃綻滿穡者摘出爲種尤謹擇其熟之齊否遲早各置一處不可雜晒極乾黍粟各種以繩繫懸透風避溼之所稻麥種晒時以竹簸攤薄晒之晚以物覆之勿聚罨令傷伏熱極乾時擡簸置檐下高架掠去日氣簸去浮粃令極淨洗瓦器微火炕之冷過收貯麥種每一石和乾艾四兩藏之最宜稻種少者亦可

擇肥好之穡斷一節懸當風如黍粟凡種傷溼鬱熱則生蟲種不齊則早晚失節遲收零落早收春多碎炊飯多夾生不宜人凡農皆宜備甕于冬至後接收雪汁埋于地中于各種先種二十餘日出種淘去浮粃則無莠薄攤晒燥再于日熯時出雪汁溲之如麥飯狀以薄布盛而輕拌之令乾明日復溲天雨則止七溲後曝而藏之至種時以餘汁和原蠶矢拌勻種之則不蟲又耐旱辟蝗其蔬蓏種以鰻魚骨煑汁冷浸和柴灰炒大麥下之起土不生蟲冬至日以布袋分盛各穀平量各一升合埋陰地立春後五日發之其息最多者歲所宜也則多種之又穀精通于木稻

覩柳亦白楊麥覩杏小麥覩桃黍覩榆大豆覩槐小豆覩李記本年某木盛者來年多種某穀歲收常倍凡黍更記落霜凍封條日種之假如初三日凍樹條者則下種亦以初三日十月凍樹早黍宜十一月中黍宜十二月晚黍宜三月皆凍早晚皆宜凡凍樹皆謂其月之始日記準無差

凡秧田擇厚田耕勞極熟取浮土和牛糞亂草燒之以石滾滾田使堅平乃滾火糞以篩篩之去粗者勻鋪田內厚寸許以水滲之令平溼透築畔令極密乃下種常以水浸過穀面以妨鳥啄又有種旱秧者下種以水飲之使着土即止常以人護鳥雀秧長一寸即止以備春旱亦佳又有

先擇田種大麥或菜子蠶豆三月犁掩殺之爲底再三勞極平下種亦不減火糞

道光庚子南昌姜曾樟圖說云文內常以水浸過穀面以妨鳥啄此就撒穀田中發芽成秧者言也今俗間紮草人畫面目持竹旗掛響鈴以驅鳥啄此與水過穀面之說相輔而行皆可妨鳥害難妨人害也近有暗向田中撈取穀種之弊此固俗之壞亦由民窮耳惟敝鄉現行浸種之法最善以近春社前後浸穀謂之社種先將篾籮大者容種一二石及七八斗不等籮內襯以稈草舉穀種傾入稈草中即將稈草包

固用石壓定每日水淋其外一次必以浸透爲度如蒸酒者先淋釀飯一般四五日後種將發芽又四五日芽長成鎗積至半月以後開包出之用筐盛之抖散其芽拋撒田中芽根落泥二三夜即現青梢所謂秧針是也撒芽之時喜晴暖愛夜露秧長甚速畏東風忌霖雨恐爛秧也惟浸種於家成芽然後撒田過二三夜秧尖出水則既免鳥啄之害又無人竊之虞矣

凡黍菜芋蘿一切須移栽者先爲畦種秧皆宜以肥糞爲底其植經冬者尤宜火糞藉其力以耐霜雪

作力

艮田膏深當種晚穀以盡其力薄田膏淺天寒則澤涸當種早穀以接其澤凡旱種雨後下則遂性小雨趁溼下翻塊背白下種勞之則舒爽勻實凡種耬下撒下及爲畦點勞使種合土氣易生大雨土沾沃溼勞則塊結滯種宜待種隨宜凡鋤草須一往二復不先附根鋤土徑前鋤空土覆根旁則附根草受掩土澤侵穀宜順鋤兩鋤再覆斷草根一擺一推則土舒草死故又名倒草鋤欲數苗二寸一鋤芟密補空苗八寸再鋤過尺三鋤後更一鋤則無不美矣苗淺則根弱不能起土草附地奪氣故宜勤鋤尺以上根堅實又地經鋤鬆和膏上升不滯塊苗深陰密扇地草不得澤故可疏鋤也工忙者亦宜三鋤

稻最苦莠秧田恐有草子秧出時即以竹箸揀拔之凡草皆長而深碧易辨田極淨者于拔秧時細辨去之亦可長七寸可任拔栽栽法人立定左手持秧把右手分之左右極一手之所至下六科科八寸縱橫如一則易芸拔秧時以兩手所握濯其根合之紮爲一把一把栽廿四科計下種畝子三升半拔秧畝二百五十把栽法分定浮水壓下使根鬚四散着浮土忌深忌根偏及聚其土堅者宜以猪毛蒔之一人腰籃撒猪毛片浮水上栽時以根壓着秧心

肥而起土凡下石灰田當用此剃髮亦可凡石灰皆待稻傳科葉相接以上日氣不能逼土洌泉浸本時風散撲之畝二十斤熱土并殺蟲也若秧長至尺二寸以上手敘去長葉栽之毋傷苗心栽時各處自立夏至夏至不等旣地氣有殊亦種之早晚異也然皆宜植早秈稻以接青黃早秈立秋前熟其栽則小滿時也大約植穀性喜温遲處可暑早早處斷不可遲刈稻除擇爲種外宜堆田中穗相向爲員堆三日而後打則青穀皆熟藏之倉無板底者當置蘆簟隔溼氣凡砌倉宜用土墼磚石回溼皆害藏凡稻生結葉蟲每畝以桐油二斤趁無風日斜時灌之油隨露提

上葉尖、則蟲死而墮水、且資肥、

旱稻、及時漬種令開口、耬種之乃再勞平、其黑堅土未生時遇旱、宜縱人及牛馬踐之、土溼則忌足跡入田、苗長三寸、耙之欲數、每經一雨、輒耙、以苗根弱、又旱土堅、密草易奪氣故也、天雨、宜冒雨薅之、地不期良廢田不生草者乃宜、地良苗盛則恐折、熟地多草耙疏則奪氣也、餘同水稻、惟耕耙尤宜熟、歉古說如此、蓋畧如今種麥法、存以俟考驗、今邳宿多此種、詢之土人云、撒種後見苗、一芸而已、豐歲畝收米三石、不資糞、不費工、然未親驗其法、

麥以經兩社備四時爲善、若天旱不能起板、可灌者灌而耕之、不能灌、待澤遲種亦可、小麥宜各糞、須于下種時散

着田中、勞之、大麥則否、于春社時、以熟糞破水薄潑之、麥熟宜帶青收、過熟則拋費、收到即薄攤場上、碾之、起稭揚子、待收碾都盡、再晒碾稭上未淨之麥、則工夫匀稔、收穫如救火、麥爲尤甚、蠶稻并興、一值陰雨、便成災傷故也、

蕎麥入秋種、早穫田內、六十日而成、子下層黑、上層白、有汁、即宜刈、堆之皆黑、遲則落、及霜則萎

黍下種、以椹赤爲度、入小滿便可移栽、稍遲亦得、其地廣者亦可漫種、畝子三升、地耕欲極熟、芸可稍疎、刈欲晚、待力盡、有一種零落者、宜及紫收、勿待黑、粟稗皆同、粟皆漫種、疏處亦可移補、黍穗過尚收子、黍乃拔、

種荳時同稻、地不求熟、生葉一耡之、生五六葉再耡之、葉落盡乃刈、亦有摘取黑莢者、諸豆中豌豆綠豆成熟最早、

蠶豆同麥種、治法同諸豆、下種畝五升、

脂麻宜白土、時同豆、截雨脚、接溼種則易生、畝子二升、炒細沙和下、空曳杷勞之、人踐勞則土厚不生、耡三徧、再亦得、及莢青刈之、十數莖爲一束、五六束斜靠爲叢、上束之、束小易乾便持、斜倚可當風、口開倒抖之、還豎令晒、三徧乃盡、其乘溼攢積者、蒸熱易乾、然不中爲種、又油燭然之不明、凡植穀近舍、當旁植脂麻以遮六畜、

菜子、古名芸薹、名蜀芥者、今之臈菜子也、種時同麥、起板

撒牛糞、播子而勞之、畝二升、宜冬一芸、臈菜子同、入春、其薹可供蔬、掐一遍、即止、四五月莢黃、拔置場、曝而碾之、其薹能利血、産婦宜食之、腰脚有病者忌食、其油調蚯蚓泥、治湯火傷灼、蜈蚣咬者、取油傾地上、擦地上油塗之、立愈、勿令孕婦見、

棉花、即古吉貝、又名木棉、于花熟時選瓣大而白者、收其核、以青黑色爲上、曝藏之、穀雨後淘取堅實者、沃以沸湯、和柴灰種之、宜夾沙之土、凡根堅之植、及地下結實之種、皆宜沙土、取其鬆和易長、耕欲熟細、爲溝塍點種、以灰土厚覆、令着實、虛淺則苗出易萎、其空土專種棉者、宜冬春

再耕過清明即可下種其溝塍種小麥者及小滿可於麥
根點種刈麥棉長數寸鋤密補空每窩三莖深鋤細敲無
減專種大麥地即宜耕過勞種種下地旬日乃出長尺半
摘去中心以長旁枝旁枝長尺許以上亦去其尖枝交採
者芟之勤芸厚糞夏末開花結桃入秋桃開花瓤乃吐隨
吐隨摘盛者畝收乾花二石雜種脂麻云能利棉
芋宜沙白土欲熟耕資糞力早則二月遲盡四月惟忌三
月深溝高塍塍二行相去如稻常鋤草以緩土以數為妙
旱則灌之令透溼九月掘之盛者畝三十石近用移栽收
成常盛蓋植物皆喜易土兼受糞力也其不亦可食有水

乾二種水種尤佳種法同又區種法開區方深皆三尺以
豆其置區內足踐實厚尺五寸取區上溼土和糞鋪其上
厚尺二寸以水澆之足踐平令保澤取五芋子置四角及
中央足踐之旱數澆之一區收數十斤冬月可常食宜雜
薑煮之
山芋亦名土瓜擇肥好者掘乾土坑藏之覆以草穀雨後
取出四面皆生芽一二分許摘芽種畦內蔓生以竹或柴
緣之及夏至翦取蔓枝每一葉下截過節為苗栽之溝塍
暑如芋法以薄草護日活科後即以為糞蔓緣塍隔三五
日即翻覆雜之毋令着土生絲根致瘦芋本九月掘之畝

常收二十餘石可切碎和米煮飯多食亦動氣
瓜擇食時最美者收其子截去兩頭取中央子近蔕子瓜曲近頭子
瓜短拌細糠柴灰和著壁上則不變欲早者瓜生數葉即結
子謹養之老取其子名本母子留子法同種之則早熟然
實減小擇良田先密種豌豆大三月犁掩之再耕勞以水
淘淨瓜子和以鹽開坑大如斗鋤碎燥土令潤和乃下子
四枚每枚旁下大豆二枚豆為瓜起土下糞和細土輕覆之足
微踐令平生三四葉掐去豆掐豆出汁藉為糞拔之則土虛燥害瓜宜苗稚
時數鋤之則實盛凡實多留則小少留則大隨意酌之蔓
長時趁朝露以杖舉蔓拌柴灰石灰散于根下後兩日復

耬土堆護其根則去蟲地多蟻以帶髓骨置瓜下待蟻聚
將去之二三次則絕又瓜忌鬪觸每塍間栽韭薤數株則
不損凡摘瓜以杖起蔓引手摘之毋翻覆踐踏則瓜至霜
下實不爛茶瓜黃瓜絲瓜南瓜法皆同緣以柴或不緣隨
宜西瓜種法同科宜稀每三尺一本本留一瓜摘去他花
蔓則瓜大如斗冬瓜傍牆陰作區員二尺深五寸以熟糞
及細土相和正二三月晦日種之以柴倚牆緣之旱頻澆
八月掐其梢去餘實本留五六枚十月霜足收之枚常重
四五十斤凡瓜冬種者常勝春種六月雨後種綠豆八月
中犁殺之十月再耕開畦掘坑大如盆口深五寸以上壅

其畔坑底令平正以足踏之令保澤以瓜子大豆各十枚
徧布坑中以糞五升覆之平又以土一斗覆糞以足微踐
之冬遇雪聚雪于坑上爲堆至春瓜生常有澤不畏旱五
月即熟肥美特異瓜苗盡生同豆掐去止留四莖冬瓜古
名白瓜名水芝名地芝全顆削皮埋溼地一日取出破取
清水治消渴不止任意吃之治一切水腫病發背潰欲死
取瓜切頭合瘡上瓜爛削之又合拔毒神效一切腫毒皆
可削貼久病陰虛人忌食未受霜者食之亦損人其子爲
末溫酒服可治積年損痛收瓜忌酒漆麝糯米觸之則爛
南瓜不可同羊肉食有腳氣黃胆病者忌食以葉作菹去

筋淨乃妙菜瓜古名稍瓜名越瓜小兒天花後不可食多
食令人虛弱動氣發心痛惟宜醬爲菹燒灰傅口吻瘡及
陰莖熱瘡有效黃瓜一名胡瓜多食動寒熱小兒尤忌和
醋食令人生疳蟲絲瓜古名天羅名魚鰦名布瓜小兒出
痘不快或未出以老絲瓜近蒂三寸連皮子燒存性調砂
糖水服多者令少少者令稀燒存性爲末搽風熱腮腫燒
存性爲末鹽湯服治男子下血各症熱酒服治小腸氣痛
腰痛不止認架上初結之條俟瓜盡葉枯摘下燒存性爲
末煉密調成膏每晚好酒服一匙治偏墜左者服後偏左
睡偏右如之其葉汁治癬瘡及頭瘡生蛆西瓜皮晒乾爲

末常服治積年目疾
茄子一名落蘇九月熟時擘破水淘子取沈者曝乾二月
畦種生四五葉帶雨合泥移栽之（晴則以草覆之勿令見日）冷性人不
可多食婦人多食傷子宮
蘿蔔古名蘆葩名雹突名土酥七八月漫種地宜沙軟欲
耕熟爲溝塍如法畝子二升漸間拔爲蔬約七八寸留一
窠窠四五科十月拔起窖之土坑以草覆之勿令凍空畝
常二十石味甘雜煮粥飯俱可九月擇蘿肥葉茂者拔起
掐去直根栽下以草護之枯取爲種又隨時皆可種秋味
特美宜人可多食同羊肉銀魚煮治勞咳胡蘿蔔種同法

白菜古名菘種法與時同蘿蔔培秧移種宜黑壤貧糞力
畝常四十石芥菜同白菜搗爛傅小兒赤遊漆瘡滴飛絲
入目子作油長髮拭刀劍不鏽烏菘菜一名撻菜葉深碧
而負厚味特腴經霜雪尤美種法同
莧菜三月漫種萵苣正二月點種菠菜一名紅根菜古名
波稜名波斯草當月杪種之遇朔即生隨時可種俱留不
掐者老收種蔓菁一名蕪菁一名諸葛菜法同蘿蔔胡荽
一名芫荽種法同莧菜莧常服令易產不可合馬莧食令
下胎百蟲入耳擣萵苣汁入之自出莧菜畦內常生旱蓮
草凡婦人生蛀髮癬不久髩前即開門用燈草蓓蕾（燈草菜成）

把其上有黑而硬中點火者名蓓蕾不一把壁土上擦平用擦蛀處卽止癢久久殺蟲盡癬卽好若髮已落或稀者用旱蓮草熬膏白水沖服久之則髮生如無癬時此病近最多最難治若有驗則不費而得功故急存其說

薑十月收種入炕房三月種之沙軟地和糞熟耕為畦每尺一科上搭棚勤耡鬆土至五月挖出老根依苗掘下掐取之不去者浥爛損子薑九月子薑實滿掘出和草入地坑畝常二十石解毒辟邪為上品孕婦及瘡癤人忌食入秋不可多食令人患眼瀉氣

山藥古名薯蕷沙白地先掘坑長一丈深濶各二尺坑相

去各三尺中為溝廣一尺深尺五寸周匝內淺外深以備滲水四面築坑令堅實擲亂根使不入傍土以掘起土和爛牛糞勞勻鋪坑內厚一尺揀肥長山藥上有芒刺者折長二三寸鱗次勻臥區內區苗七十枚分兩層復以糞土勻覆五寸以木槩平苗長則以竹為架緣之旱則引水灌溝以取遙潤不可太溼霜降後出之窖以沙將蘆頭另窖來年清明種之忌大糞及凍損以其藤所結子種者為坑如法一年子長三寸許可為蘆頭移種外有腳板薯種法皆同畝八十坑坑如法收七十斤去蟻蟲如瓜法掘起後壟土種豌豆來春壟殺為底不滅牛糞性甘溫多食甚益

人惟不宜和麪食動氣截鮮者磨取泥治手足凍瘡

蒜宜艮軟地耕熟九月種為溝塍五寸一窩撒麥糠少許乃下種正二月耡之三徧條卷則扎為拳葉黃則拔之薹桿根皆中食子亦可種近法多種瓣能解暑毒多食損目擣泥過夜不可食為其聚室中毒氣也炙各疔瘡嚼傅皆有效其莖葉俱細瓣小辣甚者名小蒜取汁濃煮勿着鹽飽食之治積年心痛不可忍者神效

葱收子令陰乾勿浥韭收子法同葱韭皆宜畦種翦則益茂翦過加糞永出不窮葱白擣汁傅臍煮酒灌治男子諸脫陽危症小兒盤腸釣腹痛不可忍炒葱擣貼臍上尿出

卽止小兒無故猝死取葱白納下部及兩鼻孔氣通卽活小便不通轉脬危急者以葱管吹鹽入馬口卽瘥多食耗氣又不可合棗及犬雞肉食又薤葱種法畧與蒜同二月初種三月杪葉青出之不可翦葉令損白

靛一名藍草擇艮為地畦三月浸子生芽種之生三葉晨夜澆之勤治草五月雨後接溼拔栽之溝塍如法窩三莖相去七八寸晴則耡以舒土數耡厚糞七月拔之中兩手握為把積桶內以水浸之三日去草取其澄汁灰收之貯以畚畝三石草中糞近法多漫種亦有種兩熟者下熟顏色殊鮮明

紅花擇良地熟耕二月杪趁雨後漫種之四月杪即有花蕊開日日乘晨凉摘之碓擣使熟以水紗布絞去黃汁薄攤竹簟晒之五月子熟拔晒乾打之可爲油乃種晚花七月摘之鮮明尤勝凡摘花須多人速摘則不黦

瓠有區種法種受一斗者可受一石經受一石者可受十石其法先掘地作坑方深各三四尺用蠶矢及牛糞麻豆稭與土和拌一重草一重土二重糞踐實向上尺餘專着糞土水澆令平種大瓠子十顆輕覆土糞既生二尺許便聚置一處用竹刀各刮去皮一片相着以麻皮纏縛五寸黃泥封裹數日合氣留強者餘悉掐去引蔓結子初生二三子不佳去之留四五後擇周正圓好者兩枚掐去枝蔓旋生即摘食之則較原種十倍此古法其理可信若地方之匏器可仿行也

麻用白麻子（色白咬破無膏潤者乃秕子也買子市口含少時色不變者則佳）宜熟耕熟糞畝子三升芒種時截雨腳漫種空曳勞（子先用雨水浸則易生浸二時瀌出着席上厚三寸攪之令勻得地氣則生芽若水浸十日尚不芽也）初生數日常驅鳥雀三葉則耡去其太密者花如灰便刈古法宜歲易今皆用宿根古漚而後剝今皆生剝惟漚其稈

苧麻宜沙薄地喜近水耕勞極熟作畦長二丈濶三尺皻令平實入夏將下子隔宿水飲畦令潤畝二升撒畢不可覆土以細木于畦內輕𣪍令平搭三尺高棚用稀蘆箔遮蓋天陰及夜去之地皮燥用帚洒水于棚上常令皮溼苗出高三指去棚有草拔之稍乾澆之長三四寸即將別熟地作畦澆潤將苧種飲透帶土分栽相離四寸宜勤耡三五日一澆二十日後十日一澆以後旱則澆之初年長過尺便割一鐮麻未可用掩根爲糞再割者即堪績至十月即將馬糞厚蓋根楂數寸以避凍二月苗出五月割一次六月半一次八月半一次中間所割爲最凡小芽出土半寸齊其大麻即可割小芽便是下届所割若不割則既抑小芽又損大麻也刈倒即折其稈令褪皮以刀刮其白瓤青皮晾于竹桁以水煑之潔白便可分接成纓水浸一宿便可紡紡成用桑柴灰淋水煑一宿用細石灰拌勻放一宿去石灰用黍稭灰淋水煑則白而軟再淸水煑一度晒乾便可上機苧價倍黃麻尤需用宿根再生不過劚地加糞又一勞永利也

茶收子和溼沙土拌筐盛之蓋以淨草二月種之背陰地或樹下山陰尤宜開坑員三尺深一尺相去二尺熟劚和糞土每坑種二十顆子土蓋一寸旱則以米泔澆之二年外乃治草鋤土以原蠶矢澆壅之亦不宜太厚忌水浸根三年可收茶子可榨油

立春修農具　浴蠶　拗麥　織草鞋　織箔　芟削諸木枝　燒樹植地
雨水移芟松竹　修籬　移桑　出牛糞　掐菜薹
驚蟄壓桑條　糞菜子　放魚秧　插柳　造醬
春分糞大麥　拗蒜　種薤　種茶　種山藥　種早芋　種紅花
清明浸種　種靛　合牛馬　溫蠶　封蠶種　種瓜瓠
穀雨播稻種　茶種　塌蠶蟻　種芋　種茄莧萵苣　染場　收榆莢　種蘆稷　玉黍　種山芋芽
立夏刈大麥　翦桑　種萌　灌豆　收桑椹　伐木　移蘆稷　玉黍　刈豌豆　蠶豆　種遲芋　拔蒜
小滿刈小麥　栽早稻　種棉花　種脂麻　收菜子　蠶上箔
芒種栽中稻　栽芋　種粟稗　芸早稻　刈苧　移靛　拔紅花　繰絲
夏至栽晚稻　種葚　種麻　芸中稻　種次熟紅花　翦插山芋

小暑芸晚稻　收蠶稻　伐竹
大暑種下熟稻　摘綠豆　刈苧　樵柴　晒一切物
立秋刈早稻　種蕎　採棉花　收槐花　割漆　架場　下白菜蘿蔔種
處暑種泥黃豆　拔靛
白露栽白菜蘿蔔　胡蔔　收棗　刈中稻　收玉黍　拔二熟紅花
秋分種早麥　修倉　收蘆稷　刈粟　刈苧　收桑葉
寒露刈晚稻　拔稗　收脂麻大豆　種油菜　收柏子　收荷葉　種豌豆蠶豆
霜降掘芋　掘薑　拔棉花　拔山芋　堆稻草　留蘿蔔胡蔔種　種蒜
立冬掘蘿蔔胡蔔　掘山藥　收冬瓜　醃菜　種遲麥　藏諸穀種　菜種　下烏菘菜種　刈蘆葦
小雪芸麥　耕水田　糞麻田　刈蒲　包裹各樹　燒炭

大雪釀酒　刈蒿棘　罱河泥　編薦
冬至糞小麥　埋各穀占歲　開魚池　伐木　取竹箭
小寒凍蠶種　接雪水　科桑
大寒拗菜麥　掘瓜薑坑

其餘種雜蔬葱韭之類、治雜具編囤挫繩之類、隸農隙、無定時。

農民治其業、自非歲時伏臘、省祠墓、通親戚、則晴事耕耘、雨勤織績、赤背而薅草、跣足而犁冰、出入見星、工作常倍者、為上農。自耕其田、歲息錢不過十四五千文、其佃耕與罷弱者可知也。或有急迫、奔呼吏門、受斷明速、而歲計已虛、罣事遷延、常繼橫貸、滾垛之困、累世不復。

且均其稠曠、縣五萬戶、戶輸兩稅、各稽一日、則歲耗邑力十萬工也。三工治荒田一畝、頓臻熟腴、是歲蕪邑田三萬餘畝也。治田畝加一工、則溢粟二斗、是歲減邑穀二萬石也。貪酷未形、病民已熾、論非谿刻、理則固然。嗚呼、乘時爭力、無忘勤動、撫弱推物、能無怵惕、故總時日興作之務、附著作力、敬告在公、或不以為小人之識也。

男誠　家丞　孫希麗　希曾　希鵬　希康校字

安吳四種卷第二十五下

齊民四術卷第一下　涇縣包世臣愼伯著

農一下

蠶桑

桑有二種魯桑一名湖桑葉厚大而疎多津液少椹飼蠶蠶大得絲多荆桑一名雞桑一名黑桑葉尖而有瓣小而密先結子後生葉飼蠶蠶小得絲少然荆桑心實耐久且生葉早可爲樹桑飼蟻及頭眠魯桑枝豐不耐久生葉遲可爲地桑飼老蠶桑不宜遠居便採折便修治種之有種甚壓條二法壓條易長而難得宜兼用之椹熟收黑魯桑椹水淘淨晒乾及四月耕地令熟糞而勞之爲溝塍以黍桑子各三升蠶沙三斗種之輕㮣平勿令土厚壓(二月種舊椹者多不生)黍桑俱生三耡三糞桑密者去之令相間五六寸黍熟刈之桑長等黍以利鐮附地刈倒亂草覆之曝燥順風走火燒之(火太甚則傷根)加牛糞覆之春芽出每科留一肥者頻澆之至十月移栽(北方地冷則用八月)先以牆圍成園(園宜約鄉里四家各圍一面或兩家各圍兩面既省圍工又互藉糞水之力)園內地牛犁熟方五尺掘一坑坑坑相直以便犁坑方二尺深三尺先以亂石填深七八寸下土二三寸踐平實(石亂舒直根且畜糞保澤)將燒過土糞三升熟牛糞三升和軟土三升勻下坑水一桶攪成泥漿(若過年及

春分栽者先于秋末掘坑和糞細土塡坑一半以收冬潤栽時拋開如法下苗者不用火糞)連根掘出桑苗去根七寸截斷燒鍋令紅倒案桑瘢烙過將根坐稀泥中按至底提三五次令根舒順以桑頂平地爲度乃下細土塡坑滿次日繞坑擔築土下七八寸令堅實靠桑身處勿築(擔土堅自隨低下着實也)乃以細土壅滿輕築平以鬆土和牛糞厚覆之令毋凍及春融撥糞和土爲桑隔時時澆之(隔員二尺中聚鬆土如鍋覆旁築堅爲池畔以渟水)二月在隔東北種黍以遮新芽(三年便不須此)芽叢生出土每一根止留二三條任長足來春便可飼蠶作地桑者附地一刀割斷(其一割不斷者則條楂生出不齊)芽出可留五六根以漸增之作樹桑者去土三尺以上割去梢條則條自橫岔任令滋長至十二月乃科斫之(當夏科斫走汁則數年不茂)凡春摘葉夏翦條摘葉不可屈枝翦條不可當午(地桑翦條附土樹桑翦條附老瘢小瘢凸出多者損新條也)樹桑枝宜員向外出中可立一人科斫時凡條向下生者名懸水向裏生者名刺身皆斫去之相併生者名駢指稠穊生者名冗腓皆科選之以養新葉之力凡夏翦過後所發條有一葉者則入春爲芽長一橫枝凡樹桑砍梢後芽出擇其員正肥旺者留五六芽其明年翦條時各留尺許留芽如初明年又留尺許翦之但擇肥長不必取員向以後翦條皆齊老瘢樹本三尺枝兩節二尺合高齊人三年科斫一樹廿五頭中員空三尺

每頭留四五條凡桑隔宜常治淨則不生蟲或有步屈亦易捕凡桑田皆宜春秋兩耕隔間三尺一犁順逆之地也縱橫耕之遇浮根則去之秋種桒子春種赤綠豆芋頭脂麻餘植皆病桑每熟宜三糞三耡糞耡皆宜及桑則地不荒而桑益茂且葉早生也科方五尺則畝爲二百四十科地桑盛者科得葉十斤則畝飼蠶廿四箔（大眠起秤重四斤爲一箔今名一盤）樹桑陰相交則不滋下植先栽時可相間一丈掘坑深三尺五寸方二尺五寸糞量加畝六十科科盛者葉四十斤亦飼蠶二十四箔壓條者春初將地桑隔旁開小溝深廣四寸將桑條扳倒截梢烙過橫卧渠中以鉤釘土仰鉤

條使離土寸許懸空着其芽皆向上生每五寸留一芽至五月內晴天取泥和水攪淖晒熱擁卧條上晚澆其本根及卧條則生根鬚至秋其芽條皆成條身十月或來年春分節節剪斷栽之凡移栽皆宜多帶本土保護根鬚遠移者尤宜包裹固密凡三月桑芽已動最畏霜凍倘天氣斗寒北風大作宜于園北預積糞草夜深發火溫之以解霜凍接桑如接梨法（詳後）本樹老不長葉及穀樹柘樹皆可凡桑生蟲者以杖打落拾取于上風燒之餘蟲間氣即盡落乃以蘇子油塗樹根令不得再上其食皮攻心者名螬蠐俗名鑿蟲當食皮時有脂流出即剷去并跟根尋其子如

蛆去之其已至樹心者以鑿去之凡蟲皆因隔荒而生熟治者斷無此也椹熟時徧收曝乾藏之可備荒浸酒煎汁常服之益人惟小兒忌食皮可爲紙可入藥材中各器葉和麻葉煮米泔汁沐髮令驟長葉皮煎水洗風淚各眼以嫩枝炒過煎汁治消渴乾椹間飼牛使不疫

蠶陽物其性所宜在連（今名蠶紙）宜極寒成蟻宜極暖頭眠起宜暖停眠起宜溫大眠起宜涼老宜漸暖入簇（今名上山）宜極暖蟻時及眠時宜暗眠起以後及蠶大宜明向食宜有風風自架下緩入者乃佳宜緊飼新起時怕風宜慢飼　冬隙廣拾牛糞積至春暖打破和水築成墼子以備烘蠶十

二月刈茅去穗稚軟以備蠶蓐俱宜蠶性秋深捋將落桑葉曝乾俟臘月擣爲粉以淨甕盛收于不近烟火處臘八日長流清水或井甜水浸綠豆白米每箔半斤爲度浸一日晒乾俱備大眠後和葉飼蠶能消熱病堅絲綿正月修蠶架蠶盤蠶簇架二種古名槌大者高六尺三足展之廣亦六尺六層下層去地八寸以空盤隔溼上層以空盤隔塵中置蠶者四層每層相去一尺當每層高爲一橛以便抽盤出架小者高三尺三足展之廣二尺四寸每層相去六寸小架以架苗蠶大架以架老蠶也盤以竹編之員徑五尺邊高寸許苗時用篩軟茅藝之上加薄紙三日後去

紙惟用茅蓐網以竹片爲骨蒙敗網如盤而差大如盤上葉使蠶上葉背以抬蠶除砂蠶後以毛竹長尺三寸削極尖細糠炒淨以除惡蠶蠶室向南爲上忌向西受夕照起西風皆害蠶屋寬者宜割一所東南北三面開窗以紙糊之加葦箔草簾于外葬牆根東西北三面各開三氣洞以草塞之屋狹者隨處以簾箔遮風日亦可及蠶大眠時埽一通風淨室以簞鋪地凡晨翦葉盡日下挑來摘下嫩條薄攤涼去鬱蒸之氣乃飼蠶常宜備來日葉凡葉有露及黃沙須揩洗淨盡鋪簞上涼過乃可飼蠶整箔架備火盆箔架以竹爲椽去地尺許架之上鋪蘆箔

上簇去地七尺以繩挂大木五六根橫鋪竹椽加蘆箔上簇簇以稻草去稗辮中拆岔爲覆鐘樣撒蠶其上爲入簇凡屋一間兩架可上蠶十盤火盆以鋏爲鍋或坦瓦盆亦可以木爲架高五六寸修抽絲車備絲柴柴栗爲上柏次之曝極乾二木皆無煙故也桑葉見靑乃卧種謂以連置煖處令生蟻出早則蠶葉兩損自下蟻至大眠每盤食葉廿五斤大眠起每盤食葉一百斤連嫩枝秤實淨葉七十五斤約淨葉一百斤飼蠶一盤先自量葉乃無缺乏鋏多蠶不成鋏少絲不足先掘一坑以草墊之以置蠶砂砂出卽下坑毋置蠶旁厚潔桑皮紙以爲連收種桑皮索以繫連蠶畏麻近之卽不生劄地桑厚背鋼斧翦條大頭鋼翦切葉薄口鋼刀以上物皆于淸明前備齊

護種之法蛾下連卽于晴日侵晨日未出時汲新水浴連一頓飯時浸去蛾遺便溺毒氣以桑皮索繫兩角平單空挂孕婦產婦不得浴連三伏時再浴一徧挂如初至十月收連卷如軸桑皮索紮而挂之冬至日臘八日皆展之先沃以牛溲乃以新水浴之遇大雪可鋪連于雪中令壓一日或無雪年至臘月望以高竿挂連軸夜立于塏令出屋牆以受寒氣并受星月精華正月十五以研細硃砂調不冷不熱溫水浴之或用端午重九所採馬齒莧桃枝晾乾以極熟細木棒慢捲一棒三連桑皮索紮定以淨甕鋪乾茅草爲底貯黑

豆斗許將棒空插沒甕口以紗布覆之每十餘日及雨雪後待日影已高取出甕中連展開使畧見風日卽捲插甕內如初凡貯連挂連皆宜于無煙處值烟薰者多不生生亦多病及淸明卽出甕中連展開繫角于無風溫室內去地七尺空挂及穀雨桑葉已生于辰巳間取連出以背鋪日中晒至溫卽于廠下舒捲之四角順反互卷到第一日以變灰色者十分三分卽收甕中次日又舒卷變至七分收甕此二日收皆須以紙密蓋甕口第三日于午後出舒卷提掇以變十分爲度乃以兩連相合或一連對摺緊卷紮定以盆盛黑豆置無煙涼房內棒虛插盆中凡子色初變紅和肥

瀰再變尖員微低如春柳色再變蟻周盤其中如遠山色是爲好種若頂平焦乾及蒼黃赤色者弃之何也三日晚開展以不出蟻爲上其先出者以雞翎埽去不用此名行馬蟻留之則蠶不齊凡蠶欲蟻齊眠齊老齊不齊則生病蓋已眠者被未眠者食壓未眠爲已眠者拋餓入簇老者欲出蛾嫩者尚薄繭事倍功半虛捲放在煖房淨箔上俟東方白時展連鋪箔移于廠下半頓飯時乃移入煖房置近地一架少頃黑蟻齊生稱明分兩寫記之即用桑葉現切如絲髮先鋪軟蓐蓐鋪薄紙將桑以篩勻下紙上以連覆葉上蟻聞葉香自下不可用翎刷杖敲若連覆葉上久不下者此病蟻可棄也蟻既下乃秤空連看下蟻分兩多少每蟻一錢老蠶一盤有葉三十石者可下蟻三兩畧多備擲不可太過凡蟻三兩當虛攤如一盤大地友密則傷蠶凡蟻止食葉之津液故須快刀現切薄篩久停則津乾無用也凡養蠶固合家幫忙須擇一精細耐勤勞人爲蠶母總經其事下蟻時沐浴淨衣入蠶室焚香祀先蠶忌生人及穿孝人內外人哭泣聲雞犬皆遠驅之毋舂米築牆埽塵酒氣臭氣穢言及諸忌言蟲鼠之類凡蠶屋內必畜一猫

凡蠶畏冷然亦不可傷熱一日內各分四時寅卯辰如春巳午未如夏申酉戌如秋亥子丑如冬又陰晴風雨即分寒熱須以進退熟火調劑如一蠶蟻宜極熱時天氣猶寒以瓮燒牛糞墼令煙淨燒熟送入蠶房旁置火鍤一具多

留熟灰以便撥覆火盆不宜太近宜以苫席圍其煖氣使上下四面溫和如一以人身試稍涼即添火去灰稍煖即聚灰覆火務令順時

凡飼蟻葉宜宿澆其樹使液出現摘現切薄篩頓數宜頻第一周日可三十六頓第二周日可三十頓第三周日可廿四頓第一日切極細篩極薄第二日切極細篩次薄第三日切細篩又次薄三日後切稍大周日十七八頓篩稍厚以後遞增減之凡蟻生色黑三日後漸白則向食葉加厚變青則正食宜益厚飽亦不傷復變白則慢食宜減薄變黃則短食蠶向眠也宜益薄純黃則住食爲正眠一日一夜起是爲頭眠眠起自黃而白白而青青而復白白而黃又一眠是爲停眠再一眠是爲大眠又有四眠者不宜育之飼法增減皆同初眠凡頭眠蠶向眠時宜極暖正眠宜溫煖初眠起後遇晴和天氣巳午間宜去東南窗簾使稍通風日此爲有蠶屋者言其隨養各處者不必望蠶有七分黃光時先以軟茅蓐空箔蟻一箔者頭眠則分三箔周日食六頓二眠分十二箔周日食四頓三眠分二十四箔周日食三頓三眠起食六頓則落蓐謂空箔不用蓐草也可分三十箔今法皆於三眠後秤蠶四斤置一盤尤捷俟十分黃光併手抬過分如指頭大疏布使入眠不蒸其抬飽食者鋪葉使蠶上葉背時夾葉畧帶沙茅抬過分如錢大散布其葉可切一分闊二眠可食三切葉三眠可食全

葉落蓐可帶嫩枝鋪撒矣。凡葉須記明斤數增之，如頭眠食六頓時，每頓葉十斤，則二眠四頓時，每頓葉五十斤，三眠三頓時，每頓葉一百廿斤，落蓐時，每頓百五十斤也。其葉食薄露白者，即時添補。惟巳午未時宜薄，以避蒸溼。亦自辰上葉至巳已飽，至未又上，及夜已飽，一更又上，使至晨亦須勤起視添，以葉斤盡爲度。（此三眠後頓分，二眠前以前照此差之。）二眠前天氣尚涼，又蠶沙少，皆一眠一抬，二眠後三日一抬，大眠起飼四頓一抬。凡抬蠶皆不可遠擲高拋。凡抬蠶秤蠶皆宜人多手速，勿令久罨致傷。凡蠶沙乾鬆則蠶無病，其成片溼潤者則有病，宜急拚解之。如正抬時遇陰雨風冷，抬過又恐蓐冷傷寒，宜切軟茅如豆大，每一箔用斗許勻撒蠶上，再上葉，使蠶緣葉上茅，隔沙蒸，俟晴和更抬。（此謂二眠以後，前不必也。）凡蠶必欲其眠齊，如一半純黃，一半退白漸黃，是不相遠，宜薄鋪頻飼以趕齊之。若尚是青白，則必不相及，宜以蠶筷挑出，另置一箔頻飼，始不壓過正眠蠶也。凡蠶向眠時，見有三分黃光者，即減葉三分，切細三分，薄撒三分，頓數加三分，八九分例此。齊眠乃斷葉，齊起乃上葉。其亂游及食畢即昂頭者，嬾蠶也，揀棄之。如已起九分，有一分向眠熟，亦宜挑出。蠶大眠起則宜涼，盡退熱火，開窗下風眼。其隨處養者撤遮障，（自三眠後漸去之，若驟去則驚蠶。）惟起西南風則

以薦障之。若暴熱則宜于房外貯清水，并以洒房外地，使透涼氣，平和則去之。凡眠起宜薄飼，一日第一頓薄令露白，第二頓再薄令間露白，第三頓如第一頓。（此三眠起飼法，二眠當倣此差之。）次日漸厚，自蟻及老俱視蠶色加減其食。取臘月所浸綠豆，水浸微芽，晒乾，白米蒸熟，磨成粉，于大眠起第四頓攤葉于簟，以新水細洒，以細羅絹篩綠豆粉于上，拌勻，一頓甚益蠶。乾桑葉末羅拌如豆粉，可間餌三四頓。桑粉凡粉一斤，用新水四升，每箔蠶用粉六兩，計數減葉飼之。一斤可減新葉五六斤。葉再缺者，可用米粉如法拌飼一頓。凡此皆防缺葉，葉足者不必用此。惟以新水洒飼三四頓而已。凡水葉惟巳午時可用，他時不宜。老蠶由青轉白向黃，則漸老矣，又宜微溫。（漸增遮障，陰雨宜微進熟火。）宜切細撒薄飼頻。約大眠起十六頓即老，抬護溫涼得法，加減適宜，廿五日可老，每盤絲至二十餘兩。日愈多則絲愈減，葉愈增，三十七八日老者，每盤絲不過七八兩。且桑葉翦遲則新條不能及夏至前發足，條枝稀短，來年生葉更遲，常損葉誤蠶也。

凡進火當鋪葉上頓時，使蠶循葉食上乃進，撥去灰者同。食了即退，或以灰掩之。若飢而進火則傷火。初上葉，蠶在葉下沙上，若進火則葉罨沙蒸而傷熱。凡蠶怕溼怕熱怕

冷怕風傷一即病。傷溼則黃肥。傷風則節長。禁口。傷蒸則脚腫。傷冷則亮頭。傷火則焦尾。傷寒。風則黑白紅僵。傷熱葉者亦蒸。黃。傷露葉者亦節長。禁口。病初起者。進退火盆開閉窗簾。掐分沙薙以解護之。然已滅絲矣。宜節節如法保持也。

蠶老齊乃上簇。宜輕撒疏布。簇外以葦薦蔽風。進火盆暖之。約屋三間。火四角并中央五盆。盆各以席圍之。使火氣向上反下。則勻而不燥。結網成胎。火尤宜暖。晝夜不可斷繭成即剝去皮薄攤。毋令蒸罨。居簇中央向東南方明淨員厚之繭。留爲種。餘繰之。繰不及者。晒繭令燥。地上埋大

甕。甕底鋪竹箄。次覆桐葉。乃下繭十斤。洒鹽二兩。又鋪桐葉。重重隔開。滿甕密蓋之。蛾不出而絲不損。惟繰時宜頻換水耳。

凡繭雄者多在簇下。而尖細緊小。雌者多在簇下。而員慢厚大。摘出時疏布透風涼房箔上。蛾出時。第一日出者名苗蛾。不可用。先于屋角置草。凡不可用蛾皆放其上。次日以後出者。每一日爲一等。分清上連。末後出者名末蛾。亦不可用。以厚桑皮紙爲連鋪箔上。雄雌相配。當日提三五次。去其尿。過午後摘去雄蛾。放草上。疏布母蛾于連。其環生子成堆者。即摘其蛾。刮去子。其餘生子足者。仍令在連上伏養五日。然後將蛾母亦置草間。十八日後合埋淨地。凡蛾出。其拳翅禿眉焦脚焦尾重黃赤肚無毛黑紋黑身黑頭者。皆不可用。

凡蛾在連時。若遇天氣炎熱。于午未間將連鋪涼房淨地上。至申仍上箔。十八日後浴而平繫單挂之。亦有蛾在連時即平繫單挂者。更透風涼。不停尿屎也。

繅車及繅法。各處知之。其地素不知蠶者。須于他處移繅車及能繅人教之。非文字所能明。故不詳。

頭多不可抽者爲棉繭。可剝棉。亂頭及抽剩湯皮。爲湯繭。可撚線。蠶白死者名僵蠶。可入藥。夏蠶名原蠶。不宜多養。損葉人工尤苦。惟宜少取其矢。以備浸穀種耳。又原蠶矢

薰臭蟲神效。

樹植

竹。宜高平山坡沙白軟土。正二月掘取西南園角。少去根鬚。多帶土。于新地東北角種之。地宜耕勞。坑深二尺。長隨宜。以稻麥糠和稀泥下根。以土鬆覆三四寸。不可澆水。勿令六畜入食其笋。竹性喜向西南。東北引蔓。數年便滿園。竹性畏水。惟種時宜趁雨接溼。丙丁日及起西風日種之。多不生。凡花木通忌。園中宜多爲深溝。使不停雨水。其種竹莖者。三四莖作一叢。芟去梢葉。土令附根而止。不可深埋實築。忌足踏手搖及洗手面脂水。凡種竹須擇雌雄。八雌

二雄則滋茂自根上起第一枝觀之雙歧者雌單歧者雄竹開花結米則枯死一株開輒滿園于初米時擇園中最大竹一竿去根三尺五寸截之通其節實以河泥熟糞卽止竹園敗者宜于臘月盡斫去劚之再徧以湯豬水澆之則笋茂過常凡竹須隔年色淡白乃中斫嫩青者篾脆且損笋也竹稀斫常揀留大者則笋肥盛三伏及臘月斫竹不蛀竹盛者畝歲可伐五十擔朝入園見笋頭無露者此必不成竹可掘供蔬

松柏移栽者宜正月多帶故土樹大者科去繁枝記舊山南北順栽逆者多死他月栽者亦多死種者九月中收成

熟子來年春分甜水浸子十日治畦下糞水散子如瓜菜法上覆鬆土半寸搭矮棚蔽日旱則澆之秋後去棚十月以黍稈夾籬禦北風撒麥穅覆樹令厚數寸至來年穀雨去穅澆之再一年便可移栽先掘區以糞土水調如粥乃下科壅土令區平以水澆沖使平忌築踏有裂縫則腳踐合之檜同

榆扇地東南北三方各與樹等惟宜于園地臨水山北畔然不叢生則曲戾且聚雀損穀宜割白土薄地不宜穀者一方先耕勞令熟爲淺塍至榆莢熟時收淘取堅實者點種四五寸一科科置二三莢勞平莢出則拔其稠者明年正月初附地刈殺以草覆而薄燒之科根之上如七八叢生止留强者餘悉掐去本年卽長八九尺初生三年不可採莢葉及掐心仍刈附地草曝乾于正月走火燒之三年便中爲椽十年以後無所不任三月初及青收其莢乾貯爲粥甚香滑食之益人古人供常食今可貯之以備荒歲色白將落及已落者可爲醬古名醔醃採其仁入冬釀酒香烈勝稻秫其皮溼擣如糊可粘瓦石以皮焙爲末孕婦臨月日三服服一錢令易產棠種同法榆子可爲醃八月初收葉曝乾可染緋

白楊古名獨搖亦名高飛中屋材性修直易長割地熟耕

正月犁爲壟橫掘壟爲小坑斫白楊枝大如指長三尺者屈着坑中以土中壓尺五寸令兩頭出土向上一根兩株計畝二千五百株明年正月芟去惡枝三年任椽十年任棟古法歲種三十畝三年九十畝三年挨賣周而復始此之勸農利逸百倍其枝可爲矢皮可搗傅熱毒金瘡柳同

柳正二月取弱枝大如臂者長尺五寸燒下頭二三寸埋之令沒常足水以澆之必叢生掐留其茂者別豎一木爲欄本年卽高丈許盡去旁生枝葉令直上隨意取長短掐去正心枝卽四散垂下凡下田停水不可植穀之處皆宜樹柳六月取春生少枝種長尤捷其割地種者法同白楊

耕，尤宜熟，自五月至七月，遇雨即折春生少枝長尺許者，插甕中，相間尺五寸，三歲中椽，其枝新雜時不可供爨，能殺雛。

箕柳，下田河岸卑溼之處，水涸時熟耕，春凍釋，刈柳枝長三寸，漫栽沒土，勞平，乃引水渟之，至秋中箕骨矣。凡楊柳根下，種大蒜一科，則不蟲。

漆宜沙石山坡，掘根截三寸許長種之，三年或五年後，于七月以斧斫其皮，侵肉開二分許，濶向下，螺旋及根，開口大如新月，以大蚌盛之，每早收訖，復插入，以汁枯為度，即截去重種，三尺一株，畝七百五十株，二歲可獲淨漆一石，

價比穀三十倍，木中器用，可及工本。

穀，古名穀桑，又名楮，名構，俗又呼為檀皮，宜澗谷間艮地，秋收子，淨淘去浮者，曝乾，二月耕地令熟，和麻子漫撒之，勞平，秋冬留麻為楮作煖，明年正月初附地芟殺，放火燒之，本年即沒人，三年中砍，不砍者徒失利，砍以十二月為上，四月亦可，非此則枯死，每歲正月，就落地乾葉燒之，二月剔去惡根，移栽亦宜二月，剝皮煑熟賣者利尤勝，煑法，結皮為把，以石灰拌堆水田中，澆之，三四日水氣如蒸，月餘就水揉去青黃穢皮，畧如麻片，又以灰漚之，攤石山上，令霧風雨，二三月洗而曝之，其價十倍穀柴，供爨可及工本，其實煎湯服治骨哽。

槐收子，宜勤曝辟蟲，夏至前浸子生芽，趁雨種，麻時和麻子漫種，本年與麻齊，麻熟刈去，以木為倚欄如柳，明年劚地令熟，再種麻，脅槐令直長，三年正月移栽，亭亭修直，百千若一，五月收花可染黃，九月收子可染皂，又供入藥賣之，為歲利，其材作器用最美。

楸梓，秋末收角，曝打取子，耕地漫種之，再勞平，春生有草拔治之，再春正月，耕熟地移栽，方丈一科，畝六十科，十年後中伐為器，收利較遲，成材特美。

桐子，古名椅桐，白桐、泡桐、荏桐，材中樂器，子取榨油，樹似

梧桐而小，葉更大，子形如柿，先花後葉，月令所謂桐始花即此，宜朝陽高敧之地，耐旱易長，子生者一年三四尺，根分者一年五七尺，九十月收子，正月耕地種，如榆，明年即收利，其花可傳猪瘡，和物飼猪，肥大三倍。

梧桐，九月收子，二月作員坑，大三尺，下水和土，如治畦法，每五寸下一子，畧以熟糞和土覆之，生後勤澆，當年即高一丈，至冬以草豎滿坑，護梧兩重，葛緊束之，明年三月移栽，冬再裹草一次，樹美觀多陰，宜園亭官廨，子可炒食，人家不宜植，能損人門戶，材中樂器、棺木、轎杠。

杉，宜山坡沙軟土，驚蟄取枝插種，劚地熟，接溼，無雨則澆之，以

杖刺地作孔插杉枝深七八寸下細土鬆築以水澆之（凡插枝法皆如此木弱者當以棚遮日杉性强不用）明年正月芟其下枝歧枝地肥者十年中爲柱及棺以七月伐之其椿入春叢生一椿兩株傳生無窮

鵶柏又名桕子收殼開露子者埋牛糞內至春芽動畦種之兩年移栽方五六七尺耕勞如法九月收子榨油（有皮澇清之分）其殼供爨勝柴熄其煤勝炭餅宜糞茶樹最多毛蟲先以稻草在下燒煙沖之即落下不然傷人樹老砍之中棟及各器用其椿接桑最茂不生蟲且耐老惟宜摘葉不可翦條耳

栢種熟地作溝塍收子淘淨晒乾密種勞之常拔草三年芟細者爲杖十年以上任械材弓材山石陰地尤好葉可飼蠶不採者宜打落之

梨取熟時味美者全埋之經年至春二月分栽之（一梨十數子惟二子梨他生杜杜酸澀不中食以之接梨乃大佳）區着糞水如治畦法至冬葉落附地刈殺之以炭火燒頭二年即結子凡杜經年大如臂即任插梨小者對插二枝大者四五枝不等梨葉初動時以麻緊縛杜去地五六寸以鋸截杜削竹爲籤刺杜皮肉之際深寸許折美梨向陽老枝長五六寸斜削之如竹籤刺入之度使青皮與杜椿青皮相對拔去竹籤插下以熟泥封杜椿頭旁以破甕擁土過杜培梨枝僅出其頭以水沃之透鬆覆乾土數日即活活後有杜葉出掐之三年即成樹凡果樹皆宜接桑尤甚接法同凡遠道取梨種者折其枝即燒根三四寸數日猶生霜後收子于屋內掘土坑常令燥和蘿蔔藏之則經夏不壞今以箬裹于樹上解熱毒多食益人産婦忌食凡果樹皆占正月七日二月十二日三月三日無風則熟桃熟時擇佳者合肉埋糞地中至春既生合土掘移分栽實地糞以熟糞三年即收子四年以刀直劃其皮令皮緩七八年則老而子細便附土砍去其椿旁生者掐留如法則如新種

櫻桃蒲萄種同法蒲萄蔓弱須爲高架下可避暑宜近棗樹旁栽鑽棗爲孔引蒲萄出其孔中俟蔓長滿孔砍去蒲萄根托棗以生則肉厚甘如棗立冬宜作坑卷其蔓下埋之護以草乃覆土驚蟄中舒之上架棗李梅杏法皆同諸樹大率方八尺一株太密則子小而肉不脆

花紅古名林檎壓條栽之如桑法

栗皆種生初熟出殼即裹埋着屋裏溼土中宜深以避凍二月生芽出而種之生數年不用手近（凡新植皆畏手近栗尤甚）三年內至十月即用草裹二月解之棗栗材皆堅緻栗枝爲薪炭尤妙纖絲所必用

石榴三月初取枝大如指長尺五寸八九枝共爲一科燒下頭二寸掘坑員徑尺深尺七寸豎枝坑畔勻布置枯骨碎石于枝間一重土一重骨石下之築平坎沒寸許止水澆常令潤澤

木瓜種法同桃秋社移栽至次年即結子白果古名銀杏須雌雄並栽三稜者雄二稜者雌乃實單植者臨水照影乃實春分掘深坑下水攪泥成漿乃下子鬆土覆之移栽者同橙橘皆分根下少枝移栽宜沙土厚糞

凡諸果皆以正月望前移爲妙過望則少實得佳種三月上旬取直枝圍二寸長五尺者貫大芋頭種之或大蘿蔔

亦可勝種核正月朔雞鳴時把火徧照樹下則無蟲果木不實者以社酒餘瀝灑之則盛挂人髮于枝上則辟鳥結實時忌白衣人過正月朔日出反斧班駁椎棗望反斧班駁椎花紅正月朔望以磚石着李樹歧中臘月望正月晦以杖輕打歧間俱令實繁凡桃李皆鋤草而不可耕五月初以杖擊棗枝振去狂花則實固橙橘不實于除夕婦點燈男執斧至樹下欲砍之婦云明年不實乃砍再三勸止乃砍一斧回身不得重顧即繁矣除夕以女裙繫樹下亦可梨同生蟲者以桐油竹燈挂枝下即止凡木果生蟲以魚腥水澆之則蟲自落若于九天預澆則次年自無蟲

荷花八九月收蓮子堅黑者于瓦上磨其頭令皮薄取熟泥封之長二寸許蒂頭平重磨處尖小正二月擲池中重頭沈下自然周正易生又折藕節于春着池中亦當年即花葉子根皆收利池淺不可養魚又藉灌者當栽之

雞頭亦名芡實角菱皆着子池中自生葦蒲皆移根帶土栽如移竹法宜淺灘薄洲

凡作園籬宜度牆地熟耕種酸棗及榆柳之屬俟其密生至四五尺乃芟除斜編歲編其枝高以意爲度

畜牧

牛宜時其寒熱勿令內傷冬耕宜待日出薄暮而休夏侵

晨而耕及午放之陰林申酉再耕九月草枯後入欄儲草宜足故諺有水牛三千黃牛八百之說諺又曰畜生不要好只要窴乾食飽每夜以草鋪欄厚五六寸食之餘踐以爲糞常以草覆糞毋令糞貼牛身入春即出之則不蒸濕夏秋則十日一清欄冬月仍時以乾桑葉和麥麩剉草剉豆其飼之以蠶沙浸水一桶置欄內能除春病每放必令先飲水足乃牧于豐草之區必令極飽三月合其牝牡凡有胎者役使尤宜珍護孕六月後停役犢初生剝去胞衣及蹄黃須令淨盡以溫水浴之擦令周徧

馬初生無毛才行便能飲水數肋骨得十三根頭項員起

如鳴鳥者皆千里馬腹脊上下平項員毛起腕上腹下毛逆生肋骨十一根十二根尿射過前腳前兩甲髆毛逆生後甲髆毛逆生過前甲髆到喉者皆五百里耳根下生角長一二寸放尿時舉足眼有雙瞳者皆善走馬善相頭皮光緊如剝兔耳後小尖而齊左耳卻害主右耳卻不入陣眼員滿如雙懸鈴眶肉額前鋒毛濃盛鼻寬大脣濶大皮緩色鮮紅上方下員舌如懸鉤胸脊廣平脛平短肋骨分明鞍肉厚陰小肚方脛骨細無毛尾毛細軟尾根齊尻骨汗溝深甲髆橫紋分明膝員而高蹄厚而大前腳直後腳曲而開腿如琵琶前望如鳴鳥後望如蹲狗皆良馬也無此諸相而肋

骨止十一以下芝蘭孔生毛長一寸項扁頭垂陰大腰長者皆駑馬也 馬有白點入口目下有毛橫起旋毛在吻後白馬黑鬃鞍下有回毛脊下有白毛直上汗溝過尾根腮上有旋毛後足左右有白毛純白而四蹄獨黑從前髆起旋毛到腮項有旋毛爪黑面白以上皆為毛病不利主犯一者不可供御 飲喂有三則一曰少飲半芻饑腸休飲足庢羸休飲足妊娠休飲足饑腸休喂飽出門休喂飽遠來休喂飽二曰忌飲淨芻濁水休飲惡水休飲沫水休飲穀豆當篩砂灰當潔毛髮當擇三曰戒飲禁芻騎來不得飲料後不得飲有汗不得飲腰大休加料炎暑休加料

凡戰馬次日欲出陣則先日禁草料弔之棚下良馬有可弔十日者戰後唯飼以草節日許乃下料則馬不傷凡馬遠來牽轉喘定汗息乃去鞍繫于迎風所移時乃飲喂之冬煖屋夏涼棚梳毛片滌四蹄常令淨潔其尿清糞潤鼻息溫和脣舌鮮明皮毛光彩則無病也騎行長路者一行二走三馳四奔周而復始人數上下則馬不傷凡馬方行而渴入下使飲水復聽久息者必死須騎而聽其飽飲即加鞭疾行使出汗便無妨也馬方行上料夏連勒餧之俟其嚼過豆半升許乃解勒冬則去鞍留韁而已 馬久步則筋勞筋勞則生蹄瘇久立則骨勞骨勞則發癰腫久汗

不乾則皮勞皮勞則𩣡而不振汗未燥而飲飼之則氣勞氣勞則𩣡而不噴馳驅無節則血勞血勞則發強行何以察五勞終日馳騁舍而視之其不𩣡者筋勞也𩣡而不時起者骨勞也起而不振者皮勞也振而不噴者氣勞也噴而不溺者血勞也筋勞者兩絆卻行三十步而已骨勞者令人牽之起從後笞之起而已皮勞者夾脊摩之熱而已氣勞者緩繫之櫪下遠餧草噴而已血勞者高繫無飲食之溺而已馬槽忌以石灰泥之及以豬槽食馬又乘汗繫着門環皆令馬落駒駒初生忌石柴各灰氣灰新出爐未經水者駒觸之多死繫馬宜向南向北則馬易病廄必養

獨猴令馬不畏邪辟惡消百病馬入廄宜以繩絡其腹勿令夜睡野牧至秋宜以棉韉護背辟露騾驢大率同馬法騾驢宜解兜放夜餧草上料二徧常以繩約其腰勿令睡騾不能生皆馬驢所乘故有馬騾驢騾之别騾壯者可耕可馱最得用駒一歲二月可破鞍割其蹄釘鐵皮以寬爲得騾長高俱四尺四寸者爲上相凡受胎即停役一月後胎固如常役六月後減役臨産一月前仍停役尤宜勤料羊常揀臘月正月生者爲種十一月二月生者次之非此數月生者毛多焦卷骨髓細小傷寒故也八九十月值秋肥然冬杪乳竭未得新草三四月草美而羔未能食常飲熱乳五六月雨熱相仍惟冬春之交母既不瘦乳盡即接新草故佳大率十口二羝羝無角者佳有角則觸多傷胎牧羊忌停止忌急行忌渴忌頻飲宜緩驅來往于遠水有樹多草之區間日一飽飲之宜時寒暑春夏早牧秋冬晚放圈宜近人以防狼驚圈宜爲廠以禦霜雪不宜屋以習耐寒圈開小溝作竇出牆外糞坑使不停水二日一除其穢靠牆須立木柵使羊不揩牆損毛羊二千口四月先種豆雜穀百畝八九月并草刈之若不種豆須于秋草結實時廣刈曝乾勿令浥溼以備冬飼圈中當置長竿挂一板置獮猴其上辟狐且使羊不疥其有疥者宜急治不則多死且染羣蘆根鹿黎敲破以米泔水浸之瓶盛放竈邊數日味酸先以瓦刮羊疥令赤有痂者以湯洗

之塗以瓶中汁再上即愈三月翦毛畢以河水洗之潔再生毛即白茸八月中翦毛天涼即勿洗也以瓦器置鹽挂圈中羊往返舐之則入圈不瘦

猪有六牙者則不肥畜母猪擇短喙無柔毫者牝者子母同圈相戲常減食止乳即分出牡性游不忌圈宜小宜穢小則猪安易肥穢則猪涼不病上爲廠覆之春夏秋生草時三放一飼水生蘋藻之屬尤宜猪就食之冬則入圈飼而不放初産者煑穀飼之三日掐去尾六十日前之冬生豚以繩絡蒸令出汗以溫其腦凡母猪二十一猪即母兩年五乳猪削過瘡口平復以巴豆兩粒去殼和麻子粉糟糠之類飼之半日當大瀉乃以薄米粥餌之兩頓則易肥欲速肥者以麻子二升擣破鹽一斤同煑和糠三斗飼之又桐葉桐花最宜猪

雞宜飼粟粺則多卵取九月出者爲種守窩善育子雞初出二十日飼以燥飯毋令出窩鵞鴨宜有水處可放以一歲兩伏者爲種則雛成少凍死鵞三雌一雄鴨五雌一雄大鵞伏十子大鴨伏二十子小者減之數起者不任爲種貪伏不起者五六日一與食起以溫水浴之皆一月出雛雛出前四五日忌打鼓紡車大叫舂米新産婦雛出先以粳米粥飼一頓飽即以粟飯切菜葉與清水飼之濁即換

水驅入水少頃即驅出（生不得水多死，入水久臍未合冷透亦死）于籠中高處鋪草令伏十五日乃放出籠（今法皆火烘其伏者皆用雞抱，然古法如此，斷非無稽之談，故存其說以便試用）

魚每六畝池中作九洲相錯使魚環游求懷子鯉魚長三尺者廿尾公鯉魚長三尺者四尾以二月上庚日納池中令水無聲至四月放一鼈六月放兩鼈八月放三鼈以防魚飛至來年即得鯉魚長尺許者數萬尾留數百尾作種餘捕貨之無窮所以養鯉者取其不相食也其非近江湖不能得大鯉者若養小魚積年不長須載藪澤陂湖淵出之土鋪池底此土中有大魚子二年即自生大魚矣古法如此當有驗今多養白連魚草魚其利亦歲十倍惟宜日收草投池中飼之約養魚千尾日食草三擔霜降後魚伏停飼。

莊子云魚環游之不知其幾千里故池中作九洲相錯近人尤悉魚性魚行必擺尾有十八擺而轉者有三十六擺而轉者每擺自三寸至尺許不等若池面不敷擺數而折轉則魚性不舒常不肥擺尾直行而觸物則傷頷尤不宜魚性古法以六畝爲率者蓋每畝方七丈五尺六畝方之橫直俱十八丈七尺許雖錯置九洲猶敷擺行之數是古人未必不知擺尾之說也。

安吳四種卷第二十六

齊民四術卷第二　　涇縣包世臣愼伯著

農二

庚辰襍著二

帝典曰敬授民時周公曰予其明農知稼穡之艱難孟子曰民事不可緩五穀熟而民人育文王視民如傷制其田里教之樹畜聖人治天下使菽粟如水火而民無不仁百畝之糞上農食九人下食五人人事之不齊則收成相懸如此是故聖王治天下至纖至悉莫不出於以民食爲本生之務盡其道而不敢使有或耗者也黃帝始制幣以通民財書曰惟金三品懋遷有無生民乃粒今法爲幣者惟銀與錢小民計工受値皆以錢而商賈轉輸百貨則以銀其賣於市也又科銀價以定錢數是故銀少則價高銀價高則物值昂又民戶完賦亦以錢折銀價高則折錢多小民重困是故銀幣雖末富而其權乃與五穀相輕重本末皆富則家給人足猝遇水旱不能爲災此千古治法之宗而子孫萬世之計也

國家休養生息百七十餘年東南之民老死不見兵革西北雖偶被兵燹然亦不爲大害其受水患者不過偏隅至於大旱四十餘年之中惟乾隆五十年嘉慶十九年兩見

而已宜其豐年則人樂旱乾水溢人無菜色然而一遇凶荒則流離載道屢受豐年而農事甫畢窮民遂多并日而食者何也說者謂生齒日繁地之所產不敷口食此小儒不達理勢之言夫天下之土養天下之人至給也人多則生者愈衆庶爲富基豈有反以致貧者哉今天下曠土雖不甚多而力作率不如法士人日事佔畢聲病鄙棄農事不加研究及其出而爲吏牟侵所及大略農民尤受其害故農無所勸相率爲游惰西北地廣則廣種薄收廣種則糞力不給薄收則無以償本東南地窄則棄農業工商業工商則人習淫巧習淫巧則多浮費且如兗州古稱桑土

今至莫識蠶絲青齊女紅甲天下今至莫能操針線西北水利非不可修舉而數百年仰食東南其利弊固皆歷歷可數然未易更僕況吏非素習亦難猝辦請言近日本末並耗所以致民窮而不能禦災之故一曰煙耗穀於暗二曰酒耗穀於明三曰鴉片耗銀於外夷先分晰詳指其獘而後陳救弊之法烟出於淡巴菰國前明中葉內地始有其種數十年前吃烟者十人而二三今則山陬海澨男女大小莫不吃烟牽算每人每日所費不下七八文拾口之家終歲吃烟之費不下數十金以致各處膏腴皆種烟葉占生穀之土已爲不少且種烟必須厚糞計一畝烟葉之糞可以糞水田六畝旱田四畝又烟葉除耕鋤之外摘頭捉蟲採葉晒簾每烟一畝統計之須人五十工而後成其水田種稻合計播種拔秧蒔禾芸草收割晒打每畝不過八九工旱田種棉花豆粟高粱每畝亦不過十二三工是烟葉一畝之人工又可抵水田六畝旱田四畝也凡治田無論水旱加糞一遍則溢穀二斗加做一工亦溢穀二斗以種烟之耗糞與耗工乘除之則其耗穀殆不可計算不僅占生穀之土已也且驅南畝之民爲做烟打捆包烟者其數又復不少至各處開烟袋店鋪烟袋頭尾大抵銷青黃銅錢爲之制錢十文重一兩而好銅每兩則值制錢二

十餘文故雖嚴法不能禁沮壞錢法此宗最大且做工之人莫不吃烟耕芸未幾坐田畔開火閒談計十人做工止得八工之力其耗工又復無算減穀亦無算所謂烟耗穀於暗者其弊如此古之用酒有三以成禮以養老以養病非此而用酒則謂之荒湎尙書酒誥言之最切竊謂周公以忠厚立國明德愼罰而羣飲者即執拘以歸於周似乎太苛自往來吳越齊豫之郊見荒郊野巷莫非酒店切倚悲謌莫非醉民然後嘆周公立法不爲過當嘗以蘇州一府推之而知酒之爲害不可勝言蘇州共轄九縣爲天下名郡然合九縣之境南至平望北至望亭西至廣福鎮東

至福山截長補短不過方百七十里名城大鎮山水所占五分去二得產穀之土方百三十里每方一里為田五百三十畝方百三十里共計田九百十萬畝蘇民精於農事畝常收米三石麥一石二斗以中歲計之畝米二石麥七斗抵米五斗當歲產米二千二三百萬石蘇屬地窄民稠商賈雲集約計九屬有人四五百萬口合女口小口牽算每人歲食米三石是每歲當食米一千四五百萬石加完糧七十萬石每歲仍可餘米五六百萬石是五年耕而餘二年之食且何畏於凶荒然蘇州無論豐歉江廣安徽之客米來售者歲不下數百萬石良由槽坊酤於市士庶釀於家本地所產耗於酒者大半故也中人飯米半升黃酒之佳者酒一石用米七斗一人飲黃酒五六斤者不為大量是酒之耗米增於飯者常七八倍也燒酒成於膏粱及大小麥膏粱一石得酒三十五觔大麥四十觔小麥六十餘觔常人飲燒酒亦可觔餘是亦已耗一人兩日之食也以蘇州之稠密甲於天下若不受酒害則其所產之穀且足養而有餘其他地廣人稀之所可知所謂酒耗穀於明者其弊如此鴉片產於外夷其害人不異酖毒故販賣者死買食者刑例禁最嚴然近年轉禁轉盛其始惟盛於閩粵近則無處不有即以蘇州一城計之吃鴉片者不下十

數萬人鴉片之價較銀四倍牽算每人每日至少需銀一錢則蘇城每日即費銀萬餘兩每歲即費銀三四百萬兩統各省名城大鎮每年所費不下萬萬近來習尚奢靡然奢靡所費尚散於貧苦工作之家所謂楚人亡弓楚人得之惟買食鴉片則其銀皆歸外夷每年

國家正供并鹽關各課不過四千餘萬而鴉片一項散銀於外夷者且倍差於正賦夫銀幣周流鑛產不息何以近來銀價日高市銀日少究厥漏卮實由於此況外夷以泥來內地以銀往虛中實外所關匪細所謂鴉片耗銀於外夷者其弊如此烟酒耗本富鴉片耗末富既悉其弊則救之不可無術烟本非例禁農民種之商賈業之若驟加禁絕則商民並受其累而胥吏訛索之後繼以包庇必至立法不行惟有預飭大吏偏行愷示假如甲年下令則乙年禁種丙年禁賣其甲年農民所種之烟仍可收利乙年遵令改種他穀於農民毫無所損甲年所產之烟不過足供乙年之賣商賈漸收其本改營他業於商賈亦無所損凡植物一年不種其子即不能生禁之之法不必科以重罪但令犯禁種賣者他人取之無罪則自絕耳禁絕之後以種烟之土種穀又分其糞與人工以治他畝穀之增者無算矣廣設燒鍋本在例禁今但加嚴禁民間不得私釀本

係兩漢唐宋相承之舊法，且專爲民間惜穀，而杜飲食之訟，出聖人愛民之誠，與天下共見，豈復有所格礙。然釀酒皆在深宅，非如種烟之於田野，若司事者奉行不善，誠恐徒多驛騷，於實事反屬無濟，必各直省院司大吏皆得人，率其所屬，盡心民事，上下相孚之後，乃可議行此政也。鴉片之禁已嚴，而愈禁愈盛，以中其毒者則難以自止，而司禁之人無不早中其毒，又復得受肥規，即再加嚴法，終成貝文。此物內地無種，（自嘉慶十年後，浙江、台州、雲南土司亦有種罌粟取膏者，然必轉販至澳門，加以藥料，方可吸食，是內土亦待成於夷藥，仍不得謂爲內物。）但絕夷船，即自拔本塞源。一切洋貨皆非內地所必須，不過裁撤各海關，少收稅

銀二百餘萬兩而已。國課雖歲減二百萬，而民財則歲增萬萬，藏富於民之政，莫大於是。說者或以爲回市已久，而驟絕之，恐生他患。從來外患必由內奸，通商各國以英夷爲強。然其地其民不足當中華百一，前此屢次驕蹇，皆洋商嗾之，而邊鎮文武和之。夫海防大政也，亦常政也，回市後司防者上下據爲利藪，廢弛本職，而反張夷威以恫喝中外。現今東西兩洋皆與中華回市，西洋來市，東洋往市。西洋夷民所必須者，內地之茶葉大黃，則照寶蘇局採買洋銅之例，准商人攜不禁貨物赴彼回市，彼貨仍可通行。內埠更何詞之有？且關撤則洋商罷，夷目無漢奸爲謀主，

旨必馴。貽義與利常對待而交勝，征利自上行下，則大夫士庶皆爭利而不事事。一旦撤關罷稅，則薄海共仰賤貨之至德，誰不爭自濯磨，以求稱上意者？設有逆命，夷民不過自外生成，以求死耳，而何患乎？大聖斷於中，與明智有遠識之大臣熟商而行之，天下臣民曉然於宸衷之眷念民天，天所助者順，人所助者信，民皆力穡，士學爲長吏，求知依風雨時節，庶草繁蕪，斗米[illegible]錢，行千里不齎糧之盛可翹足而待也。

與張淵甫書

淵甫先生閣下：承示亮生先生大著，拜服拜服。世臣力持此論三十年，而不學無術，未能以執詆訛者之口。今王君廣徵博引，根據粲然，必有能舉之者，但遲速不可知耳。世臣平日謂今之官照及私行之會票錢票，即鈔法，何不可行之有？唯未議行，先議收，乃可行可久。其收之也，在內捐級捐封捐監，在外完糧納監，必以鈔，則不脛而走。其實朝三暮四，仍與實徵銀錢無異。唯鄙意不唯不廢錢，一切以錢起算，與鈔爲二幣，亦不廢銀，而不以銀爲幣，長落聽之市人，則藏鏹者不嗟失業，無以肆其簧惑之說，此則與王

君稍有異同王君現在何所若在都願一通謁若在外希閣下為致區區也

答王亮生書

亮生先生閣下都中由淵甫得讀大著欽佩之至嗣至浙瀛擬必得奉教而以秋賦相左想何子貞兄弟能達此悃也春間手教下賁瀕若發蒙而無便奉覆行鈔之說弟於癸酉年痛發此議惟未有成書及讀尊刻徵引詳確是以樂得同志唯鄙意稍有殊異曾屬淵甫轉達不知有可採及否也鄙意以為鈔既以紙為之必先選紙近高麗鏡面及敝鄉貢宣皆至精好宜先徵兩處好匠合為之兩匠徵至使中官領之商和合之法使中人學之而終身給兩匠不使出製成先蓋印發紙式於直省偏行曉諭使民人先識紙式作偽者無所用力乃製鈔式或以五百文起數或以千文起數或以五十千止或以百千止斷不可更大不及數者以銀行奇零者以錢行銀錢湊數者各從其便銀從錢價不拘一文一釐之例行之稍久銀自消退矣近世貴人富商多藏銀若與禁絕則貴富知其不利也奮其唇舌閣下豈能與爭可否哉其行之必自上始未議行先議收收之以現行捐例為最妙凡上兌非鈔不行先赴局買鈔指數以錢起算銀亦照時價勿以例價累捐生州縣徵

解錢糧關権徵收皆收鈔非鈔不行不過一年民心趨於鈔矣然後將一切捐輸之事停止是富國利民之無上妙諦也閣下更欲增補前人成說以求備是亦甚善成時望寄示數册小兒赴白門命其晉謁伏乞不吝賜教也

再答王亮生書

亮生先生足下客臘奉手書兼示大著兩册古文一道本無定法惟以達意能成體勢為主而已尊作傳記書論畧備不拘守古人格轍而自遠塵俗較之哲兄惕翁令人興難弟之歎矣鈔幣一事足下研究數十年乃為書刊布近又以為尚有不盡者更加探討務求盡善況復不自滿假以稿本郵質鄙人薄植淺識豈宜當此然真讀書人有心世事固應如是精益求精但當世學者未見異人耳欽佩之忱無可言喻然君子立言必期可推行而無窒礙以千里未接一面之人再辱不恥之問苟有異同亦不敢不自竭其狂瞽以助高深也鈔法上利國而下便民事理至明白易曉所可慮者一則細民不信從一則匪人為奸利欲細民之信從世臣前致淵甫書所云未議行先議收而收之莫如正供常例二事盡之矣然前書謂奇零乃襍用銀錢未免重鈔輕幣當以相半乃為善耳杜匪人之奸利世臣前答足下書所云取高麗及貢宣兩紙之匠與料領於

中官和合兩法爲紙郎使中官習其法而兩匠則終身不出其紙既可垂久遠而外閒不得其法無可作僞固已得其大端然鈔有大小則紙亦隨之雖至小之鈔皆令四面毛邊更攷宋紙寬簾之法使簾紋寬一寸以上又用高麗髮牋之法先製數大字於夾層之中正反皆見此爲尤要也足下徵引五六百年已事並及成說以明行鈔非衰世苟且之法非小人務財用之舉甚盛心也大旨已明不必更條分縷析多列款目條列一多不能不少有得失一有得失則訛訛者爭持之以爲阻撓之柄矣前明倪文貞十便之說惟以銅盡鑄軍器一便或當時機宜未能懸揣至

銀實貉一便其中具有妙用一則足資歆動一則實濟緩急蓋緩急之時鈔或不行而銀則未有不行者也輕重相權不相廢爲古今之至言行鈔則以虛實相權者也銀錢實而鈔虛古人三幣之制上幣想非民間所常行黃金爲中幣而漢書曰黃金一斤値錢萬是仍以錢起數則幣之流通者惟刀布耳唐以前銀止爲器其時銀產尚少也近世以錢爲國寶而銀以便總統之用至奪黃金之權是地不愛寶非人力所能輕重之也惟一切以銀起數而錢反聽命於銀未免太阿倒持耳足下欲於行鈔之後即下廢銀之令仍恐懷銀者失業斟酌許其爲器取今値之一半

足下假藏鏹大萬不數年即折閱其半諒亦未甘從令也且行鈔而廢銀是爲造虛而廢實其可行乎哉十數年內銀貴而公私交病者以僅以銀爲幣不惟珠玉黃金不爲幣而錢亦不爲幣故也今法假銀罪止遣私鑄則至殊死是固重錢而輕銀已民間稱富室曰有錢下至博徒無論大小攤場皆曰賭錢從未聞以銀爲說者是錢之當爲幣也明甚然

國家地丁課程俸餉捐贖無不以銀起數民間買賣書券十八九亦以銀起數錢則視銀爲高下故銀之用廣富貴家爭藏銀銀日少鹽米必需之物商賈買之以銀賣之以

錢故物價騰涌欲救此弊惟有專以錢爲幣一切公事皆以錢起數而以鈔爲總統之用輔錢之不及然銀價久昂制錢一千當銀一兩例有明文一旦改銀爲錢難免觖望兵餉尤難調和似宜將兵餉月給銀一兩者改爲給制錢千三百文其他俸廉應支之項皆酌改爲舊準銀一兩者制錢千二百文統計現在春秋二撥每年各直省報撥之項約一千七百餘萬兩當加出制錢四百萬千每年正供雜款課程常例歲入四千萬兩以腳價爲說舊輸銀一兩者改爲制錢千二百文羨耗同之是每歲可加入錢八百萬千出入相乘有盈無[illegible]各省現征錢糧至少之處每兩

收制錢一千八百文經征官解司一正一耗加火工解費每正銀一兩須銀一兩一錢七八分方敷而一千八百文不能得市價銀一兩一錢七八分小民共知銀一兩錢一千之例以千八百文輸官怨讟已起而官每兩尙須賠錢二三十文不等若改爲輸錢是一正一耗止須錢千三百二十文此外則官可資爲辦公之需雖有貪吏不能不減於舊數民之從令不待其辭之畢也如是乃可決行鈔矣造鈔既成由部發各布政司轉發州縣州縣必立鈔局與民平買賣其水陸大鎮店去處由司設局大要賣鈔收銀必照市價傾鎔批解之費不可以累州縣宜據旬報爲準

州縣以九四折解司司以九七折解部富民見行鈔之便知銀價必日減藏鏹必出鏹出益多而用銀處益少銀價必驟減然須消息盈虛使至庫紋一兩準制錢一千而止是其大綱鈔宜始於一貫一錠之數也終於五十貫一寶之數也如尊說至千貫以便藏者原行鈔之意以代錢利轉移耳非以教藏富也尊議云造百萬卽百萬造千萬卽千萬是操不涸之源云云從來鈔法難行而易敗正坐此耳初屆造鈔以足當一歲錢糧之半爲度陸續增造至倍於歲入錢糧之數循環出入足利民用卽止行鈔之初銀價尙昂利之歸國者不過五成銀價漸減利可七成大行

之後利可九成凡官民相交之事必有耗折如近日收漕明加之比豈可如尊議於鈔載明文別加虛數名爲利民更生枝節凡善謀國者奪奸民之利權以其七歸之良民而以其三歸之公上事乃易行而可久行鈔則主於攬兼幷豪強及錢莊虛票之權以歸之上而其利則官與民各得其半與他術稍殊耳至於鈔紙上寫格言選書手之說以爲富而寓教則尤爲隔膜教亦多術矣古書具在何必此若謂珍藏佳書試問藏鈔者爲藏錢耶爲藏書耶唐之開通宋之大觀皆精書世固有一二人寶玩之者豈可通之齊民乎尊議又兼鑄當十當百大錢以濟現錢之乏而

嚴銅禁以飭錢法云云鈔法一行則現錢足用而私鑄自息銅禁之嚴莫如
憲廟其時政事無不令行禁止者而銅禁竟不能行況可必於今日乎當十當百法雖自古然唐以河北之故舉行之深不便民不數年皆準常錢當一乃已而數年中官費不貲民之受其害者已夥又尊議盜賊得之而用於市則立敗及海洋載鴉片土來者得吾鈔則不能行於彼國勢將自止以此爲斷盜源烟土之二大利益非事實今盜賊得會票錢票用於市而不敗者多矣何嘗無號數可稽印記可辨乎中土既禁用銀只許爲器得半價是正可用以

買土豈不驅銀盡入外夷乎足下行鈔之議載於前刻者讀之而信以爲必可行者尚不數人若必欲禁銀且幷禁銅鑄大錢言之恐斯世罕有能讀之終卷者矣盛業以此被阻世臣所深惜故敢直其私意要之鈔法非盛時不能行尊議固已明言之矣然亦止救弊之良策世臣見三十年來求利之術至亟而迄無效故力持此論若卽以爲理財之大經則世臣亦未敢附和也小兒極蒙嗟賞慚感無似秋賦在邇當得識荆於白石青溪之側暢聆高論以開茅塞以慰願望謹先繳手稿並附拙刻三種以求來教諸惟爲道爲民自玉千萬道光丁酉六月之望世臣頓首

各省情形不一省中郡縣又或懸殊舉此盛業在當路潤澤於內而撫藩伸縮於外非一人之心思所能周語言所能盡也大要總在損上以益下初行之年上之所損當以千餘萬爲率以半益民以半益官吏官吏既得此益則雖嚴妄取之法而可行其行之也以斷則民不受妄取之害其所益又當倍蓰於上之所損損上愈多則下行愈速下行既速次年上卽可不損以後則上之益也遂至不可究詰然益上之指總在利民乃可久而無弊若一存自利之見將有良法而無美意民若受損亦未見其必能益上也壬辰八月錄稿附記

銀荒小補說

天下之苦銀荒久矣本年五月江西省城銀價長至制錢一千兌庫紋六錢一分是銀每兩爲錢一千六百三十餘文下邑不通商處民間完糧皆以錢折新喻現行事例每錢糧一兩櫃收花戶錢一千八百八十五文除歸外紙飯辛勞錢五十八文實歸官錢一千八百二十七文定例制錢一千准庫紋一兩老幼通知今花戶完正銀一兩連耗至用錢一千八百八十五文不爲不多況兩三年內年穀順成刈穫時穀一石僅值錢五百上下現當青黃不接而穀價仍不過七百數十文是小民完銀一兩非糶穀二三石不可民何以堪然有司徵銀一兩加一零三耗又派捐款銀一分司銀號三分六釐外添平三釐道款雜款規司正款幾於倍之載錢上省水腳人工投批掛號領庫收鄉征官吏薪飯錢征各友脩薪節禮合需銀一兩一錢七分零方敷解正銀一兩之用是征正銀一兩官實賠錢八十餘文卽以新喻額征四萬三千餘兩計之歲須賠錢三千四五百千文官何以堪若必以賠累之故勒增錢數民力既不能勝情勢必生窒礙竊謂錢爲國寶自古公私皆以爲幣自前明中葉始以銀爲幣以便轉輸因緣三四百年公私之幣專屬於銀賓主倒置以錢

從銀此非專重錢幣使銀從錢不能力挽頹波僕於答王亮生書備細言之然其事非心膂輔弼造膝輸忠不能舉行也至疆吏所可為力者則亦有說查各省正供年額四千萬兩除去民欠報撥之數每年不過千七八百萬兩是外省存留與起運幾相半也部餉甘餉貴餉等項萬不能不解銀至如本省公項壇廟祭品文武廉俸兵餉役食私用則延請幕友捐攤紙飯衙門陋規漕務兌費斯在受者仍皆以銀易錢應用故出入之利皆歸錢店使市儈操利權以上困官而下困民若照舊章銀數按月依市價折錢給送並不短尅圖便宜諒無不可行者先由司核明本省

應支解之數分別飭知各州縣每忙解銀若干解錢准銀若干查向來省城銀價總以五月奏限及歲底兌軍之時為極高以各州縣皆運錢來省兌銀故也江浙兩省故無省倉與江西情形稍異其餘地方應用之項大略無殊若江浙兩楚與江西六省疆吏札商定稿合詞得請唯各營去省遠近不一解送錢文運腳較重斷不能責營員自備又不可令州縣外加查銀號例有火耗規費以錢上庫則火耗一項可提貯以備運解兵餉腳費并兵亦無可藉口矣如是則六省所減用銀之數幾及千萬歲計有餘銀價不患其不減錢價不患其不增而穀價亦不嫌其太賤於官於民不無小補道光十九年六月六日安吳包世臣論

致伊揚州書

墨卿先生閣下前奉手書承以洪湖泛漲河庫支絀見示斯非世臣所能有裨益者故未即裁答定不罪也日昨下河壩水為災男婦任抱來揚覓食而當事莫以安集為意唯飭門管閉門下鍵有如戒嚴其先入城者數已盈萬圍守鹽典兩商嗷呼塡塞幾至罷市文武乃督率兵隸從橫驅逐老幼奔突民情洶懼袁浦去此稍遠傳言想必加重但未識已得徹聽否耳制府冶亭先生調閣下攝河庫原為慎重收支非苟以觀察頭銜為閣下榮更非以工需平

餘為閣下潤然揚州實閣下所守之土災黎實閣下所親之民無論或釀巨案滋成窒礙即災黎守死無他其能不傷仁人之心乎揚州地屬可為鹺使約齋先生又君子也世臣昨謁鹺使言及此時災黎田廬皆沒退無所歸京口禁渡進無所往且淮源漸弱水消尚易流亡四散回籍為難唯有留養在揚以俟本籍大賑乃為得計鹺使深然其說唯以現在當事耽耽鹽庫閒款羣欲藉災求富是以持重不發耳若閣下即日旋節鹺使必能望風相助鹽義倉穀祇須發碾薪蔬之資釀金立集揚城內外名刹如林廣廈複廈足敷安插分別男女族居村聚八日給以米半升

錢十文無須更擾街市災黎本皆有業良民結隊來討計出無俚閣下以仁政漸劘之是必能守法而從令也一面商請鹺使查案飭商在各災區擇便開廠計本籍給賑有日資送回就以需水退葺屋種麥不致漂宕失時尤災民所至願也留養月許下河水勢漸落賑廠必可捕定乃集舟於五台山募剃頭人爲薙深髮給資遣發以免重複仍先於留養處所各置官醫給與戳記約千人而一醫醫方有戳藥肆即與付藥留則有柴有米歸則有船有資病則有醫有藥死則有棺有斂人數多則三萬日需米百五十石錢三百千日數多則一月當用米四千五百石錢九千

貫加以醫藥棺木船價路費醵白金二萬兩必可蕆事而歸還穀價在其中則災黎頓獲生全居民坐免驛騷專城遠不恤民隱之譏遂聽無距城駭衆之說閣下諒無不樂聞而急舉者也制府素不謬世臣言唯以調撥道府大政非局外羈人所宜攙越故不逕上書閣下如不得辭者或即以去函白制府必得所請且得制府爲鹺使一言尤易集事竚望台旌守日如歲伏唯垂察六月二十六日世臣頓首

嘉慶丙寅六月予寓揚州觀巷天順園災黎以二十二日始至二十四日閉城者再二十五日遂不啟予以二十六日由遞發書二十七即達太守炳燭謁制府制府命二十八即啟行並以存揚之粟麥二千五百石爲助是月小盡太守以七月初一日昧爽回任而制府書已以二十八薄暮達鹺使鹺使即籌款以須矣太守如法安插初二揆散錢米一切尅叩攙雜之弊剔除淨盡太守每日仍青鞋布韈徧歷諸寺院其留養災黎三萬二千餘人無一人更擾市肆者閏二十八日下河廠開中間病暑溼者千數死者才五六人三君子澤溥而機速誰謂人定不可勝天者嗣後每遇災荒輒恃閉城驅逐爲上畫世俗言古今不相及誰知前事已絕響二十餘

年耶錄此憮然道光庚寅季夏世臣附記

爲秦易堂侍讀條畫白門荒政

承業謹啟中堂老前輩閣下日昨晉謁縷陳本年旱荒情形并及在鄉目擊無藉子弟醵飲齊心酒富戶恇懼現議出貲各周鄉里切懇閣下速籌捐賑以救坊郭蒙諭詳議事宜以憑與香谷方伯酌辦感佩鴻慈非言可悉謹就愚見所及擬列五事曰救荒總略計四條曰勸捐事略計五條曰採買事略計三條曰平糶事略計四條曰粥賑事略計五條誠知書生迂談無當大雅慮切剝膚不敢自匿固陋敬謹錄呈伏惟垂察七月朔日業

謹啟

救荒總略

一宜清理庶獄以免重累也民間雀角最苦拖延至過歉歲富者以一身護家貧者以一身餬口若遭訟累為害尤甚宜飭有司將現審易結之案繕出清單計日審結但得實情從寬發落然州縣事劇又要查辦荒政一二人之力誠有難周宜分委候補幹員一二人代為清理使貧富各能歸業良莠俱免怨咨至奉發

欽部各件似當遴委候補大員隨同司道審辦不宜發交

現任府縣使不得一心籌辦荒政也

一宜速禁糟坊以裕口食也本年麥秋有六分餘城鄉各糟坊普收二麥陸續吊酒驢馱肩挑每日進城以千百計約計城內一日銷酒千石便糜穀千二百石然委員發差徒滋騷擾而無實濟宜張示許其鄰里稽察各自為禁則該坊所囤米麥自漸糶賣矣

一宜派妥人密查囤戶以定策應也本城有五處米市存數易知其餘城廂居民是否有戶囤積（凡囤糧皆須驢馱人挑其約數鄉里無不知者）約數若干查本城每日需糧三千石荒年減食亦需二千石約以本年七月初一為始算至來年四月底計三百日米麥兼用需糧六十萬石方能接熟若囤戶較多約有四五十萬石則可嚴示平價其不足者官糶循環便能補其若囤數無多則斷不可官定市價致米商裹足閤城坐困也

一宜確查極次戶口分別平賑也本城以絲為生今年機坊大壞失業尤多查戶口一事斷不可委之員役本年查辦門牌具文可笑是其往轍宜諭令三學實舉庠生之重恥好義不避嫌怨者分為東西南北中五城每城或八人或十人以本府名帖延至學中公議就近畫開街巷分頭查辦先刊冊式各給兩本凡居民無論在街在巷其僅住屋一兩間無生理者即為貧戶其男丁較

少而女口幼口較多者為極貧其孤兒寡婦在門擺攤不成店面及有兄弟數人只一人有生理而家口眾多者皆分別定為次極貧戶查確即給以票票式用方尺皮紙前書該戶名口住址後刊空頭月日票尾填某人查給第幾號字樣戶給一張約城廂居民次極兩戶不下十萬人每人日食米半升則一日須米五百石該戶持票到廠買米司廠者即于空頭月日下印一到字如一買五日則於該五日下皆印到字廠簿上亦用到字印印之以杜重復遺漏之弊籌定章程即先出示以定民志約于何日開糶官米次貧但準平糶極貧先以平

糶繼以粥賑其粥賑須於十月初一日開廠俱於示內載明其戶票內極貧者即載明自某日起買官米某日起領粥賑該生等分頭查戶十日可畢每人每日給薪水錢二百文其自願捐辦不領薪水者聽事畢之後辦理妥善者咨明學院注優册辦理不善及有他弊者除立時撤換外咨明注劣

一宜嚴巡盜賊以靖閭閻也歉歲最多盜賊既爲民害又爲官累宜加派兵役督率甲捕晝夜巡防偶有報案立時差緝不可壓批壓票重擾良民

勸捐事略

一宜勸諭巨室以爲賑主也本城雖多殷實而大富亦不多見必訪實最饒之戶加以優禮馭以術數使之首出重貲其餘以類推之既昭持平尤資集腋蓋富戶習近奢淫鮮能明乎義理性悉錙銖必知慮其禍患財者富人之所甚愛患者富人之所最懼能以其所懼奪其所愛則輕從我矣然勸捐之事一發不中則事無可更須詳計妥議而後舉行上戶既定則責成紳士廣勸而集矣

一宜明示捐項以安富室也語云一家飽煖千家怨富室義捐固以濟人亦以自保其著名大戶環而觀者無算果能慨輸厚貲即宜出示該戶門首及各城獎其義舉嚴禁一切藉端勒索强借情事使貧戶共知該富戶好善濟人陰消嫉妒之心則富戶既得美名又遠實禍矣其零捐各戶俟捐齊之日另行粘單徧示俾免偏枯

一宜查議敘成案俾知踴躍也乾隆五十年常鎮各府紳士捐賑奉部優敘有至知府即選者宜飭查案明示以資勸誘該富戶等既樹陰德又荷顯榮自更樂於爲善

一宜清釐各富戶控案分別勸懲也富戶乘其厚貲每蕩繩撿如有互控在官之案其好義樂輸者苟有理曲而不至麗法者即量從末減以示勸慳吝刻薄者但係理曲即從重議罰以示懲既資公費亦快人心乾隆末蘇郡守曾罰布商修府學主白金廿萬至今傳爲美談此其比例也

採買事畧

一宜遴員分買兼利人己也本年鄰省收成皆不甚豐宜飛札詢問得實遴委候補微員中需次未久素習貿易者領銀分投赴買蓋官高則僕從多不耐勞苦易滋虧累一處採買需貨太多則糧價立長我既貴買且爲害於該處居民再江河風色不齊分投各辦則先後陸續到省尤易接濟

一宜慎選米色、俾免發變也、採買米色不必精熟、第一以乾爲主、其色以花紅爲上、蓋花紅之米價既略低、且出於鄉戶自做、並無水潮、又性宜人、煮粥脹鍋而味美、

一宜兼買大麥、以裕經費也、本年鄰省皆有麥秋、大麥較米不及半價、以充口食、一石可抵七斗、則可節省經費、以爲循環折閱之用、但江寧土俗、止用大麥釀酒、麥米之制、少有知者、其法將大麥晒極乾、略拌以水、麥一斗用水一升、用鐵礱碓舂出麥糠、篩去糠、將米晒乾、入磨滿槽倒塌、篩分整碎兩種、和稻米煮粥飯、計麥百斤、可得米七十斤、其糠炒熟、和炒大麥磨作粉、可調食、其值可抵舂磨之工、

平糶事畧

一宜定地分廠、以便照料也、本城地勢寥闊、城中當分五廠、南門外另設一廠、分定街坊、每廠派官一員、專司彈壓、其董事則用紳士正副各一人、每廠設米盆十餘處、書明某街坊官米在此賣、庶幾驗票收錢、打米即去、不致擁擠貽誤、或每日皆賣、或三日一賣、或五日一賣、隨宜酌定、

一宜較量升斗、抽驗米色、以杜弊竇也、用漕斛較定升斗、另置五升斗、半升筒、以資便捷、

一宜分次極、以定平價也、現在市價每升至四十五六文、將來開糶以採買運到、通計成本、次貧較本價折每升七八文、極貧十一二文、以示體恤公允、

一宜先借倉米、用救燃眉也、籌計雖定、而採買在千里之外、鞭長莫及、宜查復成虎賁兩倉存米若干、除支應兵餉及運丁行月糧外、先行動借若干、示期開糶、俟買到撥補、庶符古人救荒如救火之義、

粥賑事略

一宜明示定時、以騰廠地也、既擇寬地設米廠、不能另覓粥廠、即于米廠內、明示定時、以辰巳兩時賣米、午正開粥廠、未末閉廠、

一宜較定粥瓢、以期實惠也、粥賑大約以漕斛米一升賑四人、先取好米一升煮稠、分爲四瓢、即照式造瓢、賑時見票上有幾口、即給幾瓢、以止爭競、而歸簡易、

一宜先期買柴、堆貯備用也、開賑之時、六廠約日需米百石、須用柴三百担、每月約用柴萬担、先期收買既乾而易燒、又使鄉民挑賣藉資口食、

一宜買芝蔴稭數百担、燒灰備用也、煮粥米色難純、多係澄湯稀稠不一、須於水滾後、加芝蔴稭灰少許、則汁濃而粒化、每有粥廠舞弊、圖偷米石、且得鍋焦、私和石灰、則粥既濃厚、而米粘鍋底、食之殊傷人、查有此弊、即可

予以杖斃罪坐所由
一宜麥米對攙煑粥以裕經費而支永久也廠開每日百石一月須三千石經費浩繁對攙麥米則三千石之用合計不過二千四百石之費是四日便增出一日四月便增出一月也
以上五畧止就本城言之至四鄉爲城之根本五城爲鄉之表率若鄉民興從我之嗟則府吏苦扳轅之擾是故勘灾形以定民疑懲居奇以和民氣鄉富在田則積穀宜多聚搶迭見則解懸難緩諸政並舉勢匪鈌一平賑兼行流亡𦵏化資送則彼無歸驅逐則

此數事欲副同胞之懷須籌集澤之策熟思固理有可通待哺則餅難空畫乙巳年常州守金公條議周詳辦有成效前迹可師是尤在當事者加之意而已
節相百公得侍讀書乃議以司庫閑款六萬辦採買江邑尹蔡君弼力主即派本城礱坊承買院司以爲善縣尹乃傳礱坊三十二家至大堂指天誓日輿論允協次日復帖延各礱坊至花廳情商八扣諸礱坊環控藩司司大怒斥縣尹甚嚴縣尹乃面衆訐司以九二扣發出司語塞而罷然卒以八折勒各坊具領而米色潮雜不堪又鹺使阿公借鹽倉米萬五千石與上江兩縣平糶米到乃設廠城鄉共十二處八月初四日節相發帖延紳富於初六日集鍾山書院議捐先有於民捐項內提銀十二萬歸司庫鹽倉之說侍讀屬作書切沮之節相無以應初六有富室四家捐銀十萬初八日再集節相意別有在勸捐中止郡侯邱樹棠主民捐官辦而侍讀力持民辦延至十月二十日風信初起而城廂死者幾八千人節相幡然憫惻延侍讀及方葆巖尚書重舉捐事匆迫太甚乃改爲按口散錢然府縣猶持官辦尚書商于予曰不割費以賑三大飢民其事必不行吾子爲思其名目予曰流民安集於城外毋令進城是以官主

之爲善尚書以爲然遂割捐項二萬七千付一府兩縣餘十五萬歸紳士賑土著上邑尹沈邦基曰吾無才具辦此事亦不能向飢民口中奪食郡侯遂委江邑尹獨辦所費不及一萬餘分入橐然沈君來歲遂卒官而郡侯與江尹皆得超擢

上百節相書

部人包世臣頓首奉書節相大公祖閣下詩人有言讒人罔極交亂四國竊謂讒人中傷君子其禍止及於一人而詩人推廣其義遂至交亂四國未免甚其辭而失其實乃今驗之而知其信然也以世臣之不才閣下謬有所聞十

六年六月甫拜兩江之
命即由都中發手書招商河務世臣捧檄喜動顏色以爲
昏墊之災可弭而平成之績可奏也江蘇政務最繁地方
之外有河有鹽聞閣下遠招世臣羣以爲一切上欺下虐
之事將必破露百計沮撓熒惑聰聽世臣抵浦上謁閣下
以病謝客洎悟讒言之非中夜相召開誠下問立決畚壩
之策使清淮得以安枕閣下欲錄其微長登之薦牘而世
臣褊心薄福力辭不就始觸左右欲炙之怒初及兩月遂
成溝水然閣下致書中外未嘗不以畚壩一事自任以爲
治河已得把鼻是閣下心知世臣之不負府主也十八年

豫東滋事揚州齷齪之鄉豫東匪徒舊所集聚世臣書迂
瞻怯力勸鹺使團練鄉兵說既不行遂挈眷遷白門依托
宇下次年計偕返棹正值六月初旬三時已過大雨未行
泰易堂侍讀時時過訪世臣爲言今歲枯旱不殊乙巳宜
早賛當事籌備荒政侍讀素未明農聞言不省及見鄉民
宰豕醵飲名齊心酒約以搶掠富室乃大驚屬爲畫策先
乞糴於鹽倉次請司帑分投採買卒以義賑裒富益貧閣
下俯採侍讀之言於八月六日輕身莅鍾山書院率同司
府勸諭富室始事之日二李陳陶四家慨輸十萬閲日再
集富子百數僅得五千閣下諭令聽便立時返署又數日

閣下過方葆巖尚書尚書怪問閣下答以前日實有意吹
散義賑因事係舊友主持不欲其布衣在局外成此大功
尚書唯唯次日相過告世臣曰吾子可速遠去節相於吾
子深矣邇將有變世臣應之曰禍福自召非人所能爲卒
不他往然捐賑之事遂止日昨一發風信而四城關廂報
僵仆者至七千八百人世臣竊念義賑已成閣下徒以世
臣與聞之故而解散之是此次死於凍餓之七千八百人
世臣斷不能不任其罪戾者不以此情實告閣下則此後
風信方厲死者接踵索命冤魂皆將唯世臣是問今世臣
不避斧鉞上達此情閣下倘不以爲未足乎世臣與閣下

爲賓主兩月所以相助爲理者甚夥徒以不受牢籠之故
非有深仇大隙也嗣聞閣下所親以閣下議治河之功首
推世臣恐復見信用乃捏寫家書謂世臣作札致都中當
軸非薄閣下閣下赫怒乃遍致書中外三品以上以世臣
爲負府主而得閣下書之當軸君子亦有三數人將原書
寄示以危行言孫相誡則知閣下此舉亦未必人人以爲
然也况閣下炙手可熱而世臣獨立異同雖非中道或尚
有當知仁之觀豈意閣下前既取快所親之意而今又以
此殃及災黎耶且世臣倡辦義賑區畫章程如果妥善則
不費閣下之脩膊舉此鉅政是於閣下爲有勞若不協衆

諭則閣下按律執法使世臣無可置喙閣下既得公爾忘
私之美名又可陰洩其數年不快之實爲閣下計亦何所
不利焉世臣草創此書侍讀尚書聞聲力沮唯醫士旌德
方補德以爲閣下善根純熟必能幡然改悔使必就溝壑
之流重登袵席事不可遲遲延一日此間必有非命者誰
執其咎世臣深感其意冒瀆威嚴字多不能莊寫尤爲荒
率倘閣下止督過其妄誕而不以所言爲非則災黎十萬
頓獲生全雖屏世臣於遐裔使不得復讀聖賢之書復接
君子之光心戴盛德沒齒不朽皇恐上陳伏惟鑒察嘉慶
十九年十月二十日世臣謹再拜狀上

世臣詣轅呈書節相謝罷之即日延侍讀尚書於二十
四日重集書院並命府縣偕董事傳集小紳商勸諭共
得捐項十七萬七千兩遴委佐貳二十四人舉人二十
四人分十二路查戶給票遂於十一月初六日分六廠
賑饑民共八萬九千口人錢四百文小口半之病者有
醫藥死者有棺斂又賑流民九千口至二十年三月故
錄稿於集以志轉圜之美世臣記

答方葆巖尚書

葆巖先生尚書閣下昨午踵辭不值今早至河下覓舟回
寓知台旌枉送又失迎迓尤爲歉仄奴子呈閣下留示捧

誦再三欽佩無似上年冬初以商倡義賑時接清暉見閣
下心乎利濟又復通達人情動中窾要久欲有所陳瀆以
易翁有仁心而無遠見況閣下久任封圻不得不浮沈粉
飾之場恐視苞桑爲不祥將吐而茹者數矣昨日走辭正
爲機不可失決意面陳而適不相值今讀留示深副鄙懷
是以誠欣誠忭走筆奉覆伏唯垂察閣下以城中無七日
糧萬一有跳梁饑鼠必使人無固志欲將聚寶門外窑灣
之礱坊三十二家移至城內而問策於小子敢不直陳其
愚以備採擇按省垣周五十二里正北以大江爲塹自儀
鳳門至通濟門皆臨秦淮且自三山門西迤二十餘里城

皆依山林木叢翳高踰五六丈壁峻無與比眞金湯之固
也竊揆兩標勁兵逾萬萬一有警不敷登埤勢必藉士民
之力而糧在城外倉猝之際移徙爲艱內訌外走委金湯
爲甌脫理勢所必至也然礱坊居城外莫知所始勸遷則
無以爲名是必因勢利導運以微權乃可冀其有成現議
四月停賑義賑經費尚可餘一萬七八千兩省中士民談
風水者大抵皆謂徐溫截斷蜈蚣倉龍脈爲省之病閣下
與易翁精於堪輿本爲全城士民所信服易翁發謀閣下
一力贊成人心歸向令如流水且前此屢遭荒歉莫言義
賑此次易翁若以修補蜈蚣倉龍脈爲說在彼做一大壩

中置石閘、定以白露下板、立夏啟板、其冬春赴溧水句容小船皆泊閘上、拆通濟門外小壩、疏通東水關十三水門、全引淮水入城、復其故道、必謂閣下爲地方風水起見、斷無阻撓者、城中溝渠無不淤塞、汙穢無歸、浸淫入井、以致井水苦鹹、夏秋潮通內河、而夾河多妓館、淨桶上潑、居民即于下流汲用、是城中居民自少至老、腸胃皆漸漬汙穢而成志趣卑下、實有自來、似宜於築壩造閘之外、以餘銀造撥船四十號、每船三夫、以二十船周環爬泥、使內河日爬日深、以二十船仿蘇城挨河收糞之法、所爬肥土、及船收之糞、並捕廠於三山門外、及青溪旁滿城根、賣與鄉間

農民、所得價值以抵修船給夫、有贏無絀、又導滿城東北隅青溪之源、使出竹橋、而於後湖穿入臺城之閘外、仿河工成式、加做涵洞以節宣蓄、引其水一下浮橋、一下進香河、又疏鼓樓以西各溝渠、使下乾河沿、則城中河道既通舟、又長年有河水汲用、閭閻之溝、督令各行清理、城北空地及窮民零星小聚、則以局費接濟之賑餘銀兩、足以辦此數事、新閘下板、則外河水勢、不能浮送米船直達窰灣、況在石城門內空宅甚多、價亦極賤、不過兩年、礱坊必自移入石城矣、聞礱坊每家有糧萬餘石、是三十二家所貯足敷城中三月之食、又城中富戶租入、亦不下數十萬石

閭俱圓鄉莊陸續運寄礱坊、按日送宅濟用、諸富室中、閣下必有親舊、可勸其建倉於空屋、以船運租至家堆貯、若自行春糶、使鄰鄉得受小惠、尤爲親睦于平日、以備緩急之妙道也、此舉不勞集費、現在賑局之二十四孝廉、皆廉能任事、閣下但與易翁商定、以杯酒集之席間、便可定議、況以工代賑、亦荒政之一事也、小子即日上船赴揚、不再奉謁、即問素履、不具、嘉慶乙亥正月十八日、世臣頓首、

答族子孟開書

孟開足下、月之十八日接手書、知伊翁已達袁浦、書中推許鄙人、雖過分非所敢任、然五十年甘苦、實被足下一語

道破、安得世間有如此者十數人、賞奇析疑、共成是盛業耶、吳碑遵改、卻於文勢無礙、尊意存此故實一節、鄙意則謂此事自當有紀載者、不必附見拙集也、至所謂言利不忍、割愛立論甚高、然非鄙意、好言利、似是鄙人一病、然所學大半在此、如節工費裁陋規興屯田盡地力、在在皆言利也、即增公費以杜朘削之源、急荒政以集流亡之衆、似非言利、而其究則仍歸於言利、鄙人見民生之朘削已甚而國計亦日虛、其病皆由奸人之中飽、故生平所學、主於收奸人之利、三歸於國、七歸於民、以期多助而止奸、用必遺身、俟諸後世、至於海運海淤票鹽三事、發之收之皆由

鄙人三事名利之叢也而鄙人一無所與杜門倚虹園中
但望其上益
國而下益民耳若粟鹽取利尤速中外與陶安化有一面
者莫不駢集安化與鄙人雖非心知然所言多聽從又其
中委員多係鄙人指引者而鄙人困守虹園不涉其途此
足下所目擊而深知者是其言利也絕無爲己之意介其
間似與歷來言利者有差別矣開礦之說僅見筆談鄙意
度輦議必出於掊輸欲以此易之唯未身歷故仍作疑詞
且前明專任大璫是以其病百出近世既無此政即不能
無漏澤之弊然其益較多於他途耳若行鈔之說鄙人於

嘉慶中力持此議與友生及有力者言之屢已唯未有成
書及見王亮生刻本故有三書與之酌劑妥善非和亮生
也至近日銀價之貴如此而米價更賤官民均苦非此不
足以救之然再遲數年則將有欲行而不得者矣江浙之
價今年幸得藏事然新漕瞬屆其事殆有不可知者松太
利在棉花梭布較稻田倍蓰雖暴橫尚可支持近日洋布
大行價才當梭布三之一吾村專以紡織爲業近聞已無
紗可紡松太布市消減大半去年棉花客大都折本則木
棉亦不可恃若再照舊開折必無瓦全之理去年政府頗
時行鈔而卒見阻其阻之者未必上恐損

國體而下憂病民也其人若現當權要家多藏鏹知鈔行
後必復錢一千銀一兩之舊是自減其所藏之半也若現
尚未得手而勢將得手此物最便苞苴恐所入皆此物一
旦變法則恐成故紙大不便於子孫耳是故行鈔之外更
有良法可以減銀價復舊規則自當從長計議鄙人日夜
思維實無他術是以持此頗堅其中節目不詳及者爲條
列多則難保無得失且舉行之時主之者自當詳慎潤澤
之不必議人一紙說完也鄙意常謂吾人立志不可汙下
而持論不必太高貴在能克己識務不虛生人世耳足下
以爲何如鄙人素非拒諫飾非者明辨一節是學人喫緊

關頭況此事所係甚大而甚急足下再有以糾正之以歸
盡善非止衰翁一人受麗澤之益已也書漸可成出月半
間見亭可到浦從前見亭攜眷來白下僕已赴西江洎僕
還山見亭館於鄉歲不過一再晤此次以無館在寓助抄
稿校字之事勤慎細心深解文法似可不墜家業將來到
彼足下自能玉成之以不負死友也餘容續致郝小峯已
起復到浦上否即問文祺無恙道光丙午五月二十四日
世臣頓首
程漕帥今年委員甚少而禁需索尤嚴以寬丁力若到
壩再能逐細體察與倉帥商議減壩費則丁力大寬而

兌費可減以寬官力官力寬則漕折可以大減良民不苦誅求而奸民不能以煽惑爲把持整官方飭民俗戢大難於無形其爲福蓋不僅十世已也愚前致桂丹盟書屬其與撫軍商榷趁此賢漕帥痛抉漕弊失此機會則眞寶山空手回矣以足下近來講求頗切故略言其端緒拙刻至浦漕帥若尙未北去以足下意送一部質之僕與漕帥無交自送則近於扳援故也世臣再拜

致前大司馬許太常書

江東布衣包世臣謹再拜狀上滇生先生大司馬閣下奉違十載無日不思以閣下潛研故籍切究時務位愈尊而

心愈下事益繁而神益靜實爲當世所罕非僅離索之感也辛丑夏子誂過豫章言閣下測世臣所以被議之故情至委曲甲辰秋接樟圃書言閣下垂念至切從樟圃所取去論近事文一冊手錄副本升沈異路而心迹共喻古之聞流不信何以加此復聞哲弟信臣侍讀同具此志昆季自爲知己各就見聞細權調燮世間豈復有不能了徹之理不能轉移之弊哉從前曾以拙著奉質猥蒙推許以爲二百年來惟亭林穆堂可與鼎立稱宇宙不可無之書一字一句之工拙在所不計速付剞劂否亦宜多錄副本以廣流傳雖非世臣所任然不可謂惠子不眞知我也近始

良集排成四種三十六卷五十餘萬言謹具兩部一呈閣下一餉哲弟敬祈收覽轉致昔呂覽書成自謂備天地古今之事天古非世臣所敢知以云地今良亦庶幾拙書所載爲術孔多方今要務固亦紛歧而至急至大者莫如銀價南方銀一兩皆以二千爲準北方聞更增於此較之定例常倍有差又連年豐稔上米一石價銀七八錢而民戶折漕重者至銀六兩折條銀重者銀每兩至錢三千有奇是米二石方能完條銀一兩米七八石方能完額漕一石田內所收不敷兩稅樂歲終身苦斯之謂矣今年蠶收亦豐而葉價至每石錢五千木棉梭布東南杼軸之利甲天

下松太錢漕不誤全仗棉布今則洋布盛行價當梭布而寬則三倍是以布市銷減蠶棉得豐歲而皆不償本商賈不行生計路絀推原其由皆由銀貴銀貴由於銀少不二三年恐當由少入無則錢漕兩奏勢必貽悞中外大吏頗亦憂此條畫救弊其說有三一開礦一鑄大錢一行鈔熒惑阻撓迄無成議駁開礦則援前明礦稅此與近法迥殊無足慮者官吏乾沒勢所不免然楚人亡弓事仍有濟唯銀苗有驗而山脉無準開礦之家常致傾覆當此支絀之時誰敢以常經試巧乎鑄大錢尤爲弊藪古多已事且卽民間行用於銀價仍無關涉唯行鈔是救弊良法擬之者

皆依日知錄以爲說然前明之弊悉由翻覆之臣慫恿變法但杜此一端則各弊皆絕若謂奸僞難防則拙著已爲詳密其要唯在明示以錢爲幣使銀從錢以奪銀之權歸之於錢而廣錢之用操之於鈔乃有說以處鈔耳法宜先布明文公私各項一切以錢起數銀隨市價以準錢數錢質繁重其總統輕齎之便悉歸鈔則鈔重而民趨之矣舊以銀起數者皆改爲錢斟酌現行市舊定銀一兩者爲錢千三四百文而沒銀之名以定民志然必以重典禁絕官吏耗折之弊則民受實惠而公收實效耗折弊絕則官吏無以爲生百事皆廢峻法徒增具文是必以定例錢一

千銀一兩相準爲度而以新定增出之錢爲官吏公費各州縣錢漕爲數懸殊宜仿耗羨歸公之例責成撫藩酌盈劑虛併將向來捐款皆於此項內分別給領而正供所入則仍銀一兩錢一千之舊此鄙說所爲有初行之年上之所損當至千有餘萬而補苴則需之次年之語也所爲不逐細分晰以此事體大又各處情形非一人思力所能兼賅舉行者自必廣思集益潤澤詳慎耳至官吏於辦公從容之外故智復萌則姑息斷不可長也頗傳鶴舫相國持此議甚堅而外吏親近阻之者尤力蓋銀價騰貴唯不便有業之民而間民則甚便之中議一出外吏奉文必商之

幕客幕客脩脯有定知鈔行則銀必賤是自減歲入之半自必力阻以便其私若輩豈有遠識能計及爲利之日無幾而大不利者之必踵至耶蓋銀價之於錢漕如米之與飯現在勢如厝薪火上故其毒必發而發必烈若世臣本籍寄居皆無寸產唯白門現住破屋廿間歲完地糧銀二錢許聚寶門外先墓一所歲完漕升半即加至五七倍曾不足爲輕重之數而還山以後唯恃賣文售字爲生近更賣書以及四方舊雨縞紵之投所入大都白金是銀貴於世臣固有益而無損也憂世非山中人所及而憂生日迫故不能不爲有力者切言之餘不備及諸惟爲道爲民珍重千萬道光丙午六月十八日世臣謹狀

覆陳樞密書

子鶴三弟樞密閣下六月杪得二月間惠答手書展緘三復足慰十年契濶也近聞榮領樞廷實居政府此其有爲又非來翰所謂五年來皆居有爲之地比矣平章機要古重和衷然笙磬之諧未必翕如若其事非艱鉅理同獵較至紀綱風尚所繫苟避異同難期報稱在昔大庾文端尚爲世臣言深苦不能得君每事依違自負所學則此地居之良亦非易閣下自幼侍宦京邸通籍以來遨翔直廬亦且十載知之詳揣之熟無容山中老朽過慮矣至來書述

新喻已事奬掖鄙人既多逾分且有傳聞未實之處故略陳其始末戊戌秋初新喻有出缺之意此缺素號簡優兼藩臬使因顛倒班次以厚妾戚而其人倚與上游有連下車即助皂役凌藉庠序以爲錢漕地遂致莅任七月有餘止有外客索欠米一呈本邑士民竟無一紙入縣署而糧捕兩廳至不能容訟者前此乙未奇旱錢漕並緩知縣無所取給因授權於皂役至此邑人已若無知縣各役皆一無所事官役失勢邑民曾受魚肉者自尋報復至入署捕頭人剝毆於大堂每日數次各役逃散而官之垂涎於漕彌切未示漕期先稟本府開列邑中知名生監請府訪拏

本府受愚出示首列萬國綵胡尙友等三人目爲漕棍其實新喻向無吃漕規事而列示三人於漕皆無案據實爲憑空取鬧迨成京控乃撤前任歸案而以世臣接署臬司護戚益摯奉文之日即委心腹駐縣嚴提萬國綵本係原告知臬司左袒是以避不投審世臣視事有來謁者皆以禮接久之萬國綵亦來謁世臣告以原告毋庸避匿汝可拂理家事隨我進省彼諾訂期前往而省中管押年餘之胡尙友逃歸遂不赴案前任捕萬國綵曾懸賞三百金無獲是當爲承緝官世臣接緝即如臬司之意以萬爲重犯亦不過罰俸輕議乃抹殺前後情節詳請奏摘頂帶世臣

旋即卸事回省月餘竟至用兵燬民房至三百餘家萬胡二人逃至鄰邑鄰邑令偵知所匿村莊飭令交出否即請兵焚莊萬國綵聞信夜逃追至廿里外由舊匿之莊擒獻來書稱幾於縱囚故事而以世臣爲實有感孚爲不得其實也至來書所稱首畔者想必出貴省官常之口其人固非善類然加此二字則已甚世臣以壬寅五月買舟還山萬犯在監內痛哭不止再三央獄卒至舟中叩首代謝來書又謂新舊錢漕無絲毫蒂欠此亦過譽比戶自催輸將亦止經徵新款埽數舊欠尙多其時銀價已至千六百文一兩每兩須賠數十文計辦己亥奏銷賠錢二千千邑民

醵錢如數稟償世臣再三批駁及漕畢之後又以錢無可歸諄請只得批提外庫俟通邑有應辦公事由衆紳公領辦理及卸事接任者頗有贖名世臣懼爲乾沒即具稟解貯府庫聲明歸邑紳公稟請領世臣離江西時猶在府庫徵聞中丞定案覆奏指此爲科派退還之據不知果否若果如來書新舊盡輸則世臣賠項不啻七八千已參案之源以糧道既收漕規而細察世臣漕政爲遵例禁絕浮勒閱四日退出小价不肯領回糧道即撥歸應解漕項而心終怏怏學使與之姻戚恐他處亦以不奪人爲法則糧道爲空做出頭明暗疊劾中丞畏學使甚遂先期嚴參本意

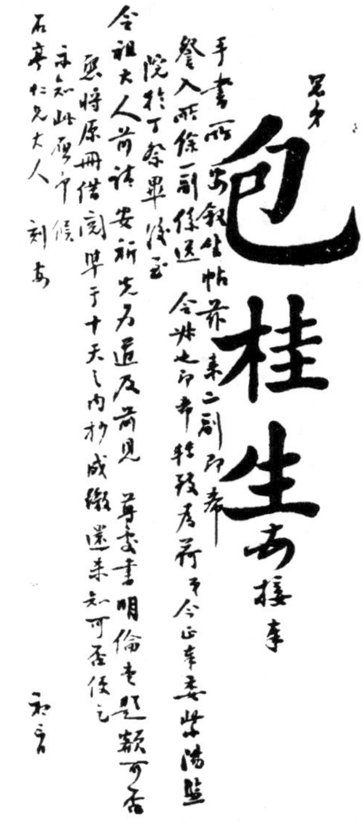

於定案時開復而庚子科場中丞以諭詞忤衆士子萬八齊上至公堂肆罵大指皆以新喻參案爲説中丞憤甚乃定見不與開復學使出參摺後採訪輿論懼有後患訪得新喻有諸生五向以訟爲生自世臣視事即閉門擱筆學使意必深憾遣親信以千金啖之授詞稿使至其衙門投遞五生以雷神不可當拒之數日後中夜有叩門來謁者具言前事欲誆其詞稿及銀稟請直揭世臣謝罷之學使聞之尤慚感囑其門生與世臣同官者委曲解説適戴師相薨逝學使力言於其嗣君謂老師墓碑非求包君大手筆不足垂示百世意蓋謂世臣必以此爲榮幸也未幾學

使以讞楚獄去新喻兵火之後新臬以曾任臨江守特駐新喻下學講書欲以感召萬胡使投案正講時有人在明倫堂下桂花臺彈月琴唱門詞被捕臬使飭隨員赴縣會審而月琴已打破其人名劉得祖不識字只能彈唱因假三絃授之彈唱乃新喻新事名曰萬歲牌樓記其十六回第九至十三皆唱世臣在任所辦各件隨員回省説新聞省中官幕乃知世臣在彼之拊循整飭毫無錯謬也劉得祖帶省收禁中丞過堂曾叫彼彈了數回後湖南星使從袁州過江西讞烟案路出新喻有數千人環船遞呈星使收呈諭以明早去驗火場半夜鼓枻去至省以呈詞二十

張容交中丞而摘詞由入奏星使行至安徽接回摺折回
江西讞此獄一切無所更動惟提劉得祖唱了三日而開
釋之臨行謂其同年東鄉令銘東屏曰包君我竟未敢識
其面然萬歲牌樓記已聽完中有大小文武官十八員包
君以一靑天居十七狗子之間而得免於刑戮幸矣中丞
心究不自安爲世臣了公私事得以脫然無累今已六年
並無咨追到南以上所述乃是眞實想閣下所聞與此互
異也世臣還山時有謝豫章諸公書附呈所言互有詳略
耳來書旣不以竊比亭林爲非且謂垂覽拙刻在舟中一
一記出或可見諸實事此無上吉祥語也以此更有欲進

之閣下者丹盟調蘇州至白門問辦吳漕之法因有前後
六書與之無錄副者故以改定之本奉寄閣下可令人抄
出細看之此時閣下更無讀書之暇而江浙收漕及海運
二事
國脉攸繫無有重於此急於此者閣下細覽六書自然觸
類引伸知其事易行而理不可改近聞捐米之船被海盜
前後劫去七舫又聞到津之米霉黑不中食用雖傳聞未
審然此不足以阻海運也六年運米百五十餘萬穆相國
駐津驗收分船打樣以示都中堅白共見豈二十年間海
水性有變動乎聞現在海盜並非從前蔡牽朱渥之比多

者纔數百人沿海水師此而不能制尙復何爲且及此閒
暇大加懲創亦足小壯威聲使並海兇徒有所畏懼乃一
舉兩得之事此外又有兩書皆論銀荒之弊惟行鈔可以
救之閣下閱過再撿拙刻農政諸事細繹之知其說之必
可行而更無他策可以代之者閣下能商之同舟或能並
舉或偏舉一節則上卹
國是下濟民艱而尊府之百年履豐席受世受
殊恩皆可藉手以爲報稱矣再承詢及揚州事無可爲作
何生涯此誠知我艱者之言然世臣在揚二十五年取其
路在中道信息易通負米南北自食其力卽有縞紵之入

亦必受之無媿求書薦館貧士恆情而世臣橐筆數十年
未曾出此當亦閣下所習知也還山以後杜門未出城闉
芸閣袁浦丹盟揚州默卿儀徵皆水途密邇而丹盟默卿
每上省必面訂往遊卒未嘗一至其署若與人家國重事
筋力忖己不堪故介春聞聲相求而力辭始已書局書院
非以大力爲之先又自能力爭然猶幸乃得之自度不材
何堪以垂死之年頓變素行小兒需次吳門術差之後一
無進入然一家廿口只得付之世臣唯以賣文賣字自資
藥餌及周卹族戚之萬不得已者近年生涯如此而生涯
淡泊誠如尊諭不合於時不貶於道其困厄亦有可劵者

還山時有告帖附博一綮小兒止有海州州判一缺惟缺
係改繁例須得保咋以六塘河工荷陸署督保得儘先始
有可補之望然保舉從不及寒門貧宦亦非望之得也陳
偉堂相國前於乙未夏初侍直
天壇相國在肅王下處詳述世臣文學爲會試五千人第
一政事爲一等六百人第一而賢王主挑得此人眞不愧
爲國求賢其時肅王之甥蒙古孝廉與科在側以告世臣
相國至今未望顏色不知何所見聞而有此譽嗣至江西
相國令弟倫堂同官中相待至厚想亦習聞相國論說也
世臣耳目既劣且不欲自通於顯者附去四種一部乞閣

下轉呈世臣生平受虛名之累不薄或者相國賜覽有所
取爾以爲惠閶闔則較之面肅王加不虞之譽其可感不
翅什伯也世臣現以暇日自加校定其有蕪蔓間加芟薙
亦復增收緊要後出之篇並離其句讀擬覓精楮重付剞
劂是亭林三刻日知錄之舊事也然此事非四百金不辦
未必能如亭林果成其志耳師母老人健飯聞之欣慰哲
兄在沂自時有問吞聞捻案罪人斯得否念念匆匆不具
惟爲民爲道珍重千萬道光丁未八月朔日世愚兄包世
臣謹再拜狀復

男誠　家丞　孫希麗　曾[illegible]希蘭[illegible]　校字

安吳四種卷第二十七

齊民四術卷第三　涇縣包世臣愼伯著

農三

密雲稅口說

予既入西山覽檀柘大鐘諸勝遂循獨石邊牆沿檀白二
河東至密雲意欲敬瞻
東陵入界百餘里借宿民家路近
青椿山中無民居可借宿乃返沿途皆高嶺巨石山間有
小溪溪旁安設水磨不下三十座皆磨柏根爲香末以貨
於都密雲城外有稅口專收木稅起自前明詢之主者云

都中松椵各器具皆出於此考此山場外距
青椿百餘里內與接界本和伯相福大農私業自嘉慶四
年查抄入官歸併
風水山由馬蘭鎭總兵及守
陵王貝子督率弁兵管轄
青椿以內民有攜鋤斧入傷樹木者罪即殊死且自抄入
之後並未與
風水山分別輕重立有明條則小民偶有觸犯勢必歸
風水山案內一例查辦其山場北逼邊牆此外更無寸草
尺木可供翦伐者翦伐人多而日深勢必延及

青椿又地險無水路伐樹者皆用鉼平胸鉼斷乃斧其枝
斲其皮燒而烘乾之每一樹止取板一塊亦難保無延燒
放荒之禍烘乾後乃以人負騾駝至白河紮簰頂關上稅
稅口止知征收錢糧不復詰其來歷商民皆視爲上稅正
貨豈知其身犯大禁耶似宜奏撤此口明示科條以免罔
民之慘又張家口戶稅額有騸馬一條而兵部例禁民間
畜養騸馬戶兵兩部例既歧出商民何從遵守又私參入
口例禁極嚴而上海關則例第一條卽載人參一斤稅銀
四兩收稅治罪理宜畫一予偶見及故備爲之說以俟有
心民命之君子採擇焉嘉慶己巳四月八日書於順義旅
店

青口議

嘉慶二十年秋就食海州見聞親切爰爲此議以訊當
路
直隸海州三屬壤地之廣東西至二百七十里南北至三
百五里雖有山水侵佔營竈錯襍及斥鹵不毛約去其半
此外可稼之土麥地稻田襍糧豆地各居其一近奉查辦
新淤居民漸知貴穀重土生殖益繁其土產糧豆醃猪鹹
魚向來販賣暢銷處所皆在蘇松因地屬淮關關境出境
土產例由王營草灣一帶陸運渡黃赴淮關報鈔往南銷
售其需用紙張布疋棉花各種南貨例亦應由淮關報鈔
渡黃陸運赴海唯贛榆一屬三面環山一面距海中無內
河於乾隆五年經總督郝公奏明准該縣豆石由青口出
海對渡劉河赴上海關納稅其豆油豆餅魚肉各貨如有
夾帶出口卽爲透私若赴南船隻回空時攜貨回贛亦屬
違禁歷經遵行在案然海州三屬集鎮百數商販貿易以
青口鎮爲最大海沭各鎮所用布疋紙張等物皆由青口
轉販青口行舖又以油坊爲最大油與豆餅皆屬奉禁出
口之貨然從未見其陸運赴淮則其由海來往不問可知
蓋產貨者農而運賣者商若遵例繞淮南下陸路近者百

餘里遠者二三百里又係村莊小道不通大車計其運腳
浮於買本是以賄縱偷漏習爲故常致令刁劣生監糾結
青皮串通蠹役以收規包送爲攬載截河攔船爲裝載每
至爭奪馬頭兇很不殊梟匪竊謂青口設禁但爲海贛兩
屬棍徒兵役之利藪於淮關漏巵毫無裨益縱能一概禁
絕則三屬黎民有貨無售實爲穀賤傷農所産必歸紅廚
尤覺無當於撙節裁成以左右民之義查戶部則例載奉
天省黃豆山東省青白二豆福建省及江蘇之贛榆縣豆
麥襍糧豐收之年准商民由海運往鄰省及附近州縣發
賣均令報明地方官給與印照到關查驗是奉天山東各

貨南來北往係屬隔省例尚准由海通行况海屬與蘇松係屬本省又他省往南船隻皆須經由鷹遊門內洋橫過青口而本地各貨乃不准其流通既無關於海禁小民不明大義焉能免其觖望檢從前郝公原案亦以此意立言贛榆豆石始得奉准對渡如當事心切民瘼以今昔情形不同援引戶例除嚴禁透漏硝磺之外凡他省奉准流通者海屬概與照例於淮關分口內裁移一處在青口設立卽派淮關委員前來駐劄（淮關監督統轄淮宿海三關每關各有一筆帖式協辦關務名爲委員）輕減火耗加意招徠使棍徒不能把持商民無所疑慮則流通日廣輸將自盛固足裕課便民更資整飭風俗

惟試看伊始不能定額未便多設書役巡攔港汊查海沭之貨皆由州城外之臨洪口出入應卽由州立柵設簿按船發票准其沿海到青口關納稅其由青口完課進臨洪口者亦卽赴柵驗票其州境之响水口㴇子口等處均由州派役巡查堵截至贛邑沿海港口稍可透漏之處亦由縣派役巡堵總歸青口如此嚴密巡查則於稽防繞越之中卽寓申明海禁之意似於關権地方均爲有益然前於乾隆五十七年間總督書公會議於海贛適中之地設立關口經常鎮道以爲青口設關則東豫各商公然取巧便可繞越揚由兩關致虧稅額遂稟沮止查揚關徵收稅課

以豫東貨物爲大宗常年豫東豐稔餅豆滋行揚由稅額便自充足青口現未設關長年透漏亦與揚稅無補况豫東大宗之貨斷無在黃河捨舟盤繞青口以越揚由之理是揚由額征贏絀殊不關青口之設關與否也若謂南來紬布各貨經由青口揚稅又絀不知京莊濟寧之貨例由運河北上現奉奏明查禁浦口六合盤旱繞越是淮揚南襍貨稅止有盤旱之弊並無出口之虞至青口本有巡檢一員專緝口內係海州營中軍守備巡轄口外係東海營巡轄又去贛榆縣治不過十里足資彈壓無庸更議移駐員弁以節縻費近年來所見地方必應查辦之事因各關

爭額牽掣貽誤者多矣故備論青口形勢使人人共知其於淮關有益於揚由無損海屬農民得裕生計而刁劣亦免罣於罪戾以俟有心勤民之君子採擇焉謹議

答楊承宜書

邁功先生承宜公祖閣下辱承損書獎掖以世臣前在武林與閣下論屏藩之職首重清釐虧缺茲莅吳藩中丞論亦如此可見理得則議自符止虧必有要術幸不吝教益云云是誠閣下不擇細流之盛心世臣何克當此然世臣前說與中丞詞同而指異測中丞之意不過爲釐奉部飭絲毫不許存留屬庫謹守管鑰而已夫藩司以承宜爲名

總轄吏戶禮工四曹之事一切用人行政以養以教之責悉繫焉豈曰謹守管鑰已哉世臣見近日屬吏之能自結於上游者必以虧缺爲償其才力未能自結者則以虧缺爲贄屬吏一有虧缺上游雖深惡其不職以牽掣重大莫敢輕發既不能退則轉與爲進計設法彌縫雖素能自結者其獲上不是過也屬吏知上游之無如己何也則因以求利益肆意於地方地方不勝其毒而呼籲於上游上游心亦憐其冤抑不得不借全局政體諸美名昧心抑勒是以民生日蹙帑藏日虛循環相生遂成淪胥之勢屬吏習見虧缺之無害而有利其趨向可知也故使上游莫能自

舉其職者則虧缺爲之纆縴也故世臣所以謂清釐虧缺爲先務當急者非爲帑藏起見而與中丞異指也虧缺不已而出於調濟調濟無益而出於清查以清查之難於措詞而議及提解至提解無實而粉飾之技窮於是轉其詞曰以交代爲盤查然後虧缺之方便門大開而上游得藉以自遁朋比挾私以蔽

明達明允所謂大吏之爲不善非特簿書米鹽出入間者殆謂此也閣下從前曾藩吾皖矣皖歲征纔百萬而虧數幾於七倍則調濟爲之也需次者往署一邑回省即自陳有虧求叅劾上游曰何遽至是然後求調濟及調濟所至

又復如前而上游之事調濟也亦不得不如前故有虧者常進用偶有謹慎不敢做虧者則羣啄之曰是子發財矣不發財何以無虧上游遂錮之閒散是以無虧者常廢棄故其以公私罪戾被劾者大抵皆無虧者也其有以虧缺叅劾者非事由中出則或以禮去官起復不回省之員無所愛惜者耳人之情莫不求進用而畏廢棄是直上游教屬吏以自固之術非虧缺不爲功也山東於嘉慶八年初次清查實虧八十萬議以缺分肥瘠提節省銀歸司通力合作以六年撥補完款及十三年限滿二次清查則虧三百萬矣十九年三次清查則五百萬矣是故清查議出而

懲虧之條爲虛設提補法行而新虧之起爲有因甚至江蘇有賣清查之說取庫貯現款以三七與藩署爲市而縣增虧缺百餘萬駭動觀聽然推究各省辦法殊不相遠唯江省明目張膽又數多時驟致獨受此名耳清查提補之術皆敗不出奇策則無以俄延時日於是爲以交代爲盤查責成最後出結之員以爲斷不肯爲人任過其爲說固足動聽矣然勒逼通關遂至通省無一可叅之屬吏而士民之有事在官者自非極窘乏無可搜索而不被沈冤者蓋亦幸矣當此凋敝已極之時非截斷衆流固無可以言爲治者矣然即實心清釐亦不能廢調濟清查提補諸法

而專任緊揭、不過其所以用法者、與現行事例大異而已、必也先審缺分肥瘠、分爲三則、明定調濟章程、仿李悝豐歉斂散之意、以一年而代、蓋久處累缺、則好會權子母以剝官至不可復也、其需次之私債重而度支寬者、察去之使不得以人累缺、駋跕騷擾、書吏苛求、劣幕盤踞、一切可以剝官之事、力爲遏止、以裕其源、其虧數較輕、實係因公、而居官尚可者、既不符調濟之章、則度其缺之力、使之力崇節儉、勒限自補、逾限者不聽、實力舉行、道府旬月征解摺報、以取厥成、蓋道府取節壽陋規於州縣甚微、而虧缺攤賠至重、然道府知重賠爲虛害、而微規爲實利也、故以

酖毒爲宴安、使於州縣虧重者、立與劾辦、於摺尾附叅道府徇庇、俟定案再行照例攤賠、則道府各知自愛、而無不發之伏虧矣、然劾後又復聽囑、授意設法、則虧數暗增、爲患更巨、各省情形、大都似此、至於分忙解款、則於抵限之時核其欠數、立提庫書戶吏來省監追、解足乃釋、此上游力所能爲而無戛掣肘者也、然其效則過於劾官鎖丁、江蘇全省、唯高湻無虧、以四十年前曾嚴辦庫戶二吏、至今吏司庫鑰、官不得私挪庫項故也、前事不忘、是爲至監、如是則新虧永絶、舊缺漸少、凡屬吏之貪酷闒茸不可訓飭者、可以決意鋤去、而無所顧忌、屬吏知上游之無可挾也、亦必洗厲濯磨、以自保考成、庶可以培

國脈而阜民生、舉屏翰之職矣、然下之從上也、不唯其令唯其意、以上所言、皆平平易行、非有奇特創見、而各省卒莫有能收其效者、則以上游所好、或不在是之故也、辱厚愛久、又承下問、進其忠直、唯閣下鑒察、幸甚、嘉慶二十年四月既望、舊部人包世臣頓首狀覆、

答姚伯山書

伯山大弟明府閣下、在古北口見邸抄、知已外用、遂以五月九日入都、次早奉諭、欲與閣下言而已、後讀留別之書、殷殷問居官之要、世臣滯迹都下、徂秋涉冬、時時詢耗息

不可得、日昨有來自河南者、言閣下現奉差至新蔡、歲內可以補缺、面言既未能、而前書又久不報、歉仄殊甚、閣下博通今古、又涉事已深、百里任非所難堪、況吏事本非甚難、唯在加之意而已、一行作吏、便負本來、非盡庇劣不職也、良由志卑而囿于俗、抑或初至有聲、遂爾自足、旋踵改操、反下雜流、夫吏事至夥、非言語所能盡、吏治所爲日下者、在居官而不知爲民、世臣每告友生曰、印到爲官、印去卽仍民也、故計一身、則爲官之日少而爲民之日多、計一家、則爲官之人少而爲民之人多、是故欲舉一事、發一令、必自思曰、吾之父母官以此施之于吾身、將以爲何如、執

柯伐柯道至近矣持此心也以往而貞之永久則視民如吾身於凡害之當除利之當興自有不能已于中者矣然舉事唯去其太甚發令勿駭乎衆情潛更敝俗而不覺乃爲善之善者耳若信未孚于人而求治太驟則吾心未足以喻良民而奸民得以簸弄是非以簧惑聽聞甚且持吾短長則吾方自救之不暇遑言治人乎雖然士人治生至急而居官爲尤甚故經理私事與勾當公事並重而常相待也弗能使有好於而家則公事必將受牽掣而不能自遂其意予前告曾容曰先公而後私公不廢私先私而後公私必害公曾容以爲名言故世臣所謂經理私事者非

苟營囊橐之說也唯世臣亦幾經閱歷而後能爲此言故及閣下未得官之前纖悉相告使於莅事伊始卽知私事之足以累公而預爲之地則庶乎得之矣日內當有保定之行恐到彼簿書緐宂不及詳悉所言平平統希亮察道光三年十一月朔日世臣頓首

覆陸蓬萊書

彥若明府同年足下前年冬見邸抄知選授蓬萊嗣胥卿自袁浦寄到足下致保緒書屬故人轉交乃知已抵任視事去年春暮紀子㬂持足下覆書相示略不他及唯咨嗟缺分淸苦深以萬里奔馳求此一官爲悔此固故人所不願聞而亦故人所料及者也今年春初接張館陶書盛稱在省見足下述其新政莅事才半年已課民栽樹至三百萬株訟簡刑淸顧不得於州將幸上游了悉曲直不得已使出遠差而足下唯自引怨艾學養深醇尤不可及館陶誠篤君子所言自不謬然故人亦未敢遽信也至五月杪有人致書知爲足下使急召入而其人已去發書讀之備言蓬萊地瘠而徧求區種舊說以惠窮黎又刻行之勸息訟勸種樹及救急醫方共三紙且萬言詞氣諄懇藹如也反覆展誦驚喜過望然爲政不在多言顧力行何如書之史冊以爲至論故人舊詩云近世民苦瘠治生各自競不

必言撫字但毋增苛政稍爲除强梁良懦便稱慶雖每況愈下然亦至言也夫君子之愛民也固不如其愛身足下中間家食以插訟奔走官府者數年是固以歆羨保緒被罣誤然齊中宦況諒不乏如保緒之可歆羨者以此讀足下息訟之書雖情文悱惻不敢聞善而疑而猶未敢自必也近世學術多途居官與持身常爲二事如張蘭渚侍郎其於夫婦父子兄弟之間至不可汙齒牙而爲吳中藩撫前後且十年不縱虎冠不優盜臣及乙亥丙子之間逆詞案起督臣恇懼江以北舊爲督臣專政者毒徧比戶至莫敢拾街巷棄紙而撫臣所主之江南五府州宴然如無其

事者洎川沙有燒香傳徒之案歷縣視爲奇貨密解白門張公不動聲色預遣標弁持令守於許關提回發司照例結正得免辜磔者數十人時督臣恣睢安西兩撫河漕兩督爭承望風指如末屬而張君獨能自舉其職論撫藩於吳中所見未有能先張公者也然此乃史公所謂毋令獨蒙惡聲者非以張公爲可法而告足下也抑又有欲聞之足下者故人前過齊中見蒙陰令吳君種樹歌徧貼逆旅勸民之意流露行間頗委至可誦因心儀之後數年又過其境則吳君已改官而去思碑穹然道左大書深刻大都以治蒙六年勸民種樹爲說然行盡百里一望山原童禿

無可息陰飲馬處不禁啞然又辛巳薦舉途開州縣小吏飾虛聲以博超擢者夥陳江都潔己愛人政聲黯閭里中爲江省甲半載之後以不得密保復蒙故智求富之術較前在崇明常熟任內爲尤工然而天道好還曾不數年橐罄子殀名利俱喪足爲至鑑雖然君子尙善悔足下甫居官而能力排流俗變其素志是眞善於用悔矣古之循吏且有出於羣盜者足下舊以憂貧豔非有亦未至與盜比也幸能貞之終始詩不云乎豈弟君子遐不作人孟子不云乎久假而不歸惡知其非有也漢人舊說最得經義宋儒不審文法務爲深刻以阻爲善之路故人素所不取足下周旋几席想亦熟聞而强記之也萊蕪游魚奉嘗百世且未必遂至斯極語云行百里者半九十矧在發軔詩云庶幾夙夜以永終譽況已小挫足下勉之故人與有榮焉區種之說即載農政冊內足下昔曾錄副檢故笥自可得之相距數千里寄書甚難故仍由館陶轉達唯望曲諒此心吾道幸甚八月五日故人包世臣頓首狀覆

答陸曹縣書

彥若明府同年足下月之八日用明過寓園適故人他出返得足下書並刊示曹民教令以責前書之復故人得前書附館陶致荅千餘言及館陶歸櫬方知館陶見荅詞戇

直遂不以達欲補繕別寄則爲時太不相及非故人之有慭於足下也前書勸息訟課栽樹今書與水利勸藝蔬修保甲責守望皆故人平居所熟籌今足下力舉其事是宜深快吾道之行而前荅及今荅顧皆若有未慊者凡以條教既布不可得更刊本遠布是其意當不出於請益也聞之爲政不在多言以言教者訟爲政者先察民心之所向次驗民力之所堪因勢利導政成而民安之乃爲善耳故記曰君子信而後勞其民明漸進也君子之道闇然而日章尙實至也有其善喪厥善誡自矜也名者公器不可以多取懲盜人也足下自周旋几席時已非能自遠名利洎

萬里求仕豈能不以一官爲輕重乎以故人蕭然事外著述百卷未嘗出以示人見人片善則心好之口稱之不遺餘力是宜與斯世無所爭忤者徒以交遊間稱誦適啇以爲無所不能遂觸不能者之怒排抑數十年至無以自存況足下涉形勢之途而心乎取名如此其觸怒也必相什伯矣夫黨同伐異人情也既見足下之教令固必進覈其實覈之而實也在足下已蹈有善之誠且以舉世所未聞未見其有不以蜀日粤雪相待者乎覈之而不實既爲談柄所資恐搗虛導隙者乘之遂跬步成荆棘矣道光之初薦舉路開蔣節相力爲尤大留都中四十日薦達至八十

餘人其中程撫部吳轉運皆曾自錄公牘鏤版散布然其所以致超遷者自別有故足下其眞以爲得剞劂氏之力耶節相主試貴州得解首士曰趙毓駒趙君任山東陵縣廿餘年盡心民事平反巨獄東省輿論共推第一在陵婦孺皆識而未嘗與一富子締結中更大捐九次其羣從無得一官半職者節相數千里外每月必有手記嘉奬廉明然竟不得與八十餘人之列是可證程吳超遷之不關流布治跡也敝鄉胡玉樵知曹時疆吏飛章劾州縣數十人而薦稱職者唯胡君故人移書誡之曰因不失其親亦可宗也錢撫部童廉訪素不滿人望而君裒爲舉首且君抵曹才兩三月何便見爲稱職乎深望勉崇謙抑毋爲通省之的傳曰的於人非有惡也而射者必欲中之惡其示人以難也胡君不納未幾爲人所擊去胡君之爲的也不由自求今足下力求爲的恐人未知其難而委曲示之故人之未慊也不亦宜乎北方水利久廢稻田不習風沙數至蠶事多礙審勢即可舉行爲力殊非旦夕至於大小村莊環以垣周以濠兩頭設樓柵斷以弔橋橋板必以厚尺爲度假丹徒君以此令於貴鎭足下能首率鄰里以趨令否乎相距既遠不可懸度唯望損名心以求事實果有成效曹雖下邑輿誦何遽不達遠而必足下自言乃爲信乎前

咨與此咨辭意雖殊條理不異足下如必欲見者仲遠近在聊城索之或仍可得也諸唯自愛以期遠大不具欲言

道光十四年六月望日

留致江西新撫部陳玉生書

道光十有六年四月十三日世臣謹再拜狀上芝翁五弟節使閣下世臣上年八月十日到省九月初肅函奉告並呈濁泉編諒登記室本年二月十八日得閣下持節來西之報竊爲西江士民幸而亦爲閣下慶也閣下屏藩江浙幾閱兩考建牙開府實所固有西江非復樂土夫又何慶孟子曰飢者易爲食渴者易爲飲董子曰皇皇求仁義唯

恐不及者卿大夫之行也虞升卿曰不遇盤根錯節焉別
利器以閣下勤求民瘼而撫待哺之邦事半功倍其爲俎
豆馨香也易況西人責望不奢霽峯吳公下車見米價湧
貴即日示禁囤積發閒款二十萬委員分投採買市價立
平謳思至今是豈可求之江浙哉世臣逐隊四月遽攜閔
凶延今始能屏當回籍並未涉事然地方疾苦不無聞見
稔閣下取道之江爲期尚遠不及祇候面悉留書竭意伏
睢鑒採古人有言周公爲右孔子爲御入山而問樵夫入
澤而問漁父豈漁樵之智加於周孔哉蓋以疆吏視事之
始一言一動莫不傾耳側目仰望丰采者雖閣下六德素

成一時斷難周察世臣辱引爲同志垂三十年不敢不舉
其所知以告也且世臣需次新班略無可以及人而訃問
一至城市闤闠歎息累日誠慚誠感亦思有所爲讎報者
以藉手於閣下夫爲政在人勞於求賢逸於得人先民之
訓也即如陶宮保撫吳疊遇大祲連興巨役而所舉必成
者以閣下居江甯蘇州倡守令爲之仔肩也及閣下藩兩
浙倡三郡圩岸而幾於不成者則吳杭州爲之金柅也南
昌張守任艱鉅耐煩惱以盡力民事而上游莫爲之推挽
者故所舉雖有成而澤不遠暨閣下所至皆爲斯民必世
之謀今茲獨斷千里而有南昌爲之後先引重致遠則如

王良駕騄駬矣西人之子行當歌能羆是裘也斯其慶幸
可勝言哉舊好傅臥雲處士已爲世臣擇定葬期於本年
七月南昌諄訂葬後即來主持通志之局蓮史廉訪相留
意亦甚殷然回籍之後能否來此頗不能預定至服闋出
山實已懷善刀而藏之志伏唯盛德日新與古人爭勝負
使世臣得賦浣花老人明公妙年安危出羣之什則於願
爲至足矣言不能悉亮察幸甚世臣謹狀

一江右民心從士而士習頗敝奔競初政一二事有以大
服其志則士附而民以歸所謂下令於流水之源也澹
臺子羽遊楚友教士大夫是江右文教之祖其墓在貢

院東南墓前有祠今悉傾圮而墓亦蕪穢不治孺子臺
在縣學之前臺傍有祠幾同棲流漢司徒下車不入廨
先謁孺子本明公家法也吳顧邵下車修孺子墓謝景
於墓前建思賢亭齊王綸之下車祭孺子墓唐張曲江
下車立碣表孺子墓皆以振動人心垂徽青史當時豈
遂無簿書期會緊要當辦之事哉儒者爲政見大識遠
前事不忘莫先於此張南昌視事三年凡在祀典官祠
悉與拓大修葺而二祠獨遺此殆造物者留之以資閣
下所宜展謁修復務極蠲潔所費不多而於人心風俗
轉移之故大有裨益再豫章書院七八年來山長督課

改舊章爲隨課升降頗有以執贄厚薄爲等第高下之譏至使能文之士以謁師爲恥亦宜還舊以收士望

一江右產穀全仗圩田從前民奪湖以爲田近則湖奪民以爲魚圩田大都在會垣四面二百里內失收六年流亡過半而隄身情形皆壁立不能禦漲民力既殫公項亦匱若遂聽之則餘黎嗟靡遺矣檢閱志乘每縣圩名累百其實圩隄不多皆以一大圩包數十小圩而小圩在腹內之業戶於大圩修廢從不聞問大圩當江湖之衝有如城垣小圩包於大圩隨地立名間有子隄爲界不過如城內民居之院牆大圩一隄關數十圩之利害

而承隄止本圩業戶是焉得不壁立乎有司注意唯在錢漕從未有周歷巡視問錢漕之所從出者今年張南昌極力從事於此然亦未能悉要領觀志乘之不明晰可見從來治江右者均未嘗知此事爲第一義也是故一圩着險有司以其完破無關大局而輕置之及決後修復仍不思爲變計審定善後章程於是無年不破圩已江右變腴爲瘠職由於此宜飭守令認眞勘圩何處坐灣何處迎溜繪圖貼說註明田糧若干圖必仿蔣圖計里界朱之式使遠近廣狹一目了然官民合力脩復鞏固後立定新章令小圩子隄各圩自承其大圩總隄分別平險如何劃分協修協守規條刊刻成帙使官民各有其書庶幾增高繼長以人勝天是先務之當爲急者

一各圩缺口之下一望白沙成阜是皆六年前良田也田去糧在民安得不流亡無征有解官安得不虧空然曉諭查辦則賣放熟田徒爲奸胥之利宜與有心民事之郡守熟籌借定承隄之章挨查密辦先得水冲沙壓田畝確數乃發明文則官民並受實惠而正供亦不致爲詭寄所累

一江右年限奏銷最嚴州縣什七八不能任兩年與江蘇

同而道府以年限案開缺則各省所未見故接任州縣不能不挪經征錢糧爲前任辦奏銷以保道府考成是江右奏銷歷係以欠作完從無以完作欠弊混之事唯以欠作完入冊報部而以實欠在民者作抵入交上年奉豁道光十年以前民欠則交案盡翻現在淸查局查出應賠銀七十餘萬若追經征之員徒累孤寡而肥書役於帑項斷無實際若問奏銷之員則前已墊完今又着賠尤爲重困官既困甚終必困民而仍困帑徒爲不肖吏藉口挾制上游耳張南昌謂前在戶部曾見墊完民欠逕請豁官之案欲援案聲請以全省局而前院前

司莫敢執咎，南昌業已遣人赴都抄錄成案，將來抄案到西，閣下察覈，若可與仿行，不唯惠徧屬吏，實則澤周窮黎也。

一州縣缺分肥瘠，大都論錢漕多寡，然不詳察今昔情形以得其實，則無以立均平調和之方，且不得其所以變易肥瘠之故，則更無所施整飭轉移之術。江右錢糧平餘無幾，斷不足資辦公。南贛無漕，入故吏多墨，其民性悍而尚廉，遇不墨者，則悍爲之斂。廣饒折色優，故吏多惰，其民好訟而避案，遇不惰者，則訟爲之清。餘郡一歲之給，皆於[illegible]取，然其漕有官征官兌、民征官兌、民征民兌之別，而官征又有城倉、鄉倉、鄉厫之別。民征民兌則於官無所得失。民征官兌，初皆出於賣圖署事之員擇富庶圖分得規賣放，其斗斛勉斂兌軍，按石收運送省倉水腳錢數百文，一切倉費、兌費、漕規皆須官賠。大約有民征官兌之處，必以官征官兌之漕倍其數，乃可拉平。若上游以其漕數較多，認爲優缺，在自愛而幸能拔足者，唯有乞休，否則無所不至。官方之敗由此，民俗之壞亦由此。故厲官方、飭民俗，其要必於審缺分、酌盈虛，使屬吏得以自盡其材始矣。

一江右風氣淳樸，有司稍卹民隱，輒感頌不置，較江浙大

殊，吏治弊止因循，罕有任意非爲蕪玷不堪者。至士民共深信服，推爲樂只豈弟者，則有新升銅鼓營同知石家紹通。省知與不知，稱爲石爹爹。生性誠篤，好讀書，心乎愛民重士。歷任龍南、大庾、新城、上饒、都昌、新建、南昌，終始如一。庶幾悃愊無華，日計不足，歲計有餘者。若有緊要難辦之件，委之此君，必能洽民情而蕆公事。

皇勑授文林郎山東館陶縣知縣加五級張君墓表

君諱琦，字翰風，別號宛鄰，姓張氏，江蘇之陽湖人。初名翊，故字翰風；宛鄰者，以善顧宛溪讀史方輿紀要之書，欲刊正其舛悟，爲德鄰也。陽湖，常州附郭邑，君族聚居大南門德星里，丁中才數十，然十餘世以儒爲業，常州文人顯宦大都著門下籍，故雖貧弱不達，而爲名族，稱常州大南門張氏。祖金第，寄籍天津縣學生，貤贈翰林院編修，妣白氏貤贈孺人。父蟾賓，本縣學生，贈翰林院編修，妣姜氏贈孺人。贈君蚤世，君之兄編修惠言，世所稱皋文先生者，方四歲，而君爲遺腹，誕彌之日，則乾隆甲申十二月十四也。孺人以紡織撫兩孤，年及就傅，無力行束脩，族人外出教授，率半月有一歸者，孺人具蔬食，招使授君兄弟書，而自督念誦，漸能解字義，審句讀，博覽載籍，轉益多師。編修通許鄭何虞氏，君通馬班陳范氏，編修工選賦，君工選詩，編修

工篆君工分君晚以分法入眞行尤沈酣蹈厲完固不可犯其古文倚聲舉子業三事工力略同而編修雄厚君幽深卒不相襲也君故善隱憂蚤歲慨然任天下之重究生民利病甚設既不得於有司嘉慶壬戌編修遂捐館次年君一子珏孫繼歿遂嗒然意盡棄諸生以醫自寓及舉次子曜孫乃浪迹齊魯晉鄭間癸酉適至都友生援例强與順天試領薦應甲戌春闈挑取謄錄庚辰冬傳補實錄館謄錄官道光癸未議敘知縣其夏籤發山東試用君年益六十矣以季冬署鄒平縣事山東州縣倚錢漕羨餘爲生歲飢則無入項而供億餽遺不能減故相率諱災

是歲鄒平旱無禾君以封印之次日受事見大田皆龜坼未種麥時山東巡撫爲今直隸總督一等侯琦善承宣爲今廣東巡撫朱桂楨二公皆知君君受事即下鄉諭父老僉謂初秋報旱被前官鞭朴秋災例不出九月今徵漕已竣何敢更報報且何益君曰若以荒田輸漕筋力已竭上忙倏開徵又將安出若其以秋冬無雨不能種麥爲詞我偏歷四百七十二鄉莊小除夕乃能回署是日各村莊以一人至城我新歲攜若詞進省白大憲當可蒙恩緩征也父老莫不涕泣至期畢集甲申正月四日君旅賀二公畢復謁朱公呈牘備述所見窮困狀朱公以白琦公破省例

准君牘而附近鄒平之十六州縣災形同者因得共籲二公彙奏緩征至秋後未幾長山縣解搶奪受傷事主至君受其詞則曰賢父母莫問彼猾吏欺吾父母初任小人必不與休賢父母毋代人擔重咎君曰若失事所得毋有大樹不在大樹南抑北耶曰在樹北五六步君曰若是則吾界也吾歲底徧勘鄉莊見大樹知爲長山分界處出官圖示之其人愕然曰小人見賢父母下車即爲合邑民請命在署每日堂訊五七次無不公允厭人意小人傷已平復所失止布三匹錢兩吊若以此累賢父母擔處分小人心不安且爲合邑父老所唾罵小人不願訟矣及五月卸事

鄉民餞送萬數以迄其境七月署章邱縣事章邱距會垣一程紳富所聚尚氣好訟而院司道府五署書吏千數皆章邱人章邱例單日放告月十五期新舊事至二百紙五署書吏走書請託使長官不得舉其職負者復不甘上控五署掎摭官吏短長無虛日甚者竄越入都至難治君自鄒平回省而章邱缺人朱公以君名上琦公曰張君長者或非理劇才況章邱之健猾耶朱公曰正以章邱健猾欲得長者化導之耳琦公笑遣君章邱固緩征十七州縣之一也壤接鄒平習君治聞君至則已悅服視事月餘民以瑞穀來獻者接踵有至四穗五穗者君謝罷之曰去秋旱

無禾今春旱無麥陽氣深伏得暑雨潤發地力足故生長
倍常耳然他邑同被旱者卒不聞有此一日當期君閱所
收詞有原被中證皆鄒平人者不可受理反之其人號咷
曰自父母去鄒平民受屈者多矣然無如小人之甚知父
母不能越境理事私念此情得白於吾父母前則不啻伸
雪也故來此時同具詞者百餘人皆爲之嗟歎有泣下者
君莅章邱歲餘五署書吏竟無一紙至而結正新舊事二
千餘起亦無一家翻異控及會垣五署者會朱公耀山西
巡撫未行而奉諱君上省唁送因謁琦公琦公曰朱公知
人君在章邱眞不愧治大國若烹小鮮者也乙酉秋西府

歉收次年春旱又遭風霾三日夜至對面不見物沙塵壓
麥苗皆死黍不能蓺大吏飭郡縣籌接濟館陶在西府尤
爲瘠悍其長官遂引疾去君往代比至則飢民聚搶富室
之案已積十餘起而旱日甚邑故有龍王廟在城外君虔
禱得透雨田可耕乃嚴捕諸搶案爲首者又嚴勸得富子
藉借貸裝點圖陷其平日所不快狀悉分別置論民以大
服君察災勢度民力雖已平糶倉穀不足全活因請普賞
兩月口糧館陶故褊小君造送應賑戶口冊視鄰近大邑
且過倍上游頗以君爲不堪事忽奉
中旨責問歲饑狀甚切乃按臨災區災民迎訴賑弊無不

至唯館陶災情錢數悉得實始撤參尤玩視者數人而學
慰君既而臨清堂邑邱冠莘五州縣環館陶四面蝻孳覆
地至不見土而毘連館陶處一線如界黠者妒而移置之
則皆蠕蠕返故處及成飛蝗東面者東飛西面者西飛蔽
天翳日而無犯館陶境者君前在章邱蝗自東府來及界
退飛館陶民素聞之而未信也至是乃相與謳詠君德君
嘆曰神憐吾民瘠苦宰官與食其福吾唯當勉爲好官若
等勉爲好人敬承神庥耳入秋禾黍芃茂忽大雹如盎碎
屋瓦君念嫩禾必不堪此卽出署履勘吏役諫不聽西門
外故有窪田千餘畝被水佔爲泊深尺許不可涸君至泊

而雹已堆滿出水面比至大田苗殊無損傷召問鄙農唯
言午間有大雨一陣不見冷子冷子者東人呼雹也徧勘
四境皆不言有雹初君禱龍王廟見頹壞甚議與邑紳移
建城內邑廟側隙地邑紳難之旣大熟畢穫忽廟壁坼縫
見物如蛇方首兩角嶷嶷遍身鱗作金色衆謂龍見聚觀
三日君詣拈香謂衆紳曰若神願遷者卽隱形語畢不見
移廟之議始決嗣後祈禱皆應迄君之卒館陶無歉歲君
未莅館陶前二載館陶民被奸民馬進忠望誤者甚夥及
壬辰春奸民尹老須案發黨羽連五省州縣以失察被議
者百數尹老須隸直隸清河館陶與接壤竟無一人汙染

者論者歎爲儒效君以丙戌四月署事戊子正月補實癸巳三月十二日卒官前後在館陶七載年七十歲君爲政不矯激無奇異唯以近民爲宗不綏爲的用法恕而執之堅十年操持如一日陋規可取者仍之錢漕則規前任十年內至輕者以爲額公事應爲者所費不多則任以獨力鉅工則勸諭紳富而已爲之倡至於服食起居取具而已逋轄之前故有逋負四五百緡及宰縣所歷多優缺而身後遺累顧倍差於初集寅好賻贈乃克以喪歸其理訟也原被中證有一人到案即受詞而遣之以其詞質後至者莫或狡飾不承也若情事轇轕甚及須履勘者亦不過再

訊故事日簡而人不擾章邱至繁劇半載後訟減已大半館陶後數歲常旬月無赴愬者御書役至嚴驛騷小民者論如法然籌其生計必均必一故民懷而吏不怨生平所著述戰國策釋地二卷素問釋義十二卷古詩錄十二卷已版行自定所著古詩文辭目錄付曜孫去取甚嚴命毋得增損一字纔三四萬言藏於家配同邑湯氏封孺人前二年卒余爲之志既刻石而不克葬以今年十一月六日合窆於江寧府東郊龍山之陰子息已前詳孺人志余與君爲道義交三十有四年申之以婚姻知君宜爲深然君之文行爲宇內名流所共推崇治績又東土士民所共聞見則人人所謂宜書者余固不得不書也而余所獨知獨信欲書之以告天下後世者又以雖善無徵而有所不得備書也曜孫依限結交代以八月抄扶櫬附糧艘南下須十月望後方達而葬期已迫故不待曜孫具狀就余所習聞於東人者編次之伐貞石以表墓門庶使誦詩讀書而能論世之善士有以推求小扣小鳴之故焉大清道光十有三年歲在癸巳季秋月戊辰朔越二十有五日壬辰涇包世臣譔書

張館陶墓志銘

道光十有三年三月十二日山東知館陶縣事陽湖張君

卒於官以是年十一月六日葬白門之龍山余爲表以待其孤曜孫及扶櫬至則謂母氏湯孺人誌石外舅詞也今合窆不可無言以掩先子幽昔昌黎譔王洪州志又徇其子初作碑不孝敢援以請余無以辭

系曰君諱琦字翰風別字宛鄰生而孤貧妣姜盡十指力以撫君及君之兄編修惠言至成立弟兄相與爲師友致顯名稱毗陵二張君志在用世而識能鑑人治權家覃精地理其於山川阨塞形勝及今古割隸戰守成敗得失之故上下縱橫數千年如指掌工五言得仲宜太冲意嗜書移漢分法入眞行又以北朝眞書斂分勢並騰踔蘊藉當

世無與比性毅而温未嘗以所能加人而名流雅自矜尚者皆出君下蓋其德量淵遠足以伏凌囂之氣古有不言而心成者則君近之矣年五十乃領鄉薦六十以館班知縣籤發山東歷署鄒平百有四十日章邱十有三月館陶署二歲遂補實又閱五年而卒年政七十山東俗好訐上章邱爲最館陶處西北極邊尤瘠而悍然君莅鄒平才兩月至事主不願訟恐累君被疏防議其去也耆老垂涕餞送以萬數在章邱有一莖五穗之祥有蝗來千里至境退飛之異有汔君任無上控翻異之化在館陶大雹積尺許皆在不耕之地蝻孳環縣境四面接壤處若或界之無一

跂闌入者龍王廟頹圮議移建紳民疑舊制不可改而龍見廟中昂首望君所欲遷處此余所爲郵文哭君謂神格其誠民從其化者也君所至務求閭閻疾苦宣達其鬱積以和民氣是故君常承大祲以受事而天和下應輒成大有館陶至僻陋既屢屢豐又無牙角耗數年之間闤闠邨莊富盛幾如都會焉君年四十以藥誤喪長子玨孫乃肆力于醫嘗有病心痛者劇甚則倒懸以求緩衆工檢方書不得主名君診之曰此肺脹迫心作痛耳倒懸則肺張而心舒故緩以行水消滿之劑投之立愈其精如此館陶向無良醫藥民多夭枉見病者君卽診之然終以入署爲艱

君族子賜從宦傳醫術乃於署西設惠民局使賜司診貧者並給藥疑難甚則以質君全活無算局初立日診數十百人經歲漸減最後至旬日無就診者亦如君之治訟焉君嘗言爲吏爲醫事異而理同醫診病得情而用藥過其情則病解而藥伏餘毒常釀巨症吏聽訟得情而用法過其情則訟結而人積餘憾常釀巨獄原君之治訟治病所以能變繁爲簡消簡爲無者職是故也曜孫生而知醫君以爲勝己十二年冬診君脈而心憂之焚疏邑廟請移壽及二月杪君病不能出視事有在城地保劉見文者爲冥隸嘗値則厥逆數日甦常述冥中事至是言上帝命縣公

爲本邑城隍神以公子疏稍緩其期必過三月十三病乃望起然迎取夫人之吏卒已南行恐不可冀也曜孫聞而憂甚益以具疏事無知者十二日昧爽南關居民見君鼓吹幢蓋導行彩雲中正驚訝而聞疾革矣東人來江南者盛傳其事夫聰明正直而壹神道也君以是道被館陶也久食其土不亦宜乎故爲之詩曰

猗嗟張君求志隱居曰左曰右是儲是胥艮圖莫騁老棄州縣政則已成澤乃不遠食血舊治歸魄新阡雅儒循吏用告萬年

皇崇祀名宦浙江餘姚縣知縣張君行狀

祖鵬乾隆壬申　恩科舉人贈文林郎浙江餘姚縣知縣　妣朱氏贈孺人

父王茂贈文林郎浙江餘姚縣知縣　妣范氏贈孺人

繼妣范氏封孺人

江蘇蘇州府吳縣張吉安年七十一狀

君字迪安又字樹堂號蒔塘晚號禪悅號石牛居士系出清河先世自浙江龍游遷蘇之崑山又徙蘇城遂爲吳人五歲失恃撫於祖母舉人君授以句讀十七入都次年領順天鄉薦九試春官不售乙卯赴大挑以一等發浙江試用知縣君年已三十七矣時鈎稽虧空至急浙中大吏設法彌補以遲速多寡爲殿最襍流競進有丞簿攝縣事不數月而彌補至累萬者君從容白大吏曰宇宙之財止有此數前人以不謹致虧而責彌補於後來者非掊克閭閻何以應命皮之不存毛將焉附方今楚豫奸民蠭起皆以有司貪殘爲說似宜使讀書人加意撫循休養生息圖之以漸方可保全大局有裨治道不省旋委攝縣丞及判杭州事投之閒散君自忖戇直不能諧時世乞改教職上游有欲用君者留之丁巳署湻安旋改署象山象山踞定海上游洋盜由閩擾浙必由縣境之南田大佛頭山而入沿海居民業魚鹽者多以米及淡水火藥濟盜且爲嚮導君

莅任即嚴水米出洋之禁盜漸窮蹙又値颶風覆其艇泅至岸悉爲舟師所獲盜不敢犯象山者屢年君嘗建議南田居大佛頭山之下爲海中大洲島明初湯信國棄滃洲并封禁南田今宜重申此禁以斷盜糧其外洋韭山直對日本爲海道要衝番舶所必經石圃昌國雖設防而兵力單薄不足資震懾宜增官弁以防患於未形比雖見格而日後卒如君議未幾以逃犯鐫級已未復原官署新城邑去水遠倉設省垣民以折色輸官官購米兌軍官旣浮收丁肆其需索習爲故常君平其折價丁亦斂跡官不困而民輸之錢大減民至今謳思之庚申署永康六月蛟水猝發山石大如屋隨流下平地水深丈許田廬蕩然君即日履勘搭棚廠賓棲止其被水阻不能出者以舟載饘餅糜粥徧飼之急具狀請賑同官以浙省偏災向少查辦爲言君不顧上游果斥其張皇本道行縣見居民安堵遂執水荒一線之說不與賑災黎大譁幾至激變君力爭於大府得給賑及修費且展賑如例災民得以存活是年處州府苦旱而麗水尤甚以君能卹災民又檄君往君下車祈禱甘霖立霈轉歉爲豐民情大洽麗水多山地險而道遠君念赴愬者廢時失事時就民於山寺訊結之民旣得直又不苦期會焉癸亥春奉急檄君至省命即日赴浦江以浦

江壘遭水旱不逞之徒聚衆搶奪富戶並代墓木鄰邑多煽動非君莫能肩仔鉅艱者君白大府曰聚衆滋搶非法無以止奸民衆聚以饑非米無以安良民良民心安則奸民氣散敢請浙西兵糈之餘以安良民心而散奸黨大府許之君中途廉得倡議者主名民知君已請米兇黨漸解下車擒治首惡論如法民氣既和天時協應麥秋大有貧富各遂其生起溝壑而衽席之輿誦爲不誣矣是年冬補餘姚縣甲子春雨傷禾米價騰涌君既請糶倉穀又請於上游官運川米五千石民食以足乙丑夏復苦雨鄰邑煮賑者專設城中就食者深不便擁擠傷亡日數輩君分鄉

設廠分男女官項之外勸紳富量力接濟汔撤廠無枉死者邑多名區君次第修復之至己巳君乞養歸里侍封君封母養親事畢君仍不出山以道光己丑正月三日卒於家永康民思君不置請祀名宦並醵建專祠以奉嘗君麗水民祀君於遺愛祠餘姚民奉君栗主於洞霄宮之一庵即君所修建以祀蘇文忠公者也君素優於學尤嗜坡公詩沒而配食其以爲宜嗚呼自人心陷溺於南漕北賑之說而吏治民生難言矣南利既在漕美其名曰冬羨故相率諱災必不得已乃與以花緩花緩者擇最重村莊間予緩征之名也次年未必豐稔而併徵之病尤甚凶歲州縣倡議封圻一口苟有求熯稍切者則非種之鋤及之

列聖軫念民依遇地方水旱無不

恩膏立沛數十百年未嘗聞駁報災之牘也而封圻爲州縣惜冬羨藉詞酌劑盈虛置道殣溝瘠於不問爲國斂怨可勝道哉君在浙前後二十年所莅多災區皆能舉其職以惠窮黎唯新城係有漕地而君收數竟減舊什三四官民相安可不謂賢乎而浮沉宦海竟得登於岸不膺腐鼠之嚇以全其初不賢而能之乎予數至吳門雖未得與君相識而頗聞其丰采君之孫壽基薄宦江西論議主於近民有君之風出示浙人請祀公牘及詞人學士於君去浙

後之歌詠文辭予綜覈事實撮其要爲狀庶幾上之史館使物色循良者有所採擇焉道光二十有一年孟冬月朔安吳包世臣謹狀

男誠 家丞 孫希麗 希曾 希蘭 希廉 校字

安吳四種卷第二十八上

齊民四術卷第四上　涇縣包世臣慎伯著

禮一上

說保甲事宜 說儲下篇之一

保甲以十家爲甲十甲爲里十里爲保十保爲鄉鄉立鄉
老無定額保立保長一人保貳一人里立里正一人甲有
甲首有直甲十家之中擇其家少殷實年踰四十無過犯
不爲其鄰所惡者爲甲首十家輪直察核其當輪之家爲
直甲令保甲久廢驟舉其法以甲屬里以里屬保以保屬
鄉則疑衆而難成先斷自編甲始俟甲成然後劄里里成
劄保保成劄鄉知縣先備貲措筆紙飭吏徧提二十年來
訟案及各處訪鬬案件摘出其人其理曲持人曾經審處
者爲一等其健訟屢積並未對審者爲一等其理直受屈
伸訴者爲一等其爲戶族應審者爲一等凡應審多案者
必係人所信服或家世智計得人者也于該等人名下注
某年訟某一次或被某訟一次應某訟審一次分都圖爲
册計日繕畢乃刻編甲告示詳載條例先發各處保役張
示俟刻編甲門牌甲首高腳牌式成知縣自備飲膳出城
分鄉駐聚就近召集各村衿耆導以睦鄰里弭盜賊大有
便益毫無滋擾等情令其轉相告諭藉以看其人之明暗

邪正參稽案册有無名過以預後日里正保長貳之選每
家給門牌二張令其親塡家口年貌產業錢糧畜牧竹樹
一切的實以備查驗一樣兩張一張裱挂門首一張俟知
縣回驗該鄉時保役彙繳卽詰問其鄉之善人明白爲衆
所推者爲誰分等記注以備參核知縣卽考其產糧較多
及家有業儒者參以案册點其人爲甲首發高腳牌一張
令其造牌裱貫從甲首家爲始輪管此牌以晝查同甲夜
巡同更十日一周其大村以十計除奇零八家者卽八家
爲甲五六家者卽就近五六甲每甲增一家綴之其小村
止七八家者卽以爲甲或十二三家亦以爲甲或止二三
家者就近集數小村爲甲工商僧道一律辦理其延請遠
師寄寓小販皆附本戶　先查該縣前屆戶册與田相較
人得若干畝以定戶法約計其家每人得田六畝者爲上
戶人得四畝者爲中戶人得二畝者爲下戶人不及一畝
者爲貧戶全無財產又無生業老病無子孫及子孫幼弱
未能謀生奉養或一子已壯俯仰至四五人者爲窮戶其
家過十口而口過十畝以上爲饒戶上萬金者爲富戶富
又差以三等皆書于高腳牌分戶無定額約以地人相當
爲下戶并資產酌之　凡城郭市鎭一律辦理其寺觀及
宿店寓客者俱給循環簿詳詰名籍年業來去何處登記

夜半巡房時再問。其應答參差者，于籍記一△。來早放客時按名至△，卽留加盤考。有狀者，交里坊役致之官。凡城郭居民分保，皆分門。曰某門內左保，某門內右保。城中則曰城中前後左右保。城外則曰某門外左右保。街長則曰某門外前一前二保。以此差之。定分地名，有警派守城卽有條緒。邊海各邑尤宜切究。

男家誠丞孫希龢希肅校字

門牌

某保第幾甲某字幾號何等戶某人（家長姓名年過七十者書長子姓名）年若干歲某業（職）　妻某氏（某甲某人之女某年若干）

祖某（某職業　某年故）　父某（年若干　某職業）　母某氏（年若干　某人之某）　姑（某嫁某甲某人　某嫁某甲某人）

弟（某年若干某職業　某年若干某職業）　姊（某嫁某甲某人）　妹（某某年若干許嫁　某甲某人）　姪（某年若干某職業）

子（某年若干某職業　某年若干某職業）　女（某年若干許嫁　某甲某人之某）　媳（某某年若干某甲　某人之某）　孫（男某年若干　女某年若干）

師某（年若干某甲人）　知數（某年若干　某甲人）　雇工（某年若干　某甲人）　奴婢（某年若干某地人　某年若干某處買）

寓客（某年若干某地人　某年某在此作某業）　店（若干所開張某　所與某人合夥）　塚墓（坐落某所）

田（若干畝自種若干　佃種若干）　房（若干間自住若干　典賃若干）　柴山木（若干頃畝）　園地（竹若干頃畝　果若干頃畝）

牲口（若干頭匹）　錢糧（幾兩幾錢）　漕米（幾石幾斗）

總男（上若干丁　下若干丁）　女（上若干口　下若干口）

其伯叔甥舅孫壻同居者如法開載。姑姊妹女雖已嫁仍開載，其同居者注明同居。凡男女某業，現在家或在某處作某業，官吏生役工商稍雇皆注明。凡佃人田者載自田若干，佃某甲某人田若干。其奴婢分出者，載明主某分授田若干，自買田若干。

市籍門牌

某保第幾里第幾甲何等戶某人原係某府某縣某鄉人年若干歲

于某年至此開張某店

夥計（某年若干某地人）

房（若干間　租某甲某人房租若干）

器（若干件如染坊計缸油坊計榨之類）

工匠（某某）

總男（上若干丁　下若干丁）

其住客地者塡注如本籍

十家牌

某保第幾里第幾甲

甲首某　二戶某　三戶某　四戶某　五戶某　六戶某　七戶某　八戶某　九戶某　十戶某

男幾口（丁幾口　老幾口　小幾口）　女幾口　奴婢幾口（丁幾口　老幾口）　外人幾口（丁幾口　老幾口）

何等戶

照此排十戶，其單丁戶及窮戶多者，其量增數家編甲既成相其形勢割十甲爲一里里百家村里連絡附近止四五十家或百二三十家皆爲一里割十里爲一保如割里法割保爲鄉度其地可方十許里界山畫溪爲定鄉保皆爲取名里則名某保第幾里其里正保長保貳着該居民公舉不拘紳士耆農惟推行業惟世業工商及現執工商業者不准　凡直甲派直其單丁老婦幼子及窮戶不派派直家以一人巡更巡必徧一里屋舍前後敲梆巡徼每一次必周兩遭一夜五次計十甲則人巡百遭可以免盜賊及子女奔逃糾衆搶親扛尸圖賴牽累之禍凡甲里近大路岔路者必巡過路岔遇有夜行人形跡可疑

者即加詰問其應答支吾則呼衆喝留係賊以其贓十二充賞係姦拐等情官俱給賞如捕犯法係賊即送歸該被竊甲計贓之十二令直甲者出一分被竊者出一分爲謝姦拐子女亦送還本家聽該家禮謝官更給賞他視此其竊案直甲家代報審質時直甲亦須到案一次不許設協緝罰賠諸苛政以累齊民

凡鄉老保長貳里正官皆待以客禮令法每保有役或一人專充或挨家輪充以便喚集將行文字冊籍又有里書以催賦過割者仍舊不革　每保一圖詳繪山川田地村里形勢集各里甲編爲籍仍取門牌高腳牌集抄胥書就

改署某鄉某保第幾里第幾甲幾戶給散本家裱張毋宜戶科紙筆錢四十文饒戶三十文上戶廿文中戶十文下戶五文貧戶二文窮戶不派冊有正副正存官副發保長

凡十家內鬬爭戶婚田土之訟皆不相連惟不孝不友如毆罵尊長之類　窩賭窩娼窩賊及自爲娼賊之類同甲切加勸戒不悛者同甲公白于里正里正勸戒之不改者白之縣論有差其夙惡爲同甲所知而不舉者笞四十分肥者論如法其父兄不加教戒減本犯二等罪止杖一百輸三年其在外犯竊被獲同甲及家並不知情者免坐仍飭保長協里正甲首直甲白書本犯之門曰出賊之家娼賭等案

皆同其果痛自改悔三年無過者同甲公白于保長里正轉白官除之其三年內盡心巡守能截獲賊犯者亦除之

凡里正保長皆給與戳記使條白得達于官保貳皆須能筆札者署充凡赴訟者無論進詞喊稟令丞聽受除命盜大案外察被情非悍暴係田土界址雀角短長戶婚牽割氣性鬬爭等事批副用印仰原告持批投該保長協里正至公所喚集被告及證應人詳加研訊保貳錄三造口詞察其是非判割清楚務令輸服判定錄爲長單粘連官批之後用戳騎縫連名判後並用戳記凡口角爭鬬是非立判一日可決集訊日原告出供膳錢一千文若田土戶

婚須勘踏查驗者兩日原告出供膳錢二千文被屈者剖正所爭仍罰備酒于翌日請在訊諸人慰勞原告仍認賠供膳錢原告出具允服粘連判後三面公同用戳給被告持至城跟服詞繳息吏受詞研問如判準息銷其長正公判而原告不服長正公將用戳粘單給原告赴縣重告被不服者即給被赴縣跟訴詞呈繳官乃集訊如法凡所訟係鄰里親族即仰本保里係他保里人即仰原告持批請里正同赴該被保里長正公同研訊供膳如之凡長正皆須公平處斷以息爭競不得情庇偏袒其聽問不平者減酒梟甚者于召問賜食時罰立侍看他長正食終乃退致

釀大獄者革斥受贓者科罪如法終歲剖決公平息訟至十案以上者優加賞賚　編甲既成摘出窮戶查其親族外戚有三等富戶及饒戶者分別勸派養給有差上中富戶有胞叔伯祖胞叔伯胞兄弟胞姪外祖父母舅父母姊妹夫外甥妻父母妻胞兄弟實係窮戶非纏擾過度而人少不加收養人多不酌加存給者分別勒令養給其陽奉陰違者即飭長正白署其門曰不友俟養給三年後除之其素能養結期功外內親族窮戶者飭長正朱書其門牌曰義戶能推惠及無服之親存活至十人有狀者給額旌奬其下富戶饒戶照上中富戶例差減之其上中兩戶有能養給期功以上內外親族者朱書義戶至三人以上者給額旌奬其內外親族並無饒戶以上可以派令養給者官爲設法存恤如鄉族義倉城坊養濟之類　其派養給而不遵及陽遵而陰違者量其所應給之項倍罰充公仍署門派給再違者及有他情可惡者坐不友律吏下鄉隨時摘問以求實情并備後日孝弟之選

凡無子孫者養之有子孫者給之其孤兒亦養之派給下富戶戶四人即全給大口日米一升小口日半升俱半月一給年終絮被一條棉襖一件爲全給人多者以此項差散之仍以親服爲殺上中富戶量加萬金富戶歲損米十三石八斗棉絮銀八兩以贍其親族力所優爲且杜絕侵擾尤爲便富也

凡貧戶其有服親族各推一本之誼量加存恤不在派給之例爭數者準與朱署其下戶力穡原可爲生其富戶能歲時優助者聽若下貧等戶恃親纏擾使富戶不能安業者論如常人律其窮戶既受給而格外苛擾者並論如常人律凡民無田產又無生業不爲人執事者惰民也非騙竊侵擾平人則何以爲生害良敎惰大壞風化其力技出衆者申府署標兵次補壯快弓三役有差餘才力不任公役者遷之他鄉交保長分給該地饒富等戶爲雇工該長正時加約束辛力從輕以漸量加游手民必有頭目其黨皆椎魯人耳不爲人執事者既因好閒亦士人不敢受耳至他所則其氣已餒往往有較平人爲馴貼者且以官遷之尤可無虞其仍

惰游滋事者保長以戳封寄城白官輸之作役。
凡同里慶弔必集飲食筐篚之儀隨宜富無過豐貧則以身到不責貨財可也異里之親舊仍聽往來其鄉長保長貳保望有大慶弔同鄉之長正致禮焉里正里望則同保之長正致禮焉酒食筐篚皆從儉身到者亦可期無失禮以釀嫌怨。凡朔望里正集里望甲首直甲并里中儒士及外師諸在書房子弟于公所講說鄉約其願聽者無論長幼客寄悉聽入惟禁女子侵晨分甲輪值之人設香案旁挂揚善屏兩幅衆集里正里望率衆向上行禮序齒五十以上者坐以下分立擇里中知書者立案左恭宣

聖諭條目畢乃坐將孝弟婣睦守望諸事用俗話方言編列高聲講說務使愚氓通曉講畢徹案獻一茶（分甲輪值者辦）乃取所懸屏下朗誦一過里正里望隨宜稱說以爲勸戒屏二一記通鄉內已經鄉舉而官驗准不必書旌善亭者上書某行某人以某某行業爲鄉人重經某官旌奬一記本里內尚未達官可預後屆鄉舉孝弟力田等科者書某人以某某事實可欽敬克當某行之舉讀畢有當增入者里正里望同里衆公議下筆書畢納之櫝交揖而散若全保同集一村者則分保長一處保貳一處各領五里他如法。
凡開印日知縣首行勸戒告示每里一張實貼後粘單大書旌善癉惡亭人名事蹟旌善亭書孝弟節義某名色某保甲某人（父某祖某）某氏（夫某父某）癉惡亭書不孝不友淫亂刁頑名色某保甲某人某氏仍注明存歿其在癉惡亭人子孫有以孝弟舉者得緣除仍准注明該孝弟人名下曰父某祖某其在旌善亭人現在而子孫犯盜逆諸罪書癉惡亭情罪重者其父祖坐失教除名。凡縣編保甲册成以田計口人得二畝者中歲可足食（地隘者農必精中歲畝三石以大小口計之六石可支人一歲食襍糧濟之可以無飢）爲下縣得四畝者爲中縣得七畝者爲上縣以上爲饒縣人得一畝以下者爲瘠縣開明富三等若干戶若干口申府府總縣酌以五等以饒濟瘠無饒

者以上濟瘠若通較府屬得下縣或不及者爲下府通較得中縣爲中府通較及上縣爲上府申之藩司司受而通較之以酌接濟知縣于將穫時出示各保勸富戶俱須積粟三年饒戶二年上戶一年中戶一年或半年其貲財及饒上而田數不充者皆置備如數皆計算到接新再多者乃爲積其餘乃准糶賣凡勸積皆酌以三年爲率轉新去陳如數乃止知縣于巡轄時再加諄諭于二月巡轄時加挑查以實蓄積知府相度水道以饒上等縣接濟下瘠司相度水道以上府接濟下府俱就近酌定大熟則司府酌派各縣以封貯留項量于饒上等處買貯倉穀不拘稻

粟積之偶有偏歉縣即于九月通諭該富饒等戶出家積糶于市仍諭以十月即開倉糶濟仍有他縣接濟不必居奇病人自失利算十一月知縣即造空白執照照戶冊計日計口塡明給下戶貧戶就三等富戶支借口糧三日一升勸至三月止借項皆小麥熟還三分之一秋熟清還惟平借讓息以申姻睦其過期者官爲嚴追逃絕者官按照撥公費給償以紓富力其窮戶及貧戶之產微口衆度遇熟不能還者官酌給賑仍預將情形申府府于十月十二月二月派不荒縣運其儲穀至該縣境糶賣三次以平市價若一府歉者則可調豐入諸府酌受荒重輕撥運儲穀

接濟以絕居奇其或一省遇歉者鄰省接濟如法其糶得價銀以本歸帑以利充公費任縣經畫不歸銷算

凡民間借貸利止月二分過者罰去利其過三分者罰本入公凡借錢還錢借糧還糧俱月加二息不得以糧擡價垛利亦不得以錢放糧指青收黃潛剝貧民違者罰本入公

說學政事宜說儲下篇之二

知縣于保甲冊內摘出所轄生童各分鄉保彙爲士冊仍注明年履九等戶法其訓蒙他甲與從師他甲者俱兩處附注每冊一頁只書四名以便條記行學舉止其鄉士人有奉接尊長無悖慢沉潛書籍言語端謹訓讀有則無鬬訟游盪賭博買賣中保諸事者長正以告就近傳見該士惟書刺曰習某經某氏學某保甲業儒某見令丞禮入門至堂檐令丞離座起立拱手乃向上三躬命旁坐再一揖就坐待茶語畢三躬乃出令丞拱手俟下堂乃坐令丞詳問爲學之要觀其行止言詞容貌條列其等注記名冊其成童以下願謁見者聽儀數同傳見凡因公出署隨地摘召問訊俟識見已偏乃檄鄉老長貳正望公舉應試以行爲首令集其狀參列署爲儒士以現業士人十之二三爲數其准赴試行同較學謂記誦講說家法學同較文文同較言署弟子數浮於額者十之五其副

倍之使尉教以射並習儀集官所給以日食射差成擇日行釋菜先師禮先一日射于戟門揖讓耦罰略如古儀節升降有差乃申送于府其巡轄勸農見從教尤力桑麻樹藝殷盛者間就其家閱畜牧如法家人輯睦者即加獎賞外仍記名以備力田之舉該保甲內舊有技仗精敏者驗試補入伍教目其有舉移三百斤以上者隨時送司府補材官選兵舉移五百斤以上者縣府司校驗以其名藝遞申之其有匿喪及預捏過房爲後日減喪計者比照居喪無狀律科斷其故隱冒舉之長貳正望俱斥革決杖六十鄉老罰酒帛筵宴如該犯係鄉老同里及內外有服之親者同

長正科罪其他舉不以實者每一名記過一次至三名以上者罰去酒帛筵宴六名以上者斥革鄉老俱減一等其該長正所舉如係劣蹟有狀而舞獘改名冒圖進取者照本犯減一等其饋遺從重科贓罪凡老長貳正望賞罰斥補知縣皆爲教敘其狀發該鄉保貳錄其稿于籍　凡子弟就傅皆須在六歲以上蒙師教以事內外親族尊長隆殺之節書房坐立之次皆敘分齒先授小學（謂宋儒所集之書非五雅及許徐說文解字之小學也）須爲講明其義其不能講解小學字義儀節者長正稽察毋許教授凡令丞至鄉皆就近召蒙師勸加勸諭其有下貧人戶子弟端秀聰穎而力不能終其學

者長正白于官官召驗經書培植之凡子弟成童以上現從師長而在外犯法至杖一百者該師長有職者奪一級無職者杖六十收贖其犯係悖逆亂倫情重者師減三等的決其本年初附在半年以內者遞減二等仍科其舊從之師照現從例減一等其子弟悍傲不遵教訓者許師白長正屏出仍書于里正之籍若兇暴已甚者長正卽白官安置其一歲校試入等補弟子有三人以上現從一師者令優敘致酒帛于其師仍注册備賓興老望之選

禁淫豔書詞其刻印之家限十日內繳板焚于學通所轄限一月內將家中所藏各小說曲部新舊整殘通繳官給紙價新整者每斤六十文殘破者每斤二十文違限者沒其價決杖八十至十種以上者杖一百其說書倣耍賣藥賣棋諸人酌遞還原籍或安置本境故犯者杖八十輸作賣拳者集驗署入伍教目稽查僧道度牒除已往不議外有新剃度而無度牒者本師科漏課律新度人還俗追身價入官禁革淫祠其書册無考之神悉罷之還其住持于叢林改正門字以爲鄉學香燈田產歸學其住持自置者聽其變賣其願還俗者聽產仍歸管其有不能買牒僧道絕戶房產一律辦理凡鄉學聽士人讀書習禮射其間其學有經費可延師者該長正白于官官爲選邑之行學可

表率者置爲師值舉試之年長正集應舉人于學行鄉飲酒禮迎送坐立飲射儀節酌今古以爲之制　府受縣申送校考如法擇其尤者補生員如定額不及額則缺之其縣署弟子不入等者退爲副稺荼較射如法其在申送列者仍與皆三年兩舉三年令遴在學之行業端正身材平直學問有本文射兼優之生員其副之尤者亦與解舉賓興禮而上于藩司藩司受之考校如法入等者署爲貢士而貢于禮部禮部試如法入等者爲進士約解十五而貢一貢十五而進二

以上學政諸條一皆生于保甲保甲未明則跬步罣礙

矣夫爲政在正心以求實效在細心以審眞勢好名高
者舉善政而害人求速效者推至誠而不達夫令爲親
民之職天下雖廣積縣以成故其職爲至要而其治爲
至易有心之士差知其要而震沮以爲難故一切委蛇
從俗波靡此所以教化凌遲而民生日蹙也夫轄隘職
近廉問得眞一易也權專任久威德自制二易也一事
得民勸諭遂孚三易也故學爲政者必先求民生之要
初任職者必先求風俗之畧夫千里異風百里殊俗淯
漓相較去若楹莛而樂安好善得自秉彝者初無改也
故令之得民至捷莫如擊猾吏至信莫如革陋規擊猾

吏則得外姦革陋規則絶內愧稽檢圖籍一月可畢巡
城下鄉必勤問勞愼無先于紳富就八十以上者徧問
之可得人才地治之概即其不賢教民長長亦未爲失
也巡轄既周就聞見以較錯互亦可十得五六矣威名
既振而優禮繼施清操顯著而愷諭溫加不驕巨室不
簡細民實心謙德以張信威令之下也若流水矣然則
操約御繁三月而保甲可舉身勤術簡三月而保甲可
成山川既悉可教樹藝之宜聞見既周可得賢能之實
長正得人老望不失迨于期月教條粗備然後利導以
措學選拔以教禮雖非郅治庶幾補苴之益矣視此以

往中材可企苟觀者指爲迂遠之譚行者昧其先後之
序則良法美意反爲厲階咎歸作俑非吾所知已

與沈小宛論禮書

小宛足下日昨承示大集發帙先檢議禮之文讀之徵引
貫串準制酌情通儒之效著矣然有數事不能無疑故復
誦其所聞而質其是非世臣睽隔經籍已十有六年記憶
荒落又行笈無書可撿所述疑義多有不符本文是未師
而非往古罪無可追惟足下審察而糾正之世臣幸甚禮
教幸甚古人吉凶不同制故喪每爲祭所屈說者因禮有
喪三年不祭唯祭天地社稷傳有宮中有死者則爲之三

月不舉祭之文以爲自緦以上皆廢祭愚以爲三年之喪
分皆體祖禮天子有下殤五是人君之喪至三年者四親
同慟幽明不間故爲之廢祭唯天地社稷尊於祖不敢以
所親而簡所尊故得越紼行事也禮支子不祭是期功之
喪誼與廟遠矣且天子備百姓嬪御之數百二十又王姬
適二王後者不降服又周公時同姓之國五十三人尊同
則不降服若以其喪而廢祭是天子諸侯之祭或寡矣故
袁准釋服而祭之說愚嘗謂其能通禮之權也齊衰期章
父卒繼母嫁從爲之服報愚以爲齊衰三年章繼母如母
之文當在此章父在爲母之下此文之上以類相從而出

妻之子爲母次之妻又次之夫親母父在則期厭於尊明子必隨父之義也父卒則三年說者謂尊者不在子得以盡其私恩繼母以路人而體父故父在則加母之服期父卒而仍爲之服期亦足以明其配父之尊而見孝子之不忍死其父矣古不以期喪庶母雖殺於親母而無嫌若必加爲三年既無私恩而盡同所生似無所取義矣說者以伯魚之母死期而猶哭爲喪出母此謬說也孔子在則伯魚之母服正期服除而猶哭故以爲甚爲父後者爲出母無服終其心喪此傳重之大綱以義斷恩至不爲父後之子身不體祖以母絕於父不敢服父所不服故以加隆之

再期服之取卒母子之恩耳至君母繼母被出本因父以得名既絕於父遂爲路人其爲無服何疑經言出妻之子者著其所生也父卒繼母嫁繼母終父喪而嫁其妻道有終是即其能終母道故子從爲之服期以報其能終於父傳所謂貴終者是已鄭氏嘗謂母子之說專以名重已不若傳義之善而王肅倡爲說曰從乎繼而寄育則爲服不從則不服是以養育爲重義無取乎父卒終喪爲卒雖出於注家然以舅殁則姑老之文例之是卒爲終喪信已且寄育之恩自出嫁繼母之後夫何以無文肅知繼母本路人不得同親母因生繼父之名雖漸於亂俗而辭猶有不

致盡者然後儒多從王義以從爲從嫁繼父同居傳云與之俱適人此以一從字包之何其不辭也從本服中之一事經言從服皆有所從此從生於父卒故變文言從爲之服更言報以明之愚少讀此經即疑此報字與全經殊例後見通典載馬氏云重成母道故隨爲之服繼母不終已父三年喪則不服賈氏疏此經云感恩者皆稱報此子念繼母恩終從而爲報又云父卒還嫁便是路人子仍着服故生從爲之文詳其文義蓋與孟子從而爲之辭相類因嘆先儒實有先得我心者肅又云服也則報不服則不報若與馬氏同義則與其寄育之說大殊若云嫁繼母報服

其子仍視其子之服與不服不思子既行服則母已死何以行報說已軌杌而賈氏疏本經統說全經十二報之義又云母以子恩不可降殺即生報文爲騎牆語以致後儒皆以報字屬嫁繼母按喪大記云婦人不居廬不寢苫喪父母既練而歸期九月者既葬而歸是凡喪者必就喪次也出母嫁母子本天合之親而經無報文者以出與嫁皆絕於前夫之族子死其次在前夫之家義不得往就反在室與夫家絕繼父爲子築宮使主祀嫁母尚不敢與況能於母家及後夫家以別室爲前夫子次乎成服變除受釋皆無所非僅方隆實爾不能忽加繐衰也故出母嫁母皆

無報服況繼母以路人又絶族且何服之有子慼繼父恩爲服衰期本在其喪次故異居卽降爲齊衰三月以身爲父後不能以恩私屈十五月之祭故也繼父雖養如子然與子非族非親故經不制服設子死於繼父家則亦宮中死者之類已以義揆事出母嫁母嫁繼母之喪子皆當就其喪次故射慈有如遠不得往則别爲異室亦有廬與堊室其説爲能補經文之闕矣經言爲父後者爲出母無服服繼父者皆爲父後服嫁母嫁繼母則爲父後者與在其爲釋服而祭必矣至親母嫁者賈意以爲三年固以依神龍天寶之令然子於母尙恩母之嫁否無損於私恩已不

爲父後而喪之盡情且以别於被出其何害乎爲人後者爲其祖父母自古經以及今令皆無文愚意以爲仍服本服無疑也爲人後而降其父母重大宗也女子子出嫁不敢降其祖明有歸宗之義古唯大宗立後其立於何時無明文固有宗子死而族人爲之立後者其宗子老而自立後亦事理之所當有大約六十閉房則可矣禮宗子有母則族人不服宗子之妻是宗子之必無父可知也或既後大宗之後而宗子自有子又或已之爲父後者死皆當有歸宗之義其不應降祖與女子子之出嫁同矣尊祖故敬宗禮别嫌明微故降其所生而服所後之大宗祖本服期

期多無嫌愚謂兄弟之親因父而得故爲人後者旣降其父則父之兄弟已之兄弟因父得親者皆從而降旣不降祖則高曾皆不降經言女子子嫁者未嫁者爲曾祖父母傳云不敢降其祖而叔伯祖父母從祖兄弟因祖得親者皆不降矣經大功章言爲人後者爲其昆弟記言爲人後者於兄弟降一等二文皆言親兄弟不得以小功以下爲兄弟之别文説之若以小功兄弟爲説豈爲人後者大功以上不降乎賈氏於本宗餘親皆降一等之説非也至所後者大宗其與本服親疏不可必其所後者親屬之服愚謂後大宗者專爲傳重其親屬如與本服相等者自各仍本服若世數已遠則以族人爲宗子服衰三月而報之以緦是亦以義起亡於禮者之爲禮不得以近人爭繼圖産之亂法而誣先王尊

祖收族之大經也傳爲人後者爲所後者之祖父母妻妻之父母昆弟昆弟之子若子記爲人後者於所爲後之兄弟之子若子二條恐有舛錯或衰周現行之事非周公本意蓋繼者唯大宗宗子安得有祖父及父哉所後之兄弟之子卽如今法已是從父兄弟不得言若子賈疏舉疎以見親言外以包内之説尤不得經義至妾母不世祭與妾祔於妾祖姑之文有礙或者偏文不足以例爲人後者之於其祖父母乎君之母非夫人則羣臣無服近臣唯君所服服庶子王爲其母練冠而燕居左氏載莊姜以戴嬀之子完爲己子秦策載華陽夫人以楚爲已子故夫人無子立右媵以班次之小記有爲君母後者之名是雖庶子必夫人以爲已子而後得立可知也若循爲後之例而降其所生則嫌若儕所生於庶母則忍故

朝祭從吉練冠而燕居則恩義兩盡之制也鄭氏小君在則益不可之言爲破漢人之謬而立此說其實妾母不得爲夫人先王杜亂之微權不係乎小君之存否也周法子以母貴公羊母以子貴之文係漢人附益以誣時君者不足據也若國有大變而庶子承統其時小君若在如漢太皇太后稱制傳統者則仍爲君母之後若小君不在而依托君母則近於與爲人後而忘其所生是其爲妾母也仍三年所謂三年之喪達乎天子者也然羣臣爲君之母服爲其配先君也君之母既不配先君則羣臣自無服其以別子入繼大統者小君在則固所後之母也所生之父母

自當從士大夫降服之禮而意推之故歐陽張桂之說未必盡非唯入廟稱宗則大悖而階厲有由耳至繼父同居服齊衰期不同居服齊衰三月兩條愚謂此先王順人情以邺孤又辨族類以明宗之大法也傳釋同居以妻穉子幼與之俱適人傳者又恐人誤會爲嫁母別生施服故云必嘗同居然後爲異居蓋異居者或子成立後歸本家或自立門戶也其言子無大功之親所適亦無大功之親者爲有大功親則子雖幼而有同財之親撫育之可不隨母俱適既無同財之誼不能以之責疏屬也所適若有大功親需其撫育財力或不能旁及故陳銓不能專財之說義

是而猶未備也若子有大功親而年在襁抱不能離母所適有大功親而無需其貨財撫育自可聽其同居先王以爲不制服則義輕恩薄無以維繫邺孤者及孤子受邺之心而不制報服則所以杜養爲已子以亂宗之漸故鄭氏此以恩服未嘗同居則不服之體味經義至爲審已傳又言別築宗廟使子以歲時主祀係言繼父之道推至其極全經傳言若是者二一條慈母條下備陳生養死服貴父命之義此條但云繼父之道明非爲隨母子言也娶婺在衰周時已通上下究以庶人爲多庶人祭於寢已且無廟況爲路人別築耶疏謂三者有一不備則不爲同居即三者

俱備而繼父後有子則已有大功之親即爲異居未免深求而轉失先王制服之本旨史公譏儒家博而寡要其事多難從名家使人儉而善失眞賈氏此疏實兼兩失徐氏讀禮通考依傍通典而推暨之節目過繁而無杜君知統之識囿於末俗時有不協人情者何足下遂推許之至如是耶世臣再拜

庚辰襍著一

孔子曰行已有恥可謂士矣道政齊刑民免而無恥道德齊禮有恥且格管子曰禮義廉恥國之四維孟子曰人不可以無恥不恥不若人何若人有人能充無穿窬及無受

爾汝之實，而義不可勝用。未有義而後其君，凡以恥者人所共受於天，懷於心則爲恥，見於事則爲義。人而無恥，惟利是趨，無所不至。是故吏無恥則營私而不能奉令，士無恥則苟且而不畏辱身，民無恥則游惰而敢於犯法。然而民化於士，士化於吏，吏治汙則士習壞，士習壞則民俗漓，古今一理，未之有改。先聖昔賢未有不兢兢於有恥者也。今富民出貲財使人司貿易，而其人乾沒其息，侵吞其本，則無以自比於人，不見容於同業。而吏收錢漕，既已恣欲浮取，又復任意虧空，至於襍項錢糧，征而不解，尤爲習常，而皆恬然不以爲怪，人亦莫有非之者，是恥之亡於吏者

一矣。窮檐匹婦而有外私，則爲族里所鄙棄；爲吏而市獄，與婦人外私無異也，而市獄者相環，恬然不以爲怪，人亦莫有非之者，是恥之亡於吏者二矣。士民家用傭工，而所傭之人不能供其役，則自行求去；爲吏而不明吏事，以曠其職守，與傭工不能供役無異也。然內而六曹，外而郡縣，居其官而不能舉其所當有事者，蓋比比已，又恬然不以爲怪，人亦莫有非之者，是恥之亡於吏者三矣。貧民無行而爲穿窬，則齊民莫與其居處。夫通天地人之謂儒，爲士而僅注意於記誦摹擬以博科第，已爲僿陋，至於科場舞弊，則與小民穿窬無異也，而懷挾、倩鎗手、打關節，恬

然不以爲怪，人亦莫有非之者，是恥之亡於士者四矣。凡是四者，皆爲爭利，利心勝則恥心微。是故利者義之反，而恥者義之源，廉恥不明，則禮義路塞。吏與士如此，且何責於齊民乎？是故游惰多而奸宄出，大則結會聚衆，抗拒長官，小則挾詐健訟，魚肉良民，甚至殺父兄，托鬼魅，惡逆不道，所在而有，推厥從來，皆由無恥。漢陳寔爲鄉里判曲直，人曰：「願受官刑，不爲陳君所短。」盜牛者爲主所得，盜曰：「刑戮自甘，乞不令王彥方知之。」可見恥之爲用，原不絕於人心，以陳寔、王烈尚足化其鄉人，又況

神聖御宇，感天不旋日，而風行草偃者乎？孟子初見子思

問治民之要，子思曰：「利之而已。」孟子曰：「聞仁義，不聞以利。」子思曰：「仁義固所以利之也。」是故賞罰者，爲治之大柄。今小民犯義者則加罰，而行義者未獲賞，是未使小民得仁義之利也。善爲國者，使人之趨義者既有令名，而又得行義之利；騖利者其名既不義，而復得不利之實。是故民之趨向有定，風俗日厚，而刑措可期也。恭維我

皇上登極之初，即勅停捐例，又

命內外大吏將捐班嚴行攷察，罷進獻，貸虧欠，數至不貲，且復躬自厚而責人薄，

俯念外官廉俸不敷辦公

飭大吏確查向來陋規之不至病民者明以予之使君子受野人之養而可無媿於其心無患於其後直省臣工共見
聖心之賤貨貴德愧勵興起循義者日增其修放利者立改其行
作人之化固可計日而成矣然捐班未嘗無人才即有不忘市道存好官多得錢之見者其爲害於地方猶小惟有錢即可得官使民心日趨於爭利而害及廉恥者實大竊謂
國家設立科目求服古之士以備入官之選而貢監一途

名爲俊秀本以待民之秀異者使入太學以造其材故其章服與舉人生員無異然常例報捐之人未必盡係俊民至於捐職文自從九以至道府武自千把以至參遊都少者僅數十金多者二三千金朝珠蟒服遽同眞官銜耀閭衕人不見德而但見貨其農民力耕以奉公上者雖內行修於家自好聞於鄉里若報捐無力則窮老巖穴無異齊民
國家旌表之例須有奇節其僅修庸行者不與且表異即及其門而章服不加於身夫好榮者人之至情誠恐山野小民見聞僻陋於
皇上賤貨貴德之實政未能周知尚無以革其好利之習而動其有恥之天嘉慶十八年籌備經費案內大臣查覆每年常例不過二百萬兩本年恭逢
恩詔開復文武官處分又奉
特旨公過不至升調則捐級者較少想尚不及前數涓埃之項於國計會無增損若蒙
皇上俯念風俗至重標準攸關停止常例仿西漢孝弟力田之科修復
世宗故事而變通之
飭直省大吏轉飭州縣實力訪求農民中敦篤力作數十

年不入公門行誼爲族里所稱者分別詳請
題咨量給職銜其選不必太精唯務善善從長拔十得五使足以勸誘而已從前報捐之職員貢監日少一日而孝弟力田得舉者日多一日小邑下鄉皆知矜式則齊民深信非篤行勤農莫可仰邀榮寵父兄教而子弟率莫不鼓舞振作以求無忝於
聖人之氓其有莠民亂化則有司以時鋤而去之或有至行異材且可上膺不次詩人所頌攸介攸止烝我髦士誠不以富亦祇以異量如是矣蓋商賈出貲以得爵命則利操其權農民積善以得爵命則義操其權利有權則邪慝

並興義有權則忠孝踵至數年之間貴德之俗成官吏士民共以孳孳求利爲恥不以不若人自安將見罷民不能齒於鄉劣士不能齒於學汙吏不能齒於官爲民者共戒游惰以盡地力爲士者共勵名節以求實用爲吏者共究利弊以邮民隱

朝廷舉其大綱封圻張其羣目郡縣奉行如指利無不興害無不除於變時雍唐虞可以復見尚何教匪之足憂盜賊之待緝哉又況吏以虧空爲恥民以抗欠爲恥正供所入必能年清年款比較近年所增且不止每年二百萬而已也耶

男誠家丞孫希驪魯希藺廉校字

安吳四種卷第二十八下

齊民四術卷第四下　涇縣包世臣慎伯著

禮一下

書亭林答王山史與王仲復兩書後

與仲復書略曰華陰王君無異有諸母張氏年二十六其君與小君相繼沒無異以兄子爲後方四齡張氏獨守節以事太君二十五年太君亡又三十年年八十一及見無異之曾孫而終無異感其節將爲之發喪受弔而疑所服僕以免服告之讀來教與無異書未之許也禮經免之制有二其重也自斬至緦皆有免其輕也五世之親爲之袒免五服之制有冠有衰免則無冠是故有免而衰者有免而袒者在五服之內則免而衰在五服之外則免而袒袒非肉袒乃無衰而謂之袒史言漢高爲義帝發喪袒而大哭兵皆縞素是無衰而袒者今無異欲表張氏之節而報其恩不可以無服故援汪踦勿殤之義請爲之免既葬而除吾豈敢如叔氏專以禮許人哉

答山史書略曰仲復之言自是尋常之見雖然何辱之有小星江汜列之詩紀叔姬列之春秋雖今之媵與古之娣姪不同然父母所愛沒身敬之不衰况此五十餘

年之苦節乎使人謂諸母爲尊公媵者其位也其取重於後人而爲之受弔者其德也君子以廣大之心裁物制事當不盡以仲復之言爲然將葬及墓當自西而上不敢當中道其反也虞於別室設座不立主期而焚之先祖有二妾炎武所逮事其亡也葬之域外此固江南士大夫家之成例而亦周官冢人或前或後之遺法今諸母之喪爲位受弔加於常儀以報之足矣若遂欲祔之同穴進列於左右之次竊以爲非宜

包世臣曰無異別字山史與亭林爲道義交所事予不悉原委仲復之書亦未見玩亭林兩書似仲復欲無異以嗣

母禮爲張氏發喪諱言妾媵而無異質其是否於禮宗者慈也禮齊衰三年章慈母如母傳曰貴父之命也衰經五月章君子子爲庶母慈己者傳曰以慈己加也鄭氏申之曰若慈母不命則亦服庶母慈己之服緦麻三月章乳母傳曰以名服也鄭氏申之曰謂養子者有他故賤者代之慈己禮曰爲慈母後者爲庶母可也爲祖庶母可也亭林以無異由兄子出嗣與妾子殊科又自明祖頒行慈孝錄後爲庶母皆衰期而父妾則無服亭林于此名以父妾則心實不安名以庶母則衰期有令故變其文曰諸母然鄭氏註諸母不漱裳曰諸母庶母也此其意有所窮而辭不能

不遁者也無異嗣父既沒而太君猶住世二十五年是其歿也年不過强艾之間張齒正盛則其嗣無異在張稱未亡之後可知也其入嗣也太君必命之其父母必命之以四齡之孩提爲人後揆以人情張雖賢淑不命爲母子太君及其父母之心能必張之顧復鞠育不殊所生耶古人有長於嫂而報以母服者君子不非也叔嫂於禮亦無服之親耳唐初以武后言改母服爲三年不問父之存沒至明皇時飭諸服仍遵禮經故昌黎服嫂實用母服也今張以稺妾矢志嗣藐諸以延祀奉垂白以盡年天祚節孝使無異年未六十已抱曾孫而亭林且必使之不得與賤者代之慈己者同服是則子之所不能解也推亭林

之意以爲嗣母也則其嗣父有已故之妻以爲慈母也則無異非其嗣父他妾之子以爲庶母也則張無他子女故援鄭君報之則重降之則嫌之例而絕之以無服爲親竭之祖免以受弔而示優亭林自謂善於議禮矣記曰不及知父母與兄弟居加一等傳曰小功以下爲兄弟爲父母早卒不忍懿親之遠也賈疏申鄭以或幼小未有知識當矣今無異既不及知嗣父母又當降本宗宜其聞亭林說而不許也且古禮有必不可行於近世者亭林故知之古人吉凶不同制故喪服常爲祭而屈今則自上下下宗廟之事雖斬衰無闕也亭林之曾祖侍郎章志生長子左庶

子紹芳次子生員紹芾紹芳生長子同德次子同應紹芾生子同吉同應生長子緗次子絳郎亭林同吉早卒聘王氏未婚守節而以亭林爲嗣必執小宗絕之經則同吉之繼未宜通以大夫無子則爲置後之權則紹芾之爵不應且王貞其苦節實旨周公之禁而違孔子曾子之教然亭林誦其嗣母奇節涕洟交集君子哀其志歷今且二百年未有援爲殤後之說而譏其不知禮者也何其不忍於所嗣而使無異之忍于張至于此極耶至自述葬其祖妾于域外爲得家人或前或後之遺法豈以天下後世竟無復有誦讀周官者乎家人掌公墓之地辨其兆域而爲之圖

先王之葬居中以昭穆爲左右凡諸侯居左右以前卿大夫居左右以後各以其族凡死于兵者不入兆域凡有功者居前以爵等爲邱封之度與其樹數鄭氏謂居前者居王墓之前處昭穆之中央王公曰邱諸臣曰封引漢律列侯墳高四丈以例之凡內命婦之命服貴者視卿賤者視大夫若族葬例此爲法則亦必有明文故周官于內命婦喪紀言之甚詳而冢墓獨不及者以意測之其必如近世陵寢妃嬪同入幽宮無疑也故高爵者大爲之壟非祇爲等差亦以嬪御衆多懼不能容矣大車之詩曰畏子不奔而矢之曰死則同穴氓之詩曰以爾車來繼之曰三歲爲

婦葢彼以車來是成爲婦此言奔則自居爲妾是妾得同穴也記曰以殉葬非禮也況又同棺乎是婢子可同穴非殉葬非同棺則於禮不悖也投諸塋外所以爲戰陣無勇之罰以罰妾媵義無所居且張之於王可謂有功矣而亭林必使其柩當西上不得當中道一行以此說經得毋近學儒三年歸而名母者乎至設座期而焚之更爲無據將援不世祭爲說耶則期不足爲一世將以今喪庶母期爲比耶則免以葬除亭林殆亦据當時吳中士大夫之所行以爲成例而誇秦人耶至于有免而哀有免而袒袒乃無哀之謂尤不知所出喪禮凡言袒非執事則將有所變與

襲對不與哀對也禮疾病既廢牀男女改服鄭氏謂當有賓客來問病亦朝服主人深衣復而不返曰既卒主人袒括髮襲絰而免三日大斂又明日成服乃哀而着喪冠是免時故無哀矣啟殯之後未葬之前三虞卒哭皆免而散麻鄭君謂喪自卒至殯自啟至葬主人之禮其變同曰數亦同賈氏申之曰啟日朝禰同小斂之奠明日朝祖同大斂之奠明日乃葬主人主婦變服亦同於未殯唯君弔不及免時主人雖免不散麻鄭君以爲爲人君變自若絞垂貶於大斂之前既啟之後故孔氏疏復殯服則引雖不當免必免之經注以申之而定其服曰苴絰免布深衣又言

諸侯來弔主人必爲之重禮凡五服爲免之節自始死至殯皆免啟殯又免以至卒哭皆如始死細繹經記及鄭君孔賈之說是凡言免則無衰也喪服大功以上爲重凡當免大功皆散麻成服則緝麻經所謂絞垂也啟殯復見柩故變服如始死以致哀痛卒哭則脫經于廟門外而受葛不復麻唯異國君有於葬後來弔者仍免而不散麻雖尊人君然哀痛非見柩比注所謂自若絞垂也已君斷無葬後始弔之理故經云諸侯弔所弔雖已葬主人必免以別其非已君也大記云君弔則復殯服與小記雖不當免必免正是一事君雖有當葬之弔然其時正當免耳鄭注曾子問共殯服曰殯服謂布深衣苴經散帶垂孔氏据以疏復殯服唯參用小記不散麻爲說此承殯而爲言也士虞禮主人及兄弟如葬服鄭注葬服丈夫髽散帶垂則承葬而爲言也成衰則絞垂經有明文是散麻不以加衰則葬服即殯服矣檀弓曰弁而葬乃天子諸侯變服接神之禮不達于大夫士已士虞禮祝迎尸一人衰經奉篚哭從尸鄭注一人主人兄弟喪服記小功以下爲兄弟小功爲輕故以輕者一人服衰經奉篚特著衰經明餘人皆免也小記緦小功虞卒哭則免故孔疏小記引崔氏喪服變除將葬男子免婦人髽與未成服時同其服則如喪服謂彼雖準約經記爲說而不取其乖僻蓋崔氏所準約者三事一小記父母之喪偕先葬者不虞祔待後事其葬服斬衰一曾子問父母之喪既引及塗聞君薨遂既封改服而往鄭注改服括髮徒跣布深衣扱上衽不以私服包至尊一喪服記改葬服緦崔以爲葬加喪服之据不知啟殯免者爲無飾以從重小記言其葬服斬衰者不以母喪包父故用斬之苴經免以別于齊衰之免布故云斬以明之曾子問改服專重括髮爲始聞君喪應雞斯然爲雞斯則疑于自吉故著括髮明不以父喪包君而類及徒跣扱上衽之常禮耳若葬時非布深衣則此服從何忽至故唯以徒跣扱上衽爲變矣至記言改葬是其除服已久唯見柩不可以吉將事故用五服之輕者以別于正葬之免凡此皆崔氏之拘文法而不能旁通曲達以說其義故冲遠斥爲乖僻若亭林以袒免爲受弔爲主之服是又不得援崔氏說以爲解若漢高爲義帝發喪袒而大哭是正其名爲共主則正應五服之首所謂諸侯爲天子者也三

軍縞素而謂漢高必無衰乎且發喪必依始聞之禮是正未成服之免而袒以證親竭又何疏乎再母黨之服今令除加舅爲小功外皆與禮經同嫡庶無別也而令注云庶子爲已母之父母服若其父母係屬賤族者不在此例此其說出於徐乾學讀禮通考乾學亭林之甥一皆本其舅說亭林嘗論庶子母黨之服載或難以賤族豈可制服而解之曰以族賤故使其子不得爲服是其父之過也余謂其父則亦何過之有妾之賤以奉君與女君非賤于其子也其子服外祖父母舅若從母非服其賤族也三吳紳士當明之季世豪縱驕淫姬侍充斥常恐外畜以毀家故絕其母族偶有通往來者亦不齒以重折辱之使妾不得父母其父母而子不得外祖其母之父母不奪人親之謂何故近日士庶猶有念一本之誼而戚其所生母之黨者至卿大夫家則絕無其事所關于人心風俗之澆漓者至鉅而亭林實階之厲亭林於順治癸巳甲午間以其家舊僕陸恩薄其中落叛投里豪遂擒之數其罪而沉諸水亭林懷精衛之志守狙伏之身乃不能眕一附炎之僕幾陷大戮非溺于平昔豪紳之聞見乎是不能不爲亭林深惜者矣

書貞珉錄後

陽湖陸繼輅祁孫以其母氏林太孺人年譜乞言當代集其尤得十八首爲貞珉錄鏤版行世又屬其友涇包世臣書石以永其傳近世人情簡側副故姬侍鮮能自安義命而人子尤深諱之傳曰所以不聘妾何人有子孫欲尊之義義不可求人爲賤通典曰身爲國君母爲妾庶子孫所不忍國人所不安是以先王致嚴於並后匹嫡以杜亂本復立母以子貴之條而後禮與情并得其宜太孺人之于歸也恭城君正室久虛太孺人復以淑惠宜家稱於閭族今法禁妻在以妾爲妻妻不在則無禁也是雖升爲再繼固未有譏恭城君爲非禮者矣而太孺人執不聘明不升

之義恪守初命祁孫昌其母德事亡如存是母是子賢於古人遠矣爰謹繕爲四卷每卷虛首行俟祁孫乞翰風以八分標其檢錄中文以憚敬子居作爲健廉悍矯捷不可控勒銘詞尤奧衍質厚惜其雄於文而疎於學也其言自春秋時以妾爲夫人皆其君夫人之然其端必由妾之自僭始太孺人之志以爲強附禮之變以求榮不若退守乎禮之常以去辱於以成恭城君之賢其推測賢母用心可謂善而豎議尤洞微察遠足以嚴未然之防至其謂古者人君不再娶夫人卒娣升於嫡其嫡死不更立者祭宗廟則攝焉蓋媵之未及事女君者得爲夫人如聘嫡未往而

死媵繼往是也白虎通所謂立其娣尊大國也媵之及事女君者不得爲夫人如次妃稱繼室是也白虎通所謂明無二嫡防簒殺也太孺人不及事女君然而非娣姪敬又質之禮士妾有子則爲之緦此不必娣姪而可比娣姪然則太孺人殆可升於嫡者是則割裂經傳爲無稽之談非所望於子居也左氏穀梁氏皆謂人君不再娶嫡死不當更立祭宗廟攝其事謂之繼室記所謂攝女君是也公羊則有嫡夫人死娣升於嫡之說是國君雖不再娶而夫人可更立與左穀異義按白虎通謂娣可升嫡而經不譏者据紀叔姬之書卒葬然叔姬卒之傳曰從夫人行待之以

初夫言從夫人行是猶攝也然則公羊與左穀師法故無殊矣子居乃創爲及事未及事兩例何其汰耶考伯姬以隱二年歸紀叔姬以七年歸紀蓋待年也莊四年三月紀伯姬卒是年夏紀侯大去其國六月齊侯葬紀伯姬十二年叔姬歸於酅二十九年叔姬卒三十年葬紀叔姬夫伯姬以三月卒而齊侯以六月葬伯姬是紀侯大去遲則在五月耳夫人在堂又加以師旅而即自立其娣雖周衰禮廢亦不應如是之速或紀侯大去之後立叔姬爲夫人挾以奔齊爲寓公耳鄭伯姬雖亦有升嫡之文則又媵而非娣是則班氏据經不譏叔姬以立不敢以卑賤承宗廟尊

大國而立其娣之說已爲不善持論而子居又據班氏說以爲未及事可升之證則叔姬事伯姬已閱二十七年之久情事正相反矣至所謂嫡未往而死媵繼往者似據班氏嫡未往而死媵當往否乎伯姬卒季姬更嫁鄫春秋譏之以爲說按班氏此文本有脫爛公羊僖九年伯姬卒傳曰已許嫁故用諸侯夫人禮書卒十四年季姬遇鄫子於防使鄫子來朝以請已十五年季姬歸於鄫十六年鄫季姬卒十九年邾婁人執鄫子於會何氏謂季姬本許嫁婁以淫泆使鄫子請於會二國交惡痛魯不能防正其女以至此亦不言是伯姬之媵娣据公羊家法諸侯娶一國則

二國往媵之以姪娣從禮君不求媵二國自往媵夫人所以一夫人之尊以姪娣從者所以妨嫉妬重繼嗣一人有子二人喜也故二媵皆先來夫人之國成九年二月伯姬歸於宋夏晉人來媵雖後期猶先來魯唯僖八年禘於太廟用致夫人譏魯脅於齊媵之先至者而豫廢楚女要之君既不求媵則媵名不先達可知嫡未往而死媵繼往爲代嫡行乎則不待夫家之升若仍姪娣耶則無所從其爲不當往審矣況公羊立子之說嫡無子先右媵次左媵乃及夫人姪夫人娣又次之故二媵及夫人姪爲貴妾夫人娣與二媵姪娣五人爲賤妾是即升嫡亦不得立娣也子

居以士服有子之妾得同大夫貴妾以證太孺人非姪娣而可升記曰攝女君則不爲先女君之黨服此正娣不得卽攝之證若以娣攝則先女君之黨卽其黨耳夫國君之禮在古本不通於大夫士況議禮於今日士庶家而引古人君以爲說又憑肊舛謬如是乎子居世臣所嚴事惜從前未見此文不及面諍故備論之以無誤學者又別文多有稱太孺人爲祁孫生母者父母者生我之專名不能別加稱謂非生我父則有繼父母則有君母繼母慈母乳母經言父在爲母父卒爲母其以人君之尊厭母服至五服之外大夫之尊厭降母服至大功者則曰公子爲其母大

夫之庶子爲母可見士庶之子無論嫡庶皆統之於父在爲母父卒爲母之二文矣鄭君曰大夫之妾子父在爲母大功則士之妾子爲母期矣父卒則皆得伸也賈氏申之曰期章之父在爲母不可云士之妾子爲其母鄭知者推究其理大夫厭降爲大功士無厭降明如衆人服期也或曰經無爲君母服之文疑所謂爲母者在庶子則斥君母然經言繼母慈母如母又別言爲君母黨則君母之服可知故不專見也其以出後大宗而降期者則曰爲人後者爲其父母賈氏始著本生父母之文是如禮家之言妾母乃區別文法以便指斥非人子之稱然終不如杜氏稱本父母之爲安也卽移父母之服以服所後之親以重祖統然亦不加父母之名以亂所生雷氏明爲所後父五

字之說是以無可斥而爲此稱賈因生妻卽後人之母之說俱非古義漢書張賀有一子早死無子子安世小男彭祖後宣帝追思賀恩下詔曰封賀弟子侍中彭祖爲陽都侯賜賀謚曰陽都哀侯晉書凡爲伯叔父後者傳中仍稱伯叔父可見漢唐皆無嗣父母之稱昌黎薛助敎志云父播尚書禮部侍郞侍郞命君後兄據據爲尚書水部郞中贈給事中允可證也且非唯至親爲然也雖外姻亦如之小功章爲外祖父母緦麻章爲舅皆斥所生之黨不分嫡庶也其從服則云君母在則爲君母之黨服君母不在則不爲君母之黨服至君母黨服小功章則云君母之父母不云外祖父母也緦麻章君母之昆弟不云舅也言昆弟則男女皆統經文從母二字係後人誤加不然昆弟既不言舅而姊妹仍言從母是自亂其例也既母矣而加言生雖從俗於文爲不辭名者人治之大者也故亦備論之以質諸天下後世之善言禮者

代丁憂江蘇臬司裕魯山具稿

爲敬陳管見請
旨飭議以光孝治事竊惟喪服一經管乎人情又有小記大記四制間傳諸篇爲之義疏然後知古先聖王制禮之原所以使人心得各卽於安故曰禮自中出也及唐升母服爲斬衰前明升庶母服爲齊衰事出隨時義本從厚是以沿襲至今未之或改故孟子曰事孰爲大事親爲大又曰養生者不足以當大事惟送死可以當大事又曰親喪固所自盡也夫子曰子生三年然後免於父母之懷父母之喪天下之通喪也又曰父母之喪無貴賤一也孔孟遺言彪炳百世童蒙肄習淪浹骨髓而臣伏見現行事例漢員無論內外大小文職遭喪皆去官守制扣足二十七個月不計閏起復旗員文職京官遭喪者穿孝百日後進署當差扣足二十七個月不計閏起復其外官遭喪則去官回旗穿孝百日滿後道府以下回原衙門行走每年十月開單請
旨分別內用外用督撫藩臬穿孝百日滿後則自行具摺請安若蒙
簡署亦扣足二十七個月不計閏起復由部

題請實授唯漢軍任漢缺者丁憂始得照漢官例開缺終喪是旗漢既屬分歧卽旗員亦未畫一若急公奉上之誠漢員應亦不後於旗而創鉅痛深之私旗員又豈獨薄於漢推測例意或係
開國之初各旗生齒未繁四裔尚有不靖政務緊要人少缺多以故權爲此制習焉不察方今
六聖相傳重熙累洽孳生十倍英才輩出從前射生之家亦多託業詩書進身科目各衙門候補候放旗員大都已苦壅滯且萬里無纖塵之警百室有盈止之慶更非有必不得已而出於奪情之事者也然而率土臣民幸際禮明

欒備養生喪死莫有遺憾唯旗員遭喪獨不能盡禮伸情
揆以同心難免隱痛且官無內外職無大小皆有應辦公
事治文書檢例案研究情形細入毫髮尚未能事事允當
況人子居喪哀戚時至悲來塡膺常苦昏瞶雖當查核文
案之時莫不抑情黽勉然或有所感觸不能自禁則一時
之疏忽錯謬似難保其必無至於甫及百日哀情遂斷衡
之孝道不爲無歉夫教孝即所以作忠事君必資於事父
是百日後即使服官不惟人子不得備盡其心實於一切
公事更滋窒礙臣愚昧以爲因時制宜可否使旗漢一律
於終喪起復後再行服官庶使人子哀戚之情得伸而公

事益昭詳慎合無仰懇
聖慈俯念罔極之恩終天之恨旗漢同爲人子諒無殊情
飭下大學士會同禮部詳議施行似於不奪人親不可奪
親之教不無少裨臣在署理江蘇藩司任丁親母憂現已
百日孝滿例應泥首
宮門恭請
聖安而以積哀致疾不獲匍伏
闕庭除具另摺陳請外謹舉管見所及冒瀆
宸嚴伏乞
睿鑒謹奏

答葉青昌問能否歸宗議

來問略云寅已故祖父郡庠生裕淮生有四子長爲已
故邑庠生同椿次爲已故嘉慶辛酉科舉人揀選知縣
棟即寅之所後父又次爲告病回籍浙江大嵒巡檢森
又次爲邑廩生彬即寅之本生父長二兩房未有子
嗣三房生寅及胞弟已故縣學
附生開第四兄弟貧鮮立錐雖皆覓館養親不私所有
實屬各治各生並非有財產分異本生父見二伯父母
生一子而殤年既近大又長年外出憂鬱幾致疾即云
二兄嫂毋以爲念當以長子寅爲兄後時寅年纔十二

歲而本生父母年俱未及四十及嘉慶十四年二伯母
病危本生父即憑族命寅出繼爲嗣母成服服闋應試
即以嗣父名列入三代入學洎大伯父亦年老無嗣憫
然爲憂本生父遂又以胞弟出繼後嗣父身故寅遵例
丁憂及以進士官戶曹遂迎本生父母入都就養而開
第與寅皆未有子惟開運生有三子于道光六年開第
身故遂遵例以開運次子傳順爲開第後奉大伯父祀
寅亦繼開運第三子傳和爲嗣及外放知府本生父母
皆就養江西原本生父母之心本發於孝友至誠故以
親生之兩子出繼毫無貲產之兩兄且復撫之教之以

至成人數十年雖未生育他子而絕不以無嗣之故稍形餅色寅自歷職中外日侍本生父母雖各强健私幸期頤可視而人生不百年偶一念及萬不忍言之一時不能不爲之通身汗下心疚若割在都時嘗與通貫禮經及明習例案而身在禮部者商摧歸宗之事僉言禮不貳斬既已爲嗣父母服斬矣歸宗後又當服斬是二斬矣生前孝養本無二致降服例亦去官仁人孝子心有所不安則私爲之終三年之服然後出聞前人有行之者律云若所養父母有親生子及本生父母無子欲還者聽今所養父母無親生子於事實格礙難行寅心

終不安先生明禮習例不知此生此世能使寅得歸宗以遂烏私否如蒙示悉幸得有成生生世世感且不朽

議曰此事必原經而貫例乃無窒礙世臣按之儀禮不杖期章昆弟之子爲人後者爲其父母報夫報服不施于父子出繼之子獨云報者所以尊大宗之統故言報以遠其子原以別嫌明微尊祖收族所關至重也來問出仁人孝子之忱且事有區別敢不竭其荒落測例研經以答盛意

世臣恭按

欽定大清會典細研禮經而知宗之必當歸與請之必能

聽謹查會典刑部事例開載同父周親獨子准其承繼兩房宗祧一條係據乾隆三十八年議准纂修原議云大宗無子小宗止有獨子而同族實無可繼之人不可令大宗絕嗣俟小宗獨子生有二子過繼一子爲大宗之孫儻獨子並無所出或僅生一子則當於同族孫輩中過繼一孫以承大宗之祀如此明立科條自無控爭訐訟之患等因又查會典

宗人府職掌內開載如生子先已出繼無嗣者准撤回承祀不得另行入繼如奏明過繼者亦准奏明撤回又戶部旗人撫養嗣子事例載凡撫養他人之子爲嗣歿後其子本生父母年老乏嗣仍令歸宗各等因查

天潢事例固非士庶之所得比擬卽旗漢亦時有殊異然父子骨血至情至性無貴賤一也其所謂不得另行入繼者以另行入繼則所後與所生兩宗承祀皆非骨血故撤回承祀其先前所後之宗自必別議應繼至原議所載俟小宗獨子生有二子過繼一子爲大宗之孫至止生一子則於族人孫輩過繼以承大宗云云是卽一子兩祧者止以孫繼大宗己身不得自絕本宗之明文也按儀禮斬衰章爲人後者正義曰此文當云爲人後者爲其所後父闕此五字者或後祖父或後曾高祖故闕之禮有爲祖後爲曾祖後之文是當日

廷議過繼一子爲大宗之孫正據禮經所謂窮則變變則通者也至禮經所謂不貳斬者二皆見不杖期章一爲人後者爲其父母傳曰何以期不貳斬也何以不貳斬持重於大宗者降其小宗也二女子子適人者爲其父母傳曰爲父何以期婦人不貳斬也未嫁從父既嫁從夫父者子之天夫者妻之天婦人不貳斬者猶曰不貳天婦人不能貳尊也據此二經爲明男子爲人後女子爲人妻既持重則當降本之義耳非謂人終身不能持斬服兩次也古禮惟父服斬今母亦服斬若庶子爲嫡母斬有繼母又當斬其母又斬是且四斬古婦人唯爲夫斬今舅姑皆斬是亦

三斬古爲君爲長子皆斬何不貳斬之有況嫡孫爲祖後者爲祖服斬先必服其父不杖期章傳所以謂父卒然後爲祖後者服斬也且女子子在室爲父服斬禮有有故二十三年而嫁之文注家謂有故爲遭喪及其出室之後不幸而遇夫喪豈以在家曾爲父斬而遂降其夫服耶經曰名者人治之大者也可不慎歟若不正歸宗之名而他日擅服其服以盡私恩則正禮之所謂貳斬耳至律言若所養父母有親生子及本生父母無子欲還者聽係襲上文養同宗人之子所養父母無子所生父母有子而捨去者杖一百發付所養父母收管以爲說及者因類而推若言

或所養父母有親生子或所生父母無子皆聽還歸宗云爾非謂所生父母無子必所養父母有親生子乃聽還也況閣下已有嗣子本屬祖父之親曾孫所後父之胞姪孫以爲所爲後之孫與古禮爲祖父後今例孫輩中過繼一孫以承大宗之祀之語無不脗合者耶閣下前此出繼既非垂涎貲產所後父母俱已服喪三年而所後父母與所生父母又俱已恭膺

覃恩是此歸宗之請既屬前無所規避亦後無所覬覦若不及早正其名稱則所生父母本有子而終無嗣揆人子之心實爲萬分跼蹐應卽遴忱詳請咨達迅速定案非唯

閣下得以自遂而日後有似此者得緣爲例于世風禮教所係實非淺鮮謹議

陳情得請編序

道光戊戌五月朔世臣再至豫章謁桐城張子畏太守於郡齋太守曰前年奉吾子教詳請歸宗一案已奉吏部覆准兼祧現在得正父子之名異日得盡父子之禮已將詳咨各稿彙刊流布而顏之曰陳情得請編吾子其爲我序之世臣受讀卒業喟然歎曰禮樂之設管乎人情人有禮則安禮先王未之有可以義起亡乎禮者之於禮其動也中太守斯舉當之矣先王立大宗以收族族人爲之行高

會之服而輔以四小宗使天下萬世上知尊祖下得親親不能必大宗之皆有後也故立重降之禮曰大宗繼然舋相之圖以與爲人後見屏者至半堵牆則圖產爭繼之薄俗蓋不始于後世矣後世宗法既廢而小宗支子悉得立後考唐典有絕產入官之制則其事殆始唐之季世雖不符重降之義要亦民德之厚也然古經但曰爲人後者若子不於所後加父母之名以自絕所生雷氏倡議曰當言爲其所後父賈氏申之曰妻卽後人之母賈氏又疏爲人後者爲其父母曰既爲本生本生二字甫見於此要皆禮家強名以便斥言非當時人子所稱謂然終不及鄭氏於

所後之親一親字之爲得也按漢書張賀有一子早死無後後安世小男彭祖宣帝追思賀恩下詔曰封賀弟子侍中彭祖爲陽都侯謚賀曰陽都哀侯晉書修于唐初凡爲伯叔父後者傳中皆仍稱伯叔父韓退之誌薛助教次其世家曰父播尚書禮部侍郎侍郎命君後兄據據爲尚書水部郎中贈給事中尤爲顯證至宋儒斥濮議爲邪說近世遂有反稱所生爲伯叔者矣亭林爲二百年言禮之宗其嗣母嫁殤亭林篤於所後殆近人稱所後爲父母而稱所生爲本生父母者所由昉故世臣嘗謂士生今日而爲人後雖不持尊祖收族之重誠不能不謂所後之親爲父母然當正名之曰嗣父母而於所生則仍稱父母以符經意而安人心蓋父母者生我之專名似不宜加稱本生以自抑疏也人心不古惟利是趨非唯圖產爭繼之訟遍天下其飾繼以規降服而速利達者所在有之此誠爲人子者所不忍見不忍聞不欲以汚齒頰者夫仁孝之心來自秉彝熟讀是編其亦可以油然而生矣道光十有八年仲夏之望安吳包世臣書

答蔣清江書

矩亭二兄同年閣下十四日奉手書傳本府諭謂弟初九日在郡隨同接

勅諭哭臨畢上院獨不肯更服入謁徑索手版回縣學使聞之甚怒十五日起馬按袁州取道新喻斷不可再持服出迎學使初八申刻莅郡知

勅諭瀕到卽在舟中着朝衣上岸謁廟畢進院院中所備藍色鋪墊悉發出更換紅色次日開考印卷皆硃印點名悉用硃筆是其性忌持服若必再逆其性殆將不利云云此本府與閣下曲加保全之苦心弟豈木石竟無知覺耶唯弟前聞二月晦日賚

勅使者宿落花距省四十里省中大吏當以三月朔哭迎江濱而初二係撫軍生辰壓使者於沙井至初三乃渡江

記曰天子之與后猶父之與母也故資父事君則事后資
母豫章峻拒繼母是固無所資新建又雜流不足責南昌
亦復敢於逢惡弟故移書切責之今弟若以學使怒故故
犯不韙釋服遠迎不亦進退失據乎且學使之不快於弟
以糧道見弟去冬收漕遵例禁斷浮勒因不敢收漕規學
使與糧道兒女戚也故爲初次暗劾遠在
母后大事之前弟既不敢朘民以饜上欲況敢欺
君以避上怒乎十七早學使船到弟率文武白衣冠迎送
並遵例不出郭學使辭以疾不見亦不泊舟差事尙爲簡
省遠承照拂謹以復謝並乞代謝本府附承日安不具道

光二十年三月十八日世臣頓首

答陳庶常立書

卓人太史足下得手書示及駁竹村戶部河南俞氏三祧
論並問及近世輕犯禮致其服與刑所宜誠足下讀書維
俗之盛心也俞氏之案僕未悉原委案在道光之初則因
嘉慶十九年山東濟寧黃氏有三祧成案而出者也黃氏
濟寧富室有三子唯第二子有一孫三房因各爲娶妻又
各置一妾以圖繼嗣其孫又早世而三妻三妾各有子至
是二房之妻死其子與妾子皆在庠而長房所娶妻之子
已食餼懼人指斥時黃左田樞密以閣學爲山東學政黃

原生呈請是否宜比嫡母丁憂學臣據請部示部覆亦不
敢下一十成語但云禮無二嫡但可多置姬侍以廣生育
長房之子或可援養母之例地方有司宜廣行勸諭不可
差查滋擾云云夫議禮必據經論事必遵例爲下不倍之
義也獨子出繼坐不應情重仍更正者舊例也乾隆中葉
和相驟起貳戶部值樞廷甚用事有浙人爲戶部員外郎
其伯父死無子前已分析祖產各八十萬員外以其半賄
和相因倡同父周親准其一子兩祧之議然原議尙有小
宗有獨子不可使大宗無後獨子生二子過繼一子爲大
宗孫倘獨子止生一子則當於同族孫輩中過繼一孫以

承大宗之祀是猶依據禮經或爲祖後以立說以後纂例
皆出刑書之手刪節原議而同父周親一子兩祧遂若仁
至義盡之舉嗣後以兩祧之父皆當持服部臣又泥不貳
斬之禮文而生兄之子爲弟雙祧則仍爲大宗持重服若
弟之子爲兄雙祧則當降其父之服禮敬宗以尊祖收族
故始祖之嫡長爲大宗高曾祖父之嫡長皆爲小宗非兄
弟少長之說也且一重一降是仍爲過繼於雙祧之名不
符而皆依據禮文良由在部諸君子其出身甲科者十九
未嘗讀禮經若鄭孔賈疏通古義則寓目者或至無其人
而晚近圖產之惡俗則上下之心皆膠固而莫可解故也

旣准雙祧則三祧未爲不可雙祧則有兩父有兩父則有兩母婦人之見尤小俗有子晚孫不晚之說謂過繼他人之子爲晚子而已爲晚子娶婦生孫則爲己婦所出襁抱顧復一同己孫此孫不晚之說所自來也雙祧三祧大抵皆富室恐過繼遠房則財產落他人手故黃氏俞氏皆三房各娶妻妾以上中下旬分住三婦相謂爲妯娌各姑其姑洎生子能言則祖母與伯叔祖母母與伯叔母之稱亦理勢所必至例載有妻更娶妻杖九十後娶之妻離異歸宗案則有更正作妾者富室之婚大都好戶更正作妾斷非所甘至於離異其夫已故無可言離子不能自降其母故部覆黃氏不得不以胡盧提了事援及養母尤爲無着而三祧則成定案故黃俞兩案非儒生所能質言其是非者也足下異日居得爲之地因事而發則當請復獨子不准出繼之舊例從前有雙祧三祧者准其報明原定年月聽其從舊以後一概禁絕庶可昌明禮教截斷流弊蓋每屆修例皆有奏明刪改之條也再詢及兩頭大或俱有子其子持服宜如何或兩妻均無子而別繼又或娶後婚爲塡房不宜於夫夫外出別娶別娶亦無子而恩養嗣子後婚塡房雖不宜夫而繼配之名早定別娶之嗣子遭喪宜如何若通籍請封宜如何庶可不攖物議不悖禮教足

下虛中求是然豈謀非吾所能及也夫婚喪之禮在今日難言矣喪服奉頒發載律例首卷麻冠菲屨負版草帶與古經不相遠而今官家皆着靑布靴白布開氣袍摘纓帽繫白布帶以爲遵制不讀官書而信巷議婚禮在古必備六禮乃成爲聘不備則名奔聘則妻奔則妾律則載婚書爲憑而俗唯買娶後婚及買妾乃用婚書正娶所憑庚帖禮帖卽舊家女嫁人爲妾不由價買者亦多憑媒妁過帖唯庚帖明寫兒造以示區別兩大則一切無異正娶或隔境各居或同里別居不相聞問亦有通往來論年齒稱姊妹者并有交呼爲姊者律載有妻別娶妻杖九十後娶之妻離異歸宗令典明著而吳越之俗視若弁髦是固未嘗討及其子也初配之子未聞有爲兩大持重服者兩大之子心知非禮而義無自主若遭初配之喪不列人訃則必爲外家所訐是陷父以決杖陷母以離異若儕於庶子是亦顯父之過而處母於賤蓋兩大前此雖有更正作妾之案而不纂入例者以律文明言後娶之妻爲其始議爲妻不能抑使爲妾議刑人以官治民尙爲人泊情名況在人子至繼妻來自後婚外出別娶而別娶者恩育繼子子通籍後婚例不加封此尙易處耳若兩大敗露到官訊係男家欺誑或言未娶或言妻故則女家出於不知其女家知

為兩大而許嫁則兼坐以不應情重俱為照律離異不得援案大開方便法門別娶所生子女比姦律責夫收養可也又論及小民與婦人通姦因刁娶其女為妻事發到官從何科斷壻姦妻母男女並絞為其越禮犯分已甚也原其始姦不過軍民和同本無名分戀姦刁娶不得謂為成禮自宜依姦本法而離異其女所生子女責刁娶人收養方為持平至姦妾之母律例無文僕謂此不得同凡論也律載姦妻前夫之女比緦麻法為其母既為我妻自不可姦其女故以無服之卑幼而上比之其女既為我妾豈可更姦其母是亦無服之尊長也比引定讞情法兩洽以足

下好察善問故連類及之諸唯研究是正禮教幸甚附問勝常不具道光乙巳六月

男誠家丞 孫希麗魯 希蘭廉 校字

安吳四種卷第二十九

齊民四術卷第五　涇縣包世臣慎伯著

禮二

說課績事宜 說儲下篇之三

令課丞以民不詐訟衿與于養為上案無滯獄學少劣衿次之能決疑獄能擊豪奸專指在學者次之聽斷無法多積訟詞敎導不明芘養奸劣者為下　典史以壯快技精盜賊罪得為上城市嚴肅輸作均一次之反是為下　巡檢以盤詰嚴明截獲逸犯撲得奸民者為上弓兵技精聽鄉里小訟情得者次之反是為下　令自上計依所主事件條

其施行之狀及擊除奸民為地方害者如紳富武斷棍惡把持市儈居奇滚垛兼并刀筆唆敎聚衆恐嚇結盟兇橫窩竊保娼囮囤訛陪搭臺喝散挾和命盜亂逆大案得自廉訪者其經告發者仍歸聽訟例并課寮屬合為計于封印日上之郡郡受縣計先課其僚屬如縣課縣以保甲脩明長正得人圖籍詳切漸致盜竊姦拐期功親屬師弟相爭訟弭息者舊竊多獲舊案多結獄詞較舊多減已結未結案無上控控案無實者同無人在該吏案控吏胥者訪除奸民遷之屯伍收籍城市無賴村里強丐分別束以輸作察得不孝不友為尊長含隱日久驕恣不悛分別正其罪狀者學政修飭興舉行學無抑無濫使地方惡習漸消者申明制度懲創驕奢使不至貧

富相耀以致失時失禮等威有辨以寓激勸者講求水利使旱潦有備興一切樹藝紡績之利本地可行而人不知者教勸勤懇畜植滋茂以盡地力人力者約束壯快無敢滋擾教練技伍閑熟精強者率屬轄吏有奸必發有善必獎賞罰敏當使人勸爲善者存恤無告經畫有法不致流離道路者皆爲上保甲修明訟獄差減聽受如法判斷無留在控奸猾無有漏隱在案惡逆無有寬縱整肅僚史約制胥役不致滋擾行伍技勇亦差可觀命盗重案卽時勘驗洞得情實不至牽累良民拙累宿案廉訪摘發使罪人斯得雪白冤民勸勤飭惰使民樂于本業秉公考校不使奸劣玷厠庠序勸課有方使民急公輸將如限不累里胥花戶者次之奉行保甲不力舉正長不如法登荅上司尙不能舉長正之名與其優劣及該縣山川險易水利原委保里饒瘠廣狹風俗美惡民情所疾苦者巡視騷擾並胥役下鄉不如法失察及知而故庇者獄訟煩興不如限聽判及聽判不得情者大獄牽累多人及輕易用刑者于地方篤行君子及奸猾小人全不聞知及知而不加懲獎者富勘驗事不卽時履看者胥役技仗不精及服杖鈍弊者勸農無法地多荒蕪桑榆凋零家無畜牧致百姓饑寒者廢疾孤寡窮老無依不加存恤使流離滿路者無賴惡丐

不加收束使滋兇橫者驕奢違制不加懲過敗壞風俗者考校任意致失眞才或專取文學致厠入無行者僚史胥役有犯隱庇者盗竊繁多十不獲五而預避考成勒和匿盗者辦理大案意恐干連良民不能洞察事情致有漏網轉滋奸習者勸課無法使民不急公輸將專恃比較濫刑滋賁者課計僚史貶褒不得其眞出入至二三等者爲下正月上旬郡以空白計上之藩司並以計專達吏部考功司藩司受府計課府首課上計課績得實餘略如府課縣法惟課戎政從兵律以開印日彙全省長貳績課爲計上之吏部

凡課下無抵者俱奪職其有贓私酷惡任意出入人罪侵盗主守及疲𤸃不任事者該長官俱卽時參劾避員接署不在歲終課計之例三年則各長吏并計其僚屬治行進退以九等殿最之通核三年政行日進其殿四最六殿五最五與無殿最而治理粗明者爲入等（卽第五等無罰）政行進退不常殿六最四者爲六等奪二級殿七八最三二者爲七等決奪一級政行日退殿九最一者爲八等決奪三級殿十無最者爲九等奪職殿二三最七八者爲四等加一級殿一最九及最多無殿者爲三等加一級加級衣冠一襲准其服用凡化成善俗爲上最裕植民生爲中最剖決疑獄擊去豪强緝獲要犯每一事爲下最其公罪

至笞五十者為一負三負為一殿杖八十為一殿杖一百為二殿公罪議殿止徒二年為十殿課僚屬一人失出入一等者為一殿以入等為六等以六等為入等者為二殿無殿最多而有中最者為二等加二級衣冠一襲准服用食加級俸或擢升一級無殿最多而有上最者為一等擢無定法凡無中最者不準上最中最一抵十殿上最一抵三十殿終年聽獄訟緝匪竊征收錢糧無奇能亦無誤失者量敘一最其課最入三等者私罪徒一年以下公罪盜犯頂參要犯失防越獄準抵改為五等入二等者私罪徒二年以下公罪要犯在解逃失正刑失檢殺人正刑謂當其罪而刑具遵度者準抵改為五等入一等者無定法 凡藩司到任限二月內查清圖籍及訪問僚屬究前任得失之概即徧巡所轄見各長貳文武官員問其政治所先與地方果否切當及召各鄉耆參問得失觀其城市鄉里幣穀貴賤風俗奢儉閭閻貧富畜牧盛衰即時登記冊籍于閱徧回省日彙上吏戶兵三部約陳該地習尚應如何補偏救弊孰先孰後之概以憑參驗 府到任限一月外即徧巡所轄回署上之司如司上部法 縣到任限一月外即徧巡所轄詳考得失上之府司如府上司法 凡藩府巡轄俱備簿自記見聞所親及各處治否各官能否詳載問勞登荅之語以備參核歲計

荅錢學士書

學士閣下日前與友人論直隸秋試文而閣下為言場中拔文之法惟以規橅近科詞調為入彀其恪守程度詮說名理者則與主司所求相背而馳時以賓客沓至不盡所言繼奉手書其說尤詳良以世臣久困場屋思所以變更之以當一夫之目誠閣下垂念舊識相愛之盛意也雖然言為心聲人心不同各如其面世臣雖力學其能自變其面以似閣下乎冒陳固陋伏惟裁察世臣自七歲從先子學為文十歲而嗜嘉魚年十三讀毗陵崑山遺集而善之遂習其法又以毘陵崑山之文出于廬陵眉山遂變而益上以至成童頗盡其竅曲郡邑長老皆嘆賞以為取科第如反掌也世臣私念得科第則當入仕深恐以雕蟲無用之學殃民而自賊遂潛心研究兵農名法治人之術及弱冠所學麤成又恐古今異宜方策所載容有古人成迹不可推行以見諸實事者乃遊學四方西泝岷蜀東登海嶠南渡章江北涉大河體察人情之所極風土之所宜證以傳記殊不相遠然而訪問政事則治民之官星羅棊布而其為治之方率與古大殊古之為治也民與官相卹今之為治也官與民相嫉古之為治也撫良以化莠今之為治

也結莽以虐良世臣竊怪同此人同此心今日之官皆昔日之民何以爲民則既嫉其官而爲官又復虐其民或者文法拘滯古人患觧懷保之政施諸今日竟爾窒礙遂以遊幕觀政司其事既久以情就例務求其平則今之令與古之意亦復並行無悖然後知所學之卓然可用乃求舉以爲入仕之基六舉而後獲解又被放于禮部者七然則世臣文成而後學政政成而後求舉其至今不得者是在彼蒼之意而非斯文之罪也亦明矣世臣少讀眉山答謝民師書載歐陽文忠公言文章如精金美玉市有定價非人所能以口舌貴賤因記其後曰市上無棍徒攔行覇市則物價平而珍貨至文章固有定價眇會截市精美何益永叔子瞻身充官牙老誠殷實不知妍牙朋充擾害良賈也是故非塵腐斷爛則不可售者乃不遇者怨詆主司之陋詞而閣下四主文柄竟以此爲教何其首居負下而毀損道德之不遺餘力也閣下吴人也吴俗喜豔飾七子釵粧之樸者也兩股共用珠十四顆耳然必大如胡荻値常至四五百緡近粧之最盛者名滿釧紥額圍髻過橋寶簪雀釵十二股垂珠三十六鏨皆真白光耀左右罥耳門迤後漸長當腰脊然其質則摶黃蠟而裹魚白以較七子釵之一股曾不足當什一下里小婦雖以此自衒然其價値

豈可謂吴市乎猶記廿餘年前閣下曾自命良賈矣今幸司牙估乃欲退阻馬木難而進瑜石魚目閣下輩行較前徒從較衆一唱百和是將使獻琛路絶而嘉穀失蔭也豈不殆哉吾鄉董小槎編修績學士也自以羸怯不任勞遂罷考差一昨于陳秋舫修撰所晤鄭朗如編修聞其言論云閣中每得佳卷集同年四人相商摧然其引用書籍不能舉出處者十仍五六自矢下届且不考差力誦讀三數年董君自度精力不足以稱職鄭君以他日未嘗學問爲憾皆得君子之用心何閣下之羸怯既不亞董君而持論又善與鄭君爲反也明春閣下大都得分按惟願有以更前說毋使明月夜光悉遭按劍幸甚幸甚世臣雖在都候試然不以得失攖亂枉已從人守之三十年爲流輩所共知閣下其勿得以憑開之舊事相猜矣天寒珍重不宣

卻寄戴大司寇書

金溪先生司寇閣下撤棘後荷嘗枉過索取領回敗卷藏之懷袖世臣語次及長洲宋翔鳳于庭黟俞正燮理初歸安凌堃厚堂陽湖趙甲嘉芸西試卷咸出世臣上閣下詢悉住址輕身以先遠則廬陵近則大興藝林佳話至此而三世臣將歸分俸貸齎秫又枉送作竟日談咨嗟嘆息若不自勝夫以世臣辱知之深且久而被放是亦足以厲躁

進之俗適當無之用矣況荒落之餘本無可採錄者卽使道如退之文如方叔敬輿子瞻斯有前事何闗下悔憾之深耶原夫科目之設所以網羅天下人材分資治理而僅決以一日之文是雖使前明名家自黄子澄迄黄淳耀皆登道光壬辰之牓於治道何增卽獲雋諸君子文盡塵腐佻薄於治道復又何損方今幅員萬里治安且二百年而人心岌岌常若無以自存歲計常稟稟若難乎爲繼其病果安在哉管子曰禮義廉恥國之四維禮義見於事廉恥存於心則廉恥尤禮義之本也訟獄者萬民之命而有司以爲市正供者聚人之本而有司以爲利甚至疆埸告警

河防爲災而自大吏以及在事人役莫不趨之如鶩豈眞忠義憤發輸忱自効哉乘危搶奪不忍爲方然則民生之所以日蹙國用之所以不支者凡皆廉恥道消見利忘義之所致也近世用人雖有三途曰科目曰差使曰捐輸而差使捐輸兩途究不敵科目之廣而且重進士每試放二百餘員上者立儕侍從其下乃膺民社大都一牓之中任監司當方面者不啻百人假令每試得有恥之士四之一約以十年則中外有司能自愛者且數百人矣君子之道有不長

仁聖之澤有不究乎夫周孔之書儒先之說舉子皆童而習之學官所布無非遺經正史卽入比小技亦有頒發程式要以淸眞雅正固未嘗有束經史不寓目祗揣摩近科墨裁數十篇摘句套調乃爲入彀之令也其坊本經題策略並在禁例而闗下謂今年中式之士後場條對語卷卷相同誤且同誤其爲懷挾抄寫無可疑者世臣自領薦預試十有一次矮屋相比莫不攜有細字小本可信其無懷挾者唯陽湖張琦翰風吳沈欽韓小宛及亡弟世榮并世臣四人而已而四人者皆在被屏之列其得手者可知也世臣前曾假看鄰號之書翰風呵之曰他人冒險懷挾而吾子坐享其成是何異盜賊窩主也非君子所爲

則謹謝曰後此不敢今聞闗下言不得不致慨於冒險之易爲得手矣夫學則古昔文守矩範士之榮行也懷挾坊本規撫時墨士之醜行也凡在佔畢共服此論然醜行之近於利祿途也久矣而有人焉言行相顧寘遇合於度外是必其廉恥較厚焉者也異日有不剝民以肥家不虧帑以要上者必此子也若其惟利是趨不愧不怍甘從醜行是必廉恥較薄焉者也異日從政吾不能量其所至矣舉子之去分校裁一間耳分校諸公大都近科衣鉢相傳每況愈下是故衡文得失有關治道隆汚者凡以國維之所繫者深故也抑又聞之造物生人皆有所以用之世臣自

爲童子時不爲干祿之學數十年來與同人論說必依於
此其始大怪之繼則不乏同志信從者是其窮而在下而
不欲自棄於無用也閣下弱冠負儒林重望宜總持斯文
也久矣衮衮同寮濟濟門下諒無不欲以得眞士爲光寵
者所望閣下力持此義大倡鴻議庶幾聞風而起不負所
職三數科間有恥之士日出寡廉之迹漸遠集羣材以維
國是其爲用顧不大哉閣下居西曹幾十年矣淸操爲天
下第一悉心衡決無枉無縱固宜獲不變之休著刑措之
績矣而棄市者前後相望後起案由仍同前事法日嚴而
犯益衆者豈不以吏出於士士爲民望廉恥之道不昌而

非傷肌刻膚之所能奏效也耶至於懷挾之風實由乾隆
中陋儒妄以士兼五經爲文物之盛於是刪摘彙起騈至
士人不讀本經主試又以懷挾終不可禁視二三場爲虛
車夫誦詩三百明著聖訓論語半部章在史册孟子亞聖
尤長詩書荀子老師祗明詩禮漢儒兼通五經不過數人
況在晚近閣下淹貫羣流天下所共推向若於從容造膝
之時詳陳利病必蒙
聖明採錄不以固陋致疑得以復五百年專經之舊其後
場則專以史事疑義與時務有比附者發問治亂興衰唯
主通鑑制度文爲唯主通典使學者有所法守又集館閣

諸公之有經術者依江都賢良策意各守所長之一經精
心譔作進
呈選其尤數十首詳加校訂刊布以爲策式
除搜檢之令聽士子自擇所處稍增謄錄對讀之數嚴責
外簾使必於三月八月二十日蕆事不可草率錯落稍寬
校閱與進
呈之期頭場上堂主試官不得遽行批中必
俟三場並薦公同校核方定去取揭曉後敗卷到部責成
堂官分派司員查核如分校有於二三場竟不寓目及使
隨丁照對讀黃點斷句舛謬者嚴參重處覆奏下乃發敗
卷士子領卷後有從言得實者兼坐部員主試仍將二三
場佳義同頭場一并刊行批明去取之故雖不無倖進逸

才較之現事其必相遠矣如是則績學之士必可得波靡
之習必可挽則世臣雖老死嚴穴豈足惜哉世臣自五月
十一日出都中途在翰風館陶暑小住數日以月之八日
到揚揚城自二月杪有疫入夏而劇死者日數百至今未
艾不能棺檢者十四五而儆寓自老母以下率皆平善是
爲大幸江省麥收頗豐小暑後連得雨澤山田亦不至失
時高堰水誌丈五尺以上雖已甚大然比上年小三尺許
下河可望有秋世臣愚昧素荷在宥故復以面陳不悉之
言加詳爲書使楊生亮捧呈楊生字季子四百年將家子
近衰落矣而志昌祖德學不能博文嗜古而不免於淵其

人則行已有恥者也雖在都待秋無可引嫌者唯賜覽而教其不及道光十二年六月十六日

書寶應訓導張君遺像後

江蘇州縣居大江南北者各半江以南利在浮收錢漕江以北利在冒銷撫賑州縣之浮收冒銷皆取成於胥役胥役勢日張家日裕於是庠序之不自愛者起而與之爭庠序與胥役爭則事連州縣州縣不得不助胥役州縣助則庠序常不勝於是公憤起而讀書自愛之士不得不與不自愛者比以求直庠序之力集則州縣不能敵而求救於封圻封圻之視州縣猶州縣之視胥役也胥役能自達

於州縣而左右之州縣能自達於封圻而左右之故胥役之所欲常可必得於封圻而無所窒礙予遊江蘇卅年見封圻十數自覺羅長文敏公會稽陳公大文桐城汪公志伊而外大都爲胥役仇庠序而無暇分别其自愛不自愛者矣於是不自愛之甚者遂至與胥役爲鷹犬以魚肉閭閻雖足以快州縣之意

國家養士誠亦何賴於若人也耶主庠序者曰校官與胥役事無所涉而不能不仰給州縣故州縣之仇庠序也常藉手於校官偶有不昧初心與州縣徵抗則封圻示之意指無不從風而靡霍邱張君爲寶應訓導寶應之爲政也右胥役以及鄉地故庠序常被轢於鄉地而君能力爲之直使州縣不得助鄉地以虐庠序故君官寶應十五年以病自劾歸歸半年而卒卒後又五六年而遺愛不衰楚楨故君所舉優行士也以君之遺像及其狀來乞題辭楚楨學行予所愛重其言常可信詢之他士爲說僉同則君固校官之傑又幸其出於吾鄉也故爲書後君諱鼎字愛吾庶幾能顧名思義者道光八年春正月

南昌縣重修學宮記

道光十有五年夏四月余既鐵分江西就其鄉士大夫在都下者訪吏治民風所宜即聞翼城石君家紹治南昌之

賢秋八月抵南昌石君已擢郡丞當赴部候咨未行見其博聞強學善用心治吏事乃知循聲之所由起冬十月石君北行有日署南昌縣學訓導萬君以縣學重建竟石君始終之請爲記而石君以屬余余謂自唐以孔子當先聖而郡邑皆廟祀孔子宋制附廟立學士數少則止有廟今郡邑皆有學其實廟而已矣傳曰學以聚之學以致其道學道之人必聚而後能致古人所以重爲學也然古者教養之權操於上叓吏主宋吏猶有公田之入其賢者得以羨餘養士近世勾稽益密一絲一粟非吏所得私不得已藉野人養君子之義取於兩稅之耗羨繼以取耗羨者多

蕪藝乃定額而歸其度支於承宣使則辦公之資必待取盈於額外而吏與民始爭民之秀者爲士士欲自異於民而吏不能聽則吏與士又爭治民者與民爭養士者與士爭愛人之政息易使之俗澆矣專司教士者則曰學師師之所入尤薄不得不取給於諸徒師徒或至不識面而唯見誅求則相與造怨尤而興誣徒之奠是以余遊歷所至瞻仰學宮常至風雨無所蔽廡墉穿門闕頹廟且有鞠爲茂草者況石君視縣事萬君視學事之時先後四五年間水旱相繼貧者多無以自存富者亦日不暇給然而士民輸將恐後唯速觀成之爲快則其所以處吏民師徒間者

必能和而不爭遠而不誣無疑也余幸見之於江西且當始至故按其簿錄而記之曰南昌學宮本宋之東湖書院洪武初就院基爲學以迄嘉慶之季增新拓舊者益十數道光庚寅五月燬於火辛卯江漲湖瀕之屋皆被浸故議培殿基高五尺以禦水袤增丈有八尺廣增丈增楹桷之崇如其基以壯觀瞻門廡從之名宦鄉賢祠同燬者建之崇聖殿尊經閣明倫堂奎星閣忠孝節義祠舊存者修之又或闢其門逕周以迴廊飾加美焉又葺戟門紅牆泮池使皆若新設者經始於壬辰九月落成於甲午五月爲日六百有二十爲錢六百萬有奇是宜永其事於樂石而著出泉人數於後使後之覽者有以驗人心風俗之厚而信政教得民之訓之誠不可敗也

上海縣新建黃婆專祠碑文

道光六年沙船在上海受雇載江蘇布政使司屬額漕白五十餘萬石由海運抵天津兌交官撥駛鯨波五千餘里不兩月蕆事米數無所損失而質堅色潔爲都下所未見中外慶悅于是上海士民相與謀曰黃婆誕降至正之初自崖州附舶至吾滬烏泥涇教民紡織棉始爲布化行若神法流松太近世秦隴幽并轉傳治法悉產棉布然松太所產卒爲天下甲而吾滬所產又甲於松太山梯海航貿

遷南北黃婆之歿也鄉里醵葬而祠之遞遷遞毀樂利在人肸蠁無所有功則祀之謂何常用爲恧今玆幸以沙船運漕懋著成績而沙船之集上海實緣布市海壖產布厥本黃婆飲水思源不僅生養吾民人已也合詞籲聞宜必得請則皆曰諾有司稽諸載籍則有徵信以轉請於上官士民聞黃婆之得建專祠也爭捨貲財不勸而集隆棟桷之制極輪奐之飾趨事孔亟不日落成附近郡邑讙呼感慕捧腥熟挈香楮傴僂踴躍泥首階下者肩踵相摩嗣以公牘有海運功臣之語近涉牽附上官指駁格于入告滬人以未列祀典不足稱成功盛德徵言于予以訊將來余

應之曰顯晦有時神人一致夫以棉布之利百蠶絲而無主祀之神異日秩及無文舉先棉之祀舍黃婆其誰與歸諸君子推本海運歸美黃婆固非無說然國家承平二百年徒以河事多故偶舉海運著績也猶塈至于松太兩屬方壤不過二百里歲供編銀百餘萬兩額漕六十餘萬石而因緣耗羨以求利者稱是其地土高水下風潮日至沙鬆不保澤雖得木棉種于閩廣差宜土性而車弓未作莫利民用農不償本久必罷廢追呼急迫馴致流亡則慮財賦之邦鞠爲甌脫矣而今數百年來紅粟入太倉者幾當歲會十二宋提輪司農者當歲會亦且三十而一二而士民

仍得各安生業稱東南樂土其以宦遊至者又皆絜駕齒肥以長育子孫凡所取給悉出機杼以此程黃婆之功其仰關國計盈虛者較之海運奚啻什伯而已哉滬人以爲然故爲之銘其辭曰

天憐滬民乃遣黃婆浮海來臻滬非穀土不得治法棉種空樹惟婆先知製爲奇器教民治之踏車去核繼以椎弓花茸條滑乃引紡車以足助手一引三紗錯紗爲織粲如文綺風行郡國昔苦飢寒今樂腹果租賦早完昔苦逋負今樂盈止以安子婦我衣我食五百年所遠矣明德誰忽忽諸亯祀不聞墓沒祠蕪無隱不彰新廟奕奕滬民奉嘗神饗其醉降福吾民自今有歲歲有民足居足思匱敢告司牧

寧海曲氏義莊規約序

周公歌棠棣以親兄弟之恩其辭曰和樂且孺又曰樂爾妻帑說之者曰九族會曰和族人和則保樂其家中之大小又速諸父邇兄弟而作伐木其辭曰伐木丁丁鳥鳴嚶嚶說之者曰丁丁嚶嚶相切直也友其宗族之賢者以道德相切正故親親以睦友賢不弃是後棠棣廢而兄弟缺伐木廢而朋友缺乃嘆周公憂世之深而乾餱失德有自來矣富者事兼并貧者從游惰其士人務治厄言以求售

至有身享萬鍾而手足不能免丐貸於是豪傑之士鄙惡薄俗廣異居同財之義以聯繫一本要之久遠中吳范氏實爲始事文正倡之忠宣繼之良法垂於奕禩慕義無窮者求則焉然大都顯宦巨室不敢獨享豐厚取吾餘以厚族人未聞有厲志食力之士銖積寸累以成基業遂能集所有而會之自留其一割其九以爲義莊唯恐祖若宗之孫子有虧養失教略不爲其後人謀如寧海曲君連吉者也予以道光甲申中秋過山左得識哲嗣克德乃知曲君創立義莊之事繼得其親條而讀之於其子孫中擇賢能者一人爲總理於族中擇賢能者二人爲董事皆有犒餼司

事而不協公論則易之限年計產給穀布以贍不足助婚嫁資殯葬若年力可自給而不事生業者不得與立義學延名師以教之而斥其不帥師訓者設祠位以妥祖先修譜牒以明昭穆於其有功於祠譜義莊及敦行學文能顯其親者又於祭後爲會食之禮以寵之其敗行檢不自愛者則集族而記於過籍怙過不悛則除其名使不得與祭甚者置之理能改而復之其於棠棣和樂伐木切正之義則殆於兼之矣草創粗就而曲君捐館舍哲嗣念盛業未卒治喪葬畢卽首營祠屋出君遺貲增田畝十之二以擴莊產又與族人集論君所常誦說而著錄之以昭世守庶

幾肯堂肯構如忠宣之於文正者考文正建莊之初族衆親疏不一然數百年來范氏聞人輩出皆源於文正是非惟得保其家中之大小已也流澤餘慶遠潤百世然則曲君之薄於其子孫而彼蒼必有以厚之可知也詩曰孝子不匱永錫爾類太上曰既以爲人已愈有既以與人已愈多曲君當之矣

三溪趙氏續修宗譜序

嘉慶庚辰孟秋旌德之三溪趙氏以宗譜脩于康熙丙戌閱今百一十五載歿者久遠其易湮生者多恐其無紀至僑寄去籍尤懼其渙散龐雜將至不可攷詰釀金續修其族人有李珉者賈都下前會以已貲助祠費故祠長走書囑李珉求都下之明禮而能文者爲之序李珉因奉舊譜介其鄉人劉勲以乞言於余余謂隨氏以前譜牒掌於官李唐以來選舉不關氏族其學寖廢宋人始自爲族譜以合其宗至明而大盛凡聚族而居者莫不有譜然或世次不明攀援他望或居處不一收併殊源上誣其祖下亂其宗今三溪趙氏斷以初遷爲一世祖而別紀世系支派于卷首其自三溪遷往者則又詳紀世次明注方所祖確而宗治善矣凡載于譜者皆書其生卒位號其有懿行宦績者則別爲立傳又各爲主升祔于始祖之祠而祭之或著

謂先王之制大夫三廟故宋儒常祀三世或以爲當及高祖今祠祀其先不啻數十世爲非禮然禮云別子爲祖繼別爲宗大宗百世不遷族人爲宗子齊衰三月貴者以上牲祭于宗子之家先王立大宗以收族尊祖故敬宗族人百世以高祖之服服宗子所以尊別子也宗子奉祖以收族則別子之有祭必矣竊謂宗法雖不行於近世而有祠以集之有譜以序之則大宗可見故譜者下以合族上以明宗使人親親而尊祖也然而人之情久則怠怠則忘譜牒已閱數世各支分受而弆藏之于其先祖之嘉言善行不能稱述者蓋亦多矣逮聞續修之說則凡爲子孫者莫

不振作奮發搜尋祖若考之行業以期登家乘而子姓生者之名及徙占他郡邑者又皆以屬繫于其後橫行斜上展卷可得將毋曰某也盛某也衰而推求其所以致此之故於是發無忝之思懷幹蠱之志遂以興孝弟崇惇睦然則續修宗譜固非徒紀世次明生卒已也余旣深嘉是舉遂按其舊譜而次之曰三溪趙氏源于天水其始遷祖曰崇贊系出宋太宗第八子周王儼儼至贊九世贊家于杭淯熙初爲旌德汪氏贅壻遂家三溪贊之六世孫同盟以太祖所頒玉牒分太祖太宗魏王三派各立十四字周而復始而太宗派十四字中有不字難以命名別立二十字

以冀爲首同盟長子冀聖又謂趙宗本三派合序昭穆今中更派字後將不辯其自冀字以下仍依宋牒原頒之字故季珉于贊爲二十世上溯周王爲廿八世凡三溪私派之字較三派皆後一世云

龍山包氏重修家譜序

昔楚平王無道失國大夫申包胥哭於秦庭七晝夜得秦師以存楚楚旣存而不受賞立臣道之極其後爲包氏包氏望上黨姓纂稱上黨四望包氏爲首然不詳其立望之人在漢居曲阿者曰咸習魯詩論語學於長安歸過東海爲赤眉所拘晨夜誦經自若賊異而釋之乃立精舍講授於東海東海至今有包氏卒歸曲阿舉孝廉爲論語章句授明帝拜大鴻臚子福拜郎中以家學授和帝兩世爲帝者師故包氏祖大夫而譜載鴻臚爲第一世在蕭梁有明月工詩世傳前溪曲至隋東海國子助教愷與兄愉並以漢書顯名齊蕭該天下言漢書者自包蕭氏唐開寶中任城文駭工書有兗公頌碑潤州集賢學士融與張若虛張旭賀知章稱四傑二子何佶並工詩居顯職祿山之亂常山守顏杲卿迎於藁城祿山承制賜金紫使仍居故職加五軍團練使及東京審破前趙州司戶處遂上書勸杲卿反正杲卿從之誘斬祿山之土門守將蔣欽湊幷擒祿山

使者高邈何千年送長安河北從風者十七郡及史思明陷常山執杲卿諸郡又爲祿山守而李光弼引朔方軍至恆陽與思明相持司戶出奇策干光弼光弼用以大破思明於嘉山不數月竟降思明司戶有子曰諝著河洛春秋紀安史事簡而明詳而有要爲有唐別史之冠至趙宋則合肥孝肅公尤知名史載時諸道轉運兼按察使多摭劾細事使吏不自安郎論罷之性惡吏苛刻雖甚嫉惡必推以忠恕嚴而有惠而世之稱者異於是南渡之季建昌文肅公官刑部尚書贈少保史稱其明察剛正政聲赫奕其卒也有光隕地唯以用肉刑爲酷或誤以文肅事概之孝

肅也然孝肅故多異生平宦轍所經歷至今莫敢居其廳事者其去端州也渡海船被風不行索從者橐得一硯投諸海風止而硯壅成洲長八十里使至端者不涉海於今稱爲硯洲則其所以維繫人心通中外達婦孺久而逾固兩宋人物雖韓范歐蘇莫能與京者固有非史臣所能狀也自合肥遷涇者忠五諱輝譜載以舍試就涇縣教授遂卜居縣西之丹山鄉丹山今爲包氏主山而鄉則以震山名故包氏在涇者稱震山包氏教授四子伯東一諱昂襲父業仲康二遷秋浦龍山爲今貴池叔傑三遷五松青山爲今銅陵季淑四遷淮西昆山譜所載兄弟其約達山則

止者也淮西相距遠遂失其州邑主名教授葬丹山之花墳頭龍山青山皆以涇爲宗然龍山時時來謁花墳教授墓通慶弔最有宗人恩教授於孝肅爲曾孫譜載父伋稱清一公祖錫稱熙一公曾祖即孝肅史載孝肅嘗出其媵至父母家而生子孝肅長子繶早世妻崔撫稚兒繼殤因取媵子歸名之曰綖以奉孝肅祀是孝肅止二子而長不傳系則譜載孝肅有四子皆夫人蔡氏出者顯與史文忤已又花墳教授墓碑見在明萬歷中補立碑題宋贈吏部尚書按譜東一次子狀生千駒千駒任吏部尚書然譜載千駒以進士任弋陽尉中間一領鉛差遂受吏部尚書之

職史策無名巳滋疑竇且宋制推恩大臣之先皆別贈官贈如其官者明制也或立碑時主者不知宋法而以現行事例題之耶譜載康二任紹興副帥其官於史無可考或用兵時所置而譜失閥閱譜首載鴻臚至集賢爲二十八世至孝肅爲三十九世至教授爲四十二世一線相承皆有名職然郎中身爲帝師而譜無其名別撰名廣德者爲第二世自西漢末禁二名後書所載無二名者又何舛也又載集賢祖汝道任烏程令其子華三遂占籍五傳至翱自烏程遷廬州又四傳至爵一遷合肥爵一爲孝肅高祖廬州在宋巳治合肥譜既誤劃爲兩地文肅後教授且百

年雖同源合肥非吾宗正支明甚而譜首載之署職爲學士入之明初至東海任城趙州是否吾宗適祖則不敢質言然遠在合肥前顧皆失載其他官階郡邑槪多近世稱雖有舉莫敢廢者要不可據爲信牒矣道光壬辰龍山宗人以予僑揚州久遠來相訪告以舊譜係震龍合修今且二百年不早圖慮有泯沒遺失者予以轉告吾族僉曰宜然而癸巳甲午疊歉吾族自救不贍旋作旋輟丁酉春龍山以新譜成告且囑爲序予固未得見新譜稾本是否能訂正舊譜之誤抑僅以新續舊要之非人人共念一本之誼氣聚而和無私見參錯阻撓其間者何能成而且速如

是乎予聞之漢書曰形氣發於根柢柯葉𦶇而靈茂言始祖有大功德則族類繁昌也是故三閭言志裔紀高陽龍門述德業傳南正子雲祥發伯僑孟堅源承令尹以至霍光忠輔漢室而博識通儒援終始傳以褒黃帝之德故曰五政明修禮義因天時而利民者有福千世簡策所頌不可誣也述大夫之行必顧言信不欺友忘身以爲君其福固可千世矣而鴻臚頤沛不違居榮寵無改厥初使帝者尊儒術養一代之士氣助教集賢學有家法文成豹變司戶以謝職末僚際蒼黃之會而攄謀折衝遂以覆安史巳成之基續唐室將傾之祚使顏李名敝天壤而賞不及身名不彰積發蹤指示其功葢畧與大夫等孝肅清操亮節千載無間凡皆大夫德澤之所遠流而數公克光大之以篤慶於子若孫者豈有量歟詩有之無念爾祖聿修厥德凡我宗人其念之哉道光十有七年秋八月朔震山分二十二世裔孫世臣謹序

續修弓氏家譜序

氏族譜牒唐以前主於官科目既盛進身不以門第而譜牒官廢至唐中葉乃有姓纂及宋有百家族譜萬姓統譜雖詳略各殊大要辨其源表其望而已至歐陽氏蘇氏自爲譜以收族於以敦本支寓勸懲遂爲近世法而夸者爲之攀援依附又或無以傳信弓氏小香中州進士需次江西爲同官以其尊甫蓤溪先生之舉於鄉也與余同歲尤相善出續修家譜相質而屬爲弁言余受而讀之源必審望必審其遭兵燹而不可考者悉從葢闕先列世次旁行斜上秩然有序繼則按世數分行記其妻室子嗣及塋穴碑碣其爲人後者於所後名下書嗣子某又詳書其本生父某又有書隔世嗣孫某隔二世嗣曾孫某者實符先儒或爲祖後或爲曾祖後之說至庶母爲父妾本出雅訓自鄭氏注曲禮謂諸母爲父妾之有子女者律文據以別名故弓氏舊譜妾有子乃得載而續修則載及妾之生女成立者凡皆依據經傳不爲俗說舛誤何其善耶其人有行誼政事文學堪紀述者不別立傳唯註明其名之下文簡而事實不爲虛美尤近世所罕及又於同源而分支別居者爲失考宗族一卷紀其可述而闕其不能知又何情致族類而致慎派別乎眞可以爲修譜之式者矣余既重小香請又善其書故備述要領以告觀者

上吳侍郎書

世臣謹再拜奉書梅梁先生少司空閣下世臣顓愚不能隨世俗爲俯仰誦讀書史體察風俗常以爲古今人情不相遠時時爲有力者頌說閭閻所疾苦積觸隱怒被排擯

者數十年不厭不悔不改初度自忖當遂偶木石學農圃徒以無田可耕求菽水所資藉仍復逐隊北來欲博一青氈以為奉母吏隱之計豈復敢以衰朽樗散覬覦非分與諸賢豪爭浮沈哉而閣下以名德重臣當辨論官材之任於素昧平生之下士而王公卿士盛有稱説奬惜者固非世臣所可勝受然閣下為勞民擇良吏之盛心實與天下人士以其見矣稱此以談治部務必能作新人材以靖其厥職遇大政必能破一口之積習決擇進止斯民幸甚吾道幸甚豈曰世臣一身之感激知遇已耶拜別出都籌議居行逾百日方抵豫章豫章積潦之後繼以旱蝗彫敝困

憊不可言說猶幸需次末吏未嬰物務誦杜老安危大臣在之章句藉以自遣委署補缺期俱非遠事上也敬獲上有道世臣雖不材亦嘗側聞君子之風若至必有窒礙一官如寄斷不能喪所懷來以重為知我者之羞北風漸厲伏惟為道為民珍重千萬潤泉編一冊古今體詩三十五首紀行紀事閣下政暇覽之足以見其迹之所涉心之所寄也九月廿一日世臣再拜

跋石瑶辰所藏明新城縣知縣趙日崇新城保甲圖冊

嘉慶辛酉天津姚承謙從余遊問古今治亂之故予與極論斟酌損益可措施補救者作說儲二篇其下篇專言郡縣目有五而第一則保甲編戶為甲割甲為里割里為保必度地可方十許里界山劃溪為定戶分等鄉別則每保一圖詳繪山川田地村里形勢一切譏非常察聽訟獄敦婣睦勸課選舉捍禦諸政悉基於此友生見者皆以為善然三十年來同志出山治人者以十數卒莫有舉此盛業者豈實有窒礙難行哉今觀瑶辰石君所藏趙君新城保甲圖何其先得我心如是符合耶予匡居之說雖善無徵而趙君以明神宗時知新城新城民至今祠之是可以為可信可從者乎石君幸鐫版廣其傳使慕義者有所標準則中材可勉焉圖眉列山川戶口橋梁寺觀居民色目詳

矣後此有倣行者宜增入四至里步若干田地某則若干錢漕若干本都輸賦若干撥出寄莊賦若干撥入寄莊賦若干則民業之豐耗瞭然平居可以息戶獄災歉易以集荒政質之石君以為何如

以啚統里於文無所取義啚古鄙字竊意以都統啚即古之都鄙非必俗字減口也今觀此冊乃悟以啚名者蓋合數里為一啚故以啚為名耳

男誠 家丞 孫希麗 希魯 希藺 希薦 校字

安吳四種卷第三十

齊民四術卷第六　涇縣包世臣慎伯著

禮三

書所見二生

予以嘉慶辛酉九月至揚州，未幾有江都東鄉佛感洲之卞孚升茂才萃文偕其鄰冉徒學生某甲見過，出示刻本兩册，皆舉地方公事者，條目甚詳，具其行止，權在太守，吏胥需索掣其肘，時張古餘權守事，余以告，遂得舉行。及甲子夏，予避暑金山，去佛感洲十里許，益聞卞君所以爲鄉人敬服者。卞君方居母憂，予往弔，其地村聚相望，遠者才

半里而一聚，不過十數家，中途見村童十數人偕行，舉步端整，長幼有序，心疑爲卞君弟子，因問卞君居，其長者引予行。其時已逾百日釋麻期，而卞君面深墨，肌瘦削，與辛酉初見時大殊。喪禮久廢，見卞君令人深素服素冠之嘆。留其家一宿而別，問之聚人，自奉諱後足故未一出戶也。又後數年，聞卞君與某甲離婚事。某甲好交遊，選刻時人詩文，事扳援卞君，謂其有心世道，因爲子聘其妹。地方公舉，鄉人以重卞君故，言無不從，而舉行經理則某甲司其事。歷十餘年，卞君乃知其染指不堪狀，因延附近二十餘村之耆老具酒食，亦召某甲，飯畢，卞君下階四拜，告耆老曰：

萃文不識某行徑如此，前後誤諸公不少，我之子何能爲伊家壻。即出庚帖，當衆退婚。某甲窘甚，收庚帖走出，遂入揚城，因緣歲餘，納女於阮氏。既與阮氏結婚，乃回里，縉紳間以阮氏故益重某甲，而鄉人卒不齒之。丙子予薄遊宜興，見吳謹樞茂才辰行，治略同卞君，其鄉人敬服亦不後卞君。後此如

國家再有孝廉方正之舉，卞吳二君宜足以當此選矣。觀於鄉而知王道之易，斯民也三代之所以直道而行。予得見卞吳二君，益以信先聖所言閱百世不能改也，故備記其事。

錢魯斯傳

君諱伯坰，字魯斯，姓錢氏，江蘇陽湖人。錢氏世爲名族，居郡城，君獨居西鄉之僕射山，故又號僕射山樵。文敏公以甲科任刑部尚書，於君爲季父，招君至都下。君時方弱冠，詩書豪健，驚老宿，每試輒躓，歸里橐筆幕遊以養親。乾隆中

純廟將舉第四次南巡之典，大學士于文襄使浙江撫臣

王亶望奏請

上因杭州以至湖州。

命將下，大學士程文恭公爭之甚力。

上曰朕至湖州非爲遊觀因北方古稱桑土而今民乃不
識蠶故欲至彼察蠶桑之法以利北人耳文恭曰
皇上至湖州不得見蠶桑矣守土者必促民伐桑麻而樹
桃椰將使嘉湖之民累世不復業
上乃降旨罷之而文襄又致書撫臣言以兩浙耆老意籲
懇猶可行浙中例以鹽法道主
大差時江西巡撫陳淮爲鹽法道撫臣諭意君客陳公所
陳公以告君君曰閣下能必止其事某當爲具稿陳公曰
爲欲委曲請行耳君曰
上意果欲來者守土臣且當陳民間疾苦以止其役況已

奉明文停止耶某斷手不爲此陳公曰吾客足下三年未
嘗敢以瑣褻相瀆茲事必須大手筆乃如是惜耶君曰
某請即退還山啜粥飲水終不以戀館穀住血海中矣然
閣下爲陳少保子孫事若必行何顏見少保於地下君歸
而陳公卒以君言不上稟君自是遂以鬻書爲生乾隆丙
午朱文正公主試江南榜發無君名流涕曰錢魯斯被放
吾眞負此行矣君書由董文敏黃文節以追李北海顔平
原本於梁巘堅實不及而流宕轉換時或過之詩筆亦勁
達如其爲人以嘉慶十四年卒於家年七十有七歲子三
某某君書至夥吳楚士大夫家家有之詩若干卷多可誦
者

包世臣曰陳公與余言此事甚德君然撫臣猶必欲舉其
役檄紹興知府趙君循湖州河道試
興舫趙君者忘其名籍其人循吏也潛布木石於河中
與舫觸之不得行時已迫不及浚役始止後撫臣知之藉
案中趙君罷職道出湖州湖州民號泣送之百餘里文恭
以輔臣面評能不負所職而趙君有術以行其仁陳公聞
善而能遷皆有可稱獨君以布衣遊食而侃侃爲斯民請
命也善夫

黃徵君傳

君諱乙生姓黃氏江蘇陽湖人父景仁字仲則性豪宕不
拘小節既博通載籍慨然有用世之志而見時流齷齪猥
瑣輒使酒謾聲色譏笑訕侮一發於詩而詩顧深穩讀者
雖歎賞而不詳其意之所屬聲稱噪一時乾隆六十年間
論詩者推爲第一江浙俗名父之子多以父字爲字而加
小稱故君字小仲君自幼從尊甫遊多識前輩而端凝寡
言笑又不事文藻以故無稱於父執治鄭氏禮能墨守先
儒之說以通己意而躬踐之同邑陸繼輅才士也廣交遊
嘗謂余曰吾人每有所惑欲從敗行念小仲則妄心自息
其立身嚴峻爲人所矜式如此乾隆中崇尚漢學治鄭氏

者尤多然大略不責躬行以單詞片義爭勝負取名譽君既不著書又默無論說然達於禮管人情之原以自淑其身者莫如君君又嗜書攻之甚力自董文敏後二百年書疥廦無可采君志在復古嘗曰書訣多僞託唯用筆者天流美者地非凡庸所知是眞太傅語也余嘗從君問筆法語在述書近之能書者踵出而君實爲始事君又深於五行九宮陰陽家言唯武進董士錫張成孫能領其指君善病每病輒三四月不飲食亦不困猶手古拓作書然自以爲不工書成輒塗抹以故傳書甚少道光紀年

詔舉孝廉方正有司以君應僉以爲名實相稱也未就徵

以道光二年三月廿九日卒於家年五十歲君初娶於某舉一子殤妻亦尋歿繼娶於卜時君已病甚扶掖拜起竟未能成禮自君以上五世無期功強近難爲擇後嗣余得交於君最久故述其所知以詔於世云

小仲卒數年同人謂小仲不可無後求於其族得一獨子廣兩祧之例以爲小仲嗣名志述字仲孫今已二十五六甚醇謹而能文予未識道光乙巳夏次壻楊傅第言之如此故附記於後

姚生傳

生諱承謙字季光直隸天津人父逢年進士嘉慶六年由福建詔安縣知縣升安徽太平府同知延余授讀生時年十四到館三日生曰謙在福建知得侍先生福建知名士爭言先生年方弱冠詩文若湧泉不日即掇巍科今年正秋試竊觀先生意殊無仕於科名何耶余告之曰科名者入仕之基仕以治民不明於治民之術而得科名諺所譏學醫者人費也生曰謙自幼未嘗聞人言治民之術今謙亦欲學之當從何始余授以資治通鑑生一日檢閱十數卷問之略能言其始末余曰此仍經生射策之技非眞學也通鑑善在先述其事乃敘衆議然後載廷議所從而詳記其得失於後學者閱其事先爲畫上中下三策然後閱

衆議而驗己見之是否有合又籌廷議所當從再閱廷議則後之收效與否已可十得八九如是則如置身當時之朝端庶幾異日臨事能不惑也生自是每日止盡一卷一月之後其意與古人合者十常四五矣乃縱問近日救弊之要余具爲答之再三辨難以歸于協當以文多繁複刪問詞而編次類序爲說儲上下二篇理財用人兵農之要蓋畧備於斯矣生錄副而題其後曰謙事先生三月爲著此書其立議淺近而切於事情中人之所能行先生之學以救一身之饑寒則不足以致天下於飽煖則有餘菽粟足而民仁言近者旨乃遠余不敢任然不能不以爲知言

也太平君初娶於某有三子而歿繼娶某有生與生之弟承恩生之仲叔兩兄皆居里門唯伯兄隨任以不慧失懽於父母生未周歲時太平君以所授徒方塊字散於席生一一持而轉之字皆正無倒側者太平君以爲有夙慧尤鍾愛余初至不習其家事然每爲生道古人友愛之迹於異母昆弟尤詳切生聞之至再蕭然起白曰先生爲謙言故事而獨諄諄於友愛異母昆弟得毋疑謙之不悌於兄長耶余曰子之友於兄與否吾無能預知然子以古人成迹返躬自省此學問之最切近者也生默然數日後生兄至書室欲與余語見生來輒止而狀殊踧踖嗣遇盛暑生

當午納涼廳事書室爲廳事西廂紗窗光相接生故短視生兄從簾外過而生未起生兄卽搴簾入批生頰生受之惟謹良久乃入書室指痕猶未盡晡後侍坐余語之曰子進矣今子實無罪然吾觀子之色甚愉入書室久之無怨忿之意且若兄前此謹候若聲色而今乃自居家督重督過於子子眞進矣生曰先生謂謙無罪然謙自奉教以後旦夕思數年所以事兄者積戾多矣得兄督過之方自幸稍償前愆況敢怨忿耶其時蓋生從余遊兩月許已世俗授讀以八股六韻爲正經以三八日爲課期不能盡廢生文義本已粗順詩筆亦清澈余爲擇其舊讀文十數篇及

義烏少陵長律數十首使專誦習月餘於余法所得已十之五六余秋試後以事他去而生亦回天津應試余輾側吳越耗問遂隔十九年入都始知生以十五年中式副貢十八年秋試後染疫而歿而太平君亦卒於官其世家及妻子皆不能詳余多識天下奇傑之士然立志不退轉勇於自克通事理近人情未嘗見有能與生偶者也別後閱十二年生之造詣所至不可知然吾知其有進無止也不敢以臆斷失實使無以取信於後世故述生與余周旋時事以傳生之眞而寫余之哀思焉

翟孝子傳

孝子諱彩令姓翟氏安徽涇縣震山鄉水東人也生六歲而母氏物故未幾父雙喜病癱瘓孝子乞食里中年十二力能樵採始能行乞每遇里中合食孝子食必舍肉一飯卽起告主人以另器持飯與肉歸奉父主人共愛憐之稍長改業賣茶饔飧外有餘錢多寡悉歸之父孝子年逾壯父頗以嗣續爲憂孝子乃置童養媳及笄乃成禮以有二子父性素嚴旣久病尤卞急孝子故有伯兄不勝嗅聒遂逃去久之父思長子孝子以有婦代侍遂告父間關尋覓竟得伯兄歸父懽甚然居月許伯兄復乘間走遂莫可蹤迹孝子終身以爲憾孝子自乞食奉父以比其卒閱三十

有三年父貯孝子所奉錢於敝簏中父卒啟簏積錢三十餘千文以舉殯並買地幷葬父母及祖父母焉嘉慶壬戌夏長子殁於痘明年春孝子亦卒實五十有八歲

包世臣曰諺云久病牀前無孝子有孝子值事而兄歸仍不能居月餘可以知孝子之難矣予得孝子之行治從翟玉山廷珍學博學博篤行士也以道光癸卯秋試來白門持巨卷屬予展卷則吾邑賢長官及鄉先生題咏具在大都以孝子行至奇而未得邀

旌典爲歎予謂旌別淑慝

國典也此自主持風教者之責於孝子無增損也計孝子之次子今當已年四十餘翟氏族逾萬人雖近支多不相識學博蒇試事歸幸物色之使人知孝子之有後此與叨

經費以請

旌榮功相百也予以嘉慶丙辰春初過水東曾卽見爲孤兒行紀翟氏乞者曰孤兒沿街泣跣足履霜行乞食面瘦如鬼肢無股勞君道旁爲酸楚孤兒生孤兒生命未爲劇苦兒年似背上弟時爺提娘抱不知凍餓爺娘今棄我阿弟早遭此禍無柴無米誰養我弟嚴冬雪漫漫阿弟襖薄不耐寒幷我破裩勿謂我被霜風膚裂不完晨出望烟火君子周濟我乞不得中心愴悲欲之他未知否可願得吾

弟腹果願得吾弟溫飽長大孤兒下去地下黃泉見爺娘我無過其時孝子年蓋五十矣一時小民中有此奇節者二翟氏眞巨族哉

陳羽士傳

羽士陳見聖者字心堯江蘇江都人也自八九歲時卽佐父採薪負米給朝夕積勞成鼻衄流血常盈盎不可治乃捨身揚州府城隍廟依住持蕭定郁出家數月良愈而思念父母不置其師聽返俗未幾疾復作仍歸廟然稍間卽歸省父母明年母王病歸侍醫禱罔效見聖于窗外煮藥乃引刀刲其股刀鈍不能斷割至四五創及骨室中人驚望窗外紅光照灼恐不戒于火急趨出見鮮血自衣襟流溢地下所刲肉已置藥鑪中王飲之而沉疴立起鄉里皆以爲純孝所感爭爲詩歌以贈之其師以此益愛重焉見聖和以蓄德儉以殖財交友有然諾數十年無改其舊以道光九年七月二日疽發背而化年六十有六歲揚州士民服其行誼多傷悼以爲斯人而有斯疾也揚人又盛稱王嘗告見聖曰我行年已七十有六猶未抱孫兒豈可求諸神乎次年正月見聖因朝句曲山禱于三茅君歸至逆旅假寐月下見髯翁抱一子予之曰好撫之遂驚寤歸以告王是年十一月其兄果舉子王以生于神兆命之曰兆

生王年逾八十復病甚至不省人見聖泣禱于城隍神前七晝夜請以己算三益母壽王病忽霍然曰神命我歸再住三年果至期乃卒事雖近怪慤然信而有徵故備著於篇

園丁三李傳

予以嘉慶庚午挈眷至揚假館西門外之倚虹園園丁共六姓守門者句容李氏李嫗有三子曰鵬年鵬高鵬萬嫗軀肥而健啖然夏秋間輒患痢七八十日鵬年晝夜抱負上下侍沐浴梳洗滌垢穢積年無厭倦鵬高在城中爲需次者廚役每日必再歸以新美食遺母鵬萬灑埽亭閣分遊觀酬值市甘旨必厭嫗意鵬年鵬高皆逾四十未娶鵬萬才三十餘有婦稚而孩衣飾値白金百餘兩現貲亦且二百欲挾以嫁鵬萬鵬萬曰彼來能爲我善事母乎若不能者是得妻而失母也不可有姊嫁殷姓甫舉子而壻死嫗憐之甚鵬年迎與同爨嫗年八十三而鵬年卒逾年而鵬高又物故鵬萬以照料園事或侍奉不能以時遂以管園業授甥而奉嫗賃屋居園外身自上鋪舁轎用力爲養然贍給殊未減鵬年鵬高在時也鵬萬嗜酒醉則與人詬誶唯事嫗至謹道光己丑八月廿六日鵬萬疾甚乃告其姊有錢三十千舉息所親處以半治發送留半備老母後

事家用器具甥悉將去迎老母回園語畢遂瞑蓋嫗年八十有七矣園丁又有歙曹氏者其季曰小連子五六歲時曹嫗賣之丹陽以勤愼得爲養子閱八九年嫗聞丹陽人殷實且已子小連子遂渡江肆擾其人不得已以小連子還嫗小連子在彼逸樂未習生業既歸宗唯能賣水煙未幾其兄死有二子才三數歲而嫗卞急饕餮不解生人事揚城餅餌以東關爲最去園且五里小連子每早馳買供嫗下牀餐有新異食品上市雖珍貴必果嫗腹而嫗猶詛呪不絕口小連子無幾微望見詞色其日入勉給口食無力置臥被夜則以敗絮擁嫗上身而自臥草中抱其雙足著胸前以爲溫如是十年嫗乃死小連子今已三十餘二姪亦漸成立李曹在揚看守園亭今俱爲甘泉人

包世臣曰孝之體大矣愼守其身毋貽父母惡名則殆于近之故居處不莊事君不忠莅官不敬交友不信戰陣無勇皆以爲非孝夫豈口腹云爾耶然李曹細民豈可責以他行至其至性獨發史冊所載未能相遠也世有不自勝其多欲而藉親爲說以豐一日之養卒不能不任不義之名于後世者可勝道哉予故紀二十年聞見所親毋令泯沒焉其亦可以風矣

張琴觴傳

張琴舫者吳人也世居背門之新橋名二官入都中三慶部習梨園更名才伶字琴舫色藝爲一時冠有富商召侑酒强狎之琴舫罵曰他人皆欲涎若錢物吾不欲涎若錢物若何敢妄誕無禮義商怒命家丁毆之幾斃商之姻戚某馳救乃得脫自此始專意學技擊余識琴舫時琴舫已棄其業欲還吳中訪名師益精所學余爲書介之吳中女俠姜翠橋姜年老而子不肖盡以所能授琴舫見琴舫家居艱苦以洋錢七百贈之琴舫力辭不得命後二年姜以訟破家琴舫歸其原物封識故宛然也琴舫學既成復入都有謁選知府孫姓琴舫業梨園時舊識也許贈以五百

緡回南取眷口孫既籤掣廣西遂悔約僅許攜之出都既又不爲具車馬琴舫自賃轎車同發及山東舊縣巨盜數十人環孫之三妾將括其裝琴舫馳前奮擊仆其渠魁盜驚走復隻身力追傷右足背乃返孫既免於難重舉前說而琴舫遂兼程獨行不復與孫相見湖北彭姓者以技擊教授都下稱彭師傅有公子從學頗傳其技公子在江淮間遇琴舫曰聞彭師傅困於都殆及凍餓我一時倉卒若入都爲我舉子錢給其居處衣食以俟我時嘉慶廿一年十月也琴舫至都彭負累已數十百緡琴舫乞假淸其負旦夕贍給明年夏彭辭琴舫曰以若之貧爲我又增重負

公子來而如忘今又已去我困命也豈可常以相累琴舫不可卒資之廿四年天津同知某禮琴舫爲緝私琴舫曰官府欲捕販私耶抑捕商私耶所惡於私鹽者爲其漏國課也而商之私數十倍於販以豪富爲此比之窮民肩挑背負貿食者情罪相百若利官府之財帛助奸商絕貧民謀生之路某雖賤人不忍爲此也同知大慚而罷京營游擊某廉知西城有賭窩不受捕招琴舫不可游擊曰子矜勇何怯耶琴舫曰非怯也賭者人情之所常有官府此舉徒爲邀功計耳若廉知叛匪所在雖千百人某願以一身先試其鋒上報踐土食毛之恩下以湔除門戶安能爲官

府捕賭耶琴舫性沈毅以居賤業吐詞常委婉然必自達其志見利思義見危授命久要不忘如琴舫者庶其近之矣余識琴舫久知其事頗詳纖悉不具論論其大而余所深悉有徵驗者廿五年七月十七日乘馬出前門馬驚而墜遂斃於道年三十歲在都娶於唐其母在吳未知也又聘於胡胡舉一子當琴舫之不祿也子年始四歲道光二年余至都詢其家室姒娣相守以撫稚孤庶乎能不負琴舫者

包世臣曰孟子重良貴其不信矣乎君子喻於義小人喻於利喻利則賤而喻義則良與近世良賤之說也蓋殊以

余所聞乾隆四十八年山東巡撫國泰以贓被逮卿大夫故與交善者皆詆訴以自飾惟所厚舊伶太平追隨至都破裝爲治後事嘉慶十四年侍郎廣興以贓被逮愛將故吏莫顧問惟所厚舊伶吳人陸雙全周旋詔獄治棺斂二子外遣眾妾家食陸皆爲部署所費累萬冒重險而不避嘉慶十八年滑縣之變有湖北流妓名玉珍者姊妹三人爲賊所掠欲以爲僞妃俱極口罵賊備楚毒而死徐如意者吳人居因果巷嘉慶十七年六月有二兄而其父死其兄欲領棺於同仁堂如意年十一號泣曰豈有有子三人而使父眠施棺者乎乞賣我以葬父遂指身假錢三十千

舉葬葬畢賣於優販入都中春臺部改名富伶二十二年余在吳知其事其明年至都訪之聞其母病目甚以年未滿不得歸泣血潸潸今之董永也曹文瀾者字春江亦吳人年五十許以教優爲業攻八法二十年下筆洞達有廉悍不可犯之色都中善書者莫能先居恒手資治通鑑一編然絕口不論今古事往昔秉翟執簧之流亞已余往來都下十數年所見所聞能皎然不欺其志成行誼可紀述者多世之所謂賤人也哀哉

劉烈女傳

劉烈女者寶應劉準之女也生數歲準以字同邑應銓未幾準妻物故而準當往山東烈女無可依歸應氏爲童養媳稍長給井竈滌漱役如成人銓之父母咸宜之迨吉而銓病醫療轉篤烈女飲以臂肉竟不起縗絰三年至嘉慶庚午服既除銓父遺準書曰吾夫婦老無他息倚君女如子然不忍其久失時也準荅書聽主婚議烈女聞之遂中夜縫綴衣裙啟門而溺於河閭黨哀嘆同里柏楊葵以聞鄉大夫士請於有司歲甲戌得

旨旌門而配食於邑廟之戚烈婦祠其以狀乞傳者烈女之族兄優貢生寶楠寶楠好學有文采樂道人善余雅所愛重爰次其傳而論之曰烈女可謂亡乎禮之於禮而動

也中者矣近世尚爲苟難以嫁殤爲貞女殉殤爲烈女而周公之禁孔子之教不足以奪流俗師心之說致良家淑媛於非命者數矣考烈女之行其得謂之殉殤乎名者人治之大者也故成禮曰夫婦備禮未成則曰兄弟童養於禮無可準然呼爲養媳則婦名成矣禮有吉日而壻之父母死則女家使人弔壻家葬而致命親迎女在塗則改服以趨喪明在塗則女道已終而婦道伊始也有吉日而壻死女斬而弔葬而除以其無三年之恩也烈女長於壻家以在塗累之爲終重服宜矣禮不貳斬聞變而殉之不亦可乎然則何以女之也律于未待命而與養媳同處者依

違犯教令，以烈女之不鏤而雕，動止合度，其不以情欲之
故，陷胥於不義，亦明矣，若烈女者，信乎其亡乎禮之於禮
而動也，中者也

熊貞女事實册跋

旌表南昌縣故民盧宗坊未婚妻現存熊貞女事實册，吾
友姜君樟圃既爲之敘，援据博辨，其夫從弟盧濟泰欲刊
行以彰奇行，而乞言於予，前哲歸熙甫毛大可嘗論其事，
皆執周官戴記以立說，非持之無故者，然炎漢高尚不屈
之士，每有於舉主之卒也，徒以一辟之故，千里奔喪，持君
臣之服千載以爲義，聊厚不爲薄，斯其匹矣，夫夫妻相守，

人之至情，而遭人倫之變，廣從一之義，匪石不轉，永貞苦
節數十年若一日，以能匡持門戶，慰藉俯仰，可不謂難乎，
然斯人也，必具激烈之情，堅定之守，其初家人莫不引重
以相夸羨，而日長歲遠，或寂寞不宜人，或剛介不容物，馴
致訴誶時聞，維家之索者，蓋亦屢矣，是故士君子遭家不
造，搆此閔凶，固不可愛徇禽犢，議奪其志，尤不可好爲名
高稍從聳勉也，若其習成若性，茹堇如飴，則資助其不及，
激揚其風徽，是又士君子之責也，吾讀是册，不獨見貞女
之賢，而濟泰所爲，亦可以風矣，於是乎書，

先妣行狀

先妣姓查氏，諱會意，在母家名婉嫕，來歸時，先祖父奉直
君更命之，安徽涇縣震山鄉九都二甲人，外祖諱世錡，國
子監生，初娶生王氏從母，及伯舅毛壽，外祖賈於徽，以知
醫多締交紳士，因再娶休寧汪氏，生先妣，及仲舅毛麟，季
舅毛郎，季舅方乳，即出繼，故外祖父母鍾愛仲舅，仲舅晬
日，偶失足，外祖杜門治之六年，卒成跛，先妣自十一歲時
常晝夜抱持，視湯劑，節寒暄，仲舅病甫起，即歸先考郡學
君，郡學君弟兄五人，班在積叔，妯娌間有患多言之痌者，
遂彼此訴誶無虛日，先妣性和順，無可尋衅，然猶時以冷
言相侵，先妣處之以不解，手進煙茶，款接慰勞如平時，以

故三十年居脣舌間，而斷斷不能相及，郡學君以文雄郡
邑，屬不得於有司，益尚氣，不就館他氏，至乾隆乙巳春，朝
夕無所藉，而不孝巳十一歲，遂攜遊白門，假僧舍集童蒙
脩脯，僅能給兩人口食，無可寄贍家者，是秋大饑，先妣里
居，撫王氏翟氏兩妹，及從弟嘉梅，考名世榮，王氏妹五歲，翟氏
妹三歲，嘉梅二歲，先是甲辰冬，三世母歸甯，得暴病，入門
而革，嘉梅在懷抱，莫肎受，先妣遂分翟氏妹乳而育之，吾
鄉山皆產蕨，遇荒則羣掘蕨根爲粉，以充糧，極窶者至食
其粕，先妣兩晝夜率成男鞋一雙，得工值市米與蕨粕，先
取蕨粕炒而磨之，稍細者以飼幼小，餘乃雜少許米爲糜

供常食時仲舅家向裕王氏從母至擁貲數十萬烟火相望不相邺而先妣始終未嘗一過從商稱貸有以爲言者先妣答之曰寒莫向燈窮莫向親王子秋郡學君病痔甚挈不孝歸展側床席先妣率兩妹治針黹不孝租屋旁地十畦藝蔬果鬻於市以給饘粥湯藥癸丑楂塘董氏集村童十三人使不孝爲之師去家十五里不孝間日於晚飯後以館餐可苞苴者歸省視五鼓回館治早課而侍疾則先妣專任之郡學君疾日甚虛火炎爲狂易而先妣前後三載無一語怨尤鄉里以爲難嘉慶丙辰不孝服既闋以詞賦受知於故侍御程公世澮故侍郎宋公鎔丁巳夏枯旱宋公時爲蕪湖道禱祈靡不至最後使不孝爲請誅旱魃文即日大雨三日後屬邑獻雷殛旱魃之魄文稿謁達於故太傅朱文正公公手書召不孝至安慶撫署垂詢練鄉兵安江賊事宜賜詩以賈生鄴侯相期許留署中匝月戊午冬致之湖北己未夏故相國明文毅公任川楚左參贊自湖北挺入蜀治戎事信至家皆大驚悸先妣召嘉梅曰我不識字兒依口寫信與汝兒曰母字告嘉禾兒兒入川信到族衆皆說凶多吉少我聞汝父說古時男子生以弓箭射四方弓箭場中正男子之事死生有命何必怕唯聞軍功多冒濫若藉以進身誰爲兒辨眞假者若聽計能濟

巨艱兒一心事之若其不然則速返毋戀東脩優厚負汝父之教嘉禾者不孝乳名也不孝入蜀僅三月發奇謀不見用而府主醉洩其機有戒心又得母書遂決歸計庚申始爲江淮遊故糧儲道湯公藩任安徽學政下車即告太平府學師致書本學師促應歲試爲辛酉選拔地先妣曰此必出朱公愛士之誠耳吾兒自宜使明者摸索於暗中卒不召而庚申辛酉秋試連被放文正手書招入都先妣曰人貴自立戊午年朱公監臨鄉人皆謂兒必首舉吾深以是科不中爲幸今若應朱公召得手於北闈必遭物議且以累朱公命應中自有南場在也己巳王氏妹倩沒庚午秋遂假倚虹園迎王氏妹歸宗隨先妣就養揚州王氏妹唯一幼女先妣命不孝子之名之曰令媞時仲舅家事破敗中表弟三人皆未娶又無業而三世父五叔父各有三子未娶又生涯冷落不足以自給先妣並節嗇歲入接濟之命不孝以漸爲完婚事不孝念食指日增世路日窄縞紵之投不可恃惟刑錢兩席脩脯較豐遂以此作遊先妣命之曰兒自少違衆爲有用之學而數奇不能自爲藉人手以濟人是亦一道也吾自爲女時見捕役開花賊盜扳良民常傾覆人家又見叔姪兄弟翁壻甥舅搆訟者審斷後負者以爲恥仇隙益深常釀巨案又聞查辦虧空承

辦人受請托、多撥歸已故之員、孤兒寡婦不知當日衙門事、差役追迫如狠虎、常寃結無可告、此數事兒尤慎之、後在山東直隸兩藩署、江蘇直隸兩臬署、查核成案、似此者故多矣、辛未秋、就故相國百文敏公兩江督署聘、分司江西案牘、兼辦河工、始議籌盤葦蕩、文敏以蕩事甚鉅、而無人能諳其要領者、委親信大員督辦、出不孝司其進止、壬申冬、文敏劾河督陳公不實、陳公訴之、辭牽葦蕩、睿廟命故相國松文清公、故尚書初公彭齡來、讞松公與主蕩事者有夙怨、持之至急、兩淮鹽政阿公、梅花山長洪公皆遣人告知、當及早寄頓箱籠、恐檢各官幕書札焚燬

之、先妣出面使者曰、吾兒所入、唯脩脯縞紵、簿記甚明晰、其往返書札、皆爲斟酌情形、以濟公事、無私語、果被查看、星使驗出入帳目、知吾兒無賄入、驗來往書札、公事尤得明白、何畏懼而爲寄頓焚燬耶、及事息、二公皆嘆服、自癸酉至道光壬午、內外羣從、先妣次第爲舉九婚、又先後給資本、使各以所能治生計、覆則又資之、或至再三、王氏從母家亦落、其子若孫先後來揚州者、先妣皆不識、然典質衣飾資之、無少恡嗇、不孝賦閒、而諸中表誅求者益頻數、資助不如前、至面肆怨讟、先妣唯命取錢米店帳摺、及質票示之、謝遣之、終不以前事相稽也、先妣食量素隘、於腥

牲尤纖細、每進一味之甘、必手自分散下逮婢僕、均平齊一、乃下箸、常曰、吾性不能偏衆、及辛卯夏目力劣、又漸不良於行、每食猶必徧問家人、無所遺食畢、必以茶滌器而飲之、曰先姑年八十餘如此、汝等宜惜福、莫忘先人家法也、庚寅春、不孝回里奉郡學君遷葬江寧縣南鄉吉山之麓、遂定居白門、甲午冬、始買宅北門橋西北、自揚州移居焉、乙未會試、值大挑、先妣促不孝赴北、以一等掣分江西臨行、諭不孝曰、兒數十年出遊、受恩多矣、不圖報非也、爲報恩而自陷非義、尤非也、兒爲諸侯客久、於民間及衙前情僞悉已、刑錢兩友歲脩千餘金、兒居官可自領其事、節

此千餘金者、以當酬報及周卹戚鄙之用、雖數少、人尚可相諒、且有限制、至地方舊有陋規、爲辦公所必需、苟非大不可者、毋輕言裁革、吾頗聞有賣陋規者、爲後人唾罵、且辦公不敷、勢將他求、兒其慎之、不孝謹誌之、詎謂需次才四月、遂爲無母之人耶、嗚呼痛哉、不孝自乙巳侍郡學君遊白門、至壬子、中間惟戊申冬一歸、家住三月、至丙辰冬、不孝自出覓食、或年一歸侍、或二三年一歸侍、而歸侍不過月許、或僅十餘日、雖庚午秋迎養揚州、然依侍膝下、歲率不過數十日、近年家居得依侍、又以拮据故、不無煩慈慮、晚得一官在近省、而終不得伸一日之祿養、罪莫大於

不孝斯之謂矣然不孝早違嚴訓奔走浮沈於名利之場當路宿儒結納若不及而四十年來未嘗有不可告人之入與鄉試者六與會試者十二唯甲戌一出房故相國長文敏公戴文端公及故尚書秦公承業欲特薦者各一明文毅公百文敏公欲彙薦者各一而名卒能不登於牘尚未至使人指摘爲失身慕榮之不詳少者實有賴慈訓深厚也癸巳夏先妣八十壽辰故尚書戴簡恪公以楹帖郵祝曰天下共知此子因有此母同人競掞其文不盡其芳論者以爲知言先妣生乾隆十九年六月二十四日卒道光十五年十一月十日年八十有二子一即不孝嘉慶戊辰

恩科舉人江西試用知縣娶同邑文氏女子子二長適太平縣新豐王象曾夫故無子依禮歸宗丙申春王氏族長共立寅亮爲後象曾之胞姪也戊戌從至江西侍先妣至得歡心自先妣患目及軟腳扶掖伺應三數年衣不解帶辛勤十倍於不孝次適同邑水東翟修保前沒孫二長家仁考名誠國子監生次家讓考名家丞縣學生女孫二長令媞適陽湖張曜孫曜孫博綜羣籍尤神於醫令媞時時獻珍藥先妣自辛卯損目後遂善病屢瀕於危其得延隮中壽者多曜孫令媞醫藥之力次淑媞未笄曾孫二希范希曾曾孫女一㰖子皆幼不孝忍死匍

伏回白門寄籍擬卜期祔葬郡學君吉山之墓伏乞當代通顯碩學垂意哀矜錫之銘誄使先妣言行得廁前世獨行君子之後則不孝世世子孫感且不朽道光十五年十二月十五日哀子包世臣泣血謹狀

男誠家丞孫希麗希曾希藺希廉校字

安吳四種卷第三十一上

齊民四術卷第七上　涇縣包世臣慎伯著

刑一上

讀律說上

南朝有律學唐沿隨制公式首載講讀律令之條至今因之軍民能熟誦律文深明律意者准免犯過失因人連累流罪一次說者謂律意精深故設此條以勸講讀所以重民命者似已然於先王治天下微權之所寄蓋猶未見也僕於友生之績學工文者無不勸其讀律或以爲知其必將出而問世故預習法家以免受欺幕客而不知非也吾

人既多見聞有文采則父兄鍾愛友朋欽服放曠初懷易涉邪僻其所學又足以拒諫飾非誰復能匡救其惡者唯讀律而內訟行習或麗科條無可自欺則必慚懼交迫是省身之要術也故先檢核二死苟有犯焉雖未敗露實已罔生迫生非力求所以自贖則不可以立人世自贖之道雖在隨時隨地以濟人利物耳次及五軍三流以至五徒各條身果無犯則可廁鄉黨自好之列以老死牖下如有犯焉求贖又豈可緩哉若其杖笞瑣碎概無罣誤則古之所謂成人矣已犯既力求自贖未犯夫豈敢輕蹈愆刑之訓殆謂此也至律許免過失連累者以深明律意之人自

不犯法至過失出於思慮不及連累不由自主故許免一次而不及有心正犯蓋以有心正犯則爲知法犯法豈得妄援免科乎自省既久一旦出身加民自必慎恤並至爲地方造無窮之福此僕勸人讀律之指也

今上御極之初曾以大臣言飭查各處陋規明以予之一時都下譁然以爲必不可行唯僕歡喜踴躍頌爲至善之政然心終疑封圻大吏莫肯一心奉公而自替威權者未幾而覆奏入竟如所料而建言者亦不能堅持其說遂使天下無一不犯法之官至可悼惜蓋爲民上而身先犯法何以令衆吏治之不賜民生

之不遂所從來者遠矣此則非匡居讀律之所能爲功也

讀律說下

讀律以省身前說盡之至於出身加民則尤當詳審律式輕重以救時弊而挽頹風經所謂明刑弼教世輕世重者也時弊至重者在廉恥道衰而廉恥之衰唯士人爲尤甚仕途今爲極寬而惟出身考試者名曰正途士人倖獲兩舉上者隮侍從下乃主一邑其重如此顧自其爲童子時已不憚以身試法及乎立朝豈可望其慷慨引大體臨民豈可望其深求民閒疾苦是猶以利刃資劇盜其爲害可勝言哉世所最不齒者曰娼曰行竊而娼與竊罪止論

杖至於考試舞弊重則殊死輕且外遣律式之懸殊甚矣考試之弊百出大要有三曰辦夾帶曰倩鎗手曰打關節數十年前爲此者尙知諱飾近則明白告人而不愧不怍且有假托以自詡者娼與竊雖隨處有之然未聞有面人自承者是士人之於廉恥尙遠出娼竊之下也近年試弊頗有敗露雖十不及一而亦足以示懲創無如敗露之案主者意在保全以爲忠厚莫肯窮究根株彼作弊者固志在求利然未嘗不畏法而前車始覆後車接迹者知主者之必不執法也父師訓誨子弟不與講貫經史文法而專爲之訪求遺文覓書手作方寸千言細字掌握之間輒可

萬篇鎗手且有攬頭皆于試期前先集面試以定賄價拜門遞條畧不避人以上三事而得手者指不勝屈果能從敗露之案逐節研究上及其父師旁及居間說合造作之棍徒依律重究必可稍挽狂瀾使後來者畏威遠罪維將喪之廉恥絕流傳之謬種其有益于世道人心者大矣不此之務而惟曲全是事以爲積福其弊不使天下士人皆喪盡廉恥不止也較之縱盜殃民其效實有倍蓰千萬者若謂試弊必除而眞才始見八比八韻曾何關世道人心之數而詡爲眞才嗟其屈抑乎嗟舞弊者波靡而不知止則害廉恥以害政事實有筭數譬喻所不能盡者故廢心

切齒而詳說之世豈無有心世道人心之君子乎當不以僕言爲謬誕也

議刑對

嘉慶十六年試春官畢刑部尙書金公光悌招至其第襄核秋審册至山東民人黃某因妻與子皆他往見媳在室內刺繡卽入室行強媳急取翦刀戳其臂乃得脫黃傷平復媳擬絞候入服制情實一案予曰此案當奏改從前率行照覆可檢舉也金公曰此案並無出入且較舊例已爲末減予曰從前係照子婦毆舅姑律擬斬決改監候至乾隆中始以四川案改擬絞候世臣審知之然大司寇所職

在準情酌理維繫治化非如外省小吏奉行例案已也夫子婦之於舅姑有犯一切與子同論者徒以義重也當黃某淫念熾起之時翁媳之義已絕律載子壻遠出而婦翁嫁女及縱容犯姦者皆爲義絕有犯以凡論禮婦稱翁曰舅女夫稱婦翁曰外舅服制雖懸殊而情義本不相遠況使媳被窘挾而竟從將不擬以斬決乎拒之又得絞候是爲女子者不亦進退無生路也耶金公曰此案必邀免勾將來減流收贖罪屬虛擬何必苦爭予曰世臣豈不知案之必邀已減贖乎然父母在不有私財曰後減等收贖之銀仍由

翁出數年之間婦色或未必遂衰而其翁淫心猶熾婦知守貞之所獲者不過數年囹圄拘囚之苦而其翁且以爲姦媳無罪而律不准其拒也抑貞爲淫終陷大戮理勢所必然者矣金公曰吾子意且若何予曰凡人調姦擬杖而期親即擬流凡人強姦未成擬流期親當加爲外遣而本婦依拒姦勿論離異歸宗方得理法之平矣金公曰以婦之故而罪其翁非所以尊名分也予曰翁媳犯姦男女皆斬決何嘗分別名分以爲減殺乎且整飭倫常以官法治亂民非爲媳報仇也何害金公曰然則又何以離異其婦予曰與翁既義絕不可更爲其子婦矣且父以妻之故得

外遣而其子猶以爲婦非所以教孝也故必宜離異闡不果決計世臣當爲具稿反覆比引必蒙垂允金公曰吾子言誠辨然吾在刑部三十餘年未見有於秋審時翻盡前案者言之徒使老夫獲咎必不能行也是年夏末伊犁將軍公晉昌讞一獄情節同此而新疆無例案可援具奏請

旨奉

特旨將其翁發遣爲奴而釋其婦其秋山東撫臣援伊犁案覆奏乃置黃於法而著爲例

議刑條答

嘉慶二十五年夏刑部尚書韓公獨對出手論司員將現行律例中有未安者各獻其疑以憑奏明修改時余滯迹都下刑部總辦主稿來問者十餘人各爲條議數事其呈堂蒙采錄與否不可知是年仲冬集錄各稿删併具於篇

律載夜無故入人家內者杖八十主家登時殺死者勿論已就拘執而擅殺傷者減鬭殺傷二等竊謂此夜無故入人家內即例所謂圖姦未成罪人也何以明之諺言夜無故入人家非姦即盜然竊盜已行不得財笞五十而此律杖八十比已行未得財之竊盜罪加三等是此條之非盜

也明甚查和姦律杖八十既有圖姦之實迹故即以姦罪科之然律不云圖姦未成罪人而云夜無故入人家內者蓋姦者人情之所深諱其姦既未成婦女之有約與否不可知君子不欲深求以傷良家之心故科以姦罪而諱其姦名又於盜賊門者仁厚之至也議者不能深明律意乃於殺死姦夫例內續增殺死圖姦未成罪人無論本夫及本婦有服親屬不問登時事後殺死者均照擅殺問擬絞候及婦女拒姦殺人除登時勿論外其拘執後疊毆致死係調姦照擅殺減一等擬流係強姦再減一等擬徒兩條應請於本律下增注云若白日入人內室圖姦有確據者

同論而删殺死姦夫例內之續增兩條以免參差
縱容妻妾犯姦律載用財買休賣休和娶人妻者本夫本婦及買休人各杖一百婦人離異歸宗財禮入官若買休人與婦人用計逼勒本夫休棄其夫別無賣休之情者不坐買休人及本婦各杖六十徒一年婦人餘罪收贖給付本夫從其嫁賣妾減一等說者因本律注有因姦不陳告而嫁賣與姦夫者本夫杖一百姦夫姦婦各盡本法之文遂謂此條並非因姦凡民間以本夫不能養活嫁賣其妻者皆科賣休以致嘉慶十六年有山西趙姓買娶有夫之妻爲繼妻而繼妻謀殺姑及夫兩命援引買休離異仍依

凡論之案竊謂買休賣休若非有姦在前自當入嫁娶違律之門且夫妻相守人之至情或以貧難飢饉離散逃生任教養斯民之責者方當引以爲愧至小民力不能依禮聘娶買妻以圖宗祀者揆以情理又豈能齊以一切之法是尋常因貧賣妻之案不得指爲買休賣休斷無疑義又律載强占良家妻女及妻背夫在逃自嫁皆坐實絞買休人用計逼勒情同强奪婦人用計逼勒罪浮逃嫁何以罪名懸殊至於如此詳繹律意和姦姦婦姦夫各杖八十姦婦從夫嫁賣願留者聽若嫁賣與姦夫者本夫杖八十婦人離異縱容犯姦本夫姦夫姦婦各杖九十婦人離異蓋

和同相姦必啗本夫至於縱容必係姦夫姦婦多方銜誘以致本夫利其資助故比和姦皆加一等至於買休賣休姦夫戀姦而圖奪姦婦戀姦而棄夫本夫始則利財縱容後遂以妻歸之故又各加一等和姦律內嫁賣與姦夫止杖八十而賣休則杖一百者蓋彼係比時識破此則縱容已久無恥更甚故加之也其逼勒賣休因有縱容在前開門揖盜孽由自作故買休人及本婦之罪止科輕徒也然律不云姦夫而云買休人者蓋稱以姦夫則本法止杖八十此重在買休故稱爲買休人不得以文無姦字遂疑其非因姦也且律目已明言縱容犯姦已然縱容律皆離異

何以逼勒賣休仍給本夫嫁賣而不坐本夫以賣休之罪蓋爲愚懦小民內不勝姦婦之刁悍外不敵姦夫之豪强迹涉縱容情實隱忍律言別無賣休之情者謂平日並不利其資助故俯念愚民之隱衷而免其科然本夫既已知情則買休人及本婦自得概從輕典本夫初本出於迫脅終不利其資助是與實心縱容者有間故婦人仍給本夫然止聽嫁賣不聽願留可謂仁至義盡者也查例因隨時整飭故輕重多與律殊律注皆爲申明律意而補其不備唯此注與和姦文歧出致滋疑竇應請從删
律載犯罪得累減之條原指案犯內爲從自首公罪遞減

之類而言因而犯罪減等發落而又遇赦者亦援累減之
條以次遞減故鬬殺例擬絞候冐非情近於故皆得歸入
緩決及邀
恩免勾計年減流減流之後若遇
國慶及清刑雨澤愆期等曲赦又得以次減徒其遇大赦
者徑得援免而死者之子有於赦後相報復者以故殺論
斬永禁本爲廣
皇仁而重
國法豈容更生他議惟人子之於父仇義不共天兇犯遇
赦卽還本家近在目前情難眕忍查唐以前有命犯遇赦

避仇千里之制所以下體人情上尊禮教竊謂鬬殺入緩
減流之犯已得全生若遇小赦不必更援累減遇大赦卽
就配所湔除爲民其未減之前遇大赦者卽免爲民而遷
徙之若死者之子尋至遷徙之處仇殺者仍照現行事例
科以故殺若遷徙者乘間逃回遇仇戕害仍應查照殺死
罪人本律量加辦理庶足以伸孝思而警兇黨至歷朝赦
典原爲湔除近乃加記冊檔赦後再犯加本罪一等是本
爲湔除而反增疵纇義無所取至徒犯以上援免遞籍而
經過官司仍行收禁尤爲本末不稱俱應請改
律載妻妾夫亡改嫁與舊舅姑有犯並與舅姑同奴婢與

舊家長有犯依凡論注云妻妾被出及奴婢贖身者皆不
川此律竊謂婦人從夫故事舅姑如父母徒以義重也夫
亡改嫁已自絕於前夫之家因其絕也不出於舊舅姑之
意故未便同轉賣之奴婢竟依凡論然議刑必與禮相權
輕重古禮婦爲舅姑服與同居繼父相等繼父不同居則
服三月今婦服改爲三年而舊舅姑則無服衡其情義與
異居繼父同科已可明其夙分古人爲舊君制服三月而
舊君無禮者則不服律注之所以謂被出不用此律今贖
身奴婢既另有專條改科輕典應請增修例文妻妾被出
及夫亡後由舅姑逼嫁者同凡論其由婦人自願改嫁而

舅姑依禮主婚者與舊舅姑有犯依繼父法
白晝搶奪例載凡總甲快手應捕人等指以巡捕勾攝爲
由嚇打平人搶奪財物者除實犯死罪外犯該徒罪以上
不分人多人少若初犯一次發邊遠充軍再犯發原搶奪
地方枷號兩箇月照前發遣詐稱內使等官例載凡詐充
各衙門差役假以差遣體訪事情緝捕盜賊爲由占宿公
館妄拏平人及搜查客船嚇取財物擾害軍民犯該徒罪
以上者無論有無簽票枷號一箇月發近邊充軍若審係
揑造簽票執持鎖鍊所犯本罪未至擬徒但經恐嚇詐財
者卽照蠹役詐贓一例問擬仍各加枷號一個月未揑有

發票止係口稱奉差嚇唬者杖罪以下亦加枷號一個月發落若計贓逾貫及雖未逾貫而被詐之人因而自盡者均擬絞監候拷打致死及嚇詐忿爭毆故殺被詐之人者均照罪人殺所捕人律擬斬監候爲從各減一等如假差有僞造印信批文或以捕盜搶奪傷人按律應擬死罪者仍各從其重者論若被詐之人毆死假差者照擅殺罪人律擬絞監候謹查恐嚇取財例載凡惡棍設法糾衆繫頸謊言欠債逼寫文券者不分會否得財爲首斬立決爲從絞監候又載兇惡棍徒無故生事擾害良人發極邊足四千里又白晝搶奪律載勾捕罪人因而竊取財物准竊盜論又例載出哨官兵乘危撈搶照江洋大盜例不分首從斬決梟示又強盜例載捕役兵丁爲盜均照爲首律斬決造意者梟示各等語推原例意凡以棍徒糾黨橫行公然挾勢滋擾不得不加重懲辦以安善良彼此參觀竊謂此二條尚有應行修改移併之處其止口稱奉差相機嚇詐未經得財即被捕控到官者應分別有無假印照詐僞律辦理若其黨勢橫很平人被其嚇唬出財買安即使贓數較少必係貧難無出核其情罪實與無故生事擾害之棍徒無異似難比勾捕罪人因而竊取之條計贓科罪必人杖徒方行加重又蠹役詐贓皆施於有事之人與此平空

設計者迥不符合若至排闥圍屋將平人鎖捆拷打逼索搜搶是則與惡棍之繫頸逼券事理無殊比強盜之捆縛嚇禁情形一轍況強盜雖爲閭閻劇害然猶自居匪徒而目人爲事主此則轉目事主爲盜賊而自居捕人又強盜之來本家悉力拒守鄰佑例得協拿此則以搶劫爲營業以緝捕爲屏翳本家戰慄鄰佑屏息及至識破機關業已身嬰桎梏甚至將至荒僻拷逼扳引明目張膽按戶搜括害徧愚懦既多畏累而吞聲偶逢敗露又得倖邀乎輕典是以此等案件所在時聞水鄉尤甚似宜準情變通從嚴懲創至於被害之人有與爭毆適斃者應核明死者情罪查照致死兇惡棍徒及本犯應死而擅殺與格殺各律例分別辦理以昭公允而垂炯戒仍應以類相從分纂於詐僞恐嚇強盜各門以免牽混

威逼人致死律載凡人杖一百若因姦盜而威逼人致死者斬推原律意惡其以罪人而敢爲強暴以至害命故重其法而本條例載凡與婦人並無他故輒以戲言覿面相狎致婦女羞忿自盡者擬絞監候其因他事與婦女口角彼此詈罵婦女一聞穢語氣忿輕生及並未覿面止與其夫及親屬互相戲謔與村野愚民本無圖姦之心出語褻狎婦女聽聞穢語羞忿輕生者並杖一百流三千里查覿

面相狎有近因姦而事殊威逼絞斬同爲死刑已屬不符律意至彼此詈罵以下三條與姦無涉而從死刑量減尤爲未允謹按律文姦盜同科而竊盜例載竊盜逃走事主追捕失足身死及失財窘迫因而自盡者如無拒捕傷人及贓重積匪三犯各重情照因姦釀命例杖一百徒三年然檢查姦律則因姦釀命擬徒之條實無明文良以屢次因案加重將本例刪改無存查現行條例惟本夫及各親屬捉姦非登時殺死姦婦者本夫問擬滿徒親屬各按服制本例減一等姦夫俱擬滿徒其本夫登時殺死姦婦則本夫杖八十姦夫擬絞親屬登時殺死姦婦則親屬擬滿

徒姦夫擬滿流夫立法以懲奸固不可市恩以縱惡又豈可深文以罔民世輕世重實異祥刑和姦本律止杖八十今例加爲滿杖枷號然去滿徒相差五等其殺死姦夫分別登時非登時相懸至遠者原於維風化之中仍寓重民命之意至殺死姦婦登時非登時止宜於殺者分親疏別輕重姦夫同一因姦釀命再行區別於義無取姦婦同係罪人殺者既得減科姦夫何緣議抵雖未便竟同止殺姦夫之姦婦僅科姦罪擬以城旦實足蔽辜若云本夫登時殺死姦婦止杖八十不同事後杖徒故重姦夫之法然不聞兩徒可敵一絞也應請修復因姦釀命本例凡有獲姦

止殺姦婦者無論本夫及其餘親屬不分登時事後姦夫概擬滿徒以歸畫一至調姦未成而婦女捐軀明志例准旌榮所以勸節而狂且始念實不及此竟與擬抵似近過當若謂貞婦無辜殞命不得與失身之婦被殺同科則事主追賊失足豈云自取況彼盜已成而此姦未成同擬杖徒何疑輕縱應請凡有圖姦實迹但不至於强暴者概坐滿徒其僅止覿面相狎並無手足勾引挾制窘辱者比例量減至並非覿面止與其夫及親屬惡謔與愚民出語穢褻本無圖姦之心者皆當比引威逼正律科以滿杖其因事互相詈罵者則依肇衅釀命杖八十凡罪止擬杖者其

輕生之婦女正所謂感慨自殺計畫無俚無庸一體議旌再各例內有比照某例治罪而本例已經刪除者甚多意爲高下殊非明昭法守之道應請於各條律文後先纂本例申明例目使以後本條或別條比照之文皆有依據其事犯相似而襍出各條罪名間多出入亦宜先將罪同者修於前爲正條而將隨人殊科之處分晰聲明於正條之後務使詳盡若本例實有未可復用之處則將比照之文查核刪除以免疑竇

庚辰九月爲秦侍讀條列八事

一案件積壓至爲閭閻之害本年恭逢

大赦除十惡謀故之外已發未發已結未結咸與湔除有
以赦前事告訐者罪以其罪在民控訐則爲誣告在官受
理則當爲故勘然民間田土界址錢債婚姻仍應與剖斷
結正以杜葛藤此等案件既屬無多所有應得罪名又可
援
赦尤易了結應請
飭行督撫嚴飭所屬將以上各舊案摘出或勘或訊悉與
判結則積牘盡清新案可以隨時審理不至再有積壓拖
累平民其奉行不力延擱偏袒釀成上控京控者卽照易
結不結例參處至前後京控奉

旨交審及部院咨發各件一體分別應結應銷遵照
恩詔事例悉與查辦
一州縣自理詞訟例載按月摺報由道員查核是否依限
斷結從前各州縣積案繁多並不遵例摺報止于交代時
造案件交代册由道員核送臬司轉送藩司入于交案其
册內開載寥寥數件久成具文本年恭逢
赦典刑獄擴清可以申明定例整飭官常應請
飭行督撫責成道員嚴飭州縣將自理詞訟遵例將已結
未結及如何斷結之處按月摺報由道員查核其有隱匿
遺漏草率遲延俱照例移司詳院參處道員失察及徇庇
者由督撫照例參處庶小案不致再積免釀大獄已
一外省攤捐之款日多一日大州縣有每年攤至七八千
金者小州縣亦不下千金以廉抵捐數常不敷州縣官上
虧
國帑下朘民膏常以此爲藉口查各省公事如承辦科場
鋪墊供給公項不敷承解顏料磚木撥船水脚不敷勢不
能使一人獨任賠墊自應通力合作全省攤幫至院司書
役紙張飯食鹽菜提塘報資俱係耗羨項下作正支銷之
款其各上司自出告示自應捐備紙張定例嚴禁攤派近
來各省任聽奸胥巧立名目逐件稟請詳攤每省每年至

有數千萬兩之多應請
飭行督撫申明定例嚴行裁汰其院司書役除額設之外
酌留貼寫辦公其缺主盤踞冗役朋充槩行斥革以節浮
費而杜招搖如原設紙張等費委實不敷該督撫將該省
耗羨通盤籌畫酌量奏明加增則書役既足辦公而州縣
亦無所藉口以飾其貪黷矣
一各省司庫皆有附貯之款多者至百餘萬少者亦數十
萬通計各省應不下千數百萬兩存貯多年並不報部撥
用止于每年辦春秋二撥之時隨撥册報院積數日多存
庫又久難保無奸胥乘機弊混之事應請

飭行督撫查明報部，酌量撥用，以裕經費而杜舛錯。

一外省保舉人員雖出切實考語，而無切實事蹟，應請飭行督撫嗣後保薦升補人員，應將該員歷過任所從前如何難治，該員到任之後命盜竊賊以及自理上控各詞訟逐漸減少若干分數，是否任內並無被人京控上控之案，從前拖欠錢漕近已踴躍輸將，是否年清年款，切實成效，敘入摺內，以憑飭部查核，不得僅加虛獎，致啟鑽營。其本屬易治之區，而該員到任後轉致案件繁多、錢漕拖欠者，即以昏庸參處。

一外省奏

旨交審及部院咨交之案，例限四個月、兩個月不等，逾者參處，若任意展扣，則處分尤嚴。近來各省多有

欽部案件延至三四年不結者，其弊由于刑部主核覆，吏部主議處，限期有應准展扣、不准展扣之分，吏部未諳刑名，唯照刑部來咨查例定議，刑部又以參處逾限事屬吏部，唯核明案情應准應駁，于限期一節意置不問，以致兩部書吏彼此關照，使外省得以任意展扣，且有遲延太久無可措詞者，摺尾竟不聲明是否逾限，刑部既不查詰，吏部遂至無案可稽。所以外省拖累無辜羈候省城經年累月者，一案常至數十人，擾害良民，莫此爲甚。應請

飭行刑部責令嗣後核覆案件，即將審限應展不應展之處確切于本尾聲明。其有應參處者，知照吏部議處；督撫摺尾不聲明限期者，一併參處，以挽痼習。

一各部各司皆有則例，永爲法守，司員果能悉心推究，何難通習。况遵例不遵案，疊奉

大行皇帝明諭，尤爲簡約易循。然部中自日行稿案以及奉

旨交議之件，堂稿出于司員，司稿出于書吏，書吏又別請稿工，引案附例，上下其手，是以外省事無大小，部費爲先。堂司各官莫不欲剔除書吏之弊，然不能明晰例案，欲求

權之不歸書吏稿工，其可得乎？應請

飭部院大臣轉飭實缺及行走各司員，限三個月內將本司則例詳細講求，三月之後集而考校之，其能約記例文及通曉例意者，定爲優等，酌量鼓勵；其全不諳曉又不上緊學習者，分別撤任降俸，以觀後效。如此一二年間，迭經數考，部中司員皆明例案，書吏自然無權，不能舞弊矣。外官知部書無權，一挂吏議，無可挽回，自必飭其廉隅；且該司員等將來內擢卿寺、外放道府，亦得駕輕就熟之效。至部院大臣亦宜時以例案自課，于司員晉謁畫稿時，隨事詰問，以造眞材。

一外省公事皆有幕友佐理是以書吏之權較輕于內然幕友與書吏結聯爲奸則遂不可究詰定例院司幕友不許過五年後任不許接前任舊友違者議處甚嚴原以日久則弊生不可不防其漸也近日外省院司幕友甚至有盤踞數十年接運七八任者其弊由于督撫兩司首府同在省城官雖互相監轄幕則連爲一氣一處換官則三處之友并力引援偶有生手參錯其間則三處并力傾軋必使之仍延舊友而後止該幕友皆住家省內年深月久院司書吏奔走其門通書遞息曾無間隔且每遇案件授意書吏先查成案具稟請示幕友即于該書稟上批唯更或迭加批駁俟該書再三援案稟辨仍復准其原稟在本官見幕友批駁該書以爲秉公不知該書實先受幕指以爲騰挪日期外間議增賄賂之地即有精强之員難保不墮入術中若稍近闒冗則唯拱手受成而已該幕等根深蔕固招聚徒從薦與府縣管理刑錢重務府縣知延其徒從則公事順手并可藉爲關通外省吏治之壞多由于此應請申明成例

飭行督撫將盤踞之舊幕概行驅逐別延有品績學之士佐理亦不得逾五年定限則書吏與新幕既非素識必有畏懼而新幕無書吏爲其爪牙彼此顧忌不能任意妄爲

再武職在省委署及補缺時必先考弓馬其升補俸滿引

見亦必先于兵部堂考弓馬文職之律令即武職之弓馬也應請

飭行督撫于初選人員到省照考教官之例核明是否通習律令分別等第以爲進退其俸滿升補人員引

見驗到後由吏刑二部會同考核既以知該員之賢否又以驗督撫之是否奉行如是一二年外官皆明于律令幕友書吏自不能勾串賣法于吏治民風所係匪淺

書粤刻補洗冤錄集證後

韓子曰無參驗而必之者誣也夫讞獄莫重人命定讞必憑屍傷唐紹隨而刑書始著檢驗之方猶無聞焉至宋乃有洗冤集錄而平冤無冤二錄繼之現行洗冤錄即集三書而成者近有錄表尤簡明較前式致詳慎已然錄載致死而無傷痕可驗者如灰桶蠟雞之類必屍腐檢骨乃有辨識若氈捲醉人唯聞酒臭銀釵腐臟並無驗法其痧脹及陰陽各症情形悉同服毒若以毒狀既明不加試探必成冤獄又中毒服毒灌毒竟無辨別遇此其何以措手耶幸見此編遠導書册旁稽案櫝於以申錄說之未詳補錄載所不備至鴉片吮出近事多被此毒獨能標出成式使有依據至有疑不能明仍從蓋闕可謂必之參驗而不誣

者矣。又復章斷句分，圈點關鍵，更於眉端摘要博論，使讀者如奉提命，黑海慈航，庶幾儗似。予尤願得是編者，於身所親歷及聞見眞確，如有可證明存疑待考諸條者，隨時補入也，故書其後。

男誠、家丞、孫希龐、希曾、希蘭、希廉校字。

安吳四種卷第三十一下

齊民四術卷第七下　　涇縣包世臣愼伯著

刑一下

爲胡墨莊給事條陳積案弊源摺子

工科給事中臣胡承珙跪

奏，爲直陳外省案件積壓之源，敬抒管見，仰祈

聖鑒事。竊照聽訟乃無訟之基，積案卽興獄之漸。民間雀角細故，有司隨時聽斷，別其曲直，則貪懦有所芘而足以自立，兇強有所憚而不敢滋事。若經年累月，奔走號呼，有司置之不理，是始旣受氣于兇，終更受累于官，則其憾無

所釋，搆怨泄忿，于是有糾眾械鬭者，有乘危搶劫者，有要路仇殺者，有匿名傾陷者，并有習見有司疲玩，不以告官徑尋報復者，此皆以積壓小案而釀成大獄，并使人心風俗日趨刁悍之實在情形也。我

國家量能授官，其有志振作，率屬勤民者，諒不乏人，而臣聞江浙各州縣，均有積案千數，遠者至十餘年，近者亦三五年，延宕不結。節經各上司飭屬清釐，塵牘如故，豈俱闒冗不職，玩視民瘼者乎？蓋聽斷之權在官，而勾攝之事在役，假如甲乙搆訟，甲富而乙貧，甲賄役而必拘乙，乙知甲之賄厚，以爲衙門有人，勢將必勝，并上控以架案，卽遠避

以逃案矣或乙直而甲曲值長官廉明無可關說則甲必賄役以擱案矣復有兩造俱到書役婪索未厭不送到單又有蠧役私押留難既久兩造互避原告久候而歸被告即來催審及補傳原告到案而被告又去展轉稽延舊案之審無期新案之來日多此胥役擱案殃民之實在情形也然各州縣中豈無不與胥役爲市而力振積弊者乎實由書役承辦案件皆有賠墊長官習知其苦累情形不得不量予假借以爲調劑查外省公事除河工鹽務之外凡州縣上下文移紙張書工封套印硃皆由各書捐辦遇有大案通詳詳册六套每套至數萬言限期急促僱覓書手

所費官既不認唯有標賞呈辭俾資津貼至于衙役辦公始則勾攝繼則解送尋常案件杖徒解府軍流以上解司過院命案徒犯例亦解司其命犯招解唯謀殺情重有首從加功或二三人外鬬故各殺皆止正兇一人至盜賊鹽梟多有一案招解至十數人者承辦原役不過一二名及至解犯例須一犯二解本役督解勢必雇倩散役又人犯到官未經定罪收禁之前皆須原役供給飯食又解役到司府時例須一人在監伴犯一人在外籌送囚飯苦穢情狀非齊民所堪故應雇之人大約無賴匪徒係原役按照所審正限核計將囚飯役食算交雇役外加雇值若干使

費若干言明若到上發審稽延計日再加本役名爲督解實不上路該犯知到上翻供則解役拖累中途虛辭恐嚇需索酒肉開放鐐靠該役不敢不從甚至每過市集強索各舖財物與該役朋分常有中途失囚解役俱逃者臣查外省案件以州縣爲承審官府司爲勘轉官命案統限六個月州縣分限三個月府司院各分一個月盜案及尋常案件統限四個月州縣分限兩個月府司院各分二十日命案以兇犯到官之日起限盜案以起獲正贓之日起限故解審一案到省畧無留難加扣一日五十里之程限往返已須百日假如一案三犯例用六解九人百日飯資已

非百金不辦再加投文舖監伴監舖堂各費雖痛經裁革勢不能盡而犯到司府供稍不符即行發審府發附郭展扣發審限一月司發首府首縣亦展發審限一月審上復駁別委他員又起駁審限一月并有撫院過堂時因案情未確駁回臬司而該司復發首縣另起審限者是正限之外可以發審駁審等名目展加限期幾逾正限雖例有任意扣展嚴議之條而外省總得以委審駁審挪移遷就故一案招解到省往返總以半載爲期一犯所費總以五七十金爲率凡此費用皆由原役賠墊是故每案起解之時原役即以預支工食爲名先借庫項借項不敷便指案稟

求籤票及到省日久雇役信索接濟原役在家籌費送省
又復指案索票至再至三擇肥而噬該役既得賞票之後
持票下鄉魚肉小民情狀萬變卽有被害之家告訐到官
勢不能不稍爲袒護此書役之所爲得遂其索詐之私用
其冰擱之技而滔滔不可禁止者也至于捕役以緝捕爲
職而獲盜到案招解翻供原捕必至覆家故豢賊者常逸
而汎捕賊者常勞而敗閭閻驚擾職由于此并有瘠薄之
區貧役不能墊賠解費命盜等案到官收禁事主稍弱卽
薄加懲創不行詳辦者其民習見殺人不死爲盜無刑所
以貧僻下邑民風更壞是故大獄之興源于小訟之不結

小訟不結源于胥役之賄擱胥役賄擱源于解犯之賠墊
解犯賠墊源于發審之展扣夫流之濁者必澄其源湯之
沸者必去其火此言正本清源之易爲術也方今小民京
控之件經部院奏請
交審者現奉
論旨必須督撫親審不得轉發其餘小民上控經府司兩
院親提或督撫飭司道親提司道飭府州親提者皆係提
取全案人證勢須隔別研訊互校供詞有非各上司一人
之力所及者或猶需借助羣才至於招解人犯已由本州
縣研訊得情命案有兇器屍傷盜案有贓具正贓方始定

讞招解衆供確鑿備載書册解到府司不過核對正犯供
詞是否與原審無異如州縣有刑求揑飾賄囑等弊該犯
一見上司勢必鳴冤就供指摘果其冤抑有狀輕則駁回
再審重或提案親鞫方足以得眞情而昭平允今解犯到
府必發附郭附郭與外縣誼屬同寅誰無情面假有翻異
專事刑逼令依原供不問事理之虛實唯以周旋寅誼爲
心或經附郭以原勘解府該犯于過府堂時復翻者又仍
發回附郭則拷訊酷烈更甚于前查知府之事較縣爲簡
附郭政務又較外縣爲繁彼既須自理其民又代各外縣
鞫獄并摸稜于發件卽拋荒其本務況每府一年招解之

案不過數十起而該府尙不能自審得情必倚重于附郭
是豈知府之當逸抑知府之必愚耶洎由府定讞轉解至
司司又發首縣原
國家設官之制使賢治不肖不以卑凌尊今以各府讞定
之獄而使首縣復之是以縣監府也且臬司分尊一經親
審假其案有出入府縣既不敢以私語形于稟牘欲假公
上省面求則又緩不及事獄果冤抑易爲平反至首縣與
外府分同所屬外縣交若兄弟書札囑託餽遺瞻顧遇有
翻異仍前刑嚇痛則思死況冤誰雪是則發審之本意原
所以愼重刑獄而明則獄囚遭無辜之拷掠暗則解役增

守候之浮費追解役所費既多內以挾制其本官外以取償于編戶是展轉發審之弊直使家居良民橫被擾害況書役既以辦公賠累得行其意于本官則一切聚賭窩娼包庇匪徒私鑄私販常人計慮之所不及者皆可無所不爲言念及此實爲寒心臣愚以爲招解之案命犯不過一二人卽盜犯鹽犯人數較多事已明白無難問訊似不宜假手首縣致滋扶徇況外縣恃首縣挽回之力唯事賄緣上司藉首縣指臂之功曲加聽受是以勘轉官頤指氣使習爲因循承審官任性市獄習爲草率其關係政體尤非淺鮮若謂首縣明幹料不能出府司之上臣愚以爲卽府

司勘轉翻異提案親鞫及上控親提之件遴選能員幫辦查臬司在省自有候補丞倅州縣其中不無明白公事之人各府亦有同通首領幕僚各官俱可傳至署內別廳督同研鞫在府司親審本有一月正限爲期已寬似不必別起委審限期希圖分過益事稽延若招解之案皆責令勘轉官親審則承審官知案關出入卽干例議自必慮中定擬且案件皆依正限完結解費可以減半計州縣招解各案至繁之缺每年不過十起簡缺更少近日外省攤捐各款如上司書役紙張飯食皆由州縣捐解而州縣書役反須自捐辦公揆以名義似有未協臣愚以爲各督撫當酌

量地方情形于舊有捐款之中核其可以裁汰者從實議減而于各川縣自辦公事之紙張書手解費均以該州縣三年成案酌中定制作爲該州縣捐款同現行捐款各條造册詳報以昭核實庶幾該員辦公不藉書役出財遇有舞弊延擱骩法害良者可以直行已志執法嚴懲而無媿于心則胥役不敢公然擱案而親民之官可以設法清釐塵牘不致釀成巨訟以副我

皇上宵旰勤勞辟以止辟之至意矣臣生長江鄉遍北各省情形或有不必盡同于此者謹據見聞所及竭忱繕

奏是否有當伏乞云云

爲胡墨莊給事條陳清釐積案章程摺子

工科給事中臣胡承珙跪

奏爲敬陳外省積案必可清釐與新案不致再積之法以甦民困而飭吏治恭摺奏

聞仰祈

聖鑒事竊照外省公事自斥革衣頂問擬杖徒以上例須通詳招解報部及奉各上司批審呈詞須詳覆本批發衙門者名爲案件其自理民詞枷杖以下一切戶婚田土錢債鬭毆細故名爲詞訟查外省問刑各衙門皆有幕友佐理幕友專以保全居停考成爲職故止悉心辦理案件以

詞訟係本衙門自理之件漫不經心而州縣又復偷安任意積壓使小民控訴不申轉受訟累臣查案件雖關係罪名出入然一州縣每年不過數起即或未歸平允害民猶隘至于詞訟三八放告繁劇之邑常有一期收呈詞至百數十紙者又有攔輿喊稟及擊鼓訟寃者重來沓至較案件不啻百倍若草率斷決或一味宕延則拖累之害幾于偏及編戶是故地方官勤于詞訟者民心愛戴明于案件者上司倚重然州縣莫不以獲上爲心常有上司指爲能員而民人言之切齒者此皆以詞訟爲無關考成玩視民瘼或以既得于上反恣意朘削其民之故也是以積弊相

沿州縣舊案常至千數署前守候及羈押者常數百人廢時失業橫貸利債甚至變產典田鬻妻賣子疾苦壅蔽非言可悉近年封疆大吏皆知聽訟爲恤民之首務積案爲病民之大端飛檄交馳飭厲清釐又派委員分赴各郡專駐幫辦然未定以章程明示賞罰州縣詞訟無册籍詳報可稽印官委員勤惰能否漫無覺察故印官奉檄若具文委員安坐郡城畧不事事上以名求下以僞應吏治民風毫無起色查律例及處分則例開載州縣自理戶婚田土等項案件定限二十日完結仍設立號簿開明已未完結緣由該管府州按月提取號簿查核督催該道分巡所至

將該州縣每月已結未結若干件摘叙簡明案由開單行知該州縣將未結之案飭令按限完結申報並將一單移知臬司申詳督撫查核如有逾限不行審結者照事件遲延例分別議處若號簿內有將自理詞訟遺漏未經造入者罰俸三月案由朦混塡注者降一級調用係有心弊匿或未結捏報已結者革職府州查出揭參者免議如不行查揭州縣應革職者府州降三級調用州縣應降調者府州降一級留任巡道查報不實罰俸六個月不隨時查催者降二級調用查出弊混捏報不申詳督撫者降三級調用至上司批審事件即責成批審之上司凡有已逹一月

之限催提不覆者即指案移司詳院查參又云內外衙門小事五日程中事十日程大事二十日程並要限內完結若事干外郡官司關追會審或踏勘田土者不拘常限又云州縣審理詞訟遇有兩造俱屬農民關係丈量踏勘有妨耕作者如在農忙期內准其詳明上司照例展限至八月再行審斷若查勘水利界址等事現涉爭訟清釐稍遲必至有妨農務者即令州縣親赴該處審斷速結不得票拘至城或致守候病農其餘呈訴無妨農業之事照常辦理不准停止仍令該管巡道嚴行查核申報如州縣將應行審結之事藉稱農忙停訟稽延者據實參處道府不實

力查報一并嚴叅又云各省有刑名等官每月自理事件作何審斷與准理拘提完結之月日按月造册申送該管府道司院查考其有隱漏裝飾按其干犯別其輕重輕則記過重則題叅如該地方官自理詞訟有任意拖延使民朝夕聽候以致廢時失業牽連無辜小事累及婦女甚至賣鬻妻子者該管上司卽行題叅上司徇庇不叅被人首告或被科道糾叅將該管各上司一併交部從重議處又云上司批發道府查審以奉文之日起限道府自行准理以告官之日起限又云審理詞訟衙門無論正署官員于詞訟審斷之後卽令該吏將各案犯證呈狀口供勘語粘

連成帙接縫鈐印離任時將一切已結卷宗造册交存外其未結各案分別內結外結及上司批審鄰省咨查并自理各項彙錄印簿逐一開具事由照依年月編號登記注明經承姓名造入交盤册內并將歷任遞交之案檢齊加具並無藏匿抽改甘結交與接任官限一個月查對出具印文由該管上司核明詳賫巡道臬司存核臬司核明仍移送藩司入于交代案內若造送遲延者分別議處倘不粘連卷宗降一級留任已粘連而不用印者罰俸一年未經粘連用印以致抽匿改换滋事舞弊降二級調用又云地方竊案經事主報官州縣諱匿不報者每案罰俸六個

月不有查核之該管府州罰俸三個月又云州縣申報竊案該管上司詳記檔案于歲底彙查量記功過以爲勸懲統計一年內報竊之案能拏獲及半者毋庸記功過不及半者每五案記過一次及半之外多獲五案者記功一次記過至四次者罰俸六個月記功四次者紀錄一次緝獲前官任內竊案一案記功一次俱准其與過抵銷開單咨部查核各等語推求例意以府司皆有勘轉重案專責道員既不管讞定罪名是以將自理詞訟責成道員位尊足以資彈壓缺閑足以資查核任專則無可推委議嚴則有所懲懼良法美意可云詳切無如外省辦案唯命盜及軍

流以上罪名尚照定例扣限其尋常杖徒之案則于詳文尾聲明案係外結請免扣限字樣至自理詞訟各件則從無遵例按月册報各上司者州縣交代之時雖造交代案册申送然皆仿照前屆交代原册略增數案各上司收受文册從不核對駁問絕不聞有以隱匿遺漏案件揭叅之事及民人上控亦不提交代案件册查核此案曾否造入卽州縣審結自理各案亦從不遵例申報各上司無憑查核其卷宗除奉文提審之案從不粘連用印是以日積月累詞訟積壓盈千累百恬不爲怪視民瘼若兒戲玩條例如弁髦相習成風牢不可破今若以數十年積弊而一旦

繩以一切之法則外省大小各官無不被議勢必仍前朦混不肯使眞情顯露似宜仰懇
皇上曠恩宥其已往
飭督撫酌量地方實在情形先將積案清釐以觀後效查各省候補丞倅州縣及佐貳人員無慮數百應由督撫嚴飭州縣將所有積案分出招解批審自理及竊盜各項按照月日摘其事由造簡明册籍分別已結未結限文到一月內通詳申送督撫再憑册核查派委人員前赴該州縣會同分投辦理其重案及攸關人命竊盜應緝城內詞訟俱仍責成該州縣自理所有各鄉詞訟及奉批發審人證

在鄉事理較輕之件委員到彼會同本州縣督飭經承將各鄉分開約以方二三十里居中擇一寺院公所委員檢齊卷宗帶同語練經承皁隸各二三名前往駐辦督撫俱先將清釐章程及民間訟累疾苦愷切諄示廣發張掛其訟經年遠查核兩年之內原被告俱未呈催一詞者自屬民氣已平不願終訟摘出案由十起一册詳銷仍榜示于署前及該鄉公所門首委員到鄉即摘出應審各案事由大書榜于公所之前聲明如有願息者即同原被告協同戶族鄉地赴委員處具息請銷凡具息者除事關命件搶奪聚衆械鬬之外不許苛求駁訊其應審事件即票仰該

鄉地傳集赴公所聽審量從輕減議結仍會同本州縣備摘案由載明斷語及息詞十案一册詳結間有被告遠出而原告負氣不願息訟者委員于辦完一鄉開單移回本州縣自理若原被或有一造外出而其親族出頭調說其詞求息者亦即准息仍俱摘明審息緣由仿照秋審榜示之例榜示公所之前曉諭衆目其榜仍准本州縣會同列銜委員約繁缺三四人簡缺減半委員不敷則以該州縣佐貳巡檢隔汎對調幫辦其省城詞訟臬司首府各委幹員勒限先清以爲首倡府城附郭除上司委員外該府仍委丞倅先將城內詞訟率同清釐所有應行審解之案仍

照原限不得藉口清釐轉滋遷延約計積案至多之省不過十餘萬起迤北各省詞訟較簡想尚不及此數除去兩年不催徑行詳銷及兩造願息竊盜應緝有一造遠出候提之案約去其半每省不過四五萬起分投查辦限以半年無不可以審結淨盡者上司以委員結案之遲速多寡分別功過其審結之案經半年無上控翻異者定爲一等以次差之凡列一等者咨部分別議敘拔補拔委以示獎勵其有審斷不公因循遲延及任城掩飾者立與嚴叅葢書役之長技在延擱使兩造不齊不能聽斷以遂其養案肥私之志必官自下鄉則官民相近鄉地一呼兩造可以

自行投審胥役不能間沮知此則積案可清矣舊牘既清之後所有新案嚴飭州縣照例按月申詳責成道員督催提驗督撫仍按季加造詞訟事由册籍分別已結未結咨明刑部刑科查出遲延積壓照例議處遇有民人京控之件則由收詞衙門行部科查核本案有無造入册內其有未經造入者則係有心隱漏道員照徇庇例嚴議院司府亦各議以應得之罪不事姑容是原告尙未解往而吏議已及部費抒點無能爲力則各知懍愼不敢貌爲寬容代人受過如此則新案不致再積矣再州縣寃案積多功過不能相抵例有處分不能隱匿勢必認眞緝捕不敢怠玩

其有關于民瘼吏治似非淺鮮查近年民風刁健上控京控之件日多是以嚴立章程凡未經本管官審斷而輒上控者卽所控得實亦治以越訴之罪臣愚以爲州縣受理有正限二十日若民人控告已逾二十日州縣正限不與審理者卽准其上控至道府各上司受理有正限一月又扣足提解人證正限二十日及程限每日五十里如上司提審扣正限及提解程途各限之外不與審理者卽准其再赴督撫衙門控告督撫批審亦有正限一月如該民人守候又逾例限來京控訴者責令該民人于呈內聲明在州縣守候若干日府道督撫各守候若干日果係已逾例限不與審斷者免其越訴之罪仍將各官照遲延例議處庶大小各官自顧考成不敢任意疲玩拖累良民矣臣愚昧無識生長田間謹據管見所及是否有當伏乞云云

書二案始末

嘉慶二十一年閏六月初一日江蘇銅山縣新集民段繼幹門首有男屍浮出池面初三日知縣楊秉臨詣驗屍身潰爛照例以無憑相驗殮埋立案新集距城六十里月之十九日昧爽縣差張源持硃籤率白役數名拘繼幹並其切鄰張起入城始知十八日有原充本縣刑書之葉姓具呈云前六月三十日遣子孝思往段繼幹家討帳至今未

回聞繼幹門首池內有溺斃男屍是否卽係孝思乞與查究繼幹到秉臨立詰負欠殺人狀張起證以並未見有索欠人來段繼幹家遂用非刑熬審繼幹起兩晝夜不承乃遣張源至獄中諷繼幹輸白金二千兩再加五百以了衙門則事可已繼幹不允翌日又刑訊昏絕再四繼幹長子攔徐州道嚴烺輿訟寃發縣收管繼幹妻李氏敏達公曾孫女也見夫四子押遂遣其母家姪訴於都及繼幹起同斃於獄秉臨恇懼其友張姓教以前去車戽池水以驗形迹七月廿八日車見池底得藍紬褲一條白布單襪一雙葉認爲孝思物當廠具領次日葉擊鼓呈襪內原書一封

係竹紙疊封騎封寫信面秉臨坐大堂而衆用火炙乾折封略云前帳已結淸尾欠說明不論無奈歇業之後愚父子行同乞丐數次承兄台幫助今遣兒子造府不敢再提前帳求兄台做好事只當幫襯外附原帳一紙秉臨當堂用印粘卷未幾江蘇巡撫胡克家奏

旨親訊飭司六百里飛提人證卷宗申刻文到而戌刻繼幹子斃於押所其妻聞信奔八城縊死有子纔周歲毋死無乳號哭兩晝夜亦死案提至省拖延半載而按察使出缺協辦大學士兩江總督以試用道署理署臬需次時秉臨以鄉誼有所資助問官承指當以葉孝思於前六月三

十日晚到繼幹家繼幹款於玻璃套房談至夜半提及索欠繼幹喝令長子拉地毒毆繼又自取門閂連擊孝思碰開窗槅奔出投塘繼幹父子賴欠行兇張起扶同隱飾自伏天刑應毋庸議李氏痛夫情切原情勿論而秉臨密行厚賄並告以張源擬抵李氏素不識字旣畫允服署臬乃勘轉適撫部病故江蘇布政使坐升當入都

上命閣督兼撫部事閣督故倚信署臬又値歲暮不暇親訊依詳奏結次年春張源坐轎過李氏門詈辱之李氏知被誑乃攜幼子入都捧贓出首呈出賄和之樣銀十錠期票二千兩又田四百畝文契奉

旨交新撫覆審葉在撫部堂供認報縣原呈乃縣署刑友張姓所做張源轉授投遞其襪內書信則繼幹旣死之後張源引至署內密室楊知縣手寫信稿命其照謄新撫旣受詞欲循例自下而上添委素名廉幹之開復知縣周以勳隨同蘇州府知府訊詳新撫有中表弟祝純嘏以從九品在蘇試用每有所干旣得請而卒爲賄者所奪積怒稟揭新撫貪枉十二事新撫畏閣督先發遂奏請査辦適閣督按蘇大閱以勳迎於滸關臬知奉委審段李氏案閣督問是否已得要領以勳對曰葉姓呈出襪內原書並未拆封是其子孝思尚未入繼幹之門閣督曰此案吾例迴避

人命至重苟能得情平反吾自當奏請嚴議斷不可稍涉瞻徇謝罷之時寶山縣出缺其缺在蘇省爲最優先以安徽布政使故定調其兄句容縣知縣韓慧均而原任徐州道單溎自本籍迎閣督於鎭江遂改用其姪江蘇布政司理問單鵬圖命溎具稿及聞以勳言乃於校閱蘇標摺內附奏以周以勳補寶山摺回以勳欲辭委赴新任而新撫所奏祝純嘏事已下閣督交質約成新撫知以勳工爲上下手不聽其去以勳乃急讞此案搜根剔骨使人諷秉臨稟訐以勳曲徇原告有意傾陷以勳乃執委員被訐迴避之條得脫延至廿三年春閣督當純嘏誣妄挾制發遣新

撫遂以李氏始終固執依婦女收贖例覆奏道光紀年余自都偕江蘇按察使誠端之官取道銅山道路言段李氏之寃甚悉抵署調卷共閱之乃得始末月餘接任江蘇巡撫告居停曰今早接京信段李氏又攜子行丐至提督府喊寃矣此案初起時吾陳臬浙江深知其沈寃到時須吾子悉心爲之平反居停答以途中聞人言嘖嘖月前閱核原卷信爲謬誣及李氏遞到撫部言細思段李氏恐意在詐財居停笑曰段繼幹若非富子則不涉此禍今既人亡家破卽詐財豈償本耶撫部嘿然自後遂不提段案七月二十六日撫部以監臨出省密囑蘇州府知府額騰伊告

居停催委員速訊照案議結揭曉回轅便須覆奏予久聞撫部意移居停漸亦不能力爭遂托故辭館臨別居停諄求贈言予曰但願閣下得調他省不結段李氏之案而已居停旋調陝西接任者如督撫指議結閣督復專奏段李氏刁健不悛當以永遠監禁而繼幹起衅之日山東有徐文誥之案

徐文誥者山東泰安縣東鄉富人也嘉慶二十一年前六月三十日夜巨盜奄至文誥與弟文顯侍母宿後樓聞盜鬨各持火鎗下樓拔關肩倚而出連放數十響及柵門于鎗火光中見人躺地盜已去呼衆炳燭驗死者則其家武上柏永柱也當柵門內夾道盡處爲文顯妻住房被劫銀兩衣飾文誥以閏六月初一日入城報盜初三日知縣汪汝弼詣驗入柵門卽馬號廠屋五間繫騾九頭皆高健膘壯柵門着向外火鎗砂子痕如黑子失盜之屋有窗臨夾道破損而不能進人門扇無勞撬形迹詰失單開載衣裙文誥無能言表裏顏色者汝弼當開導文誥曰家長疑賊殺雇工人罪止科徒且汝有力納贖不必裝點盜情自取重戾文誥驚懼卽入城囑其故識泰安副將以白金三千兩餽汝弼汝弼卻之欲收文誥文誥逃歸文誥家距省百餘里初二日歷城捕役獲夥盜楊進忠鄭二標二名訊認

隨王大壯王三壯等十一人于前六月三十夜行劫泰安徐文誥家銀兩衣飾並鎗斃其雇工柏永柱起出哈喇套袍一件當票兩紙係分受徐事主之贓歷城刑書飛信告文誥文誥得信馳至省認贓卽抄供赴司控汝弼諱盜時按察使與汝弼同鄉同居館職又其長子之鄉會同年也乃檄長清縣知縣戴屺帶犯赴泰安會汝弼勘詳進忠等指出入狀甚晰汝弼怒拂衣回署屺續至而汝弼已以四可疑單銜稟覆隨稟上省謁臬使曰文誥係事主若無別情何肯以重賄行求臬使見汝弼稟已是汝弼及聞卻贓事遂定計嚴勘文誥發濟南府審辦知府爲杭州名臣子

承指拷訊文詰及其管事族弟文現兩膝潰爛筋骨皆見
蛆毬出入如彈丸以進忠等又供夥竊章邱事主驢頭眞
贓未獲不能竟縱於是上讞曰徐文誥依家長毆殺雇工
人律擬徒楊進忠等若歸文誥報劫案內議結殊多窒礙
應請歸于章邱縣事主被竊驢頭案內俟獲贓日從輕議
結臬使據情詳咨奉刑部指駁格塡柏永柱胸膛火傷一
片砂眼三十七處脊背火傷一片砂眼四十三處一鎗何
能傷及兩面况火器傷人例擬故殺駁令覆審時濟南已
擢登萊靑道接任者嘉興大世族督同委員拷掠逼供遂
遵駁當文誥故殺論斬上讞曰柏永柱屍傷兩面應請刪

改一傷以符部案臬使方核轉以升廣西布政司去任文
顯見家貲蕩覆大半而兄又以無辜擬斬遂挺身赴愬都
下奉
嚴旨斥汝弼教供誣陷而苦累事主縱盜殃民之問官比
盜賊更爲可惡審正後卽宜正法以快人心而飭官常於
是自巡撫以下莫敢復言此案者故直隸總督溫承惠起
用山東按察使以東省盜風最熾訪得東平州丁憂在籍
之原署廣平府知府王兆奎三世窩盜飭首縣戴屺前往
密捕檄留省審案之招遠縣知縣魏襄代理歷城縣事襄
核卯簿有邢學孔邢志順者邢家窪人而文誥卷內夥盜

有邢進朝亦邢家窪人疑其同族遂召學孔等密詢之許
以重賞與五日限捕進朝既到案則供認如進忠等並供
商同上盜之邢泰前曾借伊京錢五弔分贓後同行至章
邱界天尚未明當分道遂向索欠邢泰答以當贓還錢進
朝欲得其所分女綢襖充算邢泰執所値浮多不肯付給
進朝卽拔順刀嚇戳適傷小肚倒地棄刀驚跑襄卽赴司
查案章邱果有是日驗報受傷無名男子詳文年貌與邢
泰同移提庫貯衣服有女綢襖一件金耳挖一枝春綢搭
膊一條皆文誥失單內物溫公始信此案甚確飭提文誥
文顯之禁登萊濟南皆恇懼乃布流言於中外以爲各犯

到案皆不拷而承顯係賄買又言柏永柱之妻美豔文誥
圖佔爲妾假盜謀殺有狀及提到柏永柱妻則麻面齵齒
無人形登萊濟南語塞續獲三犯供亦如前而賄買之說
益甚計此案正盜十一人立時戕殺一人病故一人逸犯
止三人而兇盜王大壯王三壯在其中溫公欲依獲盜過
半先後到案衆供確鑿例先決從罪巡撫和舜武旣爲謠
諑所惑又慮問官咎不可任必欲監候待質溫公乃募線
人張鵬參濟南府快頭取大壯母家書浮海至吉林召大
壯等先得大壯三壯故能併優大壯偕鵬追尋三日乃得
之同至吉林將軍署具呈請批入關鵬密投溫公文牒將

軍親鞫大壯等供認不諱乃械繫護送歸案先由六百里錄供咨覆而和撫部疾故接任巡撫卽前祖汝弼之臬使已視事溫公提訊大壯等供稱在歷城鄉間起意糾楊進忠等十一人同赴泰安刦徐文誥家苦無路費先在章邱之宋家莊竊得衣飾十餘事並得火鎗二桿藥葫蘆一具大壯喜曰文誥家有柏永柱技勇絕人流星無敵旣得火鎗則無畏彼矣三十日二更至文誥門首奪開柵門永柱住門外土室聞鬨奔入柵內喝稱我柏永柱來也大壯厲聲言來者卽開火永柱曰來者不怕怕者不來側身使流星直上大壯三壯分站夾道牆跟一齊向外開火各傷其

一面餘砂著柵門箣皷文誥聞大壯供詞始明永柱鎗斃之故蓋以渠兄弟一路點放鎗火心中頗疑誤殺永柱故也三壯又供夥黨入柵門卽欲取騾頭偵知文顯妻裴奩最盛住夾道傍屋遂直前推門甚堅以磚擊窗斷數櫺聞屋內婦人言吾兒纔數月莫驚嚇吾自起開門放汝等入搬箱籠故門不傷揭窗不可入而賊得入手大壯三壯專持火鎗防永柱未經搜贓不意永柱鎗斃又聞屋後鎗聲亂發倉皇奔散不及牽制頭口文誥因哭陳失贓皆弟婦嫁服故倉卒不能記顏色表裏然後汝弼所稟之四疑盡豁讞上撫部面詰大壯等曰事隔四年尚能記憶如此淸

楚乎大壯曰自己做事如何不能記憶撫部又曰且仔細思想但一晝供卽綁赴市曹矣大壯等譁曰做强盜該殺又鎗斃事主雇工人反累事主受四年牢獄且聞其百萬家資十之七八已耗入官吏囊槖我輩該殺久矣有何冤屈希冀再容思想撫部嘿然猶揑大壯供稱弟兄二人放鎗皆係向天上嚇放且並未裝砂子駁回覆審溫公次日以原詳復上値曹濟水災撫部委溫公勘撫溫公知撫部意欲乘其出省月餘之隙匿情奏結乃引勘撫係布政專責不肯行而充沂道擢江西按察使亦撫部子同年生也撫部與密謀所以傾溫公者而以之爲代時布政使岳齡

安敦厚持正雖不顯抗撫部然檢案由舊常不能快撫部之意所欲爲議俟西臬調回東後并擊岳公而薦之二十四年八月六日撫部入闈監臨西臬卽以是日赴北十七日撫部於奏報三場完竣摺內夾片密參承惠自以曾任總督不甘受人節制爲乞病避賢可哀憐狀而西臬卽以遞摺日

陛見於熱河

上怒褫承惠職而代以西臬撫部卽奏請迴避徐文誥案交新臬勘奏溫公臨行別岳公於藩署握手曰徐文誥案所以能得情平反者陵縣知縣趙毓駒之力也我去彼人

必減餘憤於毓駒毓駒有母年逾八十斷不可使作萬里
行以屬吾子岳公曰公去我卽其績也假得留此敢不聞
命溫公遂行撫部先出城至候館居民萬數洶洶詢詈之
至不可道撫部慮有他變蹌踉返署不及送溫公新臬抵
任八日卽劾承惠在臬任一年審結二千七百餘案採輿
論核卷宗有四案委不公允奉
旨發問新疆撫部見溫公已外遣無能助文誥者乃決意
翻異調溫公倚任之武定府知府王果覆讞之果仍照原
詳撤改登州府知府楊世昌世昌亦溫公所可者許以濟
南到省一訊卽引疾月餘撫部不得已乃使與新臬共密

謀之署濟南府知府讞之濟南先收張鵬當以教供誣良
一日文誥候訊坐階下有溫公所捕之他案盜犯鋃鐺過
文誥前問曰若非徐文誥乎文誥曰諾盜犯舉鎖鍊擊文
誥頭流血罵曰畜生爲若故壞吾山東數十年未有之好
按察畜生還敢靦然見人耶濟南望見之慚沮趨入文誥
旋出逃撫部意其必入都命戴屺追之不及撫部接邸抄
見文孚等馳驛帶回徐文誥赴東之
旨憂迫無措新臬雖力持翻案然以改委再三閱兩月未
得一接本案犯證撫部急就溫公原詳略加删削匿節奉
嚴旨援他條減議問官以新臬名具摺稿而稿長七千餘

言繕寫兩晝夜乃成召新臬至其署拜發奏結摺出三日
而星使按臨提犯覆勘臬大壯等釋文誥歸業加議汝弼
論遣其餘問官悉照新臬奏所議重者褫職輕者鐫級而
督堵河南馬營壩決口合龍之大臣協辦大學士吳璥與
故濟南婣親以合龍功故濟南故登萊遂得復列官聯矣
嘉慶七年故兩江總督阿林保於浙江布政使任內面奏
八折收漕
上命回任具摺浙省官民誤傳以爲面奉
俞允矣官吏歡躍謂旣准外加二五則一切無藝誅求皆
有出路而浮收勒折可以無所顧忌及摺到

上念農民終歲勤動衣食每苦不給所賴封圻屏翰勤求
廉吏以拊循生息之豈宜別設科條爲貪官巧留地步況
奉准額外浮收卽同加賦非
家法也遂明發
諭旨駁斥之是年冬歸安縣知縣徐起渭欲揑造新定八
折
諭旨張示城鄉其友謂湖州多鄉宦邸抄無不見者不便
不如祇以硃牌寫奉
旨八折收漕六字排列倉門旣可哄嚇鄉愚又肘腋易防
不至他患十八區民陸名揚完糧至倉見硃牌糾鄉人掮

牌去其時上游風氣尚不能明目張膽袒護浮收起渭恇懼急以白金八千兩講名揚謂十八區尚有未完下忙條銀七千餘兩盡截串給花戶並定以開倉之第四日專收十八區額漕萬五千餘石每平斛一石作漕九斗五升絕捉猪飛斛諸弊乃可還牌起渭不得已與定約十八區民德名揚甚又念其公廉一切鼠牙雀角皆就名揚平曲直名揚剖析平允鄉人悅服稱曰名阿爹阿爹者老人尊稱也附近鄰鄉縣慕其行誼往質成者無不厭其意十八區至富庶自七年至廿五年其鄉遂無一紙入公門倚衙門為活計者尤切齒江浙雖連界漕甲天下而浙省浮收至

重不過加四五比江省大為平減唯捉猪飛斛則同鄉人完糧皆以一麻袋盛米一斛漕書於斛過數袋後取一袋倒廒中不與過斛名曰捉猪其過斛而朦混不下斛籌則名飛斛捉猪明而飛斛暗浙屬大約十斛捉一猪江屬大約五斛捉一猪飛斛則乘利便無定數計前後十八年之中十八區完漕唯程三立任歸安三年名揚告鄉人曰程父臺為官清正當與戴一帽以資辦公戴帽者淋斛尖也每石可贏米五升然程君去任輒止府縣恨名揚甚而無可如何每於上游前訴苦累輒指名揚湖州府署有錢友王五者盤踞廿餘年勾串搭擡累貲數十萬而結連省幕莫能去常持請紅夷大礮洗十八區之論以此固上下之歡二十五年夏上游以候補知州王壽榕署歸安縣事詣轅謝委官廳內坐州縣七八人而起渭適在舉手為壽榕賀起渭曰吾兄此去如何為治壽榕曰首辦陸名揚耳起渭笑曰吾兄材力如何能舉此事莫出大言免貽後悔壽榕曰徐兄以己度人故輕量天下士我老王豈肯為戲言者起渭知壽榕尚氣易激以襪語乃曰小弟本懦弱無用但恐自命幹濟才到臨時反懦弱無用之不若老王果了此事情願請諸兄當面看小弟做烏龜爬出轅門以供一笑不能者如何壽榕起譁曰老徐本是烏龜諸兄異日着

眼看爬語未竟內傳壽榕壽榕即力陳非辦漕棍陸名揚不可時巡撫為陳若霖然其言壽榕遂在省募拳勇素著者數人同之官厚結王五考核書役皆以武事為進退內外監所有猾賊臬徒悉釋而豢之至八月集眾且六百人聯航百數更餘發柵歸安鄉河支蔓眾請所之壽榕指水道不告所事至夜分距名揚家不一里有橫港壽榕命入港口眾曰進此港即名阿爹家豈欲拏名阿爹乎壽榕曰然眾曰名阿爹正直好人各鼓棹散去壽榕即與丁從五六人棹舟返天尚未明王五自府署遣人至縣探消息已十餘次知府方士淦坐王五書房中商稟稿定拍掌笑樂

見壽榕索然意盡矣而德清令跟蹌亦至無冠帶髮辮臭
穢不可近十八區處歸安邊境其後則德清壽榕密約德
清令斷其後路德清令率快壯百餘人夜入十八區界去
名揚所居十里卽縱掠居民驚起捕盜德清令墜糞窖中
餘衆紛竄德清令潛爬出窖手足相助穿稻畦里許至河
邊得舟卽轉柁赴府哭訴壽榕曰兄爲我受累不能不會
銜通稟王五曰此時距收漕尚三四月難以措詞現當天
下縞素可捏爲陸名揚演戲集鄉衆預約抗糧如此則大
縣與鄰縣皆例得彈壓禁止而名揚竟敢糾衆抗拒毆辱
官吏則事近大逆不愁上游不嚴辦再改名揚爲明揚以

觸怒
聖心則事濟矣士淦等皆以爲善王五遂具稿歸安德清
會印通稟而府加轉若霖以紹興府知府張青選署湖
州較士淦爲能飛調同往查辦青選士淦攜吏役二百餘
人坐船至菱湖過橋入浜尚未至十八區界從役見岸上
有居民百餘戶乘機搶掠居人各持穢桶潑拒役奔小船
四竄避穢士淦座船笨重不可轉吏役爭上士淦船士淦
船沈溺幾斃府役死者二人青選以乘馬獲免其地距名
揚家且二十里初德清之役居民以爲盜去無所損失未
報案及士淦舟沈名揚方知爲捕已故自念年逾六十二

子幼弱產僅中人度無可伸訴者乃寄其子戚友家自剃
髮入湖至江蘇無錫縣涵迹僧寺而青選士淦聯名稟明
揚率衆拒捕殺府役擠溺知府請大兵若霖以命按察葉
汝芝不欲行乃行布政伊克札木素布政領省兵四百名
行抵湖州唔湖州協鎭悉前後情實乃不開兵青選士淦
不得請乃請懸賞購捕布政曰我未攜幕友來可代擬稿
青選具稿曰獲名揚者賞寶銀一萬兩報信半之布政以
稿示隨員候補同知瑞麟阿督部之季子也對曰何不查
劉第五朱毛俚賞格銀數布政乃怒裂其稿卽日回舟而
若霖于布政帶兵出省時已据府縣稟入奏聞布政不主

用兵因日日差弁候問舟次及聞布政回遣門丁迎於五
十里外布政見之謂曰不意大人老成練達乃爲貪酷小
兒女愚弄至此我若稍粗率者幾助桀爲虐矣門丁馳白
若霖恇懼失措自迎於城外候館故事兩司出省差旋先
上院乃回署巡撫於次日看拜布政聞若霖出迎乃改由
他城門入已署若霖隨至布政署拜看布政以病固辭急
召幕友商具摺奏參爲言始末憤甚噴血盈盎稿成不能
看幕友誦之布政切齒狂叫誦未畢血迸而逝而若霖擢
兩湖總督代者爲刑部侍郎帥承瀛抵任憂捕明揚不可
得仁和錢塘兩首縣獻策遣兵七百名往發明揚祖墳承

瀛許之以候補通判吳嗛領其事明揚本吳氏子後於陸陸吳兩姓墳無主名者被發數百千塚十八區男丁皆竄匿婦女守門戶者被弁兵淫掠至有以強暴捐軀而屍經蟲腐不收斂者明揚聞鄉人被難略如前明倭賊時乃于道光紀年四月自投于白把總嗛聞信飛稟曰卑職訪實該逆所在身先士卒扯住髮辮白把總續抱其腰遂得就擒承瀛得嗛稟乃撤兵兵入省多尫瘠扶杖而後能行者按察鞫明揚何以無髮明揚供去年九月內削髮爲僧以圖逃匿按察笑曰汝髮辮被吳通判扯脫乃詐云爲僧欲沒其頭功耶讞上承瀛親訊明揚到撫部堂時風日甫晴

麗及反接出署天忽沈黑對面不見人竟日不解而歸安烏程德清三縣居民醵金爲都土地廟以祀名揚以正法信至日開光買香楮祭奠者爲之空市然兩江孫閣督又於二十五年冬杪以八折收漕害人告

軍機處祕其事都下無得見片紙隻字者次年江省州縣徧奉閣督行知給事中王家相廉得其稿乃具十不可摺指駁戶部侍郎江蘇學政姚文田續奏尤婉切而侍講學士秦承業以舊學恩從容爲

今上誦

祖宗成憲乃奉

通諭止其事江省匿不謄黃是年江都縣知縣陳文述收漕時竟以奉

旨八折撰示張貼士民莫敢誰何而歸安令欲乘殺陸明揚之威浮收十八區民哄令捕得四人鎖押入署乃大譁曰四人必死矣吾輩第求得其當人倉縛官親廒幕漕書得八人以歸令急曰士塗士塗曰今年能如去年再辦大案耶若能了者了之不能吾唯有實揭浮收不能以薄命爲徇令乃遣人至十八區講仍以第四日專收十八區米九五折如前送四人還以易八人初四人就捕自分不測而令以知府故急講未暇受四

人詞及八人回署則皆身無完膚矣承瀛漸悉其故悔恨欲泣以至失明

論曰近世之言冤獄者推柴大紀楊天相大都謂大紀之禍起於與福文襄拉手天相之禍起於提督陳大用欲擅功單奏不會總督蘇淩阿銜予友寶山張孟如故與大用天相相識爲予言蘇督部賄縱之洋盜八人蔡牽實在其中非僅後有二人在山東破案已也然實係千總周非熊所獲天相爲其營主倚勢以白金三千奪之是則行財冒功天相故非無罪者也嗣與果勇侯楊宮傅共事馬蘭述及大紀之案宮傅言聞之時齋宮保其時宮保以武舉從

文襄渡臺柴伯被全紅雨襏坐城外道旁侍者三四十人皆少健衣服都麗馬膘壯鞍轡粲然過

欽差十數柴伯皆不起文襄至乃執敵禮文襄故不快入城見士民乘城者皆躺地閉目以手拉草根和土納口中無生人色文襄言餓甚者近粥飯輒死命先以糖漿徐灌之兩日乃與薄粥得活者數萬人入鎮署又見鋪墊華膴查存倉尚有米二萬石乃大怒欲據實糸劾閩督李侍堯力請始得以他事論死予前聞在臺當長隨之周姓言其目擊事與宮傳說畧同當其濟遇風之時而不惜士卒自縱至此其不至他變者

列聖深仁厚澤有以作立信之民激發其忠義自捍疆場大紀顧籍以倖邀異數雖殊死斯當其咎矣至段氏有財而不知自衞幾無完卵媳烈妻義莫加省識斯所謂殆有前緣者耶徐令囙上行私獨名揚出與爲難雖財不入已固非自全之道矣而鄉里敬信至不煩官府者二十年家產無所增入曲者不以爲怨其廉讓有足多者蠘言挑激竟報夙怨所謂壁不忘鼠者也人怕出名猪怕壯諺言其不信矣乎文誥之竟不死幸也溫公初任直督頗不能孚衆望蹶後復起而東省吏治爲之丕變擊貪酷蘇困起弊不可更僕數皆予客岳公署所親見豈非君子之善用悔哉荷戈未久復畀大藩讒口沮尼卒以不用迹溫公自曹郎起道府用陟封圻眷蔚不可過是必有推挽之者矣幡然晚盖遂嬰衆怒伊公濟仁無術頓至戕生得毋將有所厚而去其疾耶帥公撫浙六年政聲爲封圻最偶失詳愼遂貽重悔然草菅民命以爲得計而終身安富康强者比比也帥公獨知所悔遂以釋而廢矣悲夫

論曰岳松庭承宣山東誠述堂提刑江蘇皆延予爲總理初予皆與約曰賤子才力但能辦七分不公道事過此不敢聞命然在松庭所庶幾踐言佐述堂未免有闌入八九者矣矣棣華提刑聞而怪之曰人言吾子辦事必以七分

不公道爲約有諸予曰畫地自守鄙志也然常媿未能無渝盟棣華曰不公道至七分甚矣吾子得毋憤激而發此談乎余曰豈弟君子無易由言何閣下之言之易耶衡時度勢非至七分不公道必不能行不公道僅至七分則吾心差可自安而訟者一勝一負亦皆得以自慊賤子調和而爲此期望不可必之談何閣下反疑爲憤激耶棣華曰願終其說予曰案至兩司則承審官已爲被告故本案之曲直與有司之平枉以十分爲率官民各居其半其在官之五分難以言公道矣民與民爭曲直而成案有司枉之然後兼與官爭甚至棄本案之曲直而專與官爭平枉則

上游之有以毆之也故善者惟於本案曲直爭多寡之數曲直在本案者果五而得三是諺所謂大頭已向下也訟至于提省審辦兩造之力皆已疲蓋有求已而不得者矣公道昭至五分之三直者之氣必平曲者之健也常恃官吏見公道昭於上游則已失其所恃而又不爲已甚留不公道之二分使得藉以自飾則豈有不可已之事乎本案之曲直明官吏之平枉自見而直者之氣平則其與官爭也不力而枉在官者上游可以意消納而不至翻異故子嘗謂保全官吏在舒民氣而不使之鬱者良以此也今在省讞獄辦案者不然人卷至省其曲直未嘗不了然於心

目也以爲順其曲直則官吏之獲咎至重必顛倒黑白勢禁而强持之益深使之喻水之必溺益熱使之喻火之必焚以甘心就枉而不悔憾也夫直者以不甘受民之枉而訴於有司有司既從而曲之激爲上控而枉更甚其果能甘乎且上游曾亦何利於其間哉然而啟口必以爲事關全局不可長訐上之風釀禍造劫殆有不忍逆料者此賤子所爲必以七分不公道爲約而自忖平生所經猶深內媿者也棣華曰吾子之言痛切矣世間竟無不公道在七分以內之事乎予曰州縣受理稍持公道雖使至八九分可也至兩司則格礙多矣然不曰三分公道而曰七分不

公道者爲不公道之取數已贏不敢更以公道自居故變其詞使居上游者知所儆懼也賤子所經民與官訟之案數十百起誣枉在民者不過三五事耳受理之初解結梳根務求得實官吏慄慄惴恐問官亦爲之咋舌相結肆謗讟然其卒也未嘗辦一參案而絕無釀成巨獄者以不欲鬱民故也近世以鬱民而成巨獄者如安徽之壽州案江蘇之丹徒案浙江之德清案皆仰煩
聖慮星使交馳問官道府以下聯袂扯戍而剖別本案曲直誠未能得十分之三閣下所悉也有一案參一官則一省之可居官者或寡矣結正其本案而通融其因緣牽掣

者七分不公道不亦可乎棣華稱善者久之然而是說也祇可用之於控訐之案至官吏自爲骫法復何顧忌之有雖然不可以不務昭其信也故曰人而無信不知其可君子信而後勞其民阿孫兩鉅公爲八折收漕之奏其用心固未必專爲屬吏開方便法門也惟素行不足取信於民而屬吏之信之甚摯揑
旨誣愚爲
國斂怨豈必歸安始有徐江都始有陳哉銅山詣驗照例殮埋初心固無他也吏誘於外友聳於中凡此皆有司自爲骫法不關訐上而上游不舉其職動引投鼠忌器以爲

說罪坐所由恐蒼蒼者未必同此夢夢也泰安勘而疑疑而導以出路未爲大失也事跡明白乃任性負氣尙上游以與民爭議以首惡不亦宜乎予留別大明湖詩云無非同有非無罪同有罪齊治自古然於今竟莫改豈惟齊而已哉

與次兒論讞獄書

告汝與實接來書知蘇守舒自庵先生招入讞局全省刑獄於茲總匯汝看卷頗快亦能記憶唯性急不耐狡展此大誡也讞獄非甚難之事而尙書謂服念五六日至於旬時又云兩造具備師聽五詞至述古先王之政必云明德

愼罰易言君子以明愼用刑而不留獄何其重耶我始至江西陳蓮史提刑以廣信廖氏部案司府鞫之經歲不得要領札委審辦我到南昌看卷三日已見端倪而江西陋習簽押刑招房站堂差皁無不插嘴問話我因告南昌囑在堂人役皆莫開口南昌殊不謂然我告以試問一堂再看南昌乃如指諭其丁役堂訊兩日已得眞情而有要證未到稟請委提南昌見我審案得法諄託代審其自理積案各處詞訟止有三造江西獨有四造三造者原被中證也江西則原被各請其私人爲中證故有四造以此應審之人更多我先看明卷宗乃開場諭原差帶全案人證上

堂照點名單過硃問其年齒住址父母兄弟妻子生業皆徧飭帶下堂乃獨傳原告和顏款語諭以將所事原委逐細告知原告旣畢詞又諭以你事已隔年餘保無記憶不清匆促誤說且慢慢想明再說卽前供有錯准汝想明改正原告詞又畢仍諭令再想如是者三乃諭以汝三次細想過以後若添出別情便出訟師教唆卽是眞情我也不聽了原告叩頭說斷無別情可說我又諭之曰你三次所供有前情說在後後情說在前處今旣仔細想明前後都清清楚楚可將眞實的話從頭再說一遍我聽以便招房錄供原告下乃傳被告亦如前問原告之法次傳要證亦

如之招房呈供單有不符處用硃筆核改定乃傳全案人公同看供仍諭以各看各供有寫錯處回明更正看別人供有揑誣處逐層指駁四造辨駁鋒起我總靜聽俟其畢詞乃各摘其罅隙而切詰之無不承者兩造旣承服乃面寫讞語於供後示四造公看乃飭帶下照斷具允服遵依限狀再帶第二案如前問訊在南昌四十日問過自理案三百起有七十餘案人證不齊其餘二百三十餘案皆結未嘗一用掌責笞責我旋奉諱回籍服闋重到查詢所結之案並無一翻控者卽人證不齊未結之案我亦將審過供情核定加看於後聲明俟其人到案察看有無別情再

行定奪我回籍後諸未結案中證出具和息者亦什七八蓋卷經看明曲直已得十七八再據供定讞自然平允無可翻異問官第一不可先說話不可多說話不可動氣性我走過多省見讞局中能員坐堂但聞問官亂喝亂叫先教供後逼供筆楚無數號慟盈廷是非曲直安得不顛倒乎此係我弱冠客朱文正節署時見文正審辦發交及提省鉅案而心識之者故以告汝我耳目雖劣尚可足用家中大小平安汝一心從公毋庸遠望年下或有便差來白門度歲也好道光癸卯季夏父字

與次兒論讞獄第二書

字告興實知之前書言讞獄之法頗詳盡然止言得本案之情實至於首府讞局爲全省總匯或京控奉發或上控提省或翻異提全案人證其案多有自數年至十數年者又本案兩造先後控訴之詞多出岔頭更有牽砌別案作證自數案至十數案者提卷動至盈箱提犯動致數十百人首府有發審友例爲主政然近來幕友莫肯悉心看卷且難保不別存意見此宗大案奉委例有一月審限爲期本寬必須將全卷先看一遍摘出緊要之人再將全卷逐人摘出其緊要情節遇有岔出頭腦必須細想前後與本案是否有關涉處蓋岔出情節每有股大於腰指大於股

者一經挑掣常至本案不可收拾此種情節雖要摘出然須於摘略內註明不可追究或竟不置一詞以便正案合龍摘節略時務要詳明日後堂訊但看節略免再查卷之煩摘定節略把鼻已得必須細檢律例拿定一正經歸宿訊供時皆注定正條則供成而看亦成發審友即有意見不能動彈供情蓋發審大案斷不能如自理小案一一得實然或移情就例或擇例就情務求平允而寬厚則問官與犯人兩無所憾而訟師不能簸弄其間則案易了結而自無翻異若一挑掣岔頭必致展轉提犯逾限既自關考成拖延更累及無辜造福作孽只爭一間慎之又慎至於牽砌之案其已結者勿論其未結而人集者於本案有涉而無礙便宜於大案後提出略加數語便可帶結若牽掣重大頭緒紛繁便宜以人證不齊等語蹬歸原衙門自行集訊結正分合機宜至爲不易又堂訊數次之後每有兩造當堂遞稟此必情有難白而以筆代舌必須細看細想或收受或發還斷不可草草下一字或反爲所持有礙大局說雖淺近大要盡此蓋看卷摘略最爲緊要然亦在堂訊時眞情與卷截迥異者又不可執畧硬做至案情既得與承審官常有干礙不得不設法周旋則書三案後論之言具詳茲不贅及後八日父字

安吳四種卷第三十二

齊民四術卷第八　涇縣包世臣慎伯著

刑二

邵和州事略

乾隆四十八年秋銓部以禮部主事浙江進士邵君爲安徽直隸和州知州君攜二僕之任既受篆悉召書役問名齒諭之曰汝等占缺皆由買受然吾來不能虐吾民爲爾等贍家計汝等及此時尚有餘財可更他業日後汝等苦賠累求遷業不可得將重怨吾吾故先以相告即日諭承發吏限一月將州屬遠近未結之案分別城內關廂各鄉

都圖爲清冊同卷先後送閱吏莫喻其故至期城內及關廂冊至約二百餘案君晝夜檢核乃手書榜于署門曰某某日某某地保帶某某案人證赴城隍廟聽審如有弊捺者許原被自赴廟報到十日而二百餘案悉結每結一案君輒朱書案由及讞語榜廟門人心大服君乃擇各鄉有廟宇處摘出四面十餘里之案分都圖諭其地保帶人證如城內之法攜書辦二刑杖二廚役一乘馬下鄉居廟中就決之三月各鄉舊事千七百餘案皆結其新事隨時批審無留州屬既無事乃乘馬至所屬之含山縣督令審理如其州三月含山之積牘亦清君不攜眷口不延幕友書

役值日者于內廚給其飲食食指不過十數人和州故事食用物皆有官價下鄉則地保備供應君一切罷之便商以利民兩江總督署所用牛油燭向由和州供應君莅任止其供督署檄取之君乃買柏油燭一千斤專役賚送而牘內言宰牛干例禁今和民遵例不復宰牛無以得牛燭具印領領柏燭價并其運腳大府笑曰此書迂見小如數給之于是各上司不敢有所徵求于君君善飲在州無事則日乘馬攜一役擔酒出郊野遇耆老耕者呼與共飲而詢其鄉里有不率教者召至薄懲而切諭之民相勸從善以無煩我君也在和州十七月部有錯擬之案君既出則

攀引君吏議君降一級調用五十年正月遂去任和含之民皆闔戶以臚君州城在大江西至止馬河上船相距四十里君出城五日乃得達民爲君具巨舫八以收餽遺不能容又增小舟五君故少僕從民爲押送至君家君既登舟而江頭數十萬男婦號哭之聲震動東岸東岸居民亦爲之流涕君既去而後任悉改君法如未至之前民愈思君和含士人追念君德各爲詩文張背于州堂至重疊不可辨識余十歲時從先君子至和州上墓寓張老家目見其事張老謂余曰邵君日後做官當學吾邵公祖吾年八十餘見公祖數十唯邵公祖滿載而歸也閱今三十餘年

忘君之名恐久而并忘其事實故筆記如右而論之曰近世守土者多以十刁民頑爲説以余所見陽湖呂榮字幼心知桐城以失鞘被劾呂君虧帑萬五千桐民醵金萬八千以完其虧其餘以資捐復呂君入都眷屬百口寄桐民爭以薪米雞肉餽膳之歷二年不絶以汔其行河內白守廉字省之知合肥捕役鬬毆殺人以革役具詳上官劾其諱飾白君去官已二年總督閱兵至合肥士民具呈請爲捐復者至萬人呂君爲人倘權變其治行固非邵君比白君又出呂君下而民皆愛之如此婺源縣知縣沈恕上游所稱能吏也以受贓爲民所持不得已使出銅差其眷口

出署民爭揭輿簾視之從者曰此沈父母官眷也不得無禮民皆曰吾雖貧一看沈父母官眷亦可矣當塗縣知縣顧之燚太平縣知縣曹夢鶴南陵縣知縣徐心田每下鄉所坐轎輒爲居民所碎至州縣升調去任時民爭以紙錢撒其輿前者不可勝數夫非猶是安徽之民耶司封圻者可以鑒矣

永康州知州方君壽序

世臣弱冠得交天下賢豪長者其敦行能文章强半皆常州人也今年又識方君彥聞於都下彥聞常州後起之尤秀已常州士人之爲外吏有政聲者推左君仲甫呂君幼心吳君禮石李君申耆魏君曾容世臣皆得交之禮石申耆曾容治行尤異與交亦尤歡唯彥聞之尊甫友槎先生以乾隆丙午舉於鄉赴乙卯大挑以知縣籤掣甘肅歷知成禮平番三縣事擢靜寧州奉諱去官服闋起用改發廣西授永康州知州所至皆有能名嘉慶丁丑六月先生年登六十彥聞之友在都者謀所以祝先生而徵文於世臣時俗尚祝嘏之詞率諛謾無足重世臣雅不爲此然以十餘年思慕而未見之人得以一言自質其是非是烏敢辭蓋嘗論吏之失職久矣爲吏而能舉其職者內則刑部外則州縣

然州縣之所有事錢漕則丞主之案牘則簿主之緝捕則尉主之庠序則校官主之是故長官之職在興利除害勸課農桑激揚孝弟而已自長官以錢漕爲利藪案牘爲威權始盡奪丞簿之職至風俗之涫漓閭閻之安擾以其無利於已也而置之不問於是校官與尉之設始冗於胥徒汙於駔儈而州縣之本職抑盡廢棄已爲其上者復專以錢漕案牘行其攷核是以天下州縣千數幾莫有能言其職者也吏職廢而世道衰民之敦內行者則以爲儒事力田者則以爲魯其因事呼籲兕徒之所搆吏役之所噬則常在焉唯長官之好文者乃能與浮華詞客相親近事唱

酬外是則皆豪强武斷與官吏爲市以漁牟吾民否則能挾持其短長者也民見良之被害而奸之有寵風尚所趨可知也語曰視君長如父兄今父子異居兄弟相訟者徧天下長官反因以爲利其父兄之不知而況如之者乎是以一旦有急如當陽長陽曹滑之已事左右爲仇敵盡室靡遺斯

國家何賴焉先生前攝禮縣時西北教匪充斥禮間於隴蜀爲出入必爭之地賊首王三槐以數萬衆薄城環攻之四閱月而民人固守城卒不陷說者以爲先生有奇略然非其平時敦崇孝弟掊擊奸猾使民人鼓舞信服而得同

其好惡烏能使之如手足捍頭目守死百餘日而無猝變耶先生既恥軍功之冒濫名不登於牘又不欲自張其績故所以致此者罕能言之先生性强項不肯剝下以媚上上游鮮有能善者以先生長於決獄他郡邑有疑難必飛檄調鞫以此得相容然言聽訟於州縣末已言決獄於聽訟則尤險已聞先生更事至熟而意氣不衰意氣者吾人之所以能任事也然不獲乎上則民不可治其祝先生日懋德脩而平乃意氣使得以盡舉長官之職而風示天下以爲

國家干城之衛者吾不於先生望之而誰望哉彥聞卽趨省永康其誦之以進觴於左右先生其亦然吾言也夫

送畢子筠分發浙江知縣序

子筠以教習期滿例得知縣籤掣浙江余滯迹都下於其行而告之曰知縣世所稱父母官也或又稱爲白面盜賊何哉詩曰豈弟君子民之父母說之者曰豈樂也弟易也言君子以樂易爲政故民愛之如父母樂之反也苦易之反也煩君子以苦煩爲政則民惡之如盜賊所必然矣詩曰誰能烹魚溉之釜鬵說之者曰烹魚煩則碎治民煩則擾易曰易則易知簡則易從易知則有親易從則有功有親有功是父母之行也呂覽曰聖王所惡無惡於不可知

舉事而使人不可知是其心深恐人之知也是盜賊之行也近時州縣廉俸常不足以抵捐款需次既無廉俸又羣居省垣酒食徵逐人事所不能已其勢必舉人錢子母相權歲時倍稱一旦得缺急償私債更有待聘之友閒暇過從導爲不善甚至與友爲市名曰包辦失足之後欲悔無從故世人呼初入仕途者爲下鑪言精鐵至此皆鎔化也故予以二言贈子筠曰儉曰勤儉則需次不舉人錢勤則莅任不留民事難者曰子言誠是矣然廉俸不敷辦公又有攤捐伺應延友購募必不可省之經費其將安出故父母之名雖美而入內謫攉情所難堪盜賊之名雖惡而善

事上官小民其如我何余應之曰無野人莫養君子勞心者食於人今中縣率五六萬戶以父母自居則此五六萬戶皆子孫也天下有五六萬戶之子孫而不能養一父母者乎以盜賊自居則此五六萬戶皆事主也天下有五六萬戶之事主而不能捕一盜賊者乎世之爲吏者固無不勞心心爲民而勞則近於父母矣心爲已而勞則近於盜賊矣史公有言廉吏久久更富吾足迹半天下見吏之歸於富者大抵皆近廉者也子鈞勉之矣

爲江蘇提刑誠遯堂通示合省

爲諄切勸諭以正風俗而息訟源事照得明刑所以弼教

道政先於齊刑欲息民爭務救俗弊我
皇上御極之初首
飭命吏崇教化之源繼
諭齊民遵婚喪之制明禮所以防未然先教所以挽積習
聖意諄切薄海周知本使司恭膺
簡命陳臬斯土頗聞濱江諸郡士風秀穎沿河一帶民氣勁直最爲大省風稱易治然好文之弊易近浮華尚武之流易鄰刁悍則有尋常宴會必窮山海之珍製造冠裳競爲奇巧之飾甚至以聚賭爲謀生之資祇狎妓爲敬客之具奢能敗俗先自陷於滔淫事既犯科尤授人以挾制又有席厚之家貪氣之子豢養勇以助勢養訟棍以樹威常至睚眦小怨奔訴連年口角微嫌喝令成獄抑思出豢養匪徒之資爲睦婣戚鄰之費則羣情頂戴乾餱無懲積善留貽降福可必豈有搆怨結忿蕩產亡身之禍哉更或覬覦官荒垂涎淤漲藉詞子母則用沙棍之謀倚勢欺淩則資沙虎之力利能昏智巨訟必覆其家天道好還驟坍并累其後有力置產何必爲此至於訟棍亦讀書識字之流拳勇皆手足便利之輩自食其力儘足養生又何取多行不義自貽伊戚耶本使司職主提刑時切無刑之志官名廉察不以苛察爲能固不肯假耳目於近習致啟報復索詐之風又豈敢博忠厚之虛名反長蕩檢踰閑之俗爲此示諭闔屬紳士軍民人等知悉務宜各執其業各安其分以終凶爲戒以有恥爲期爲

盛朝改過遷善之民成大省聲名文物之盛將見貧者不終於貧富者長守其富則本使司之所厚望也倘若教而不改是謂怙終法所必加焉能曲宥過奢淫以裕民生除强暴以安民業固本使司之職守也後悔無及各宜凜遵須至告示者道光紀年四月廿五日

爲江蘇提刑誠遯堂通札所屬

札某官知悉照得廣思所以集益求助必先諮詢雖韻若

晝一成法可守而因地制宜治道所尚本使司恭膺
簡命陳臬此邦宦轍初經士風未習徒懷興利除弊之心
不得挈領提綱之術該某官供職有年講求素切大則事
關通省小則一郡一邑無論現莅之邦舊治之地果於民
間疾苦確有見聞或以事權較輕未能遲舉或以量移太
速未及觀成但有眞知確見可以裨益吏治民風者如係
本使司專政之事即時採納施行其應詳明兩院憲及會
同藩司各道者亦即據情詳咨熟商辦理既以匡本使司
之不逮亦足覘該員之才識所至以備任使即有迂遠不
切之談本使司斷不以此見責其各直抒所見逐條開摺

悉意詳陳毋存隱飾至於佐雜微員近民尤甚但通政體
奚限官階札到該員即抄錄移行所屬俾其各言心得逕
申本司務使民隱得以悉達襄舉善政此係本使司虛懷
求治之衷惟望同舟共信以期相與有成竚切竚切須至
札者道光紀年四月十四日
爲直隸承宣陸心蘭通致所屬長吏
言初至直省地方情形諸未諳習然前此兩任京職久居
本境二官東土近在鄰封頗聞直省地瘠民貧又差務殷
繁苦累尤甚惟順天二十四屬何應
蹕路民累而官亦累其去京較遠之區派差里下民累而

官反樂我
皇上惠澤畿輔無微不至本年冬差
特減車輛閭閻輸納供億
淸塵固是分所應爲尤屬出於至願然紳士既免差徭而
稍有力之家指捐職銜即入優冊是唯終歲勤動之農民
方供雜派優免既多飛洒益重在諸君子身爲民上目擊
重困未必更存自利之心然內不能不委任家丁書役外
能不假手地保里胥侵牟愚弱徵一科十理勢之所必
有迨至痛極籲號而議者又以事關全局難與伸理言來
自田間夙知稼穡出守閭中切近州縣官常累況亦已漸

悉東坡有言士大夫莫不愛其同類然官吾類也民亦吾
類也竊嘗謂以一家而論則爲官之人少而爲民之人多
以一身而論則爲官之日少而爲民之日多即如宦遊外
省戚友過從未嘗不詢問本地父母官治行何似罔未有
以縱吏爲能虐民爲得者也求仁莫近於強恕取則不遠
於伐柯我心所同無煩贅說言謹與諸君子約來春辦理
差務當本年劇災之後即有收州縣亦多附近災區必期
一率舊章無增有減革除積弊少寬民力則言得相安無
事藏其樗拙幸甚幸甚若仍有洒派不公以及朘民自植
言身居屏藩曾不能少紓民間疾苦平日讀書所學何事

而尙能靦然爲諸君子之長官也耶御下如束溼薪固素
性所不肯爲然一家哭何如一路哭書之史册以爲至論
言雖不材又敢上負
聖恩下孤民望以博寬厚之稱於百數十員屬吏乎言聞
有司更換之際吏胥因緣爲奸供億迎送於民無益然至
其不得已也則兩害相形必取其輕唯望諸君子共體此
意毋使言之必至於不得已也
爲民設官古今通義所爲尊卑相維者原以力能舉事則
上游足以有爲而洞悉民隱則州縣得之切近諸君子宦
遊直省閱歷有年民間疾苦亮多加意而或事有牽掣勢

難徑行或不時受代未能竣事或差次體察權不由己是
皆卓見在胸長才未試利關全省固屬鴻猷害除一邑亦
爲隱德言承乏下車情同牆面雖懷勤求之心未得誠和
之要倘荷諸君子念切同舟不吝教益各抒所見以匡不
逮勿拘體裁唯祈迅速說果可採言必陳明大府商同司
道漸次舉行即或意見不同亦徵心乎好我言接見諸君
子有所聞知無不披露原期交勉有成並非恃勢矜己惟
望諸君子鑒察言心毋有所隱
人之才具相懸而性同一善行徑萬變而道無異趣古今
稱吏治者必曰循良凡以循良者有心人可勉而至故史

傳紀之以爲百世法也孔子曰有能一日用其力於仁矣
乎我未見力不足者康誥曰若保赤子世之養子者固有
善不善之殊矣而其子皆得長育成立則以母氏之求之
誠也故其識見警敏更事繁多者苟肯誠求效可立致即
或資性遲鈍初登仕版廉養於儉拙修以勤人一己百强
明可必古史所稱居官無赫赫名去後多留人思者此其
選也更有罣誤習染素行不檢震无咎者存乎悔往昔賢
豪如斯不乏近世郭尙書初仕吳江頗著貪酷暨湯文正
公撫吳郭公改行與陸清獻公並邀行取爲世名臣假郭
公以失足自棄其能免登湯公之白簡而爲後世言惡者

所稽乎諸君子起家科甲入官固由服古其或借徑異路
亦必夙業詩書凡所徵引諒皆習聞南宋王梅溪以黃堂
樽酒感化所屬言顧何人敢企梅溪唯區區之心不敢厚
自菲薄故誦習舊聞與諸君子共勉之而已
孟子曰欲貴者人之同心孔子曰富而可求也吾亦爲之
聖訓彰彰如是而宦途猶有專以奔競爲事者亦可謂不
善讀書矣言自知不敏公愼夙矢民譽民望則加拔擢聚
所欲也積勞閱俸則與量移遵定例也至缺分肥瘠人殊
甘苦悉心調劑以期均平實恐偏累誤公非關爲人擇地
言現在斟酌正佐班次劃定委補章程至於酌委之缺或

因整飭地方或因調劑勤勞心迹難掩見聞爭訐必加懲創諸君子務宜自愛勿受愚弄勿求緊援幸不掛於彈章已見鄙於清議近來民氣儇薄必期共挽頹流諸君子級無崇卑分皆長人各飭廉隅以爲民倡庶幾廉讓之俗可見而頑懦之風可息也勉之望之道光二年十一月二十六日武林陸言謹白

誠述堂性懦才鈍而居心無他陸心蘭自命豪傑而行不顧言僕爲之代言雖俱不能見諸實事而兩公品詣實殊閱者詳之

石公祠碑

君諱家紹字瑤辰姓石氏山西翼城人也以嘉慶癸酉拔貢生教諭壺關己卯舉於鄉道光壬午成進士籤發江西補龍南縣知縣調上饒再調南昌歷署大庾新城新建擢瑞州府銅鼓營同知署饒州贛州知府己亥五月二十八日卒贛州府署年四十有八君耽精書史通百家之言和夷坦蕩口吶吶若不得辭而以己度人以情求物綿民折獄常得其眞巨猾負嵎服君淸德遂來歸命狂潦洊歲君盡心焉災以不害迹君宦轍來則老幼歡迎恬嬉謳舞去則壺漿塞路涕泣橫流知與不知稱曰石爹爹爹爹江西民呼父也乙未秋君謝南昌事寓省垣予從詢土俗淯灕之故君曰僕綰符十餘載閒居追溯無一可對士民者慚憾而已遑知其他予聞斯言憮乎若飲醇醪而自醉也是年十二月朔省開粥廠主者循例備三千人食而就食者五萬洶洶不可止君往諭曰汝等速散明早看告示斷不使有一饑民無粥喫也則皆曰石爹爹不欺人遂散去先是在事諸君所以諭衆者較君倍諄切矣然非君言卒莫聽君集書六萬卷常就予論析疑義君或未習歸則竟夕檢本必見其深時發予所未及治安於民道信於友如是可以爲易簡理得仕學交優者也君既卒官所莅舊部各請祀君於澤宮南昌紳耆更醵金錢建專祠以奉嘗君官

斯土者慕君行治集力彌踴躍遂以庚子冬落成祠宇於百花洲恒沙寺之右僉謂祠有興廢唯明德爲不朽然非託於紀述何以昭示來茲興作嚮往爰伐貞石載兹淸頌庶幾中郎不作仍傳無媿之辭文子來遊不昧與歸之智其辭曰

於穆石君天篤誠愨自孚孚人不負幼學懿德之好聲繼召父胡不慭遺以福遂戶民之戴君謂察謁請君之秉民誰淪痕瘷桃李不言榮名豈既新祠有翬以妥豈弟君心乎民自茲有歲民心乎君無忘永世

石君嘗問文法所宜至碑版予曰當以中郎爲極則漢

碑傳者旣多闕文其有可讀亦近樸樕韓歐諸刻或已詰屈或已委縟惟中郎文質得中事簡而人具見石君以爲然故此作依中郎舊法頗爲愜心歐公有言所以慰吾死友耳今古真有同情祠成進主子牓其龕曰得

八心所同爲吾黨生色道光壬寅六月錄稿附記

書兩知州事

嘉慶中吏部以杭州庶吉士某甲爲溧水縣知縣其父至署鈎稽觸怒遂欲遞解其父爲書啟友汪衣白批頰而止通省莫不聞邑人有徐氏子好博而善竊其母告官收繫之數月邑有竊案賊甚鉅捕人白非得徐氏子爲線不可獲某甲出之許以獲案則釋歸案果獲知縣釋徐氏子鄉人公呈以爲必釋徐氏子且殺母某甲不聽未幾徐氏子竟毆殺其母某甲護前不受理案延三載至嘉慶二十五年四月邑民不勝憤共縛某甲於輿中舁至知府署門還汝好官知府惶遽曰大府雖出省有藩憲在民又舁至布政使司大堂置而去某甲故自結於大府乃遴試用道員署按察使治其事遂抽改文案依過失殺父母律擬絞覆大府大府檄之還任某甲入謝大府諭曰吾計政體耳若往必不保其靜俟擢任是年冬即薦爲泰州知州而考之曰久任溧水民情愛戴江甯巨紳秦承業董教增在都閣

邸抄笑曰戴則有之愛則未也大府出考可謂拔十得五矣中書吳嵩梁聞之嘆曰此有故實乾隆末吾江西有知縣袒逆子爲合縣所訐調省質訊案既結捧檄回任縣民共閉城乘埤擲瓦石不得入遂回省大府乃擢之知州

吳諧

戊子歲杪候友生於鈔關逆旅案上有綏寇紀略同舍繙閱至虞淵沈服妖類載京師婦女宴會出遊好蟒服乘車不避呵騶視其衣交龍爍然亂上下之序臺諫屢以爲言禁不可止喟然曰盡信書則不如無書世豈有民婦蟒服宴遊者乎是必失實其別客吳人也笑曰君不信耶今其習染於吾吳請得以目治者爲證特前朝尚有能言禁止者耳夫榮華光耀則百惡除滅蓋自古嘆之矧在婦女茶忉氏者本竇產或獻之巨室列於比屋未幸也其主人莊佃徧南北患諸僕出司莊佃輒侵租入故常遣愛姬督其成優其名曰別宅茶忉氏乘間言別宅去主人遠常私司莊僕役小隸爲鷹犬厚餽遺主人左右交搆蔽主人苦累佃客將使主人莊荒減歲入終必爲家計憂主人深念茶忉氏內不比諸姬外不比諸僕貞而察又所言得裕家之本而莊佃以在吳爲最大遂使居吳以務寬佃力茶忉氏至則服鳳蟒御綵輿歷阡陌諭佃客以主人意佃客感泣

叩頭頌夫人賢明慈惠洞小人疾苦諸僕慄慄請條教已而有小隸之謹者遇佃寬茶㓟氏怒曰如是則入數較少若何以自給且挪正租漸不可長又有侵租自肥者積數鉅至不可掩覆惶遽無所措而茶㓟氏語管家曰吾嘗過彼管彼伺應甚具設是宜多費若其集諸小隸酌盈劑虛醵睾之毋煩主人聽於是諸僕競縱小隸剝佃客而槖租簿所收存者然心懼茶㓟氏或一旦寵替事輒敗相率購姬侍常幸者浸潤稱譽之及佃客不勝朘削環訴主人茶㓟氏乃曰諸僕皆主人所遣職在管莊佃非率小隸嚴督佃客額租且不辦彼佃客何厭之有若以佃客言責諸小

隸是諸僕亦有咎即更他僕益不能約束佃客佃客且益驕雖妾且無權又損主人威況諸僕隸力辦莊佃事多有不能銷算經費者又各有妻妾子女仰贍給佃客自愿於租額外別輸小租為酬報事非始今日今乃受不快諸小隸者慫弄耳實不出佃客意主人或其說嚴斥訴者佃客多毀家漸至無力糞畎畝莊日蕪穢大小租故不減前然簿籍大都子虛矣監奴備知之以茶㓟氏故不敢詰茶㓟氏又時時以諸小隸廉幹白主人得進稟餼者過半主人謂茶㓟氏督莊佃有成效既佃客與小隸相安益治田致豐裕戴主人恩德乃大寵幸八月茶㓟氏為秦淮賞月之遊以其古金粉地也艶飾加盛以稱之秦淮凋敝久聞見樸僿觀者為之傾市過於吳時雲間並海處有異禽質鷹也頭略如虎自秋浦來於瀏誕日集城中作人言曰鼓牢牛具殊不避人茶㓟氏聞之命管家致之吳以待返棲嫗婢夙親幸者皆識之曰鵂鶹也當為室家不祥最後有羌婢羊朱氏自詡知書獨曰非鵂鶹乃鴟鴞自紫陽訓鴟鴞為鵂鶹惡鳥致諸姑姊沿其誤其實鴟鴞名巧婦又名女匠工為巢以所繫卑弱故常為人毀侮見詩疏及孫卿子若夫人畜而豢之齒於鶉練則莫不佩服夫人博物淹通不惑俗論矣茶㓟氏大悅悉以別宅事柄授羊朱氏諸小

隸奔走承羊朱氏意指無不至羊朱氏珠翠粧蟒騎從遊街巷炫爣煊赫略等茶㓟氏居人爭側肩引領望顏色嘆羨不絕口斯非所謂蛇化為龍不變其文者耶誰復賦不稱其服哉同舍與聞者或詢其住址閥閱客大笑曰是諧也吳人故善諧因筆而題之曰吳諧

書饒嘯漁文後

饒君文略云予過揭陽遊於郊遇䧧館捕梟客述前任揭守桐城姚侯之賢不知予與侯舊也謂侯治方萬端姑言所目擊者其時城外居民各守隘出隘即道梗豪強攻掠鄉堡擄人口以勒贖慘酷至無人理鄉堡被毀

之人無歸則去爲盜地不能耕賦稅無所出潮屬皆然
而揭爲甚官其土者如坐漏舟姚侯涖揭先集驍健而
教以擊刺步伐之法次集紳耆而諭以鋤暴安良之意
時西鄉喬林之林與砧浦之黃最爲大姓而相仇殺林
姓共四房亦有自仇殺者其林居林國祥林守與黃某
尤積猾各鳩衆數百日事鬬劫侯設計弋獲論誅之侯
偶率驍健下鄉遇持火鎗者結隊行望見侯悉沒水中
侯命以漁網取之得五十七人訊詳伏法揭之盜藪以
十數箕頭鄉爲劇侯率驍健圍之三日獲其魁卽先截
手足而後杖斃之河婆司地袤延數十里林箐深密土

豪開質庫其中以濟盜侯斧其林爇其庫邑人始可通
行又嘗捕一兇盜據供積十八案侯縛之大竿命以火
鎗下鉛丸轟之十八出如其案數謂非此不足儆兇頑
也侯聞盜卽輕騎往捕故得不遠颺盜風息地可耕故
民賦不負侯以課最擢理猺廳去官日揭民飲泣走送
者萬數而豪强則酌酒相賀客之言如是予以爲治亂
民如斬亂絲非武健不勝儒懦者溺其職矣使侯得竟
所施當進於此卷懷而去惜哉侯之弟石甫在閩任壓
縣時如侯在揭今天下易肇亂之郡凡十數廣東則惠
潮福建則臺灣江右則南贛江蘇則淮徐安徽則鳳穎

河南則南汝光陝西則南山皆宜特選能者授便宜不
拘文法有成績則加秩賜金使久於其任既久乃超擢
大僚許舉賢自代而保任其終始侯之兄弟實可當此
任矣

道光廿有五年三月伯山辭大定守歸老白門登岸卽相
過握手道契濶曰吾子出山未幾旋遂初衣吾儕中不忘
平生之言者殆無異人余作令臨漳時依侍慈訓其行事
附見吾子所譔先母傳揀發廣東補揭陽置身矢石砲火
中與亂民從事者三年庶幾焦思竭才守貴州唯向不失
本心耳無可言者稍暇當纘述在粵事質吾子以乞名世

之文時世臣正病目及六月伯山乃出龍巖饒廷襄嘯漁
所作書客言揭陽宰事見示嘯漁與伯山及其弟石甫友
善亦世臣舊好爲古文辭閩士莫能先也世臣受讀卒業
掩卷起嘆曰嗚呼嘯漁誠閩人也習閩中之官與民仇以
勝爲能何其昧治道之甚耶夫治道如醫道也醫者治病
必審症之寒熱察人之虛實而爲劑則病去而人安和故
治寒以溫劑治熱以涼劑然人實而症虛得其道則易如
反手實症虛人補之則症得其助攻之則人受其殃實症
既久則人無不虛此固良工之所爲內手遲回而不敢率
爾處方者也捕梟客唯知勤捕多殺耳無足怪而嘯漁爲

之說曰治亂民如斬亂絲意蓋本於齊文宣彼時遇民如雍氏豈可更汙筆舌乎至謂當不拘文法便宜從事加秩賜金久其任則本於龔遂傳然龔遂之求不拘文法便宜從事者乃施撫循之政以反前此諸公所爲而漢帝以加秩賜金久任之所以使之優游漸漬變民心成善俗非縱之行非法又日久積威以劫民也蓋絲不得理故亂亂者理之故有取乎治治絲而棼倘不可況斬乎易曰雲雷屯君子以經綸經綸皆治絲之事當屯難之時必如治絲者循省以求其端委曲以引其緒則亂者就理而理者順治黼黻文章斯爲始事如見絲亂而即斬則天下無理絲矣

龔遂曰治亂民如治亂繩不可急也惟緩之然後可治書之良吏以爲至論揭陽之亂民持械結隊而見官即沒水是其亂尚未至如龔遂治渤海虞詡治朝歌時也虞詡治朝歌善矣非此必無以自脫而臨終命子猶以爲悔孔子曰子爲政焉用殺子欲善而民善老子曰民不畏死奈何以死懼之管子曰民不可勝龔遂曰欲勝之耶將安之也至孔子止盜之方則曰苟子之不欲雖賞之不竊今天下言缺之優者推廣東而廣東之優缺又推三陽三陽者潮陽海陽揭陽也皆瀕海濱斥鹵故當瘠地瘠而缺優其誅求可知也官誅求於民必任猾吏猾吏必搆莠民猾莠

交搆民不勝誅求而求得所當則黠者附莠而勁者自爲盜吏惡盜而創爲非法莠民即效之以虐良懦乃成亂民於是盜有藪藪日盛則吏不能制而缺反瘠故伯山之蒞揭也揭爲畏途已而其源實不外此蓋閩粵之亂首械鬭大姓之公堂皆積巨貲亂民覬公堂之貲而無以攫之則與他姓搆釁以成械鬭鬭成則官賂山積官樂亂民之械鬭以納賄亂民樂官之納賄以開銷公堂故例有械鬭案定即將公堂分散其族唯留祭資之專條然定例後卒未見有遵行者蓋公堂散則械鬭息是官自塞利源也然後知孔子不欲之言之不可改也伯山受事固未知其當如

是久也急近功以稱用我者之意故數年間課已入最然去官時豪强相賀是豪强固在而習未變也繼伯山居其地者缺必復優此固近今之所至稱賞者第恐優未久當必仍伯山未至之舊耳呂氏曰威不可專恃若鹽之於味凡鹽之用有所託不適則敗託威亦然威惡乎託託於愛利愛利之心諭威乃可行威甚則愛利之心息愛利息而疾威則身咎數十年來上游之欲威民甚矣故任武健之吏以疾其威威之疾至過於亂民而民之亂未見其有瘳也著威之尤能者或及其身少殺滅而已嘯漁更持非武健不勝儒懦溺其職之說蓋本於酷吏傳序彼懦者固無

適而可矣嘯漁以儒儕之是惡知儒效乎龔遂詩儒也渤海之治無媿誦三百焉爾孝經曰則天之明因地之利以順天下是以其教不肅而成其政不嚴而治先之以博愛而民莫遺其親陳之於德義而民興行先之以敬讓而民不爭示之以好惡而民知禁是儒者之效也葢地方雖極亂亂民之數斷不及良民什一唯亂民氣聚則良民無以自保官仇亂民而不得其道則良民滋懼亂民因得肆訛言以愚良民而使之服從是良之從亂皆官爲之敺也儒者爲政必能聚良民之氣良民氣聚則亂民勢孤勢孤則撫脅從而鋤稔惡可以惟我之所欲爲而莫之梗久而成

俗民善建不拔善抱不脫者矣且嘯漁所謂非武健不勝者是勝民之說也官求勝民民亦求勝官官民爭勝無已官必終於不勝官既不勝則反事姑息姑息以優亂民所魚肉者唯良民而已可不爲之寒心哉善乎班氏之志刑法也曰伯夷降典折民惟刑言制禮以止刑猶隄之防溢水也今隄防凌遲禮制未立飢寒並至窮斯濫溢豪桀擅私爲之囊橐姦有所隱則狃而寖廣此刑之所以蕃也孔子曰古之知法者能省刑本也今之知法者不失有罪末矣今承衰周暴秦之後民既不畏又曾不恥故俗之能吏以殺盜爲威專殺者勝任奉法者不治亂名傷制不可勝

條是以網密而姦不塞刑著而民愈嫚誠以禮樂闕而刑不正也此固非今州縣所能舉而亦今州縣所當知也伯山石甫皆與世臣善皆負絕人之姿善讀書伯山尤習久世臣既見嘯漁文謂其文不足重伯山而深慮其誤來者伯山雖老矣好善不倦非不能受盡言人也故書復伯山並以諗斯世真儒焉

男誠 家丞 孫希麗 魯 希蘭 廉 校字

安吳四種卷第三十三

齊民四術卷第九　　涇縣包世臣慎伯著

兵一

兩淵緣起

予齔齒受論語孟子至以不教民戰是謂棄之善人教民七年亦可以即戎壯者以暇日修其孝弟忠信可使制挺以撻堅甲利兵慨然慕先聖之神武及受禮記至男子生而設弧門左三日桑弧蓬矢以射天地四方說者謂弓矢禦兵也生而習之明爲男子所有事乃大怪兵旣男子所有事又世事所必不能廢何以學士大夫職入長出治者乎

居莫以爲意一旦有急則何之武夫悍卒其去謂棄也幾何矣稍長讀留侯世家至視老人所授書乃太公兵法與諸將言皆不省乃知斯世諱言兵蓋自亡秦焚書銷鋒鏑時始也卒至將賈人子身國同賣豈非百世之至鑑哉乾隆丁未春見江寧駐防勁旅調赴臺灣當行者執途人而號哭軍官皆無人色予深惟沔水之義利器示人則奸民生心乃求古兵家者流言得孫吳司馬三家之書業其章句苦注家不詳義類猥依文字以爲說及讀荀子議兵篇乃知孔子所謂我戰則克者甚信切于司馬正于孫而大於吳矣竊謂戰用衆力能用衆力者在先得衆心能得衆心者在善推己心雖曰三軍一人勝勝者之戰若決積水善戰人之勢如轉圜石然非衆心先得又烏能聽其如驅羣羊投於無所往而坐待其決與轉哉是故兵雖絕學然求之於心則其意固當未絕也嗣聞近世以兵名家者有許氏虎鈐經唐氏武編茅氏百將傳武備志戚氏練兵實紀紀效新書鄭氏籌海圖編王氏登壇必究李氏金湯借箸十二籌袁氏洴澼百金方其書皆秘不可得求之三載陸續見斷爛寫本或一二卷或五六卷大抵編排門類雷同陳迹又其術雜怪誕事多糜費未見切實可施行惟戚氏爲差善然右僚見小不足窺大勇之門戶乃探索左氏

春秋國語戰國策越絕書史記漢書三國志所載戰蹟以參伍荀孫吳司馬氏之說然後知佳兵者不祥之器聖人不得已而用之則吉祥善事也雖後世兵農不可復合然其能者未嘗不依於以佚道使以生道殺務在順人情愛民財惜民力以宣布威德而已雖然兵無常勢盈縮隨敵是不可預言也其可預言者唯利地右兵然而稱衆因地非如材技之可料揀于衆也又非倉猝之可深恃乎導言也於是步平陸廣袤以度容人之數而推目力所及極之曲直銳圓必求其當望山則測其可否登陟察草木土石之氣以知其是否有水又望陰以意陽之形規陽以擬陰

之藝夫是谷峻可以緣卷可以覆皆足驗心儀移之絕巘深谷必要於合曠則度奇阻則度間入隘迎高則度身手必備其變如是者又三年竊欲以通先民之志袪後賢之惑爲書十六篇名曰兩淵曰將本曰戰本曰刑德曰奇正曰將道曰將任曰將事曰將權曰將術曰勝全十篇爲雌淵曰衝陳曰陳營曰車陳曰騎陳曰步陳曰五地六篇爲雄淵淵之爲體性明而氣靜受之有容而出之不竭雌雄猶言內外也抑以舉男子之職明儒者之效使是書而不用也則紙上陳言小用之或迂疏無功然而有勝殘去殺之君子者執軍命以當勍敵其亦必有取於此也乾隆癸丑十月朔旦安吳包世臣書於宣州南樓

雌淵

將本章第一

兵無異術治兵者必先明農而習法闇於農則無以食人疏於法則無以坊人能食以坊國體尊矣則兵之深也明農則愛人重地愛人不輕用民力重地不輕取民財故安常而民不離持變而國不急習法則見微能斷惰民必誅奸民必誅則民業安矣釀亂無赦激亂無赦則民氣和矣故舉事不怫人任人不廢事知此二者乃可爲吏夫然後濟之以五德曰愼曰恭曰讓曰信曰節行此五者乃可爲將

戰本章第二

將以決勝爭勝在國位稱其才功遂其報而兵勝於朝矣政安官吏業恥惰游而兵勝於野矣祀致精誠神馨明德而兵勝於廟矣不勝於朝不可以師不勝於野不可以戰不勝於廟不可以勝居勝度義居義度將然以合戰則莫爲拒矣朝兵不勝將良用不終野兵不勝將仁維不固廟兵不勝謀奇功不成嗚呼魚貪其餌乃韋於緡士食其祿乃輕其死

刑德章第三

善戰者使民知死而有生途民無生途不畏死矣以死懼之則生自下求鮮不殆矣善戰者其民謹而不懼奮而不慮謹而不懼知死之在已也奮而不慮知生之在將也守分者不疑犯令者無倖衆莫敢欺則敵情不隱知敵情而後合戰故衆未見勝而已意勝也夫是以有生途民見生則知所死矣使民知者其刑德明也

奇正章第四

以奇用兵正與奇偶奇者正之動正者奇之用正不奇爲偶軍奇不正爲嘗旅故善奇正之變者正以制師則敵無所爲奇奇以制敵則敵無所爲正其用柔而致也剛其用

緩而施也疾正復爲奇奇復爲正機之握已夫以兵勝人者其猶闔戶乎將欲閉之必固啟之故敵强能使之驕敵暇能使之惰驕則隳謀惰則失固怒鋭壓之坐自碎矣夫蓄其怒者其發猛靜其鋭者其決躁善迎其機矣知機之用者其知奇正乎

將道章第五

道之所在天下歸之天之道好生而惡殺人之道好逸而惡勞兵者禁暴除亂而非得已也故殺人以生道勞民以佚道是故誅無罪之人者威不立廣不急之地者兵不强立威不當則用刑易用刑易則三軍懼三軍懼則謀主去强兵不當則師久暴師久暴則國匱貧國匱貧則食稅多棄謀主以資敵多食稅以虐民民怨於內敵乘於外求國無危不可得也故以道佐人主者不以兵强天下

將任章第六

凡將之任當修四易之法而明四難之道地易陣陣易人人易變變易勝四難者反其道而用之者也易常在我難常在敵百勝之術也方圓曲直鋭聚散進退人安吾法能得地利能知戰所因形以制變因勢而授兵故地易陣什伍相保卒率相維立散而綴圓鬬亂而伍治卒無非吏吏無非將故陣易人前軍有節踵軍有制大軍控勢犄軍利

行後斬前北前哨敵猝援聲會戰千里無忒故人易變利以餌敵必入其機形以示敵必喪其覆故變易勝吾與戰之地不可知吾欲攻之形不可見敵疲於設備衆四分而兵不宜故地難陣行間諜以離其上下與妖語以疑其士衆以治陷其亂以利亂其治敵於是卒離其吏吏去其將故陣難人吾張其疑而集師者麇吾設其形而分隊者孤故人難變餌而勿食是敵自沮其勢也伏而勿越是敵自殺其力也乖其謀以挫其鋭因其計而餂其利狡窮氣倦乃疾擊之使之前後不相屬左右不相救故變難勝能操難易之權者其爲軍命乎

將事章第七

桓文之節制不可當湯武之仁義仁義所加其亂節制者也節制所摧其賊仁義者也故仁義自敵名節制自己出修節制者必明於授兵是謂將事車陣易胠騎而轢拇步而薄騎當車前則謀後則背步當車騎衆則議險寡則議避後阪而野是利弓弩坐原仰陵是利牌銃曠澤輕塵是利倭刀險易相追是利短矛谿徑交錯深林叢翳是利棒斧夫兵者以雜爲濟以利爲勝是謂將事

將權章第八

以恕寬人者無沮理以信結人者無留威以恥優人者無

扞義以法一人者無撓智以識鎮人者無侮恃備五而將甲兵不暴而奪敵心矣鼓未聲刃未接所以奪敵勢者五一曰卒有常吏二曰陣有練鋭三曰刑不免上四曰賞不遺下五曰法必連糾爲將明於二奪之道將之以忠貞國家之寶也是故禮義之俗成雖饑飽也廉恥之心浹雖弱强也營陣之地危雖寡衆也身率之道修雖勞佚也飽饑强弱衆寡佚勞將之權也未有能挫其機者也

將術章第九

將之至計有四所以用之者一恩以取之義以激之賞以勸之刑以威之二者何術也術也者神其計而不可知者

也其事文有五一曰聯糾之術二曰聯掖之術三曰聯競之術四曰聯誼之術五曰聯等之術揀別勇捷優餼異名盈其氣以激衆推其鋭以勵功是之謂聯等之術比詳鄉籍近者同伍謹擇其長久任其吏使之聲色相洽危難相救是之謂聯誼之術以鄉比伍互恥不肖決功爭勝莫不奮前是之謂聯競之術推賞有功優卹死事折準重傷必奬其教者是之謂聯掖之術人死而伍不前伍陷而卒不救士犯而伍不揭伍揭而卒不誅坐之無赦是之謂聯糾之術明乎五聯之教以神四計之用人無堅城出無重圍矣命之曰廢敵之師

勝全章第十

善淩人者不攻城善應人者不守城攻守之權皆出於戰也戰之要有四相衆利地審敵豫慮明其誓作其怒一疑惑滅妖厲陣閑習器堅利飭之以嚴明假之以鬼神因憤而戰因畏而備因器而使因欲而責因危而用因勢而令是謂相衆進有以往退有以返扼其要塞通其間徑陰後生已陽前人死居袪疾處取給是謂利地將治可因將憂可解將隙可搆將輕可來將怯可迫將緩可陵將驕可張將愚可譎將貪可啗軍怨可攜軍疲可陷軍怠可襲軍懼可薄軍擾可擊行疑可崩陣搖可突視數可走意沮可服

服强以智服窮以德兵治則强法屈則弱吏掌則戾令數則疑譁則將輕吟則軍懾士賤則將愚營塵則軍亂謀先則枝謀後則餒前諠則虛後諠則實同鼓則行同麾則治是謂審敵猝變不迷猝亂不擾善間知敵情善候得地利小挫振小利戒險益備鬭慎弱列不失固進不淩節是謂豫慮四者縱兵之機決勝之要也古之所以策無虛發勝必獲全也

雄淵

衝陳章第十一

不知簡異兵多而不練不知制節卒練而不治不備器械

士治而不用不修陣隊士用而不勝古之軍命守則不可
攻攻則不可守備其具修其變矣甲士萬人穿山烏二百
腰弩千弓千矛二千鉞六百烏銃千倭刀千棒千單刀自
副飛城二十有四乘行壘四十有八具飛城廣丈四尺袤
八尺輿高摩項軾深隱臍內外二輪輪間六尺輪員銳徑
如其間軾下蔽以板不及地六寸犀鬃絮而着織女焉去
地二尺鑿板爲直檽輪外當轂垂耳上屬楯下受桄桄尺
六寸輪後平轂橫長桄徑板趨乘十人前後引桄以發之
退則轉人戰地易而經道阻者脫也載旗麾鉦鼓號頭角
鐸材士彀弓二楯二劍二令手二率一人秉枹登全卒屬

焉下檽承穿山烏二烏三子腹母母身爲漏槽以知直也
跨漏槽爲虛照星三以得準也母腹爲兩耳以受環通環
通鐵索也稍爲尺以度升降以比遠近長齊檽而刻十分
之二卒伏之環通屬於楯以爲前拒行壘之廣殺三以一
以爲左角右角步卒百人鳥銃三十矛三十腰弩二十倭
刀二十飛城四十行壘各三十扶輪爲伍人方二步劍楯
六十人均之差伍爲蔽飛城橫八步縱稱左右步卒共橫
二十步并左右隊而廣四十四步左角橫六步縱八步左
右步卒共橫三十步并左隊而廣三十六步右角右隊并
其步如之步方三尺中人之足再舉也騎百有四十弓矢

戍矛兵三騎爲參參有長三參爲羣羣有長羣有限限二
步三羣爲輩輩有吏竝輩間有道道六步前拒駢輩左右
角特騎去步六步前後八步左右並如之是爲衝隊采蒙
鐵連驂八駟分二隊位拒角之間後雙齊材士赭堊被重
鎧執鐵棒夾馬立角一聲援乘二聲以奔折聞鼓羣輩乃
隨之是名陷騎凡騎常陣鬪鼓變視麾諸軍皆如之戰望
敵掌號步楯散伍以實隊振鐸盾坐弩銃發鼓發步楯鬭
足視率鼓角一聲止進二聲復伍失律者教與長通坐連
驂發即翼騎以爲勒也凡車步皆有縱卒正三而一共三
百六十五人而爲一卒縱與橫從中百有十六步五千人

爲小陣陣十二卒中四百六十四步以四爲正章以四正
以八爲奇章以四間駐隊八以駢環犄隊坐四餘六百有
五甲將握以居中輩爲隊分十隊環其前後餘奇繞讙是
爲游騎因敵制變以驚突之二萬五千爲大陣方實補隅
麾奇

陳營章第十二

營寨有分軍以犄角之壁外五丈周斬勒溝坦徑里各有
輔而域其交焉大鉤小絡縱橫相當勢等布陣度倍列行
營法始於薄戰守二卒其率統中百人者聚爲一藩藩四
比其主帳乘執皆在焉帳有徑徑三尺三分其徑之二以

為溝中分其徑以為比溝三分而加一其帳徑以為比徑中分比徑以為薄溝三其溝以為其徑中分薄徑為屯溝三其溝以為其徑上之俱三而益一九薄為屯屯三為大屯三大屯以為壘三壘以為營凡屯皆垣之營外築壁其洫方七尺壁門四薄亦如之芻門壁方各二軍各由其門凡道交錯之處設表如其軍章百步而一焉置吏其卒越薄者其卒誅之不誅與同罪至他薄者他薄長誅之不誅與同罪其帳長不舉者與同罪越表者如之卒無薄章吏無將節而違其域者無貴賤徇於軍門八軍外環日各以三隊戒分三虞旦晝夜而徧吏之戒者半列壁外半乘壁輕騎二十人為候授節分方以察不虞凡門立旌旗擊鼙鼓吏一卒矛劍各二腰弩四有詣壁者門吏以節譎其狀然後通之

車陳章第十三

易則利車車曰駐隊其法百人攻車三而守車一械裝乾餱各在攻車攻車之制廣八尺袤四廣以三高四袤而增一去地五尺五寸可設板立人為輿戰則撤之雙輪輪腹游轃外挾重桄前蔽葉左右各設葉扇扇有襦如前葉可施長兵環鈎屬於轃轃去地尺游轃貫楣中垂環通屬于毋烏一四人夾輪以發桄二人腹之扇外各二伍累縱兵後腰弩前矛倭刀濟之行頭迎尾逆左右從環輪為陣蔽扇為營守車中焉變可以謀地用可以謀勢礮矢之利不入鐵騎之突不施斯其節也

騎陳章第十四

騎陳易為奇難為正易奇則防亂難正則嚴律是故騎左右相去四步前後八步三騎為參參有長三參為羣羣有長後有限限二步三羣為輩輩有吏間有道道六步三輩為卒卒有卒卒居中間有隊隊十二步後十步卒三而有裨騎千而有帥帥居中八卒環之千分八卒帥統其旁外列八輩而奇圓於中是為一旅旅隊間三十步後二十步三旅而為師師三而為軍軍有將軍萬騎輕鐵五千握奇如旅法中為中師左左師右右師各三分之前為提擊中為閃衝後為飛陷夫然後方圓以神行綴不棼左右右左後前前後敵向為首八邊俱救覘其輕虛伺其便隙閃衝衝之飛陷陷之遇變而分攖利而合辟斷為陣雖驟成行自出自入天下莫當

步陳章第十五

步卒之當伍馬兩車五人為伍五伍為兩三兩為隊三隊為列三列為卒三卒為旅三旅為師三師為軍吏道皆如騎旅弗奇其位方十五步而畫兩贊騎者八馬當一兩列

為二駟其位亦如之其兵長居前短佐之其行疏可齊及也其勢密可鼓氣也騎居中相敵以制變其合以正勝以奇也既陣角一聲隊散而兩齊去後兩以五步兵及三聲皆坐軒兵以虞乃鼓之呼擊以進十步則復兩騎視麾而張翼常陣聞鼓中軍中道出左右陣輔出後略陣出三出三入去敵無及五十步以御猝然後形以邀其來機以導其隙斯戰之節也其戢車騎者必得地利次修具而明法縱伍牌為長戚氏之良也戚氏方牌中銃子者三十步洞五十步仆授兵未宜且束伍而不能庇伍也參其制令長負牌輔鳥銃翼矛牌遂背之陣肩之駐而坐進步聞鼓銃

矛隨牌銃熱而牌退伍更牌制高六尺廣四尺五寸左右各開櫺方四寸牌三層合之層榦皆厚寸內層榦檀餘以杉外層施篾張布裡着以垢髮剉緜雜潤物團之如彈密置再重表裳布采之中層空以繩繫布條長五寸虛懸十桄內層表兼牛皮裡健桄繫韋鼻三榦上下皆分鑿二寸以環束之銅子入采布附潤而煨中層空拂懸布子力莫注則不能攻皮已采布柔不受子力則負人不踣已凡教步擇場方千二百步縱分為四一縱橫畫界如棋枰縱界赤橫界堊步跬墨一界縱而不橫一界橫而不縱一無界一鼓跬一鼓步一鼓二聲趨一鼓二枹走一鉦止一鉦二聲退麾則移卒皆甲負其足齊進之橫界以觀其縱進之縱界以觀其橫進之無界以練其準既習無界進之陂陀險阻以習其變足變既習乃教手技車騎皆準是

五地章第十六

因地制利操於陣形陣形轉移本於隊數隊數分合始於伍法是故不修伍法不可以分隊不習隊數不可以令陣不閑陣形不可以制勝伍法伍人為伍名籍其一符一收於卒卒一收於伍長五伍為兩名籍其一符一收於旅師一收於兩長凡伍中一人為長左右為輔次左右為翼教法先五人平列次輔前一步半次長前三步次翼斂為魚

貫合之兩五伍各以位並於前行謂之兩齊其他變皆如伍法騎參法亦如之隊數傳鈴伐隊鼓植方色幡軍各視其幡色三隊合則鼓二六隊合則鼓四九隊合則鼓六傳鈴聲隊鉦則散復隊其數亦如之散合既習然後示麾是故方陣主陣也伐鼓舉白旗則為圓陣方卒環於外陣奇方於中金腹土也伐鼓舉黑旗則為曲陣形散如撒星勢聚如張箕水母金也伐鼓舉蒼旗則為直陣縱分三橫木母水而子火也伐鼓舉赤旗則為銳陣勢如燎原形如列炬穎行以差後密而前疏焰升於上土成於下也伐鼓舉黃旗則返方陣五地之形也以生序剋五行之用也堅伍

土陣也乘隙水陣也陷堅火陣也齊及金陣也要截木陣也五行之推也九陣之變其正各有五行吏知變士知陣是以觸處爲首而可使如率然也四正爲實四隅爲虛交分其四之一而設八寄四時而乘四方之義也其聚散以辰旂旂植而聚弊而散揮指而前

附次壻楊傳第後序 字汀蘆江蘇陽湖人

傳第幼學時即聞外舅慎伯先生之名云年方成童成兩淵一書總攝權家沙場老將皆歎爲精妙至道光甲辰得締姻乙巳三月傳第爲館甥日侍先生秋間先生集錄生平著述付排印傳第幸與校勘之役乃得讀兩

淵面質要領先生曰兵機莫神於左氏兵事莫備於通典其專以兵名家者古書六種後世則甯同勸說而已先生年弱冠明文毅公督川楚師客延先生嘗問兵要先生曰三字而已再申以四字則盡之已文毅曰何謂也先生曰三字者近人情四字者不難爲人蓋人以爲難則事不立苦其難則心不附傳第侍先生八閱月見其行已接物無不依於此七字者聞從前錢獻之先生見兩淵謂先生曰書雖兵家言然非深於禮教者不辦此此書乃遡古先王制作之源以養人非攻於後世變詐之術以戕人者則殆於知先生矣又聞翰風先生録兩淵寄都中質阜文先生阜文先生欲注之兩年而卒不成則其精蘊斷非淺學所能窺測姑就所聞於先生者撮其要爲後序非能有所發明志在爲驥尾之附蠅而已

孔子曰有文事者必有武備子貢問政曰足食足兵民信之矣允矣其言之也夫君子常思患於未萌防隙於未作是以興周之制六德以時合教九伐列於司馬示國不忘亂民不忘戰也及夫承平日久人恥干戈而保邦興刺思蘇幹以作師魚藻見微刺那居之在鎬其垂戒昭昭然矣太公遺教則有神韜六十篇其言先內而

後外至論軍形勢窮困者亟矣顧皆有勝策焉可不謂善哉兵家宗祖未虛耳夷吾穰苴以四夫相繼用齊通太公之術修司馬之法威立當世名傳到今善夫史氏之言也閎廓深遠三代征伐未能竟其義吳子迪君以富教黃石乃原於道德孫武明勢奇正相生虛實相激抱端之論其亦宜矣夫兵無仁義不立無權詐不行善之者交濟互施如膠在漆三子條策斯尤神者乎尉君之論理官有味哉有味哉刑以伐之德以守之讀其分塞經卒束伍攻權兵教兵令較他家詳愷焉世儒鼓其無稽且謂殺戮已甚將嘔啞如老婦乃稱良將耶夫兵

期制勝勝在不窮是故荆尸作而辟楚方行徹行治而強晉梟覘荀吳五陣太原入晉馬隆偏廂乃啟涼州然田單火牛立國智伯水堰滅家唯人所用之而已大都古未必宜法於今今當推意於古且古人陳言多祕兩淵者體神武不殺之機通稽智無敗之事以尙象必覈用以任勢無簡民知威力之勝深法巧之權斯以間古今而詳以斯著者耶嗚呼止戈爲武戒弛也與非助祟黷也先民有言勝忌數將忌世可不愼哉

蕭何功第一論

帝王之起也必舉羣材而羣材之輸力也又必有一人焉主持其成敗得失之故其關係之大機樞之捷非深明於立國本政者不與知非如攻城略地斬將搴旗之顯赫衆人耳目間也昔漢高祖既滅項氏大封功臣以蕭何爲第一諸將不服高祖喻以人狗之說及論位次諸臣又首推曹參鄂千秋以何素守關中遣軍補遺給食不乏爲功在萬世然後何爲第一之論定高祖嘗論三傑曰運籌帷幄決勝千里吾不如子房鎮國家安百姓給餽饟不絕糧道吾不如蕭何連百萬之軍戰必勝攻必取吾不如韓信似高祖之意亦首良而次何史公謂良從容言上事甚衆非天下所以存亡皆不著似史公之意亦以漢之存亡繫之

良又比信於周召太公而齒何之烈於閎散則又以何居信後然則高祖之心欲何第一者其果以何爲故人而私之乎吾嘗觀項氏既得天下而卒失之者而知何之功在漢廷爲最盛也項羽暴戾滅秦所擊者破所當者服初入關幾危高祖及軍滎陽侵奪甬道相守廣武漢軍屢敗當漢王乘虛劫五諸侯兵破彭城奪其根本衆盛至五十六萬而項王以三萬人奔回擊之一日幾盡及割鴻溝東歸漢兵追之又大敗雖垓下諸侯皆會然猶敗信兵是信雖善戰尙非項王敵而知項氏之不滅於信也夫項羽擊齊漢王遂得以入彭城是項羽無謹守營衞如何者也故淮陰乞三萬人破魏趙燕齊以絕楚糧道彭越數反梁地與劉賈抄絕楚糧項王內無可以托國之良臣懸軍深入八九百里迫於險阻不能進兵雖屢勝而力疲食少是以漢王得乘敝以破之假使項王有治內之臣肘腋有備輜重相繼則進可以兼幷退亦不至於敗亡矣高祖獨懷遠慮以全秦委何兵雖屢敗於外而內顧無憂養鋒待時以暇制急是故漢無良信固未必能削平天下若無何備兵峙糧以濟困乏則一敗不可復振人乘其虛不惟良之智信之勇未必有成卽關中之地安能保乎楚之敗也如彼漢之興也如此則信乎何功在萬世矣淮陰陳兵擊趙廣武

君說陳餘曰韓信糧食在後願得奇兵絕其輜重龍且救楚或曰漢兵鋒不可當深壁待之其勢無所得食可無戰而降故深知兵者未有不以糧道爲先則何之安百姓給餽餉不絕糧道是非惟善治國也其於治兵亦非身被七十創者所可比擬矣然高祖之折諸將也以何之功爲發蹤指示余謂良常畫奇策庶足當此雖韓信亦在指使之中以頌何守關之功固爲不稱然而何之功無可與比者固不必藉高祖之言以增重也

蒯通論

世人多言漢高帝殺戮功臣余觀高帝之不殺蒯通而決其不然也以雍齒之夙怨而先加封盧綰叛後且欲待病痊入謝黥布陳豨之反也雖親征而皆就戮於諸將所最畏忌者淮陰以僞遊禽之降爲侯而處長安彭越有罪赦爲庶人而遷之是其無意於殺也明甚其卒也皆死於呂后之手而世率以爲高帝罪過矣難者曰以韓彭死於呂后自可明高帝之不戮功臣何以決之不殺蒯通乎應之曰通勸信反其罪宜死即云各爲其主又非季布欒布貫高田叔等比也高帝之所以不殺者念功也淮陰引兵至齊漢已遣酈生下齊信欲止通曰將軍受詔擊齊而漢發使下齊有詔止將軍乎何以毋行信從之遂擊破齊齊烹

酈生論者常以酈生之烹爲淮陰罪即史公亦謂通亂齊驕淮陰其卒也亡此兩人是亦未以通爲漢之功臣也昔高祖至武關酈生以利啖秦將說下之留侯以爲特其將欲降不如乘懈擊之遂破關入秦項王既割鴻溝引兵而東留侯又曰此天亡也急擊勿失則善謀兵者固未嘗拘牽小義小信也假以酈生說下之故而止兵當漢王困京索之間齊近在楚之肘腋其有不反漢爲楚者乎漢王以五諸侯兵入彭城一敗盡反漢爲楚是其前事矣況淮陰既破齊又破楚兵二十萬殺龍且骨鯁之臣殞武涉之說不行楚必分重兵以備齊當龍且大敗之餘又分兵備齊此楚之所以兵少食盡而有垓下之敗亡也故淮陰破齊乃楚漢存亡之關而其策決之於通故通之功於漢甚大難者又曰淮陰不擊齊必引兵至滎陽成皋之間與項王決雌雄漢王得淮陰助未必不勝項王何必滅齊乃成勝勢哉應之曰項王兵少食盡解而東歸漢王食足盛追之而又大敗及韓彭皆會垓下而項王擊淮陰齊兵猶卻是淮陰雖善戰非項王敵也況益之以龍且二十萬之衆而又無強齊議其後乎故通之功唯高帝深知之矣然而呂后必誅淮陰彭越者何也蓋高帝舊將如張良陳平等皆文吏自愛周勃樊噲事呂后日久唯淮陰自楚入漢未

幾卽南面而王彭越雖數反梁地然自以兵屬爲魏相國此其位高才雄斷不甘爲呂后用呂后爲人剛毅其稱制之心在高帝時已具夫高帝呂后皆天授高帝封吳王濞知其應東南五十年後之反氣告呂后以相王陵陳平後非汝所知然則呂后豈不能知高帝之未能久臨宇內乎呂后自知不能得韓彭必爲異日產祿之憂且非及高帝在時尤不可制故以計先鋤之托名爲劉實以爲呂且樹威使人知所趨向也觀孝惠崩而哭不哀是其于劉氏可知故明允用董之論爲得矣高帝歌大風思猛士及白馬之盟與廷臣歃血非心懼呂氏之變而何是故心偉通勸襲齊之功而借跖犬吠堯之說置其慫慂相背之罪以此言之則高帝之不戮功臣也明矣

書志林後

坡公晚年志林文十三篇機杼獨出下筆矯變有神力其論始皇使扶蘇監蒙恬兵於北邊而任蒙毅侍帷幄以制內外輕重之勢策李斯聞趙高邪說卽陳六師而斬之以爲德於扶蘇與蒙氏譏始皇使智勇辨力之徒失職以速秦亡數事皆洞悉機權爲自來策士學識之所不及獨謂范增當以殺卿子冠軍時去推義帝爲天下之賢主增之所與同禍福數百年佔畢之士驚嘆瑰瑋尊爲定論予竊以爲不然史稱增年七十餘素好奇計方其從項梁於薛進立楚後之策以收故楚蠭起諸老將之心梁聽而推求懷王孫心於民間從民望號爲懷王然梁自號武信君以五縣封陳嬰使爲上柱國輔懷王居盱眙及羽主約乃云懷王爲吾家所假立耳非有功伐其君臣之間可知故懷王深恐虛名未可久居欲鋤項氏而無其地會梁敗沒項羽恐沛公呂臣共引軍東還彭城懷王卽乘勢并將羽與呂臣軍而用呂臣父子居樞要侯沛公使長碭郡將其兵以深結之又知宋義前諫梁不見聽而使之於有隙之齊是其於項氏無恩擢重任加顯號使盡督諸別將北救趙

使羽爲之次以止其西行又恐義初爲上將不能獨制羽以增前定策有深德於己而羽之亞父也使參立以折其桀鷔而獨遣沛公西行以秦勁兵悉在河北楚既以重兵駐河南與趙爲聲援綴秦軍則沛公得以乘虛略地而廣楚國又使其勢足以抗項氏故義之留安陽四十六日而遣其子襄相齊以樹援者卽懷王所召與計事而大說者也增窺見至隱故嗾羽矯斬義而率諸將立羽爲假上將軍以必擊秦而存趙以收諸侯之權而成項氏之霸業不然義既被羽斬諸別將前屬上將唯增以末將與羽比肩首立楚者將軍家今將軍誅亂之言非增出而且誰出哉

子謂羽之初知名也以斬會稽守通其盛也以斬上將軍義然斬通梁使之斬義增使之梁之使羽斬通也徵於可取而代之言之壯增之使羽斬義也徵於拔劍斬通之行之決及不忍鴻門而增遂有吾屬爲虜之嘆矣蓋增之去志決如此而勢有不可耳至坡公謂項氏之興也以立懷王而諸侯叛之也以弒義帝則尤非事實懷王以丙申一月尊爲義帝二月徙都江南十月衡山王臨江王擊殺之江中是年四月諸侯各罷戲下之國而八月漢王已還定三秦二年河南王申陽魏王豹已降韓王昌殷王卬已破漢前後收其地置隴西北地上郡渭南河上中地河内諸

郡及三月至洛陽新城始以三老董公言爲義帝發喪遂部五諸侯兵五十六萬入彭城收其寶貨美人置酒高會是果縞素之義師耶不數日羽以兵三萬擣漢於濉水而諸侯復背漢與楚則諸侯之不以義帝故叛西楚也明甚且臨江王敖身爲懷王柱國而與衡山王芮親擊義帝九江王布遣將追殺之郴縣而漢首遣客招布號爲武王卒封之淮南芮則徙封長沙爲義帝報仇者當如是乎敖死子驩嗣及羽敗驩與漢將靳歙盧綰相距數月乃降虜致雒陽而殺之史記言驩爲項羽叛漢者得其情矣當梁初渡江止精兵八千西至東陽而陳嬰屬渡淮而黥布蒲將

軍屬兵衆遂至七萬至彭城擊秦嘉走景駒降其軍至薛而沛公亦來附合衆十餘萬其勢已張徒爲陳勝敗固嘗之言所劫乃立懷王繼大破秦軍於東阿又破之濮陽羽與沛公又別破秦軍於雝斬三川守李繇而梁旋敗没是其興也亦無與懷王之立自楚懷王客死距梁起已九十一年增之生也後懷王遠甚董公爲新城三老與義帝又非有一日之分也是其爲說皆短長家之出奇進身者耳世儒不察囿於經義予故按其時勢情事疏通本末而具說之

書東坡鼂錯論後

鼂錯議削七國七國以反袁盎譖之景帝誅錯蘇子論之曰錯欲居守而使景帝自將擇處至安故天子不說姦臣得乘其隙錯之自全乃以自禍然錯上書言削七國事卽曰削亦反不削亦反削之則反速而禍小是七國之反錯早知之矣錯父以責讓多怨告錯而錯答以不如是天子不尊宗廟不安夫彼既不避衆怨以尊天子而安宗廟則其不欲自安亦明矣且夫七國之反也天下驛騷京師震動當是時將百萬之衆出關以征吳楚非堅忍不拔之士固不能任然埽境出師撫虛空之都城御羣臣安黎庶籌隨糧非忠臣智士而素親信者又孰能當此任乎故居守

與出將其重均也錯以文學爲掌故洊爲太子舍人門大夫家令文帝雖奇其材位不過中大夫景帝卽位乃驟貴軍旅之事故生平所未習也夫以留侯長於軍旅然未嘗特將淮陰之善兵尚云非素能拊循士大夫而出背水陳使人自爲戰乃有功人各有能有不能錯固不敢自信景帝雖親用錯又豈肯以兵柄爲嘗試哉昔淮南王布謂高帝老必不能自將乃反旣而高祖欲使太子將四皓曰太子將嘗與上定天下之梟將猶以羊將狼不肯盡力以故高祖卒自將而布成禽錯爲景帝所聽幸在廷之臣皆與錯忤卽賢如竇嬰亦與錯異議其誰肯爲盡力者厥後條

侯以絳侯子深知兵猶以梁委吳絕吳糧道然後敢乘其敝又會吳王不聽田祿伯桓將軍計是以有功則蘇子所謂錯自將擊吳楚未必無功之言亦臆說非事實明矣故錯欲使天子將者正欲以天子制諸將使各盡力且使吳楚聞聲心惕也彼景帝者苟能如高祖自將以定淮南則羣臣捍牧圉於外錯守社稷於內庶幾可以百全耳然則蘇子之論未足以服錯矣然而七國之反吳爲首禍吳之反謀因皇太子提殺吳太子而始造皇太子者景帝也以錯之親幸誠以先王之道朝夕獻納使景帝持大體親骨肉以塞瑕釁則諸侯方共戴之不暇又安有從吳王爲逆

者哉惟其所學在刑名刻覈之術專以削國爲計而又舉之太驟諸侯見侵削無已卽使錯爲吳楚謀亦必有不能自安者況以吳之國富兵强懷不軌者數十年而錯與以稱兵之名有不假誅錯以起者乎而錯反欲因以冶盎故使盎出生入死間以急讒是則史公所謂變古亂常爲之不以漸者盡之矣夫以周公之親而且聖成王猶疑於流言況錯不預定濟難之策而輕發難端七國同叛景帝有不搖惑者哉不然帝素親錯安得以盎一言而遂加族誅耶然而錯之進用也以術數教皇太子景帝自爲太子時已守其教故其誅錯也使中尉召錯紿載行市而錯殊不

知然則錯之所以自禍者乃卽其所以自進者歟

書權書十後

老蘇論項籍戰於鉅鹿爲慮不長量不大寶兆垓下之死以爲宜急引軍趨秦及鋒用之而引田忌救趙疾趨大梁已事以爲說又以亡秦之守與沛公之守沛公之攻與項王之攻較善否而決其必可入關吾按時度勢知其爲書生遊談無當事實也當二世之初天下土崩故以陳王之猜虐周文之庸妄而猶守尉令丞以應者千里相望不數月遂率衆數十萬入關軍戲下時秦幾亡然章邯請赦驪山刑徒授兵以擊文三戰遂斬於澠池又敗田臧於敖倉

破李歸於滎陽走鄧說於郟五逢於許又擊破房君張賀遂殺陳王於城父滅魏王咎於臨濟而項梁繼起最知名邯既屢勝又得欣翳益兵之助遂破殺梁於定陶乘勝渡河擊趙躁其故都圍之於鉅鹿於是郡縣舊爲諸侯徇下者皆復爲秦城守以沛公項羽之善攻戰至不能下外黃陳留而謂羽引兵徑西爲必可入關乎夫田忌以強齊與魏接壤其時魏境不及千里四面爲戰國故重兵在外而強隣直侵國都其勢不得不釋趙至秦楚之際諸侯皆新造當漢王入關之後秦所亡失至夥矣而富尚十倍天下及漢王與楚相持京索間數破敗蕭何遣關中未附輒以

大振而老蘇以齊魏爲比謂王離涉間必釋趙自救者舛矣況沛公之得入關也實藉勢於鉅鹿稽其奉懷王命而西也以二世三年十月羽以十一月矯殺卿子冠軍十二月大破秦軍鉅鹿下端月虜王離沛公乃引兵西至昌邑合彭越軍攻秦軍戰仍不利還至栗并剛武侯軍又合魏將皇欣武蒲軍攻昌邑仍不拔二月羽又攻章邯邯軍卻於是秦河北之軍盡大敗沛公乃能襲陳留取積粟連破秦將楊熊軍屠潁陽略韓地破南陽守齮於犨東六月邯約降未定而羽遣蒲將軍急擊再破之又自擊大破之七月章邯降南陽守齮乃以宛下沛公而趙高作亂爲弒逆

然沛公猶四戰而後得至霸上故沛公自謂將軍戰河北臣戰河南不自意能先入關破秦者非飾言也況邯雖前後十餘敗而吏卒尚二十餘萬皆續發秦之銳士非初將刑徒之比泣言趙高明其降非力屈也且邯之用兵略與羽同非羽固莫可當邯者當項梁既破懷王本虛名無足重輕唯張耳陳餘最賢恐安集稍久得以距河自固故以別軍夾壁於城陽杠里以收梁威楚而自以大軍擊破趙張耳奉王歇棄都走保鉅鹿而陳餘收常山兵數萬與諸侯救兵俱壁鉅鹿北莫敢縱故邯使別將王離涉間圍鉅鹿而自軍其南挾重勢以制諸侯之師羽之戰鉅鹿也先

遣當陽君蒲將軍將二萬渡河戰數有利乃引大軍從之用當陽君以少敗衆之鋒而大軍藉勢追壓圍王離絕甬道遮斷章邯之大軍使王離腹背受敵犯偏而攻瑕故功必成故邯乘屢勝之威而不縱大軍擊鉅鹿北之十餘壁羽持必死之志而不犯邯軍於棘原者凡以兵機之變爭於俄頃非極持重則倉猝或生得失也果如老蘇所言急引兵西秦當迭勝之後士氣百倍梁韓之郊名都十數徑西則堅城議其後攻城則力不能拔而鉅鹿去彭城僅數百里邯留他將持趙而選鋒急走彭城所謂羆據虎穴搏其子虎返而碎於羆者喻此乃爲切當耳然羽自破秦軍

於鉅鹿諸侯盡屬又降邯於殷墟距函谷僅千里乘勝遂前則入關仍先於沛公兵法曰得車十乘以上車雜而乘之卒善而養之是謂戰勝而益強又曰兵聞拙速不聞巧久然則羽之喜兵法而不肯竟學者乃天之所以為賢者驅除難與

男誠家丞孫希龗曾希蘭廉校字

安吳四種卷第三十四

齊民四術卷第十　　涇縣包世臣慎伯著

兵二

練鄉兵對

嘉慶丁巳季秋既望世臣謁大興朱家宰於皖江節署家宰喟然曰楚豫匪勢猖獗糜爛人民安徽西接黃州北邊固始勢若處堂吾子亦有萬全之策可近護桑梓而遠戢妖氛者乎世臣對曰為政之道先戒為寶家宰戒之矣觀今之勢不強民而令不擾民而強者莫若練鄉兵家宰曰今勢極苦無食支銷不能募捐莫應則鄉兵之練費將焉出世臣曰川楚初招鄉勇人日給錢二百擢鋒有績世臣則竊笑之卒有新野竹谿之役者勢然也今仿行其法節多募義急公之士捐餉數十百萬以招集無賴散處鄉邑世臣恐練之未成而安徽已亂也行世臣之法匝月間安徽費不及銀三十萬可得勝兵五十萬家宰曰甚哉吾子說之奇而震人也果鑿鑿可行老夫願從爾後也世臣曰不知而言不智知而不言不忠不忠不智皆世臣所不敢出且邱墓之邦家宰為之棟棟之隆世臣所庇也竊惟鄉兵之練也上下均其利乃利則未收而先已不勝夫害者則以制之未得其術也昌黎之言利詳矣而未晳其害趙

完璧五擾之說止見一偏夫必盡知其病者乃能收其利益民無所餌則不應命人給以糧則不繼其病一籍農爲兵勢不能集城而教習迫揀閱技仗鈍弱罰不可勝罰勝則激其病二强梁之徒投以兇械欺凌爭鬬滋生獄訟其病三其卒長總領兵衆挾持官吏短長少不稱意則橫呼狂嘯桀驁難馴其病四汙吏激之奸民煽之或至不測其病五爲寇集衆鹵莽撥調彼既無所顧戀遇敵輒潰其病六寇賊既戢鄉兵當罷不能歸業善後爲難其病七慮茲七病而不得制之之術故議多中沮而鄉兵之利更代莫收夫十室之邑必有忠信矧江皖民多勁愷慤直好氣矜

鮮有詭黠不可馴馭之輩宜明飭守令實力奉行使法課績視爲殿最令下州縣於文到五日內卽行詳切示諭十日外卽自備日需減從下鄉乘馬習勞以身先衆喚集附近各村知事矜耆爲人推重者賜坐與食面行愷宜盜賊之害團結之利使衆庶曉然共信官長爲民籌畫保全之至計而無調遣陣鬬之患嘗見村莊延教師演拳棒子弟無不踴躍旁觀亦見獵心喜而同演習者其患難救援不啻手足況乎官爲置師以慫慂其前又隣有寇氛以怵惕其後而不欣然從事者乎巡鄉時一面給門牌查戶口略做十家爲甲之法以二十五丁爲一甲其業儒及行賈者

不與立其素爲衆服者爲甲首甲冊成乃議派兵古法三丁抽一今州縣十六以上五十以下之丁壯常過十萬五而派一則邑可二萬人家有六丁則正派一人餘與別戶合派戶一二丁者幷戶派人輪操五人爲伍五伍爲兩兩置長揀甲首點充兼督教閱不附兵額憂患相卹善惡相保同兩人素有仇怨長爲解之坊郭工商一律編派兵法四兩爲卒鄉兵若置卒長恐聚人較多難制故相卹相保至兩而止二兩一師令擇兵之能者或武生及邑之有材技者充當優給餼食於農暇教以技仗步伍器械用長槍倭刀腰弩就材分習齊眉棍令皆習之壽蒙平原近賊烽

處加習竹簰狼筅鳥鎗過山鳥一切火藥器具仍禁民家不得藏造潁鳳廬六家有器械他處官酌造給費不敷則用纏竹鎗合竹弓柳條箭貧富必均其役古富者出財貧者出力之說斷不可用其有好義願輸備兵需者從優獎勵不願者不强各兩彙冊呈令令據總冊劃爲幾鄉鄉合兵千餘人於各鄉度曠地爲演武場每季就閱清冊內但記家長姓名其丁多當出兵兩名者兩行記名丁少與他戶合派一兵者兩名並記一行其家願隨師學習者皆聽值季輪派應閱之人兩長臨操呈單備點閱後於清冊原名下注云某季某人應閱暗記其能否以備查核每單止

二十五人兩長可以立辨其師之名則注於每兩之冊端閱時不精技仗坐師不遵約束坐長優等多者師與長有賞凡令下鄉閱兵甲日閱子鄉發丑鄉牌乙日閱丑鄉發寅鄉牌鄉里既無驛騷又使人莫測定期平時不致怠廢閱法比營卒賞差厚罰差薄行之必信其兇橫滋事爲民物害者兩長白於閱時據律重懲知情而長不白事發減二等坐之閒有拔衆之能數閱後即申請褒異拔於營標效用以明收材力之益除鷙悍之害且各州縣俱有豪在大府籍有急易以聯屬閱畢照文課例榜示優等於鄉蓋兵有常數而無常人則無逃籍與無事而食之弊而有

人皆習兵兵皆可用之效又仿古更樓之法增損之每二兩而聯一更更各植高竿一使可揭燈夜以五人執仗擊柝巡之度地形使數更聯爲一會夜有盜賊即懸燈擊鑼下更應聲則起賊處止擊下更望燈即應懸如法直巡人分守隘路賊就執則某處先落燈餘以次落見燈聞鑼而不應同會議定罰例戲以驚人者罰出合會巡夜酒麪燈油錢部勒粗就則議割兩爲里約以百家立衆推知事者爲里長舉行保甲鄉約各令典幷仿古義倉之制諭同里隨力輸成公堂以備脩添器械令閱兩載之後守於仲冬就縣一閱賞罰揀擢法皆如令并責令成甲日下諭各鄉

使丙日來閱戊日即返人往來三日公堂給費二百四十文每里所需歲不過錢三十千文捐公自利不經吏手勸諭應不甚難也公費漸多則勸貯粟糴糶備災歉皆里長主其事而令稽其籍封疆大吏時差親信人員廉察守令勤惰於大計外劾薦其尤以示勸懲夫家結爲伍伍結爲兩比戶相爲保卹雖無賴羣橫所向而皆遇其敵流匪聞風勢必遠竄來則人自爲戰據阨拒之易易耳本境苟有稂莠則無所得而必成擒又可以默消覬覦相率改過以自祟正業是故農事不廢而鄉里日睦追胥漸息而教化可行也永守不隳治道在是更無容憂罷散矣夫民習戰

鬭則心能自固而流言不能以搖惑練有法制則人皆遵節而烏合不至於放縱計一載造冊獎賞之費於官者若干而什伍知方城郭不露若網在綱唯吾指使七病盡去收利無窮雖古之靜能守其所固動能成其所欲者亦不出此矣且城者所以守地郊鄙雖入保得全而室家無復舊境况今城中類皆稠密一旦有警則唯坐視鄉民之流離顛沛而莫能爲策如何其不早立苞桑之計也哉要徼現屬平靖尚可及也近乃調兵遠戍使齊民驚恐奸民得肆其訛言毋乃爲非計乎然而教技仗嚴步伍不得其術終亦無濟於實用凡一切製器及鄉政條教茲皆未及詳

唯冢宰察訓之冢宰曰善吾子老其材充其氣以儲大用洛陽年少不足多矣世臣謝不敏而退越二日冢宰命筆為書以獻卒為梟使所格不果行

安江賊對

獻鄉兵議之明日冢宰曰斯事體大同官意見不諧非吾所辨也近皖境江面五百里水盜縱橫或言楚北停運水手滋擾或言安陸漢陽告急匪勢甚熾意欲窺東此其嚆矢舟商纜貫剽掠及身野渡村漁斗米斤鹽皆見攘奪兵弁巡江曾未遠城裂檄碎舟日常數輩斯事甚急子為我策之世臣對曰楚運停已三載為盜不俟今日匪果欲東

勢可直下無須先聲且潛匪入境必約期分匿待大股齊發斷無漫肆小劫之理此不過安漢難民流喘殘生耳夫流民弱則丐強則劫自古為然今江面五百里而水賊不下數千措置或失岌岌之勢也以世臣之策行之旬日間可不誅一人而江賊自盡且收以為利然進其愚忠冢宰不能用也安徽憂賊東下共捐銀五萬兩議招水軍而未決夫投軍者皆無藉匪丐且不習水出江而伏嘔者十三四今江賊皆楚人長於舟檝慮無五十以上二十以下者性剽氣悍自兵興應募充勇見干戈習技仗被賊奔流進退無路近日商艦結幫而行日中而止劫掠不便故小舟

米鹽一切剽取亦足明其為饑所驅非素習劫人者已今誠設重募於各口懸格愷諭招應水軍彼前得安生後遠死法其從令不待讀檄之畢也懷之以恩簡其強而知事者別為哨長以領其屬派幹弁分轄教習萬一有警彼其父母妻子皆被匪毒其恨匪深入骨髓因其情而撫用之倍于常兵無容以楚人而疑有奸也此與招匪丐不習水者功利相百也冢宰曰善然安徽無戰艦人言每樓船一費五六千兩故招水軍歷三月而議未定行吾子之法江賊安誠可必或言不備戰艦猶無用也造之則費無出奈何對曰非唯費不支也亦日不暇給樓艦之制高二丈五

尺長十丈檣櫓拍竿非期不成此古人侮亡之師非應急之用也今以意創分水龍百艘艘用銀百五十兩耳其制船底尖兩頭銳如梭度載人水痕所及上五寸置轂貫船外着輪夾船船二轂輪員齒板舟中發轂以足如水車法平捺棍出走圍如太平船式外垂板衞輪及水二寸以藏行艦之機上架單梁蓋牛皮幔如木驢以禦砲矢旁開銃穤左右各置三子穿山鳥一上屬之梁入船巷而發無不碎者皮滑頂尖不能鉤着往來梭織倏忽如飛無桅倉不受風力以輪分浪極穩其發飛鳳筒者去幔筒增損古法以竹圍四寸長尺四寸五寸上去節炙取汗令極圓平攣

水浸透使不粘火取四層鐵落之薄而大者和湖腦松香斑毛膠爲小餅雜今花炮藥最上者實之人三筒高可十餘丈藥餅附物無不粘焚者得此截江雖精兵十萬不能飛渡也冢宰曰善世臣曰招安三數千人五萬之餉僅支七八月耳冢宰曰然如何世臣曰嘉慶紀年以來八卦門外新洲出水闊約三里長約十里大漲不沒洲頂其傍水深處不過二尺是可圍爲田也宜查明有無人報水影妥置歸公應招人今冬且使住營習規制及一切技仗不可遽勞致生惰獷之心開春正二月間春漲未至時出令圍洲分段督工隄厚一丈高五尺外修清丈以方五畝爲畛

約可得田萬五千畝人給一區動借公帑無礙之項優給牛種鋤棚督令出屯且洲勢抱城上游實爲最要興屯其上尤得地利成熟時十分取二貯公以備潦歲給餉陸續製備軍裝一收之後人有恆產各懷安居則善建不拔者矣冢宰曰善翌日語長洲宋兵備鎔曰包生眞奇才其言應變不窮確鑿無飾說然老夫且夕且去此未即用也兵備退謂世臣曰吾子說又不行矣江賊吾責也爲吾思其次世臣曰是有驅之而已行吾法十日內江亦可靖賊船皆楚中雙飛燕易辨總計其人雖多然分散港汊曾無銜尾聯檥至十艘者每艘四五人是大羣才三四十人耳賊

畏死與人同舟小不耐風浪難挂江宿也宜飭本屬移書臬司轉飭江北州縣一體捐廉添捕移營勒兵協防但守港口不出巡江計五百里南北港汊可宿船者不過四十餘處其十一州縣分之每邑止四五處每處漁船百數日輪十五船應用三人一船每縣兵役約二三人旬日費不過二百兩會未足辦一宗盜案耳疊示張掛港口凡雙飛燕來不許入港違者捕擊彼必奔前港又不得入各覓便地暫宿不能聚集定謀又無可掠取必東下去安境矣若江蘇仿此行之當窘而入海耳庶幾下策之得也兵備從之不及半月江安二境舟行者俱無恙

籌楚邊對

嘉慶二年十月世臣應陳祭酒之招至湖北友人傳卧雲言世臣知兵事有奇略於湖北布政使祖公之望祖公枉顧世臣詣答祖公延至密室屏侍者而告曰自嘉慶紀年兵興楚北最爲糜爛賊烽近雖少遠然奸民伏莽隨處皆是制軍防竹溪撫軍防巴東提軍防興山與秦蜀接壤之處深巖密箐袤延千里節節立卡合計兵勇尚五六萬人而旰夕驚恐流言日至從前招聚鄉勇節次裁撤數不下二十餘萬鄖襄荊宜四郡或數十里無人煙裁撤之勇無業可歸流徙攘竊在在可虞藩庫現存款不過五十萬運

抑存報銷軍需部費十七八萬尚不足七十萬各省調撥
無餘司農幾於仰屋此間名爲省垣存兵不過數百人各
郡邑或至不敷看守門管勢同火上厝薪焚如立至吾子
亦有奇策可以保護疆域使之少安者乎世臣對曰智者
常因敗以立功豈止少安而已乎今春二麥大熟漢口近
在隔江存糧不下二千萬石有鐵行十三家鐵匠五千餘
名又鹺商之所聚庫內存抑銀兩介公私之間是可動用
閣下再作札致鹺使截鹺商之課十數萬合銀三十萬兩
以十萬兩買二麥以三萬派買鐵行之鐵督各匠晝夜趕
造農器數十萬事約工價五萬一面通飭各州縣出示招

散勇之流亡者妥爲資送前赴襄鄖一面派委會帶鄉勇
爲衆所信服之文員前往度地勢插屯每屯相去以五七
里爲度使聲勢連絡無論逆產及逃亡遺產每人給地二
三十畝農器二三具籽種口糧若干漫撒麥種即就墟落
居住不必別搭棚屋若輩久經陣戰大率有膽力無家室
防兵爲其藩籬年底必可播種齊全正二月間稍集什伍
演習技藝以助防兵之氣其地荒已二年收成必倍比及
夏初賊匪探知麥熟并力豨突以逸待勞其勢必敗威聲
一振可以扼要設防漸滅塹山之守一麥之後人各擁穀
數十石已有固志官運其半赴漢口糶賣爲置牛具秋後

酌收五分之一就近撥濟防兵口食即在各兵應得糧餉
內抑收以歸原款楚北行之有效秦蜀必相繼仿行各屯
力足自守則兵可專意剿辦賊內不能耕外無可掠聚衆
益多其勢愈蹙然後開以生路剿撫兼施芒盡霧消可翹
足而待也祖公曰善囑條具六事上之兩湖總督景伯景
伯以示襄陽知府知府間之曰楚北兵興三載動用錢糧
六千萬將來不能報銷者約十之五均指此產以爲彌補
今招集無賴以興屯田其成否既不可知而報銷窒礙恐
大府將受無窮之累也景伯以爲然遂駁其牘

說城

城以守地臺以守城築城而不足守是勞民於無用之地
也俗儒無識以兵爲忌則城爲虛器矣夫臺者以實擊虛
故兵法曰百樓不攻樓左右十丈長兵及百樓則二千丈
之城已凡臺必出城丈五尺以上或員或銳無使露角址
視城低丈許曲級而下虛牆齊城使人不能攀越也平址
開礮眼間二尺而一眼外方尺內方尺五寸平人目開竇
外方七寸內方尺常以畫板如磚形蔽之女牆下爲層級
高一尺厚三尺備坐且爲固也址上尺六寸開垛闊二尺
內侈之使人技可施垛高如人厚一磚城面廣丈二尺以
上每十垛礮眼二石堆四池近者逼址使游水無所施力

遠者使可築垣施屯橋宜濶而短丈五尺以外人不能超而已城上下差以十四每高丈則外斂二尺五寸內斂尺五寸使漏水不能傷有傾朽不至坍瀉檐址逼女牆飛簷外出可以縋引上下檐必六面前面平左右前角迤殺左右後角及後面平前三面置扇蔽軒下斜向外推之足以遠瞭收之足以自衞每門二棚必嚴啟閉居常不使人登望長官巡城入棚即閉不得縱人隨觀以備不虞所見城以百數平原則荆州爲善倚山傍水則武昌東流亦名哲之址至拙莫如江寧宜其一傳而革也堪輿之理信矣明祖見鍾山西麓止太平門門北蔣王廟一帶山岡悉直西

奔江濱乃翻身南行逆上至北郭山與獅子山交牙雖環抱完固然低小恐江風灌腦故別築紫禁城於鍾山正南而廣舊城至獅子山以截江路自以爲形勢理氣兩得之矣不知繞江諸山較鍾山不及半而視北極閣則倍高六朝宮殿當北極閣之前西岸老龍山環抱恰好並不受江風侵劫其所以不久易姓者以鍾山火盛鑠金故耳而明祖反依鍾山以築宮殿鍾山高絕諸山火未轉化江風正劫其頂豈不悖哉又城廣至周五十餘里且週環不設臺檐更番乘城及分段策應共須五六萬人運石送飯在其外又堰白河下關二口則迤南半城懸釜而炊且峻過六丈尋矢石之力垛眼僅能徑尺垛下五尺高掩人肩又何謬也若北據後湖東包覆舟山西包百子亭南據內橋毀南唐舊城復秦淮故道則南自桃花塢以西北自城坊門以東皆吾亭障矣又據北郭山西南迤至獅子山爲倉城以便運道而截江路遷句容治於龍潭以聯京口分設縣治于仙人磯三山營之間以接歷陽則固圻輔之道也乃以都城倚江自防東南空地皆二百里故兵自淮來者亂洪澤湖出明光集徇橋頭則牛渚失險下邗溝趨眞州出沙漫州則京口無險亂高郵湖徇六合出浦口則都城自戰矣外失指臂之形內失固守之勢豈有倖歟凡築城當

擇張山食水之處則洋寬土厚水曲流暢後山豐坦左右環抱則生人忠信而富饒斯可守也若前後俱有高山中開平原者是名囚垣不可用凡城後有山宜跨分水以爲固城前有山近者徇麓曲折爲垣遠宜在三四里外斷要途爲亭障若後山虛出則瞰城失勢前山壓城是爲敵築壁也皆不可守其高巖環繞周匝者於隘口累石爲關以資啟閉不必建城凡平洋築城必凹凸環顧殺轉勾繞兩凸之間穿山鳥力所及又相直也凹處按步加敵臺以聯之凸者皆內狹而直外濶而員如人鼻形月城傍直狹處兩面開之則敵不能焚門矣礮眼必量火路以便照星其

地勢高下不齊以滚水壩堰水爲湟者必築直臺壓堰跡壩出水則敵不能奪壩決湟且資左右策應也凡作磚法長尺四寸闊七寸厚三寸五分用淅米水煑沸和泥日下模而陰乾之斷性燒青必煑凡築錯砌下土按層三磚而一築以糯米薄粥雜和之外板差以匀使磚與土牽互如一則盡善矣寧小毋大寧卑毋峻以高城之力浚深廣池有餘而功倍之莫要於此矣

郡縣戎政 說儲下篇之三

知縣檢圖巡境必先明要害控御之地間徑出入之所凡我據其地而賊不得過者爲要地我據其地而左右可過

之地賊不敢過懼我抄截其後者爲害地不明間徑則要害之險失已宜繪總圖將要害間徑貼說詳切知府同

今屯田虛名官田實皆民間賣買過業過糧不可追詰藩司當飭各縣查荒蕪平田地塌無主無糧山場沿河可隄平塌其二千畝以下即屬該縣酌輸墾以裕公費三千畝以上歸屯仍留近城一千畝畀縣知縣將現在充役差壯快三班人校挑擇其年四十五以下二十以上或力能舉二百斤及有手技者署役餘發歸業其無業可歸及願還屯田者妥酌安置挑不及額者虛其缺以俟選補知府將現撥歸標兵丁照縣役挑例處分司標如之 凡江河新漲洲灘皆歸公毋許奸民指報水影致滋爭鬭其傍水田地有沖塌者該長吏即時撿明申報除科歲終咨部 凡請還與無業安置屯田者計口給荒田四畝其單丁則給八畝鋤種牛糧官給有差以收成一熟爲度督令樹藝畜牧成熟以爲世業惟不聽典賣絕者歸於官丁耗者歸於官其竹樹仍半給之歲收其租十之三以一分修兵械二分充公皆田二十畝而徵兵一人其單丁給八畝者則三年一輪上值該轄輪上時聽雇借與人耕種其以罪遷者一屯一值任撥調不爲世業其子入屯受田者除爲良用常人例

凡標屯役法皆同五人中擇一心地明白應答周詳者

爲伍長廿五人擇一身長技高才能服眾者爲兩長每兩擇置一師伍長給腰旗一面竿長三尺旗闊八寸長尺六寸執仗兩長給背旗一面竿長五尺旗方二尺不執仗鼓懸於肩揹袍腰一刀三兩爲隊隊長旗六尺左右各一人不執仗分執鉦鼓長持鐸凡授仗四十以上習弓矢以下習長鎗齊眉棍有差俱帶倭單刀一口徧習其法仍教投石前後平俯以重一斤以上去十丈命中爲度 凡屯皆擇地種栢白楊毛竹苦竹桂竹有差縣亦如之其土地所宜及樹藝法詳農政以十一月斬爲仗栢條直而性堅忍且易長中鎗棒弓幹約縣五百具桂竹于中伐月雨後斬

之和汁破爲四五不斷以羊腸裹之加及漆再重亞於白蠟凡鎗及宜利有脊潤徑寸而上下殺之長不過二寸重不過一兩竿宜頭軟腰硬尾粗又毛竹取其精者爲絲方二分二十莖爲骨加及以水竹篾纏之置池中浸一月取出以老油油透外纏毛竹篾緊簇一層浸油如前又纏約以徑握爲度浸油至五次則妙無比矣毛竹取精者兩片合弓幹如筋角法裡層較外層厚殺五分之二上下二層中皆畧抽薄加鐵胎嵌膠加法當弝處皮裹爲手握形如法兩頭以胎出骨外周匝裹之胎三淵兩狹弓兩頭各鑿一孔以精銅固束出環以牛筋爲弦以精銅鈎屬之以張

白楊苦竹皆可爲矢翎膠如法或以精銅裹弰刻爲領以上弦凡箭鏃以透甲錐爲妙鏃本可包桿末則無中堅食鏃之弊鏃深入桿者約五寸桿中粗兩頭殺扣深沒弦三之二箭以人之左臂自脇窩直量至中指出二寸爲度弓以彀等箭畧讓鏃出寸爲度弓大者張弦去弝五寸小者四寸半或竹弓皆炙去汗刮黃淨尤須兩頭節平上下紋合乃合弓合就以生漆漆兩重凡弓重十斤者箭重八分兩之一以此差之約縣弓百張矢千枝又爲弩白床苦竹削銳其頭爲弩矢以粗糠同炒糠焦爲度再以沸油煎之入堅而不折約萬枝凡仗力輕重皆爲三等縣屯皆以漸

籌造貯庫侯仗備凡得舉者皆給弓一矢十爲獎其行射禮弓如今法縣二十張　號令旗鼓鉦喇叭哱囉笳笛鐸皆同銃凡正行聲鉦銃一聲喇叭吹擺蕩者令下營營成而銃發乃造飯再發吃飯三發拔營鼓發啟行正行間銃一聲喇叭吹天鵞聲者勒陣敲鉦邊植麾將旗也則裨卒授旗鼓於輔而秉節以入陣中受令焉令校則兩長入陣府校則隊長入陣皆執腰旗裨長復其位聲鐸鼓則前哱囉發則噪鐸喇叭並發則執旗者望麾所指而以巳旗指之卒從方以前鐸喇叭鼓並發則騎出鉦則止弊麾則坐弊麾復伐鼓植麾此轉陣也重鉦則退營內無銃而喇叭吹擺盪者放樵汲無銃而喇叭

吹天鵞聲者收入營陳內無銃而喇叭吹擺盪者放挑陣無銃而喇叭吹天鵞者探報入而將更令也自令尉閱其轄皆令習之凡旗之用一曰導其變有三曰植曰弊曰麾其別自大將至伍長有差鼓之用二曰進曰鬬其異名曰鞞用以令鼓其別自大將至兩長有差鉦之用二曰止曰退其別自大將至隊長有差鐸之用一曰傳令將有令而先申之以警耳也銃喇叭之用皆以發易號令也哱囉之用二曰噪曰發騎其步伍營陳之法詳雄淵　較射掌號引弓號聲絕而彀聞鼓乃發違節者笞二十三箭不一中者覘之皆以五八同射一帿較弩瀘同　凡城垣傾壞當

修築者法詳城說 府度宜畜牧之地一區與諸縣營屯合公養馬以充武備濟公費嚴禁牧子殺賣授以牧法法詳畜牧

今教場直北設將臺南向臺左爲旗臺西向直南豎營門其閱也十人之長以皮插緄旗於背無方色手執鳥銃立於伍人之前裨卒皆會使吏請主將再返將乘大輿四人舁鎧從至營門衆夾道跪輿至旗臺降向東祭旗畢遂升將臺坐冬襲重裘熾炭於案右夏登座即除涼帽俊童執羽扇揮其後卒各引兵一簇環場旁走遂北向自爲員陳無步伍以銃聲相屬爲度將臺右階一

卒以紅旗霍霍揮之旗臺前一吏持雙枹擊鼓聲無數鳥銃沓放烟熖迷茫頃陣中出鎗手數人鎗長不過六尺盤旋擊刺又出籐牌數人口交呼殺三合交入陳遂撤伍乃校銃箭械之精窳帊之遠近放之遲速皆不問惟聽鼓以記其中否而已又一人連三四次唱名應校將不知亦不問也寒暑則令減數以爲恩乃校長卒以騎射人箭一枝遂導引升輿去衆跪送如初推求其故自明末迄今皆尚野戰所謂大將仍一夫之用其能選精勇數十百人爲親兵名曰戈什哈恃以陷堅嘗陣則爲善者其主帥但能不斷盜糧餉不行賄賂請託有功

者得收録即爲名將非有不可敗之節料敵先勝之智使三軍若使一人之武也專城之末經兵革者倚職牟利以操演爲具文老於行陣者尤視爲俳優角戲甚者謂古兵法不復可用故當跳粱小醜以力相角尚可倖成設遇有制之敵貪利者冒進而無繼畏難者苟退而疑衆堅瑕雜糅未有不一敗塗地者矣嘉慶己未夏予從明參贊入蜀至巴東校閱楚撫營防兵畢參贊曰吾子視此陣勢可謂嫻熟否余曰吳子有言將專主旗鼓耳夫教者所以習戰閱者所以驗教也今帥閱而無旗鼓何以爲兵參贊曰何謂也曰凡陣皆向敵則今日置

鼓之所正異日敵陣中耳旗鼓者將之大命三軍之所待而動今以一小吏主之去將數十步揮擊無數軍士自聚自散非視聽所屬也何謂有旗鼓哉參贊曰善如何余曰古者入軍門則用軍禮周法弊旗而誅後至斬牲以左右徇乃教以進坐趨走以表爲節最後三發三刺遂以鼓退漢唐故事天子講武躬擐甲冑持仗介長勒陣巡三匝而駐於華蓋甚者以軍容不肅斬徇本兵通典載天子大閱前期除地爲場場北爲墠至期設大次御座於墠南向天子戎輅入就次以觀自本兵大帥皆介冑持仗立陣勒兵以誓誓徧舉旗鼓進止略如周

法所以同勞苦作武毅也自後寖失其意將率矜貴乃仿御座設將臺并屋之以避寒暑迎陣以觀而旗鼓之權乃委裨副裨副之位已尊又復恥莅戎事展轉驕佚遂詔率吏武人悍卒日益無識慮旗鼓在中陣則前軍無由聞見乃移於臺前迎陣以教進止凌遲既久遂至今日夫安養興座過於闔轄考校步伍踈於吏率耳目所習莫加覺察蓋中陣麾擊古無明文畧跡逆志默契非易夫大將居中樹五色麾秉枹建晉鼓指示之威非求徧也如前軍回首以望旗傾耳以審鼓則首已懸於敵旌矣蓋視將麾聽將鼓者裨副視聽裨副者旅帥視

聽旅帥者卒率視聽卒率者隊兩之長而長之旗鼓各令其轄故耳目有專屬而三軍若一身也既職旗鼓又責技擊上材所不能故兩長執旗以上惟以短兵自衛參贊曰善然中陣閱校何以知前列之能否余曰發策決敵人之機望塵決敵人之勢敵人開闔必速入之矧前行之能否哉參贊惝曰請究其說余曰國制雖以漢兵隸綠營備木色然旗邊可鑲方色以別隊閱時乘馬入營門祭纛振鐸而誓中陣部勒麾爲二以挑陣爲迭合之勢將自巡陣督戰執小麾仗劍壯士四人擐兵以從左右夾衛以觀出入隊伍交格兵刃之狀且將自熟

置身於鋒刃之場亦足以習其膽智也其吏士離散步伍錯亂技擊鬆懈決罰有差使上下各知其職屬於戰心屬於令則庶幾矣夫素習於治臨戰而亂素習以亂其如之何以今之法御今之人食累世之糧聞徵而泣守百仭之卡望塵而奔不亦宜乎參贊曰戚氏謂教兵者練重於操操者演習其法練者課授其技如子所言猶操之事耳余曰否否孔子曰以不教民戰是謂棄之盛周之教兵也以六禮教其進止晉文之教民以義以信孫子曰教令不明將之罪也吳子尉繚教兵以旗鼓進退不言技擊控引也夫鎗棒投射之師隨在有之長

筋骨之術隨人知之將但當廣募精考授以伍法使偏帥責其成而時督課之耳乃以之當練爲大將教兵之要戚氏所以終爲武夫也夫步仗以練其手足旗鼓以練其耳目賞罰什伍以練其心而練之要盡矣郭李治兵易將而潰齊趙技擊遇秦而廢豈其技之不善哉夫戎事之要進止分合兵習其變將制其節故曰三軍之命在于枹端也雖然尤貴於簡簡則士卒易習雍正中李穆堂爲廣西巡撫編號令爲口訣以授標兵者則庶幾矣參贊曰善以賊警方亟未敢更張未幾余亦告去今紀郡縣戎政既條別號令之宜懼其狃于習而昧于

用也故追述此語著於篇
入蜀行三日至七里卡閘變道梗卡有七摩伊（猶言領隊軍中稱謂如此）各領兵勇一萬余欲揀兵一千以行參贊以爲少
余謂精揀則一可當十參贊曰經略來促甚急揀此兵
非十日不可姑以兵二千行耳余曰公能聽所爲明日
食時爲公集之參贊笑曰吾子毋太易事余曰公能從
而事不集者有軍法參贊曰何至出此言吾子姑行之
耳余乃檄甲喇大（猶言翼長帥令皆由以行）移會各摩伊每哨備六
尺竹竿二根三百觔石二塊明早伺於教場而別告營
伍處（畧如巡捕而事權較重甲喇大之屬也）會各摩伊營伍處各備五尺

六寸竹竿二根二百四十觔石二塊以俟令明早參贊
率七摩伊至教場爲余設幄於將臺少東遂下令曰植
六尺竹竿量兵勇身材中度者上將臺試舉三百觔石
其長不中度而力舉三百觔石者自赴將臺報名候試
未及午而揀畢得八百人其長不及度者才二十之一
參贊回帳迎拜曰不知吾子神機如此老夫經兵事四
十年未嘗見也但不及千人奈何予曰八百人者恐摩
伊未必肯放耳揀出精勇則餘皆羸弱七摩伊如夢初
醒必不聽將行也語次七摩伊上謁長跪求留所揀兵
參贊曰吾友已言及此諸公同就吾友商之余曰留半
與諸公參贊不可余曰尚有二等冊未來當可得數倍
於一等少頃冊至有二千人予乃出檄草條別馬步技
仗使甲喇大會各摩伊分揀之以一等三百人二等六
百人行者一等給三餉二等給倍餉留者加餉半之
參贊以是委任甚摯行至老鴉壩而王連登以四萬人
營白土坡塞去路予爲奇策干參贊不從而參贊酒中
漏其語予乃揚其說於衆日王連登遁予自此已決去至
達州故忤經畧參贊乃聽予行附記於此以爲倉卒集
兵者發凡焉

畿輔形勢論

嘉慶十四年春隨計赴都試事畢訪檀柘大覺之勝遂由
西山傍邊牆歷易州懷來赤峯密雲順義香河諸邑之郊
者半月入城求輿地全圖以形家言核之形勝結作爲天
下冠始知明人安能起脊之說爲大刺謬也儒家言聚人
以財形家言山主人水主財水上其堂則財賦歸之故都
於建業者能轄西南萬里之九真日南而不能統東北三
百里之淮陰卽東北百餘里之廣陵亦時得時失以淮水
北去餘分下邗溝以入江者無幾故也南幹自葱嶺分支
繞滇粵逾五嶺以至黃山走天目繞震澤渡廣通壩起茅
山倒鉤食江水而結於北山石尖峯二爲廉貞體跌覆卅

山爲培塿土、起雞籠山、山分雞鳴寺北極閣鼓樓走馬三獻天金六朝宮殿、北近鷄籠山、火大土小、金被火鑠、故一再傳而革、革命之時、宗室殲戮無存、而市不易肆、士大夫各仍舊列、及南唐移牙城於南偏、中跨秦淮、起宮殿於今鍾山書院之左右、係由朝天宮左分下支脚、爲北極閣之葢砂者、以非南幹正結、不能吸盡江水、故南唐之境西不盡豫章、南不及吳郡、而歸命之後、兄弟四人三百口、得以無恙、葢兩金之殺氣由鼓樓岡接陶谷、爲連氣水、生倒頭木以結餘穴故也、京都龍來自北戒、由龍門出塞外、千起萬伏、起玉屏山、爲少祖、飛鶖展翅、西南接房山、東南至昌

平、各長百餘里、爲祥雲捧月之形、爲第一重砂、東抵山海關、西至井陘口、各長七八百里、爲第二重砂、永定河自雁門來、東南行幾二千里、與白河會、白河會潮河、潮河由古北口外、西南行入塞、亦且六百里、入白河、與永定河交於通州、爲內堂第一重水、而拒馬滹沱唐溢諸河會大陸寗晉兩泊、及南北九河之水、至趙北口爲西淀、一聚迤東至天津城外、爲東淀、與大清河所納渤海之潮一合、漳衛淇來自太行之陰、五汶來自岱宗之陰、皆東北行數千里、至天津三岔河、與渤海之潮再合、爲內堂第二重水、右恒山爲葢天旗、左泰山爲頓天鼓、正朝霍山、三岳鍾秀、天造地

設、而黃河合淮以行於旗鼓之前、朝案之後、爲中堂水、大江合洞庭鄱陽、以行於朝案之前、錢塘江又在大江之前、爲外堂水、江河去都城三四千里、而皆上堂者、以都後鎮山、東北行塞外、繞出吉林、接高句驪、南與臺灣交牙、爲都城左臂、與右臂之隴蜀諸山相應、故江湖之水、涓滴皆上堂、唯食故也、都城居中原之東北、於八方爲艮、艮成終成始、故都城乃是上弦之月、西實東虛、以中原五千里地面爲實光、以東洋三千里水面爲虛影、山朝水繞、天下歸心、故其形勢有萬、非長安洛陽所可比擬者、艮數八、旺氣應之、故勢之雄、境之潤、都之久、未有能如之者也、明人好爲

異說、如深鑿膠萊新河、以避海運成山之險、深鑿天長六合之禹王河、以洩淮漲、二說皆至謬、而近世嗜奇之士、尙時以爲言、泰山之龍、由旅順沙門各島、涉海而起成山、西行盡於曲阜、嘗周歷泰山之東、有所謂長城嶺者、乃羣脊以至海濵、爲齊楚分界舊蹟、北有小清河、南有五汶、皆西行四五百里、會於齊河之大清河、由利津入海、以二水證之、則泰山之脈、起自海中無可疑者、膠萊河成、則泰山脈斷、岱宗爲天帝長子、其能以人力勝之乎、排淮注江、誤由斷錯、必欲附會禹王河之土名、以爲禹蹟、所經欲鑿石山二十餘里、開平地二百餘里、北屬淮、南達江、以合排注之

義謂可洩淮漲免潰堰爲灾唯潘時良言其不可河事貴精于潘氏凡以洩漲者爲保堰全下河諸邑也而所開之石山實揚通二府州龍脈所自來淺鑿則不能過水深鑿則必斷地脈其爲禍未見輕於決堰也且淮未入湖而先下江則淸口永無刷黃濟運之利又湖身騰空必有議開毛城舖以減黃者黃淮將并入江以形家言測之則其爲患殆有不止於水潦者故附論以告實事求是之後來君子焉

書二趙事

臺灣之役鎭臣柴大紀守城半年以易子析骸入告督臣李侍堯尙未渡臺故貴西道趙翼從戎幕

上得鎭臣奏憐臺民死守而大兵不時至發六百里加緊

諭鎭臣以兵護遺民內渡

命督臣拆看卽時封發侍堯以示翼翼曰翼目昏願於帳外就明視之遂失所在閣二時始至侍堯大怒翼曰中堂尙欲封發耶柴總兵內渡之志已久畏國法故不敢一棄城則鹿耳門爲賊所有全臺必失且以快艇追敗兵澎湖其可守乎大兵至無路可入則東南半壁從此多事宜封還此

旨已繕摺矣侍堯大悟從之翌午接追還前件之

諭及摺回侍堯膺

殊賞而大將軍福康安續至遂得由鹿耳門進兵破賊大將軍旣告捷而逆首林爽文爲淡水同知某所得趙五者同知之父行也他友聞獲林逆爭繕禀禀大營而趙五顧高臥漏初下同知押林逆至署聞趙已臥怪之排闥入問趙五曰將相親督大兵勦賊而首逆顧爲汝得汝尙欲逃死耶同知大悟求計趙曰此去大營二十里卽押林逆謁見大將軍但云同知今日巡山遇一人持馬韁問大營所在云身犯重辟欲歸命大將軍而不識路乞指引大將軍虎威震慴使逆賊不敢逃死微同知一小卒皆能引之來深自謙抑若大將軍必欲入薦牘者則以死辭如是當不失富貴也從之大將軍大悅遂奏親擒林逆而附片薦同知爲臺灣道二趙事近世少有知者無錫周姓與予同寓揚州市肆言其時親在督臣及大將軍營目擊云

包世臣曰趙五不知何許人聞其後在臺灣道署用事納賄賂囊貲十數萬遂至吳中買聲伎娛樂以死迹其行徑蓋非君子然當辟於好樂之時而能計深遠亦識時務之俊傑也翼博覽有文釆以近利見薄淸議然其功在民社享上壽博盛名宜矣世有能見事勢而囁嚅不言以爲奉令承教可告無罪而自致酖毒以償乃公事者可勝道哉

書故明卹贈太子少保榮祿大夫左都督懷標總兵楊國柱告後

義州楊氏世爲遼薊名將先是崇禎十二年金國鳳被圍松山諸大將莫敢赴援榮祿之兄子振以副將請行遇伏被執使說城中降而振告以援兵卽至被殺至十四年祖大壽困錦州洪承疇以八大將往救榮祿先至陷伏中四面呼降而榮祿突圍被矢墜馬以卒蓋卽振徇難之所榮祿與振當時並有小無敵之稱而無救於敗歿廷議優卹之以勸勵忠貞者亦不可謂不至而大帥望風奔降相繼卒至革命豈果忠義湮絕激勸無功哉良由死事之報雖隆而詶勳之典率牽於弄筆娼功之徒僨事之誅不果而斧鉞之威專加於守職忤奸之輩幷渫不食可爲千秋炯戒者矣此告下於崇禎十五年其時國事久非然告詞與書字尙爾整飭而製軸亦未至苦窳是其人心固不甚苟且也而宗社爲墟近在匝月此古人所爲篤信陽九百六之說遁世無悶而不悔者乎道光八年七月朔

平閩紀書後

甚矣將材之難也自川楚兵興徵召遍寰宇雲蒸虎變以百數其見賊輒潰遇民輒掠吞餉以肥家者勿論矣卽有智能料敵勇能決戰膺干城腹心之望者亦復下不知撫士卒上不知卹國計而守土之臣又復肆其侵掊因以爲利是故以全盛之力從事一隅竭祖宗數世之蓄而廷臣籌議經費至不遺餘力幸得蕆事休養生息閱二十餘年而公私困憊卒以不起若故太傅昭武將軍楊敏壯公之征閩也其事勢艱虞與川楚相百矣調兵不過五千兌糧之外所費不過給援兵家口月支耳受命伊始卽具靖寇必先安民一疏略謂兵難遙度戰守機宜容抵閩次第熟籌唯閩省自叛變以來百姓流離困苦全藉地方有司加意培養至安插投誠尤宜使其得所安業不萌異志剿寇本以保民若有司拊循無術則民不安生勢必流爲匪類亂將滋蔓及抵任視事則倡議團練鄉壯使守望有助編查保甲使奸宄難容嚴禁驛騷使難民復業故能以客當主以一擊十使三世狡逞之巨寇十七閱月而山海廓淸耕食鑿飲於今受其賜孫子所謂將爲國輔穰苴氏所謂戰勝之後其敎可復者公近之矣公之五世孫亮季子從予游出示平閩紀十三卷兼愛之懷讓如若揭楊氏在前明爲遼右世將公之仲父伯兄百戰徇毫社以覆其宗而公於孤露竄伏之餘偕季父猶子歸命

興朝從征江西廣東援剿福建勇略彪炳竹帛家聲再振
既而鎮山西山東江南靖餘氛拊殘黎父老稱惠政者百
年不衰公既平閩賊回鎮江南遂家
賜籍揚州衞子孫建節樹旄者數世今雖陵替而季子慷
慨有志興習史事能讀公書公之明德遠矣其昌後必深
季子勉之矣

揚州營志序

今之營將古都尉職也務在振揚威武撲剿寇警以捍衞
地方而劫殺略賣搶奪則寇警之由櫱故營伍之任其責
也與有司同揚州間於江淮鹺賈之所聚繁盛甲於東南

國初改衞爲營就坐營指揮署建置統兵游擊轄中軍守
備一左右二部千總二頭二三四司把總四嗣裁高郵衞
爲本營外汛調存營千總一爲寶應之衡陽鎮巡鹽千總
又漸增設馬家橋邵伯北壩僧道橋三巡鹽把總凡汛官
巡鹽者鹽官快役皆歸鈐束繼以巡鹽與協守地方未便
歧視歸併職守又改三江營守備專司巡鹽爲本營外轄
而高郵寶應兩州縣先後由存營撥防者皆兼巡鹽之職
後復改三江營徑隸狼鎮而於本營設左軍巡鹽守備一
前哨千總一改右哨把總爲後哨千總改游擊爲參將共
轄守備二千總四把總七馬戰守額兵增至九百七十有

八而各汛巡鹽之職如故良以揚州聲名文物民氣敦龐
一切劫殺略賣搶奪非法之事大都出回侉流民回侉皆
無賴子徒手千里冒厲禁不約而集者爲揚州有私鹽可
業而爲利至厚故也然而兇徒既集則必時時因利便以
荼毒行旅侵暴閭閻更有盜蹠餘財至誤良善小民不明
大義貪重値或爲之導引搬送致罹重辟甚且裹入伙伴
不聞鮑臭故法以巡鹽責成本營者非徒爲阻壞官引計
也凡所以塞劫殺略賣搶奪之源使寇警無由而起以正
人心而靖地方所謂防亂於未萌起義至爲深遠者矣龐
西陳公述祖字小雲以名將嫡裔五等崇班幼敦廉讓長

習韜鈐需次江南大府安化陶公試之繁劇並文無害近
以回侉擾揚州甚使攝其營將事公至則廣布線目督率
掩捕以厲有司無虛日民亂得小息公因究本營建置原
委伏莽徯途欲求所以挈撻其要領者而圖籍闕如無可
稽按繼乃得趙君舊輯營志十六卷稿本簡而明要而有
法巡防鎮撫機宜畧具而所輯止於乾隆壬申闕今已八
十年情形殊異至於沿革增併割隸亦時有更易而本營
司案牘之外委李君實趙君再傳弟子能守家法相與鈎
核存署案檔刪取要畧續載各卷之末公復親加釐定不
尚文辭專明事實使弁兵一覽可曉捐俸付梓氏庶以彰

往察來傳因時損益戎政者有所依據焉予與先公有一
日之雅僑寄揚州親見公行事能持大體達本原年在弱
冠無羣姓小侯之習其克承前烈光大家聲可必也適値
此志之成故爲弁其首簡道光十二年七月朔日
書薩乾清事
道光六年六月張格爾亂回疆陷四城
上遣近侍習兵者廿餘人分領東三省勁旅賚揚威將軍
印以授大學士伊犁將軍長齡
御前侍衛前鋒統領安福與其子
乾清門二等侍衛薩炳阿與遣中又

命固原提督楊芳爲啟行七年四城俱復而張格爾逃出
卡
上怒褫揚威翎頂宮職罷太子太保陝甘總督楊遇春山
東巡撫武隆阿參贊事以授楊芳諜者言張格爾依婦家
在敖罕羣公多欲以爲功者參贊謂孤軍行卡外二千餘
里不能得要領危道也揚威強之行參贊手書訣朝貴朝
貴以書聞不數日而敗書至
上以是益望揚威九月遂
敕參贊回鎮時羣公爭求自脫皆往賀參贊謝曰官兵新
失利家宮保前奉入關之

命已治行武公又左遷揚威病甚乞休不可得我若去者
恐內奸搆敖罕乘虛豨突兵無統紀貽
國家深憂因瀝情乞留已而有
旨追回前
勅甫
發遞而告留奏入
上爲之垂涕是年除夕張格爾率衆入卡參贊追及於卡
外鐵蓋山以八年正月二日生擒之論功封果勇侯授太
子太傅加紫韁雙眼花翎𧾷虎賚亞揚威而
恩眷尤隆果勇自弱冠以布衣杖策從戎行三十餘年言

名將者推二楊至是而天下仰望風采過於宮保矣當果
勇之徇敖罕也從滿漢領隊官以十數既深入陷圍中安
福中矛墜馬賊將下馬欲馘之薩炳阿躍馬斬賊將負其
父拌拔所領兩隊潰圍出及凱撤父子進官一等畫像紫
光閣薩君之祖卽閣上所畫
純祖欽定金川五十功臣第一之頭等侍衛台葪阿也昔
條侯魏其懸軍橫扼七國於梁楚之郊不三月而半天下
之叛者悉平偉矣彼灌夫者徒以父死事故募壯士入吳
壁身被十餘創父仇未復壯士亡失十八九然猶以名聞
天下聲居竇周之右今薩君立殲仇讐救父以全軍忠孝

備於一時則賢於仲孺遠矣且醇謹退讓如儒者非仲孺無術不遜比也果勇智能料敵義不懷居信足度越時流矣然此功程行其能如條侯魏其乎然果勇以九年正月入都都人士夾道爭先望顏色至擁塞馬首不能前而薩君之名顧不著予前因果勇以交於薩君父子且十年故參驗在事諸公目擊之辭以紀其實使天下後世慕忠孝奇男子者有所與稽焉

書錄右軍簡櫝後

右簡櫝六首右軍本傳所載而世無石本微規體勢爲此卷非敢效尤襄陽也答殷浩書在永和四年時右軍解江

州刺史入都浩引爲護軍將軍不拜浩致書諄勸而答之也止殷浩再北伐書及上會稽王止殷浩北伐牋俱在永和八年右軍既拜護軍即請居郡改授會稽內史書言頃被州符增運千石是在郡之辭通鑑署其官曰中軍將軍誤矣與謝尚書史以爲與僕射謝安然右軍去官後六年安始出山尚則以永和九年四月由安西將軍入爲尚書僕射十二月以姚襄故改授豫州刺史出鎮歷陽正右軍居會稽時也故從周濟說署之與謝萬書在永和十一年去官之後萬時爲吳興太守與桓溫論謝萬書在升平二年朝議以萬爲西中郎將監司豫冀并四州軍以圖燕溫

時雖鎮江陵實爲宰相執朝政故右軍致書止其役不從乃移書以誡萬萬既之鎮三年冬遂帥師自下蔡至潁聞郗曇病退疑爲燕師大盛衆遂潰散萬矜豪傲物甚失將士心以故敗卒如右軍言按永和五年趙石虎死冉閔爲亂趙刺史王浹以壽春降西中郎將陳逵移鎮之大將軍褚裒鎮京口表請北伐即日出師士民前陷趙者扶攜內附日以千萬計裒遣將王龕李遭迎魯郡求附民五百家與趙將李農戰於代陂龕等敗沒裒遂退逵燒壽春而遁裒旋卒代以荀羨右軍他帖所稱荀侯者也六年冉閔滅石氏改國號曰魏石氏故臣多不附乃以殷浩督揚豫徐

青兗五州以圖進取魏刺史周成張遇以廩邱許昌魏將軍高崇呂護以洛州先後來降故趙大將姚弋仲亦遣使來降朝議以弋仲爲大單于其子襄爲都督并州刺史初溫屢請乘亂北伐不報至是乃拜表率大軍由江陵順流至武昌溫自永和三年滅蜀威震中朝朝議引浩以抗溫右軍屢勸浩和同內外不聽溫忿甚所督荆司雍益梁寧交廣八州士衆資調俱不上供浩聞溫東下大懼欲避位王彪之高崧爲會稽王畫策以餽運難繼當圖萬全致書止溫溫惶悚還鎮八年浩遂督師出許洛以謝尚荀羨爲督統屯壽春尚撫遇失宜遇復畔送款於秦浩軍不能進

尙與姚襄攻遐於許昌秦遣相苻雄以二萬騎救遐敗尙等於誡橋尙奔還以後事付襄浩退屯壽春書所謂安西喪敗者也雄遂徙遐及許洛之民入關浩恥無功謀再舉襄退屯歷陽課農訓士浩惡其强盛屢圖之而爲所覺襄至遣使詰浩遇入秦爲雄所辱欲反秦歸晉秦人孔持劉珍等又各擁衆數萬畔遣使請兵浩因遣人入秦誘其大臣梁安雷弱兒安等僞許之請兵接應遇作亂已伏誅而浩不審遂以九年十月自壽春帥衆七萬進發洛陽彪之爲會稽王言不宜輕信安等不從浩仍以襄爲前驅襄伏甲邀浩大破浩軍浩始謀北出孔嚴力言降附不可信宜

深思廉藺屈身之義平勃交驩之謀穆然無間乃可保大圖功與右軍議略同褚裒之北也蔡謨深以爲不可書謂當與有識者共之不可復使忠允之言常屈於當權者指蔡孔王高諸公也幾謂雖有可欣之會而內顧諸已可憂乃甚於可欣意葢斥溫及浩再敗溫乃以十年正月疏浩罪廢而徙之溫之專制朝政自此始葢是時能處兵任者唯溫而中朝與搆猜釁供給所出唯揚江二州徐州自給且不足一輿軍旅卽橫徵於東郡幾所謂以區區吳越經緯天下十分之九不亡何待者也夫南北分疆邊鄙必設重鎭以爲藩籬務昭忠信勿見小利而選守令撫騖坻督

耕教戰使士民安業新附有勸蓄餘力以何敵釁是其大都也以奔亡孤立之姚襄尙知卹民務本是以喪敗之餘民從如歸而中朝卿士非圖苟安卽冀非分未雨無徹土之謀臨事無集思之益幾謂爲不可勝之基根立勢舉謀之未晚書謂更與朝賢思布平正除其煩苛省其賦役與百姓更始右軍眞知本政者矣卒之忠告莫省割剝遺黎以釀孫盧之禍麋鹿不止遊林藪勝廣之憂無復日竟成蓍蔡豈不哀哉然而書言保淮之智非所復及長江以外羈縻而已雖激於浩之不量立言實爲過當夫守淮必於河守江必於淮乃古今不易之勢且其時倉垣以南洛陽

以東沃野方千五百里苟得其人以善救敗亦復何事不可爲而遽欲棄爲羈縻使都城距江自守哉良由王導當國石氏騎出涂中至濱江而不覺上相親征未出而罷貽笑戎索可知厥脫江外乃王氏之家法又右軍爲庾亮幕僚目擊邾城之敗遂宗陶侃正以長江爲限之說侃由江陵移鎭巴陵本無北向之志及再移武昌誠恐邾城增守石氏必疑故爲及身之謀耳而亮以恃堅不救成侃前識之名舛矣然侃謂邾城迫近西陽蠻中利深晉人貪利蠻不堪命必引外寇則可爲邊防永鑑者也至於撫慰新附之任匪唯非浩尙所能勝也彼敵將擁衆挾地來歸是必

後有所追前以爲功故在此雄略足以服遠人大度足以安反側使彼恃吾以託命則得其地可以益富并其衆可以增强若反藉彼力以濟吾事有功則成彼驕蹇無功則儆吾腹心不必措置失宜猜嫌疊出而去勝算亦已遠矣然在此勢力既張則又恐健將悍卒奴虜其人一生反復之心禍常發而不救是處弱固難而居强亦未爲易也然如苻堅之待朱序於駕馭英雄可謂得其道矣尚以肇淝水之敗故與其受之而不終不若拒之而不納抑或羈縻之而不爲其所使然則右軍羈縻之說亦可用之邊陲新附也

右軍不居護軍之意與蔡謨不拜司徒正同司徒在晉爲柄國護軍則所謂處廊廟參諷議者也謨見内外不和閭閻彫敝而各謀分表右軍不得其言知必僨事恥居其位爲世所指名耳故蔡司徒不拜深源欲當以大辟非荀侯桓文之言幾不免葢深源亦憾其深不與已也南唐韓熙載以淫穢避相其自愛與蔡王情異而指同

史言安勸萬厚撫諸將不從安乃徧就寮佐慰勉備至及萬跳諸將欲乘敗圖之以安故而止通鑑採其事而考異不置一語身之唯嘆安性遲緩而爲弟謀周密如此宜異日之能定亂活國然安當萬由吳興鎮下蔡之時高卧東山無因得接諸將殊滋疑竇及檢右軍別帖有重熙旦便西與別不可言不知安所在未審時意云何甚令人耿耿又云不審比出日集聚否一爾緬然恐東旋未期諸情惘惘乃知安慮萬不終遝至其鎮史文偶有不備耳

答魏默深書

默深二弟同年足下仲春奉手書並尊著
聖武記十一冊屬爲審定足下虛懷樂善荒落善忘如僕者何足以塞盛意然亦不敢不盡其所知

國家武功之盛具載官書卷帙多至不可究足下竭數年心力提挈綱領縷分瓦合較原書才及百一而二百年事迹畧備其風行藝苑流傳後世殆可必也僕則以爲兵制者武功之本必宜列於卷首而備述部曲俸餉軍裝行糧前後增減裁併之成規次列軍法又次列軍賞皆由關外以及現行事例其奉
特旨者隨事聲明以昭詳覈至於序述事迹不必因地分類唯宜挨順前後逐案編纂使事因時出義隨事見得失之故成敗之機了然心目則深得古人激射隱顯之意其書不僅以當無爲貴矣僕少小留意武事據所知聞自入

闕以及安南各案與尊著不無出入然時遠路遙諸家記
載鄉曲傳聞未必盡屬可信且難覼縷指陳唯川楚教匪
則僕親見其終始且在事司命秉筆者半為舊識雖身履
行間不過百日綜其大要實有可言者善狀兵勢無過史
公鉅鹿之役所云九戰絕其甬道者只六字耳在當時自
有故記可據若每戰分敘豈復成文即樊噲諸傳亦止據
功簿分別身自擒斬及所將卒斬獲亦未嘗逐陣挨序況
近世軍報本不盡實乾隆之末和珅柄政軍報皆先責副
封輿援可恃向壁虛造十常八九洎大憝內除而軍官幕
客鑿空路熟此弊不革自古用兵一經大創而開其生路
無不投戈乞命者豈有無日不戰無戰不捷旋剿旋撫而
匪勢轉盛如教匪者乎蓋教匪先後大小為股數十而領
兵官分據要害皆能專摺一處報捷即各營知會免致以
重復遭駁詰此僕所身歷切齒不旋踵而即納履者也故
據僕所審知為足下詳言之乾隆六十年陝西獲教首劉
松供有大徒弟在安徽太和縣名劉之協一面入告一面
飛咨而陝西咨捕之文與
廷寄俱以六百里同日到安徽莫解其故樞要言
純廟假寐劉之協入夢是以
諭令急捕然其事疑不能明也劉之協先以事解赴河南

扶溝縣委員往捕中途泄其事使逸去河南扶溝縣事主報盜案云在樓上月下窒見盜共五人四大漢一童子劫銀二百兩即日捕役盤獲五人童子名王雙喜四大漢名張漢潮齊麟姚之富高均德被囊內有銀二百兩堂訊係嵩山香客其銀係借之安徽太和縣照牆後開參藥店之劉之協扶溝關提質對屬實乃釋雙喜等而太和縣忽奉安撫延行六百里捕劉之協之檄令轉委丞往扶溝丞離扶溝五十里遣役持名帖前往丞役入城遇縣役遂借詣之協之協合丞役暫緩縣役入署索得回照既出城丞役乃往投帖而丞亦至扶溝急追太和役回役言我管解來不管解去扶溝無如何會營分投捕三日不得丞回太和以扶溝縱逃具稟安撫據奏扶溝縣正法知府以上皆外遣之協等六人匿扶溝縣書家十日乃同往湖北而齊麟案旋發安徽委員跟蹤緝至湖北湖北印委藉端誅求姚高張三逆相繼起稱大將軍齊麟之妻王氏尤趫盛世所稱齊二寡婦者也楚匪未起時安徽已捕雙喜解京雙喜又名牛八云是王之明五世孫皆指朱姓以惑衆和相訊雙喜曰是劉之協免子也安有少主之說議外遣伊犁而改其名曰發生及教匪平定後五六年猶有河南安徽人出口省視之者案屢發乃誅發生於配所而邪說漸絕其黨多在湖北湖北司捕者擇肥而噬
民不堪命遂以蠭起變出倉猝徵調不及各募鄉勇而募
一報十州縣領帑多者至數十百萬而統領京兵與地方
大吏過境供張餽遺盈千累萬上下皆以養賊自殖教匪
殺擄焚而不淫兵則殺擄淫而不焚鄉勇則焚殺淫擄兼
備故民間稱官兵為青蓮教鄉勇為紅蓮教有三教同源
之謔楚匪迤北者漸流入河南迤西者漸流入四川楚地
差靖不得不奏散鄉勇勇散而無業可歸又羣聚揭竿其
被難良民莫加存卹從賊如歸此教匪之所以日盛也及
內帑告匱開捐不濟始有堅壁清野之議遺黎有所依歸

匪無可掠聚深林叢箐之中饑疫相仍匪勢始衰將軍成德用外委陳平川策遣偕線人往收川陝交界觀望之劇匪四百餘人提督楊遇春因立大紅旗選就撫之健桀者隸之匪因以滅自丙辰迄甲子九年中情事百變四端則盡之矣記載者能明是四端則機宜見而法戒具矣其匪股宜各爲小傳記其始卒及竄擾之地各帥亦用史公衛霍附傳之例務取切實明白不審有當於高明否尊著大都據官書然亦有採自傳聞者如常丹葵貪虐逼變及連州之猺目與廳役互爭賄買投誠諸事似非官書所有敖罕滅於鄰國係近日塗說未便遽以入書傳雞攻苗峒大

敗而奔中途飯後鼓衆氣選鋒反戰遂擒首逆滅其峒威名遂振所向皆平實靖苗之機栝似宜補入其守城以下諸篇宜自名其書不當冒

聖武大名僕目力劣甚心思忙亂草草卒復以足下北行有日恐心懸報答耳諸惟爲道自愛珍重不具道光廿三年四月六日世臣頓首

復方廣昌書 對揚

覲宣三兄同年閣下六月十二日阿韻來奉手書琅琅千餘言字字珠玉非閣下豈能更望之他人耶閣下心地質地俱異恒人盡力爲之何事不可成加以筋力强健有濟勝之具勇往直前有必勝之志惟求治太急視事太易恐終受此累耳試以吾人一身言之初有意於學勇猛精進若古人不難至者旬月之間卓然有除舊更新之觀數歲之後撫躬內省則仍一故我而已古人所爲重藏修息游者此也地方當積壞之後遇有志振興之吏提唱之而紳士之有志者從而和之旬月間頗覺有丕變之機然久久不過稍去已甚未見有竟能更舊俗垂之永久者此百年必世之說所爲不可易也湯文正之治蘇爲近世所僅然讀其教條十三則驗以今日風俗則固未嘗能遵行已至貴部爲陽明所開迹其撫贛時於戎馬倥偬中集生徒講

學當下即有聞人迄今尚爲誦說而贛州恣談理學之風實昉於此陋儒以爲過化之妙世臣則謂此陽明微權以虛聲聳動愚氓而濟吾事耳蓋其時講學之名至高陽明之望極重以單車受劇任莅巖疆負嵎者相望而伏莽尤多必一一以兵力治之事既難蕆且非久安計故誘其稍有志識之子弟入營講學歆動以傳道入聖之易則伏莽可銷而負嵎亦易解是以陽明駐贛不過半年剿數十年之積匪至今道以不梗如果於戎馬場中求傳道種子陽明不如是腐謬也然亦幸而半年即去此竅不爲人鑿破而曾與聞論說者已自命聖人之徒爲鄉里所宗仰設稍

久於其地，則技必窮。已閣下既自許以三年，則下手時，毋過爲高論，依於因陋就簡，而暗去其已甚，以漸而進，一變再變，自有可觀者。此小以成小，積小以高大之術也。且不樹高名以來羣謗，尤自全之要道耳。平易近民，民必歸之，因民之欲，則事易舉。僕向語友生，有云先察民情之所向，次驗民力之所堪。閣下以此推之，則自得之。至貴部風土人情，僕無能懸斷也。保甲條約，乃僕少作，彼時銳意有爲，常以一人之思力，求契萬人之好惡，雖不中不遠，然必有不能悉合者。閣下採擇而毋膠泥斯可也。僕到白門，不數日即有江警，都人士紛紛逃竄，所知皆諄勸避地，僕堅持不動，見街衢告示，知當事無可與語，迄今月餘，不謁一人，唯葺房室理亂稿而已。又有紳士拉入保衛公局，僕力御之曰：出城接戰，弁兵事也；嬰城固守，則民之事，而紳爲領袖。果賊至城下，登埤籌守，具督民夫，僕雖老，儻義不容辭，亦不待諸公牽率。至公局主於斂錢，僕不識一富人，何益乎。蓋城中官紳，皆以望風迎賊犒師爲長策，僕殘喘餘生，何能更當此一蹶哉。承示志書一局，來年擬以八百金相招，固無不可來者，唯祈先以其半俾安家室，則必爲閣下蒇此事。志書與史事同理，同果得有成，固所願也。城外洶洶已十餘日，僕驗以雲氣，今年必可無事，後此則不敢知

耳。閣下日內已慶弄璋否。此間事想日日有官文書知照，無須草澤言之，致滋口舌。諸唯珍玉，不具。道光廿有二年七月既望，世臣頓首謹復。

男誠、家丞，孫希麗、希觀、希藺、希廉校字

安吳四種卷第三十五

齊民四術卷第十一　　涇縣包世臣愼伯著

兵三

答蕭枚生書時客粵海關署

枚生一弟足下文祉佳勝人日儀墨農來奉手書示及依人況味直道不行久矣況地涉脂膏府主職顯而事實賈人於此必求心所安欲以僕爲人謀者爲法豈能頃刻居乎足下洞見夷估至隱謂十年之後患必中於江浙恐前明倭禍復見今日非足下固莫能遠慮及此也足下前次回江曾言英夷估奪新埔招閩粵逃人事深可慮欲著粵

權志儲一書以發其機括僕入都就潮惠漳泉計偕解事者問之多言新埔夷人近改名新嘉坡廣刊漢文書籍茲詢墨農尤詳備且言前歲英夷兵船淹滯省河洋行醵洋錢十八萬餉之乃去或言係洋行招海盜爲之又有夷使下國主書要制軍親受不得已使中衡廣府上船受書夷使出艙岸人譁曰若乃洋商夥某爛崽也遂狂窘入艙而中衡等即下船其船旋遁則知歷屆恫喝皆洋行所以固壟斷鴉片之局者果爾雖必有事不足患矣所慮者或有失職無行之士廁其中如汪直徐海者耳英夷乾隆中已有招寶山之請是其垂涎江浙也久足下有眞見聞幸以相示聞制府甚推重則其署冊檔可得見參以粵關冊檔及時著述不朽之業斯在珍重千萬道光丙戌正月世臣頓首

致廣東按察姚中丞書

亮甫先生大公祖閣下頃在吳門晤朱虹舫學使得悉閣下榮荷
特簡陳臬廣東欣慰無已閣下資深望重久膺節鉞徒以公直難行廉潔少與棄置閒散者積累歲月茲竟復起仰見
聖心俯同輿論天下幸甚閣下樞廷老宿天下事無不經

練豈復草茅下士所能以細流土壤備不辭之數哉唯厚辱推許相期以古人不敢自外敬陳所聞以供采擇竊聞廣東多寶之鄉吏治至蕪船市之所人心至澆是故廣東有中外上下共知之大弊四外知而中不知下知而上不知之大患一非閣下固無能起此沉痾而杜此亂萌者從前節相吉公不過中材惟以上念
國是下卹民生遂使斂薄刑省官民相安況閣下挺不撓之節堅不潤之守威德信於寰宇諸諏逮於芻蕘者乎省垣兩縣案件繁多胥吏擇肥任意牽累羈押班館人常數千瘐斃者日有數輩離省較遠之高廉各郡渡瓊商旅每

有指爲匪徒飛稟省府委員扶同遂成冤獄上游知而不問大弊一也廣東盜風最熾雷犬佐貳因緣入審案局勾結蠹役買盜報功超擢相繼而眞盜並未伏辜上游知而不問大弊二也惠潮一帶大姓公堂至富族匪垂涎搆衅械鬬買人頂兇賄官定讞首禍正兇逍遙事外以訟費開銷公堂坐致豐厚上游知而不問大弊三也勒緝巨案上游限緊有司輒將平日羈縶大鍊之匪徒逼供銷案上游知而不問大弊四也凡是四弊皆臬司所可獨斷獨行者閣下斷無不知斷不肯知而不問唯痼疾已深爲之須以漸黨援至衆必得相助爲理者數人方可使小民實受其

福耳至於大患固亦臬司職應籌辦者然斯事體大非與制府一德同心則力不能舉故以所聞始末爲閣下詳陳之粵海通商夷國十數以英吉利爲最强聞乾隆四十年間粵東外洋有封禁地名新埔距省垣千里而遙粵之惠潮閩之漳泉無業貧民私逃開墾英夷回帆過彼欲佔其地爲閩粵客民所敗數年後英夷以兵船至客民降服英夷遂踞其地每來粵市舶返輒留人三分之一在彼建置城郭房室迄今幾五十年並招嘉應州之貧士至彼敎其子弟又召粵中書匠刊刻漢文書籍又聞鴉片毒煙亦以其時始入粵東並不行銷十數年後省垣及惠潮漳泉居

人漸染其毒嘉慶紀年吳越人亦吸食比及其末煙毒遂徧天下此物向在例禁各小國所產不敢顯售必附英夷與匪徒爲市是以粵海夷商亦以英夷爲最饒洋商但與英夷交好者無不立致不貲而沿海大戶皆以囤煙土爲生至以囤土之多寡計家產厚薄夷以土入華以銀出以致銀價踊貴公私交病於是議嚴紋銀出洋之禁而禁後銀價益長是禁之不行可知也夷船通市止粵海一關而廈門蔚台寧波乍浦上海各關皆有閩廣鳥船抵關轉輸洋貨新埔客民雖降服英夷並未改從服色是到各關之鳥船未必無新埔客民在其中以分散煙土於各省而交

結其匪民是英夷雖未至江浙其黨羽實已鈎盤牢固再閱數年銀長無已公私更行困憊不得不籌塞漏卮漏卮之塞必在厲禁煙土煙禁眞行則粵閩之富人失業而洋商尤不便此勢必慫慂英夷出頭恫喝又聞粵中水師皆食土規一旦有事情必外向然英夷去國五六萬里與中華爭勢難相及而新埔則近在肘腋易爲進退況內地旣有謀主沿海復多脅從英夷亦難保其不生反心乾隆嘉慶之末英夷兩次驀至天津入貢驕倨殊甚是固有主之者而乾隆中飭由直隸山東江蘇浙江福建內地至廈門放洋回國嘉慶中飭由安徽江西廣東內地至虎門放洋

回國使之目驗內地形勢。叉江浙各省市易皆以洋錢起算，至壓寶銀加水，凡物之精好貴重者皆加洋稱。江淮之間見禍事將起，輒云要鬧西洋。凡此兆眹，大爲可慮。新埔地向封禁，客民私逃，本應重科。似宜選膽識俱優之員密至新埔查看得實，或宥各客民之前愆，悉徙之內地，仍前封禁；或驅逐英夷而設重鎮郡縣，如臺灣，庶可銷逆萌以弭邊釁也。說者必謂英夷佔踞日久，聚衆已多，與之理諭，勢必不從；怵以兵威，或至搆怨。目前無事，正可苟安。一官如傳舍，安能遠慮百年，輕犯禍始？是則非世臣所敢知也。舉此誠非易事，然事之難者必有人舉之，君子爲其難者。

是不得不望之於閣下也。十數年後，雖求如目前之苟安而不能，必至以憂患貽

君父，夫豈君子之所忍出哉！世臣遊歷未至粵東，所陳五事，皆訪之粵人，其說一口，故屬虹舫附遞上瀆。以虹舫行速，燈下草創，語無詮次，字雜行草，伏唯涵察。道光八年四月日，故民包世臣謹再拜狀上。

職思圖記爲陳軍門 階平 作

道光廿年秋，閱邸抄，見英夷再犯厦門，失利遠遁。先是英夷一窺定海，遂至失守。夫厦門、定海均天險，而勝敗迥殊者，豈不以吾雨峯軍門駐厦先事豫防哉！權家言曰：凡勝三軍一人勝。誠哉是言也！是年仲冬，接軍門手書，述拒禦英夷事，並言近日英夷遊奕莫敢進口，故作職思圖，吾子幸爲記之。職思者何？思籌海以稱職也。閩中名流目擊軍門之忠悃，各以詩文紀事實，雖世臣何以加於是？然世臣所欲言者，則有異於諸公之所言，故不得以不文辭。前明倭寇之亂，鄭若曾客胡宗憲幕府，爲籌海圖編一書，詳哉其言之。今之英夷事畧同而情迥異。十數年前，姚亮甫中丞陳臬粵東，世臣移書二千言，爲言英夷据粵洋之新埠，逼肘腋，意殊叵測，固早知有今日之事也。葢英夷利在賣土，而土利之歸英夷者什三，其七則分散內地，席其利者

乘資力以奔走勢要，所欲無不遂，而猶慮或有潔身自好者介其間沮敗乃事，故始則游談恫喝，繼則設形勢張威武，使當軸從風而靡，其端倪前已三數見矣。及十八年黃侍郎請設厲禁，雖爲時已遲，尚非必不可行也。夫政先治內，罰不遺上，古之所以令而行、禁而止也。今以受煙毒者至深，食煙利者至夥，欲以一切之法齊之於一旦，而官幕兵役莫過問，大猾窑口莫過問，塞囹圄、投遐荒，率皆細民，受者固已觖望，而繳解及捕獲之煙鎗煙土，主銷燬者輒更以新鎗僞土焚示通衢，觀者莫不掩口，是令固不欲其行也。而禁則日厲，奸徒念不破此局，終不能顯專其利，欲

破此局、非藉力英夷不可、故英夷驕蹇於粵東、濡滯經歲、乃去粵而肆毒於浙、情實見矣、厦門爲全閩戶牖、軍門以全力經理之、逆夷來輒失利、有成效、若宜可高枕無憂者、抑思漳泉之富人、以業海船卒中煙毒、兵役見賊氛稍息、或以勾攝煙犯爲利藪、谿壑無厭、衆怒難犯、則引寇召禍、亦事理之所當有矣、是以居今日而言籌海、必以拊循閭閻、甦民困、固民心爲先務、而激厲死士、決命於鯨波不測之中、猶其後焉者也、近世司牧民者類以民畏之、得民財爲善政、以善政御危民、官民相仇久矣、委而去之、舟中皆敵國、何暇問滇渤之外乎、然此非軍門職所能及也、世臣

辱交垂四十年、稔軍門之材、見軍門之心、舍軍門更無可與言此者矣、軍門而必籌海以靖海也、則請與封圻誦說民間疾苦、使貧者有以爲生、富者得以自全、共發其親上死長固有之良、是與推求礮火之利鈍、舟楫之攻苦、功效必相萬也、世臣不才、不能剝民自固以奉職、無狀聞而仍敢以此言進軍門者、傳曰、可與言而不與之言、失人、軍門職有所限、而思則無極、其亦察此心而然此言也乎、道光庚子季冬之望、安吳包世臣書於豫章旅館、

與果勇侯筆談

侯佩參贊大臣印、馳赴廣東督辦英夷、以道光廿一年正月廿四日、取道豫章、枉駕荒寓、侯兩耳稍重、故與筆談、

英夷國居極西、地不過千里、人嗜利而健猾、以其智勇憑凌鄰國、三十年來造作鴉片、以害中華、每歲取中華銀不下四五千萬、而該夷主收其租歲亦千二三百萬、以富益強、鄰國所產各貨、皆被該夷於要害處所設關收稅、今鴉片禁絕、則該夷歲入什去五六、且鄰國以畏其富強、爲之役屬者、亦有以窺測淺深、此英夷之不得不以全力爭此局者、固情勢所必至、非僅前明倭患之比也、大海周環西南、自廣東而東北至奉天七省、通海口門皆一帆所達、該

夷又有火輪船、瞬息千里、以伺便利、通商已百餘年、漢奸引爲奸利、內地一舉一動、彼無不知、若海口皆備以重兵、此兵法之所謂無所不備無所不寡、若有一處空虛、便恐被乘、是必宜通籌全局、不僅以廣東現在情形、一隅着重而計、出於頭痛醫頭、腳痛醫腳也、兵法曰、以夷狄攻夷狄、中國之勢也、英夷之長技、一在船隻之堅固、一在火器之精巧、二者皆非中華所能、而通商之他國、則多與英夷同技、不過英夷強梁、各國不能獨與爲敵耳、以目下傳聞之勢而論、似宜俟靖逆到粵、會商請
旨、先掣各海關、以斷漢奸通信往來之線索、且示各夷以

永絶回市而激之措辭略謂

仁皇帝所爲開海者，知各夷非大黃茶葉不生，西口陸路艱險，所通無多，故仰體昊天好生之德，設關通商，以全各夷民性命，並非爲權稅起見。不意英夷造作毒煙，貽害我內民，至此又復恃强怙惡，堅不具結，是以絶其貿易，而各國恭順無過者，自仍舊貫。及上年春間，英夷自海中封港，阻各國貨船不得入口，固知非各國之意。然英夷悖逆如此，實有不得不封關絶市之勢。如各夷國，効順求生，集衆弱以爲强，共翦英夷於海中，叩關內請，自當論功行賞，仍准通商，並分別功能高下，減免各該國貨稅云云。查廣東茶葉過三年者，夷人輒不肯買，是陳茶不能消瘴之明證。我但堅守以持之，經歲之後，各國必不能堪，是或以夷攻夷之策。若遣洋商諭意，是諺所謂羊喫麥，叫猪去趕也。再廣東十年內，添造快蟹船五十餘號，專爲運送煙土，其人與夷船交接熟悉，是當全數收取入官，撫而用之。又澳門一帶有游手習海，浮沒鹹水數日者，四五千人，號江邊崽，前林大臣過江西時，諄切與言，此項皆匪徒，收之即未必得力，且足以杜其外向，實所費少而所全大，不知採行與否。又英夷去國數萬里，糧運斷非易事，彼方與中華爲難，亦不敢抄奪鄰國，而臺灣一郡，孤懸海外，產米至多，爲福

建省中仰食之區，似宜增防嚴守，以定衆心。又潮州業土者多係大戶，難保不爲英夷奸細。其地逼近福建，若被漢奸引誘佔奪，則茶葉爲其家產，中華制夷之權失矣。且其地壯勇極多，器械皆備，比營伍精善，官收則從官，匪收則從匪，爛崽從官，則大戶無人附從。又嘉應州貧士多有就英夷之館者，一請三年，習其地勢人情，似宜明示宥其既往，收爲我用，或亦可得制礮之法。蓋天下物之利者，無不有制也。再此役一開，葳事遲速，不可預知，七省設防，經費浩繁，勢必至於開例，然爲數斷不能多，無濟於事，而示貧已甚，爲英夷所輕，亦謀國者所不宜出也。聞廣東瓊州府昌化縣銀苗甚旺，居民有偷爬銀砂一百斤者，可煎銀六十兩，以八兩給工本，外皆贏餘，似宜與當事熟商，擇有心計而廉能任事者，密查有迹，先行試採，以濟軍需，果能旺產，再行酌辦。或者天心悔禍，地不愛寶，能救銀荒之病耶。唯得自傳聞，確否則不可知耳。又論者皆謂英夷長於水戰，一登岸則技窮，此言斷不可信。英夷雖習船，其生長本在地上，何不可登岸之有。且彼舍舟登岸，則已自致死地，而我兵與之短兵相接，是又兵法所謂自戰其地爲散地者也，尤宜加意。至於制器練伍，設奇應變，此君侯獨擅之奇，馳名宇內，已四十餘年，無所庸失職下士効曝背愚忱

也

答果勇侯書

誠村先生君侯鉞下奉手書並抵粵後章奏稿十事發緘莊誦踴躍無量前聞林大臣十九年五月巡閱虎門夷船怖以飛礮而水師奉令開礮抵禦竟莫應聲迫改授粵督又經年餘章疏數十上迄未提水師一字近聞虎門水師將火藥給英夷而以砂七成攙藥三成裝礮以致失事竊疑傳聞過甚月前林大臣過豫章諄詢其實據云粵營以水師爲最優其歲入得自糧餉者百之一得自土規者百之九十九禁絕煙土則去其得項百之九十九仍欲其出力拒英夷此事理之所必不得者以林大臣之言推之則傳聞殊不虛也鉞下初到粵即藉詞英夷最長水戰誘入二三百里方可決勝請改水師爲陸路不動聲色默消大釁判禍福於轉移不愧古名將矣日昨茶估急足攜來山原里義民示諭二通憤發如雲義形於色雖當事苦爲逆酋乞命不無扼腕然逆夷之掘塚淫掠義民立殲其貫人顛地伯須交惡已成鼓其氣而用之猶當有濟今聞虎門內外礮臺逆夷仍不准修築駑闒悛何以善後竊謂夷好不可恃海防不可廢粵人素羨水師豐厚且山原里奇功凝難聲敘似宜選義民使充水師以渠率爲其弁義民

必皆樂從逆夷驚魂未定豈敢出頭與較仇深隙巨旬月內斷難撮合相持數月便可趁勢興工將大角沙角三遠橫擋虎門各礮臺併力修復吾圉既固或可直收香港既以振威雪恥又以酬功得用因勢利導是或一道也唯書生遙度未必有當鉞下存其說以商靖逆幸甚望甚道光二十一年四月廿二日

上兩江督部裕大臣書

部民包世臣謹再拜奉書

欽差大臣爵山公祖鉞下春間欣聞旌節莅浙總攝戎行復得讀嚴劾琦伊兩節相之稿及求賢戢兵安民各示簡明詳切眞不媿兩世淩煙將種也世臣自吳門得謁於臬署即已自託隆棟謬承不棄葑菲傾蓋結布衣交今果節鉞三江將壓之慮吾知免矣粵中夷情始自据新埔爲湯沐覬覦之胎已懷繼以倩洋盜爲兵船主使之機亦露十數年前姚亮甫中丞起陳粵臬世臣移書切言須早爲預防之計中丞以書呈李節相笑爲迂怯置之不議古今事不能有所棄者必不能有所取不能澄其源者必不能清其流安苟恃其及身憂必貽於家國然亦不料其遂至此極也及養癰將潰苟能得其要領尙屬可爲而主者內茈强宗外詐狡寇悉水師外向之奸而不議所以起沉痾患

漁船濟惡有素而無計予之以生路繼之者雖已潰尚不用敗壽培本之劑釀成流注伊於胡底況吳楚苦潦積年中州河溢要害開歸以東本民氣不靖之區哀鴻徧野安集爲勞近更駭聞厦門之役較虎門爲尤慘而江浙洋面但有游艇雖各省勁旅齊集麾下然軍政久弛遇敵輒奔廣州之衆五萬而辱逾城下聞之寒心言之腐齒因循不革禍固同於諱疾操切已甚變或出於意外況重文輕武澆風久成軍官罕自尊重文吏唯計僨饋欲爲轉移全視舉劾稍滋物議便失人心又營員分駐各領所屬勇怯不一漫無區別迨至臨事怯者無以自立勇者莫肯盡心則

勢處於必奔故兵法曰兵無選鋒曰北而吳子之教必先聚爲五卒也凡是外攘內捍之機唯仗壯猷之一方叔矣西省夏間苦雨入秋寒燥不時風旱兼至晚收必歉吏治久蕪民生益蹙局外人不能不蒿目深憂也世臣自上年夏初待辦匝月撫部星使俱不使之一面奏結後亦無隻字可見至於交代以兩前任款項轇轕致稽結報現已奉司嚴催分結歲底當可挈眷東下維時鉞下諒已馘酋蒞署定可拜馬塵於白下橋畔也坡公詩云十口無依更累人以世臣不才而累人之具三倍坡公想早在鉞下意計中矣再者日昨有人述鉞下奏大江情形畧謂狼山以內

沙多水淺夷船萬不能達以問世臣急索觀原稿則云得自傳聞世臣笑曰裕公素性謹慎且在江年久地勢最悉焉肯作此無稽之談狼山福山對峙海口中間江面寬百五十里雖不無沙洲而水泓數道寬自數里至十數里深自十數丈至數十丈不等較之廣東省河寬深倍蓰廣河尙容夷船何況大江按狼山雖有重鎮禦夷實難得力上游三百餘里並無險隘唯京口迤下五十里有圌山一座橫截江面通溜之處不過二里夷船過此大礮火箭力皆能及意裕公必於圌山安設重兵以備不虞使重空糧艘來往無驚以維國脈若果謂大江沙多水淺則夷船揚帆

直入圌山無備鎮江揚州必無以自全而白門亦非樂土矣裕公豈出此哉來者憬然而云謹覓急遞敬問起居並以附聞聊資一噱道光廿有一年七月廿日民世臣謹狀

答傅臥雲書

臥翁三兄閣下苦雨彌旬咫尺不能相過頃奉手書云揚威已抵江南欲作手書覓急遞告知一切事宜敬詢吾子云云閣下年將八十猶念切民瘼如是曷勝欽感然聞揚威發六百里調陳福兹於湖南不聞求錢少陽於豫章是殆非可與言者也今年夏初豫章初開銅礮廠僕偕閣下往看途中有挑煤人偶語云夷人以銅礮勝我我必宜求

制礮之術今效之鑄銅礮即精善亦是其徒徒豈能勝師乎閣下歎爲至論又九月初八日申刻得裕大臣徇難之報而酉刻協署傳班演堂戲班頭與之百錢云江西不演堂戲已三年況裕總督盡忠之信才到聞者莫不驚悼豈有演戲作樂之理來差怒擲百錢於地而去少頃印票來發戲箱次早司道各營畢集唯撫軍不到耳而司道各署繼之八日夜乃罷是識機宜者在廝養講情理者在獶狙也揚威果能與豫章踞牀諸公異趣乎唯以閣下既發大願僕亦不敢竟隱所知耳粵東集兵五萬一鼓而散江西兵至逃回本營後知不加追問乃返粵歸伍今調集浙江

者半係粵中逃兵焉能使之併命矢石間耶爲揚威計必當出於募勇江南之懷遠最精火器其擡鎗以一人負而放之前裝藥後夾火左右俯仰無不如志約有二三百人江浙之交地名黑風涇附近水賊約有數百人能以肚皮貼船腹手持斧鑿攻船底鹹水或非所習夷船若入江河則無不可制其死命者僕前過杭州見出溫將軍會前行有大鑪十數重各千斤一人負以行百餘步乃迭更之約其儕亦可百餘杭州輿夫扛小竹轎輿內坐一人後置大包箱一行李一復有搭轎人坐包箱上重以四百斤爲度行走如飛土人呼爲蕭山牛約可二千人能招此三數千

人精授技伎而厚結之則何求不成乎懷遠礮手在洪湖打生不聞有頭目黑風涇則小白龍與其子黑二爲魁小白龍久死黑二年亦近六十存亡不可知然必有繼爲渠率者吳江嘉興快手皆知之抗鑪人詢之將軍廟祝自得主名而僕所深憂者夷人既啑血寧波殆必垂涎乍浦上海以入狼山至瓜洲截運道長江唯丹徒之圌山爲要害僕前曾以切告裕大臣閣下若必發書以上數事或可助高深之百一但不可及僕一字僕唯待結報到司即歸老白門無意更爲人擦鼻涕已蜀門在粵近有家信來否念念稍晴即奉過面悉不具辛丑十月朔世臣頓首

答傅蜀門夔書

蜀門足下接手書知粵中官紳欽服偉抱請練訓健勇局壯義三千人已稍習部勒進止有法度聞聲欣慰近日之兵難言矣望賊輒奔潰而搶掠齊民使齊民親賊而仇兵主兵者復與兵朋比以仇民有司莫可誰何鄉勇之爲民害也向甚於兵足下又以布衣爲督統有事權而無刑罰爲日稍久獷悍必生若不攝以微權斷難相安無事蓋以下令召募來者輒受勇怯不齊分例無別夫人負異常之材莫不自異而不得見異於人則常懷觖望滋生事端法宜俟部分稍定與首事密商簡其形貌魁傑膂力殊衆

或精通技藝或諳習水性者別爲親軍優其日給使倍差
於儕輩彼自異而我能異之心必歸我人數無多易爲親
厚儕輩無懟然者爲之倡則可無意外之虞設有不逞親
軍爲之箝制亦不致成大患迨至用之有事自必爭先恐
後强弱並能奏效若置之一概是正兵法所謂兵無選鋒
曰北者也凡大帥督師必在數萬以上須於各營中精揀
百分之二三爲親軍其裨將領兵千人以上者挑百分之
五六爲親軍卽哨弁亦必有此方能同患難應緩急至練
兵必先教以拳勇上者習軟功次者練硬勁使之力長身
輕乃可分授營械若如現行營例昕夕操練徒費火藥絕

生計終其身不成技藝也足下承庭訓久當能深喻此旨
僕一切如常尊甫日相過從眠食悉安適幸勿勞念道光
辛丑十月望世臣頓首
致陳軍門 階平 書
雨峯尊兄軍門鉞下客冬奉手書並職思圖刻本屬爲記
春初附驛奉答未幾見邸抄以顏制軍故休致回籍是前
書得達與否蓋不可知日昨奉
特旨起用協同奕揚威籌辦浙軍仰測
聖意自以鉞下駐厦門時夷匪再犯皆失利而顏制軍一
遇夷匪遂至失守是以褫顏職而起鉞下曲直既明

嚮用自專鉞下發攄忠智自此可以上報
知遇下輝竹帛矣慶幸無量英夷事誠不能遥度然兵興
已二載其情實伎倆並可見矣所憂者漢奸脅從已多海
壖被躪已甚恐別生枝節耳英夷久據寧波漁船悉爲所
用是大江之路不可不防況瓜州爲漕運咽喉若夷逆於
來春以巨艦横截瓜儀之間糧艘不能北達相持數月都
下難免惶遽此其可憂較之直犯杭州波及乍浦上海奚
翅十倍鉞下生長河淮歷任江南北裨將廿年徧署三鎮
又駐節松江統轄全省者數載江海情形自最熟悉江南
海防以狼山福山對峙海口爲天險然水面寬逾百里夷

船行於中泓兩岸礮力所不及雖近來沙漲灘多而水泓
深潤豈有沮礙且海船極熟沙線能保不爲之導引乎兵
法曰無恃其不來恃吾有以待之無恃其不攻恃吾有所
不可攻狼山以上數百里江面並無險隘唯丹徒境內之
圌山四峯插雲横截江身六分之五其小峯拼過江心距
對岸沙灘不過二里大礮火箭力皆可及又磯峻溜急泝
流而上卽乘風亦必遲緩易爲對準宜於此移一重鎭守
之其大峯之麓土名大江村落不下千戶足可設鎭唯其
山係石崖是否山足有沙腳可築礮臺不敢知大都集巧
匠或鑿石開山或用南河木龍之法排柵安礮環山嘴之

三面用大中小礮位分三層以當其兵船火輪船三板船之高下以敗船爲的日日演試以期必中栅外又以紅船載小礮上下巡綽數十艇皆佐以火箭而于對岸沙灘近三江營署前築礮臺以資夾擊有此聲威夷匪探知自不敢內犯設竟冒死而來壓而焚之易易耳聞夷船之舵受吾礮子不過搖擺再四而窗篷斷不能如此堅實此兵法所謂攻瑕則堅者瑕之術也此舉經費歲需十萬一旦用之則所保全者在

國脈豈有算數即夷匪不至正兵法所謂不戰而屈人之兵古名將所以重無智名無勇功者也願鉞下與兩江牛

制軍奕揚威熟商探行是即草莽臣所以輸賤食之報者矣鉞下於友朋間一言之益終身不忘况於君國他不及縷述世臣事已畢唯資斧未集歲杪春初必可歸老白門知在廑念並以附聞職思圖記恐前信或不達再附一稿唯爲

國爲民珍重千萬道光辛丑十月望世臣頓首

殲夷議

太上曰福兮禍所依禍兮福所伏斯言深也英夷犯順至抵江寧城下以逼和其所誅求前無比並今以蕞爾之英夷去國數萬里孤軍懸天塹以恫喝全盛之中華而所欲無不遂所請無不得英夷之福中華之禍蓋俱極於此矣英夷自粤而閩而浙而吳皆恃習海近竟鼓浪入江越狼山窺圌山而大吏修書遣弁款之數百里外江寧巨紳又大具牛酒隨犒其師洎抵城下小吏末秩又各爲私餽並獻歌頌或希酬答之利或乞齒牙之餘豈真兵勢孱弱人情攜貳至於斯極耶其遠款也殆欲誘之深入也其近款也殆欲誘之弛備也而小民又擔負米薪食用物日數百輩上其船與爲市英夷復出所掠箱籠及帶來煙土減價招匪人其貌中華而不備不虞也如是始有和議夷酋即飲大吏於其船耀示兵威招岸上士民上船縱觀其樓櫓

礮械然猶遣其黨累日掠城外備極慘毒登埤者多忿怒欲發而奉令不得以一矢相加是以日昨四大酋攜僕從三十餘人入城赴宴馬上四顧全無惕息之意驕橫至無可加是殆天欲滅其醜類故使之就死地而不自覺耳是宜因其貌中華而益驕之以盡隳其防明諭常川夷船之員弁偵各小酋主名與船隻大小之確數間日輒分別餽遺賞犒之密求能者精製火藥穕用飛炸鑽粘各機器錯置養火桶內每桶以重三十餘斤爲度本城官紳兵民率善漏言是斷不可與謀而調集城內之河南徐州各弁兵多健鷙尚氣矜不與本城兵民習其將領諒不乏忠憤解

事之人可與激發衆志者夷船至堅能禦我礮而火藥得入其艙則無不立焚宜諭可與機密之客將便各物色所轄以重賞募死士得二百人足以集事先使之襍擔負小民上船入艙以悉曲折乃訂日復宴其大酋於城中而使道府副參分宴其小酋於江濱之靜海寺寺去儀鳳門才數十步去夷船不二里夷人所常至既便此之入城又絶彼之疑慮各伏健者以伺便約定時刻死士藏藥桶於薪菜擔内上船即發火健者驟起縛其酋船無主令人莫自保起椗逃避裝礮迸命皆倉猝無可措手臨江埤上各乘高開礮以助勢出勁卒於太平神策二門以兜剿蟠龍山賣糕橋白土山各陸寨之賊先期飛咨揚威將軍率兵由無錫出孟河參贊率兵由丹陽出操瓢港會於圌山檄運司在仙女廟木棚紮小筏數十載生蘆覆以沙截圌山隘口斷其走路咨安徽巡撫率兵由蕪湖下壓杜其竄擾必使萬逆同殲片帆不返矣乃撈積屍以築京觀俘梟酋以獻成功此眞轉禍爲福振威雪恥不可必得之大機會也夷船悉焚所掠銀數千萬沈江中者召水手摸之尚可得十七八以償三年軍費較之撥帑集捐功效相百軍國安危爭此呼吸唯望有心國是者斷而行之而已道光廿二年七月廿四日江東布衣謹議

英夷内犯沿海賣土薪蔬淡水勢不能不資内地至猖獗入江則尤不能不與内民爲市此策乃百發而百中者驕志隳防爲白門城中一無防禦之具故須緩兵十日方能募死士製奇器耳若平日有備不必更爲此委曲也自記

致祁大臣書

春圃先生大司農樞密閣下六月杪白門定計和夷急報到都下獨閣下伏青蒲哭排其議天下傳誦偉矣所知與有光榮已夫夷匪滋擾海疆疾比癬疥而調兵億計率望風潰走縱其猖獗然廣州之山原里義民被毒不甘集鄉人殲其渠魁有司反爲逆夷乞命致留遺孽嵊縣之沈山頭義民憤切同仇再破其火輪兵船夷匪不敢言復仇即江寧人最荏弱六月中夷船初到漢奸結鹽徒二千餘肆掠各鄉花山住持率兩寮二百僧衆拒之山下立斃四五百人餘匪逃竄而四十八社村民追殺之殆盡是月杪夷船大集分遣陸路賊掠神策太平兩門外村莊據賣糕橋爲屯賊屯去嘉善寺不二里避難婦孺千餘匿寺中夷匪蹤跡至而其住持隻身持械迎敵於山門外馬步賊驚退閱五十日不敢再至寺前是草澤中固大有人在五月初吳淞接仗陳軍門授命牛督統河南徐州江寧兵二千不

戰而走夷匪舍舟登海塘追牛督河南遊擊陳平川率兩外委三馬兵斷後開放虎蹲百子小礮五門擊斃塘上賊百餘賊下塘避礮牛督乃得脫時各營軍械皆棄唯陳君所部無遺失牛督跳回江寧急調陳君入衞陳君駐江寧城內月餘見夷船有機可乘力請一戰不可得氣忿成疾調治痊復乃領衆回營是軍官中亦未嘗無人也患在封圻節鉞不知旣不求知者復不用甚且扼塞其志意沮遏其忠憤以餒吾士氣而張賊威耳夫節義本於民性

國家恩德在人當軸誠能反其道而用之祓濯英俊申明法守往者誠不可諫來者亦何事不可爲乎唯是軍興三

載經費支絀已甚雖各省水旱間作民生迫蹙司利權者固無不知也然持籌以策府庫之盈虛殆無暇更計及閭閻凍餒矣然粵閩江浙之巳事近賊者輸心導引遠賊者聚黨搶奪是伏莽莠民未必僅在竝海也從來官民相仇皆斥指克此時若更薄保障而祟繭絲竊恐驅良民以資莠且迫智勇之困阨者爲之謀主選鋒可不爲之寒心哉夫有餘不足非天下之公患也自古急國多矣然有善者則變急爲紓是必能審察輕重緩急之故固結民心以延天和而馴致此效也世臣歸田之後有公書告帖刻本二紙專恃賣文爲活其不欲更與人世事明已側聞閣下亦心救世又有一日之雅故敢悉其狂愚唯垂裁察豐城傅夔字蜀門客遊粵東爲官紳練健勇三千技藝紀律冠絕營伍是亦草澤中之一人其未有見者也爲友人牽率入都附奉此械想有以拂拭之諸唯爲國爲民珍重千萬道光壬寅十月十八日江東布衣包世臣謹狀

致前四川督部蘇公書

龕石先生節使年大人閣下前此出守吳門世臣適旅部下採聽政聲深仰清德徒以謹守無介之義又不欲使雲汀芝楣爲先是以迄今未得一望顏色本年夏杪聞閣下有海外書生之刻上徹

乙覽者奮復起望風欣忭日昨晤謝果堂同年說及吳中得謁閣下有一轟千古之策雖以讕言示意足想見忠憤氣塡膺也欽慕無可言似英夷不靖事機早伏戊子歲姚亮甫先生起陳粵臬世臣移書爲言英夷踞新埔并召集嘉應州失職士人必有邊患思患預防爲事尙易姚公以呈李節相笑爲迂怯及兵事已兆林少穆督部佩大臣印赴粵取道豫章召至舟中委問竟日世臣大指謂止濁必澄其源行法先治其內林公誤認治內爲懲犯禁之官澄源爲絕土來之路相持累歲竟成邊釁次年楊果勇佩參贊印過豫章世臣時尙待辮下顧荒寓世臣意主撤關絕

市以激諸夷使之共攻英夷自効乃以通商減稅為酬果
爾則謂通商為東南大局然必欲為世臣籌轉身世臣心
感之而非本意也辭之力止面授筆談為別及厦門失守
信到豫章世臣測夷人必仍回定海漸及寧波乍浦上海
入大江以絕運道急附遞致書裕魯山督師諷其移重鎮
守圖山信到不旬日而定海復陷又十餘日靖節遂死事
旋聞
授鉞揚威容瀾止侍郎襄事起陳雨峯軍門於家瀾止都
中夙好雨峯忠赤有機畧締交尤久郎馳書二公諄以圖
山設重守為囑今年春初陳沂州晉恩奉揚威飛調過豫

章枉顧詢事世臣為繪圖山圖貼說以防守之方甚具而
皆不報以致夷船直抵白門督府自吳淞跳回急調各省
兵入衛數已逾萬分派儀鳳神策定淮石城三山太平六
門又別駐策應兵於清涼山鼓樓兩處共八營皆在城中
世臣徧過其營訊問士卒唯河南及徐州兵尚有氣可鼓
而領兵官唯河南總統遊擊陳平川字靖宇者老於戎行
勇而尚義廉而輕死因與締結夷船駐城外久世臣所居
左右小民擔負上船為市者日數十百輩言船上情形甚
悉至七月二十二日夷酋入城赴宴街鄰往觀者如堵世
臣詢悉一切私謂夷逆驕縱至是有機可乘連夜為殲夷

議一篇而無可與言者泄之則禍及而無濟於事乃袖稿
以商陳君陳君最為督府所器立即上謁而不見採錄是
殆氣運所使非盡人事之失也今者城下之事已成既往
追溯前此失守各處皆以空城待賊踩營盤掠糧臺拆焚
衙署搶奪行道皆非夷匪所為民情不附如此此其可慮
實倍蓰於夷匪寒盟也故居今日而言補救唯在收攝人
心物色人材而已收攝人心者結良以化莠省刑薄斂以
固良民之心則莠民無與助勢物色人材者舉強以勸弱
弔死問疾以作強者之氣則弱者有以自立若徒任鈎距
以鋤莠民慾鞭撻以迫弱兵是速之瓦解者也閣下再秉

節鉞是指顧間事世臣幸托同譜故敢錄議於另紙賜覽
及之知天下無不可為之事將來大昌儒效為
國家留千里乾淨土世臣或得託帡幪為農夫以終老是
為厚幸世臣年幾七十壯志久隳前此疊致書於當路者
以食毛踐土之義不能自已又承諸公相賞風塵所知不
敢不盡非以自為地者其說皆不幸而言中文多不及錄
呈現在專以賣文售字為生初抵白門有公書告帖二紙
附博一粲亦藉明鄙意次兒家丞不能如世臣之守貧樂
饑以本班需次吳門昨接來信知以年家子晉謁備蒙訓
迪并以伸謝即請鈞安臨楮神馳伏乞垂鑒道光廿有二

年十一月望世臣再拜狀上

致徐侍御書松

星伯尊兄侍御閣下側聞入臺數日即以封事論夷情雖道路莫能詳所陳者然以閣下研究閱歷自必虜在目中竟入夷務包爲可惜也昨見董雲舫給事八月初摺稿幾有胡銓之風足比金陵山川而一洒之唯於機會決不可失一節尙爲疎略想老成碩畫必當周密無此罅漏耳世臣六月初抵白門時夷船尙未至京口而城中文武官眷早空紳富紛紛逃竄世臣獨洒埽庭內課諸孫誦詩作五言十韻曰有輚行周道幽草玄且黃云何望重喬不聞歌繡裳陵苕葉青青悠遠信不皇涉波白蹢豕離畢知月行雩消因見晛傅天鳥高翔薪柞析其葉誰與陟高岡新田可采芑美地況中鄉右有後左宜漢監豈無光冽泉浸穫薪詎見墳首牂伊誰樂吾心睠言顧隰桑是月下浣夷船大至金陵城下而官紳以牛酒迎犒者交午江中小民以薪蔬芻豢上船與市者日以千百爲輩至七月廿二日夷酋初次入城赴宴世臣察其機有可乘因爲殲夷議一首商之忠勇有識之河南統兵官密白當軸而竟不行如所議不過費五六萬金必使之片帆不返且可盡獲其擄掠之貲以償三年軍費說既不行世臣念夷船近在肘腋城

中夷民多外向此稿一泄則禍必及身及夷船退又念夷船再入大江事屬必有存此議可爲後圖是以謹藏其稿不以示人閣下心乎
國是故以奉告仍不敢錄稿奉質也現雖防兵盡撤而厝薪烈火有識共知則莫急於訓練積貯告匱夷欠限緊又莫急於征斂世臣竊謂二事固急而尙非其至者民情攜貳宜急所以維繫之兵氣渙散宜急所以鎭一之維繫散民在用良吏鎭一懦兵在親選鋒若以憂貧而勤繭絲起弱而恣鞭撻則委而去之舟中皆敵國孟喪之言未必不驗於今日也
國家愛民重士二百年無一虐政而士民所以爲報者乃至此極是豈畏義畏法之良盡汨後起綠心用衆之術竟絕前識乎亦唯在上者重氣節敦廉恥以大示轉移之機已耳說者謂勢迫載胥而論侈上理既迂濶而遠事更紓緩而無及然陽格天不旋日之謂何及今不爲仍前苟且抑將伊於胡底乎當京口初破而桃北遂決日前冬至之夕自酉至亥雷電風雨五陣繼作有如炎暑又物當乙丑震動金庫眞無敢戲豫無敢馳驅之時也世臣自豫章返白門有公書告帖二紙附呈一覽知其無意人世事而復爲此言者實欲閣下深察情勢與同志諸公戮力不退轉

世臣庶得託身農圃以盡餘年耳伯昂演生二公皆貴而好學心存世道之君子不及另緘晤時出此書同覽可也咋接臥雲書有與蜀門要緘乞確致之蜀門心力頗可用其招同人都之李春臺遊擊亦有意與軍官中不可多得者諸唯爲道爲民珍重千萬道光壬寅十一月望世臣頓首

上安徽徐承宣書

部民包世臣謹再拜狀上訪巖先生太公祖方伯閣下上年五月晉謁薇垣備承訓迪世臣欲爲避地計面陳李雲舫太守人材可依閣下力任汲引至李公際會之隆英夷擾攘之驟則皆非所逆料然大庇歡顏之宏願固無歉也六月望後吳淞京口之兵節次調集并本城滿漢士數幾二萬分爲八營而城外要隘當守之處並無一　幕世臣青鞋布襪徧歷八營唯河南兵有慷慨輕敵之言各省軍官亦唯河南總統陳遊擊平川身經百戰勇而廉能得士義憤形於詞色因與締結七月望日三大老赴夷酋召京口被擄士人因得放還內蒙古貢生清瑞係舊相識備述在夷船三十一日所見聞始悉夷情廿二日夷酋入城赴第一次宴世臣見其機決可乘而陳君能任事密爲殲夷議衲商陳君上院轉呈而主者執和議可成不宜失信夷人

爲說陳君氣忿嘔血二病幾殆八月十二日購銀全輸指退有日而佛郎西兵船忽至英夷供給甚謹邀同遊眺者半月始退佛夷猶遊後緩行沿途登岸至重九始盡出海殲夷說既不行世臣本欲毀稿唯以英夷此役兵半假之與國見此弱形難免生心況佛夷無故遠來必懷叵測誠恐深入長江事或再有夷人大舶載兵二千糧糒即充薪蔬必藉內地且戒山原里沈山頭兩次大敗於鄉民斷不敢上岸肆掠逆夷送死終必在此是以仍存此稿以俟來者八月廿四日三大老餞夷酋於正覺寺璞鼎查執者官保手言破吳淞後即定計至南京先遣火輪船入探江勢上至蕪湖者七次是上江形勝半在夷目加以至日雷雨大作上日大霧幂路長星見畢參之間月許均非吉占故錄稿呈教或可備一朝緩急之採擇也白門城堅池廣山深林密至易守惟城中無七日糧不能自固夏間遷逃十餘萬戶費貲既數百萬而出城遭掠甚多遷回無不病者共切悔恨又共謂夷性反側不可恃深憂再來而滿漢兩標兵無一可用世臣每遇守士者及紳富皆勸其諄諭積穀使城內有半年食又告當路檄外營選身手壯健口齒明白者百之二三以原餉送轅爲親兵藉訪各郡縣情勢以備倉卒並飭遊都以上統兵至三百人者各挑十一存

嘗爲親兵使遇事有所倡勸聞者皆以爲是而莫肯採行
皖城情形似亦有同此者故并獻其愚世臣自返山時館
出告帖以賣文售字爲活屬遭亂離人鮮需此幸無攫席
之劉乂尚給饘粥刻本二紙附呈一粲所望勳猷日茂使
故里士民共仰生全私心翹企不能自已臨楮神馳意非
言悉道光廿有三年三月望民世臣謹再拜狀

男誠家丞 孫希麗希曾希蘭希廉 校字

安吳四種卷第三十六

齊民四術卷第十二　　涇縣包世臣慎伯著

兵四

白將軍軼事

將軍於乾隆之初以侍衛任江南都司大學士尹文端公
爲節使奉
旨裁汰江寧京口駐防文端心知旗人藉錢糧爲生少不
公輒起物議召將軍至密室諭曰江寧吾自爲之京口事
以委若將軍請進止文端曰年六十五以上十五以下者
汰之毋弊混將軍出三日復進見文端曰若尚未行耶將
軍對曰某已畢事敬繳令文端問裁汰幾何將軍呈册籍
曰皆不當汰文端曰豈無一人在六十五以上十五以下
者乎將軍跪白六十五以上十五以下者約有十之四某
皆增損其年齒以稱中堂意是以得不汰文端怒將軍曰
中堂請聽某畢辭我
朝幅員萬里貢賦歲入豈不能贍此數旗人耶旗人不着
于四民之籍汰之則强壯者爲盜賊老弱丐徒而已京口
當衝途外藩朝貢經過者不絶若必裁汰旗男姑勿論旗
婦章服殊民人滿街丐乞恐有傷
國體爲夷使所笑文端泣數行下手扶將軍起指其座曰

此席當君居之吾何人而竟忝竊耶遂切疏論罷其事後廿年復汰駐防至今猶有旗婦丐於江口者牽路人衣且哭且語傷不能再遇將軍也將軍任揚州游擊有通州奸人告海外沙民謀逆有狀文端檄將軍率已部先往將軍即具文乞病假閲四日文端至揚命昇驗辭以劇不可風文端信將軍不避事而不解其意遂行抵六閘將軍上謁文端曰故未病耶將軍曰某何病某度沙民必無他以兵行必驚擾或生事某單騎馳往廉察仇怨所自起召其父老諭令指親串之住內地者傳集訊驗取切結三百紙并帶曉事人數十名馳迎中堂文端握將軍手曰吾故知君

能了此事即集衆諭而遣之置告者於法沙民安堵揚城爨薪藉江蘆每束有定價以四時分溼枯斤重亦有定數而文武各署爨薪皆取之柴店不給價柴賈剋扣斤重包雜草蒲以爲奸將軍既視事節制文武各署不得取官柴過柴店抽柴束拆而秤之柴色斤重有不符者輒予杖而飭改捆將軍念柴束來自瓜洲柴苑而江防揚糧兩河廳承辦縴道防風皆派柴苑輸工料歲賠累以萬計遂白文端罷其差文端感將軍言奏請悉裁革徐淮揚三府民料工需由廳員平購民困以紓揚州大旱故事禱雨無與於武職將軍素服至龍王廟長跪階石上自暴三晝夜既大

雨而階石遂有兩膝窠揚民至今以爲將軍至誠能穿金石也將軍累官至漕標中軍副將以漕運總督毓奇事華臚投劾解組僑寓於揚去官揚州時已十餘年日乘馬出天寧門登梅花嶺童兒戲於門者爭爲控馬傳呼又十餘年以沒將軍之身將軍以乾隆五十五年卒至嘉慶十四年揚民思之不置籲請祀將軍於名宦祠既得

旨將軍之長子守清以鹽知事需次揚州先期作主而揚民舁羊豕祭主至排塞通衢不能行主既入祠揚民男婦又爭進香楮竟夕學宮門至不能闔揚民誦將軍之言曰官樂則民苦官苦則民樂以吾一人之苦易數十萬人之

樂吾獨不樂乎將軍工詩善草書人爭弆藏以爲祕玩揚州士人臚將軍之政績於公牘又文人學士爲傳誌謌頌者不下數十百首大抵皆述其緝捕救火戢士愛民與武勇無敵而已至其大節顧闕畧不備余客兩江節署有老材官言之諄諄余詢驗公牘參以輿論紀其略如右使後世知將軍實通達人情治體之原而爲資格所限不能盡其才爲可惜也將軍諱雲上字秋齋姓白氏河南河內人次子守廉庚戌進士官合肥知縣以拂上官意罷職守清曾署餘東臨興場鹽大使所至吏民皆以將軍故稱其能守職也

高文端任兩江時將軍已爲漕標中軍文端納江寧謳
者陶於節署有二子安徽巡撫廣厚吏部侍郎廣興時
江寧布政亦陶姓認陶氏爲姑母文端遇之如內姪適
文端奉
旨兼署江西巡撫當往豫章調將軍署督標中軍將軍至
卽飭弁役不得從兩公子出署陶生辰布政率屬餽壽
禮將軍又拒之陶與兩公子啣之甚文端返陶宛轉哭
訴文端笑曰吾爲汝不能管教兩子故煩白君汝不以
爲德而反憾之眞是小家女不知大體也待將軍益厚
及將軍乞病文端切責皖漕督不能爲
國家惜人材文端在兩江頗留惡聲然視此風度數十年
曾誰爲繼耶故附記以告觀者六十五以上十五以下者汰之係据印檔入文然心不解其所以然僕他文紀事心不了然則不以入文唯此條爲異也

給事中谷先生家傳

先生諱際岐字西阿姓谷氏雲南趙州人也其先世隸江
南合肥始遷祖原一於明初從黔寧王入滇以功授指揮
占籍趙州之景東衞名所居曰谷旗營子孫家焉遂爲州
人曾祖逢年妣劉氏祖思勳州學生妣張氏考茂國子監
生妣葉氏以先生官翰林恭遇
純廟七旬萬壽
特旨得封贈三世先生幼善病然英異好讀書常擁被籌
燈達旦不寐成童補州學附生弱冠以選拔稟生中式副
貢乾隆甲午秋試後遍閱同人文謂同州生師範必第二
師君亦謂先生文必第一同人不許已而果然滇中士人
至今豔稱之乙未成進士改翰林戊戌散館授檢討與校
四庫全書同考庚子禮闈得士多知名兵部尚書萊陽初
彭齡漕運總督夏邑李奕疇其尤著者也辛丑乞假歸侍
葉孺人疾旋奉諱既葬以雲貴總督富綱聘主省城五華
書院遂迎國子君至省就養國子君有足疾每夕必滌濯
先生親進巾匜三年無少間國子君卒於書院先生徒步

九百里奉櫬歸喪葬盡禮士林以爲式先生主五華三年
從遊士且三百而癸卯丙午兩秋試得雋者至五十四人
故滇中名流大半出門下滇省附城有六河淤塞山水發
無所洩民甚苦之先生白於富公浚治如法數百里以無
水患先生自甲辰奉國子君喪歸里積勞成怔忡養痾本
州之龍華山寺十年及乙卯稍痊入都起原官嘉慶戊午
冬改福建道監察御史川楚自丙辰春教匪跳梁糜爛數
省先生遍就秦楚蜀豫之士人入都者詢問其由筆記成
帙參考其虛實既灼知通變之始因贓吏藉端誅求過甚
而滋蔓之故則係督撫畏葸扶飾養寇糜餉既居得言之

地必効其職將屬稿以其年十二月十五日具疏禱於前
門關廟其詞曰川楚邪教滋擾稽誅三載歧之愚昧竊爲
安難民而招擴賊之計以期早息釁端恐言不當理誠難
格天祇取罪戾無益於事伏望神鑒啟佑歧衷使言切事
情得蒙
聽納遂于己未正月十二日上奏其略云臣竊惟
先帝臨御六十年聖武神威萬方震肅固由主將仰承
睿略奮報
鴻恩亦偏裨衞翼同心協力以助成功也竊見三年以來
先帝頒師下討邪教川陝先責之總督宜綿巡撫惠齡秦

承恩楚北先責之總督畢沅巡撫汪新均
視之如腹心手足而乃釀釁於先藏身於後行營到處止
以重兵自衞裨弁有奮勇者又無調度接應甚至以賊入
他境暫稱安息由是兵無鬬志川楚傳言有賊來不見官
兵面賊去官兵才出現又云賊至兵無影兵來賊沒蹤可
憐兵與賊何日得相逢前年總督勒保至川大張告示痛
責前任辦理之失各省傳遍是其明證畢沅汪新相繼殂
逝復以楚北任之總督景安今宜綿惠齡秦承恩縱慢于
右景安怯玩于左勒保縱能實力勦捕有生擒逆首王三
槐之能而陝賊尚多楚匪起滅無時則勒保終將掣肘曠

日欽惟
先帝征討緬甸萬里外
照見大學士楊應琚挑撥掩覆之罪立
予拿問另
選名將即速班師今宜綿惠齡秦承恩曠玩至三年之久
早應革究止以欺罔未著尚荷
寬典而轉益懷安仍任賊黨越入河南盧氏魯山等界景
安雖無吞餉聲名而罔昧自甘近亦有賊焚掠襄光各境
均爲法所不容況今軍營中用副封私札商同軍機大臣
改歷軍報供據已破雖由內臣聲勢所致而彼等之倚賄

覆債情更顯然揆以厥罪維均之法一體拿問原屬罪所
應得即欲暫留効力而欺隱熟慣亦終不肯使前愆盡露
應即請
旨懲究另
選能臣與勒保會同各清本境共搗頑巢則軍令風行賊
匪必將授首請戮抑臣更有請者川楚陝西比年發餉已
及數千萬聞其軍中子女玉帛奇寶錯陳而兵食反致有
虧其載贓歸北還南風盈道路甚至內臣有與其請餉無
如書會票之嘲語前經
先帝嚴究軍需局查出四川漢州知州與德楞泰報銷互

爭多寡及楚北道員胡齊崙侵餉至數十萬一則追賠一
則拿究二案已確他屬類此者必多昔
先帝當金川奏凱後辦理軍需銷算至
謂上方有天況今之無功吞餉自屬天理所不容尤宜請
旨急易新手清釐則侵盜之跡必能節次破露無致終覆
不但兵餉與善後事宜均得充裕而轉瞬銷算亦不敢牽
混已臣愚昧無識罔避嫌怨敬承
詔旨令得封章密奏用敢據實參劾伏乞
聖鑒閒日又上奏畧曰臣伏讀
諭旨教匪聚衆滋事皆以官逼民反爲詞殊爲憐惻仰見

我
皇上燭照矜全臣民聞之無不感泣查教匪滋擾始於湖
北宜都縣之聶結仁而聶結仁之變實自武昌府同知常
丹葵苛虐逼迫而起緣自教首齊麟等正法於襄陽府後
匪徒各皆斂輯雖節經奉查劉之協與餘黨類亦不許張
皇羣累節外生端而常丹葵素以虐民喜事爲能於乾隆
六十年十二月內委查宜都縣境一意苛求凡衙署寺廟
關鎖全滿內除富家嚇索無算及赤貧者按名取結各令
納錢若干釋放其有少得供據者立與慘刑至以大鐵釘
生釘人手掌於壁上號慟盈廷或鐵錘排擊多人足骨立
斷若情節尚介疑似則解送省城每一大船載至一二百
人堆如積薪前後相望未至而饑寒擠壓就斃大半浮屍
於江餘全死獄中亦無棺瘞居人無不慘目寒心聶結仁
係首富屢索不厭村黨始爲結連拒捕尚未敢逞犯而常
丹葵不知急自收斂撫慰轉益告急以致宜昌鎮帶兵突
入遇害由是宜都枝江兩縣全變而襄陽府之齊王氏姚
之富長陽縣之秦加耀張正謨等聞風併起遂延及河南
川陝日甚一日聶結仁平後官兵剿秦加耀於長陽縣之
黃柏山常丹葵隨行賊人首欲得彼甘心追擊將斃得鄉
勇救脫遂托病不敢復隨至今人皆呼爲常鬼頭此名各

路傳知謂其爲殘害生靈之罪首也他如兵破當陽縣城
時於鋒及流亡中猶忍心搜剝難民懷挾及居人存活財
物借解往軍營爲名全歸入已尚其餘事此臣所聞官逼
民反之最先最甚者也臣思教匪之在今日自應盡黨梟
磔而其始亦猶是百數十年安居樂業人民究何所求何
所憾而甘心棄身家捐性命挺走險峻耶臣聞賊人當流
離奔竄時猶哭念
皇帝天恩不置縱復連騈檻戮亦爲鬼知罪殊無一言一
字怨及
朝廷向使地方官知體布

皇仁察教于平日撫弭於臨時抑或早防事端少知利害
則何至如此彼荒裔如緬甸安南猶歸命輸心恐不速而
謂此腹地中淪肌浹髓之輩忽尒變生疇其忍信臣所以
爲此奏固爲此等官吏指事聲罪亦欲使萬禩子孫知我
朝無叛民而後見
恩德入人天道人心協應長久之昭昭不爽也今常丹葵
湜虐一時上廑
聖仁下殃良善煩師發餉
盼捷三年罪豈容誅猶幸此情今得
上聞自難使首禍之人終歸脫漏應請

飭經略勒保嚴察奏辦又現奉
恩旨凡受撫來歸者令勒保傳喚同知劉清問及川省素
有淸名之州縣將綏緝安插之處悉心妥議奏聞是不但
開萬人生活之路且啟億載安定之基則楚地中曾經滋
擾者亦應需賑安集臣聞被擾州縣其中逃故各戶之田
廬婦女竟多歸官吏壓賣分肥是始旣不顧其反終更不
顧其歸不知民何負於官而效尤覥忍至於此極若得懲
一儆衆自可羣知洗潔宣奉
德意所關於
國家苞桑之計匪細也兩疏相繼悉荷

采納尋擢禮科給事中稽查南新倉巡視中城雲南鹽法
向係官運官銷日久因緣爲奸將井出淨鹽四十斤攙和
沙土六十斤爲一石按口比銷居民生子女即計口而病
故數十年者不除其籍又牛一頭比人三口其牛轉賣則
旣科買者而已賣之戶亦不除民備課市鹽不可食率繳
價而棄鹽於署前價稍不足則刑求至苛急民不堪命及
嘉慶丁巳又以威遠調取民夫里長辦實夫已齊有司忽
改爲折價每名索銀三兩五錢則釋放放後又徵實夫并
將鄰邑接濟長夫羈押勒索遂使迤西道屬數十州縣同
日閧署將管鹽撥夫丁役挖目刳腸幾至戕官迤西道李

亨特聞變馳往出示禁革科鹽派夫諸弊衆始解散數月
後漸捕獲爲首者解省研鞫經歲撫臣止以鬬殺擬辟不
肯將配鹽派夫激變之情上達獄旣成官吏骫法如故先
生去滇萬里廉察得實遂上奏略云臣查滇南產鹽各區
惟黑白琅三井最大行遍迤西南各府歷係歸州縣官運
售不但課款有制而官吏資其餘潤辦公亦得均平充裕
近則私行加額加課任意短秤倒收腳價剝削太甚其加
額之法係與井員私煎及歷買竈戶餘鹽私派各州縣轉
賣繳課入已此與奉文代別屬行銷者無干而各處官店
發鹽任意短扣積零成多額又浮至大半有餘至收課時

暗折明增十復加五吏有民間備本自運而亦照數徵收
脚價者此外積弊尚多各屬情形亦不一大約正鹽一倍
課幾化作三倍歸販戶銷者則販戶倒懸歸丁糧及烟戶
銷者則貧民擾累又竈戶因官發薪本平色太扣以至交
鹽時墮欠攙雜變產革丁受累尤甚民財止有此數得則
歸囊欠則歸公
國課民財必至交困此行鹽之弊也至滇南夫馬歷係出
自烟戶與額設堡軍惟
欽差及督撫學政提鎮司道與本管府州縣通用從無違
悞自

大兵征緬甸始添派糧夫設立公局凡奉差過往一體應
付係專爲軍務而設凱旋之後遂以徵調爲尋常公局爲
利藪一切過站者皆以公事假名做情指一科十呼擾百
端若果有公出大差則包串私派派夫少則至千多或近
萬派馬少則數百多則三五千不等凌虐奔守各情形難
忍盡言更復折價分飽層層朘削其非軍務而動從糧上
普折者追逼尤猛又有不奉明文而私藉採買米穀折價
入己者閭閻展轉賠累難堪此外雜派名目不一而足雖
有大吏示禁總以具文相視凡此皆官吏通同朦混所爲
也臣聞嘉慶二年滇中百姓與州縣管驛之官親長隨書

役及素管夫馬公局之各頭人搆怨報復俱有痛不忍言
慘不經聞實跡且近省及迤西一帶幾五十州縣不約而
同誠邊省從來未有之大變雖經大吏出示曉諭有累民
諸弊政卽當爲爾等禁免之語旋卽解散而隨後復另造
拒鬬傷人別事入
奏官則參處民則分別正法固亦足以彰
國憲而懾人心但終未將此數項起衅弊端陳明禁止使
罪犯雖明而禍根仍伏至今官吏愍不畏法旋改旋復巧
取更工彼此猜怨交含不識養癰至於何日臣查夫馬採
買原有舊例明白易守無過禁其設局濫派折價私吞與

非軍務永不許從糧上科派已足便民其鹽斤則每秤均
有羨餘官得餘觔辦公販得準觔出課是以從前只用鋪
販課並無虧近則迤西一帶因販賠多而官課欠改派地
糧烟戶或大戶行銷法逾改而取逾多不清其源徒益擾
累至加額加課倒收脚價則從來所無數無底止自宜永
禁其有自運未領脚價者則納課時即將此項扣去毋令
倒交如此行之自爲妥善若滇鹽亦可如則省辦法則在
大吏相機妥畫今我
皇上乾綱整飭大憝已治內外肅清臣惟有籲懇
天鑒謹

飭查禁使諸弊之已革者永遵未除者立止但得上下相
安官民兩便誠邊氓萬萬載無疆之福也奏上奉
旨交滇省督撫查辦時撫臣內用總督富公兼撫篆以滇
省鹽法宜改以便民復奏奉
旨交議而舊撫臣在都欲沮其事先生再疏籲請詞不錄
未幾富公丁艱去官
上以交新督大學士書公會同新撫初公核議初公居門
下久聞此事于先生甚悉卒以富公原議稍增損之定爲
竈煎竈賣民運民銷至今便之壬戌以奏劾長隨蔡永清
僭越勾通朝貴事失實鐫級降補刑部員外郎丙寅選本

部郎中保送繁缺知府庚午引疾歸里行過揚州兩江總
督百文敏公兩淮鹽政阿克當阿延先生主講揚州梅花
書院之新設孝廉會文堂揚州卑溼之鄉士氣恇怯先生
謝絶勢交生徒進問者唯言熟讀宋五子書反質諸身之
所行而已客揚州五載以乙亥十二月五日卒於樗園年
七十有六配楊宜人生子曉歲貢生皆前卒女子子二人
長適楊汝梅次適蘇均繼配劉宜人生子二昌暄劉宜人
產於北未嘗入滇昌暄皆幼漕督李公鹽政阿公議暫厝
先生之柩于揚州而資劉宜人攜昌暄入都依初公俟成
立後扶櫬歸葬揚州諸生徒共爲卜地于城北之紫竹庵

側素衣執紼異聲同歎可謂生榮死哀者已名流先達多
萃江介惟桐城姚姬傳先生主講江寧之鍾山數十年粹
然不立崖岸而無瑕可指不媿人師自先生至揚州論者
始以爲德之有鄰也先生之學以自守爲本有用爲宗不
尚談說而詞旨淸穆可誦爲有德之言前有五華講義若
干卷版行于滇在揚州選刻大儒詩鈔若干卷其他詩文
多散佚性虓作書出入於平原眉山而得其渾逸稿草不
經意者爲尤工云

包世臣曰給諫以言爲職言有三體條列謀猷爲奏議匡
弼君德爲諫諍掊擊權要爲彈事夫入告順外者奏議也

避人焚草者諫諍也至於彈事則古人對仗讀白簡公事
公言機不可遲而事不尙密
今上親政以來言路大開諫垣一得之詞多蒙
采擇而又潛消黨隙保全善類
睿慮周詳至矣先生居諫垣直聲最著而所親莫得見其
草本凡以仰體
聖德人臣恭謹之義也先生以辛未夏至揚州世臣僑寓
同城甲戌春始得謁備承嗟賞引爲忘年交因議鹽法至
滇省世臣謂初公改滇鹽一舉德在百世先生乃言其始
末世臣旋就食海州比返而先生已物故時先生之甥舉

人蘇城來護其喪，因囑蘇君出遺篋，其檢奏草大半斷爛不可讀，謹就手稿完善稿末有上奏月日者，撮其要著於篇。其己未正月指陳月選籤掣之弊與安撫難民之法兩稿雖完具，皆不著。著其重大者，而以手稿屬初公裴池謹藏，至昌喧成立而歸之，使後之論世者有所攷焉。

清故江安鹽巡道署江寧布政使除名戍伊犁放還漢軍

朱君行狀

曾祖天爵，字允修，山東兖州府知府。誥封光祿大夫

祖倫瀚，字涵齋，副都統署理侍郎。誥授光祿大夫

父孝純，字子穎，兩淮都轉鹽運使。誥授朝議大夫

正紅旗漢軍吳必慶佐領下朱爾賡額年六十五行狀。

君姓朱氏，源出故明代藩中葉，脫屬籍居山東歷城，爲歷城人，其世次不可紀。君上世名永安者，宦遊遼陽，遂家焉。其孫以天命中入漢軍，隸正紅旗，四傳至侍郎，以書畫名天下。族始望都轉，傳家法，尤工詩古文辭，師事副貢生桐城劉大櫆才甫，得其傳，自爲諸生時，都下老宿皆納交。與京堂桐城姚鼐姬傳、編修鉛山蔣士銓心餘、知府丹徒王文治夢樓尤厚。應鄉舉，卷出王君房塡榜時，監臨主試同考見其名，驚嘆曰：此卽爲萬山靑到馬蹄前者耶。其爲時流所重如此。君爲都轉長子，原名友桂，字丹崖，及充滿章京直樞密。

高宗雅不欲旗員同漢人命名，都轉擇滿文可連姓成語者，爲改今名，以漢譯之爲好古，字之曰述堂。君又別爲號曰白泉，故天下皆稱朱白泉云。君自爲兒童時，卽與仲弟廣東候補道朱爾松額以穎悟稱都下。都轉出令四川，歷山東、江南，君皆隨任，才甫、姬傳、心餘、夢樓與才甫之高第弟子歙孝廉方正吳定殿麟皆至揚州，客都轉署，君從容質難疑義，作爲詩文書畫，皆取法高，得古人之意，然非其好也。常登山臨水，弄潮走馬，挽强貫微，又好奇門、六壬、風角諸術，亦復躭禪悅，涉聲酒，意之所至，輒傾倒無餘，唯欲

多上人，揶揄儕輩，於顯要無所屈服，然能急人之急，推解無德色，罄家貲至大萬，以是爲友朋推重，而娼嫉亦隱伏焉。君既成童，以川運餉急，都轉爲援例得主事，弱冠籤分兵部，爲管部大學士誠謀英勇公阿文成公所器，入直軍機處，洎授武選司，洊歷本司掌印郎中，薦列一等。乾隆五十七年，

簡放江安督糧道，督糧道署駐江寧，與總督同城。時總督蘇凌阿，所用閹人爲大學士忠襄伯和珅舊隸，頗恣睢用事，蘇公以伯相故，加意優容，羣僚屏息。君廉得實蹟，入白蘇公，出命健卒捽而遣之，旋從蘇公至安徽太和縣查辦

逆匪劉之協時新授安徽巡撫陳用敷自都出經定遠縣聞縣民任枝常茹素遂籍其家得彌勒佛像又得新舊紅帖二事上署出錢人姓名除重見者共得百卅人陳公據以爲從學彌勒教之根基錢悉捕治逮繫之有
旨飭蘇公會鞫蘇公故倚君時刑部侍郎宋鎔以安徽道署按察司事與君善君與宋公檢核二帖名既重出不類根基錢簿因廉得任枝家有婚嫁事先後籍錄賀錢人姓名故紅帖若簿記遂平反其獄全活男婦以千計六十年春太和獄竟遂留安徽署理布政使事是年冬引疾回旗嘉慶紀年病痊以母氏梁淑人年老有疾請改京職選授

戶部郎中時伯相張甚監奴劉全之女夫號檳榔蔣者倚勢奪民產訟於現審處同官望見蔣皆踧踖不自安君叱使長跪掌責數十同官皆失色驚走君獨受其詞以白伯相有西賈利旗租地嗾言者使得與民人通買賣事下部堂司皆被惑君獨不肯下議賈啖以白金二十萬君正色曰旗人居積本微薄又不善治生若聽與民人買賣旗地不三年旗產且當盡吾顧利賈人金使二十四旗數十萬戶盡困饑寒耶時管部大學士朱文正公廉得其事驚爲希有值考察文正公以君自告改例不外用面奏君才守堪大受而以告改例不列一等人才可惜奉

優旨授廣東潮州府知府時潮州內洋有匪船六幫鴞張日久又有閩匪朱賁時來窺伺尤強黠君抵任即周歷海壖集村民爲練勇並商之本鎮今山東巡撫武隆阿得兵一千沿海恭布嚴斷內奸接濟米水朱賁幫糧絕改乘小艇逼岸死鬬君率兵勇接仗四次疊挫其鋒朱賁起椗走臺灣六幫聞風膽落并力自保君相機堵剿六幫益蹙君念匪衆雖多然眞盜不過十之二三而被脅入夥者居其七八不若開示生路以解散其黨羽必死之心即以剿撫兼行之策上粵督今任直督那彥成那公以爲善三月之間盜魁黃茂高許雲湘王騰魁楊勝廣黃德東關兆金等

皆受撫計收得巨艇二十七隻盜黨一千四百二十六名大小礮二百四十七位火藥千一百八十一斤器械一千八百九十一事潮郡肅清君遂擇其強幹者三百餘人雜之練勇而罷其餘歸田里時會匪巨魁李崇玉黨衆盤踞惠潮山谷中而自率精銳數千人遊弈海上君因遣就撫新練中之有才辨能道威德者誘之自投朱賁幫夥亦漸有潰散來潮乞命者君適以梁淑人憂去職未能竣其事嘉慶十三年服闋起官雲南曲靖府知府十四年廣東海盜充斥東路則郭學顯西路則烏石二中路則鄭一爲三大幫鄭一死其妻石氏號鄭一嫂領其衆鄭一嫂與部目

張保私通分十船與保自領別爲小幫而別幫小者多附保遂與三大幫爲四而內與鄭一嫂合故中路尤强盛常入內港登岸恣剽掠官兵與遇輒敗衂前後戕軍官至十數

仁宗乃命協辦大學士百文敏公以山東巡撫督兩廣當君之守潮也文敏爲廣東巡撫知海事非君不辦請於朝遂授廣東高廉道君既至文敏先期已奏署督糧道留省垣總統剿辦洋匪事務君見海口各礮臺皆築於山頂以期瞭遠然火路高匪船出入臺前礮子或自桅上過不能傷建議留舊臺爲瞭樓而別建新臺於山麓使火路平水

面匪船過者發礮輒碎其幫匪鋒屢挫又飭並海郡縣嚴斷水米如在潮州時又偵得紅單船並海運鹽而匪船之篙篷纜索實資接濟請改鹽爲陸運而撤紅單船入內港匪勢漸蹙君乃招前所撫用首民使爲線人下海說郭學顯自崇玉就撫那公假以翎頂遣入都懸首菜市洋匪以爲被誆莫肯投誠學顯素聞君名又見舊受撫者故無恙遂首先從線人歸命君白文敏稍優待之以勸來者未幾鄭一嫂亦至保勢尤孤帥其幫數萬人抵虎門使線人入報請督臣親至海口得面陳乃敢投仗文敏召文武大吏會議莫敢發聲君獨進對曰危事不啻保自知戕官兵至

多罪大惡極非郭學顯比遲降恐爲李崇玉之續眾既多現糧無繼若拂其請必上岸死鬭去省垣才數十里城外居民百萬蠭蠆有毒可爲寒心願請與署司溫承志中軍副將張紹緒從憲臺盡撤兵衞單舟逕詣諭以恩威必可集事文敏曰諾即具舟君曰是未可造次今日請命南海番禺兩知縣偕線人至張保船告以明日憲臺自來受降方足以昭威重且使彼籌熟而志堅也翌日昧爽文敏遂登舟行四十里見保列巨艦百數杉板船數百對排下椗夾水道如衢巷望見座船賊艦舉礮以迎聲震城中城中人皆悸慄登埤無人色至午始逼保坐艦相距二十丈

保請過舩君叱其使曰大人來海口受撫張保當登座舩泥首乞命速歸報若仍驕肆遲疑則無死所矣迨晡張保至船艙將下杉板而返者三卒從二十八人露及至君白文敏命其從者悉登舟而獨召張保入艙張保自陳罪重難赦願先解散餘眾自留精銳三千人配鐵力大舩三十隻杉板六十隻至西路招烏石二不聽則擒之以功自贖君侍坐遽問張保曰若須礮位幾何兵械幾何米糧幾何往返若干月日礮械若自擇精好者報明配用米糧則大人賞給若若既歸順便同練勇若據實合計稟大人候恩諭文敏乃許給米三千石撫慰而遣之回船翌日張保遂交

船隻器械使餘衆上岸受撫，而自帥精鋭起椗出洋。羣謂張保以乏糧求撫，且其解散者大都罷弱，今以三千精鋭配用船械又精善，更得米三千石，必爲大患，將不可制。蜚語四起，君笑曰：是不必以口舌爭。至期，張保果誘烏石二至高州，烏石二既至，而頗中悔，文敏乃急誅之，三路悉平。烏石二者，麥有金與其兄有貴皆居烏石鄉，故有此合號也。既竣事，君得拜花翎之

賜，並先後優敘軍功加四級。十六年，文敏内召都察院左都御史，以南河減壩決口，復出爲兩江總督。文敏陛辭，以君爲請。

仁宗思君故官江南，情形熟悉，又隨同文敏辦事得力，遂調補江南鹽巡道，使得就近差委。君以十五年調署南韶，遂奉差押要犯交刑部，以十六年九月差旋至蘇州，舟次接調任之

命。先是，君以七月初至清江浦，文敏抵任才數日，以君係客官，屬訪求南河眞實情形。文敏出都時，于景州發手書延世臣至浦議河事，予至浦，而文敏方會河督陳鳳翔前往查看海口，世臣因得遇君於旅館。時李家樓始決，水當由洪澤湖出太平河歸黃，而太平河淤爲平陸，湖口之東清壩外即運河頭壩，其金門深四丈餘，比太平河低且五丈，而運河寬才二十丈，幷受黃淮，勢必橫潰。本管道廳議大挑太平河使寬深，以三十萬餉限一月竣事，工員莫肯任。清江士民惶惑不自保。君從容問策，予曰：於頭壩外接長盞壩，過溜北行，則太平河之浮淤自去，水來甚速，斷不能有月餘暇隙俟挑河工竣，且挑成亦不能掣溜入黃，是棄三十萬帑金，而從以清江淮安之百萬生命也。接盞壩費不過萬餘兩，十日可成，救急先務，無以逾此。又泛論南河興衰之故，君穎悟絶人，聞聲神解，遂與予爲布衣交。閲五日，文敏回浦，予上謁，文敏謝病，予辭，君返揚州，君諄勸緩行，入詢文敏，乃知文敏初至浦，工員知延予主河事，莫

不惶懼，徧求中外與文敏締密者，蜚語阻止之以十數。君曰：包君文辨絶人，精善河事，且忠誠廉介，義形於色，主上洞識工員之不可恃，故委任恩門。凡能與工員爲異同者，正恩門所當吐握旁求者也。今於千里外手書招至，而以讒中沮，恐天下有以窺淺深，因以盞壩事告文敏。且曰：此其略，非包君不能詳也。文敏頷之。又三日，乃以分夜求世臣於旅館中，指畫機宜，文敏以爲然。越一日，遂偕至河口相度，乃決盞壩策。八日而水至，盞壩將成，太平河新淤刷如沃雪，不數日槽寬二百餘丈，深三丈，清江民乃安枕。君見盞壩有成效，乃買舟回粵，行抵蘇州，奉調回棹，受

事以九月至浦督挑減工中段引河未幾文敏札飭委員遵照新定章程圜估葦蕩君復至浦聞浦上蜚語中世臣者益多而世臣又以面辭文敏保薦之故忤用事人意內外掣肘君遂白文敏延世臣襄其事凡所條議君輒以公牘上之得施行者十七八文敏復檄君協理河庫勾稽錢糧督籌葦蕩而

欽部事件及提審地方重案又輒委於君世臣檢例案核估銷驗供詞比律意[redacted]輕重批答申移常苦手目不相及而君出查工入獄[redacted]以暇隙集賓僚飲酒較射度曲無匆遽之色君之籌蕩也知右營樵兵向無額人開採時營員領帑下蕩蕩內弁目臨時雇募夫刀樵畢卽散弁目專其利而弁目又爲灘棍所持以致蕩料歸灘棍者什五六歸弁目者什二三歸工用者什一二營員朋分額餉而已前此雖經專派道員儘蕩搜採才得柴十數萬束而正額常虧至過半君乃請以蕩內淤變不產柴之腴地每樵兵一名給地四十畝以爲兵基嚴驗年貌箕斗蕩始有兵又驗蕩內溝渠淤淺出筏難而採不及遠請濬舊挑新直達蕩底時新築長隄水大隔在隄外爲請隔隄搬運經費又念每年搬運爲費不貲而樵兵雖得地畝無棲止房屋籽種牛具終無實濟乃請棚廠牛具籽種銀兩分給各兵

以後搬運過隄卽用官製牛具以垂久遠又念葦蕩營守備千把本係操營有兼管地方之責既無衙署雜資辦公是以常年住浦僅以開採停採之時兩度到蕩卽住弁目之家附蕩居民挾制欺凌情狀百變强取私偷不能禁止請申明操防舊例於偷竊官料案件聽其自理建衙署設儀從而地方事件應參處者仍歸廟灣營使得以專力理蕩蕩始有官文敏皆據稟咨行立案至今便之是年卽採足正額二百四十萬束又增採餘柴四百三十萬束查案分別遠近會同庫道詳明分派各廳以濟工用十七年四月採筏搬椝事畢營員出具收管陸續交船君回署供職廳員奉派蕩料例扭購價沾潤較少而灘棍夙昔以蕩料與廳員爲市者彼此勾結船兵又於中途改捆交工時斤重或不敷於是八廳知照公稟院道欲翻蕩局文敏悉其奸謀會河督飭庫揚海三道查訊稟結君復自省至浦會同海道酌定採辦十七年新葦箍口爲二尺八寸較舊增三寸估右營得柴八百萬束以奉委署江寧布政使事未及估左營先是三月初李家樓將次合龍各工無料洪澤湖自仁壩掣塌洩枯水勢出禦壩甚弱君恐黃歸故道正值桃汛或致倒灌派委沿途催提右營正料先交外南廳而船營把總錢永勝押蕩料五十萬束停泊李工私到禦

黃壩與廠員議折交分數黃水驟至冲塌禦黃壩寬至三十餘丈運河幾溢君嚴飭錢永勝責令即日提船揸壩自効乃得晝夜搶堵不至塌寬成事八月內切灘溜掣馬起營工大埽三十餘段殆欲穿隄廳員急截過境蕩船得料二十萬束源源廂補幸免衝決而十月內故河督陳公以文敏劾詞誣罔訴於都牽蕩事及君

欽使以十一月抵浦查訊爲工員熒說所誤適有船營尾幫載料九百束無廳收受泛蕩河中三四月工員嗾使泊於洪福莊請

欽使查驗遂據以爲牽凡自春徂秋取有工收報明廂做

埽段之料三百餘萬束皆照此核算斤重君因文敏原參陳河督之詞涉虛恐不能必全而獄無出路難爲結正願以身任不加深辨遂被虛糜錢糧苦累樵兵之嚴劾遣戍伊犁君素不習河事才數月而能通徹全局深解機宜十六年冬南河總督黎襄勤公於海道任內督辦減工下段引河於倪家灘迤下就挑河之土山堅築縷隄三千丈束水攻沙首尾緣以格隄十七年三月李家樓合龍水至縷隄內不能容格隄沮遏水頭上游聚而不流平大隄者數十里而襄勤先稟嚴守格隄文敏據以入告奉失守格隄即行軍法之

廢旨君飛稟改守大隄聽溜穿格隄而下旁洩始止未幾桃汛至而減壩大工合龍時基有積沙溜勢急攻壩身展側搶護不能止君啟陳公於大壩迤上築挑水斜壩逼溜入泓不數日壩根掛淤迄今穩固君以嘉慶十九年春抵戍所二十五年冬

賜還城中無一椽之居都轉墓在西北郊外牛房塋旁有祖遺旗租地數頃墳園三十餘間君稍加修葺徙家屯居督子姪讀書並課耕牧道光二年君猶子朱爵以知縣揀發貴州君頗憶舊遊遂以四年春卒於朱爵綏陽縣署君自戍回旗予適滯跡都下招攜同寓僧廬者數月君有手

册紀自嘉峪關外至伊犁程途附及風土形勝甚精密有條理凡自新疆來者共以銅鉛廠聚眾爲憂君則謂給役其中者每日可得制錢二百餘彼處物力豐盈人日得四十文便衣食優裕人各樂生無可慮者唯厄魯特種類日繁又不善爲生而客民以術兼并之終當爲患時又議籌八旗生計君前查蕩時見底堰外荒地腴美唯瀕海受潮土鹹不耐種植而粵東有鹹水稻收成頗豐即欲遣人至粵東於秋成後收新種數石并召粵東老農二三人來江南試種以盡地力未果而被議遂以此說徧告本旗莫能舉惓惓之義不變窮通有如此者配宗室氏鄭某親王之

孫女長子朱奕勳官山東知縣被議罷職次子朱奕專候選通判女子子二長適戶部銀庫員外郎達林泰次適鑾儀衞雲麾使祥泰俱宗室夫人出季子佛靈安側室劉氏出公之不祿也勳以交代未結不能奔喪亨奔馳萬里以五年六月扶櫬歸葬于都轉墓左世臣受知深而共事久得悉其生平故紀述數大端以俟當世之有道德能文章者論定焉道光六年四月八日舊部人包世臣謹狀

皇誥授奉直大夫陝西山陽縣知縣加三級黃君墓志銘

君諱煇字燿騰一字蒻艇號秋圃安徽婺源人也祖鴻貤贈奉直大夫妣程氏貤贈宜人考奬封文林郎贈奉直大夫妣顏氏封孺人贈宜人奬生數歲家驟落鴻貿貿入四川十餘年絕耗問奬迺辭母尋父遇於重慶而鴻已病痺奬課蒙以侍疾鴻物故無力歸櫬遂葬於巴奬嘗失道至峩眉山中大雪斷行蹤又饑不能舉步遇老者與蕎餅食之頓輕健得出山遇鄉人謝氏攜之東下至蕪湖奬年已六十矣婚於蕪湖顏氏偕歸婺源而生君惜抱軒集中所稱黃孝子者是也君既穎悟而父母督課之甚嚴弱冠試童子卽冠軍旋食餼甫壯以乾隆丁酉拔貢生應

廷試得知縣籤分陝西補鎮安恭遇

覃恩封贈祖父母父母如其官遂乞養歸君優於文學開

門授徒以脩脯供菽水遠近負笈從游者多知名士婺俗故績學然屈指必首君三載封君卒而母氏亦老君接請養母又二十餘載乃入都例發原省坐補而鎮安已改繁序補山陽累加三級復遇

覃恩授奉直大夫嘉慶壬申乞休癸酉八月六日卒於里門年六十有六配同邑洪氏封宜人側室謝氏子四汝朔郡廩生貢成均以訓導候銓鳳來國學生俱洪出百祿國學生平格江西候補未入流俱謝出謝以平格得貤封孺人孫十一俱業儒曾孫四俱幼君之未補鎮安也已歷署洛川中部諸大邑鄜州直隸州知州西安府分防孝義同知及乞養歸侍而教授鄉里後進如未仕前比封君棄養君年方強仕而依侍母氏不忍去膝下既養親事畢乃自許馳驅再至陝署汧陽及白河時教匪餘燼未靖軍書旁午姦民竊發者接壤相繼君勸諭紳耆遠斥堠外防內撫閭閻得免蹂躪焉及補山陽邑有嘓匪劉伏得聚眾數千出沒老林中擾害行旅居人無不至文武嚴捕積年莫能誰何者君至諭捕人曰匪勢甚張非有司所能制徒聚壯與耗經費何益盡撤藩籬若無事所匪果易君一日君不鄉偵劉伏得所當至設伏擒之山南路遂通邑民王朝陽前以聚徒念經被捕大府予以自新十餘年後鄰境案有

株連復嚴檄追捕君至朝陽家諭令就逮而親解至省白
大府曰朝陽悔過有據已若必念舊惡恐反側者多大府
素重君釋朝陽衆心乃安其靜鎮以除大患積誠以爭愚
氓有如此者迹君生平事親則竭力誨人則不倦臨民則
盡心所事皆成名傳曰求忠臣必於孝子之門能爲師而
後能爲長君當之矣是宜有銘君之卒也汝期等以其年
十月八日舉葬而未有埋幽之文後三十年當道光壬寅
三月平格以請故銘之曰
孝子有于爲衆人父宦雖不達實篤後之祜

書包擯達事

包擯達者吾族之農民也乾隆乙巳大饑吾族遠祖葬鳳
凰山去村十里坐落曹姓水口亭前曹姓挖蕨根爲食不
可禁幾傷墓族長榜祠前曰自六十至十六不病者某日
各持棒集祠前往鳳凰山不到即削譜族人會者千五百
曹姓恐族止三百人拒水口亭棒接而吾族敗奔近村乃
踞地喘息擯達曰包爲曹敗無顏見鄉人有從我打復仗
者否應聲者二十八人曹姓方飲勝者於祠擯達留十八人斷
水口亭而率二十八人入其村鬭於曹祠前當取其安墓禁
山服約而回三十八人者先固在千五百中始以五當一而
敗繼以一當十而勝義憤重則利害輕也自夷氛起其謂

其礮無敵然夷礮前後百萬出而傷吾人曾不數十徒以
震懾羣走使逆夷躡項後殲如薙草烏桶廈門定海乍浦
京口莫不然竟無如擯達者一決求勝於敗之策併命不
翏傷已故追記之毋令泯沒焉尤異者浙東設糧臺起故
安徽布政使於揚州馳往主其事去夷氛尚百餘里忽中
夜自驚故布政率監守官十數走比明乃息足曾無一人
有褲者存餉四十萬爲民勇所篡乃議減員弁薪水爲彌
補戚氏曰畏法則侮敵畏敵則侮法此詩人美大夫所爲
必云舍命不渝者也

史雲州家傳

君諱紹登字倬雲姓史氏江蘇溧陽人也東漢初史崇以
翦赤眉功封溧陽侯之國子孫家焉五十四傳而至君曾
祖夔詹事府詹事祖貽直文淵閣大學士贈太保謚文靖
父奕環山西按察使君少有大志博覽書史試順天挑謄
錄議敘布政使司經歷分發雲南試用乾隆六十年署開
化府文山縣事雲南鹽歸官辦苛刑抑配民不堪命語在
谷給事傳君莅任即弛其禁釋獄中逋課者數百人民以
大洽閱三載配鹽之五十七州縣一日同變乃改爲商辦
以寬民依文山式也未幾苗匪起貴州距文山尚數郡君
察其形勢必將闌入而各鎮兵不可用乃集吏役健者得

三百人親教打鏢、期於三十步外取人、命地而中、教甫成。而黔匪蔓擾廣南、逼文山鄰境之邱北、又潛結文山各寨儂猓約分投蠭起、時嘉慶紀年之四月也、君謂不救邱北、破賊於境外、則文山儂猓必不靖、遂授三百人伎、人刀一握鐵鏢三十枝、身帥之馳往、所當輒仆、收復前所失卡汛以十數、廓清邱北、而雲貴總督勒保剿苗失利、被圍於貴州之黃草坪月餘、雲南巡撫江蘭調君往援、君率壯勇馳至、賊圍城十數重、內外不相聞、君迎陣以鏢擊之、壯勇爭先、賊死如積、一日遂奔潰、君念圍雖已解、而賊衆尚數萬、若入城慰謁總督、則賊走遠不相及、爲後患甚巨、遂追奔

三四百里、七接仗、殲賊至盡、乃返黃草坪、君解圍之後三日、黔鎮以兵至、總督德之甚、比君上謁、總督曰、若滇省小文職、亦遠來看我耶、君陳開圍狀、總督怒曰、圍果若開、何不入城一見我、使我憂悸欲死、君曰、入謁則賊不可盡、麾下遣人至城外、及七次接仗處、驗賊屍、係鏢傷者、則是文山縣民壯所奮擊、若及傷、請行冒功法、總督初欲重劾君、覆勘得實、乃已、而巡撫聞君與總督辨論、恇懼、遂飭君自備經費、不入軍需報銷、君以故虧帑至二萬、是年十月、委兼理臨安府之蒙自縣、雖攘接文山、而兩城相距三百里、莅蒙未一月、交趾賊目儂福連、勾結廣西餘匪賀成猿等、

數萬人入文山、燒殺村莊、佔奪硐卡、君聞信匹馬馳一晝夜入文山城、次早領民壯出剿、生擒首逆、並獲從目二百人、硐卡悉復、總督以爲能事、擢順寧府雲州知州、仍留署文山事、默酬解圍之功也、三年、文山大水、君開倉救災民、爲滇省往事所無、四年

睿廟親政、以初彭齡巡撫雲南、初公自矜廉介、好任術爲明察、開化故有總兵官、當變出不測、君以署縣破賊、士人榜通衢曰、總兵守城、知縣打仗、總兵銜之、初公詢總兵曰、頗聞吏令不要錢、果否、總兵曰、小錢斷不要、初公遂以虧帑劾君、士民聞信、立刊知單、臚君之文武政績、題曰天理

良心、設櫃邑廟、醵金至三萬、初公聞之甚悔、以君既完虧、得留任、仍餘七千兩、率耳環戒指手鐲之類、無可返、遂立案貯庫爲公項、次年丁母憂、疆吏倚重君、留不遣、君言父母之喪惟金革無辟、遂解任、隨滇粵各行營、而文山公項後來者欲乾沒之、紳耆請於上游、建開陽書院、文教以日盛焉、七年服闋、署麗江府維西通判、廳民恆乍繃爲亂、巢險固不可攻、君廉得巢後巖壁斗阻大溪、水峻急如箭、君以篾爲大絙、募善泅者繫長繩於腰、繩尾續大絙、既渡溪則引絙繫巖樹、對岸急引如笮橋、絙套篾圈、圈下繫小板可坐、君先上板、以手扳絙猱接登巖頂、壯士三百人從之

賊不虞君至大驚亂君既手擒逆首壯士殲拒命者其黨
盡就縛遂以蕆事拜花翎之
賜九年得嘔血疾卒維西官署年正五十君常以至少敵
至衆前後三百餘戰未嘗敗衄身無傷痕所教三百人亦
無陣亡者君寄其子書有云人生通曉大義爲國家捨身
出力不怕死亦不得死是君之八九年出入萬死一生之
地而竟不死者天也非幸也自嘉慶初兵事連者十載滿
漢文武因緣致封圻曆顯爵者以數十百計迹其功能皆
遠出君下相君才器直當與唐之張中丞宋之岳少保相
後先而浮沈下吏既樂名所不及又以邊徼少文士偉績

無能紀述者是又將無聞於後余始聞君名於兗沂兵備
熊方受兵備得於其弟方訓方訓亦以下吏在滇曾與君
共戎事者也然傳述君事頗不晰余訪之滇省公車士多
識君者言君乘生馬手未拔鞍而已上衣衫悉齊整每宴
賓客輒以鏢賭酒下堂坐使善鏢者四面擊之鏢皆入君
掌莫能傷各述所聞見率奇偉而年月地名未能無錯午
余隨手筆記之存篋中數十年茲檢篋出之恐久而亡失
故撮聚大都爲傳授其家使不抱恨於沒世焉道光十有
七年六月六日安吳包世臣譔

皇誥授振威將軍　賞戴花翎福建全省水師提督統轄
臺澎節制各鎮原品休致　特旨起家仍以提督用
襄理浙江軍務泗州陳公行狀

曾祖永禰字介齋　誥贈振威將軍　妣張氏　贈一
品夫人
祖伯山字松心　誥贈振威將軍　妣崔氏　贈一品
夫人
考啟源字筼園　誥封武翼都尉　晉贈振威將軍
妣王氏　封淑人　晉贈一品夫人
安徽直隸泗州籍僑江蘇揚州府寶應縣城內陳階平年
七十九狀

公本名安魁字階平號雨峯於海州參將任內更以字行
雨峯遂爲字別號鹿岑泗州陳氏源太邱居臨淮關其世
次不可考至公曾祖乃由臨淮遷泗販茶來往淮揚間六
安蛟患蕩其業遂僑寓清江浦迨封翁益貧窶挈公負販
浦市過鹽城相士潘瑞堂驚曰此子軀長而色青真甲木
行人武貴當極品公之從外祖遊擊王福時已官河標千
總諄勸入營公乃以乾隆丙午投河標中營年二十有一
派河庫道當差歲餘保送河督輔戈什哈差使勤慎值南
河多故兩三年間裏河廳之小舟莊揚糧廳之邵伯南塘
桃源廳之師家莊山安廳之湯家莊相繼漫口公皆與堵

築之役公生長河壖習見椿埽土石工程又性好研究會問多悉其底裏調河形辨水性尤有心得辛亥拔補額外外委次年得經制乙卯拔把總嘉慶丙辰升中營右哨千總戊午己未連舉毛城鋪邵家壩大工邵工將次合龍公以引河頭之攔黃壩爲土料車馬所經壓砑堅實倉猝啟除難淨盡掣溜不暢大壩每吃重建議傍攔黃壩前用浮土澆替壩以便淨啟攔壩替壩本鬆土又新澆放溜時如湯沃雪主者以爲然邵工應手堵合嗣後東南兩河大工皆循以爲例旋擢葦右營守備壬戌從
欽差侍郎那彥寶堵合唐家灣之減水壩工甫竣而安徽

宿州之匪民王朝名滋事公奉派帶蕭營兵三百名馳赴宿城北之符離集防堵無一賊闌入徐境者癸亥東河衡家樓漫口那公奉
命移節督堵公隨往次年春合龍保奏尤爲出力
賞戴藍翎乙丑又調堵睢南廳之郭家房而安徽之宿亳蒙三州縣匪民佘連樊牛兒等滋事公奉派帶兵防堵會同各路將弁戰於郝家集生擒佘連等並頭目二百餘而皖豫交界居民平日多持素諷經恐株累洶懼不可止公密陳兩江總督鐵保曰小民持素諷經本爲向善祈福非惡逆比儻不肖弁兵藉端訛索必致以擾累激變鐵公則

出示嚴切曉諭云擾累良民有狀者行軍法人心始定初賊勢甚張值大雪封路賊眷皆坐牛車不能行進退牽掣得速蕆事而善後實賴公策是年公捐升遊擊在守備任候選次年調堵王營減壩蕆事大吏知公疊次出力保奏以遊擊留省儘先補用旋補松江府城守遊擊仍留工差遣己巳調揚州營遊擊而王淑人棄養請假治喪葬畢乃莅任揚州鹺賈所集華膴成俗梟匪出沒擾害閭閻公實心巡緝城廂安枕士民以爲自名宦白雲上之後未之見也壬申奉調引
見以緝捕有成效

賞換花翎癸酉推升海州營參將海州依山負海素爲逋逃藪匪梟設窩口立馬頭者相望窩口則掠婦女搶牛頭勒三日內半價往贖稍遲則婦女轉賣牛頭剝殺視爲故常馬頭則爭奪慘殺不可究公莅任簡標下悉其材技挑三十人爲內班皆善偵探能格捕隨宜任使各當其器梟匪皆通州役營員有舉動州役輒先時送信得走避公偵知各匪所在定更後即親歷各門視管鑰信不得出城俟人定乃集兵入署以私財具蒸餚火酒飽啖當行者督至匪巢匪尚酣睡無不擒獲有積梟江興遠挾仇挖八人眼一人心公廉知之訪獲一被挖目者詢悉始末分投追捕

江興遠等四十餘人皆就擒置之法州境大憝悉遠遁有
劉廷彥等十五人投首歸農繳架鎗六座其制作輕重高
下旋轉如意指公備詢其盤煉鎗筒配㸃火藥之法乃資
而遣之公依法製造督士卒演習爲江省營伍之冠公所
挑內班多積勞至專營有與公同任封圻者丁丑遷漕標
副將丁封翁憂服闋當赴部奏留江南補用辛巳署狼山
鎮總兵官壬午補江寧城守副將署徐州鎮總兵官癸未
署蘇松鎮總兵官甲申擢湖南鎮筸鎮總兵官卽之任丁
亥
陛見回任己丑奉

旨充祭告　南嶽　炎帝　虞帝二陵使壬辰兼署湖南
提督癸巳擢廣西提督戊戌調松江提督提屬三鎮皆公
所舊歷水陸操防駕輕就熟不勞而治已亥以夷氛驕蹇
調廈門提督公年已逾七十兩足習勞久時腫痛艱於馳
驟然部署形勢精治火器島嶼防禦無不周庚子夷再入
廈港公督兵拒戰連殲其目夷船遠竄嗣督閩者以公年
老有疾奏請休致公歸田後夷人知公已去廈辛丑秋遂
長驅直入督部駐廈不能禦遂致失守而定海鎮海寧波
相繼陷
上怒褫閩督職而復以提督起公於家公赴浙協揚威將

軍防勦公分防曹娥江八閱月夷人無敢窺伺江濆者壬
寅秋夷人就撫於江寧各防盡撤公欲入
覲而兩足不良於行請假調治至甲辰二月二日卒於寶
應僑第距生於乾隆丙戌五月九日年七十有九夫人清
河錢氏子晉康側室生皆前卒孫蘭尙幼女子子長適寧
波衞屯牧季光弼次適六品蔭生候選通判雲中璽亦早
逝女歸侍公少小食貧未能就外傅入伍後乘暇隙從人
問字義講文法洎登仕版遂能自具稾牘稿壯強以後讀
書益多封圻奏議皆已出千餘言立就委縟有條理老書
記不能及也公雖出身行伍然河轅止重走差且派辦多

河營修防事及專營揚州以將事首重練兵而練兵非身
先不爲功時公年已四十餘晝從馳射夜習擊刺又以筋
骨素脆弱聞徐州有石子功師延至署學引經卷簾諸術
經歲強壯健舉營弁莫能先揚營士卒感公之意爭練習
竟成勁旅在海州見抄本洴澼百金方卽捐廉付梓昕夕
玩味求製器結陣之故必慊於心試諸事以歸實用其鎭
鎭筸也適果勇侯楊公爲湖南提督侯身經百戰翦刈蓬
蒿至黔爲名將公師事之受其疊戰梅花新陣公就侯五
隊舊法推出五星分布爲二十五隊以宜苗疆地勢緣山
絕澗形散而氣合苗民震慴侯巡閱見之歎爲精奇變幻

兩湖督嵩孚善其疊進抽退便捷渾成奏請湖南北兩省
各營一體遵行公又增損古法爲連弩五矢齊發命中洞
堅又挑健卒授以鉛瓦紮腿縱跳上高犨以爲無益及逆
猺趙金隴據羊泉筸兵從平地縱步登屋前隊受傷而後
隊繼登趙逆得以殲除筸兵受
賞勇號大小翎枝拔升者至五六十員甲於各省及夷氛
逼廣東各省兵齊集唯公所舊練湖南兵至死不奔北陣
亡獨多然後知公爲深得南塘練心之教也夷氛日亟公
由松江調厦門公見夷礮能攻堅度其不能制柔因用麻
袋囊沙高厚各八尺周護港沿伏兵弁於沙城後以逸待

勞夷船至皆失利閩督既劾去公易沙袋爲石城夷礮一
轟石城陷文武皆跳渡易石城時拆沙袋中多有礮子至
深者不過四尺然後服公之用心精到也公參古今法煉
火藥煑一次者達百二十步二次則百八十三次則二百
四十在厦試准以入
告奉
旨通飭依式配煉雖軍事小節然他省卒無及者予以嘉
慶乙丑始識公於袁浦嗣在揚州乃相善在海州予就食
州署其事且一年在淮安在江寧亦時時過從及開府鎮
筸後相距遠建牙松江則予已薄宦豫章中間相失廿年

無公書必歲一再至道契闊並示結隊製械各圖說及諭
兵諭民諸刻本予皆未具覆在厦門復以職思圖屬爲記
予時方待辨所欲言者至大至急而舍公則更無可與言
者乃譔記作答書而答書至厦公已罷歸及公復起襄浙
軍先是裕靖節又幕客愚爲大江沙多水淺夷船必不能
達而調狼山鎮防鎮海之奏予見其稿竊意夷情旣啑血
厦門必復震定海以及乍浦上海擄狼福入大江截運道
爲
國家深憂而長江唯圌山天險可截夷船覓急遞致書靖
節諷其移重鎮守圌山書達不數日而定海復陷靖節旋

與難嗣見邸抄知公復起卽致書申前說並錄寄職思圖
記稿本公得書卽函致揚威及江南當路莫有然其說者
遂致京口失守白門辱及城下事權不屬徒歎手柯傷已
公性尤坦易有容在海州捕梟匪獲鹽三百車皆臨興場
產其場大使韓姓者平日謠諑公無不至公幾被陷至是
韓於法當革職枷示五十日恇懼計無所出知予最善公
徑走予齋跪求緩頰不得已偕詣公予先入及其事公曰
韓之於我深矣然借公事以洩私忿非君子所爲出示稟
稿則已列韓家丁差役名爲協獲例得免議予出語韓韓
愧悔無以自容欲卽執贄居門下公峻拒卒不見之生平

於友朋中受一言之益終身不忘而已樹德於人及戚鄰貝公絕不一掛齒頰實人情所難公病既亟持蘭手命其監奴曰汝俟我氣絕即殯奉蘭赴白門吾有兩友在彼一爲正藍旗協領奎君一爲包君汝請奎君爲我乞包君爲我狀包君習我行治其言可以信天下後世語畢遂暝協領名奎光字巽之諳練旗務爲江寧駐防所歸心於友朋間重信義辛丑壬寅與公同守曹娥江相需有成善士也來致公末命予不獲辭謹具狀如右以告當代大人先生錫之銘誄並牒

國史館請垂編錄道光廿有四年春二月十八日江東布衣包世臣謹狀

書安吳四種後

道光丙午夏倦翁排印新舊文稿爲安吳四種三十六卷以示東之乾嘉三十年閒所作多手抄藏笥中者道光以來什五六皆曾見其未見惟近年作耳倦翁之文義本孟荀筆得韓賈體勢則兼漢魏唐宋而尤近蘭臺少事謹嚴老彌健肆一洗數百年門戶依傍之陋倦翁嘗謂周秦人下筆輒成一子以其洞澈物情無心語皆出獨造也至漢劉子政乃有意琢字句煉篇幅子變爲集斯爲始事東之謂此語非倦翁不能道今倦翁書出可以還集爲子已蓋千餘年來作者十數無不致意於人心世道之防然扶人心之言或迂而不切陳世道之失或浮而不實至其救正之也又或繁重寡要疎略無功倦翁國醫也病必究源方必對症不爲輕延聳聽之談不用梯航難得之藥病者信服其劑則沉疴立起又無諸子踳駁猥辨之弊世有眞識必不以東之爲阿好也倦翁家世韋布無憑藉攀援就試復不得於有司而力學自振拔弱冠即名動公卿及壯舉於鄉其座主陳周兩侍郎入都都中冠蓋無不以得倦翁爲賀至宮門遇　成邸拜手賀曰二公眞不媿爲國求賢江南有千里駒朱師傅秣養之十年無能市者二公竟一網得珊瑚樹矣侍郎意倦翁必熟遊都下其實遊轍未嘗

至北也予屢試春明與同舍生詢鄉貫聞隸安徽卽問貴省有包君豈識之乎且多關東新疆臺灣珠崖士不解倦翁聲名何以洋溢如是揭曉在禮部看榜每聞榜下人云安徽包君被放登第人可想吾輩亦足自豪同列傾軋其來自古而推重誇至其必有所以致之矣然當路素無一面者輒摧排之不遺餘力予嘗詢貢院司事者言倦翁卷雖發謄然不送內簾事後乃加派房戳於敗卷以是十餘試訖無一遇丁丑大挑吳平湖松棠古阻之於　成邸丙戌大挑汪山陽阻之於　惇邸

今上在書房時習聞朱大興稱爲棟梁之器及

親政又用薦者言欲破格大用將襄平阻之宋人畏坡公之敢言而又善言也力排於見用之後是以徒敗國是而身受惡名倦翁之敢言善言不後坡公過之於登進之前使不得有所建白則既便已所欲爲又可不得罪後世諸公用心之苦至此然以嚴廊封圻摧折草莽實秦漢後所罕聞見倦翁阨窮亦可以不憫矣乙未大挑家鷹青兄門下士吳少空力薦於　蕭邸長相國乃得以一等試令江西旋被撫學兩院擊去而倦翁不以所遇豁勃稍減救世汲汲之志其散見四種中者細心讀之自可紬繹而知無俟贅說倦翁言語妙天下政事任艱鉅文學冠羣流宇內共知之卽力排之者亦無異議而其宅心之厚守身之嚴操持之固則有非人人所共知者嘉慶庚午東之入都附舟至東梁山阻風同舟人有言吾乙丑夏初在揚州搭湖划船至蕪湖炕艙官艙客已滿惟餘房艙之半尙待客少頃有人負襆被至船旁指搭半房艙舟子約以昏定開行及昏客齊而搭房艙客其友餞之於河濱酒樓舟子促上船卽抽跳挂帆水溜風利船駛如箭客入房艙布襆被於前半艙畢坐艙門與炕艙官艙客通問訊乃包姓上江秀才也年約三十二鼓衆客各開單而先搭後半房艙人從艄入乃二十許少婦包君無可更易地少婦手闔房艙門

而睡前艙客傾耳靜聽一無聲息次日卽抵東梁山阻風同泊之船數十艘客皆登岸就江市啜茗小酌包君獨上山寺眺望少頃少婦亦下船在市買香楮赴山寺纖跗豐髮肌膚鮮皎岸上人莫不注視有追隨上山寺者下午包君返舟則坐艙門與衆客話行業起落皆得窾要又縱談其五六年前就川楚戎幕事驚愕可聽然未嘗與少婦一通款語古人坐懷不亂不過一宿包君與少婦異被耳前後十二晝夜生平所見奇事無過此者癸酉都下在鷹青座晤方葆岩制府之公子彥和言莿溪協揆爲家君言貴同鄉包愼伯年少有盛名而鷙驁不下人爲賓主數月甚

令人不快南河葦蕩久敗壞惟愼伯悉要領因出使佐白泉司其事採畢出運有㗖以白金二萬求堆收仍舊勿駁詰者愼伯拒之蕩事得不廢愼伯家窶貧至不具裘葛而臨軍賄不染指吾自問不能所以畏之如虎敬之如神及甲戌識面以二事質之皆信倦翁橐筆遊縞紵服儕之外無他入而任卹三黨甚備而久多識達官從不自爲地以其力位置寒畯數十百而不止頗有負之者倦翁待之如初始無德色終無怨言柬之讀倦翁書惟言漕者心疑爲勢不可行及倦翁自辦新喻漕事則天下人共犯之法倦翁獨不犯以此知倦翁之言無不可見諸實事者至其終

身不遇則攸關氣運非一身之故矣倦翁還山已五年裹足不出城闉惟以賣文字自給辛苦無此比常有好容顏靖節所歎東方有一士者子乃於倦翁親見之史公有言要之死日然後是非乃定倦翁雖巋然存行年已七十有二是非久有定論故據予見聞親切者附書册後使讀倦翁書而未識其人者可想象其梗概焉道光二十有六年季秋月朔桐城姚柬之書於寄柯堂

讀安吳四種書後

服古入官窮經致用儒先之爲教也利祿途興士人志於倖獲主司又惟纖巧塵腐之是求倖者至再上之登詞垣躋侍從下亦不失百里之守政柄覗爲利源編戶待以佃客憂貽國家毒流當世是豈不誦讀詩書觀覽篇籍乎何所行與所學之戾耶毋抑志卑而教異乎異教與卑志相雜以成習柳下惠見飴謂可養老盜蹠見飴謂可黏牡誠哉是言也道光丙午冬以通家子弟謁安吳包先生於白門倦遊閣乃知尙志之教固猶不絕於人寰耳先生幼從尊甫郡學君學甫齔齒讀孟子至五畝之宅即問今日制

民產何以不如此郡學君大奇之稍長亦從俗爲八比六韻之學而出語時見本原家極貧加以孤露弱冠覓食至蕪湖值苦旱爲長洲宋兵備作禱雨文有雷擊阜魃大沛時雨之異蘩轟傳至皖江大興朱文正公以大司馬撫皖見其文詢兵備知出先生手召至門下時楚匪猖獗先生上鄉兵議文正歎絕謂爲賈晁復生贈詩以夏屋棟梁相期許名噪海宇而六赴秋試乃一遇十三赴春官皆不得於有司最後乃以大挑試令江西攝新喻令年餘被嚴劾以歸隱於雞籠山麓乃裒集生平著述爲安吳四種三十六卷舉凡宇宙之治亂民生之利病學術之興喪風俗之

涫濱補救彌縫爲術具說先生老矣居僅容膝食無兼味常情所難堪而處之晏然接引後進若不及一藝之善稱道勿置先生既不能自達其道所至與當路論說嘉慶戊午冬遊楚北爲浦城祖承宣畫招流亡開屯田營戰屯守之策具櫝於督師被格他人得其稿者刪潤爲堅壁清野議得上達卒以之蕩平教匪戊辰遊袁浦覺羅長文敏公大庾戴文端公聞聲下交立談之間以罷徐揚六府州攤徵三百六十萬已成之議辛未秋佐百文敏公治河臨工決蓋壩之策旬日間使袁浦板閘淮安百萬家得免爲魚而就高枕丙寅夏在揚州誘伊太守舉荒政全流民三萬

甲戌冬在白門激百文敏舉荒政活饑黎八萬數事皆先生身與者故功效立奏而無後患其餘當路多採先生河漕鹽法之論而行之然皆未能如指道光壬寅夷船抵白門奇策莫採致縱狂寇先生坦率和易未嘗有疾言遽色唯此事言之輒決眥此皆散見於四種又並世有識所共見共聞者也道光丙戌中衢一勺初出開化戴簡恪公就問曰吾子謂河漕鹽非大政然則大政在兵乎先生曰兵者暫事也雖重要不足當大必言大政其唯農乎先生言農事至詳具而數十年來未見有能採行一二者傷已先生之造詣得於學者半得於問者亦半其於學也雖博聞

强識而不事餖飣襞積至人心世道之大防必三復衹徊推究其極不洞達不易他簡其於問也徵遇宿士方聞質疑求是雖舟子輿人樵夫漁師罪隸退卒行腳僧道邂逅之間必導之使言是者識之否者不加辨駁懼其不盡也於以知水陸之險易物力之豐耗衙前之情僞窮檐之疾苦其論學也依於正士心殖民生其論治也不爲己甚歸於平易近人潛移默運不駭衆而民實受其賜蓋自幼學以迄懸車不改不倦庶幾稱道不亂者矣先生客文正署時先曾王父光祿府君適至署連牀數日結爲道義忘年交麟請業先生以爲可教獎掖甚摯授以安吳四種麟受

而讀之既更歲迺請爲學之要先生曰第一要究文法蓋不深明古人文法則無以測古人立言之意而悉其指歸故先生之文雄肆發於謹嚴波瀾循乎矩矱蘊藉寓於平實集秦漢魏晉唐宋之文無常師而自成體勢然則徒慕先生之文采而不求實濟固不足知先生然言之不文行之不遠先生之書繪事物之情狀饜讀者之心目則以其條達易曉而探討不可盡也幽艷難窺而諷詠不可厭也然則欲學先生之學者必自學先生之文始是用考核言行而揭先生所以教麟者書之尾册以告天下後世之有志於讀先生書者時

道光丁未夏四月大興范麟謹書後。

男誠家丞孫希麗希曾希蘭希廉校字

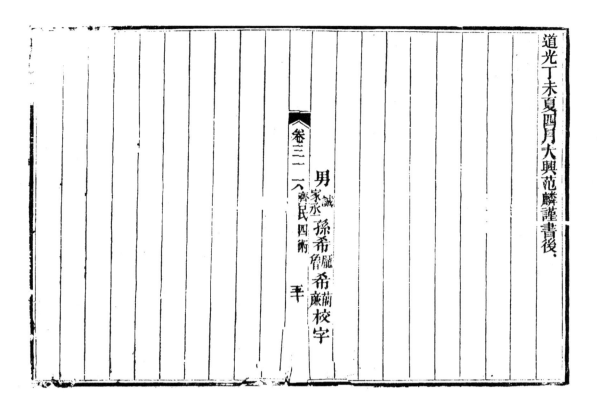

浦泖農咨

（清）姜皋 撰

《浦泖農咨》，（清）姜皋撰。姜皋（一七八三—？），字小枚，清江蘇松江府（今屬上海）人。道光十五年（一八三五）恩貢生，能詩，擅長駢儷文，喜歡著書，頗有文名，曾與高崇瑞、高崇瑚兄弟及殷紹伊等結詩社，爲『泖東七子』之一。梁章鉅《文選旁證》收錄姜氏條目二百餘。

此書成於清道光十四年（一八三四），《（光緒）華亭縣誌・藝文志》農家類著錄。姜氏見到當地農民日趨貧困，於是親自下鄉訪問，將訪談所得的内容記錄成書，故以『農咨』命名。書名中的『浦』是指黄浦江，『泖』是指泖湖，亦即作者家鄉一帶。

全書共有四十則，每則以『曰』字起例，記述了淞滬地區的水利、天時、播種、秧田、耘耥、刈獲、肥壅、耕牛、農具以及農民賦税負擔和生計狀況等情況。凡有效的技術經驗與當地的農業生産知識，都逐一詳述，並加以評議。全書以總結水田耕作、水稻栽培方法最爲詳細，尤其重視輯錄『薄稻米』産區的土地制度、耕作方法、農民生活等内容，對養豬積糞、農田水利也較重視。該書篇幅不大，語言簡潔，絶少引用文獻，多爲切身經驗的總結，且能緊密聯繫淞滬地區農業生産與生活實際，針對性較強。姜氏在論述的過程中，輔以數字説明，風格獨特。

此書流傳不廣。今據清道光十四年刻本影印。

（熊帝兵　惠富平）

浦泖農咨

余無田亦非農且無農田之責者也然生平好知農事以爲今之四民無負於天下國家者惟農而已矣壬癸以來見鄉農之凋敝日甚也遂弔之而細詢其故彼欺淩駁削種種情事如所謂報荒遭咨納糧無照者恐不至若是之甚余不之信惟所言人工貴地力薄天時不均萬農則如出一口故錄以告世之有心農事者甲午春月雲間穀梁古勞自記穀梁者姜古勞名皋亭嘉小杖先生之自隱其名代也

農事重我鄉尤重業儒者類有硯田而累世不自耕且不知耕有愧農夫多矣今讀浦泖農咨一書最爲切要入後當米債米各條條條是血過　當代負轉

移風化之權而以飢溺爲已任者必有取焉豈非仁人之言其利溥哉甲午秋九五茸歸叟題

吾鄉談田事者以徐文定公農政全書爲稱首其書本末詳備讀者或憚其繁弗能卒業今此浦泖農咨尤爲切近時事復以簡要出之弗爲過激之言足動傾聽之耳有大力者起而救之豈非古者遒人振鐸之遺與甲午秋季白石生題

古者士農合一其升而爲士即其明農教稼之學焉今之策士猶曰士從田間來士大夫仕宦而歸亦曰歸田也然農之子恆爲農非是者不詳也吾松居東

南最下游潮水挾淤泥而入塗蕩盡田且奪水爲田故水亦反奪之又地濱海常苦風其發在六七月間於早禾爲不宜且苦苦霧穀吐穗時經霧即浥霧即蒙故是咎徵所宜惟晚稻若飽綻之後淫雨相循農又傷焉矣是書於土壤之宜種植之利工力之勤既詳且盡不特吾松爲然即毘連如蘇州嘉禾諒無不同然謂宜家錄一冊傳示子孫俾識士農合一之旨且使驕惰淫佚之子弟知所警省他日不失爲恆農而此鄉近今凋敝情形亦使明農教稼者共悉焉則是書之所裨當匪淺鮮也夫武林退守跋此吾祖柳泉府君之作也

嘗閲農政諸書備知稼穡之艱難兹誦浦泖農咨一冊凡於天時之寒燠地利之高低人力之勤惰若何而豐收若何而歉薄以及近年困苦情形詳晰言之鉅細無遺可補農政諸書之所未及一種仁慈慨惻之心尤溢於楮墨間吾鄉重民事者不可不三復斯編秋圃叟題

農之爲道習天時審土宜辨物性而後可以爲良農是數者因地各異故農又遷地而弗能爲良卽良矣而人事之盈絀地氣之變遷天時之旱澇從而制乎其後故天下勞苦而寡獲者莫農若也浦泖處三江

五湖之匯昔稱上腴今彫瘵若此營田水利固有職其咎者設又從而掊剋取盈農何堪哉今議者曰是人力之弗勤也趨時之弗蚤播種之弗良也試取五土之種鹵莽而雜揉之穀弗習地農弗習穀早晚寒燠皆違其性籌車之獲必無倖矣或又取趙過代田之陳迹以爲秘術曰民何憚而不爲此是直糠覈不飽而勸其食肉糜耳故今日之勸農者其上修復水利以補捄之其次減省徭賦以保安之其次去其泰甚以撙節之勿朘其生而已噫東南民病亟矣浦泖云乎哉金粟山人跋

宋文鑑載張白雲先生俞蠶婦詩云昨日入城市歸來淚滿巾徧身羅綺者不是養蠶人蓋謂享之之逸不知作之之勞也噫撰此冊者其亦爲天下之食粟者告

與滄田農跋

古稱吳粳蓋謂米之最上也故今例江南漕糧惟過歲荒歉始準紅白兼收秈粳並納否則不得攙用紅秈也秈者宜於高亢之地米色先多紅者吾鄉故謂秈曰赤鄉亦有種之者然收雖早而穫米不豐性雖堅而作飯不粹故勿貴之至於早稻晚稻之宜皆在天處去年晚者傷於雨今年早者敗於風矣榮慶書

爲農十年於茲　文木兄以此書見詢喜其能言吾農之苦是天下之有心人也更舉一二事以備參採尤願天下有心人見之軫念吾農此則皋之私心也

夫道光甲午初冬欣齋跋

浦泖農咨

雲間穀梁古勞錄

曰吾郡田有上中下三鄉之別然三者之中徵糧折糧其等差又凡三四十則吾儕不盡知也惟上鄉者畝完米一斗六升二合有奇銀一錢二分二釐四毫有奇攤徵人丁雜辦尚在外中下鄉者約遞減米二升銀二分而已三鄉相傳定於南宋然由今觀之上每不如中中每不如下不可解也或由於地力水利之變遷耶若泖中新漲田皆肥美所納蘆課尤輕浦之瀕田則有漲有坍

曰田以二百四十步爲一畝弓口積算吾儕亦不知也

俗以三百箇稻爲一畝指田寬大者而言若狹小之田則二百六七十二百五六十箇不等矣其算箇之法以六科爲一把兩把爲一鋪四鋪爲一箇合四十八科爲一箇蓋三百起畝者每畝得種稻一萬四千四百科也其寬狹一定載在圖冊不知所自始

曰田之價直下鄉之膏腴者最貴以糧較輕而租易得也然三十年前畝直七折錢五十兩者及甲戌歉收後已減十之二三自癸未至今則歲歲減價矣癸巳冬間此等田欲以易錢十千無受之者等而下之有畝願易一千錢者則尤難去之耳此業戶買田之價

俗云田底是也吾鄉之昔富今貧於此可見

曰田又有田面之說是佃戶前後授受之價也亦視其田之高下廣狹肥瘠以爲差等向來最上者一畝可値十餘千遞降至一二千錢不等若村落稠密人戶殷繁進水出水便當卽下田亦如上田之値惟田畝窄狹者雖田腳膏腴而農人多惡之而不願承種至近今三年棄田賴租抛荒者衆奚暇計及田面也哀哉

曰農田宜講水利然竊謂水利有二義田之得利於水固已而水尤欲其通利則灌輸宣洩之道備也田旁

皆有支河自幹河而分俗呼爲浜相傳爲吳越錢王所開爲水田計也千百年來不盡淤淺則吾儕於農隙水落時各依其田埂以起土浜永深通而泥之在埂者亦可當圩岸也自癸未後不能一律拎究緣饑寒交迫多不能從事於此也

曰種田天時不可不講如早者於清明浸種遲者於芒種栽秧是已蓋過早穀不成秧過遲秧不生穀而尤要者在六月之熱俗云六月不熱五穀不結歷數之恒驗也如去年六月頗涼稻穗即短旋經秋雨一無收成至於秋分後雨味苦寒露露亦苦縱天暖苗青

多不成實

曰松江七邑奉上南三處多種木棉然亦有三四分稻田皆種旱稻其種曰穿珠曰瓜熟曰早荔枝紅不過七月望後即可登場其故何也稻性喜暖而三邑田高土厚冬無積水太陽之氣曬入土中一經冬雪土尤鬆美故可早種地既蘊蓄暖氣遂易長發故收成亦早也若他邑則不能

曰吾鄉地勢低窪稻熟後水無所放冬遇淫霖一望盡白矣春時多犂於汙泥中下種稍或先時穀每易爛緣地氣冷溼故晚稻多焉其中秋稻於八月中熟晚

稻於霜降前後熟諺所云寒露無青稻霜降一齊倒是也近來稻色如徐家青張家稻等類遲半月成熟且田極低薄者始可種本地秈收成最早然稈弱穗短若田肥則穗重多倒垂水中有兩頭生根者其慮秈赤飛來秈皆硬腳然秈之獲大有秋畝不過一石五六斗不足供租賦也

曰天時旱潦歲不常有也吾所憂者地力之不復耳昔時田有三百箇稻者獲米三十斗所謂三石田稻是也自癸未大水後田腳遂薄有力膏壅者所收亦僅二石下者苟且補種其所收往往獲不償費矣地氣

薄而農民困農民困而收成益寡故近今十年無歲不稱暗荒也

曰稻種宜老不宜稚元氣全也宜新不宜陳生氣足也每畝需穀一斗二升或早或晚祇取一種必檢去稗子及赤斑并別種之穀毋稍夾雜於落秧數日前將種穀簸揚乾淨以蒲包貯之用淡水浸溼俟發白芽然後落於犂好秧田之內以稻草灰蓋之然亦有乾撒穀者今年稻種每斗須三百文

曰農桑通訣以為墾耕者農功之第一義蓋田之未耕者曰生已耕者曰熟初耕曰塌再耕曰轉務令土之

鬆細而已上農多以牛耕無牛者用鐵搭墾之古所謂刀耕也其制如鋤而四齒謂之鐵搭俗云鋤（音治平聲）田是也法一坎（音大）一鋤以舊稻幹根爲準一鋤去根二三鋤去根六所謂三鐵搭六稻幹如此來而復往一日一人可鋤一畝大率十人當一牛又兩次犁耙無牛者則借人之牛用之其價計畝聚算也

日秧田宜平宜鬆撒秧宜勻宜淺初落時宜稍乾乾則根入泥不深異日拔時不至脫根也芒已出土亟宜灌水不可過大夜則放之以受露也日則灌之以敵日也隨放隨灌旱晚不停若田腳薄甚者又澆糞兩

三次以接地力更以稻草灰勻鋪於其上一月之後可以分矣俗謂之滿月秧

曰種秧田中水不過半寸許以六科爲一坎其法農人兩足踏泥退行而種兩足之中插秧兩科兩足左右各插二科以秧科不落路而勻且直者爲上縱爲坎橫爲肋肋不宜闊闊則少種又不宜窄窄則擹板不能轉側且秧長不通風易致蟲傷臭死之患故計一年之田作以種秧爲最重焉

曰插下約二十日便當拔草所謂做頭通也能於秧田平底之時將草根去淨則苗易長而草不生人易爲

力所謂工三畝若夙根未去則得肥驟興而草已滿田拔甚費力此所謂畝三工矣然於頭通做得乾淨後番次次省力且今日拔草明日又耘總使草無著腳處而已

日自小暑至立秋凡三耘三攤攤形如木屐下用長釘三層勻轉上用長竿轉側於田肋中使泥性鬆而稻根易於滋長耘則以一膝跪於汙泥兩手於稻科左右扒去泥之高下不勻者兼去雜草而下壅壯後又須耘一次務令稻根蘋浮於壅上若車戽上水看天時雨晴爲定

曰農人之苦未有過於耘攮者當是時炎天赤日萬里無雲田中之泥水如沸不得不膝行於其中自朝至暮復歷多日因而足趾腐爛苦楚異常是卽泥犂地獄其傭工者故皆需飲酒食肉以慰勞之惟自種租田三五畝者不能邀人而經月自做黃虀淡飯未必恆飽奚暇計酒肉哉

曰立秋前田乾方好古人云六月不乾田無米莫怨天唯此一乾則秧之根派深遠莖葉蒼老將來結秀成實自無他患立秋後遇乾卽車水蓋早者多作堂肚而下膏壅如猪踐豆餅之類以接其力者亦在此時

從此田中不可缺水直至斫稻方止且驟寒早霜而田中有水霜不能損也

曰禾之長成未秀也先有三眼蓋最上之三葉其根皆有紫暈耳於是鄉人謂之做身分又云做堂肚此時不可遇風一遇風潮則稻穗之胎蘊於中者受傷不淺及其秀出遂多癟穀白穗又遇大水之年水沒第一眼者逾三日不退稻根卽浮爛沒第二眼者可二日沒第三眼者一日不退堂肚中之嫩穗皆爛矣但沒第一眼雖當日卽退而秀時往往苞殼不開穗分旁茁俗謂三丫槍其穗尤短癟者尤多又稻花白者

米多黃者米少

曰斫稻左手把稻右手持鐮近根而斷之一刀兩科三刀而成一把兩把合而為一鋪以穗接根鱗次平鋪於田內今日斫則後日收所謂三日頭曬鋪也此三日中苟一日雨則上場無期狼藉尤甚柴不得燥米不得堅矣官長業主皆富貴人一見此等光景反謂嬾惰以致淋雨也何從說起

曰肥田者俗謂膏壅上農用三通頭通紅花草也於稻將成熟之時寒露前後田水未放將草子撒於稻肋之內到斫稻時草子已青冬生春長三月而花蔓衍

滿田墾田時翻壓於土下不日即爛肥不可言然非上等高田不能撒草也撒草後連遇陰雨田中放水則草子漂淌而去冬春雨雪田有積水者草亦消萎無存白費工本草子價每斗六七百文至三四百文不等每畝撒子四五升

曰二通膏壅多用猪踐蓋先以稻草灰鋪勻於猪圈內令猪踐踏攪和而成者每畝須用十擔三通用豆餅出關東者爲大餅箇重六七十觔從滸關來爲荳餅箇重二十四觔用大鏍鉋下敲細撒於田內畝須四五十觔猪踐於夏月尤貴十擔須洋錢一元餅總以

二千錢一擔爲率甲午年二千四百文一擔

曰古老云種田不養猪秀才不讀書又云棚中猪多囷中米多是養猪乃種田之要務也豈不以猪踐壅田肥美獲利無窮然米糠近年斗每六七十文豆餅每觔二十餘文豆渣每觔四五文一猪之所食日需五六十錢稻草灰每栲栳十餘文四栲栳灰可踏踐一擔是灰本已需五六十文養猪亦有虧無贏耳

曰罱泥用竹編如畚箕狀兩合開其一面貫一長竿於左者用一曲竿於右者以翕張之棹一小船於定水河底起罱淤泥以臭黑者爲上通潮水者無用也秋

末春初無工之時罱成滿載堆於田旁將雜草攪和令其臭腐然後鋤鬆敲碎散於田內亦可抵紅花草之半

曰耕牛用水牛黃牛二種價亦不甚懸殊其最上者須四十餘千遞減至七八千而止現在通用者大率二十千左右而已計一牛之力除車水外可耕田五六十畝自四月至九月不須上料但得一人斫青草飼之九月以後每日飼以棉花核餅兩張稻草三十觔統計之亦日須七八十錢也

曰水車有牛打人踏兩種然惟上車與下車同也上

車用車盤用車棚用眠軸其價至少十餘千小者曰荷葉車不過四五千而已下車亦各不同近水者車幅不過八十餘練頭如之若岸高者百四五十練不止車筒須價三四千文練每十六文幅每六七文練與幅隨用隨壞隨壞隨修所費亦莫計也

曰農具於水車之外耙最貴其價須三四千文其形如横床下横三木鐵刀釘於木下共三層刀二十餘把以劃泥務碎也犂價一千文以木爲之頭鑲以鐵正而帶偏用以起土者鐵搭三四百文置之四齒五齒不等齒齊排如刀中琉上鑲竹柄用以墾田倒地者

鋤頭於田家用稍緩也

曰外此如簑衣以燈草皮爲之也箬帽編竹中用箬葉即笠也糞箕竹爲之必二也扁擔用毛竹或用堅樹也鐮刀鋼鐵打成有木柄也礱積碎木排圓以竹圈之有上下也臼以土燒成如缸曰牀以木作架也風車所以盪颺秕糠也米囤盤稻草成之也栲栳斛斗升皆不可缺也備之亦須多錢

曰吾鄉春熟者除紅花草外蠶豆油菜爲多蠶豆自涇至乾皆可爲糧以補無米者之飽菜則收子打油自用外并可糶賣之作種田工本且二者莖葉卸下亦

可當田中膏壅也蓋種之於禾稻登場後將田兩坎倒爲一圍旁開深溝以泄水豆麥皆惡溼喜燥也若冬間雨雪積水往往白費人功

曰二麥極耗田力蓋一經種麥本年之稻必然歉薄得此失彼吾鄉多不爲焉且自鋤地下種上泥壅壯每畝工食亦得五六百文耔種在外而收成至好之年不過一石有餘其價千文而已得僅相抵也然青黃不接無米可炊者麥粥麥飯終勝草根樹皮故田家於屋旁埨地亦多種之且幸此間春熟無論二麥菜子例不還租也

曰東鄉能種春熟者皆至高之田較之低下之田頻年不見春熟者似乎勝之然造物待人本是至公並非此羸彼絀蓋高田兩旬無雨即有旱象其車水較難十畝之田必養一牛廿畝則兩牛低田四五十畝而後用一牛春熟雖可小補而牛費已多人工亦倍以有餘償不足大略均也

曰窮農無田爲人傭耕曰長工今曰長年農月暫傭者曰忙工田多而人少倩人助工而報之曰伴工此外又有包車水者率若干一畝以田之高低爲等夏秋田中缺水則爲之踏車上水設頻遇陣雨則彼可坐

獲其直其爲人礱米者謂之礱伙

曰田之須人工也鋤田及塌跋頭畝各一工中等之牛日可犂田十畝然必須兩人服事一人捉草一人扶犂一田須犂兩次耙亦如之合而計之每畝須人一工插秧每日人種一畝五六分然拔秧挑秧分秧兩人種秧須一人服事統計一畝亦得一工三耘三蕩每畝合須兩工拔草下壅須一工車水無定收稻須一工攢稻選柴須兩工礱米不計工極一人之力日礱米一石而已自開耕至上場畝須十餘工也

曰舊時雇人耕種其費尚輕今則傭値已加食物騰貴

如忙工之時一工日食米幾二升肉半觔小菜煙酒三十文工錢五十文日須二百文一畝約略以十工算已須工食二千文再加膏壅必得二千文在農人自種或伴工牽算或可少減然亦總須三千餘文種熟一畝上豐之歲富農之田近來每畝不過二石有零則一石還租一石去工本所餘無幾實不足以支持一切日用況自癸未大水以後即兩石亦稀見哉

曰農民至苦之衷當米是也蓋平等人家或有釵環衣服可付質庫而鄉農則惟米是賴一遇緩急不惜重利而爲之而租賦有所不暇顧其意原欲交春天暖

則若衣若被皆可抵贖取出以爲口食之資豈知事不湊手或喪病盜賊急債等類相遭遂至無以取贖一過清明業已當没不啻賤價賣之矣然典當亦不可怨之也三斗五斗者零星難於糶賣而有米無錢亦無從度日故當而能贖者亦不少也至於今冬之鐵搭皆當其情亦可見矣

曰吾儕之吃苦而無從說起者莫如債米矣當開耕急切之時家無朝夕之儲告貸無門質當無物如有肯借以米者不啻白骨之肉價之多寡不暇計也是以稻一登場先還債米非因救急而報德也爲來歲地

步也如有不還則明年有急祇好坐以待斃故法所不能禁亦以此然其米價如今年者每石以六千結算二分起息將來卽遇有收先須兩石還一石矣

曰禮義生於富足信哉少時鄉間無盜賊之虞或一年之中偶聞某處被竊耳今則無夜無之籬壁薄偶然濃睡卽已入室席捲一空且有敲門而進不畏人聲硬相搶奪者亦思上城報官而所費甚鉅況且不準故非爲賊殺傷多隱忍之者然自遭賊後往往租賦懸空惟有頂田賣屋而已若割靑而食拆籬爲薪尤白日之恆事也

曰種旱稻似乎有益此間謂之赤米亦曰秈米五月而種七月而熟然極豐之年每畝所收不過一石四五斗所費工本與晚稻不相上下而旣刈之後稻根之旁生者雖亦青葱滿地然終不能秀實頗聞他處有再熟之種吾儕豈不願之而究未得種植之法數年前有試之者種數粒於盆盎之中時雨暘而撒移如灌花然五月底居然成熟而下種於田內者春分節後一夜微霜稻芽卽萎其後穀皆糜爛矣

曰田家婦女最苦饁餉外耘耥車灌率與夫男共事暇復紡木棉爲紗以做布皆足以自食敏者且能佐家

用往年農之不匱乏者多賴之自近今十數年來標布不消布價遂賤加以棉花地荒歉者及今四年矣棉本既貴紡織無贏祇好坐食故今歲之荒竟無生路也

曰民生日蹙則農事益艱如耕牛有不能養者矣農器有不能全者矣膏壅有不能足者矣人工缺少則草萊繁蕪旱潦不均則螟螣爲患勉强餬口年復一年以至賣妻鬻子失業之農塡溝壑爲餓殍者不知凡幾即素稱勤儉而有田可耕者亦時形菜色焉蓋地力已薄即使天心仁愛雨暘及時終不能變磽而爲

肥易瘠而爲厚也噫可懼矣

日今此卽遇豐年而元氣仍苦不復也何也蓋食米之外事事須錢卽如條銀一項歉歲直米四五升若豐歲米賤必須一斗也其他圖差地保等等皆有例規上歲曾出若干者嗣後遂不能減少卽如傭錢一項亦不能減加以百物騰貴油鹽日用之類價倍於前而一石之米設僅直錢二千吾恐業戶佃戶相率而竭蹷不遑也

福壽兼臻自昔文壇推宿將
桂蘭競茂相傳世澤譜清芬

望堂李英

農言著實

（清）楊秀沅 撰

《農言著實》，（清）楊秀沅撰。楊秀沅，一作秀元，本名恆孝，字一臣，自號半半山莊主人。陝西西安府三原縣（今咸陽市三原縣）人，諸生，約生活於清嘉道時期。晚年絶意科舉，買田獻陵側，經營農業，半耕半讀，以『半半山莊』名之。道光年間，寫成《半半山莊農言著實》，亦簡稱《農言著實》，咸豐六年（一八五六）由其子楊士果刻版印行。

楊氏總結自己的生産經驗，結合平素關中農事見聞，撰成此書，附雜記十條，書末存劉青藜跋。正文分『示訓』『雜記』兩部分。『示訓』按農曆月份順序排列，『雜記』按條目列出應注意的事項，對經營管理、輪作倒茬、整地保墒、播種施肥、收穫脱粒、飼料加工、家畜飼養等農事均有獨到總結與見解，以麥、穀種植以及耕牛飼養技術的論述最詳，集中反映出關中渭北平原區精耕細作的農業傳統。如小麥種植就記述了正月整地，二月鋤麥，三月備農具，四月收割，五月打場，六月套種，七月備種等一整套操作過程。附記主要論述了雜糧種植、畜牧與積糞。全書没有徵引任何文獻，偶而録有農諺，文字簡練通俗，細緻切實，近乎白話，便於流傳。書中按農家習慣，逐月叙述農田之事，有助於參照實行。

此書有清咸豐六年三原楊士果刻本、清光緒二十三年（一八九七）《清麓堂叢書》本及涇陽柏經正堂刻本等。一九五六年農業出版社出版了翟允禔《農言著實注釋》，一九五七年王毓瑚將與此書同屬黄土高原的清代農書《知本提綱》及《馬首農言》合併刊行，題名《秦晉農言》，由中華書局出版。今據清光緒二十三年柏經正堂刻本影印。

（熊帝兵　惠富平）

光緒丁酉冬月

農言著實

柏經正堂重刊

半半山莊農言著實

三原楊秀沅一臣著　涇陽柏森子餘校刊

正月無事。着夥計儘行在麥地拾瓦片瓴頭。丟在地頭。全起堆。麥後即挖壕埋了。年年如是。久而久之。瓴瓦自無。惟陵內頗多。一時收拾不盡。總要年年如此費工。

此月節氣若早。苜蓿根可以餧牛。見天日着夥計挖苜蓿。咱家地多。年年育種的新苜蓿。年年就有開的陳苜蓿。況苜蓿根餧牛。牛也肯喫。又省料。又省稭。牛又肥而壯。倘若遲延至苜蓿高了。根就不好了。牛也不肯喫了。

二月叫人鋤麥地。內草多者。要細心鋤。再鋤苜蓿。然後看

時候或鋤菜子扁豆子豌豆可以漸次鋤了豌扁豆先用磙子一磙然後再鋤此無一定時刻或二月或三月看節氣遲早可也

用磙子磙要細心雨水過多不可磙天氣冷不可磙如遇合時而磙早飯後套牲口午飯後卸牲口蓋天氣若好午右日色一晒麥不至於喫虧倘若不信磙至申刻晚上若過天氣過冷第二日麥必受傷是所謂先戕其生機也豈能多打麥乎

二三月內實在無活可做或拉土或鋤草就這兩樣事了但此二事除過麥秋二料若無活可做就着做此事如果

草房子寬大可以積每年的麥稭何妨遇著閑日子就教人將草鍘的放滿或者無多的房屋但有工夫就教鍘草不然天有不測風雨下上幾天牲口莫草喫你看作難不作難至於土天日圈內一定要的有乾土可襯不必言矣有土房子放土亦不必言矣如若無土又無土房子放土即或有放土地方卻不甚多萬一下上幾天圈內無土可襯你看作難不作難所以此二事我於二月三月內言但無活可做就著做此事也嗣後無活的天氣九十冬臘悉照此

挖苜蓿根要細心教夥計靠钁子挖有苜蓿根處不待言

矣郎無苜蓿根處亦要用心挖有數墾務必打碎撥平總似耱耱過的一般方妥所以然者何也得雨後就要種秋田禾不如此日晒風吹地不收墒兼之莫挖到處定行不長田禾牢記牢記

三月麥口跟前買農器先與夥計商量該買甚麼者莫有一定規程不能記載至於掃箒每年要多買幾把何也見天日要用他用一天有一天的工程

掃箒舊了莫要損傷仍舊放在無人處兩年的舊掃箒可以編幾個籠兒使用豈不省事

苜蓿開花團時教人割苜蓿先將冬月的乾苜蓿積下好

餧牲口但割的晒苜蓿總要留心午右以前的苜蓿經日一晒就可以捆了午右以後的苜蓿水氣未乾再到第二日收拾再者當日捆當日就要積還要積在無雨處方妥倘一經雨則瞎矣且當日積下的苜蓿到底總是綠的牲口也肯喫如果積在廖野處風吹日晒雨又淋將來大半是不好的豈不可惜所以然者不敢經風雨也

菜子收黃色莫待乾了纔收拉回來時先上積積上幾天然後再碾碾完時候挑菜子杆子敎影計都將鞋脫了不然傷菜子就是秋天碾蕎麥亦如是惟此兩種田禾總要脫鞋為妥

四月豌豆收囘來就要攤開晒一半天乾了就碾亦惟豌豆難淨豆蔓子挑過用心抖擻必須三番五次方妥將豆蔓子積好候正場清白積稭時將豆蔓子積在中間隨便都鍘的餧了牲口不然另積下日久雨淋定然成灰無有用處即或積高收圓亦是無益麥熟時節先收平川次收原上咱家中收麥之日原上車馬並夥計都要下原纔是但原上風氣不比從前總要丟夥計或忙工三人一箇餧牲口兩箇在麥地內前後左右巡邏不可傾刻忽過偷麥者定知我家今日在原下收麥原上無人照管因而肆行無忌你們如果不聽不知人家將多少麥割去了

不但白晝如此就是晚上也要着夥計並忙工出外巡邏自己主人亦不得安眠在家每晚在地裏走上兩三回看夥計們睡着莫睡着你們在家成年享福遇着收割纔忙十數天將這幾日用意用心着實看守就算你們一年的辛苦了

收麥用車拉必先兩日將車路修平麥車雖不甚重而過於徬徨遇深窩一跌不但費人力兼之傷麥即或下晚地內有宿麥亦不可多載再拉一回纔屬穩當

原上收麥教人割麥總要帶捆子爲主原上風頭高風大恐裝車傷麥也好經理拾麥者即或偷盜不過幾枝捆子

如何偷將去

原上多得用杆子釤不肯割不過爲省錢計耳殊不知杆子雖好難免不傷麥況有多不好處再加麥已熟足往來用鈀鎌之裝車風大吹亂者都在暗中將糧食走了不細心思量多受此病竟有至老而不悟者原上人往往如此一畝地二百四十杆子用杆子釤麥一杆子能收多少凖此斟酌看一畝地該釤多杆子一杆子能傷多少麥就可知道了遇着杆子好又遇着會釤的這還將就若教下不會釤的實在難說

杆子釤過去雖好茬總高教人割過去雖瞎茬總底近來

牲口漠衞衞費了教人割麥不惟多收些糧食也可以多積些柴草莊家漢積草屯糧不其然歟

收麥用耙攎麥不宜順攎東西趁子南北攎南北趁子東西攎順攎多攎不淨橫攎則無遺粒矣甚妥

原上收麥之時實在長的不好定行要釤先將麥地種穀之地釤了然後再釤其餘不然遲釤一天向後麥苗與穀苗並出兼之費人工即穀苗隨後亦不旺此一條實係在不得已之時不得不如此道光二十二年咱家釤麥當下觀之也還算不外及種穀之後麥苗齊出不惟收割之時少收了麥兼之鋤穀之時多費了錢雖悔何及此事總要

身親其地上。下通觀。纔得明白。梱子上穧。宜將中腰割開。將來攤場。不至於費事。但也要看目下活的鬆緊。萬一地內宿的麥多。甯可代梱子穧多拉上幾囘。地內拉完。晚上方纔放心。不然要看割下的麥。晚間那有許多人經理莊稼。不是容易事。總要時刻用心。穧麥總以圓的爲妥。不要馬頭穧。見天日總要將頂收起。不可以時候過晚。人力困倦爲誘。萬一有雨。將來定要瞎麥。再早晨割麥。天有潮氣。將麥載囘鋪車路。不許上穧。見天日下晚。定要着夥計在每穧根。周圍掃麥穗。攤場務要儘場攤。何也。多也是一天。少也是一天。農家曰。儘前不儘後又曰龍口裏奪食。

麥堆收全起得風就揚。勿遺餘力人多更好。揚的揚。裝的裝。掂的掂。擔的擔。不大時刻。可以清白。萬一懈怠。晚上定要熬眼。第二日如何做活。萬一無風。要緊將麥堆全尖。即或有雨。也不至有害。雨後緊記。將麥堆周圍。蓄雨處。儘行撥在場中。經日一晒。然後復全好。此是雨後無風光景。若有風定先揚場。要緊要緊。每生場後。麥稭總宜穧好。不得聽夥計說話。將就了事。天若下雨。稭必黑。久之則茶。殊覺可惜。麥碾頭次謂之生場。亦云正場。

膽稭時要細密。稭若生。碾兩次。稭若熟。一次可已。抖擻稭。

要三換手庶不裏麥。一荒疏。則可惜矣。

穧麥稭收頂時。只許一人在上。凡往來腳窩。必須用杈扒起。然後收之。總以小心爲主。不然。嗣後鍘草。定有水浸日久一日傷稭不知多少矣。

收麥後。場要碾地也。要揭寅明時揭地。半早晨回家。攤場。至場完。穧稭之時。未揭之地。所丟不過有限。若俟場完。然後揭地。則茅塞之矣。

麥後之地。總宜先揭過。後用大犂揭兩次。農家云。頭遍打破皮。二遍揭出泥。此之謂也。

菉子地。豌豆扁豆地。總要大犂揭兩次緊記

麥後種穀看墒大小總以耩種爲主種子以三合爲準墒大或可以減墒小不宜何也甯致添鋤不致掂耩農人之言信非虛語

穀有稗笨二種時之遲早不同麥後雨水合宜笨穀要種稗穀亦要種倘若過旱無雨則笨穀非所宜矣得墒稗穀多種萬無一失再者等墒不等時有墒則稗笨俱種亦可諺云麥黃種穀穀黃種麥牢記之甚妥

收麥後先揭地得雨就種穀前已言過不必贅了但種穀必須有雨方種我說的意思教你們知道實在無雨將前揭過之地或用耩或手撒乾種在地內候雨如果不久下

雨咱先種之穀比他後種之穀總强然又要細心地內些微有黃墒萬不可種總要乾地爲妥若黃墒種者子則芽生而不能出土此言萬不可種總要乾地爲妥信非虛語天氣如果無雨就不能揭地每日教夥計在地內鋤草此是要緊之著蓋草鋤淨卽不揭地亦如揭地一般假如草鋤完實在無事莫過於拉土就是冬天亦然農人無閒日此之訓也

麥後揭地種穀自是一定之理倘有雨後先將種蕎麥之地用犂收墒如不收墒萬一天旱無雨則種的時候來不及矣且未收墒之地總要雨大墒飽然後種得或者下雨

中止。摘僅一糭半鋤。又何種得。不知蕎麥。出黃摘。我可噎

先收摘者。此也

五月鋤穀。最是細事。水地穀要稠。旱地穀要稀。然過於稀。

則打穀不得多。總以前後。左右相去七八寸為度。頭次將

苗撥開。二次擄的時節。就省工了。

穀要鋤成。麥要種成。穀出土。大約有阜角刺形高者。定要

教人鋤穀。鋤過後有雨。隨時教人擄二次。人愈多愈好。勿

以日子活工價大。吝惜小費。而不為也。即或無雨。也要教

人。緩緩擄之。天旱誤鋤穀。往往如此。且嘗云。穀鋤黃葉。豆

鋤角。有餘功夫就鋤穀。何說之辭。

與牲口喫苜蓿麥前不論長短都可以將就總以鍘短爲主惟麥後苜蓿不宜長長則牛馬俱不肯喫剩下殊覺可惜且要看苜蓿的多少盡可有餘將頭次地揭過萬一不足牲口正在出力非餧料不得下來你們想莊稼人那有許多糧食餧他愼之愼之糧食還要過日子還舊帳納錢糧人情門戶一切應酬都要靠糧食哩

漏鋤笨鋤總要有角無角鋤鋤地不好此還可將就一半年惟鋤柄不宜太長長則夥計並日工子俱不肯下腰大約鋤柄以三尺五寸爲度四尺則顯長矣麥後上底糞糞亦不宜太大這些活總在平日經理莊稼的人粗細上說

鋤後不留坡塄地則已如留下不論多少總要每年在麥後時節著夥計將鐝拏上修塄邊將邊築高遇著下白雨水不至於走去捲塄根日後種下田禾不至於被土壓住不長坡塄地總要外邊高些裏邊低些纔好

六月原上地多黃鼠麥天還罷了惟有種下秋受害不小鋤後每於種穀之地如有黃鼠窩用竹竿數十根著夥計釣上幾天也必須要主人親身至地去看蓋夏天炎熱夥計或不留心將釣竿下上在樹下打睡或黃鼠出來將繩子咬斷跑了豈不可惜工夫無益於事

夥計無事定行將大小樹木並果木樹一齊用水澆到第

二日即刻埋平自然不至晒死冬天亦然
七月當種麥前後耩地最要緊二次地已竟用大犁犁過
該收耱時候忽然霖雨過多三日一場兩日一場定行雨
水不缺不必收耱將已犁過之地用耙一耙再用耱一耱
即或到種的時候無雨也無大害又且省人工地也虛活
又無大墼墼不然地硬成甲再用耩子一耩耙下一地墼
墼當住耬腿不得進地除非教人將墼墼打碎麥子如何
得出乎此一着全要在七八月前後留心或白露時切記
八月種麥時或地畔墳塋以及坡塄有長成的白蒿蓍彩
計割上幾擔晚閒無事可以擰些火繩子放在有風無人

處按人的多少每晌每人與他要幾條子十數八天就能
將一年的都有了豈不一勞永逸
麥秋二料下種時看墒大小墒若不足耬鏵子總要新的
爲妥以其入地深種子不至放在乾土上
菜子地耬扁豆以其菜子稀故也先着人鋤菜子然後下
耬再用耮一耮不然本年草一發生鋤不及矣即不種豆
菜子也要當年鋤先防冬月過冷菜子不至受凍要緊要
緊
收穀草家中無人做定要教人與夥計說知教他連根挖
拉在園中到冬天無事時着一人每日用斧頭鍘根這箇

根晛間也可以燒坑當柴但此事要主人每日留心看鋤根的人鋤的長短如何如伊不用心胡鋤可惜了草瞎費了工不如早與夥計說知收穀草時不要根那根茬在地裏也還可以壯地

十月耩麥巧上糞人人皆知而其實巧處人究不知也種麥後用耙將地蹓過俟十月有雨後耩地卽無雨也要耩地彼不蹓何嘗不耩何如我蹓過再耩其功之疎密不必等來春生發時看其瞎好目下就穰和多矣蹓謂空耙摟也

九月收秋以後本無活做卽牲口亦閑了此時正要教夥計好好的餧牲口莫因尚冬不甚出力任憑他們餧養未

兒一日逾一日餧牲口不在多餧料按每日早晚閒共多餧牲口其喫多草細心拌餧自然日日有功效譬如先上槽餧牲口鹽多添草少拌麩子頭次如此第二次漸少第三次四次又少然後再拌麩子俟其喫畢飲之以水晚間亦如之草喫完夜草多添第二早晨槽內有草方好俗語云草膘料力水精神又云牲口喫的好夜草要塞飽

地將凍再無別事就丟下拉糞明年在某地種穀今冬就在某地上糞先將打碎之糞再翻一遍糞細而無大塊不惟不壓麥兼之能多上地

苜蓿地經冬先用扡犂在地上下亂扡幾十回省傍人冬

月在地內掃柴火不大要緊第二年苗稭定不旺矣至於鋤須到來年春煖再教人鋤

十月天氣轆地前已言明總要畱心記之且宜以早借潮氣露氣而轆太陽一晒地皮硬矣卽有轂墼圪堵定轆不開人或說有潮氣將麥壓住不知此十月天氣非二三月可比春天麥正發生一壓則不能出土此時之轆正爲巧上糞況地過此以後纔凍凍堅然後一開麥苗自然發生何壓之有

翻糞之說前已言之但要早些翻地凍則糞亦凍翻不成拉不成矣但過冬天無事時先爲夥計翻糞

冬天餧牛和合草最好兼之省料所謂和合草者蕎麥秆子穀草秆子豆衣子並夏天晒下的乾苜蓿俱用鍘子鍘碎攪在一處晚間添的餧牛豈不省事

地中上浮糞以地凍為主隨拉隨卽將糞撒開地內不許放堆堆子一則怕地凍撒不開二則也怕日久不撒糞堆底下的麥苗沾糞氣發生向後撒開糞底麥苗受症不要看天氣地凍後再上糞可也

冬天無事可蓄夥計打穀壍或教人打穀壍大約二三千箇為度以防來年補修牆垣再防雨水過多圈內無土可襯就將此穀壍打的襯圈所謂閑時收拾忙時用也

上冬來早晨喫米粥可以不用餅有大麥炒熟碏𪎹拌的喫午刻做些𪎭食有餘的麥還能糶了使錢

臘月夥計無事亦照六月定行將樹木一齊澆上一次第二日埋平一年澆上兩次夏天不至於晒死冬天也不至於凍死

閑時看箇好日子着夥計上房將瓦溝內土並瓦松一齊掃淨省得下雨漏水

附雜記十條

農家首務先要糞多或曰多買牲口則糞不憂其少矣余曰不然有牲口而不襯圈與無牲口者何異卽襯矣而不

細心與有牲口而少者何異或曰是何說也余曰此事要親身方能曉得自家有人經理不必言矣若無人必先與夥計定之以日約之以時幾日一圈或十日或十五日總要一定之期不可改易又必須於每日早晚兩次替夥計襯圈糞要撥開土要打碎又要襯平或早刻用多少晚間亦如之照日查算每過十日一期必令夥計出圈周而復始總要親身臨之則日積月累自然較旁人多矣夏天土多則牲口涼冬天土多則牲口暖此不可不知也古人云糞多力勤爲上農夫豈非農家之首務乎故先及之每年家中雇夥計早晚飯先離不得茶喫門口丟些餘地種蘿

蔔白菜或醃或晒七月喫起可以直至來年麥口況蘿蔔地還可以種麥人何憚而不爲乎莊子前後左右或牆根下無用地擲些菜子經冬長大挖的喫蔓菁根煮稀粥最好

馬房內夥計們晚上點燈只許一盞經營牲口待牲口餧飽卽刻吹燈睡覺免得費油

再馬房內不許招留外來不明之人並不許招留伊等親戚朋友附或有投宿者係伊等親朋偶一二次可也常則不許又有熟人平素與咱做日子活者看人的忠厚詭詐留與不留臨時斟酌可也

門外前拴牲口處見天日有糞見天日著夥計用上車子推回磯圈不得任意推在糞堆上亦不得任意燒炕若能天日如此日積月累糞自多矣豈不多上些地有多牲口就著鐵匠打多少蘸水有了蘸水或牲口上槽喫草或飲水不至於溼韁繩一年到頭省的繩錢也就彀蘸水之費了

原上地不宜種芝蔴卽種亦不收成兼之根大拔地隨後種田禾卽上糞亦不大好再上糞俟過二三料再看似此可以不必種芝蔴

凡鋤麥楷遞草把子妥當稭也細也做出活再或用一人

專心抖擻一天至少也能收拾二三升麥人工日子亦可算計得來至於頂底往往視爲棄物殊覺可惜看有不大壞者何妨也令鋤了攪在好的內都著牲口喫了日積月累有多少省費處

前言地內上浮糞可以不必麥後所有的糞儘行上了底糞至於六七月所積之糞或種蕎麥或種蔬豆上後其當年所積之糞與第二年所積之糞俟麥後場活清白都上在靠莊地裏也把穩也穰和近來雨水缺少原上地高兼之風大日晒風吹上浮糞者豈不枉費工乎靠莊地猶麥莊地也

每年蔬豆扁豆地總不可以乾揭飭有柴鋤之可也如或

乾揭則來年定不好矣若菜子大麥地即或乾揭還不大於害事總而言之無論甚地只以和墒揭之爲是

農言著實終

古人重本輕末人諧歸農而家給人足漢時猶重農貴粟人賤商賈天下殷實我
朝乾嘉此風猶存民最富庶自人情遊惰羨千萬中倖致奇贏之一二以爲常遂舍本逐末爭趨若鶩及至無成雖欲歸農而力不任勞又格不相入僱工爲之恆受欺慢其所謂農者亦習於安逸而不肎作勞有良田沃壤而前人以是興後人以是敗者有連畔同種而彼穫則甚豐此穫則甚歉者豈農固不可富哉本業輕而用力不勤也余歲壬午初莅原任荒穢過半清丈開墾均以次告成歷發桑秧數十萬株勤者

亦皆茂盛養蠶取絲織綢亦佳乃嘆田本上上嘉種咸宜特人事不勤未能盡農之利遂覺農無利也勸辦蠶桑業刊刻書圖徧給矣思欲刊農政諸書以代口舌或於此地未盡相宜茲得　仲仙別駕手鈔邑楊一臣先生農言著實一書讀之事事精詳語語切實老農閱歷日起有功如此爲農方可曰勤如此力農斷無不富使農民家置一編以爲程式再並蠶桑而皆成爲則不出里門而自然富足又何事跋山涉水傍人門戶以希冀蠅頭之利而不可必哉　仲仙司馬留心民瘼願捐貲刊刻以嘉惠農民洵有用

之書宏濟之事也因跋支言於後光緒十九年十月
既望知三原事大同劉青藜乙觀氏識於月白風清
軒

農蠶經

（清）蒲松齡　撰

《農蠶經》(又題《農桑經》),(清)蒲松齡撰。蒲松齡(一六四〇—一七一五),字留仙,號柳泉,山東濟南府淄川縣(今淄博市淄川區)人。由於長期生活在農村,熟悉農業生産,蒲氏寫過不少與農業生産有關的詩文和著作。《農蠶經》約成書於清康熙十四年(一七〇五),是其中的代表作。

該書分爲《農經》和《蠶經》兩個部分。《農經》採用月令體裁編寫,到九月而止。據蒲氏説是在韓氏《農訓》的基礎上增删而成。後附『雜占』和『禦災』二節,總共七十一則。《蠶經》共二十一則,是博採古今蠶桑資料而成。附有『補蠶經』和『蠶歲書』各十二則,『種桑法』十則。其中『禦災』各節,據説是經驗之談。此外,蒲氏尚有一種傳爲《農蠶經殘稿》的著作,收有十二個月的農家月令、『耕田』『畜養』『諸花譜』『書齋雅利』『字畫』『裝璜』『珍玩』『石譜』等目,内容與該書差别較大。

《農蠶經》長期以抄本的形式流傳,一九六二年路大荒將其收入《蒲松齡集》中,由中華書局正式出版。一九五〇年蒲氏九世孫蒲文珊捐贈《農蠶經殘稿》。一九八二年農業出版社出版李長年《農桑經校注》,其中一併收載《農蠶經》和《農蠶經殘稿》中與農業有關的部分。今據南京農業大學圖書館特藏部藏抄本影印。

(惠富平)

農蚕经

一九五五年十月抄自山东省文物管理处存本

蒲松龄著

農蚕经序

居家要務。外惟农而内惟蚕。昔鄭氏有農訓。其言井井。可使紈袴子弟。抱卷書生。人人皆知稼穡。余讀而善之。中或言不盡道。或行於彼不能行於此。因妄为增删。又博采古今之論蚕者。集为一書。附諸其後。虽不能化天下。庶可以貽子孫云尔。

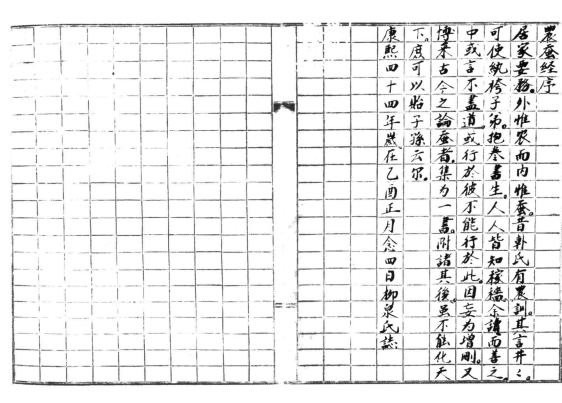

康熙四十四年歲在乙酉正月念四日柳泉氏誌

此乃糞少者权宜之计，糞多者可不必

農經七十一則　淄川　蒲松齡　著

正月　枯焦在辰　天火在子　地火在戌

佃户宜早定。擇其勤謹良心未要尽者。大约春秋田三十畝，必用一人。寧使人欺地，勿使地欺人。

上糞

糞必翻兩三遍。務透細润。然后用之。必要先上薄田。勿圖近便。大约每畝十車為率。炕洞土。舊屋墻最宜高梁黍稷。抓苗糞。九勝於先撒后耕。

餵牛

未上槽先於三五日前。每牛料半升。草一束。草料皆要細。

客户

歲与一猪。伎养之。賣后只取其本。一年積糞二十車。多者按車給价。少者伎賣猪賠補。

耕時

氾勝之書云。春候地气通。椓橛尺二寸。埋尺。露二寸。月者按車給价。必者立春后土散没橛。陈根可拔。此時耕一而当四。草生乃耕一而当五。

二月　枯焦在巳　天火在卯　地火在午

耕田

農家訣云。春耕宜晚。秋耕宜早。必熟上翻在下为佳。田多者以驚蟄后方可耕。耕太早則地寒不发苗。太晚又恐天熱虫上苗难立。最宜斟酌早晚。更要深窖得法。踈浅止坏一季。其時值旱乾。掀作壘塊。又或才过大雨。揭成泥条。雨不能粉。鉏不能破。致迹（連）三年五谷不生。吃虧甚矣。大。

剷地边　剷音琢斫也

田中有蔓棘茅芦。必发掘到根。使不再发（生）。工人至晚。必将所治之草。令各携归。驗其勤惰。亦可晒作柴薪。地边不剷。則草易蔭入。难於行犁。而地力日減。

紅花

未出九耘之。鉏宜晒麦時。侵晨間（閒）工。及長工暇時为之。

豌豆

耘植一如豆法。耘時於紅花前后。

首蓿

野外有硗田。可耘以飼畜。初生嫩苗亦可食。四月結耘后。芟以餵馬。冬積乾者。亦可餵牛驢。宜於七八月耘。一年三刈。苗种者一刈。

壩堰

山地得力在堰。缺处宜早修。水口宜急塞。或加填疊。一則不致冲決。二則雨水落淤。名为天下壅。若水大不可遏防者。則以石疊其水道。使勿刮地成渠。若高堰則用石和沙灰壘之。或用三合土。如築墻狀。架板打之。諺云地无昏。餓煞人。信然。

墾荒

先縱火燒草。然后深耕。勿耰勿耪。塌許時。用钁打破坠塊。再耕之。第一年先耘芝蔴。一則荒地易於辦苗。二則以物宜於新墾。兩得之矣。

耘稗

稗堪水旱。耘多不熟。最易生。收最庑。炊食亦不惡。又讓酒甚美。

三月

枯焦在戌　天火在午　地火在申

耘綿花

綿花地。宜耕二三遍。耘不宜早。恐春冷傷苗。又不易晚。恐秋霜傷桃。大约在清明谷雨間。酌其冷煖畧早耘之。虽苗不肥。而結桃密多。晚則苗虽盛而桃稀。鉏必七遍。三遍后鉏不宜深。一則去草。二令浮土附根。則根深。三令土虛。則苗乃隨根远行。鉏又娃及至前一次密苗。以备傷損。二次猶稍密。三次乃定苗。須踈不可多间。只一科单苗。必不可双。七八寸打去冲天心。待岐枝半尺以上。又遍打之。大约三伏各打一次。不宜及雨暗。恐擁瘡而多空条。最宜清明。庶旺相而生旁枝。即未長大。亦当隨時打去。諺云、乾鉏綿花。湿鉏瓜。霧露天裏鉏芝蔴。物性各有所宜也。若主人云耘佃户即照數還花。

耘蔕

宜求佳耘。秋后劚地撒之。來年自出。若春時早耘。須细細耙耬一遍方好。長成時。当徧掐其心。則苗多而齐。拔時宜少帶嫩性。勿太老。太老則苗不柔。初時苗宜稀。意中所欲去者。先掐苗作菜。掐兩三次。始拔其根。有挨挤者并媷。

耘穀（谷生於寅。壯於丁午。長於丙。老於戊。死於申。惡壬癸。）

耘太早。少籽粒。然亥初多虫。难立苗。不如早耘之穩。晚宜多下耘。或用信。乾宜砘二次。菜少帶。帶多傷苗。秖谷宜早。稚谷宜晚（稚谷宜榆钱落时）

鋤麦

每日只与佃户谷一升。使鋤麦。宜趁雨后半乾時。勿太乾。勿太湿。不惟其益於麦。而且使地不荒。又小雨可以深入。

黍稷（生於巳。壯於酉。長於戌。老於亥。死於丑。惡丙午。忌丑寅卯繇未寅）

三四五月皆可耘。然勿太早。谷雨后耘之則宜早。黍稷过熟。遇風則落。

麥稻中秕者。收稍儉不必植耳。秕味砒灰，去後再次。畝宜老剜。而後清
晨帶露鋤，則鐵青不秀穗。

芝麻

鋤三遍，更宜小，大則難乾，以五六寸為一攢，打五遍乃淨，五七斤。

二三月為上時。四月上旬為中時。五月上旬為下時。耕過耙一遍，拌子撒之，撒完又耙一遍。若不穩貼，再一遍。其秕亦稍易，深復土厚則難出。或去秕全種而拖之。宜截西腳秕之。深則難出，淺又易乾也。

高梁

宜清明前秕之，勿太晚。鋤二遍。時，每棵拔燒洞土一捻，畝可二石。地氣還年重秕。前年有落秕，則隔年復出。恐苗之則不熟，即落熟時已空。

四月　枯焦未　天火酉　地火申

輾場

四月有雨即輾，防多雨也。有雨則多輾益光。

豆秕

命佃人婦各攜箕來，將場中破碎兔緣揀簸淨盡。收藏待用。其折耗之數，佃人認之。

剜穀

〇苗苗視地肥磽，要分朗，不可太密，不可太稀。俗云密處稀，稀處密，才稀不密，苗大成。又云稀谷大穗，來年好麥。其緊少而地力不竭，勿聽佃人貪多也。剜苗必須疏朗勻停。不可堆搽成叢，亦不可稀洞斷隔。然又視穀類之善歧不善歧，以為疏密。並勻老剜少刨，亦宜略早。苗不剜不長。

秕晚者更宜速剜。但勿令其庄土耳。

刨二遍

麥未開鐮，務要二遍剜過。收之多寡，全在此遍。最要用心。訣云：深鋤寸垅，前後苗窩，只要如法，不要貪多。但視田中土細無塊，而窪場不平，則知鋤者用心。不唯地鬆發苗，窩深存水，則不易乾，即至耕時旱亦不至色乾，乾亦無色大塊。其效多矣。鋤杠勿長，只宜半尺許，長則不能深。

去草

凡田荒鋤草，務必盡，勿使秀過草夾雜禾中，勿使鋤後之草，必將草土上，必以翻根在上，曬其根死，不致着土復活。若鋤攏不鋤，草必復多

虛田者，雨後復泥帶水，收草葉抵併，謂之一遍。三日後盤如故。不唯禾發不實，即地亦難耕。鋤豆秋後，穀則必至大壞。

催工

者間良家，雇人耕耘，每日已過晌，且耘好莠，飽餐餅飯，偃臥乘涼。半日方起，草草了事。耕則隔尺一犁，耘則隔尺一拔，禾根猶在，莠留苗根。當其甲中據日以數報主人，如一遍，此等即當立刻逐去。又若鋤田者，開心於田圍，以訪主人，背頭之望，數尺以程，則地皮未經動，角此等豈不可誅。及嘗刻主人不細心經眼之過，既力田而不得辭勞也。

五月　枯焦卯　天火子　地火酉

刈麥

若花鋪一層、俱以稙短為佳、若麥過穗為上、每一層必用鋪草蓋之、以茁俱
麥、萬苫蓋穰、

晒麥

麥五畝以用一人、最宜於場中曬麥、不使坡中助劉或担糞入擱、待麥逕
上場、而收藏用人之多寡、多則漸次潤去、不可坐待麥曬、

摽麥

大約摽可得二十石以用七八人、最宜於場中、以得一二人、將人且令他作、盛
收排晒、可用三四人翻麥、不許停手、直待日夕上摽、方使全人俱來摽、宜在
場以備風雨、

打麥

約打二石四五十八人、除磟牛馬者、餘令担糞、或鋤紅花、直待甦
掠、方令全來。

晒粒

凡晒麥勿令人遠去、宜於近處、恐作而不搬、呼宜集也

用人相圍、近遠約五六石、可用一人、晒完、場中只留一二人、餘令他作、麥氣揚場、
乘熱入倉、倉底用粗糠尺許、不可鋪草、草易蒸氣浥、不能久也、

鐝麥楂 留麥楂騎麥壠種豆、可以護豆苗、且鐝之則入得糞苗 供自爛則不足糞田

未雨速鐝一遍、一則地不荒、二則待雨鐝過也、若深犁白地少苗、

晚谷

耘時用稀糞亦可、

先鐝一遍極妙、若得雨早、即騎壠耘之、斷不可耕、耕則斷其苗、麥地皆隔
年不見糞、鋤二遍時、須抓苗糞、方好。

耘豆 生于申、壯于子、長于壬、老于丑、死于寅、惡于己、忌丙卯午

豆苗太早、但得雨且不耕且割且耘、勿失時也、即雨不太豆、但苗其猗即耘之、但
豬即早二十數日亦不妨、且耘田但得小雨、則墒眼中便可接濕、耘不過兩遍、亦勿
太密、諺云黑豆一二三、黍豆草十莽、此稀中約略之數也、耘宜深、深則耐旱、
豆地宜夾麻子、麻子能過蟲、且使日則豆苗麻主人自可支用之、亦小益也、

三遍谷

谷多鋤則粒成而秕少、故切莫鋤至六七遍、庶田少不能也、蓋耕多但人
供糧一年、不者其苗鬼、則後四遍、否即三遍亦不使遍、如法谷宜深鋤、惟
三遍宜深蓋至三遍則谷已秀、其根四佈、若深而傷之、早則不能保全圍、
謂之仰雨、雨多則谷傷成秕、謂之脫勞、鋤過即雨、多成此病、惟淺鋤捆
土護根、乃為得法、若秀之前、即鋤二遍、又接耩不深矣、

鋤豆

第一遍、豆深、豆根以去、又宜早鋤、二晚則鋤矣、

治茅 齊民要術曰茅地宜縱牛羊踐之七月耕之則死

茅以耕之最妙、是時天熱、宜早晚犁遍、一日止耕一二畝、耕後即死、十之七八、剩
者則之亦盡、偏鋤宜好、費工太多、又法遇霖雨二三日、地透、犁之乘濕、札斷根而拔
之、收根為盡、亦一道也、或見茅再長即鋤之、如此十遍、則根自死、理或俱
但未試耳、

牧牛

牛宜水草牧之、半月喂鹽一次、半斤頭用鹽一斤、碾細、清晨撒粗石上使舔、

送糞入田之

用豆餅雜地土，積水拌勻，令透，以[illegible]，上地施之，云云，今可，佳。

又或用泥多丸，拌泥。

已前秋欲午後方飲，飯牛多早投以鹽，入腹渴甚，就入草傍，草浸令露後急飲，以鹽渴故，亦易飽，半月即肥，下料時先以料水拌枯草與之，再拌加料，將飽始加純料，槽中不剩，積方好。

六月　枯焦子　天火卯　地火戌

二遍豆

豆鋤二遍，須令靜草淨盡，勿使夏長，免結亦要勤拿，勿使蔓延，若無乾力大半而治之，耘亦易絕，先抽盡大蔓，步纏在枝上者，以指甲斷之，可除，若結亦應如底，則耘拔之不可矣，故宜細看而早治也。

黍豆

耘勿太早，早則不生莢，舊田不耘，小豆略同，又勿太密，密則易坏，則一遍亦好。

荍麥

荍麥喜淺而荒田，死不育，已勿多耘之，耘深則亦死而死，惟可慣用力以杯而粘糯，不宜舊耕，又喜外種，恐死土宜田，多年之不菜，夾耘，要肥之，以備作[illegible]，荍亦而苗生，八月上黃莢，鋤二遍，荍地耕而耘之，則耐旱，不然亦鋤一遍。

積穊

穊以田家第一要務，掃西家穊，穊外宜鋤草根，盡其連，或割穊草，穊足一層用土壓層，若穊無水，而後振積，集久，早則汲水灌之，或用從穊之水，即振而使熟，伏內草易腐，宜乘時，令人為之，以備次朔，在標好多，至於此處，用功

牛穊

牛欄積穊在秋冬，牛欄積穊，至春亦冬，至交則上山牧放，不在欄中，失宜，秋

栲之梳入多勝，其得其紅遠之見之，[…]來遠者須入，曉土如雨此土元，暴，要長此之此五，一正一填，操竹相洞，由土倒換一遍，不三，王表能東遠全穊，穊落茂也。

日多鋤草根，掘纏欄外，多以尺許，於牛足之處，及前作濕，既浸漏，既遭則稻

就中又鋪乾草一冬，一要倍肥穊，倍牛豹，又使牛臥乾處，山宜然兩倍。

旱稻

若田不同秋麥，便水盡地白背，即速耕耙，勞令熟，二三月耘之，稻性弱不耐旱，草苗二寸，速鋤，要鬆，又宜冒雨薅之，科大如概者，五六月中霖雨時拔而栽之，七月太晚，不復栽矣，下田種者，不如地良，但須多草，亦宜秋耕，黃鬆細，耘不宜濕也。

七月　枯焦酉　天火午　地火亥

蔄　秫苑，音乍

蔄秫割時，若先鋤去根株，勿使芽生，傷地，不惟費人工，又竭地力，須去盡根，只用板鐝，或刮鋤附地削去，芽亦能生，而根汁流出，亦能肥地，不然亦未盡，須早耕晒，人指去根，並死，場二日再耕一遍方佳，不拾並死，欠種時，碎耕不再耕則又甦，害麥，麥不好，而生病。

○割谷

先擇佳穗另收作耘，須待熟豆熟，且刈豆，打谷宜緩，所收佳耘，次年開種不閑耘之，免鳥糧，耗谷之病，霉水淘之尤佳。

麥田

收了穀，急將地爍，但不妨稿，大塊須速耕，兩次雨時耕，曉勿遲，待早種者，待雨苗療，雨即肥，獨秋，十數日，如不然，耘之不然，忽待忽晚，急乾，愈仍及矣，秋田宜遲，遲乘墒及時耕耘，乃至令久，故為之分，而含足

芸人者，所以致於乳天苍，苍而笑也、
白露節後看三戌宜三卯　小麦忌戌　大麦忌子

八月　枯焦午　天火酉　地火子

秫麦　生於亥，壯於卯，長於辰，老於巳，死於午，惡戌，忌子丑
秋分前後，以秫和細糠積之，或炒黑豆，或炊甘麻，勿搗太細，細則喧積
麻油粕為其糠次之，燒土又次之，鶏糞鴿糞宜先執曬乾用之，臨種
之搖一遍最妙，次地乾跋一遍最為難過、

耆信

地気多虫，宜以茶石搗細碎，八谷者宜之，到底加倍再渡，水尽曬乾，臨用
時以補曲，不擇麦中，約作一斤者，一合為一升，耕十五，收曬宜禮，其作法命
不小也、

麦秫

秫忌漂去秋者，秋再方麦胡麦，後秫多少量地肥瘠，量時早晚，肥晩
宜多，瘠早宜少，大約每畝約一升許乃合五二升兩也，多少宜由均，扶捷其勤
搖勿間，勻則減一二合亦不失也，秫高宜穴以積益密，密秫而少稀，稀秫而大、

九月

漚麻

麻稭細者碗粗，用瓜蔓均叶裹置泥水中淹之、

收牛草

凡麦糠角皮皆可飼牛，宜密之以苫蓋，飼皆打掃入槽，谷稭豆稭俱不可
拋撒，恐冬天雪遮時皆不缺牛飼也，豆稭須剉碎給之、

出秋糠

凡出糠已忌千斤，忽勃大雨黑雲，異夜坤，秋乾冬良，其土糠沒御翻三四次方止、

收農具

東作之器宜早備，西成之器尤必收，已所用者早治之，其損壞補綴之，是之
為早備。子收餘收種者置之場圃上，棄於藏之屋中，勿致損壞，勿使失落，至於
收藏備之不早，臨期不免失時；收藏之不密，則日久必致破損，急需此物則
高方累，一朝不用，則任其日曬雨淋，又或鄰人借去，久假不歸，已失八九不為
其所有，及家之再出錢重新治備，如此之虛費，則其本業不堅，又是農工欺罪，開縱
則錯出漫用，索則拔犁靠菁，此豈能為勤人公舍、

秫糠

該西不能糠者，以卷以襖末秫之，則末不出，又取良高骨剉一石，以水三石煮之
三沸，漉去滓，以汁漬附子五枚，三四日去附子，以汁和蚕矢羊矢各等分，撓如稠
粥，先二十日用以漬秫，如麥飯狀，當晴燥時溲之，立乾，薄攤數撓，令易乾，
明日復溲，陰雨則勿溲，六七溲而止，輒曝謹藏，勿令復濕，至秫時以餘汁溲而秫
之，則不蝗蟲也，無馬骨亦用雪汁，雪汁五谷之精也，使稼耐旱。氾勝之書

襍占

秫麻法

草早勿晚，晚則不堅，先以子入內水中，次於內庭中取出，曬於布席上，厚三四寸，數撓
令勻，時地氣一宿，則芽出，水若滂沛，十日亦不出，井水浸亦遲，待地白背秫之
若有雨，即不秫者，麻生率不如白背秫者肥，亦叶而粗，勤則出已...

秐日

宜子生旺日，忌成、收、滿、平日。小豆忌卯，稻麻忌辰，稷忌丙，黍忌丑，粟忌
寅，小麦忌戌，大麦忌子，豆忌申。

占秐

師曠云：欲知五谷，先占五木，五木盛者，來年宜多秐，萬不失一。禾生于棗或楊，
黍生于榆，大豆生于槐，小豆生于李，麻生于楊或荊，大麦生于杏，小麦生
于桃，稻生于柳。

米价

師曠云：粟米以秋而本，常先年來衰；稻米冬而本，常先年來秋。此收谷之近
之朔也。平晚以貴價，義之粟米春夏貴，去秋冬十文，升者貴賤，秋冬
十九，是陽道之極也，急糶之勿留。

秐谷法

凡五谷，上旬秐秋多收，中旬秐中收，下旬秐下收。欲秐者，于日取曬令燥，牽驢
馬就谷堆食數口，踐過者，無蟲蝗。諸谷之患，用雪水浸過，耐旱。

占秐

冬至日，平量五谷各一升，盛埋陰地，五十日取出量之，最多者來年所宜也。秐黍
稷以涼樹日秐之，十月以來，看何日凝霜，封不東，來年同日秐，以得年白
之三日秐黍稷。十月凍，宜早黍；十一月凍，宜中黍；十二月凍，宜晚黍，皆涼，
別惹宜。

秐多少，宜斛升

合黍稷之分數。黃豆三升一二合，黑豆三升，晚則量加二合；蜀秫一升，麥二升七
八合，以五三升也。令食麻子，黍貴；食杏，麥貴。

禦災

大災流行，時有之也。力田而不逢年，豈田之咎？然旱勝之逢天，定者勝人；而捍
禦之法，人定亦可勝天，因即近年所經驗者，記告世人。

飛蝗

但不用於蓋不用於稻與蝗見火光即落而害之大忍

飛蝗大至，不可禦；此本可活動可驅，但從傍有以積鉦驚之，使不得安食，不得
遠飛而已。正過時，於田野積草，照火以燒之。

打蝻

蝻初生之芭處，不督牌甲撲滅者，即加多罰，村最甚也。
蝻未生翅之先，若大蝗不可以驚逐，必斜合鄰村掘濠，驅入并力聚殺，務使盡
絕，若將鄰不能盡，免勿謂蝻不生本田，遂禍于鄰地，皆無益矣。又之
去而逐之，或田已田苗已盡，方驅逐，轉赴踐踏其地，當棄之，令以又以勿時業
已。若木色窄垂食進，須督催打之，久人力易集，蝻尤易弄。

蚜蚄

蚜蚄出小不可救，一見便宜打之。蚁一合，即收米一升一斗，勤打三日可盡，勿以小而忽
之也。至大時遍地蟲，打稍懈則不可盡，打太久則禾亦枯，此外力亦矣。又法，出
其日出伏土中，夜則出食，宜廣多人乘夜打之。夜亦既不甚熱，催人亦
有三餐，而蟲又易盡。此中年驗過之良方，慎勿以為天行，任其食盡
之妖言以自誤也。

蚜蚄之害，雖除子之法最捷最易，用力少而成功多，蓋田各逢蚜撲

谷肉。谷梢嫩叶，或生子，揉集嫩尖。早拿白汁一碟，火晚者断其子，身伸
者即蠕蠕欲飞，一叶内小虫斯藏八九十个，此时速使为子节去其子，捏死地
上。趁此拿十日，胜后来拿十日。啖后九年仍此法者反早拿之，俱不为害。
迟茶者即为害，空收亦如前，少亩者偏遇此虫，经过此法，惧为虫羌生崇族矣。

豆虫

虫大捏之不尽，又可数一亩，法以虫捉之，捏尽绿水入瓮，少投水，烧之。禁之久
则法曲浮而为虫，一开不得回，回月皮食亦不食，甲申年有此物害虫，捏其
已多，遂不为害。

蜚虫

蜚之为害，春秋有之。今俗谓之臭虫，集禾苗内，虫不能伤其真，其叶其
膜苗，自根而猎，吮其汁液，则日秋，冬蛰土中，生又繁，最难治。惟其巢
穴多积乾粪朽木，拌种之或草用稻曲用能久。又法以织象水灌鳞中
半瓶，向其中虫盛处埋之瓶，今此时则虫闻其气，赴集瓶中，死于满
瓶而又换，水埋之，可以渐尽。又其集阳稻并种糠，则虫自去。又谷麦为
种用井子木一小盅，拌种之则自死。

种麦旱

种麦时天旱，则必发浆，其实成疾，先麦种，俟半浅向表，速拔之，令与虞
白露后俱下，浆，令耐旱，失令耐寒。

谷久旱

谷在旱中秀，亦能同施成熟，倘其三五分熟，分降大雨，雨止后，宜速
割，二日割完，若稍迟则饿发，或夜黄里一粒，今无矣，慕勿迟缓。戒之戒之。
冬至木年麦，麦豆谷豆花，后收菽种，谷文蜀秫，皆不差，只有秋日
金须收早，水收半木收，八分十分全。

蚕经

择种

若秋筐中择之，近上则苗蕨，近下则子不由蚁，择出再更翻卷掸之以黏那蛾，老嫩蚕蛾不乱飞风凉
取同时老死之，自后至尖及折之共放子地上，一夜而已，再收，查与相当尾尖者
为雄，内者为雌，相间留之，底色纯雄纯雌之患。

浴连

浴连：须以滚汤，则子不伤。每以桑皮晃帝火，以忌烟熏日炙之所，以子向
外，勿使凡动摩损，至冬至日腊八日或元日一三更浴之，次未除夕前再熏其
水，冷定用之。雪水尤佳。浴时勿令水极冷，浸之而已。午中挂屋簷，以承风寒气或雨
雨露。若时辰，于内旁置屋边，须使干燥。若十数日，须日晒一面，务恐伤汗
闻。晴而收之，其色印收之。老蚕者至腊八日浴之，次以次浸，浴于川，勿伤其
缠绕。除夜用鱼汤草同煮，将木盘水煎冷，元旦五更浴之。

辨种

种收出时取其子，似高而细，青中有白色者，除低压出，必时挑出中，埋桑下，此等胎种
病。二眠（疑眠）必生病，倍桑不可留也。

种变

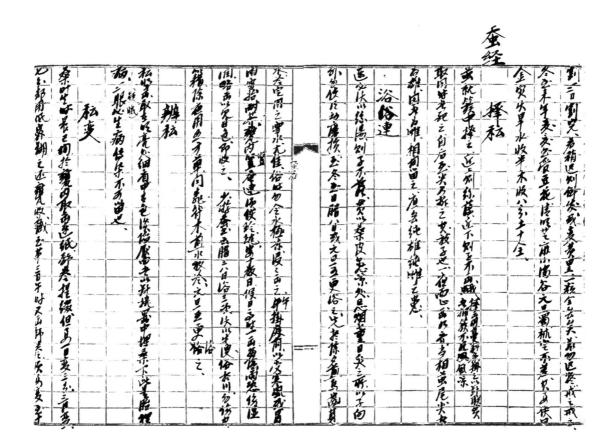

桑叶生时，最忌湿，于瓷内取出速纸，舒卷提缀，但反一日变之，或二三日变。
之。取邮用纸蒙糊之，速藏入收，藏至第二三日午时又出卸去之，防其变

分下放稻，徐以鸡翎掃掃，帷詳審稀勻，不必雅，宜候齊者，取其納
帋中，令騰切極細，攤帋上，將連合叶上，蚕自下，久不下者病蚕也，棄之。

祷神

卧種之日，割鸡設酒，以祷先蚕，寓氏公主之神，曰：惟蚕之精，天駟星也，惟
蚕之神，伊昔苑窳之嬉，於此乃予我而化，厥業惟西王。次眠而以神之福，亂
其筐皆盈，尚冀以終，惠用彰，厥家老幼，蕃盛，繭致成，蔽覆，其卜
领契心盟，耕宜享之。祀祀惟謹，祷後勿動土，勿諜草，勿決廁，勿容外人。

忌宜

忌掃塵，燕雨異，应孝，產婦，猪，辛辣，麝香，酗腥，浴蚕，面房，宜安濟
甲子日，庚戌日，戊寅日，忌之，而蚕後勿動土，在蚕室方。

蚕室

蚕宜静，宜暖，宜燥，宜明涼，忌宜新糊，易攤，眠起，西窗宜遮，夕曬尤忌，西南風
宜北，尤易傷蚕。纸窗打以稀泥土。

温養

昼夜分四時，朝夕似春秋，午似夏，夜似冬，用火須斟酌為少。初生並二
眠之前，蚕尤宜暖，着単衣以為体，則以己身寒暖為火增減也。蚕大眠
眠之午間，开窗揭簾，疏通，以日南風則卷北窗，北風則卷南窗。大眠
後卷之簾，去窗紙，恐天熱，置甕貯水，以生涼，恐遇風雨，夜涼，則
換窗閉户，勿太熱，熱則頭損，勿太寒，寒則生白肚，僵三眠，欠有水瀉病，蚕
[illegible]

有之為患，其[illegible]為病。

喂葉

自出[illegible]日用快刀細切，撒後，[illegible]大眠，即[illegible]，[illegible]病
並二眠，即[illegible]，三眠上蔟，即[illegible]，[illegible]大眠，[illegible]
令食，[illegible]，則[illegible]，三眠前[illegible]食，[illegible]皆[illegible]旺，食[illegible]
蚕出云：蚕生[illegible]日或采或[illegible]風，[illegible]投之寸二千，[illegible]晝夜五六食，九日不食一日，而
初眠，又七日再眠，[illegible]初，次食時寸十分，晝夜不食，又七日三眠，[illegible]再，又七日，[illegible]
其不食一日，謂之大眠，食叶，晝夜八食，又三日[illegible]食，及食全叶，晝夜十食，不三日
老矣，每[illegible]約老一[illegible]。

擇葉

葉勿溼，勿乾，勿熱，勿寒，勿沾水，[illegible]凡積叶，[illegible]席[illegible]之，[illegible]熱，[illegible]之[illegible]
[illegible]叶，[illegible]寒，[illegible]乾，[illegible]用，食水叶則[illegible]白水而死，[illegible]
[illegible]之，[illegible]散布之[illegible]而[illegible]之。

擡替

蚕大則稠，稠[illegible]則[illegible]溼，[illegible]致病，且小而分擡，[illegible]大則[illegible]積，
[illegible]換，[illegible]結縄，視席[illegible]大小，先布縄於上，[illegible]撒叶，蚕[illegible]叶，[illegible]
皆穿縄上食，候上齊，即共举縄，移置他处，[illegible]指取[illegible]而不傷蚕，良[illegible]也。

量力

[illegible]量力[illegible]，[illegible]有一席，[illegible]，有二席，[illegible]則收成[illegible]好，貪心之病，[illegible]
[illegible]

上簇

自大眠後十五六頓，即老。完足老者，其蠶數減食，候十分九老，方可上簇。簇以木其為之，蹤之必稠，稠則不易摘繭，乃提而束之，厚薄得宜，束之細谷，可禦北風，亦承簇上蠶，乃以擺蠶於之，勿令寒冷。次日以木棒撥之，以為其作繭。未成者，備蠶不可太厚，厚則絲薄，蠶地而蠶益作，日至為雙公，俗名呼雷。

擇繭

繭宜於早擇，擇摘欲速，若遲，勿經日，恐絲綿難抽，勿曝日，恐蛾穴難抽。若作不取繭，則置之於竹籮中，勿掩，少傍則蛾死。

報詞

蠶桂二完，功報各方，維當是時，神降於桑，載歌載舞，育蠶禪祥，賜我蠶絲，用製衣裳，家家之處，同聖之光，敢辭以勞，謹具我誠，設有香燭，尊禮於觴，工祝致告，神其鑒歆。

勤飼

蠶以日夜勤飼，頓數多者早老，少則遲老，早則絲多，遲則絲少，二十五日老為上，得絲二十五兩，二十八日老，得絲二十兩，若三十日解老，則十餘日兩矣，故懶人不可養蠶。蠶病絲少，皆是所由，勿徒怨蠶也。

量葉法

蠶未出先稱連若干枚，記之。待蠶齊拂盡，然稱空連，便知蠶數，大約三兩蟻可布一箔，老可二十箔。

又論蠶法

大眠起，兩次日午後，天色晴暖，磨菜豆或蠶豆末，以湯水泡，切桑葉拌勻，一箔用米十餘頓，卻減葉，四五頓一日又如此一頓，不惟省葉，亦得熱蠶且絲多。

代葉法

缺葉者，以甘草水洒葉，次擦米屑，候乾飼之，可度一日，並令人飽。

接葉法

蠶昏眠時，皆可接取，以好桑理包中，如接葡萄法亦活。

蠶老遇雨

值陰雨，宜簇屋內，席布之，或於簇上散蠶，花又以熱箬覆之。又法，以大蓬遮蓋，散蠶令鋪匾之於架，棕或草繩結上，不敷量所為，皆可。恐熱不繳失以蠶之則作繭遲，故候之暖則去大蓬，遮蓋蓆，則免無他，蠶無脫繭，上則免傷蠶蛹也。

補蠶經 十二則

變色

蠶眠後，初變肥濶，再變光潤，其中如有初色，再變頗潤，蓋由中有沒出色，必脈之病也。若蠶平佳色，其變有黃赤色，飲食不可養，此不治之病，宜棄之。蠶之變色，惟在遲速而已。飲葉之生，以定多寡，日後治之三日，以色而為準，所云蠶病，提撥去先，左右之右蠶出蠶之，先蠶向外，北部蠶向裡，南向，西北部蠶向外，橫者以王之，皆是横之，欲蠶蛾產背向日曬，令蛾產勝，蠶無夜數，只以第三日變蛾，亦可養，之第三日再必待蛾出，第一日先發者，先生也，凡蛾皆在巳午之前，午後便不生矣。

生蟻

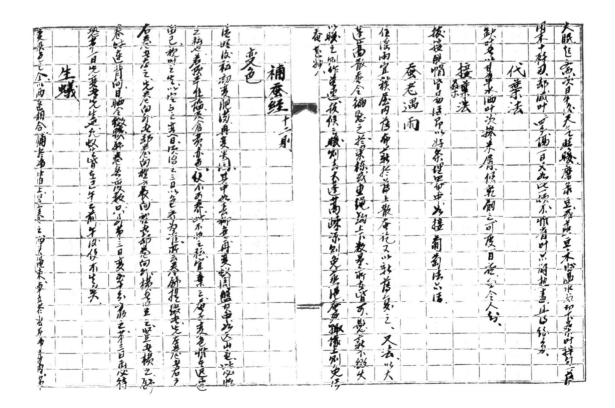

蠶種出已全，以兩連相合，補於紙背上，以上蠶之，兩頭繩束，卓立於北房內，若

三日蟻尚居蜷不出而上，若至兩日猶未上者去之，蓋三遲蠶無異本一。故太遲者猶必内
蟻未即白，暗處遲出，於院中一搭上草鋪，至次晨則於涼處，四處桐廣中，任其自散
取絲入蠶，室一縈縱以絹上草鋪，上可其蟻，亦生若蠶之候。

下蟻

蠶就生時，桑細如髮，撒布布上，却以蠶連覆上，蟻自下而上，不必以鵝翎掃，或敲出者，蠶身不能
受傷。入桶擠，每蟻三兩，為布一幅，以竹四根為用，篩放布上，既勻，然後合連於上，候之，迨蟻
出已不下者，病蠶也，棄之。

涼煖

天氣暗熱，宜於窗戶之開，天寒冷則閉戶，溫暖使其自然，不寒熱之苦，蠶自不生病。寒加
火熱，恐其忽冷忽熱，不可驟，寒當漸漸加火，熱當漸漸去火，其忽或熱猛者，寒當其漸去，熱亦
桑不合，即用鐵刀切，或以灰熱，亦用杖刮去桑濕不，總要遇去寒氣自然，再任
蠶食。寒天用二束桑，將葉一把，束去遲，則指蠶口上，然後以飼之。

飼養

蠶自初飼則無病，老而後食，飼之以後，俟其稍大，看蠶則撒之，一眠至十
三眠，才可住食，至十二起，方可投桑，投食太晚，當住食時，已起者甚多，太早則
投食時尚有眠者，若起齊，老嫩者併且眠，為之一齊，蓋以漸不同是也，大眠將近
至齊走，凡蠶頭大眠者，先要食指頭，住食一晝一夜，起甫漫，飼之又宜輕移
者，且白亮，則是用縮，宜細切之，猛則傷蠶，兒蠶者口小，食少，須多勤飼之，蠶
生色黑，三日變白，則食宜少，次日又變黃，宜益其葉，後變白，則食少減，黃則益
減，此頭眠也，眠起自黃而白，白而青，青而黑，自黑而黃，又一眠也，宜

稍老，以為食之之初減，或黃則減其，如若葉切細縫之，若蠶身黃皺者，將大任
食，惟起減眠，蠶之葉不致，又恐無時飼，未眠之蠶，使之遲眠，此大忌也，葉油則不
宜頻飼，則不飢。

分擡

擡須及早，遲擡易使堆積，又須輕撒，易傷之手，拋，此皆致病，每蠶只宜鋪一層，是
小蠶攏復，若不蓋，天時寒冷用籠其下，可其錯，蠶庭中候日曬之，擡一箔，則宜其本
一箔，隔日上，即解其，以蠶髮之蠶，易病，濕熱時尤易病，宜速擡，若遇陰雨，凡
冷，則不能擡，用葉細切如豆，一箔只用一斗，撒蠶上，又揀葉移蠶，蠶上食葉，並能備
溫之，候晴再擡，若有蠶以糠草擡之，庶與葉頻撒擂，或用桑，亦頻飼以
隔去濕，兩相反也。

飼蟻

飼蟻切桑極細，篩上，一時辰飼三四次，一日夜四十九次，或三十六次，第二日葉稍大，必加厚。
宜暖，宜將大眠起，宜微明，向食宜稀。

辟黑

第三日宜午時揭微，蟻帶黑白狀，謂辟，至小甚子大，至黑一箔，加葉飼之，每日晴
當老不宜使日曝，並背凡宜息，候來遲待氣，蠶頭長兒，惟頭眠喜涼，然易生也，凡宜忌也

頭眠

指頭稍黃，其時至為大甚子大，一頂次時青白，略大，自漸加葉，眠時宜暖，起遲亦微宜暖，
正食而起，各擡飼食，指多若小猶大。

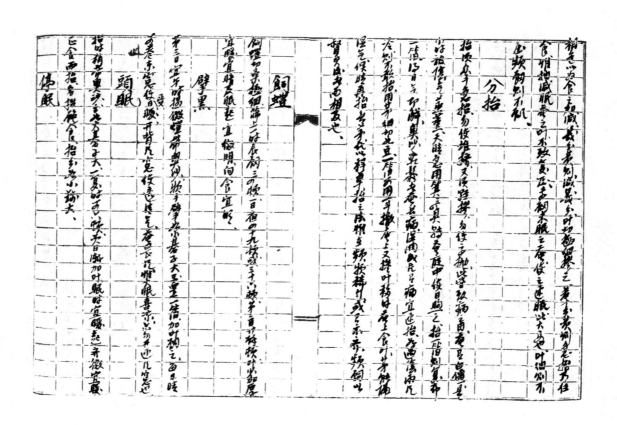

停眠

停眠指多如大蟻，起齊投食宜薄，一晝夜四頓，次日漸加，至全行宜忌，惟匝眠宜忌照之。
初亦宜暖，起齊宜暖，指停眠飽食，疏而換，而擡，不厭多擡，但不可手抛也，餘并。

大眠

大眠起，宜數指疏飼，若西北風起，即宜關窗，待暖放之，此時勿指屯，宜禪指一個臘
月所藏桑，豆水浸微生芽，晒乾磨細，待第四頓，拌葉飼之，又可少取報所藏桑葉
不拘□時，指一遍，罷飼以此為法，大眠食後，則當其只可一指，大眠而報二頓，又一晝夜可
三頓，而宜疏，二頓更疏，三頓少第一頓，三頓食不短，若見食盡即添，次日漸加葉至全行宜忌，
初亦宜溫，若蠶休息食時，飼後候照，但見有缺漏處即撒葉補之，晴月捋葉生桑
熟蠶出，大眠後第七八頓，於巳午時，取可摘葉出，灑水而拌，極勻，以時葉撒之，拌回葉
一筐，用水一升，撒之，一升可飼一箔，老蠶為未人時，不知則食桑多，宜細葉，宜疏飼，不
過十五六頓老矣。

上簇

蠶老則上簇，宜於屋內簇之，屋中鋪草，大簇上簇蠶，訖又蓋以草薄密之，一起可不
老，此蠶尤為易引，尤慎確實，擇取拾齊之法，則簇為良，故略之。

附繭茧法

繭茧之法，將黄繭內大甕，甕中每繭十斤，鹽四兩，分撒其上，蓋泥縫之，分令少透，但
何時取出繅之，色鮮易絲。

蠶歲書

十二月則閉信屋，敬為本屋，禳之法為見者，宰羊頭且祭，爵又可致蠶宜也
三死犯鬼神，錢三佰，祀鬼吉，若此錢之，更止三佰，再蠶大收，可謂神效
黄死犯宅神，錢三佰，若未男也，若不作並犯屋，游，錢三佰，其戌地，其
大尾小死，犯月煞，錢三佰，其戌地，不齊，犯者眼，錢三佰，祭北斗，□頭死，老鼠，蟻
後死，犯宅神，祭宅中宮，頭白赤，食黑者同，不飽，息死犯大歲，相公中宮兩邊，西祭之
游走，犯年死，產婦犯鬼，中宮祭之，白者不作並犯，家致神，屋後祭之，混名
名犯屋西南，祭之，難退，良米炊，錢三佰，中宮祭之，亂叢蟲屋西角祭之，
上牆犯天后，相公中宮祭之，大小不齊，犯屋游，斜屋山大祭之，白□，犯后土
人，宅中祭之，水者，犯井，毛王，錢二佰，祭井邊，眠不齊，犯騰蛇，不數，錢一百，祭
乾上，白頭口，犯蠶神，錢三佰，祭乾上，空耗，犯樹神，相公祭中宮，食皮頭不
齊，犯灶神，屋後，屋下祭之，吐黄水，錢三佰，灶，灶後祭之，紅白死，錢一佰，祭之

安蠶

用毛屯泥，七錢，四索，在中心，鋪茶其上，以紙一張對之，蓋血白
毛綿各一兩，白馬牙一塊，房內埋之，蠶必大旺。

犯蠶室土

用大陸水土和泥，泥犯處，又立三更朝屋宅，設先蠶神位，祝之，春收，二月三
日天陰有雨，蠶收，若亦宜雨，清明時晴，宜早蠶，晴宜晚蠶。

粘蠶室

又法禳蠶室蠶收

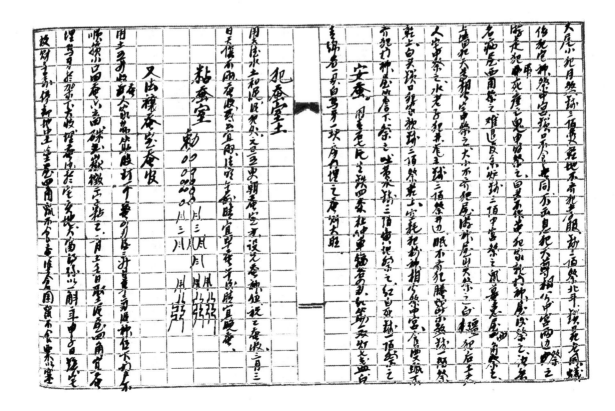

用土五升收於大歲方，以大□□□□□股，折一千，要可□□三升，□□□□□□神位下，向□不
順換小口田蚕，以當□碟，其嶽，擻六，六粘之，二月壬午日，取土泥屋四角，宜蚕
埋驚牙，於架下，大收，埋蚕，頭於屋，房地大，當□□以一斛，手中子日，蠶宅
放，財，□□，□樹地中土，塗屋四角，亂不食，蠶，蓋大食，困，蠶不食，桑，以塞

其穴，日最忌望日、火日、火盗、贼蚕部印、早晨收火日
东北风则贱；三月三日东北风，蚕不收；东南风收。此日晴，蚕叶贱；早晨蚕贵，晚
间贱。一日晴，叶贵。三月十六日是生日，最宜晴；贵，大雨贱，水不收。四月间雨，叶不
贵。谷雨日贱；七月初一日东北风，早蚕好，半年凡晚蚕好，但寒中蚕不收。四
月蚕头，此月有甲子，叶贵。叶到后，蚕无甲子，多寒。

移桑法 十则

四五月收黑鲁桑椹，淘去皮，晒干。是年可将田禾黍拌之，黍熟，则去十月前桑
摩地割之，晒干。至冬至后放火烧之，来年桑生一亩可得三五笛，移桑其至四尺厚
则难成。移黍可蔽日，不然，于南西二面移麻，麻又不能搭棚，蔽移桑后，浇
十月后割桑，撒乱草，烧之。火勿太过，恐伤根。来春每科两三个芽，留
一肥者，至秋可长至六尺。

地桑

腊月埋桑条，候春分前后取出，拣有节芽处，各截七八寸或一尺，插下
水卧条栽之，土上约厚三四指，以手按实。东西南移麻，遮日，至秋，五月浇芽
微高，旋添粪土，或拣鲁桑，秋间埋之深熟，得力更疾。

布地桑法

于园内或耕或劚，令熟，方五尺，掘一坑，深二尺，下粪和土匀，下水调成稀
泥，将畦内所移鲁桑，连根掘出，自根上留身长六七寸，其余截去，将截
处火烧上烙过，竖于泥中，按实一坑底，撮三五次，令根不曲，捅去填，与地平，
以桑条盖实，上留抗，虽热土难，桑今年出，附身上多长桑，亦用盆土封堆，间
四围成浇，使可以浇水，芽出四五指，每根上留一二条，浇，锄为法。当年可长
五尺，转次年附根割，以饲蚕，割后数芽出，可留四五条。年年割之，根渐
壮，留条渐多。至三年后相交，则劚断，掘出，添土，以粪和土，浇过，即移，次后
成栽。栽之又割，栽之。南方暖，十月埋栽；北方寒，或正十月，未遂栽埋，桑最
成。一年长过人，树桑多至人高，割去稍，横条向长，所栽桑不宜高。
宜十二月或正月。

压条

春气初透时，将地桑每一条折二寸，掘一坑，先挑一渠，卧条于中，用
钩撅子钉住，条于卧渠二三十处，坐不令着土。其皮芽出，每枝上长约
五寸，留一芽，其余剥去，饲蚕。至四五月时，天已午时，取乾土一条，培横
条上，至晚浇其根科，当年即生根，至十月或来春分前，将所卧之
条截断，取条所成一株，每株为一栽。

栽条

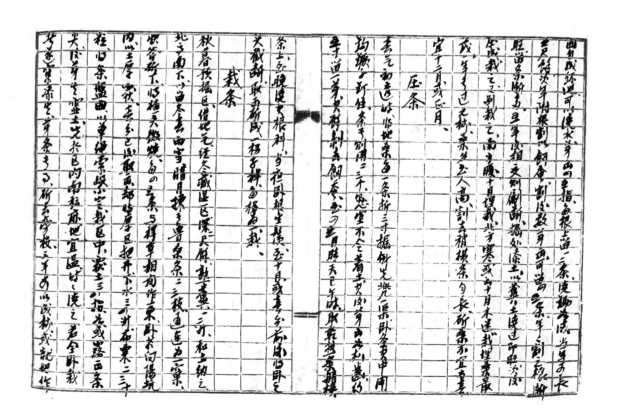

秋暮预掘区，借地气，经冬藏温。区深二尺，内熟粪一二斤，和土纳之，
北方南下，以留冬春雨雪。腊月拣好鲁桑条二三枝，通连为一窠，
埋于窖下，将梢尖微烧，每四五条为一科。草相离，作一束，卧于向阳坑
内，以土厚覆。来春春分已后取出，却将厚区把开，下水三升，却布粪二三升
程，将条盘曲，以草绳索系定，栽区中，覆土三四指，若或露两条
头，按实，芽出，坐土先于区内，南移麻，地宜温，时时浇之。若全卧栽
者，就将条出芽，条长二三尺，所去旁枝，三年可以成树，或就把作

桑，又法，埋大桑所下桑稍，相去二三枝為一簇栽，如前法。或插壟畝内，亦可搖匠壓埋，如前法。

插條

春芽眼動時，科條長一尺以上，截斷兩頭烙過，每一坑内斜插二三枝。截斷如壓桑條法，待芽出，封堆雍土可五寸，每一科只留一條，至秋可長數尺。次年劚桑條倒卧，若三伏日澆糞不活者，再行斫條，亦可接桑以代栽之。

科斫

劚桑樹，十二月為上，正月次之，二月為下。桑條多者善斫，少者省斫，秋斫以善，雨過日中，冬者省斫，春桑條長者梯，上枝繁茂，各宜去掉，宜者留，忌執時，樣不可鸠則枝斷，條亦不上則枝曲，條不浄則鴨脚多。且暮春采則潤澤，避熱則免桑條乾枯，秋日采則損條。但去皆無而已。

斫法：惟去其中心之枝，容立人於其中，候樹上蠶可食條，條上葉可食之時，秦中有法名曰剝桑，臘月盡春初，斫得之條，其疎又於條根上但留四眼，待其長之，所留者既長，即可割，其眼中所發之條不甚數尺，其叶充澤。春既采之，秋留向外之叶，備蠶及秋。不至太繁，臘月復科之，留則所留之科太煩，冀欲不斫者，因而冀蠶。洛陽河南皆用此法，而山東河淵尚未解者。

桑自小即當劚去梢，不留中心，亦使枝自向外。

條宜科去者，名曰遶條。向下垂者，名曰滯水條。向裡生者，名曰刺身條。稍長者，名曰離指條，稠密者名冗條，條條臘月正月間科之。或待春，向東鍬，去皮乃易，膜不比臘月斫者，於向陽坑内培之。至三月取出，皮自易剝。

劈接樹法

先以附地截去樹身，於根盤向下半寸，皮肉之間，快刀尖向左右斜批，豁兩道，長二十一分，下尖，上闊。闊一指，中間劃斷，其剝去剔出，如鴨嘴形，將條子兩壁各斜去，令兩底，其尖尖，淺向上，漸深，至半寸深許，指許接頭，長五寸許，粗一指許，於根頭寸許，内量留一半，外一半，左右削兩刀，成斜披去樣，斜令極尖，口内含，其削過縫，嵌於根肉，樞兩旁要皮與皮對，使老樹肌肉與接頭肌肉相對，然後接至數个，以纸牛糞和土成泥，封其接頭周圍，以新桑皮纏牢固，又封泥於桑樹上，然後以濕土封蓋堆，接頭上可厚五寸，以棘遮護，待芽出一二尺，只留二三條。

收乾葉

秋深桑葉未黄，於將落時，多收晒乾，於無烟火處收藏。今臘月細碎熟，待蠶大眠時用之。臘後可消熱毒也。多收爲蠶最妙，不剩者不能半斤半合之又美。

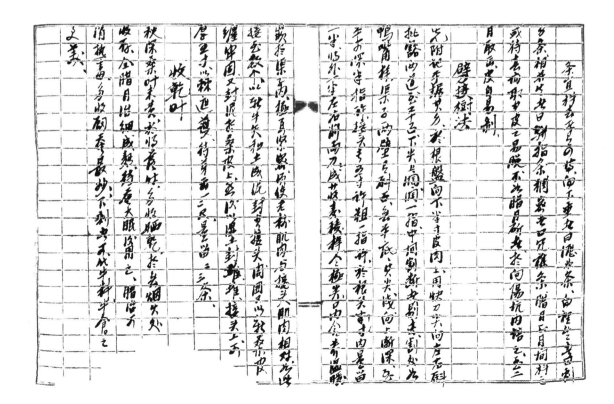

馬首農言

（清）祁寯藻 撰

王 筠 校勘並跋

《馬首農言》一卷，《校勘記》一卷，（清）祁寯藻撰，（清）王筠校勘。祁寯藻（一七九三——一八六六），字叔穎，號淳甫、春圃，又號實甫，山西平定州壽陽縣（今晉中市壽陽縣）人。嘉慶十九年（一八一四）進士，選庶吉士，授編修。歷嘉慶、道光、咸豐、同治四朝，曾經任職多地，授體仁閣大學士，累官至户部尚書、兵部尚書等。卒謚『文端』。撰有《䜱䜪亭集》《䜱䜪亭後集》《祁大夫字説》等。《清史稿》有傳。道光十六年（一八三六）回家居喪時寫成此書。因壽陽古名馬首，所以取名爲《馬首農言》。

王筠（一七八四——一八五四），字貫山，號籙友，山東青州府安丘（今屬濰坊市）人，爲祁氏門人。道光元年（一八二一）舉人，先後任山西鄉寧、徐溝、曲沃等地知縣。博涉經史，尤其擅長《説文》，撰有《説文釋例》《説文句讀》《文字蒙求》等。

全書『先辨種植，次及農器，繼采古諺方言，附以占驗之術，畜牧之方，水利救荒之策』，主要内容包括地勢氣候、種植、農器、農諺、占驗、方言、五穀病、糧價物價、水利、畜牧、備荒、祠禮、織事、雜説等十四篇。其中『種植』篇忠實地記載了當時壽陽縣的作物種類、耕作方式和輪作栽培技術等，爲全書的精華部分。該篇前半部分是作者參考邑人張耀垣『種植諸法』，並與友人冀君幹調查核實後寫成的。此外，本書還特别設有『農諺』專篇，收録了當地農諺二百二十餘條，其他各篇也經常引用農諺來説明事理，這在古農書中頗爲獨特。書中的『糧價物價』篇，詳細記載了清代中後期山西壽陽地區的糧價波動，以及自産與外來商品供應和價格狀況，爲經濟史研究的寶貴資料。『方言』『祠禮』『雜説』等篇雖與農業技術没有直接關係，但對方言、民俗和地方史研究具有一定參考價值。

全書農業經驗豐富，文字簡練通俗，在徵引文獻時多融入祁氏見解。付刻前，王氏以考據學、文字學等知識校注書中的相關概念，使原書的内容更趨明確與完善。王氏校注較多地引用了山東安邱農具、農諺、農業技術及方法，凸顯了不同區域農業技術之對比與交流。

該書版本簡單，存咸豐五年（一八五五）初刻本，一九三二年曾印行鉛印綫裝本。一九五七年王毓瑚的《秦晉農言》收入本書。一九九一年農業出版社出版了高恩廣、胡輔華的《馬首農言注釋》。今據清咸豐五年刻本影印。

（熊帝兵　惠富平）

馬首農言

咸豐五年夏四月栞

受業張金鏞謹題

馬首農言序

五方之氣候不齊故其樹藝亦各異先王所爲物土之宜而布其利也壽陽踞太行之項環山爲邑獨西北通黃嶺一峽故其氣候特寒穀雨播種秋分隕霜傳諸農諺者言稼事之尤艱也淳甫相國居邑之平舒村民風淳樸比戶勤農人無猗頓之貲家有山樞之儉上自鮐背下至垂髫莫不以占晴雨力耕耘爲治生之務此農言一書所由作也其書先辨種植次及農器繼釆古諺方言附以占驗之術畜牧之方水利救荒之策於農事本末既賅備矣復錄前賢訓俗之文以敦規勸如戒淹喪禁囤積懲游蕩儆刻薄又於務本之中約舉大端與世指迷是有裨於風俗人心豈可與齊民要術等書同類而觀哉夫習人多居積善行賈今漸有中於奢靡而入於匪僻者矣壽陽之士獨瘠此天與以嚮義之資而使之無過也生斯土者誠知稼穡之惟寶抑末技而重本圖庶幾災禍不侵人登仁壽也夫

長洲彭蘊章敬題

馬首農言

幼從京宦稍長歸里五載家塾未親耒耜弱冠遊宦二十餘年還家如客逌問及田請假侍親讀禮守墓寒暑四周惟農是務農家者言質而不文因時度地各述所聞耳目既習徵驗亦久煩言碎辭以筆代口古馬首邑今曰壽陽先疇世服詒自黃羊道光十有六年歲次丙申季春之月祁寯藻記

地勢氣候

壽陽縣居太行之頸項山脈西北自甯武忻州來至縣東北境枝分右出融爲縣治正幹引而南山之東爲桃水所導源又引而東南由平定州至樂平之西陡泉嶺則洞過水導源處也全境之水惟東界南北芹泉東流爲桃水而歸滹沱餘皆匯趨城南合洞過以西注於汾（縣志）環壽皆山獨黃嶺一峽受西北風故氣特寒韓文公題壽陽驛詩云風光欲動別長安及到邊城特地寒不見園花兼巷柳馬頭惟有月團圞至今有冷壽陽之諺穀雨後始布種秋分後卽隕霜農事艱難倍於他邑太安平舒兩村尤寒以地窪近河故也

種植

穀者樹蓺之總名北方則專屬之粱而以粱之名移於稷又移稷之名混於黍於是粱稷黍三者言人人殊　國朝程徵君瑤田著九穀攷獨据許氏說文證以鄭氏周官九穀注力破諸說之謬余參之目驗信其不誣今之所謂穀卽說文之禾也禾粟之有稾者也其實曰粟其米曰粱今之所謂高粱卽說文之稷也黏者爲秫故俗呼高粱爲秫秫呼其稭爲秫稭月令首種不入鄭注舊說首種謂稷今北方諸穀播種高粱最先粟次之黍穈又次之高粱最高大又先種故曰五穀之長故司農之官曰后稷因之爲五穀之總名因之爲祭穀之總名也唐蘇恭誤解陶通明稷與黍相似之云遂欲於黍中求稷乃曰本草載稷不載穄因以穄爲稷不知黍中之有穄猶稷中之有秫稻中之有秔北方稷穄音相邇穄奪稷名因謂稷穄一物而以黏不黏分黍稷失之矣說文穈穄互釋稷粢互釋其爲二物甚明程說如是姑撮其畧知此乃可言種植矣

穀多在去年豆田種之亦有種於黍田者亦有複種者諺云不怕重種穀只怕穀重種（上聲）蓋謂穀類不一（苗有紅白）當換種也未種之先耕一次耙二次以多爲貴俗謂耕三耙四鋤五徧八米二糠再沒變原穀雨後立夏前種之陽自立夏至小滿皆可種原深二寸畝用子半升陽寸餘子半升二三合（農人下子多以半升計）種畢以砘碾之地溼則俟乾然後碾之（恐有風鑽入壞子）至六七日復碾之苗出土時蟲之傷苗者有截白截青之名截青尙可俟其發生截白則宜改種勿遲苗高寸餘原先鋤所謂早鋤一寸強如上糞是也陽宜間（去聲）拔苗令稀不宜鋤鋤則苗已留成防其因溼而壞也尺餘則

可鋤矣臨伏再鋤以土壅根令其深固穀莠最多如黃顚灰背老牛草之類皆宜鋤淨立秋至白露三鋤以去草至秋分社時以手撥其瓣視有絲穀否無則熟可穫矣穫後去其根犁之令地歇息

黑豆多在去年穀田或黍田種之萬勿複種諺云重複黑豆子種穀（無糞下子謂之子種）一年一箇没甚喫是也又云莊家種黑十年九得蓋土宜黑豆宜多種也穀雨後先種原子三半升犁深三寸隰子亦如之深則二寸深雖耐旱少不發苗淺雖發苗後不耐旱原宜稠三四寸一苗隰宜稀亦不過一尺苗低淺鋤之苗高深鋤之二徧亦以土壅根秋夏黑白等豆皆然穫後旋耕以備來年種穀與高粱不可於

四

蕎麥地種諺云蕎麥見豆外甥見舅

麥種不一春麥於去年黑豆小豆田春分時種之種法有二以犁耕而種者原子六半升隰七八半升地溼而肥一京斗（俗以五升爲一小斗亦曰京斗）至多矣宜淺不宜深俗云麥子犁深一團齊根地喜堅實不喜鬆虛俗又云麥種場是也耕畢耙二次耙不厭多以钁勾開地坌而種者每畝下子畧多於耕勾畢以足覆土踏之耕微深熟較遲勾微淺熟較早耕者於出土時復耙之地既著實亦無串黃之慮（雨後麥芽無力不能出土黃芽長至三四寸謂之串黃）勾者亦於出土時復踏之草麥與種春麥同時畝用子十升拐麥畝用子六升草麥拐麥穫在夏至俗謂得節不得節夏至喫大麥春麥至伏乃刈之俗云麥子不受伏家氣謂熟在伏前也又云麥子傷鐮一張皮傷鐮謂刈大蚤也宿麥於秋分前後種之與春麥同法但耕微深耳

高粱多在去年豆田種之其田秋耕者爲上春耕者次之犁深二寸耙一次穀雨後種之深寸餘子半升至一升皆可切忌過深深則子粉矣種畢砘之苗高三四寸則鋤立苗欲疏二尺餘亦不爲遠尺五至稠再鋤時以土壅根肥地可留其支苗薄地則去之鋤不厭多多則去草且易熟以色之紅紫爲驗

小豆種法與黑豆同所異者黑豆先種原後種隰小豆先種隰後種原犁較黑豆宜深所謂小豆犁淺不如不點苗

五

小時以手間之原苗相距宜五寸隰雖一尺亦可立秋則鋤鋤喜陰雨俗有乾鋤穀苗溼鋤豆細雨淋淋鋤小豆之說至大小豌豆扁豆與種春麥同時皆係夏田紅豆不拘遲早鋤忌午日菉豆與種小豆同時宜午鋤若鋤遇陰雨多生旱蝨

黍有穄黍與種穀同時穄黍外又有大小白黍大小黑黍大小紅黍之別大者先種後熟其粒大耐風小者後種先熟不耐風於去年穀田黑豆田芒種時種之先耕一次宜深種時再耕宜淺雖一寸亦可下子畝六七合耙二次先以木板拖之恐其没紋（初出土葉如鼠耳若遇雨泥水貫其心則死謂之没紋）後復砘之地喜勻和忌土塊俗云黍種湯未出土時雨亦不妨

俗又有黍子頂瓦出之說三四葉則間之留苗寸餘雙單相間俗云稠糜忽閼黍黑豆地中卧下狗鋤亦不必深驗老嫩如驗穀法

蕎麥多在本年麥田種之有先耕後以耬種者耕宜深二寸耬深止一寸種畢耙之有和糞點者耕止寸餘深點法有二點於犁溝者耕微淺點在稜背者耕微深有將子亂灑地面後以犁耕之以耙覆其種者三法皆忌大雨大雨則謂之涸傷俗有蕎麥不涸傷就拏布袋裝之語至亂灑者雖易結子熟時難挽蕎麥用手挽不用刈不如點種二法爲善

油麥多於去年黑豆田瓜田種之性喜溼布種之法原不過三半升陽則有四五半升者其種一種有蚤晚而穫亦

因之夏油麥與種春麥同時穫在初伏穫後其田種蕎麥則遲至秋分種宿麥爲宜與小豆同時種者俗謂之二不秋穫在處暑後與黍同時種者謂之秋油麥穫在秋分後種時以燒酒少許勻子其莖勁而有力不爲風靡下子若遇陰雨東風穗多黑煤宜忌點者居多苗高三四寸則鋤立苗與春麥宿麥同太疏則難熟矣

諺曰小滿前後安瓜點豆瓜類甚多栽時不甚相遠如中瓜則先栽倭瓜次之黃瓜甜瓜與葫蘆瓠子相繼並栽其法將子用温水浸過撲於地上一一入盆芽之芽之然後栽之其性蔓生且多支節葉下皆有一頭以手切去方不混條葫蘆切其正頂瓠子獨留正頂甜瓜則又切其正頂留其支頂見瓜又切其支頂切時必正午方好黃瓜任其支蔓不用切頂倒以洒油爲最倭瓜宜多栽必須伏前埋條切去支節至伏則瓜朽爛立秋後雖多結實亦難黃熟

蒜多栽於溼處俗有清明不在家之說多則以耬晝地少則以钁子勾開地界不必過深稀五寸一種稠則三四寸亦可小滿鋤草芒種時於行隙中灑紅蘿蔔欲灑芥菜則俟初伏處暑起回辮之其有不分辮者謂之獨孤蒜炙用以承艾不患成瘡

余初得邑人張氏耀垣種植諸說復與同研友龔君乾詳細參考質之老農皆以爲然遂記之

穀之種不一一穗粒顆多寡不同以道光十四年秋收九

分計之灰穀一穗七十六辦辦百八十四粒或百六十粒得八千九百八十九粒大白穀一穗七十九辦辦百一十九粒或百粒得八千八百三十四粒小白穀一穗九十九辦辦六十五粒或八十五粒得七千八百九十二粒小蛇穀一穗九十三辦辦百粒或百二十粒得九千四百九十二粒小黃穀一穗八十五辦辦百一十五粒或百二十粒得九千八百三十五粒若準以大有年所穫一穗萬粒有過之無不及也諺曰春種一斗子秋收萬石糧信然

犁之淺深有法欲微深則向前稍送之欲微淺則向後稍捺之欲大深則將上木貫打緊下木貫打鬆欲大淺則反是其法不一以類推之欲察犁跡淺深於耕過土埋處手

刨之乃見春犁宜淺秋犁宜深深不過二寸半淺不過一寸或寸餘然亦有特用深犁者地力不齊也今年耕墒明年耕隴則地力有餘矣

糞宜早運田中不可遲延三冬有暇日即運之無暇日則至新春運之田在河外尤宜早運凍解路淖人力車力均難施矣運畢須於田中椎碎

凡犁田深不過六寸淺不過寸半山田四寸爲中河地秋三寸春二寸半秋犁較春犁深五分或一寸秋犁稜窄春犁稜寬秋一步七稜春一步六稜

碌碡壓地山田秋宜壓春宜磨（磨似耙木齒形如鹿角）平田春宜耙秋宜犁山田乾燥恐熟土爲風吹去來年禾稼不長故用壓用磨平田不須也

凡耬有糞耬（大小三箭）有子耬（小三箭）

凡穀初生三四葉先挑草次間苗（即拔苗也平地河地皆用之雨多時尤要山地不須間）次鋤苗

凡鋤深謂之摟淺謂之鋤先鋤後摟鋤主立苗欲疏摟則擁土培本（俗謂刨窩跌彈使雨水不散亦不畏風）自鋤至摟三次爲勤二次亦可一次爲惰四次者田無草萌矣

凡穀田自秋犁始至來歲入倉止凡用人力二十餘次

犁秋田（俗名殺秋地） 運糞（自始凍至開凍） 耙春田（俗名打茀頭） 打土塊（俗名打坷拉） 打糞塊（俗名打瘩糞） 散糞（或灑或溜或稜） 犁春田（俗名翻地） 耙 布種 碾砘（三石橫穿一木牽之俗名拉砘子） 復砘 挑草

間苗（間去聲曰揀苗） 一鋤 二鋤 三鋤 刈穫 捆載 切穗 打場（先以碌碡碾之再打打穀枷板俗名拉戈） 入倉

壽邑麥不宜多種大率十畝中種一畝（北麥來自歸化城又有東麥）黑豆宜多種易收（太原迤西黑豆多販自壽陽）穀供一邑之食有餘販之他邑南鄉人多因土厓爲窯積穀無霉爛之虞稻米來自太原縣所謂晉祠大米也油有麻油無香油石炭土產然質輭多煙不及平定之佳

蕎麥開花於七月十五日前後月下結子天陰則子難實蓋得陰氣而實也其性屬陰故寒

凡五穀皆有花畏雨穀花青黍花碧高粱花黃蕎麥花白黑豆花或淡紫或白小豆花黃扁豆花淡紫豌豆花深紫（杕杜詩云黍稷方華箋云六月時）

白蘿蔔花白紅蘿蔔花淡紫芥花黃茄花深紫瓜花黃

回回山藥花白回回白菜花黃（此二種近年始種）白菜花黃

農器

耒耜上句木也耜臿也犁墾田器也耒耜曰犁耙所以散墢去芟渠疏之義也凡耕而後有耙勞（郎到切）無齒耙也撻打田篲也櫌（於求切）椎塊器也磟（古竹切）碡（徒篤切）北方以石南人以木耙而後有磟碡焉耬（落侯切）車下種器也砘車砘石碢也以木軸架碢之不爲輪故名砘車瓠種竅瓠盛種也牛輗服牛具也

钁（居縛切）劚田器也臿（楚洽切）鍬也所以開渠者長鑱（仕杉切）踏

田器也鐵搭其齒銳而微鉤似杷非杷劚土如搭也杴臿屬與鍬臿異鐵杴惟宜土工木杴可撳(初責切)穀物以竹爲之者謂之竹揚杴(與江浙颺籃少異)鑱犁之金也鏵(胡瓜切)銛類起土者也鑱開生地鏵耕熟地北方多用鏵南方皆用鑱鐴(蒲狄切)犁耳也劐(所間切)平土器也劐(呼鑊切)耬足所耩金也錢(子踐切)銚也(銚七遙切)似鍬非鍬殆與鏟同養苗之道鋤不如耨(力豆切)耨不如剗(楚簡切)鏄(布各切)耨别名也耨除草器也耰鉏耰爲鉏柄也鉏立薅也鐙(多鄧切)鋤劐草具也鏟平削也銍(知栗切)穫禾穗刃也艾(魚肺切)穫器今之刎鎌也古艾從草今刈從刀鎌(力鹽切)刈禾曲刀也鏺(蒲末切)兩刃刈也劚(郎計切)開荒刃也斧伐木刃也鋸解截木也鏩(查鎋切)切草也礪磨

十

刃石也

杷(蒲巴切)鏤鍬器也穀杷以攤曬穀耘杷以耘稻禾竹杷場圃樵野間用之朳(傅拔切)無齒杷也所以平土壤聚穀實也杈箝禾具也禾鉤斂禾具也比之手摙(力展切)甚速便也搭爪如爪之搭物速於手挈也禾擔(都濫切)負禾具也連耞(古牙切)擊禾器也

蓑雨衣也笠戴具也屝草履也屨麻履也

蓧(徒弔切)盛穀種器蕢盛穀器筐竹器之方者筥竹器之圓者畚(音本)土籠(力董切)也篅(徒本切)盛穀器兼篅(市專切)[illegible](章恕切)而言也篅多露置可用盛糧[illegible]在室可用盛種皆收穀所先具者穀匣盛穀方木層匣也籮挈米穀器[illegible](才何切)造酒

造飯用之漉米又可盛食物也儋(都監切)盛米器也或作甔瓦器也籃竹器無係爲筐有係爲籃箕簸箕也簸揚米去糠也帚短者謂之條(亦作苕)帚長者謂之埽帚又有種生者一科一帚謂之獨帚篩(所宜切)篩穀物可以除粗取精也筲(所交切)飯筲也南曰籅(於六切)北曰筲南方用竹北方用柳(按凡竹器北方多用柳爲之)皆漉米器或盛飯所以供造酒食也篩穀箉(與袋同音土俗所呼)竹器颺(餘亮切)籃謂風飛也不待車扇又勝箕簸種(上聲)簞盛種竹器也曬槃曝穀竹器也杵臼舂也碓石舂也堈(居郎切)碓踏碓也槽碓受水以爲舂也礱(力董切)礪穀器所以去穀殼也輾(女箭切)石碢轢穀也輥(古本切)輾世呼曰海青輾喻其速也颺(與章切)扇揚穀器場圃

十一

用之者謂之扇車(按壽邑扇車大小二種小者謂之米扇大者謂之虎頭與此少異)礳(莫臥切唐韻作磨)石磑(五對切)也主磨曰臍注磨曰眼轉磨曰幹承磨曰槃載磨曰牀凡磨上皆用漏斗油榨取油具也倉穀藏(去聲)也有屋曰廩無屋曰庾庾露積穀也凡露積者編草覆之謂之積苫囷圓倉也京方倉也窖(古孝切)藏穀穴也方曰窖𥨊(他果切狹而長謂)曰竇升十合量也斗十升量也斛十斗量也夫量者躍於龠合於合登於升聚於斗角於斛槩(工代切)平斛斗器也

釜鬵器也甑炊器也箅甑箅也所以蔽甑底也

下澤車田間任載車也大車平地任載車也守舍看禾廬也牛室耕牛爲寒築室納而阜之也

水栅排木障水也水閘開閉水門也陂野池也塘猶堰也陂必有塘故曰陂塘翻車謂龍骨車也筒車流水筒輪也戽候古切斗挹水器也桔槔挈水械也轆轤纏綆械也瓦竇泄水器也浚渠引川水為渠以資沃灌也陰溝行水暗渠也井地穴出水也水磨以水激磨隨輪轉也水礱水轉礱也水碾水輪轉碾也機碓水搗器也缶汲水器也綆汲水索也

王禎農器圖譜摘其南北通用者節錄之其詳具本農書中

農諺

農之有諺其來最古說文諺傳言也古者輶軒所采風謠所遺片語隻句散在里鄙屬籍覼縷可得而言若黍稷無成不能為榮國語土上冒橛陳根可拔耕者急發鄭氏注月令引農書力勤十頃能致嘉穎王嘉拾遺記三月昏參星夕杏花盛桑葉白河射角堪夜作犂星沒水生骨崔寔四民月令引農語蜻蛉鳴衣裘成蟋蟀鳴嬾婦驚月令注引里語射的白斛米百射的元斛米千酈道元水經注引諺語陂汪汪下田良水經注欲得穀馬耳鏃子欲富黃金覆賈思勰齊民要術椹厘厘種黍時齊民要術注坐賈行商不如開荒墾耕澤鉏不如歸去耕而不勞不如作暴王禎農書斯並至理恒言不涉纖俗其或發聲近鄙適用惟良雖有絲麻無棄菅蒯以彼犀身從事樸野不文管子呂覽之篇氾勝崔賈之說目未劉覽言輒符合自天時地利人情土俗並有徵信無假彫飾豈非循之則得違之則失者哉雖孔門興不如之歎班氏有鄙者之譏小道恐泥壯夫不為然三變之禾取其顧本耕犁之法足以富民豈曰瑣屑槩以略諸

打了春四十日擺條風風莫風不上身春風不寒　打了春連鞭單布裙不著襪　一年打兩春黃土變成金　驚蟄河開又曰驚蟄河開河不開　河重凍穀重種春寒河開復凍　驚蟄聞雷米如泥又驚蟄雷謂之雪裏雷主豐年　春分耩麥春麥　春社燕來　春分有雨病人稀　清明栽蒜又曰清明不在家白露不在外謂種蒜收蒜時也　二月清明有花三月清明無花　穀雨耩山坡種穀山坡暖故早種　穀雨搶頭種　立夏種河灣河地寒故遲種　立夏種胡麻九股

八格杈小滿種胡麻到秋只開花　麥望四月雨又曰麥望四節雨蓋麥秀四節也　立夏不種黑豆謂黑豆　初一初二鉄斤兩初三初四麥彈黃初五初六霜降早初七初八打滿場初九初十溢了場十一十二有餘糧四月占雨道光十一年四月八日雨是歲豐　四月四麥挑旗五月端午麥秀齊　三月黑豆四月米謂納糧　四月八凍煞黑豆甲　小滿前後安瓜點豆　小滿麥定胎麥胎節也　穀種至小滿　小滿花棉花不回家棉花遲種則不收　槐芽兒雞瓜種穀稀少　芒種急種黍夏至也不遲　芒種稙黍生芽　芒種黍子急種穀謂重種者　有錢難買五月旱六月連陰喫飽飯　夏至日得雨一點值千金　夏至不種高山黍還有兩垧稙糜子垧畝也、得節不得節夏至喫大麥又曰夏至喫角角謂豆角也大麥麥別種　夏至不留秧謂君達同同白菜諸秧至此告壓　黑豆不識羞夏至開花立了秋　五八月小盡晚田少種謂霜降早　五月小必定好五月大必定怕　小暑喫角角大暑喫麥麥豆角謂之角角金劉嵓老贈詩有厨香炊豆角之句　天河掉角喫角角天河東西喫新米　夏至三庚入伏立秋五戊爲社有六戊者　麥子不受中伏氣又曰麥子不受伏家氣　伏裏無雨穀裏無米　頭伏摟滿鑵油二伏摟半鑵油三伏摟沒來由摟鋤之深也油粒飽滿也　頭伏蘿蔔末伏栥又曰頭伏蔓菁末伏芥　立秋有雨萬物收處暑有雨萬物丟　立秋三日不下子　早立秋涼颼颼晚立秋曬煞牛謂立秋時刻午前爲早午後爲晚　處暑熱不來　處暑喫高粱主豐收　穀兒黃挂頭全憑鋤一鋤

十四

八月初一灑一陣旱到明年五月盡　白露一半田小糜小黍小豆此時有成熟者　齊白露摘瓜挽小豆　白露耕宿麥　七月十五遊花田蕎麥開花　七月白露麥種早八月白露麥種遲　秋分耩麥宿麥　秋分割田　先社後秋分必定好收成先秋分後社必定忍餓　不怕秋分不怕社只怕晝夜相停那一夜秋分夜多霜　過社十日無生田　秋社燕去　寒露百草枯　重陽無雨盼十三十三無雨一冬乾　霜降割葦　霜降搭橋　立冬不使牛還有三垧朝陽地　小雪羊回圈　小雪封地大雪封河　明冬暗年冬至日晴元旦陰無風主豐年　新冬舊年　冬至一陽生　一九二九喫飯溫手三九四九凍破碓臼五九六九沿河看柳又曰開門叫狗　七九雁來八九河開又曰七九八九沿河看柳　九九又一九犁耬徧地走說一蠑螻蟲名小如米色紅小兒謂之紅陽婆九九後此蟲徧地走余目驗良然壽陽地寒此時犁耬不能出地當指蟲言又沿河看柳特言近河樹木似有煙氣耳非謂柳色至此已青也　七九河開河不開八九雁來必定來道光十五年二月初七日始聞雁在九九第二日　七九六十三行人路上把衣擔　九九又一九便是春分候　九日一場風伏日一場雨　春打六九頭　臘月三白兩樹稼莊家出門拍大話道光七年十二月初三日初九日冰花滿樹次年大有九年正月十六日十八日十九日三番樹稼亦豐　臘七臘八出門凍煞　臘月半泥水滲陽氣漸生日光就也　冬暖時時凍春寒日日消　天寒日短無風就暖　辰趕月好收麥月趕辰餓煞人十二月二十四日五更候之　參正割田辰正拜年皆指旦中言　夏小正八月參中則旦俗說元旦接神即接辰也吳丈彥明說

十五

許慎說文解字農房星爲民田時者从晶辰聲晨農或省段氏玉裁注爾雅曰天駟房也大辰房心尾也於天官爲東方蒼龍周語曰農祥晨正韋曰農祥房星也晨正謂立春之日晨中於午也農事之候故曰農祥爾雅注日龍星明者以爲時候故曰大辰以晨解例之當云从晶从辰辰時也辰亦聲爲民田時者正爲从辰發也農星字亦經作辰周語辰馬農祥植鄰切鄭康成曰凡記昏明中星者爲人君南面而聽天下視時候以授民事壽陽北謂之正蓋即取正南面之義方言甚古　幾時霜降幾時冬四十五天就打春霜降冬至多同日　冬離寒節一百五寒節離伏不用數冬謂冬至　過了冬長一鍼過了年長一綫　羊馬年好種田　過了閏月年走馬就種田有嬾人無嬾地　莊家憑糞土要秋收先餧牛　犁深土耙絨土耬淺土多糞土少田土農家五土　糞多田少其耬必倍　麥子種泥條黍子種乾土　麥宜稠穀宜稀又曰彭祖活八百總不了稀穀稠麥又曰稀穀打下稠穀子氣得稠穀沒處死　莊家種黑十

年九得有一年不得換一斗米喫（土宜黑豆） 子不種麥亥不麻丙丁種穀不生芽庚辛黍稷無子粒壬子黑豆不開花一坐三苗（苗稀） 至一毀三不得 不怕重種穀只怕穀重種（重種穀謂已種旋毀者穀重種謂一地兩年種穀） 重複黑豆子種穀一年一個沒甚喫（無糞下子種謂之） 黑豆不識羞遮了黑突溝（言犁宜淺） 麥種場黍種湯（麥地宜堅黍地宜柔） 黍子頂瓦出 蕎麥見豆外甥見舅（去年種蕎麥地今年不宜種豆） 黍杈種豆親如娘舅（豆宜於去年黍田種之杈舊根）也（凡苗重種則不長惟麥宜之） 種瓜得瓜種豆得豆 蕎麥不凋晌就拿布袋裝 麥子十五豆八顆（下子每遲之數） 三犁蕎麥一過黍（一過一犁也又曰三翻糜子一過黍） 麻三穀六茶子一宿老蕎惱了翻身就出（謂生之日數遲蚤） 麥耩淺沙溝數多（淺沙凍地將消者淺讀如雷）·

十六

溝（一作勾麥穗中小擁謂之勾） 扁沒三黑沒四小豆角角沒十四（豆之顆數） 南麥開花在黑夜北麥開花在白天 榆錢錢落地還有兩垧穀地（又曰打爬穀地） 㒼㒼開花點小豆小豆開花打㒼㒼㒼㒼落葉葉小豆摘角角（㒼㒼有刺結小紅顆山坡多有之熟則紫味甘可為麪一作楝楝） 穀實一百五十日黍實一百二十日蕎麥實七十日 麥子犁深一圈皆根小豆犁淺不如不點 春地耙三徧牛蹄蹤踏徧 耬中惜子主老餓死棱中惜苗主老受貧（下子宜密鋤苗宜疏） 天旱鋤田雨潦澆園 天旱澆山雨潦澆川 鋤鉤上有水（鋤後田潤）又匙上有火（翻場禾易乾） 耕三耙四鋤五徧八米二糠再沒變 穀鋤一寸強如上糞 麥澆小穀澆老（雨） 乾鋤糜黍（去熱草） 溼鋤豆（不傷根） 細雨淋淋

鋤小豆（不傷葉易長） 莊家荷起犁耙一百日喫夏莊家荷起鋤鉤一百日喫秋 莊家作在鋤鉤買賣作在一秋 水地蘿蔔旱地葱旱頭涼西瓜 麥熟杏黃買賣人歇涼 穀上垛女上炕穀攤場女歇涼 穀擔槍女歇涼 好黍不見葉好穀不見穗 杏兒塞了鼻孔騎上毛驢換穀種 穀兒托泥秀還要太陽蒸麥子鑽火秀還要根頭溼 麥子揞泥條乞兒拾了瓢（種時有雨主豐又曰麥子凍折腰乞兒擲了瓢） 麥秀五節穀秀六葉 糜子挨著手一畝要打七八斗 蕎麥不抑根還有七日生 春雨溢了隴麥子扁豆丢了種 秋禾連夜變夏田一晌午 秋不涼子不黃 有錢難買秋後熱 膾穰穀鍋底粥（穀打二次謂之膾穰其粒堅好） 春凍脊梁秋

十七

凍腳 有遲一月養種無遲一月收割 豆打長稭麥打短稈麥子傷鐮養豆黃黍子傷鐮一圈穰 山田少收河地多收十年卒坡一般收 養蠶種地當年福 種在地收在天 家有五口一具牛兒緊走 陰雨長工歇牧羊兒受阢 莊家生得陷越貴越不糴 莊家完了糧便是自在王 地是刮金板年年有出產 八月牀上無繡女 有米喫到五月有炭燒到臘月 春種一斗子秋收萬石糧 甲日下雨甲日晴甲日不晴十日泥 久旱逢庚變雨澇遇甲晴 壬子癸丑水從山頭過（道光十五年六月二十五日癸丑破前夕大雨） 壬子癸丑水連天甲寅乙卯響梆乾 蝦蟇叫水漲津如不信挽艾根（艾根有小白鄧皆主雨） 海現三日下大

雨　雲南鈎風雲北鈎雨　天上鈎鈎雲地下水乞洞
東虹忽雷西虹雨南虹下大雨北虹賣兒女　淋了土王
頭一十八日不使牛　淋了土王一日一場　淋了伏頭
單日早雙日雨　天旱雨澆山雨澇水澆川　早燒陰晚
燒晴　春甲子風夏甲子旱秋甲子連陰冬甲子盜雨
三日東風不由天主雨　單珥風雙珥陰日旁氣　一霧十日
晴　蚤看東南晚看西北有雲主雨　辛多麥不收正月上旬得辛遲
春旱不算旱秋旱去一半六月連陰喫飽飯　金斗糧
長水斗雨火斗旱土木斗八瘁每月半驗　榆錢飽時候好
一年槐子二年麥道光五年槐花子繁次年麥收又曰槐花子稠明年麥收　雨前毛
雨不雨雨後毛雨不晴　晚雨下到明早雨一日晴　天

六

旱東風不雨雨涼西風風不晴　八十老兒没有見東雷雨
月牙兒仰米糧長月牙兒卧米糧落又曰月牙兒栽蹴米糧衰上弦
土霧三日下大雨　要看騎月雨單看二十五前月二十五日雨多
月十五日前多雨　東風刮到西金剋木　西風連夜吼巳午時少息又曰西風不
過西東風連夜吼此言驗　火日多風雨　戊己不同天　伏日東風
不下雨謂之旱東風　八月十五雲遮月正月十五雪打燈主豐
今年冬不冷明年夏不熱主歉　流錐長小豆黃簷溜冰筯謂之
流錐道光六年三月二十七日檐冰尺餘是年小豆收　雲朝西雨點賽簸箕雲朝
東忽雷礮響一場風　月燄火月外紅雲如火狀主雨　兩頭小必
定好兩頭大必定怕謂正十二月大小盡也　連頭忽雷多雨雹主夏正
午暴雲雷聲不絶主雹有西北風時居多　五月裏迷霧行船不用問路主涼

黑豬過河夏雲主雨　閏月年不栽樹閏月年不作醬　窗間
窟三石二斗穀風力重　熱極生風寒極生雨　忽雷雨連
三場　東風潮雲西風下雨夏　伏裏三朝二雨　三日
不下熇一塼　早雨一日晴　雲相交雨相飄　雪油地
滿收成雪消如油

占驗

日赤無光謂之水泛主遠郡有水灾多在午後　月赤亦然　天
鼓鳴主豐　霜葉紅謂之山兆紅主明年豐　穀成時穗
上多蟊牛牛蟲名主豐　月暈圓主陰缺主風　雲壓山謂
之山戴帽主雨積雪遍地不能消謂之盞被收羊者最怕
此　西虹主茶不收　黑豆葉翻主雨　天倉開主豐天倉

九

星名　春東風雨夏西風雨東風晴謂之旱東風秋西北風
霜冬東風雪　寸草飽主豐田間小草長不過寸故名俗謂年荒寸草不收即指此也　五月一日雨主生五花蟲
蚤多收黍蠅多收蕎麥象形
端午雨亦然即蚜蟲有白項鴉來蟲即滅　雲夕淹日主雨晚燒忽止　伏
內東風謂之旱風不雨生蟲西南風謂之金風多雨　山
鵲噪樹梢主風　無雨而霧謂之旱霧主傷苗花　日黃
主風紅主雨　螘出垤主雨又或成群不計其數一道往
來謂之螘傳道亦主雨　犬齧草主雨　立夏後幾日布
穀鳴秋成幾分即如其數一旬外另數　十月一日晴人
多病陰主冬寒　臘八前夕以冰攢糞堆燒之明年稼不
生蟲　臘八日以盌水置中霤視冰凸何方主何方豐中

央主本地豐

方言

犁溝謂之墒兩犁之間謂之隴　高地謂之堖下地謂之窪寬者謂之坪狹者謂之堰凸者謂之圪塔凹者謂之圪洞水聚處亦曰圪洞　土塊謂之克拉　春凍釋謂之澤起秋漲消謂之落澤　砌石瀉水謂之水簸箕　巷謂之合朗　棒謂之不浪　物傾斜謂之走作又謂之克流　疾雷謂之忽雷　小雨謂之忽星星讀如西又謂之薄瑟　虹謂之絳元微之有山頭虹似巾之句　雹謂之冷雨　冰謂之冬凌　暖謂之暖和寒謂之涼騷　薄寒中人謂之迫　簷冰謂之流錐　薄陰謂之麻陰　昨日謂之夜來明日謂之早晨　午謂之晌午晚謂之後晌下晌午睡謂之歇晌夜眠謂之歇　早禾謂之種　伴行謂之相跟相入聲老學菴筆記世多言樂天用相字多從俗語作思必切如爲問長安月如何不相離是也然北人大抵以相字作入聲至今猶然不獨樂天老杜云恰是春風相欺得夜來吹折數枝花亦從俗聲乃不失律　喚人謂之瞧　寄語謂之導　取謂之荷去謂之召　思念謂之結計閒談謂之道刺　美謂之克器醜謂之慈甚　無謂之沒拉　析產謂之另同居謂之夥　田家禁約謂之夥狀　秋成守望謂之看畔　受雇耕田者謂之長工計日傭者謂之短工租田種者謂之莊家又謂之伴種　鬻女工所需物者謂之貨郎子　歲尾嫁娶謂之戀歲　屋謂之家　棉花謂之花　硯謂之硯瓦　婦人蒙面謂之眼紗　田鼠謂之

各犁行疾而深其大者謂之黑老出穴則目無見　鶡謂之湼鶡山鶡謂之灰老婆　蜻蜓謂之河嫦　蟬謂之秋涼蟲　蟋蟀謂之買油老　鸎謂之黃婁即黃栗留　蠹魚謂之不瘦米蟲亦曰不瘦　水面小蟲謂之水蟲　蛉謂之海螺簸箕　鳩謂之種穀蟲四聲八寶鳩自呼也　暑兒夏蟲也色黑大如黑豆飛能眯目　寒兒秋蟲也又名毛蟲多在禾穗中　或曰暑往寒來一蟲名也似蜂而小飛有定處經久乃移　柿自軟曰醂本草醂柿注調蒸也　糞瓜謂之乃瓜瓜蔓漸長以土壓之謂之壓瓜夏小正乃瓜一本作乃衣瓜疑即壓瓜也乃瓜之名甚古　凡秋收麥曰挽油麥曰劄小豆曰挽黑豆曰撲穈黍曰劄亦曰挽亦曰攫取其穗　蕎麥曰挽穀曰劄高粱曰斫　瓜曰摘菜曰起蒜曰起葱曰挽豆角曰摘　凡登場取穗麥曰扣油麥曰扣黑豆曰扣穈黍曰扣亦曰攫穀曰切高粱曰牽　藕謂之藕根說文艸部蕫鼎蕫也杜林曰藕根[illegible]段玉裁注郭璞曰北方以藕爲荷用根爲母號也然則杜林謂藕爲蕫余初疑根字爲贅以郭說證之則藕根即荷根殆猶北方之古語也

五穀病

捉不住苗傷澀種不出土地乾亦有此病　忽閃苗不勻　偏稜穗不平故也如二稜有苗一稜無苗即是偏去聲　茹薄種時不得深淺之法或子澀則苗冗亂少穗麥穈黍皆有此病　涸傷初種大雨淤泥地皮生甲苗不得出　隔別種傷雨苗不出　格都苗出土傷澀葉拳曲　麻苗稠而間遲見雨則苗細而高不壯不舒　火籠豆苗旱似火焦　灰竄小豆葉灰　油汗豆苗旱甚似油黏　竄瓣穀穗半枯傷澀　捍栽已鋤之草遇雨復活　白傑穀早死　霉種澀則穗出白泡中有黑毛即霉變也　立僵穀傷秋雨將成而槁色白　豎

穀禾秀未脫穗不下屈蓋地氣所致土人有祀暨穀神者 怪穀禾未出穗此穀已黃熟相傳有鳥銜去先報田神云 老穀穗無實而毛似貂尾煎湯可治痢疾 莠俗名毛莠 鬼秫秫高粱結實不牢觸之則落 糜活子黍糜結實不牢者 黃蘆心穀之無穗者

糧價物價

糧價視歲之豐歉其貴賤亦有制以斗計之壽陽二十觔爲一斗米貴至一千二三百錢賤至四百上下麥貴至一千一二百錢賤至五百以上嘉慶四五年麥賤至四百以上黃米黍之去殼者貴至一千一二百錢賤至五百上下粇子蕎麥去皮者貴至一千以上賤至四百上下乾隆二十四年賤至一百以上高粱貴至八百以上賤至二百五六十小豆貴至一千一二百錢賤至四百上下小豆價視米黑豆貴至八百以上賤至五百上下或至二百上下黑豆價視高粱穀以米六分作價黍以黃米六分作價蕎麥以粇子六分作價扁豆貴至九百以上賤至四百以上油麥貴至七百上下賤至二百以上糜子價視穀　咸豐四年壽陽穀每斗一百六十錢米三百小豆二百二十黑豆一百二十黍子二百四十黃米四百高粱一百六十油麥二百六十麥子四百八十粇子四百二十蕎麥一百八十白麵每斤二十四五錢蕎麵二十油麥麵十六豆麵十四間之里中父老僉云自來價賤無過此年者日用諸物多取資於他邑其價與時消長油出神池利民等處每斤錢一百上下賤至七十以上酒出榆次朔州等處本邑亦有之皆高粱燒酒也黍酒本邑自釀每斤與油價相若賤至五十以上鹽上者出歸化城每斤三十上下賤至二十以上次者出應州徐溝等處每斤二十上下邑納鹽課不食官鹽長蘆官鹽每斤三十上下此私鹻也鹻上者出太原省城每斤五十上下次者出歸化城每斤四十上下堿出陝西神木等處每斤三十上下鐵器出潞安盂縣等處田間鐵器半出本邑半出他邑木器亦然其價以物爲斷棉花出直隸欒城趙州等處每斤自一百四五十至四百上下每斤有定價一百二十錢價貴則斤數減價賤則斤數增平斤而外有不足一斤者謂之小斤有一斤多者謂之老號布出直隸獲鹿欒城等處者謂之東布每尺木尺加二寸此大尺也木尺加一寸者裁尺三十上下至四十上下出本邑者農人所需較東布爲多餘布鬻於北路每尺亦大尺錢二十上下咸豐四年壽陽棉花每斤一百二十錢蘇油每斤六十三四酒四十靑鹽十八堿二十醬四十上下價亦極賤

歲之豐歉由於天糧價之低昂亦由於天然有不盡由於天者豐歲糧賤非減價不能糶歉歲糧貴非增價不能糴此由於天也若值不豐不歉之歲較之豐年未得其半比之歉歲尙云薄收而糧價驟長視大歉而更甚此豈盡由於天乎即如道光十四年壽邑秋收有四五分者有二三分者參差不等而八月初間禾黍尙未登場糧價旦夕昂貴雖以後之收成已可逆覩而以前之蓄積尙有贏餘何市集之米一時遽空良由逐利之徒坐擁厚貲壟斷左右一見禾米空秕度後日之收穫子虛遂爾囤積居奇致一時之市價騰踴是歲事之歉猶未可知而人事之歉已難救止此風一倡狡獪煽騰借如粟米一囤朝一商以錢八百買之夕一商以九百買之明日一商復以一千買之輾

轉迭買愈增愈貴而莫知所終極而貧民之乏食者雖糴升斗而不可以故民間雖有積蓄之家亦靳而不糶一則待價之增長一則慮後之無資諺云莊家生得陏越貴越不糶此之謂也更有甚者買者不必出錢賣者不必有米謂之空斂因現在之米價定將來之貴賤任意增長此所謂買空賣空虛擡高價而使價終不能平也或謂粟米貴賤自有一定之數然或貴或賤聽牙行視糧之多寡以增減何市集之價尚平而商賈已暗增數倍是歲之歉與不歉盡操於斯人之手也而何得謂有一定之數乎壽邑以農爲重上戸田多者積蓄有餘憑糶糧以爲日用之資即中戸稍有贏餘或三斗或二斗亦憑出糶爲水火之用而

鄰境之不足者如榆次平定諸地兼可搬運待食非若他境之土狹人稠不足償其用也是不必有商賈囤積而自充足有餘也或曰如朔州歸化城俱有糧店粟積如山何不可爲之不知彼處爲粟米聚會之所五方輻輳之地糶者必由此入糴者必由此出不論歲之豐歉此其常事苟非商賈囤積粟米焉能流通此又以地言之而非可同日語也或又謂二處之米粟亦極昂貴何故夫二處地廣糧多今歲雖云薄收較之他境尚屬豐盈穀米即云稍長何至昂貴不止皆因關南商賈日夜奔走叢集其地厚貲囤積以致米粟價高不能四達此又奸商逐利使遠近之價不能平也夫古人權三十年之通雖有水旱民無菜色今

賈人儘力囤積以爲奇貨是歲本不歉一轉盼間而即成大荒大歉矣又邑之棉花買自欒城統計一邑每年不過用數千馱今歲雖云薄收而舊日之積蓄尚有數千馱亦足資一年之用而富商六七八人故以高價盡數買積以專其利每馱非六七十千不售夫有六七八人之專利致使一邑停機住紡衣著無物是億萬人之號寒盡操於六七八人之手也可勝嘆哉今穀米諸物訪諸四境本屬薄收價之昂貴勢所必至然亦漸增漸長因其自然何至瞬息之間騰貴無涯此荒之由於人致而不盡由於天所當急爲區處者也爲今之計宜於各處市集飭禁稽查其從前囤積者令其平價出糶祇許小販往來搬移大賈毋得

再積各鄉耆老公平廉愼之士互加訪察如有不遵嚴禁者稟官究治其牙行有狗隱射利者嚴加懲辦其胥役騷擾土棍訛詐者罪之如此實力稽核遠近畫一奉行則糧廣而價自平價平而糧益廣人致之荒可泯而天致之荒亦可少彌矣族兄歲貢生候選訓導朝駿說

夫造物之所以無盡藏者恃化育之流行而已育自無而之有化自有而之無自苗而秀而實育也自收而藏而食化也不有育也將何以化化之有滯育斯窮矣古之聖人有無懋遷農末相資所謂盡物之性亦贊化育之一端也今舉天地所育壅閉之使不得化枵腹者啼飢深藏者速腐吾知非天地之心也近者道光二三年至十年十一年

叓遭荒歉斗米價錢三百文增至錢八九百文各市鎮倉穀多者萬餘石少亦幾千石十二年歲大歉斗米錢千二三百文閭閻大困人情洶洶此育而不化之明驗也是年冬市無赤米囷籠空虛十三四年歲始稍豐此化而後育之明驗也愚民無知見利不見害自怙充餘垂涎末富豈知生機一塞百弊滋萌蠱人心害風俗干刑憲長亂源領本開商者視財東爲孤注得隴望蜀者寄素產於賭場歲歉則恃獲利而驕淫其心年豐則憂賠折而斵喪其命爲富人者反爭勸爲此此何心耶然則如之何而可道光十二年各處大荒囤積指價貧民挪錢無處易米晉省介休太谷忻州有紳士富戶某某各糾其村中富人出貲依市價糴米儲於社派清慎者司之減價糶給各護其村中之窮民所出錢本不足更捐之至來春米價略平乃止此本社倉捐賑之法有共見之利而無不見之害誠盛德事也是在爲富人者處處善循理損己以益人實人己之兼益禮義之生自富足始庶幾太和醞釀風雨調諧遐邇貧富得相安於無事不亦休哉西峒村解孝廉嵩說

水利

壽陽向無水利惟南鄉韓村南有小河俗名白馬河其源發於和順平定樂平諸處自邑之羊頭厓鎮南向西流至鎮西名閣頭河會泉水小河乃大又至谷泉寺西與壽水合又至盧家莊南與渦水合渦水甚微自渦山出北流與小河合至段廷村東歡喜嶺北水勢漸盛地亦漸闊有田十數頃乃河南村段廷村韓村三村之地開渠灌溉實始於乾隆二十五年也先是韓村段廷村北東村之間有田十數頃雍正元年韓村開渠自建公村西段廷村東葫蘆厓底接水灌田二年而渠壞乾隆五十八年韓村貢生鄭景僑與村人復開此渠未成而景僑卒至嘉慶二十二年其子生員天與又與村人議自段廷村東隨河接水渠路有占段廷村地者畝出租千五百錢其渠遂成又小河之南韓村河南村南東村三村之地灌田數頃其渠則道光十四年始開者也又北東村西落鎮南東村亦有水田十數頃乃自韓村西接水灌注者邑之水利盡於是矣韓村鄭孝廉天寵說

平定州志云通志壽陽民田多山坡旱地不能設渠舊志壽水在縣南二里許盛夏山水暴漲河流上下皆赤惟壽水獨清開渠溉田可爲民利

畜牧

宋陳旉農書牛說云四時有溫涼寒暑之異必順時調適之春初必盡去牢欄中積滯蓐糞亦不必春也但旬日一除免穢氣蒸鬱以成疫癘且浸漬蹄甲易以生病方舊草朽腐新草未生之初取潔淨稾草細剉之和以麥麩穀糠或豆使之微溼槽盛而飽飼之豆仍破之可也稾草須以時暴乾天氣凝寒即處之燠暖之地煮糜粥以啖之即壯

盛矣亦宜預收豆稭之葉與黃落之桑春碎而儲積之天寒即以米泔和剉草糠麩以飼之春夏草茂放牧必恣其飽每放必先飲水然後與草則不腹脹又刈新芻雜舊稾剉細和勻夜餧之至五更初乘日未出天氣涼而用之即力倍於常日高熱喘便令休息勿竭其力當盛寒之時宜待日出晏溫乃可用至晚天陰氣寒即早息之大熱之時須夙餧令飽健至臨用不可極飽飽即役力傷損也牛之病不一或病草脹或食雜蟲以致其毒或爲結脹以閉其便溺冷熱之異須識其端其用藥與人相似也壽邑飼牛只麩糠與此小異

養犢最爲農家之利或畜牸或買犢一年之間可致倍獲犍牛其利尤多詩曰誰謂爾無牛九十其犉蓋牧養得宜故字育蕃息也但不可售於屠肆牛之勤苦其功甚大羸老則輕其役而養之可耳律有屠牛之禁語曰戒食牛肉者不染瘟疫理當然也

邑志云產牛特高大以耕作負重勝於常產四方爭販易焉

吾邑趙漢章先生宗文蒔竹編云牛宜圈於廐中餧草之後冬則繫於露天夏則繫於樹陰俱在屋之前後以便看管其所卧之處用黃土鋪墊積久成糞陰雨仍放欄中不必牽出也豕不可放於街衢亦不可常在牢中宜於近牢之地掘地爲坎令其自能上下或由牢而入坎或由坎而入牢豕本水畜喜溼而惡燥坎內常潑水添土久之自成糞也

致富奇書云羊性惡溼棚棧宜高燥常埽除糞穢巳時放之未時收之春夏早放秋冬晚放食熟物則腹脹不能縛草雞栖宜據地爲籠籠內著棧可免狐狸之害生雞初到家便以淨溫水洗其足放之自然不走壽邑羊春則出山牧之於遼州諸山中秋則還家牧之於近地禾稼既登收之於空田夜圈羊於田中謂之圈糞可以肥田雞亦有散放者不盡籠飼也

備荒

區田劚地爲區布種而灌溉之可備旱荒櫃田築土如櫃種蓺其中以時疏洩可備水荒行之山國則櫃田尚可區田非宜以無水可灌溉耳至於蝗災吾邑罕見惟蚜蚄傷稼乃旱蟲也農人言此蟲遇白項鴉羣飛則滅秉畀炎火可以治蝗不能除蚜蚄也水旱蟲災皆難備禦則蓄積之法不可不講北方高燥無霉變之虞粟可支久耕三餘一耕九餘三謹其蓋藏毋縱商販囤積一遇歉歲富民或施貸或平糶不待蠲賑而民無死徙救荒之策無善於此必不得已則所謂救荒本草野菜博錄康濟錄諸書皆可參試至王氏農書附載辟穀數方則又不得已之下策矣

道光十一年壽陽大旱予弟循藻與村人議周急之策其略曰今歲旱荒秋成歉薄不敵去歲之半數百里內米價

騰踊閏九月間邑侯鍾公汪杰令於城關市鎮各處號囤禁米平價出糶救時郵災誠善政也但村舍無糧去市較遠寒餓之人負米往來數十里頗覺費力且有孤貧孀女老病幼弱之人升合所需早晚零買既不能遠赴城市又不能多辦錢鈔告糴無門取攜不便晨餐夕飯幾於斷炊此合社所共知同人難坐視者也茲於十二月十五日鳴鐘齊集北寺村人公議量力捐貲得錢若干存社買米隨時隨價公入公出現錢買米不短不賒錢米輪轉運濟周流迨至明歲秋收糧米充足販糶有人給用不乏復將錢本各歸原人再者量米之時議有定數多不許過一升少則合勺聽便祗給貧戶不時之需難供大眾無窮之用至於力辦斗粟人家自宜仍赴城市糴買村社錢少米缺勢難支應公議至不事出情願如有隱蔽偷減攘奪之事不遵約束輕則合社議罰重則稟官究治凡我村人各宜安貧守儉自食其力無慢無私以期感召豐亨也

祠祀

陸清獻公靈壽志論云龍王者何其地祇之主龍者歟抑古豢龍御龍之類歟古者祈雨天神則有風伯雨師地祇則有名山大川隋唐間祈雨初祈嶽鎮海瀆及諸山川能興雲雨者七日乃祈社稷及古來百辟卿士有益於民者又七日乃祈宗廟及古帝王有神祠者又七日乃修雩祈神州宋興始有五龍廟及九龍堂之祈蓋龍神之祀於古無聞有之自宋始也至廟貌冕服擬於王者特世俗從二氏之說耳

盂縣王石和先生瑚集云介之仙臺有所謂虸蚄廟余偶經其地有紳士語曰此田子方廟也徧索碑記無復言子方事惟門額有三賢字其字跡斷落僅可尋汾乘載子方與卜子夏段干木號三賢想昔之好義者建祠於茲後人不覈徒以子方與虸蚄音相合而又冠以田遂置子夏干木不道而子方之名獨以訛顯今廟象尚三其加冕而旒則後人附會而新之也

趙漢章先生羊舌大夫廟考云壽邑舊有羊舌大夫廟前明一統志云在縣治東祀晉大夫羊舌氏今一統志云在縣治西南四十餘步今廢康熙十一年沭陽吳公修邑乘藍本於明季神宗時所輯志書而今一統志仍其說明一統志天順五年所撰又在神宗前百餘年而一以爲治西一以爲治東以今觀之似明志爲較優也邑治東南十五里有龍化山俗呼爲樹兒嶺山之巔有小廟一楹其神像赤面長鬚烏帽角帶以夫人配享而無碑誌可考詢之土人曰羊頭神也姓李名果有人盜羊而遺其頭不敢不受受而埋之後盜羊事發詞連李氏掘羊頭而示之以明已不食識其舌舌存得免號曰羊舌左傳孔氏正義亦引此說以爲杜註不從聊記異聞噫山毗村叟目不識丁而口傳耳熟越二千餘年而猶嘖嘖道其事儻所謂禮失而求

諸野者歟又考新唐書世系表晉武公子伯僑生文文生突羊舌大夫也又云晉之公族食邑於羊舌突生職職五子赤肸鮒虎季夙爲羊舌四族也正義之說如彼唐書之說如此羊舌之所以得姓受氏者俱不可得而深考然斯廟之爲羊舌大夫則灼然可信矣按晉獻公使太子申生伐東山皐落氏狐突御戎羊舌大夫爲尉狐突欲行羊舌大夫曰不可違命不孝棄事不忠雖知其寒惡不可取子其死之處人父子之間而能以忠孝相勗卒使申生得成其爲共微大夫之力不及此況祁傒對平公之言曰羊舌大夫其幼也恭而遜恥而不使其過宿也其爲侯大夫悉善而謙其端也其爲公車尉信而好直其功也其爲和容溫良而好禮博聞而時出其志也羊舌大夫之行如此其亦可謂立功立言之不朽者矣皐落在今樂平之東境而平定州有申生廟狐突廟壽之西境五十里亦有狐突墓大約東山一役經過斯土後之人遂尸祝而俎豆之耳突子職以聰敏肅給輔中軍尉祁傒悼公十五年而卒平公立祁傒請老職子赤輔中軍尉祁午食邑於銅鞮故曰銅鞮伯華銅鞮故城在今沁州城東南赤弟肸即叔向習於春秋爲平公傅仲尼謂爲遺直食邑於楊氏今平陽洪洞縣南二里有古楊城叔向所築晉頃公十二年魯昭公之二十八年也晉殺祁盈及楊食我遂滅祁氏羊舌氏祁傒免叔向於獄而分祁氏之田以爲七縣分羊舌氏之田以爲三縣據杜註銅鞮平陽楊氏三縣爲羊舌所食之邑伯華叔向之墓在今沁州城東南而今之壽陽爲韓固所治之馬首廟即在馬首東十餘里則壽陽雖非其食采之地而亦其過化之區廟祀千秋有由然矣

七義祠趙武韓厥程嬰公孫杵臼盃以鉏麑提彌明靈輒凡七人盂縣藏山相傳爲程嬰藏孤之地故盂壽間多祀之或曰八義兼謂程嬰取他人嬰兒以代趙孤者也

老趙神禱子者祀之不知何神疑即程嬰也嬰存趙孤其功獨鉅宜享專祠後遂沿存孤之事以祈廣嗣今神像氈笠短衣囊兒負肩仍似倉皇避難狀其囊兒蓋即趙武也以嬰爲趙氏老故俑老趙俗云昔有農人趙老多子殁而祀之誣矣

民間五祀曰天地曰土神曰門神曰竈神曰司牧又有家堂神謂之合家歡樂其圖具翁嫗兒孫諸像俗名小兒童爺爺皆祀之

邑有風神山祀孤突不知何據

織事

織事曰擇花土人呼棉花爲花曰彈花曰搓花搓爲細卷曰紡花曰纏線曰拐線曰漿線曰絡線曰鈎線曰引布梳線也曰安機曰卸布曰錘布曰漿布曰裁縫

布一匹舊長三丈六尺今長三丈四尺健婦一歲得布五十匹一布餘錢可得百五十計五十匹得七千五百餘錢

得五十二三丈餘布

縣志云藍尙質陝西膚施縣人由選貢萬歷十九年知壽陽縣政尙勤儉躬行化民邑素不諳紡織至是始教之民賴其利祀名宦祠相傳初教時縣令爲製紡織具雇織婦分四鄉教之月察歲考獎勸備至至今父老能譚其事然多不知藍公名者固宜表而出之尸而祝之也

邑不飼蠶不種稻地氣晚寒或非所宜然唐魏風凡三言桑汾沮洳詩鄭箋直以采桑爲視蠶事鴇羽之三章曰不能蓺稻粱其所蓺固不僅黍稷也今太原迤南郡縣多稻且有蠶織者邑之南鄉近亦有水田可種稻志載物產有桑有絲絹由來已久乾隆中余家從伯父樹桓妻張氏嘗飼蠶手織繭紬數十年來此風寂然十畝之外閑閑泄泄豈盡關地氣耶

雜說

壽陽風俗之厚莫如喪禮民間三年之喪皆以三十六月爲斷謂之三周年墓祭一歲凡五日元旦清明七月十五十月初一冬至新葬親者三年內清明七月十五十月初一皆前一日埽墓謂之上新墳

徐氏乾學讀禮通考云案唐人王元感嘗刱三十六月之論爲張公東之所闢已無餘蘊矣乃沈堯中復爲此說（草人廬引檇李沈氏說）豈未睹張公之文耶必以三年爲三十六月將禮文所云期之喪二年句又何以解之萬斯同曰予鄉四明之俗禫除之後仍以素服終三十六月歷禩相沿莫以爲誤既非古典又違時制乃不知禮者竟以爲古禮當然而不敢變其知禮者又以爲親喪宜厚而不敢議此實非禮之禮君子不以爲可也

禮言倍期蓋荀子之說其義甚精與公羊傳漸三年之義互相發明所謂三年之喪二十五月而畢也後世折衷定禮以二十七月爲斷自是不易之制壽邑民間喪禮雖未合立中制節之宜而唐魏遺風至今弗改余嘗著三年之喪說二篇推闡仁人孝子哀痛未盡思慕未忘不容已之心亦以見吾鄉喪服風俗相沿亦必有本也

吾邑劉鵠園孝廉霈戒淹喪文云肇自委壑衣薪之後爰有遷庭祖廟之文立主所以棲神送死乃當大事往而不返命稟於天遺之以安死必歸土外姻屆期於踰月改葬降服而成緦東山落淚於雨崩西伯傷心於水齧上世雖不封不樹中古則若斧若堂此掩骼埋胔禮經謹時月之令而停喪掩柩國法嚴律例之條也乃有晚近不守前型既魄降而魂升仍家居而室處暫盡帷堂之奠杳無執紼之期習以爲常恬不知怪豈古今之異尙乎抑習俗之移人歟不揣固陋請畢其說謂屬纊未久遷於中野心所未忍夫子之於親已幽明之異路則葬之與養亦服事之同情禮重修虞精氣將依而不涣事如暴骨槥櫬亦殆而不安陰陽之錯處堪憂笑語之音容罔據其不忍別者姑託

仁孝之名其習而忘也誰抱哀傷之意子弱冠而不娶何
以爲情喪屢歲而未行乃若是恝古備凡附於棺者必誠
而必信今以之死而生者不知而不仁此其未解一也謂
亡者有知家人父子應有流連不舍者豈知安樂之時喜
於聚首愁苦之會足以灰心隔膚髮於兒孫渺瞻依於霄
壤以所不忍見聞者而使之聞見以所無可言語者而聽
其語言寂寞一堂咫尺千里撫膺莫訴籲天無從兄嫂姑
谿勃之聲言言訴誶兒童謔浪之習句句詠諸叱狗尙避
乎客之尊反辱乃忘乎親之近鐙前饒舌詎免無能斯倍
之情泉下吞聲彌增相逼難堪之恨此其未解二也謂官
室之居委於草莽未免有情顧神明原體貌於榱楹而形

卅六

骸難昭著於耳目魂兮歸來葬者藏也夜臺枕北牖之陰
壽域鞏南山之固固並行而不悖實理勢之兼通矣否則
罅隙不堅難免賊風之竊入煥寒相繼莫禁戾氣之頻烝
紛紛弔客之臨蟻隊緣棺而上寂寂靈帷之奉蠅沙就席
而鋪雞犬扇拂其塵灰烏雀塗汙其粉堊材葦蒙戎而並
積器皿雜沓以偕陳爨鐺相鄰煙氛薰炙溷圊難去臭味
差池夫埋玉於岩下寒松土脈之涵濡無盡羈身於門前
矮屋物理之枯槁難言子息受困於風霾高堂竭蹶而恐
後父母久匿於天日同室淡漠而無關此其未解三也謂
朝饔夕飧便於供奉故姑徐徐爾抑知瀹瀡是養所貴色
笑之親跪奠有時莫重新鮮之薦魚餼尙千里之可通焉

鼠豈一朝而難至果其孝誠不減聞雷莫阻泣墓之悲祇
恐洗潰時形當食而有莫爨之慮委其事於子婦每境過
而情遷役其志於貪饕且後親而先已春禴秋嘗禮祇宜
不疏不數菜羹疏食誰復能必祭必齊勉彊於一飯之投
遲延於三日之出不愁鼠瘦且喜貓肥褻瀆鬼神之餘幾
等嘑蹴之與此其未解四也謂豫凶非禮渴葬未安以待
異日此尤不思之甚矣喪事有進無退人情慮患於先陵
谷之變遷無常禍患之紛來難料鄰人失火孝子覆靈柩
以長號山水揚波大守扶柳車而幾墜此固萬死於終天
猶是百有之一事若夫蜉蝣之寄菌槿之華朝不及夕晉
臣莫解其言偷生也有涯莊叟難禁其怛化黃粱未熟方

卅七

爭逐乎利鎖名韁元髮易緇俄驚逝於電光石火空負瀧
阡之卜先遊蒿里之魂當年玉立成叢憚一勞於大隧邇
日雁行失次隔再世於同塋彼松柏之古墟痛未植於成
塋之手即衰麻之虛事毫不及於謝世之身不得已而子
代父勞弟任兄事兼經姪輩並累宗祊苦次其空幾疑無
兒而絕嗣孤哀何在且等別繼而承祧親不能葬生我何
爲念及於是有不痛心者乎即曰卜兆以居擇吉而窆固
有其理勿泥其文惟養心田乃成福地循環六氣何一歲
皆不利於時辰制化五行豈屢年盡有妨於山向徒希鬱
鬱佳城苦難覓滕公之室遍閱茫茫大地果孰符郭氏之
經借先人之遺體妄圖富貴於牛眠執後進之癡情坐失

光陰於駒過弗慎厥始雖悔可追此其未解五也謂傷哉貧也無以爲禮徐俟豐裕庶其可焉夫盡朝夕慕哭泣皆是眞情歛手足形聖賢不苛厚禮桐棺三寸奚羨乎富室奢風麥飯一盂孰笑其貧兒乞相而乃貪厚實以營生慕豪華而媚俗飾哀有日侈望無期究之枯魚銜索幾時分潤西江窮鳥依人何處宏開東閣日作餬口之謀無從置翣時短周身之策何事懸碑偕庇護於數椽寒涼侵於屋漏伴蕭條於四壁侍衛渺於芻靈甚而作客他鄉服賈異地託比鄰之照拂究隔膜而迂疏密網蛛羅飛燐火起霜寒露冷長嗟旅櫬無歸遂斷草枯竟屬僧房永寄實罪莫追虛願難酬此其未解六也謂親壽不齊將以符其同穴

卅八

雖合葬之說質之古而可通而露處之文考之經而鮮據椿林拔後未亡人興祭竈之悲萱草萎時勉加餐有悼亡之句置之於目見耳聞之近愈感其形單影隻之傷排遣有人強顏歡笑觸緒添恨嗚咽誰知易地皆然愁嘆既非長年之術虛位以待形跡難免祝死之疑抑思二人而卽厥其煩各尋方便之路百子而不窮於愛孰如鞠育之心任日月之如駛毫心目之不慘職偶偏於覆載幸不至於偕亡費必較其錙銖乃共艱於再舉此其未解七也謂舍舊圖新非之者多何其悖哉時勢所在宜審於一心聖善有懷豈委於旁貸生非空桑是出何至人云亦云事異築室與謀乃言君可則可各盡其道莫望痛癢之相關無媿

於心惟思恩勤之自補如曰破格以行衆口必起囂囂之謗試思垂涕而道何人與共蓼莪之哀致使逝水增波覆車接軫故鬼新鬼大年小年纍纍排牙門塡覆屍之港陳陳櫛比庭成亂塚之墳有時女嫁兒婚空房應怯於小膽豈乏賓迎客賀幽宅且迫於長筵將鬼神之遠謂何抑吉祥之事安在竟從同而不變乃執一而偏牢此其未解八也更有絃歌之彥翰墨之儒既選庠序之英宜重轉移之任何乃隨風而靡含己以從不協義之所安唯求物之無忤婦孺口實反爲鐵案之遵典則心傳莫望棘人之見不能俗歸於雅適使士變爲民總帳高懸難識康王之釋冕而反漆鐙空焰誰知叔向之受弔爲重大祥既與之琴久

卅九

離苦塊卒哭不知其日安事詩書無以歸厚而善其終豈其失禮而求諸野何怪庶之癡迷難醒而衣冠之家溺轉深此其未解九也願假楮筆廣播士林庶藉箴規咸知改革至於出言之俚鄙聒耳之絮煩固所不計也

唐風綢繆束薪傳云男女待禮而成若薪芻待人事而後束也今里中娶婦之夕束草燎於門首殆猶古風乃知詩雖託興事亦紀實束薪之風既存俟著之俗宜革有志復古者純帛無過五兩御輪必期三周儉而中禮亦易行也

蒔竹編云本富爲上末富次之此古人不易之論也本富謂以務農致富最能久長末富謂商賈與家雖不能如務農之久遠然本分求財並無傷天理壞良心之事亦尚可

永至於不義之富非道之財轉瞬煙雲化爲烏有不知律有一定利息以三分爲準若違禁而取法所不宥且豪富適所以致怨而刻薄必不能久享亦何益哉（吾邑宗丈鎮趙氏世以農爲業自明迄今弗替此本富也諺云莊家錢用不完買賣錢三十年衙門錢當日還）又云賭博犯法人所皆知然今之人無不習於賭者以甚盛之家業而轉瞬化爲烏有以可教之子弟而不久流爲乞丐傾家蕩產辱祖玷宗皆由於賭君子懷刑豈可自罹法網而不知自悔也父戒其子兄勉其弟各務正業即不能光顯門戶亦勿流於小人之歸

訓俗編云古之學者耕且養三年而通一藝非特爲饔飧之謀亦使以知稼穡之艱難也子弟讀者不耕猶曰吾有

所事也乃有既不讀書又無他業而又不從事於耕耨第令鮮衣美食安享榮華不數年間家道零落教不先而率不謹雖悔何及宜使之服力田間習爲勞苦知粒米之可貴自不敢用度之過者守身克家莫忽於此（蒔竹訓俗二編皆吾邑趙漢章先生著）

鄉間市易之區曰集間數日一集趁虛者謂之趕集按洪氏隆興職方乘云嶺南村落有市謂之虛以其不常會多虛日也西蜀曰痎言如痎疾間而後作江南惡以疾稱因止曰亥徐錫水志云荆吳俗以寅申巳亥日集於市

時憲書幾龍治水俗云龍少雨多龍多雨少殊不盡然道光十四年二龍治水時雨調勻十五年八龍治水夏旱秋潦漁洋山人居易錄引王定國甲申雜記云崇甯四年乙酉凡十一龍治水自春夏迄秋皆大雨水溢

四庫全書目錄農家類十部後魏賈思勰齊民要術十卷宋陳旉農書三卷附蠶書一卷元至元十年官撰農桑輯要七卷元曾明善農桑衣食撮要二卷元王楨農書二十二卷明周定王朱橚救荒本草二卷明徐光啟農政全書六十卷明西洋熊三拔泰西水法六卷明鮑山野菜博錄四卷我

朝乾隆八年

欽定授時通考七十八卷頒行天下凡八門曰天時曰土宜曰穀種曰功作曰勸課曰蓄聚曰農餘曰蠶桑皆本諸

天道修人事以盡地力豳風無逸敦本重農之至意其備於是焉

邑人著述載於平定州志者有袁萬里律呂解增注黃鍾積算圖張璠靈樞經注日月五星志閻芝子史要略吳玉奏疏草高可久修綆錄詩文集皆明人書多散佚余所見者惟吳侍御奏疏草十篇曾爲校刊行世　國朝趙漢章先生宗文任湖南郴縣綏甯縣令著訓俗編蒔竹編二卷皆有刊本余從其嗣君生員五雲鈔讀之皆民生日用切要之論也

先府君光祿公嘉慶年間曾爲伊犁將軍松文清公纂輯西陲總統事略十二卷歙郡程也園部郎刊刻復撮其要

爲西陲要略四卷西域釋地二卷又撰
皇朝藩部要略曰內札薩克曰外札薩克曰額魯特曰回
部曰西藏凡十八卷又已庚編二卷均已刊行府君愛方
山松泉之勝晚年自號訪山有訪山詩文集書史輯要隨
筆諸書

余家平舒村在太安村南二里許縣志西北鄉十七所其
一平安所轄一村曰太平距城三十里是太安平舒本一
村也今平舒北有唐崇福寺寺有神功元年經幢規模宏
壯意當時人煙稠密連延數里後乃析爲二村而縣志仍
因其舊邑故山國此獨平坦故曰太平

平舒兩見漢書地理志代郡平舒勃海郡東平舒皆縣名
也吾州張蓀圃先生佩芳曰地名古今多同平定以宋太
祖征河東首下之故名然功臣表有平定敬侯齊受地志
西河郡下有平定晉武帝始置樂平郡然漢宣帝時有樂
平侯霍山章帝名東郡之淸爲樂平唐又於饒州之長樂
置樂平壽陽晉始名縣而東晉又以淮南之壽春爲壽陽
非詳加考核往往有以彼地之事引入此地唯盂以山形
得名始自漢以來而亦未有同者見平定州志

嘉慶年間古城村農於斷崖下得貨泉古錢十餘甕又漢
鏡一枚馬景廬俊修會以所得古錢數百見贈景廬善醫
即古城人也道光十二年三月壽陽牧者掘土得唐安定
梁君墓誌銘并序石刻完好余里居時聞此石已展轉數

手惜未見其文後視學江左邑侯鍾元甫錄文寄示詞雅
體潔其地名有飴露鄉段亭村山名有巨山皆可補正縣
志之闕誤作詩報之附記於此元戳執徐月在辰片石獲
自牧羊子乃唐梁君之墓銘太和七年殯於此輔國之孫
季淮子年十有一惠而美能諷孔文顏氏字苗而不秀童
烏似段亭村西巨山南飴露之鄉近壽水厥名曰春字曰
春春華未剪霜雪委乘羊戲馬入不見謝玉瓊珠誰所誄
不著撰人名氏劉生好古獻我侯劉雪巖邑諸生留意金石侯以尺書遺千
里金鐘既得地靈發壽誇云古城南古城北沒耳金鐘露半壁去年侯於縣治前覓得之乃金大
定鐘也天池復濬八文起方山頂天池將湮侯濬治之刻石紀事陽摩山銘大定
二年丁未陽摩山功德銘文靈嵩記寶應元載古靈嵩寺新造功德堂記大樂元和六年辛卯大樂
山重修古楞伽寺碑記神福天祐四年丁卯神福山寺靈跡記碑並峙是皆唐筆八
澠攀我拗得之手民李其芳善鐫字與雪巖同好與我村北陀羅幢余家
平舒村北崇福寺有唐神功元年石幢高丈餘八角三層上層蓮花頂已圮中層鐫陀羅尼經額周圍鐫十六大字
曰上爲皇帝陛下敬造佛頂尊勝陀羅尼幢其時武后臨朝所云皇帝陛下蓋謂武后上則謂中宗也然神功年號
猶系大唐不書周代當日人心可知已手每摩挲心獨喜邑乘闕略遺金石
六十年來待編紀壽陽縣志乾隆三十四年知縣仁和龔導江重修我侯通博百
事理意在搜抉證前史宦游悵望碧夫容兀坐一齋如夢
耳比年得吾邑碑搨所至別懸一室顏曰碧夫容齋取吳蓮洋方山詩巉巖高揷碧夫容句意以寄鄉思不
惜遞蠟遠相投江上春來有雙鯉
馬首即春秋之舊址宗艾疑上艾之故稱晉州之寨猶存
賀魯之城尚在古驛傳於韓句洞過載在水經驪巖見諸

隋書鴉谷著於唐代簡子墓亦趙氏之九原程子岙乃宋賢之逆旅不獨河有童子之號山以長者得名也他若龍門龍潭芹泉柳泉甘草黃楊蓮花柏子雲煙作社水磨成灘上曲下曲中曲墟里迴環東可西可中可淵阿幽邃南燕竹北燕竹卽古之名州上解愁下解愁皆今之欒土頡紇村 城塌村奇字堪徵卻略嶺 屋科村 方言可證又不僅禓欲之亭繇蔓之水標新故訓領異前聞也且陽摩靈嵩之寺神福華嚴之洞崇福陀羅之幢大樂楞伽之碣並有唐筆猶餘古風昭化院之像石文留趙宋燕周里之經塔字淵金源稽之志乘挂漏殊多僻在榛莽摹搨絕少余既帶經負鋤時復懷鉛問字偶爾掘獲如結奇緣發漢甕之錢買山許隱拾趙陵之瓦趙簡子墓瓦細者可爲硯穿硯堪書所以流連桑梓不能無餘慕焉

族姪元輔挍字

王篆友挍勘馬首農言記

洞過水　鈞案洞是借字說文迵下云迵迭也是正字迵迭卽是通達史記倉公傳診其脈迵風注云言風迵徹五藏也然說文亦借洞爲迵宀部宕下云過也一曰洞屋是也

穀　案穀爲總名禾爲專名自是定論然說苑張中種穀卽呼禾爲穀說文芑白苗嘉穀虋赤苗嘉穀粟嘉穀實也禾嘉穀也爾雅釋艸芑白苗虋赤苗郭注皆好穀是漢晉人皆呼禾爲穀也特不見於經耳至於禾之爲總名也則穀字從禾黍稷秔稻之類穀名多從禾故七月之詩禾麻菽麥此專名也十月納禾稼則總名也竊惟制字之聖生於北方禾爲日用所不可少故以之統率諸穀也

稭　說文稭禾稾去其皮祭天以爲席然則稭本秫稿之專名

稷　案毛詩言祭品率先黍稷后稷又以之名官知上古所重者稷也而王制言稷食菜羹則以之爲降食知後人嗜欲日開飲食日精也

只怕穀重種　安邱諺云不怕重沓只怕重芽卽此意惟豆亦然故謂之調苗調苗則易茂且穀種赤苗則白青黃苗皆莠也易於施鋤

以手撥其瓣　案瓣當作瓣見呂覽說文

拐麥　玉篇木部有枴楞手部無拐

鎌　說文作鎌

不如不點　點者種也安邱俗以耬種之者謂之耩以犂耕之以手下子謂之點

耐風　耐似當作能漢書云能風與旱

後復砘之　安邱亦呼爲砘獨腳耬則石砘一雙腳耬則如輪矣齊民要術所云三腳耬沂州南至徐州乃有之砘之事古謂之案說文案轢禾也

嫩　說文作嬎

耙　說文作䎱安邱則鐵齒謂之䎱以條平編木匡上謂之耮直隸道中所見則䎱亦通名耮

安瓜　安邱同此語而其音則上聲如或壽陽語亦是上

哭

聲則似當作揞廣韵揞烏敢切手覆也與安瓜之事相近

以手切去　切者盔卽招也說文新附字招瓜刺也

切其正頂　安邱謂之打頭瓜之生而不苦者安邱謂之稍瓜生苦熟甘者謂之甜瓜打頭時先稍瓜後甜瓜則可顚倒之則稍瓜亦苦矣又菜園惟此一種菜乃可以爲種若一園諸菜皆有當其花時蜜蜂采之若留爲種則形味皆失其常此皆物理之不甚可解者

蒜　各篇中蒜屢見而不及葱韭案說文葷臭菜也釋典以葱蒜韭䪥興渠爲五葷道家易興渠以芸薹皆謂其有氣臭也惟蘁芥辛而不葷筠嘗見甘肅之薤本如水仙花種於敝邑以漸而小三年後直與葱同花葉皆同惟葉極

滑露所不能黏著故曰薤露葱韭雖無異可言而葱子之將成也其莖荏弱不以物楮柱之致其子至地來年必一子生數莖不中食架者皆一莖此亦老圃之所有事也

秋收萬石糧　唐李紳詩春種一粒粟秋收萬顆子萬與一對舉盈數耳其實一粒所收不止萬顆也穀之初生一粒一莖比其長也族生三四莖或五六莖矣稗之族尤盛俗名曰穇諺曰穇子有百日家眷

今年耕擿　擿似當作場玉篇場下云耕場廣韵同又有重文暘　農之打場也今年自地中起明年自地邊起耕不但欲地之熟亦資日之曓熯氣入地其肥加倍故耕不欲陰而風

咒

大小三箭　箭當作腳三腳耬見齊民要術沂州府用之安邱用獨腳耬雙腳耬至於耬字說文作樓見樓字下又作廔

椎　安邱則椎之兩三次始運而之田

田無草萌　鋤之力不但去草實堅實好皆鋤力也安邱鋤禾五六次以爲常斗粟可得六升五合米閆鋤九次者得米九升矣以無秕而穅又薄也豆鋤四次者來年種之雖堅地大雨隴背皆平力能負土而出綠豆鋤次過多則不可爲飯然以之作粉則較少鋤者多太半　下隰口訣曰一耕二鋤三糞

蘿蔔　蔔亦作菔古服蔔同音故關雎服側爲韵易服牛

乘馬說文引服作犕紫花菘即蘿蔔爾雅作蘆萉郭注萉
宜爲菔
鉏　鉏柄曰橅見說文安邱皆呼鉏橿
犂　說文作𥞊耕也此古義也玉篇犂耕具也此後世義
也古人耕地但知用一金即今之鏟也故須耦耕漢人於
鏟上再加一金即今之犂也然其時鏟亦謂之犂說文玉
部琄下云犂冠是也鏟乃有冠以冒於耜犂側置鏟上所
以覆土未嘗有冠以此知之
鍬　爾雅釋器斛謂之疀郭注皆古鍬插字言斛爲古鍬
字也然斛仍是譌字說文斗部斛引爾雅斛謂之疀
古文從草　案芟是借字說文乂或作刈芟艸也是正字

爾雅釋詁乂治也凡詩書訓治之乂皆變之省文
鏩　古之鈇也其木質謂之櫜碪碪亦作椹砧說文但作
甚
礪　古作厲厎厲能錯磨故得嚴厲之義爲借義所奪乃
加石作礪以別之
朳　當作捌說文新附捌字引方言云無齒杷
比之手槤　槤字不知何字之誤槤乃瑚璉之璉之正字
摙乃連之俗字然是漢世俗字連負擔也既借連爲聯乃
加才以別之槤摙二字古人亦竝借輦字爲之
條帚亦作苕　案苕帚爲正憶出左傳杜注
籭　即篩之古字也今音隨字變矣亦作簁譌作篵謂以

玉篇柱者從爲之辭也
謂之積苫　爾雅白蓋謂之苫又儀禮寢苫枕凷則借字
也說文葠喪藉也
墮曰簣　墮當作橢見說文木部　儀象考成橢圓形又
謂之鴨蛋形
塘猶堰也　說文無塘字借唐爲之阜部隄唐也是也毛
氏刓改爲塘詩中唐有甓蓋即爾雅釋宮廟中路謂之唐
也唐祇是途而用爲陂塘者自障水言之謂之陂自其岸
可通行人言之謂之塘陂塘蓋是一物
轆轤　亦作轒轤竝見廣韵一屋又作樚轤見集韵一屋
地穴出水也　地穴似當作穴地爾雅釋水邢疏引說文

井鑿地取水也今本無此句
氾勝　漢書藝文志氾勝之書似勝之爲名此或用左傳
晉重例
風莫風　莫蓋兮猗之類語詞也似可從俗作麼
驚蟄聞雷米如泥　驚蟄必雷雷不必聞惟雉聞之而鳴
先輩說夏小正雉震呴語
清明栽蒜　安邱天氣煖冬種蒜而五月出之故曰夏至
不劘蒜必定散了瓣言夏至以後蒜瓣不復附麗其根也
九股八格杈　格依說文當作挌然庾信小園賦枝格相
交祇作格安邱芝之麻止兩種名大八杈者多枝名霸王鞭
者無枝

芒種稙黍生芽　魯頌稙穉菽麥毛傳先種曰稙後種曰穉說文稙早種也穉幼禾也案此乃百穀早晚之通名非菽麥之專名也臨淄人猶呼早麥曰稙麥安邱不聞此語矣

小暑喫角角　鈞聞此語誠作角音而其字則當作莢說文莢艸實唐韵古叶切安邱呼青黃白黑豆之莢皆曰夾呼豇豆之莢則曰角呼牛羊角亦如夾也頃又檢得廣雅曰豆角謂之莢

油粒飽湛也　湛似當作綻綻坼裂也說文果孰有味亦坼是也但五穀粒雖極大亦未嘗坼耳　案此語似指豆而言故曰油且頭伏始鋤亦必是豆若是秫穀則安邱諺云立夏三日見鋤田立夏十日徧鋤田不能待頭伏也

頭伏蘿葍末伏菜　安邱諺云頭伏蘿蔔末伏蕎麥蕎麥地中未有不帶小蔓菁者小蔓菁祇可旨蓄御冬非都中所謂大頭菜也安邱別之曰大蔓菁

煞　道家之殺字也

先社後秋分　安邱諺曰先分後社有糧無人借先社後分糧食貴如金案兩地諺語同者極多獨此一事正相反背

九九　安邱諺一九二九不出手三九四九凌上走五九六九沿河看柳七九六十三路上行人把衣擔八九七十二黃牛徧地是九九八十一家裏送飯坡裏喫凡此類語

各據本地之寒煖言之必不齊同也又曰春打六九頭七九便使牛春打五九尾凍殺三千火燎鬼案此特以驗寒煖耳乃作此很語誠鄙諺也

先餧牛　月令季春餧獸之藥作餧說文則作萎

穀宜稀　安邱諺稀穀秀大穗來年長好麥蓋收穀之後其田即種麥也

叉匙上有火　匙當作齒方言有無齒杷安邱語曰鋸口有火刀頭有水凡棱樹者必以刀斷之若斷之以鋸不能生也

麥秀五節　五似四之譌麥秋種夏熟受四時全氣故四節四葉

雲南鉤風北鉤雨　安邱語上鉤風下鉤雨

早燒陰晚燒晴　安邱語早燒不出門晚照行千里又曰早上燒晚上澆

一霧十日晴　安邱語久晴大霧必陰久雨大霧必晴

晚雨下到明早雨一日晴　安邱亦有此語又曰開門風閉門雨亦謂晨風竟日暮雨竟夜

八十老兒沒見東雷雨　安邱有之然是古語矣今屢屢見之

黑豬過河　一天星月而黑雲横截天河是雨徵也

忽雷雨連三場　安邱語雷雨三下餔與此同意說文餔晝食也安邱謂午飯爲餔飯因謂正午爲餔午日夕爲下

鶍
塼　玉篇廣韵有塼甎瓴三字皆可用小雅無羊傳瓦紡塼也經典釋文作專說文同古文假借似難用
堝　見種植篇
巷謂之合朗　合與巷雙聲朗與巷之今音疊韵唐韵巷胡絳切絳字以古音讀之則與巷之古音合以今音讀之則與巷之今音合京師謂之衚衕衕正是巷之古音切脚也下文棒謂之不浪其誤同此共聲丰聲皆在東冬部良聲則陽唐部
虹謂之絳　案此是轉音非改字也廣韵四絳絳與虹同音古巷切古音則絳紅同戶工切

萬根　案此別自一物今謂之萬帶者是也大而短者謂之萬細而長者謂之萬帶帶生萬萬生花葉帶之上不能生花葉也爾雅釋草謂之蔠
鬼秫秫　此乃去年遺種自生者本以落而生故結實仍落即如麥初登場必有自落之粒欲來年麥早熟即以此自落者至秋種之可以早得接濟然落於畝中亦多經稼穡而得者即種之不落亦同此理
垆　當作鹼見說文
牛　牛於六畜中最易肥故諺曰年驢月馬十日牛安邱餧牛亦用麥糠然淘汰必精設有黃丹則牛病矣
多虛日也　此解似誤虛從丘虍聲故說文云虛大丘也案人之作室必依丘虛故名邨曰虛後人分別之作墟遂專爲空虛字矣市在邨落中故曰趁虛也
安邱王筠曰在昔周公陳無逸曰先知稼穡之艱難孔子傳周公之才之美而風雅所載周公之作反覆田事津津若有餘味唐魏之風言稼穡樹蓺諸詩多出於在位之君子孔子刪詩獨有取焉壽陽古馬首邑爲晉祁氏七邑之一其俗勤儉務農至今猶有古風淳甫夫子幼從京宦弱冠入官未嘗親田事而其所著馬首農言十四篇諄諄於土物之宜耕耘之候纖悉必備蓋本詩書艱難勤儉之訓而以約旨卑思隱其詞於一邑之中信乎士食舊德農服先疇祁大夫之遺澤長久引而勿替也筠家帶經而鉏者十餘世搬見此書逢其故業故樂而挍之挍畢竝跋

撫郡農産考略

何剛德 撰

《撫郡農産考略》，何剛德撰。何剛德（一八五五—一九三六），字肖雅，號平齋，福建福州府閩縣（今屬福州市）人。光緒三年（一八七七）進士。曾任吏部主事，後歷任江西建昌、撫州，江蘇蘇州知府等職。民國期間曾署江西内務司長，護理江西省省長。何氏居官廉明，政績較多，撰有《春明夢錄》《郡齋影事》《客座偶談》等。

此書成於清光緒二十九年（一九〇三），清《續文獻通考·經籍考》農家類著錄。光緒二十七年，何氏調任撫州知府，勸辦農務，針對當時學生不辨土壤、不識害蟲、不知土化之學的狀況，於是開設農學課，講授辨土、用肥、殺蟲三科知識，並於公務之暇，訪問鄉紳，請教老農，調查當地的農産品情況，歷時一年，纂成此書。書前有何氏自序及黄維翰序，末附臨川知縣江召棠、代理宜黄知縣夏翊宸、樂安知縣馮由三跋及採訪校勘姓名。

該書共二卷，上卷爲穀類，主要講述水稻品種，兼叙耕耘與收藏；下卷分草、木兩類，分别匯錄各種經濟及園藝作物。全書共載一百四十三種當地常見的農作物，每種作物先總論，後依天時、地利、人事、物用四目分類叙述，條理清楚，受傳統『三才』思想影響明顯。書末附載江召棠《種田雜説》，總結臨川種田、施肥及治蟲經驗。

該書取材廣泛，各條多描述作物生物學特性，鑒别比較品種的異同，尤重辨土、用肥、殺蟲等技術的總結，論述水稻的内容最爲詳細，涉及五十六個水稻品種的栽培技術。此書亦重農産品的經濟價值及流通環節，關注農産品所帶來的經濟效益。水稻品種、肥料、經濟作物等内容，較之《天工開物》既有繼承，又有發展。上圖下文，文圖結合。圖是江召棠所繪，綫條清晰，圖形逼真，利於表現作物的特徵。此書很少引經據典，偶引農諺，文字簡明洗練，行文流暢，明白如話。

此書有清光緒二十九年初刊本、光緒三十三年江蘇印刷局重印本等。今據清光緒二十九年撫郡學堂活字印本影印。

（熊帝兵）

光緒癸卯夏月

撫郡農產攷畧

撫郡學堂校刊

撫郡農產攷畧序

今天下競言農戰矣設農會講農報莫不以考求新法爲急務然法有新必有舊舊法可守者守之不可守者從而改良之所謂最新理想莫不自舊理想來也中國農書具在士人讀者少問之農人更茫然也去歲守撫州奉文勸辦農務郡歲遭水患多童山赤壤臨川隄工崇仁橋工既竭力以贊其成又於府義倉側建屋數楹爲農局拓地數十弓備作試驗場之用並墾闢官荒四處試種麻麥黍豆以爲屬縣倡時學堂初成拔諸生尤異者讀書其中公餘日與之論古今別名物人人讀禹貢矣而土壤之辨語焉不詳人人讀周禮矣而土化之學習焉弗察人人讀周詩矣而螟特蟊賊之名知之而未親見也舊法不明遑問新法乃設農學課造以辨土用肥殺蟲三格考證與同並劄屬邑諮訪紳耆考求農產刷單分項填註積帙盈尺意欲考證

成書俾作根據以資印證時閱數旬屬易稿而未就適奉檄回建昌任乃以其事屬之郡紳黃申甫觀部劉棻蒲遊往返函商又五月而書告成體畢士風略具大概學者循是求其意不泥其迹而思所以變通之則於此事思過半矣是書編於壬寅六月訖癸卯三月蒇事知臨川縣事江君雲卿繪說最詳其所擇種田雜說尤爲楳茂若張大令龍蓀張大令海樓王大令綱峯夏大令輔宜馮大令嚴崖孫大令伯瑜採風問俗亦與有勞焉因並識之

光緒癸卯孟夏　古閩何剛德識於郡署西偏之課耕居

序

農有學乎曰有農學者農人之學耶抑儒者之學耶曰儒者學也農人惡足以蠡之漢志農書百四十一篇皆先聖昔賢之所說也俗儒鄙農學不肯事事一不遇而遂至於困斁力隴畝者又安其所習毀所不見終於自蔽即或心知其意而口不能傳故農學日寖衰微古之聖賢多以耕稼發迹而後世儒與農分不相爲謀此農學與衰之大原因也撫州於江右爲著郡物產饒富

欽定授時通攷中多采之農不加勤有司亦不之督利源遂日湮塞而不可復問豎諸今日榕餅歲入數千金而郡人不多樹橘夏布歲入三四十萬金而種布之麻來自他處庸非可惜事耶辛丑秋古閩何公來知郡事日汲汲以興學勸農爲事且謂農天下大利所歸亦吾人爲己之學也抵郡之明年編輯撫郡農產攷略一書郡屬物產蒐討甚勤其脫遺不及載者則屬吏未之告又一時諮訪未能盡悉者也以維翰讀禮家居粗知田間事命與其役自維智學淺略不足以究萬物姆資始資生之義蘊乃援書好儀諸五李靜孫鄒冕堂諸君子爲助而妥其成於 公其所書者與古籍時有異同然皆鄉農所口陳文人所身驗當不謬也古之治郡者類以不親吏事爲高其能飭吏治親庶務者十二三焉至於興學勸農以垂教育於無窮孳孳爲之惟日不足求之晚近蓋不多見若何公者可謂賢矣維翰鈍拙無當於當世之用行將退老鄉閭以力耕自給風朝雨夕挾此册以俱或免於鹵莽而畊滅裂而耘之誚乎

郡人黃維翰拜譔

例言

植物一端極爲繁賾今徑區爲三類百穀譜書皆作穀類今仍之草木蔬果瓜蓏之屬草本者今則歸之草類木本者今則歸之木類以淸眉目棉有二本今所種者皆草本故定爲草類竹於草木外自爲一類以書少不能成卷故厠之木類中

稻有秔秫秈稉諸名舊矣然郡人無此稱今從俗以粘糯別之又穀類之實郡粘爾南粘草類之菘芥菊蘑慈姑木類之柑橘本係二物而俗混而爲一今一一辨正之

粘糯二稻名類最多播穫之早晚土宜之燥溼穀質之重輕價值之高下在在不同郡人以種稻爲本業草木乃其餘事故此書紀稻特詳欲使農民知易種改良不爲舊習所囿也

宜樂地勢高而多陰故其播穫常遲臨金崇東各邑地勢寬平陽光鮮不到處故其播穫常早不僅河北江南之有天然界限也此書於各邑不能盡同之處必備錄之以資討論非自相牴牾也

賦役全書及各屬魚鱗册田與地皆以畝計所謂官畝也撫郡土俗或言畝或言籮或言石其稱不一其所謂畝亦無釐毫絲忽各奇零數視官册所載者絕異其稱步亦較少此書所言皆民畝也

郡屬斗斛之制各縣互異一縣中城與鄉異鄉與鄉又異非第實積之多寡不同其名目亦不一致官斛升十爲斗斗十爲石爲頒行定制今紀鄉斛悉以官斛合之令讀者一覽了然

農學所重在辨土用肥殺蟲三事而早晚再熟之稻暨桑麻棉竹樟諸類又皆農之所出其分數之多寡守土者不能不知也屢以此詢之屬吏其所稟報每苦語焉不

詳否則多公稟言吳爲周諮博訪互證旁參得於公牘外者又十之四五其可擴充而獲厚利若漆若絲柴若罌粟之類郡皆有之考核未詳姑從闕如題曰攷略即此意也

授時通攷一書集農學之大成此則囿於一郡故採拾不多俚語麗言難免訛誤惟閱志君子謬者正之闕者補之覈論詳言匡其不逮使異日成一部完全之書固所願也

西儒化學各書論物之原質多至六十有四而其爲用最廣者四舌人譯文互異驟讀之不得其真際亦苦知其名而難其物故其所云云此書未嘗闌入一語未敢强不知以爲知也然此事終當講求以盡土化之理暇日披覽討書得其端緒擬仿日本試驗表之式比較新法舊法異同抒爲大意附之卷末以擴民智

撫郡農産攷略目錄

穀類一　早粘

粘稻

五十工粘　西鄉早　爆穀早　鐵脚稉

大葉包　二夏早　粘穀早　穗穀早　銀朮早

石灰早　胡瓜早　一節早　三百穗　丽遲稉

四川早　廣東遲　常都粘　湖南粘　細穀早

傾擔黃　紅殼早　稉頸紅　早紅　遲紅

穀類二　晚粘

八月白　柳葉白　晚白　青稈粘　梨禾白

農田白　金包銀　銀包金　硬稿白　遲紅

烏殼紅

穀類三　二遍粘

紅晚　琵琶粘　柳葉早　二淮　婆脚老

稈禾

穀類四　糯稻

紅殼糯　六穀糯　油麥糯　矮子糯　雲南糯

桂花糯　錫壳糯　秋夏糯　挨秋糯　棉花糯

柳條糯　黃頸糯　槐花糯　水雞糯　過冬糯

千下椎糯　馬鬃糯　寒糯

穀類五

粘稻

粘有早粘晚粘再熟粘之分三月種六七月穫爲早粘四月種八九月穫爲晚粘或呼爲大禾樂安呼爲遲稻此皆一熟粘也刈去早粘重復插秧亦間有早粘未刈之時插秧其中者爲二遍粘俗亦混稱曰晚粘此則再熟粘也以上三種有白稃白米者有紅稃紅米者亦有白稃紅米紅稃白米者其名類甚繁播穫之遲速土宜之深淺穀石之重輕價值之高下在在不同今條分縷析別紙錄之而揭其大要於此臨川早粘七分晚粘再熟粘共三分金谿早粘三分晚粘七分無再熟粘崇仁早粘散遲晚粘爲多宜黃早粘三分遲粘六分再熟之粘一分樂安上

鄉多種遲粘下鄉多種早粘亦有再熟粘大約早粘十之三晚粘再熟粘十之七東鄉縣早粘七分遲粘三分亦無再熟之粘

天時　早粘有春社即浸種者謂之社種其大率則以清明之遲早爲準二月清明則清明後浸種三月清明則清明前浸種布種後過二十日方分秧插田分插後有五十餘日可穫者有七十日八十日穫者極遲者九十餘日則交處暑節矣遲粘穀雨前後布種過三十日可分秧插田早者秋分後可穫次者寒露又次者則霜降後矣再熟粘芒種時浸種大暑時早粘收穫隨卽栽插其收穫之候與晚粘同早粘秧插時要密穀種一石可栽田十六畝晚粘再熟粘秧插時要疏穀種一石可栽田二十四畝早粘自浸種至穫大率一百二十日晚粘自浸種至穫大率一百四十日二遍粘較早粘約多半月較遲稻約少半月

地利　早粘宜高田排田晚粘宜壠田有冷漿有流泉灌注者二遍粘宜肥田亦不可缺水撫之爲郡金宜樂多山其地高崇仁東鄉平原多而山較少臨川南路有山東路稍低其西北爲金崇宜樂諸水所匯歸地勢尤低窪山高者風日多蔽虧其田坳深有冷漿有流泉於晚粘宜故金宜樂三邑多種晚粘平原苦旱非恒雨不能種稻春夏之交多雨於早粘宜故崇東二邑之早粘視各屬爲多低窪之地苦雨不苦旱尤忌三四月暴漲故臨之東西北三鄉近河之地早稻穫畢卽種再熟粘早粘淹死尤恃二遍粘以補救之其南路多種早粘上南鄉則晚粘六分早粘四分

人事　擇種宜刈實而無灰穀宜淨而無莠稗秧田宜向陽背陰宜狹不宜闊水宜清不宜濁種秧宜有行列耨草宜多次數早稻田用力最多一夫之力可種二十

畝一牛之力可三十畝二遍稻田用力多而灌蔭勞人藉牛之力以爲力一牛之力可七八畝大禾田栽種後卽可坐穫其農稍逸一夫之力可種三十餘畝牛力倍之早粘宜重肥大旱宜厚水蔭之再熟粘則淤易而蔭難大禾田常多水不煩淤蔭大約高田排田宜用糞秘鳥灰豆麻枯冷漿田低田宜用豬牛骨灰石灰殺蟲用石灰或用茶麩芥子油均可

物用　臨川早穀歲收約百一十萬石晚穀約四十餘萬石金谿早穀歲收約四十萬石晚穀約八九十萬石崇仁早晚穀歲收約百餘萬石宜黃早穀歲收約三十餘萬石晚穀約八九十萬石樂安早穀歲收約三十六七萬石晚穀約八十萬石東鄉早穀歲收約七十萬石晚穀約三十餘萬石除自食外臨川約餘三四十萬石金谿崇仁約十萬石宜黃約十餘萬石樂安東鄉各數萬石可以接濟鄰境樂

安穀價最賤以環境皆山運行不便上鄉水南地方離城四十里河道可達吉安下鄉公陂圩離城六十里河道可達崇仁秋冬水涸不能行舟銷路滯故價賤也崇仁穀每石較樂安貴百錢臨川又加貴百錢宜黃穀價視樂安稍昂金谿東鄉與崇仁同崇樂之穀由崇河宜黃由宜河金谿由建河皆會於臨川之黃江口與臨川之穀方舟而下運售南昌九江饒州各郡樂安之鄉穀又西售永豐東邑之穀西南鄉售於金谿之滸灣及郡城東路則售於安仁之鄧家埠北路則售於餘干進賢交界潤溪外省人亦有來郡收穀者積穀宜早穀不宜晚穀晚穀久留則蛀朽早穀之用甚廣可做飯可煎糖可釀火酒可做條粉晚米味尤佳并可釀甜酒惟釀火酒不宜

五十工粘

五十工粘一名六十工一名早秈又名救公飢東邑呼爲城下早爲早粘收穫之最先者分秧後五十餘日可穫稈長二尺二三寸穗短粒小有紅米牙黃色米二種紅米味甘牙黃者久碾不能白其味淡撫屬均有之以牙黃色者爲多

天時 春社浸種清明後栽小暑後一二日穫較西鄉早稻早穫半月臨川西鄉每家必種五十工粘六七畝多者或二三十畝穫稻後即將其田復栽二遍稻栽畢次第穫西鄉早各稻其時日正相接續也

地利 宜肥田有水者收穀每畝比他稻少四分之一故種者不多

人事 栽後約十一二日即耘草一次以三次爲率要重肥每畝用肥二三次約糞穢十二三石

物用 每石穀有米十九郡斗合官斛四斗七升五合壬寅年出米獨多合官斛五斗五升此稻早穫可以救荒青黃不接之時即已登場故也價初時視他穀稍昂亦以早出之故若逾半月新穀上市則無高下之分郡屬斗斛之制各異有以四桶爲一石者有以六桶爲一石者有以八桶爲一石者臨川與崇之西下鄉則皆郡斛也以三升爲斗十斗爲桶四桶爲石與官斛之升斗皆以十率者不同然郡斛一石較之省斛一石相差亦不甚多

西鄉早

西鄉早臨邑西鄉早秈也稃黃色米大而短色白味佳早稻穀以臨川西鄉所產者為佳其種類亦不一郡人多購其種種之而名其尤佳者為西鄉早臨川之外金谿崇仁種者最多

天時　清明前後浸種夏至揚花穀雨分秧大暑前二三日穫此稻收穫甚早栽後宜數日一雨若連雨十日則禾不能起揚花時過雨則不能灌漿多仄穀而色墨黑以在田為時不多不能待故也他稻則在田久久雨後一遇晴霽尚能滋長

地利　宜高燥田排田腴田無水患者上田畝收三石有奇次者三石臨邑之裏西鄉地勢稍高有早稻有晚稻外西鄉田最低宜早稻二遍稻無晚稻

人事　高燥田多黃泥土質又堅插時宜深耘時宜勤耘三四次者田內無莠稗雜草其穀殼薄而米大每石增重十數斤得米較多要重肥耘時先將田水放乾撒以鳥灰第二次三次則宜灌以大肥然用灰者多亦有用豆枯麻枯菜枯者用灰肥勿起禾可早穫數日豆枯力最大能持久其禾可遲割數日麻枯菜枯起苗尤捷而要必以大肥繼之否則易退黃

物用　畝收三石石穀有米二十一郡斗合官斛五斗二升五合穀價最高比他穀貴錢數十凡早穀可作飯可釀火酒可煎糖可做粉條

爆穀早

爆穀早即爆穀早稈最短出穀之穗高出於禾三四寸遠望之滿田皆穀穗不見禾葉米長而白臨川內南鄉多種之

天時　清明前後浸種夏至揚花揚花後三十日即結實大暑前後收穫凡早稻秧出水時畏寒寒則凍且爛分秧後喜暖暖則易起苗吐穗時宜晴晴則易收口禾低頭時要雨雨則滿灌漿黃熟則全決田水而乾曬之要之早稻未黃熟以前不可一日缺水故以十日八日一雨為最佳

地利　宜原田不可缺水上田畝收四石次用三石

人事　田內有稗與苗相亂即拔也非耘耨所能去然此苗易長俟其高出於苗之時必拔去之耘禾以三次為率有跪而手耘者有立而足耘者有用鐵齒耙推而耘者足耘不如手耘之深黃泥田土質太堅則非鐵齒耙不能入然至耘三次時禾已長茂仍須用手足耘之恐鐵齒損傷苗根田內原有紅花草宜用石灰蓋草能爛田田太爛則禾根不固石灰性暖能堅其泥使附著之

物用　上等穀每石重一百二十斤每石價八九百錢貴則一千三四百錢

鐵脚撑

鐵脚撑一名鐵脚粳又名硬藁白早稻也稍稍長而勁故名米短色黃味與西鄉早稻米同逾年食之則米色變白而味愈美臨川崇仁多種之

天時　穀雨時栽大暑後一二日穫凡稻出齊而未灌漿最畏風暴折倒此稻稍能耐之

地利　宜水田此稻稿最堅勁水浸不倒不爛種之近河之地尤宜

人事　他稻淤蔭三次過三次則稻易倒而不能灌漿鐵脚粳則肥料愈多愈好可以用至六次其稻立者畝收三石倚者四石倒者五六石其或立或倚或倒則淤蔭之厚薄爲之也故諺言鐵脚撑立三傍四一倒無數然鄉民因需肥太多亦不敢多種

物用　一石穀有米二十七八斗合官斛五斗二升五合

大葉早

大葉芒即大葉早早稻種類數十惟大葉芒枝穗最多每穗者穀可百三四十粒稈長而葉大米長大其色潔白味比西鄉早稻米尤佳臨川崇仁多種之樂安亦間有植者宜黃大穀早當即此種其穫亦同時

天時　穀雨後立夏前栽大暑後三五日穫比鐵脚粳尚遲三四日穫後其田可栽二遍稻或種豆不患遲凡早稻要雨風忌北風

地利　宜原田排田之易肥者

人事　凡種早稻秧宜淺宜多莖種晚稻秧宜深二三莖可也　凡早秥宜水肥豆枯烏灰牛糞豆枯每畝需三四十斤烏灰出自建昌各屬縣臨崇之民農隙時恒舟往購合買價車船費計之灰一石需錢二百文畝田用灰二石牛糞安早稻田常於二三月鏟青草漚於田內栽禾後則時用柴灰而已

物用　石穀有米二十二斗臨邑及崇之西下鄉一石爲四十斗計百二十升合官斛百升崇邑上鄉及縣城則九斗爲桶五桶爲石大葉早穀每石比西鄉早高一二十錢比他穀價益昂

細穀早

細穀早早稻也米粒細其色與味均與大葉芒米同葢本大葉芒種踰二年則變爲細穀早金谿樂安多種之臨川以石灰早爲細穀早與此不同

天時　穀雨後栽大暑後穫凡稻揚花抽穗時遇風暴則其穀有皺癟倒壓田內則爛若久旱傷蟲則穀帶赤紫色傷甚者米亦如之

地利　樂安多種之高地

人事　凡稻肥太少則禾莖短而結實不繁肥太多則穗委泥中不能堅實

物用　此穀分量最重較石灰早穀每石重十數斤

二夏早

二夏早稃米皆白味佳臨川瑶湖鄉民多種之郡又有黏穀早穗穀早兩項黏穀早者徑以禾種播種田內不必打秧穗穀早者揀禾內最先出穀之穗收以爲種其稻同時出穗無前後參差之別三年始變種此二項收穫最早無論何類穀皆可爲之

天時　清明前後浸種大暑後穫比爆色早早穫四五日瑶湖民以此稻年歲豐歉皆有收較爆色更穩故每年種此稻者極多

地利　宜高田肥磽田均可種畝收四石臨川之東路高低田各半

人事　凡種早稻田無肥糞者多用石灰石膏石灰能令田爛石膏與鹽能令田碩此三物俱助苗長七日之內便即收觀以能吸聚田內之肥附著苗根故也

物用　穀一石有米二十二斗合官斛五斗五升

銀花早

銀花早一名石灰早米小而長飯軟味佳石灰早一名細穀早禾本極大米長而色微黑味亦不佳臨川之南鄉崇仁之西下鄉俱多種之

天時　穀雨分秧夏至揚花大暑後七八日穫銀花早比石灰早遲穫一二日

地利　銀花早宜於磽田宜瘠田石灰早高下田均宜瘠田亦可種石灰早收穀最多比銀花早每畝多收二分石之一

人事　凡高田無水者宜開塘塘淺者宜深之取其泥以培厚田土兩得之道也村中池塘居民日日浣衣滌器其泥尤肥鄉農又於種稻種豆之後相約開山鋤草

種田多者需草尤多堆積山場隙地其高如屋徐取以墊豬牛圈牛養豬牛多者一月需草數十百擔取出散於田內謂田有塘泥豬牛糞十車其禾必倍收故鄉農最珍惜之

物用　銀花早穀一石有米十九斗合官斛四斗七升五合石灰早穀質較輕每石有米十八斗合官斛四斗五升

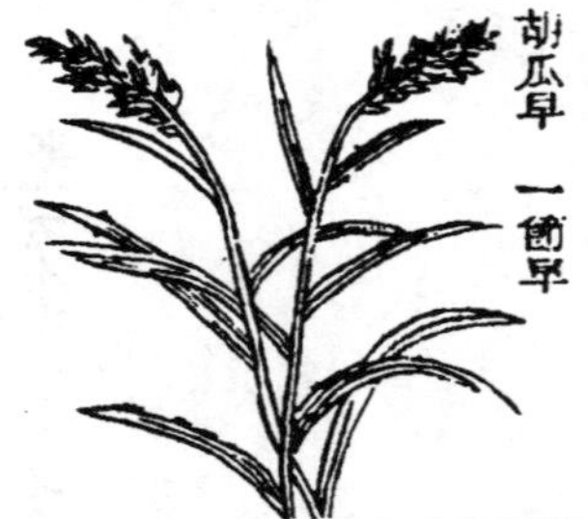

胡瓜早　一簡早

胡瓜早早稻也其色黃宜黃早稻約十分之三種類之劣者有胡瓜早一簡早二種

天時　清明種六月杪七月初穫雖先熟結實不佳

地利　宜邑平原少而高岡多南境尤高故其田高燥邑伏早

人事　凡旱田用豆枯菜枯每畝用三四餅一餅價十餘錢或用灰糞殺蟲用石灰或於分秧時以硫磺和水浸秧根生植更速

物用　豐年每石售錢五六錢若外商販運者多及歉年有漲至一兩五六錢者宜

邑每斗合省斛三升六合有奇以五小斗爲一桶六桶爲一石計升則較小計石則較郡城爲大十石溢出一石

三百穗

三百穗早稻爲遲白二種之一此爲光頭者以禾穗最多得名禾短而本大每穗著穀不多米圓而郛其色白其味佳臨川南鄉崇仁西下鄉有之

天時　穀雨時栽立秋後四五日穫比寗都粘尚遲二日爲早稻之收穫最遲者穫稻先西鄉早次石灰早寗都粘次三百穗凡遲稻不畏水浸葉枝浸爛仍能發生以在田日久遇晴尊生意勃然惟著穀不多亮厚米少

地利　宜水田壠田比西鄉早石灰早各稻每畝加收穀一石

人事　分秧時以牛骨灰坐秧根易起苗牛骨百斤需錢一千二百文畝田應用牛骨十斤亦有用豆枯牛糞者

物用　穀一石有米二十郡斗合官斛五斗

福建粳

福建粳一名白稜禾稈長至四尺餘穗亦壯大一穗有穀一百三四十粒米長而白味香甜臨川北鄉有之

天時　穀雨後栽大暑穫白粳稻在田約六七十日可穫紅粳稻在田約七八十日可穫

地利　臨之北鄉地勢極低田廬村舍俱恃沿河隄障以爲命河水暴漲溢過隄面或至沖塌隄身早稻往往無收

人事　凡近河早稻被水後即耕地改種晚稻及二遍稻水退田肥必獲倍收農人春耕不獲一粒終不悔種早稻爲多事蓋早稻有萬一之望且恐秋日又復苦雨桑漲則無可補救也此稻不用重肥

物用　穀分量最重每石重一百三四十斤

四川早　廣東遲

四川早廣東遲二種稃米俱白俱有微芒四川早一名二芒金谿樂安皆種之樂邑尤多廣東遲爲宜邑旱稻之佳者

天時　俱清明浸種穀雨後栽四川早大暑後穫廣東遲立秋前數日穫

地利　四川早樂邑多種之高地樂邑下鄉多種旱稻其地勢較上鄉稍低然山嶺重複視崇邑猶爲高也廣東遲高下田均宜

人事　宜邑糞稻以六分柴灰四分人糞攙和用之亦有專用柴灰者蓋炊爨皆燒茅柴積灰甚多本邑糞田倘有餘賸供臨崇二邑田家之用樂安亦用柴灰及畜糞鄉民多貧無重本少用豆枯牛骨糞田者

物用　四川早穀一石重九十斤此爲穀中分量之最輕者廣東遲穀一石有米十六宜斗合官斛五斗三升有奇

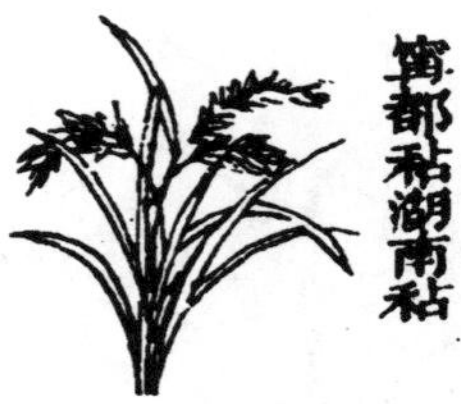

寗都秥　湖南秥

寗都秥湖南秥俱早稻之有芒者米小而長其味佳其稻稿長其遲穫而少米皆同惟寗都秥稻草黃白色湖南秥稿有紅衣一望而知之寗都秥一名淮禾臨川之南鄉崇仁之西下鄉東邑之西南鄉皆有之湖南秥惟臨川之南鄉有之

天時　穀雨前後分秧夏至後揚花立秋前後穫湖南秥比寗都秥又遲三四日

地利　宜水足泥土深厚者上田俱畝收四石

人事　分秧時宜用牛骨灰染秧根宜邑常用鳥灰泥土鳥灰畝田二石每石約二百錢田內若有草菜加水肥一次即可禾若生蟲以食鹽及芥子油或洋油點禾苗蟲聞其氣即死

物用　此兩種穀皆俱輕穀一石比西鄉旱穀輕八斤每石只有米十七都斗合官斛四斗二升五合穀價俱低每石比西鄉旱穀低百錢凡秥米均可煎糖米一石可得糖一百零六七斤每斤價三十二三錢

紅穀早

紅穀早早稻也黃稃紅米惟金谿有之金谿早稻約十分之三紅色者多白色者少

天時　春社後浸種穀雨種秧夏至揚花六月中結實月杪穫稻

地利　宜肥田金邑多山少水半月不兩則有旱患故早晚稻均怕旱不怕水旱稻田不能栽二遍稻

人事　用肥三次初次用豬毛和秧根種下二三次均用糞穢或畝加烏灰三石金谿東路多用牛骨灰塗秧根西南北三鄉則多用石膏

物用　穀價貴時一千二三百錢賤時八九百錢金邑雖項出產無多日用飲食皆資於穀故豐年未能存儲歉歲恒虞不足○凡紅米祇能做飯做粉丸子若煎糖釀酒壓粉條均不宜

梗頸紅

梗頸紅早稻也稃紅色米有厚皮紫紅色久碾退其皮則作紅白色味最佳不退去其皮則不能食食之能耐饑米汁極濃臨川東路稱此稻者多金谿亦有之

天時　清明後栽七月杪立秋前穫

地利　宜低下田冷漿田此稻耐水多浸一二次不受傷凡冷漿田土爛而不堅禾本浮寄泥中不受淤蔭耘三次後須放水曬之令其乾裂則田土附著禾根愈堅固則愈吸聚不二三日禾苗橫出頓覺改觀此為貧農惜費苟且目前之計若富者用烏灰一二石攪之則禾苗易起用不受虧

人事　春初有紅花草以後略加灰糞可也

物用　上田畝收四石每石比白穀價低百錢

早紅遲紅

早紅遲紅俱早稻也稃米皆紅色東邑早稻早白遲白外有早紅遲紅二種遲紅又呼為處暑紅紅米較白米味厚白米較紅米味清

天時　春社後布種初夏分秧早紅夏至揚花小暑結實立秋後穫遲紅秋後揚花結實處暑穫東鄉早稻早白最先穫次遲白次早紅最後穫者為遲紅

地利　早紅宜高阜肥田遲紅宜低窪磽田東邑種早稻者十之七八一年只收一次早稻穫後其田無種二遍稻者

人事　秋出水時撒以麻枯四升後常加肥八月後多種紅花草霜降後多種蘿蔔菜子以為肥田之本殺蟲用石灰

物用　東邑早穀白穀每一百二十斤有米二十五斗合官斛六斗有奇紅穀每石重一百十斤有米二十一斗合官斛五斗二升五合紅穀每石比白穀少售百三四十錢東邑一石亦四十斗較之郡斛每石盈六斗

懶擔糞

懶擔糞又名雞色早稻也禾苗白稃紅而厚米有紅有白稻稃奇長樂仁宜黃樂安多種之

天時　清明前後浸種立秋穫此稻收穫最遲樂邑浸種多在清明日

地利　宜沿河之地此稻可耐水旱

人事　此稻需糞極少故名懶擔糞

物用　穀一石有米合樂斗二十四五斗樂安穀一石為桶六每桶五斗每斗三升較之撫斛百石穀低有八十八石

八月白

八月白一名大肚白晚稻也稃淡黄色米白長横大味最佳八月可穫故名撫屬均有之樂邑呼為大白米

天時　穀雨前後三日浸種立夏後栽七月揚花五十日結實八月內可穫晚禾數種以此種收穫最早

地利　宜深泥陷田冷漿上田畝收穀四石中田三石下田二石

人事　冷漿田先時耕一次將插秧耙一次插秧宜深每科二三莖成活後便耘以三次爲率陷田不用牛鋤一次可也一人之力每日可鋤田八分旋用踏田木架二手持而足踏之且行且踏一人之力每日可踏田四五畝一人踏田三人隨行插秧晚稻行宜疎縱横相距各一尺四五寸早稻田一夫之力每歲可種二十畝晚稻田倍之晚稻宜用牛骨灰沾秧根種之種後用鳥灰一次牛骨灰作燶能令秧沈聚豬骨不如也

物用　穀一石有米二十四郡斗合官斛七斗郡斗米一斗重三觔十二兩樂邑大白米一石貴時價三千錢賤時二千凡晚秥可做圓子造粉條早米粉白而易斷晚米粉色較遜而堅韌過之味亦更道

柳䅪白

柳䅪白一名坐禾白一名柳仔樂安謂之柳葉白有高腳柳矮腳柳之別稭稿最長穀圓身無芒米長大而白味最佳臨川金谿樂安東鄉多種之

天時　立夏後栽霜降前穫凡晚稻秋日遇東風則生蟲天久旱亦傷蟲

地利　宜壠心水田上田畝收穀三石半中者不及三石下田不及二石

人事　大禾田一人可種四五十畝人工極省不需灌蔭故農者甚逸若種早稻人耕二十畝終歲勤動不遑暇食他處穫稻皆就田刈歸取其稈以飼牛臨川上南鄉多冷漿田省牛力畜牛一頭可種田百畝往往刈稻之上截棄其下截以肥田田塍有草或鏟或焚皆積於田中其淤蔭不過如是插秧時亦不沾牛骨灰

物用　穀一石重一百一十斤有米二十郡斗合官斛五斗每石價賤時八九百錢貴一千二三百有奇晚米味佳鄉民多糶早穀留晚穀自食金谿之滸灣有米棧購米運售他郡以柳䅪白爲最多

晚白

晚白晚稻也稃米皆白色東鄉晚稻只此一種

天時　穀雨前後布種小滿前後分秧白露揚花結實霜降後穫宜秋雨忌南風遇南風則禾苗多稿

地利　宜低下作蔭田土宜深厚不宜淺薄有泉水者更佳每畝上田可四五石中田二三石下田一石東邑東北多高山山硐之田恃流泉以爲灌溉名曰冷漿田約有二分之一西南多曠野冷漿田少約二十分之一

人事　正月犁翻田土蓄水浸之小滿時放乾耙一次隨即插秧蘸秧用牛骨灰三升芸時用鳥灰一二石或於耖田時以牛糞撒之

物用　穀一石有米二十三郡斗合官斛五斗七升半晚白可爲粉價較早米粉稍昂

青稃粘梨禾白㽘田白

青稃粘梨禾白瘦田白俱晚稻稃米皆白宜邑晚稻十居其七以青稃粘爲最佳以梨禾白㽘田白爲最多㽘田白樂安種者尤多

天時　穀雨浸種四月栽青稃粘秋分前後穫梨禾白㽘田白霜降前後穫八月忌旱宜得雨

地利　宜陝田而深腳者㽘田白瘠田亦可種宜邑山田高燥恃有流泉灌注秋收不致大減另有種秔田法邑人李將孫副貢嘗倣古區田法爲之較他田所收稍多不患旱

人事　宜邑鄉農恒於上年秋末刈晚稻後犁田一次將禾本草根盡行翻倒經霜雪凍壓則本年地土鬆柔所收必厚插秧後惟撒柴灰數石而已樂邑亦用柴灰㽘田不須肥料

物用　梨禾白穀一石有米十六七郡斗合官斛五斗三升有奇晚稻穀比早穀價較昂

金包銀一名紅穀早紫仁呼爲烏穀紅宜黃呼爲烏穀白紅稃白米稻稿最高味極佳撫屬皆有之

天時　穀雨後浸種寒露節穫比柳穀白稍遲比硬稿白早穫十餘日忌東風東風三四日則禾死出穀時尤忌之

地利　宜冷漿田上田畝收四石下田二石

人事　肥料之用各縣不同有以豆枯者需錢較多而穀質沈實有以牛骨灰者有以水草溝糞者各因其便宜樂專用柴灰人畜糞取其價廉而易得也

物用　穀一石有米二十二觔斗合官斛五斗五升價最高造米粉尤佳故鄉人愛

種之

銀包金晚稻也黃稃紅米味最差炊熟即食尚可口第二頓食之則堅硬與糙米飯同然多飯米汁極濃如豆腐漿金東二邑皆有之

天時　小滿時栽寒露後穫凡晚稻最忌東風秋日過東風則生蟲天太旱亦生蟲

地利　宜水田冷漿田

人事　晚稻出犁一次耙二次壅灰一次便足

物用　可釀燒酒

硬稿白一名硬壳白晚秥也以稻稿堅硬得名稿最長米白味佳臨川多種之

天時　立夏後栽霜降後穫比金包銀遲穫半月凡晚秥忌白露節前後乾風遇風便萎不能著穀雖早者穀亦成糠粞

地利　宜水田冷漿田

人事　種秧時以牛骨灰沾秧根每畝三升栽後撒烏灰一石有半或二石

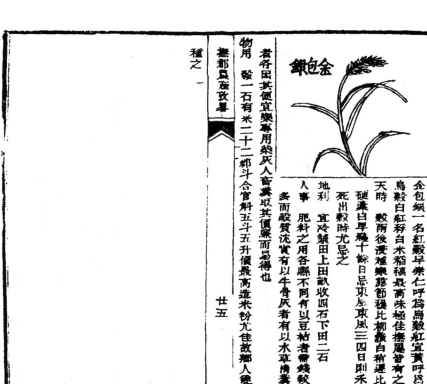

物用　穀一石有米二十三觔斗合官斛五斗七升半穀價比金包銀尤高

遲紅

遲紅晚稻也穀淡紅色米白色與紅殼白米俗呼金包銀者有別金谿晚稻約十之七八有八月白遲紅金包銀銀包金四種

天時　穀雨前後三日浸種布種後約月餘可分秧七月揚花八月結實寒露後數日穫

地利　宜冷漿田金邑多山冷漿田更多宜種晚稻以秋乾不甚畏也平坂田忌秋乾不宜晚稻若早稻田改栽晚稻初二三年有好禾不須灰糞晚稻田若改栽早稻必定無收金邑晚稻上田收穀三石有奇次田二石有奇下田二石

人事　凡晚稻秧宜疏秧苗長者宜截去上半以下半栽之浸種一石可栽田二十四畝秧苗長出時撒稻稈灰分秧時用猪骨灰塗秧根間用石膏亦有用猪毛和秧根併栽者耘時撒鳥灰二三石每石七八十錢

物用　穀一石豐年價七八百錢歉歲貴至二千有奇多由許灣運售饒州各屬

紅晚琵琶粘

紅晚琵琶粘俱二遍稻紅晚稃黃赤色米紅色金邑有之琵琶粘紅稃白米宜邑有之

天時　芒種時浸種早稻穫後即栽霜降後穫凡二遍稻耘後宜下雨田乾未白得雨不害田已白而不雨則必裂而傷根傷根則枯後雖雨不可救琵琶粘畏寒天寒則禾不起

地利　宜肥田近水者

人事　凡二遍稻宜早耘以三次爲率西風多則蟲患易除不須藥料

物用　琵琶粘穀一石有米十六宜斗合官斛五斗三升餘與他二遍稻同

烏殼紅

烏殼紅又名烏殼粘一名榎頭紅晚稻也稃烏紅色米紅色穀尖有撮芒質粗硬臨川崇仁樂安多種之宜黃細穀紅稃米皆紅質堅硬味厚食之耐飢常即此種晚稻紅稃白米者佳紅稃紅米者劣

天時　立夏後栽霜降後穫

地利　宜深水冷漿田畝收三石次者兩石

人事　鄉民種早晚稻必兼種數頭者以其播穫之候有先有後時日舒徐不致手忙足亂也插秧時宜沾牛骨灰則苗易長或拌石灰以除冷氣

物用　比白晚穀每石少米二斗穀價每石亦減七八十錢

柳葉早 二淮

柳葉早二淮皆二遍稻也稃黃色米白臨川西鄉有之

天時　芒種後種小暑後栽秋分揚花霜降後穫凡二遍稻必須芒種後種若遲至夏至則出穀不多且恐凍死二遍稻分秧在晚稻後穫稻則與晚稻同時分秧後要夜露要夜凉畏乾風乾風吹則穗白無穀畏天熱熱甚傷蟲易發畏晝日當午雨

地利　宜泥深近水田無水不必勞力臨川西鄉平原田多土性濕潤一歲兩種不傷地力二遍稻籽種一石可插田四十畝上田畝收三石次田二石再次者一石

人事　凡栽二遍稻插秧每科五六莖少或二三莖均可縱橫各離七八寸宜疏不宜密肥料宜用三次田瘠禾瘦須倍用之秋冷禾不發生須用石灰一石以煖之田畔宜鑿深井井旁蓋屋中設過水木機以牛曳之引水從轆轤而上一牛之力可灌二遍稻七八畝若水牛可多灌一二畝

物用　凡二遍稻收穀較少穀一石有米二十郡斗合官斛五斗米不出飯煮米六斗僅有早米五斗米飯其味遜於早米其用與晚米同

麦脚老

麦脚老二遍稻也稻稃微長黃稃白米臨川東西北三鄉多種之金谿東鄉少二遍稻

天時　芒種後浸種小暑後栽寒露結實霜降後穫凡二遍稻遲至立秋栽則不成熟諺云立秋栽禾餓殺雞毋言其得穀少也

地利　宜原田肥田有水者上田畝收三石中田二石下田一石

人事　早禾穫後禾本猶存先撒石灰溫燜之耘禾亦以三次爲率未耘三次以前一日不可乾水稍乾即須灌蔭揚花後隨撒紅花草種於田內則不能多蓄水亦不可任其坼裂則禾受傷

物用　穀價與早稻同可釀燒酒可造粉條

稏禾

稏禾一名二禾或呼爲竹稏秥二遍稻也米香而甜臨川宜黄間有之樂安最多

天時　三月内浸種二日即發芽七八日出秧又二十餘日將此秧分插早禾行内八月含苞九月樂露前後穫樂安收穫則遲至十月杪

地利　宜肥田水田每畝需種三升有半畝收三石有奇

人事　插早稻秧時預留餘地每科横約九寸縱一尺一二寸兩稏禾相離約五寸此秧下土深須二寸仿早稻熟時仆壓耘泥芟草用六齒鈀鐵刈完早稻此稻未收仍再耘草一次宜邑則俟穫早稻後耘之早穫稻後須另下肥一次計糞田之料較早稻加四分之一若此田春初有紅花草者則宜減不宜加

物用　穀一石重一百一十斤有米七十餘斤

六穀糯

六穀糯早糯也稈長四五尺米小而長色最白一穗有一百二三十粒臨川崇仁宜黄多種之

天時　穀雨栽大暑後數日穫比紅穀糯遲穫二三日浸種一石可栽田二十畝糯秧不栽稍

地利　宜肥田有水者田不肥不能栽糯畝收三石臨樂種糯以此爲多

人事　糯種有間子者不佳間子者糯内雜有秥穀或别色穀也有間子之糯以之釀酒則酒少以之打糍則糍不勻爛一由於初時擇種不精一由於糯秧田與秥秧田相近遇大風雨往往吹糯入秥吹秥入糯故也必須糯秥秧田相距較遠耆種之糯必再三除草芟稗庶無他穀間雜之病宜壅大肥

物用　穀一石有米二十斗合官斛五斗糯穀各地均出然不多銷售不能及遠早糯以此種爲佳釀酒化糟僅剩薄皮可造米花可煎糖

紅穀糯

紅穀糯即紅殼糯又名金包銀又名七斗糙早糯也稈高三尺許稃比六穀糯稍短粽紅色米横大牙白色臨川金谿宜黄崇仁均有之

天時　清明浸種穀雨栽五月揚花六月結實大暑後六七日穫比早稻遲穫數日栽時秧不必多發時禾本極大穫後其田可種豆不患遲

地利　宜肥田有水者旱糯畏濕然水不可久蓄總須上流下接則水活而生機愈暢紅穀糯畝收不足三石

人事　犁二次大耙一次插耙二次俱與早稻同耘草以四次爲率秋出水時宜瀉

清糞栽後宜用土灰宜用枯糯禾肥料過於秥稻金邑每畝約需肥料四百錢

物用　穀一石有糙米二十五六斗合官斛六斗有奇故名七斗糙較他糯早獲十日可以搶新得價最高性暖助脾補中氣貫米雖腹内細火煮食之可益人耐氣可釀酒酒味甚甘汁較少取糯可食而磨粉不可打糍

油麥糯矮子糯雲南糯

油麥糯矮子糯雲南糯俱早糯也油麥糯米比桂花糯略小矮子糯稻稈較短雲南糯米短而小與晚糯相類皆黄稃白米臨崇二邑均有之

天時　穀雨前浸秝三月中旬栽油麥糯交秋可穫矮子糯大暑前後穫雲南糯大暑後穫

地利　宜肥田有水者油麥糯雲南糯上田畝收三石矮子糯上田畝收三石有半糯禾未穫時其田可先播紅花草種

人事　治種糯稻田一如種粘稻肥料則過之最宜鳥灰鄉農糞田其本甚費貧民無本者逢久旱之年花草未種田盤拆裂恒在裂口處鋤其土塊壘成小窖式堆

堆數處内實柴草用火燒之其土甚肥

物用　雲南糯穀一石有米二十郡斗合官斛五斗此爲糯穀中之最有米者油麥糯矮子糯不及也凡糯穀出米不多比早穀減四分之一價值比早穀加五分之一凡糯均可煎糖糯米一石可得糖百五六十斤糖百斤可值錢四千糯米汁最黏以黄土細沙石灰三如一以糯米汁和匀之謂之三合土築城築堤均可其歲久堅如鐵錐鑿不能入

桂花糯錫売糯

桂花糯錫売糯俱早糯桂花糯一名瑞州糯稃黃類桂花色錫売糯稃白類錫灰色俱白米糯稻較早稻爲長其色亦爲青桂花糯臨川之西鄉有之錫売糯臨川之東鄉有之

天時　穀雨浸種三月中旬栽其秧八九寸截去上半栽之更易生發中秋穫有名中秋糯者與此糯同時穫

地利　宜肥田有水者桂花糯上田畝收四石

人事　肥料以烏灰最佳

物用　桂花糯比他糯每畝多收穀一石錫売糯每石有米二十斗合官斛五斗

棉花糯

棉花糯早糯也有鬚芒稃紅而売厚米潔白臨川金谿崇仁宜黃多種之

天時　與棉花同時佈種霜降穫

地利　宜水田土深泥厚者

人事　殺蟲之法有用石灰石蒜及食鹽芥子油煤油分別傾撒田內蟲悶氣即絕

物用　此糯較他種收數稍絀每石約有熟米十二斗合官斛三斗凡糯穀不能久留留二三年

蟲蛭成灰

秋夏糯換秋糯

秋夏糯換秋糯俱早糯秋夏糯色類早穀似秥非秥似糯非糯其味最劣崇仁樂安間有之換秋糯稃色黃赤米白色臨川崇仁樂安均有之

天時　穀雨後栽秋夏糯六月後穫換秋糯交秋始穫

地利　宜肥田有水者畝收三石

人事　與各早糯同

物用　秋夏糯可做糕不可釀酒若做飯乘熱食之倘可口早飯午食則生水變味不能食矣換秋糯釀酒味亦差凡早糯晚糯做飯均不可多食連食數日有腳軟腹脹之病

柳條糯

柳條糯晚糯中之至佳者米小而長圓身子其味香甜其質柔而韌臨川金谿皆有之臨之上南鄉有名蓮子糯者當即此種

天時　穀雨後栽霜降前穫晚糯中此種收穫最先

地利　宜肥田有水者臨之上南鄉多栽燈草田燈草割後即插糯秧於燈草蔸空行中每畝需種三升畝收穀四石

人事　凡深脚田宜犁一次耙兩次鄉人種晚糯每家以一二畝爲率早糯則不能家家皆種插秧時宜蘸牛骨灰以後蘸灰肥一二次

物用　穀一石有米二十斗合官斛五斗價最高可造米花釀酒打糕做粉煎糖爲糕果之用

黃頸糯　槐花糯　水雞糯

黃頸糯槐花糯水雞糯皆晚糯也黃頸糯黃稃烏米臨邑上南鄉種之西鄉早糯亦有名黃頸糯者與此名同而實異槐花糯水雞糯米長而白樂安多種之

天時　立夏後浸種小滿栽霜降後俱可穫黃頸糯比蓮子糯遲穫四五日比馬鬃糯早穫半月

地利　宜低濕田泥深水足者畝收三石

人事　凡深脚田不能用牛力者須先鋤之將去歲所剩之禾蔸次第翻轉再用踏田板二塊上豎木拐扶手人立其上踏田兩周田泥既平乃種秧後復耘草一二次

物用　黃頸糯穀一石有米二十斗合官斛五斗米質較差種者不多可晒米花鄉民多以米花和糖作丸煮食之不能釀酒水雞糯可做米花糖

過冬糯千下椎糯

過冬糯千下椎糯俱晚糯也過冬糯一名王腳雞稃黃米白可久坐田臨川崇仁樂安有之千下椎糯稃黃色米細白而長久春久碾其米不碎手握之如握鐵子臨川崇仁有之

天時　四月栽十月初始穫比馬鬃糯遲穫十日糯性畏寒若九月霜降氣候過寒則多凍死雖著穀不能充滿過冬糯稍能耐寒

地利　宜冷漿田畝收三石次者兩石

人事　插秧時宜以牛骨灰染秧根

物用　過冬糯穀一石有熟米二十二斗合官斛五斗五升或言穀一石米不足官斛五斗釀酒造飯作糕果均可通川樂安言此糯最劣每石重七八十斤千下椎糯穀一石有米二十斗合官斛五斗米質稍堅釀酒不能化糟

撫郡農產攷略　三九

馬粽糯

馬鬃糯晚糯也穀圓身子有鬚芒類馬鬃故名之臨川崇仁有之樂安有名龍鬚糯者亦有鬚芒疑即此種

天時　立夏後浸種小滿栽霜降後穫比黃殼糯遲穫半月

地利　宜低田泥深水足者畝收三石

人事　與各晚糯同

物用　穀一石有米十六斗合官斛四斗可釀酒

煎糖

撫郡農產攷畧　四十

寒糯

寒糯宜邑呼為寒冬糯二遍糯也其佳者亦名柳條糯稈長三尺四五寸稃黃而蔴米細而短味香臨川宜黃皆有之

天時　夏至後種大暑前栽種早禾後栽之秋分而揚花霜降前後穫約百餘日收齊歲歲可栽不畏蟲

地利　宜低田泥深水足者每畝需種四升可收穀三石

人事　每畝壅料十七八石灰一石亦有用本田所割稻稈分散田中以為肥料者或用黃豆二升磨碎水浸一夜撒於田中不數日豆自霉爛其力量可敵麻枯

物用　每石有米十五六斗合官斛四斗價值較晚稻稍貴釀酒酒不多亦用以裹粽製糖

粱

粱俗呼為高粱莖葉似粟長如蘆葦據天工開物則此為蘆粟非粱也穗多毛而長花有紅白二色粒有赤色者味短黃白者佳臨川崇仁樂安均有之

天時　穀雨前種白露前後穫粱必熟而後穫為得其時宜晚不宜早亦有四五月種者七月杪始可穫

地利　宜肥地堅地平原曠野俱可種宜燥不宜溼粱損地力而收穫少種者不多

人事　宜耘四五次用肥五六次每畝地需肥二十餘石肥少則穗尾短粒亦細小

物用、粱一石值錢一千數百文比早晚穀價稍貴實可食穗可為帚北地種者多南方專用以釀酒亦間有磨粉作糕者

粟

粟即北地之小米也有稉粟糯粟啞叭三種皆黃稃白米亦有稃米皆白者有金釵狗尾諸名粟幹高三尺許比高粱較短穗長尺餘纍纍下垂顆粒成簇稉粟糯粟臨川崇仁樂安東鄉均有之樂安兼有啞叭粟

天時　稉粟初伏時種糯粟二伏時種均立秋前後揚花結實一說春夏均可種春種宜淺夏種宜深早種者夏熟皮薄而米實

地利　稉粟宜地能耐旱糯粟宜田土性宜潤不宜燥每畝需種半升穫時可得一石少者四分石之一郡土宜粟郡署去年以瓦礫地種之略加芟治亦便結實穗長盈尺顆粒甚飽滿

人事　先時犁耙田土使之碎爛鋤淺溝用水肥草灰為底再以灰糞拌粟種下之掩之以土苗出澆以肥水長至二寸每科留苗三莖餘悉芟拔之長尺餘恐風擺倒加土護繞用枯餅更好以芥子油及石灰撒根下可除虫患穫時取下粟穗暴之日中二三日以木棍捶之其子自出

物用　粟一石值錢三千有奇或時與米同價稉粟質堅可炊飯釀酒糯粟質柔併可蒸菜製糖煎粥並研粉以為糕餌味香而甜啞叭粟可做飯粟外有稃去之宜舂北地用小石磯碾之經兩三次乃可食郡人不知此法竟不去稃食之便嫌味劣故銷售不廣種者殊少

玉米

玉米即苞粟一曰金豆又呼為䅘穀或謂即蜀黍也莖高丈許形類蘆荻一莖有實三四顆實光潤如猷珠一顆約百數十粒如榴子之裡皮質頭有穗長三四寸實外有衣苞之苞坼子出色嫩而白老漸黃臨川崇仁樂安俱有之

天時　三月栽種四月揚花八月結實

地利　宜燥忌溼太燥亦難暢生田塍園圃之中俱可種鄉人多種於棉花行中瘠地長莖不高結子多紫黑色

人事　種時約相距七八寸下種一二粒以灰糞蓋之及苗出留其壯者一莖仍隨時耘草培壅宜糞灰畝地用肥十石天旱常以肥水澆溉之

物用　每石價錢二千六七百文熟時去外苞煨煮食之其味香甜研之為粉蒸糕煮粥均可其色紫黑者香味稍遜亦可食稭可為帚織蓆作席及柴薪肥料之用

大麥有穀麥米麥二種穀麥皮厚而尖有芒米麥較短無芒亦無殼麥花夜開不及稻之養人

天時　立冬播種次年立春苗叢茂如蘭清明揚花抽穗結實四月熟小滿前穫冬日得雪次年麥發更旺故諺云若要麥見三白春二三月宜晴久雨則霉爛不能結實北地之麥秋種冬長春秀夏實備四時之氣其花晝揚南方之麥冬種夏實其花夜揚

地利　宜旱地宜高田喜燥惡濕每畝需籽種三升可收麥四分石之三

人事　播種之先其田宜再三犁耙之耕小溝灌以大肥或用草灰小肥亦可籽種以土灰拌勻撮撒之覆以細土苗出土二三寸以小肥和水沃之畝田需小肥三五挑再長即須鋤草臘月正月再鋤鋤草時則以大肥和水沃之頻鋤頻沃每畝共需肥料錢四五百

撫郡農產攷略　四五

物用　米麥一石約二千錢穀麥一石約千餘錢大率穀麥與穀同價米麥與米同價穀麥均可釀酒可做飯或炒食或做醋米麥并可研粉做醬其味俱鮮美

小麥一曰麵麥有有芒無芒二種小麥稈長不及二尺粒圓而皮薄如二米合生較之大麥稍長撫郡六屬皆有之以東鄉為多東鄉有芒者名與穀麥無芒者名和尚麥

天時　立冬播種穀雨吐花抽穗結實小滿後穫較大麥遲穫十餘日其花亦夜開冬宜雪春宜晴與大麥同所忌落沙諺云落沙一曉乾斷麥根　臨蔣麥杪

地利　宜低下田宜腴田亦有以高田種者每畝用種二升可收二分石之一

人事　寒露霜降節即犁耙田土極其勻細以鋤挖溝用棉油拌種撮撒溝內蓋以土每科生六七莖不用莪拔十一二月鋤土集於麥下須車水灌蔭之正月晴日作畦泄水壅土護根立夏後熟須帶青刈歸將熟便穫不分日夜大抵農家忙無有似穫麥者諺言收麥如救火其時因梅雨多若待全熟恐被急雨暴風所摧折麥蟲有金龜子叩頭蟲麥蠅麥奴等類咬麥葉根漸令枯萎宜漫撒石灰或肥料中雜酒糟淡鹽水沃之可免蟲害麥奴屬黴菌之一附著麥上能使穗粒化為黑粉此黑粉為麥奴之胞子即黴菌之種子必須折下火之以絕其類云

撫郡農產攷略　四六

物用　小麥收成較大麥半之價值較大麥倍之渠安之下鄉產麥五六百石不敷本地之用東邑每畝上麥可得錢四千售銷甚遠此其土產一大宗也小麥可做麵及為糕餅其稈備做草帽織席之用

蕎麥

蕎麥有黏米子糯米子兩種粘米子小有稜其色糜糯米子稍大稜更高味亦較佳其色黑背紅幹青葉揚白花其實纍纍有三四層撫屬皆有之

天時　春分前後播種四月可穫處暑後播種九月可穫上季穫後仍可種稻下季穫後仍可種大小麥一二歲熟自播種至穫不過六十日鄉民皆秋後種之無春分前後種者宜恒雨忌霜降太旱旱則枯萎無收

地利　高下田均宜蕎麥根最吸肥鄉民不以良田種蕎麥種之明年禾便不佳每畝需種一斗上熟年畝收一石半中歲遞減惡歲無收

人事　種麥之田先犁一次耙一次田土碎爛乃用小犁拖溝以草灰拌種漫撒之覆以糞復以耙盖之撒種宜密不宜疏密則實鮮疏則實少發苗後澆肥水一次便止熟時下數層子黑上層子白而未熟即須對梢相搭堆晒使老嫩養氣互調白者日亦漸黑若待上層全黑則下層黑子大半零落矣

物用　蕎麥可磨粉做丸亦可釀酒

脂麻

脂麻直幹挺生其莖方而高約三四尺白花節節著莢莢有稜八稜者莢大而子多六者次之四稜又次之有紅白黑三種葉兩尖子黑葉本圓而末分三叉如鴨掌者子白白者佳白黑脂麻撫屬皆有之紅麻出東鄉○郡署去年夏秋間以新墾之地購本地種分兩次種之隨種隨發及成莢時一畦之內八稜者莢密而大六稜較遜四稜則莢極稀色尤黃瘦地同樹之時又同而莢之疏密相去倍蓰可知種植一道擇種爲最要者

天時　二三月下種遲不過大暑臨崇各縣清明後下種間有遲至初伏者樂安則小暑種地麻大暑種田麻早種者立秋開花白露結實遲種者三伏開花秋分始結實脂麻月半前種者收實必多種五十工秥田藏稻後種麻最宜諺云頭伏脂麻二伏粟

地利　宜高燥地鄉民或多種於棉花行中隙地荒田不耕種者栽麻三年便成良田根極殺草兼化沙石每畝須籽種四升畝收二石有奇

人事　擇麻幹中部以下者作種種時鋤地去草以深爲妙雨後用菜枯爐灰拌種撮撒之每科相去六七寸種後宜薙以小肥淤以土糞殺蟲用石灰麻莢微開時即連挽拔歸以數莖爲一束立懸高處攤燥復曬二三日候其開口倒持以木杵微捶之則麻自出未出復晒而復捶之約三四遍乃盡

物用　白麻一石值錢五千有奇黑麻每石值錢四千有奇黑麻味香烈製食物極

佳能裨油白麻一石可得油四十斤較黑麻多三四斤麻油價比諸色油更高麻
枯可壅蔗芋及肥早稻之用置蘇稭米倉內米不蛀

草麻

草麻草本節節生枝柔而不軟葉類梧桐而尤大似竹中空高可盈丈皮青色子形如豆外包堅殼內仁潔白多脂金邑有之

天時　春種秋實秋後子老可收

地利　宜卑溼之地

人事　不須肥料

物用　草麻子性至升提外科要品子每斤值錢千餘草麻子油每兩值百錢油調印泥極佳

黃豆

黃豆幹高尺餘花白而小葉圓而尖葉間著莢長寸許莢內有豆二三四粒不等粒比烏豆略小皮黃而肉白撫屬皆有臨崇較多

天時　大暑後下種白露開花秋分結實霜降後葉黃落急宜收歸遲則莢開子落只剩空槁初種三日內忌驟雨雨驟土實則豆不能生以後半月一雨雨多則爛晴久則槁

地利　臨樂種潤地崇種夾沙夾地金宜東三邑種於濕地間有種於埂畔閑地者畝田需種三升可收二石泥田僅收二分石之一

人事　割早稻後耕地作畦用木樁鱗插小坑每坑下三四豆上覆以土苗長數寸即宜鋤草計沙田須鋤三次山田須鋤四次未開花以前用稻稈茅草土灰及汙穢土糞培田再加枯末若干斤臨川金谿東鄉有于早禾塍側挖小坎放豆三四粒隨蓋土灰汲水灌溉日後禾藁及根浸爛可滋豆苗苗長鋤土如上法種豆頗多

物用　可造豆腐豆皮豆豉醬油惟榨油則出油比青豆較少枯無色澤有用熟水淋豆發芽代蔬菜者四時皆宜稿可代薪黃豆每石值錢三四千賤亦二千運往南昌廣信饒州各府銷售

青豆

青豆粒圓而短皮青色比烏豆較小比黃豆稍大其枝幹葉莢與黃豆相似撫屬皆有之

天時　大暑後下種白露開細花其色紫赤豆花皆由豆本開到豆末旋變成兔耳形由兔耳變成豆莢內卽結實結實約在秋分後至霜降葉黃落收歸凡豆十日一雨極佳可乾到二十餘日開花時宜晴成兔耳後宜得雨數次俗語云乾花濕莢

地利　高田原田夾沙田旱田均宜不宜冷漿低濕田每畝需種四五升比黃豆收成少四分石之一

人事　凡豆成兔耳後無雨須挑水灌之

物用　可炒熟磨粉可晒醬油油比烏豆質較薄可榨油比猪肝豆每石少出油一斤可做豆腐金谿樂安東鄉多青豆祇供做腐之用無榨油者青豆一石值錢二千有奇

烏豆

烏豆卽黑豆粒較大色黑而光莖最高葉莢密濃大望之蔚然與他豆絕不相同撫屬皆有臨之西鄉樂之西下鄉出產較旺

天時　大暑後種白露開花秋分著莢霜降葉落收歸

地利　宜膏腴田每畝需種六升畝收一石有餘

人事　諸豆皆易生蟲以撮斗橫托之或以帚掃落鐵簣內可也俱用草灰土糞無用大肥者用灰則遇雨不致壓爛用年久墻土蓋之亦好

物用　炒煮皆可食味較黃豆更美製造一如黃豆但磨豆腐必先去皮榨油比黃豆一石多三四斤油價相等晒醬油出油亦較多醬園有以炒熟豆和麥粉作蕖品者樂邑公睒圩以烏豆做成豆豉色味通商販爲本地出產之一大宗烏豆一石比黃豆貴三四百錢運售南昌各處

綠豆

綠豆苗高二尺許葉圓而尖開小黄花葉間着莢長三四寸莢青色變成黑卽熟莢內有子八九粒十餘粒不等粒如花椒大色綠撫屬均有之

天時　穀雨前後種者芒種後可摘小暑後種者處暑後可摘莢先熟者先摘逐日而取之葉黄落則連根帶拔歸臨邑南鄉四月上旬種至六月熟六月種則八月熟八月種則十月熟與他處稍異東邑亦然

地利　園圃隴畔塍上塹側均宜金崇多種於燥地樂安多種於濕地有附種棉花地旁者但恐枝葉繁黄俗謂黄厭恐致棉花受害畝田可收四五石

人事　種田間者耕地佈種若隴畔鋤土令鬆卽可下種均宜除草二三次種隴上者不用肥料田間每畝需灰糞四五百錢

物用　性清凉生食熟食均可治熱病每石價貴時三千餘錢賤亦二千祇供本地食用少販運出境者可爲餡粥或磨成粉用粉攤片爲粉皮壓絲爲粉條每斤價約九十餘錢醬園有以綠豆粉和麥粉及糖作綠豆糕者每斤值百三十錢有發豆芽代蔬者四時皆可食

烏豇子

烏豇子爲矮豇豆四種之一豇豆蔓生而莢長矮豇豆枝幹葉均似綠豆莢較豇豆短子比綠豆大豇豆嫩莢則分青紅淡紫等色嫩時可採爲蔬矮豇豆莢不堪食色由青變淡黄卽摘歸有黄紅白黑四種黑者卽烏豇子撫屬均有之

天時　與綠豆同

地利　荒地園塹田塍河隄無處不有宜雜種于綠豆地內者畝收三四石

人事　肥料宜烏灰大糞或加枯末種塹隄上者不需肥

物用　和飯和粥和角黍均宜每石價錢三千二百

紅豆

紅豆爲矮豇豆四種之一莖高尺餘有籐蔓纏亦不長莖上着莢長二三寸一莢有豆十數粒豆比綠豆稍大臨川崇仁俱有之

天時　三四月種五月杪結實實熟則收可收到六月底

地利　宜肥地田塍亦可種

人事　功作與種諸豆同不需肥料

物用　性賤能逐淤血孕婦產後煮食之可洗豆砂紅豆三升值百錢

豇豆

豇豆俗名豆角又名飯豆蔓長一二丈葉圓大末尖削花淡紫粉色者莢必雙長一二尺不等色兼青紫亦有紫紅斑駁等色撫屬蔬圃常植之然青色者多淡紫及紅色者少

天時　穀雨後種四五月可摘爲蔬莢嫩亦可食老則取子六七月蔓葉黄稿可拔歸

地利　宜乾爽平地園圃均宜

人事　鋤地布子每科相距尺許或將子浸撒熟地俟苗長數寸即移栽他處宜鋤草一二次以溺糞和水澆之𧂐蔓極長須摘離棚引之不甚生蟲蓄種者四五月間擇壯旺氣足之豆俟其自老至莢稿始摘歸暴乾用竹筒貯藏勿透風明年可復種

物用　味脆而甜生醃熟煮晒醬均可爽每斤值五六錢子每石值二千五六百錢本地取子者少祇爲蓄種計不充別用

花豆

花豆粒匾如蚕豆而略大皮色殷紅有花紋莢長四寸許蔓生葉有角似椒葉花白而細郡城園地間有種者鄉人種此甚少

天時　花朝前種遲至三四月亦可七八月開花花殘成莢九十月可摘取至十二月可全收宜時雨久晴則傷臨府署荒地半多砂礫壬寅夏墾種數畦略加肥糞一兩次開花極盛秋乾未澆水結莢甚瘦日漸生蟲蟲在莢中不能捉取暨九月底下雨一次生機遂勃莢便肥碩虫患亦絶

地利　溝側隙地均可種

人事　剷地使鬆將子順插土中一尺一科以灶灰和土覆之莖長三四尺即將小竹搭棚引上種於牆下者不須搭棚蔓未上棚時不宜壅肥壅之則死後可常以大小糞和水澆之灶灰雜泥培之極佳晴宜日入後灌溉

物用　煮食能補皮血搗泥充餜香味勝於栗豐年每株可收二升餘每斗值錢六七百此豆產於廣信爲多每石價亦八元是爲豆中之貴品

蠶豆

蠶豆粒匾有深青淡黃二色苗高二尺許莖空而方葉厚如匙頭一枝三葉花開如蛾其色紫白莢大如指拇臨邑間有之

天時　九月間種次年二月前後開花旬日卽成莢清明時可收百穀中惟此物收穫最先

地利　喜燥爽地臨邑多種於麥地及園圃內每畝需種二三升可收一石有餘

人事　種時用灰蓋之苗出澆以糞水臘月宜厚壅培計每畝需糞穢三四石草木灰三石

物用　蒸食煮食皆可味甜且香嫩者充饌尤美可磨粉作餅餌有用熱水淋之發芽當蔬菜者每石價銀二兩有奇

猪肝豆

猪肝豆卽褐豆比青皮豆略小其色赤其形匾與猪肝相類臨崇間有種者

天時　立秋後種可穉至處暑前一日比他豆較遲鄉人因天旱壁土不出或經雨淹豆有誤時日不能種他豆者往往種此十月收

地利　宜高田排田畝收二石有餘

人事　用人尿和灰及猪糞灌壅之均可

物用　豆一石重百五十斤值錢三千可榨油十七斤得枯百四十斤油可食可點燈每斤價比青油低二十錢枯可肥田其力極厚出數多而密其色黃豆枯百斤值銀八錢貴時一兩二三錢有奇本地用枯約三分之一其二分均運往吳城漢口等處獲利較豐

春豆

春豆幹高尺餘花葉莢粒與黃豆同有黃黑二種臨川東鄉皆有東鄉之王家橋一帶出產頗多

天時　清明前後下種夏至後宜時雨小暑收穫

地利　宜高爽肥地豐年可畝收一石

人事　壅肥與黃豆同

物用　春豆磨爛和草灰窨二三日成糞氣甚甘蔗極肥東鄉人種蔗必需此為肥料其蔗幹大而味甘又可造豆腐豆豉醬油小暑用春豆造豆腐則得腐較多造醬油用黑春豆最宜榨油則油不多而枯最肥春豆每石貴時值錢三千賤時二千

豌豆

豌豆粒似魚目淡黃色其苗初揭地生後分莖叉弱如蔓有鬚葉若蒺藜兩兩相對花淡紫色花甚小着莢長寸許臨樂樂間有種者

天時　九月種次年二月開花三月收刈樂邑有以十月種者若過時種之數日亦能生苗但不成莢耳

地利　園圃種植甚宜

人事　鋤地下種略澆以水五六日間長豆苗二寸餘肥足則苗葉盛而肥每畝約需糞料五六石灰二石有用枯與灰及肥水澆澆不用糞者亦有專用人尿者

物用　苗嫩時可摘食味鮮而香其實可磨粉臨邑豌豆一石價二千餘錢樂邑千數百錢

白豆

白豆有烏嘴紅嘴二種為䜺豇豆四種之一莢長四五寸莢蓬蓬可愛豆有白痕故名為魚眼豆亦曰蛾眉豆以其代飯也亦名飯豆豆比綠豆稍大

臨川崇仁樂安均有之

天時　四月種五月結實實稀則收可收至六月底

地利　閒地田塍均可種高地無水者極宜

人事　宜壅小肥壅灰豬糞尤佳

物用　可拌飯粥食之可洗豆沙紅嘴者可治痧症白豆每升值三十錢五月即熟其時尚未穫稻故鄉人恒藉白豆綠豆紅豆以接米

撫郡農產攷略　六一

刀豆

刀豆苗葉似紅豆頗肥大花粉紅色似蛾形莢長尺許短者五六寸形如屠刀撫屬皆有之

天時　清明時種五六月開花結實

地利　隨地皆宜然多種於籬邊樹角及田埂上

人事　鋤地作窩一窩一粒約距尺許蔓長二丈餘須搭棚引之初種時蔣之以灰常以水澆之苗出後灌以糞水約三四次便足

物用　刀豆其皮最厚可醬可醋漬可切為細絲代菜嫩者皮子均可食老則食子去皮子大如指拇有和雞豚肉煮食尤美刀豆每石值錢一千有奇

扁豆

扁豆又名藊豆一名羊角豆短者名羊眼豆甑則匾粒兼白黑芽黃花班等色以白者為佳蔓長五六尺莢大如杯花甚細果白色狀如小蛾者莢有長有圓纍纍相綴撫屬皆有之

天時　清明穀雨時種小滿開花芒種結實夏至可摘白露前後更蕃衍

地利　宜潤燥

人事　剷地佈種牙口向上上蓋以灰芽長分植籬垣搭架引蔓秋旱易生蟲用草灰于露未乾時撒撥則滅每畝需肥三四担糞末尤好約二担餘

物用　莢嫩時可代蔬豆可煮食可研成粉花可入藥白匾豆可治瘧疾莢每石值五六百錢豆每石值三千五六百錢

撫郡農產攷略　六二

塍豆

塍豆莖大而高粗如樹枝實青色大如洋花生臨川西鄉崇仁白鷺渡東邑多有之

天時　穀雨後種

地利　宜田塍上故謂之塍豆

人事　栽早禾時即種於二遍稻田塍上或先種田內後移栽亦可然不如徑栽塍上之好不要肥料

物用　以糖拌之可當果品

泥豆

泥豆其色如泥又名懶人豆粒小而頑不可食食之易泄臨川東路有之

天時　早稻未穫之先漫撒田中穫稻時亦壓不死比青豆收穫稍先

地利　宜肥田低下田不畏浸畝收二分石之一次者二三斗

人事　漫撒於禾行內不必耘鋤故名懶人豆不必肥水

物用　可榨油甚濁枯不肥田泥豆一石可值千餘錢

棉花

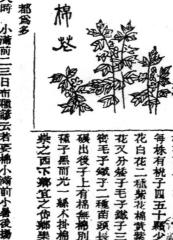

棉花高二尺許花黃色實三方六瓣俗謂之桃子每株有桃子四五十顆少者半之中裹棉花有紫花白花二種紫花棉黃紫色白花棉潔白如雪白花又分矮子毛子鐵子三種矮子種苗頭短其實密毛子鐵子二種苗頭長其實稀疏毛子鐵子以碾出後子上有棉無棉別之毛子種皆黏棉鐵子種子黑而光一絲不掛棉撫屬皆有以臨之南鄉崇之西下鄉宜之俗鄉樂之戴坊東邑之九十兩都爲多

天時　小滿前二三日布種諺云若要棉小滿前小暑後摘花大暑後花殘結實愈

結愈繁實有苞青色變赤則綻口吐花花旺於七月初旬八月初旬俏有之逐日摘取閱四十餘日方盡初生時忌淫雨著花實時忌淫雨忌大風

地利　宜乾燥田夾沙田田不可近水尤必須能脫水者其田春初宜蓄草菜或小麥收草菜小麥後好種棉畝田需棉種四斤上田可收籽棉四五十斤中者三十餘斤下者一二十斤前有友人在山東膠州與殷鄉種棉率三尺留一顆畝收二三百斤以爲常

人事　擇種宜淘汰半刻取沈者去浮者用猪骨灰拌子撮撒之東邑則用油腳每窠下種四五粒灌以人尿再用鳥灰黃土覆之陳久土磚尤好苗長四五寸時宜減頭每窠只留粗旺者一株多留則枝弱而實稀種棉每窠相距六七寸不宜密密則不透風苗長至八九寸時宜掐去葉心令生旁枝旁枝各長至四五寸亦掐

去心掐尖心忌雨暗日宜勤鋤草雨一次即鋤一次久旱不雨宜車水灌溉之宜壅熟肥小肥最宜麻枯畝田用枯百斤豆枯菜枯亦可不宜豬糞棉已吐花宜日日檢取之陰地霧泥則壞色亦易爲鼠嚙去棉易生蟲名地蠶以木柴灰壅根下蟲即萎化如變爲黑殼蟲伏土中蝕根及葉易致枯槁須日未出時於根下捕之或夜然柴於種棉旁地蟲見火光多飛投火中燒死種棉之法農政全書括以四語精揀核早下種深根短幹稀科肥壅最爲精切

物用　初收爲子花以碾車碾之使花子兩離而後其花可彈可紡可以織布可以做衣被子可榨油矮子植毛子種子花三斤可得淨棉一斤餓子種子花三斤可得淨棉一斤一兩子花每斤值六七十錢淨棉每斤二百錢紫花稍貴紫花布每匹多值錢一二百金谿二邑出棉不多花與布價尤昂棉子百斤可榨油十一斤得枯九十斤棉油味香可食比清油每斤低二十錢枯百斤值錢四百枯不肥田鄉人磨成粉以飼老牛性暖故也棄長二尺餘冬日爇火尤好本地之棉鄉人謂之地花紡紗皰絮均勝於客棉每斤加貴二三十錢惟出產不多不足供本地之用客棉來自安徽之張溪灘湖北之鄖穴每歲約二萬包近年祇五六千包緣洋紗浸灌郡境日盛一日故棉花銷路遂滯棉花二斤四五兩可織成棉布一疋頓市庄每匹三十二尺撫城庄二十七八尺俱寬一尺五寸棉布以臨川棠仁爲多頓市庄尤好同治間棉布價尚一疋値錢二千貧家婦女恆恃紡織以自活自洋紗布盛行棉布之價遂日落近日洋紗一稱可成布五匹匹價不及七百錢婦女手出紗不如機器出者之勻細上等布僅高二百錢低者或不及之往往不能償其本故相率罷織十年前郡民一燈熒然機聲徹曉今無之矣

苧麻

苎麻葉大如掌單幹直上無附枝有附枝者出麻不多撫屬之麻其佳者足與湖南之永定麻相埒未若袁州產者之高厚而白也崇仁有永定種近日臨川崇仁宜黃俱分購袁州種種之

天時　夏至前分栽栽宜雨後初年栽次年即可剝歲剝三次頭麻五月初旬剝二麻六月剝三麻九月初剝視麻皮色灰黑至梢則可剝儘半月剝過早則太嫩遲則梨乾麻質耐乾久晴亦無害

地利　宜燥忌濕山地廢圍荒田凸壟均宜忌向北之地北風大則麻稭易折畝地可栽千五百株每季可剝麻百斤

人事　鋤土極鬆掘麻蔸嫩根分劈栽之每科橫直相距尺許三年即蔓延遍地老根卜垂如芋謂之麻肚不可用剝後即鋤草歲以三次爲率每年若止剝一次盤其枝於根下以土覆之則次年麻必倍收麻宜人尿忌大糞下肥宜夜或天陰時日中則生鏽冬日宜以塘泥培之剝麻時棄葉與稭於麻地中兩淋日炙久之腐爛其肥無比剝麻之刀以半邊小竹筒爲之用鐵亦可刀如半月形中凹兩邊高寬約一寸長三四寸拔刀之指管以牛皮套之天陰不剝麻恐致色黯一人之力每日可剝麻十斤袁州麻剝後曬乾復噴以水懸閉空倉中熏以硫磺故其色尤白又湖北近得新法凡麻皮剝起後用竹竿晾起置於房內取煤之帶硫質氣味者爲爐燒之扃閉房門使煖氣充滿一室半日即乾既無天陰之慮且麻得琉黃

蔴過色極白亮其值較黃暗者爲高漢口洋莊非此不售
物用　粗者爲繩精者績布麻葉可和米作丸充飢可飼猪稭可代薪本地之蔴堅韌耐久其價視永定蔴麻價袁州產者倍永定永定產者倍湖北鄖穴郡多夏布而麻皆購自他處宜邑麻購於袁州崇邑購於永定臨金樂三邑購於鄖穴各處東邑出布少本地麻客麻各半客麻購於郡城撫郡之布郡城所出者爲撫布幅寬一尺三寸長五丈二尺其最粗莊可做棉花袋售安徽之張家灘河南之周家口李家渡布爲粗劉滌莊可做帳幅寬一尺四寸長五丈六尺售烟台牛莊遼及高麗金邑布幅寬一尺六七寸長六丈八尺有湖莊下江莊二種湖庄售浙江下江庄售安徽之蕪湖崇邑布幅寬一尺二寸八分長五丈二尺皆漂白可爲衣料嫩庄售上海中庄售漢口又次庄售鎮江宜邑嫩庄御料幅寬一尺長三丈甯都

庄幅寬一尺四寸長八丈俱售上海漢口蘇州杭州湖州其最嫩者爲機上白服粗者爲連機布連機布可作帳幅寬一尺四寸長六丈或七丈售河南樂安布嫩庄名崇仁庄寬一尺二寸長五丈爲衣料仍歸崇仁成卷銷售粗庄爲帳料寬一尺八寸售鎮江蕪湖又一種名紅莊其長短無定式東邑布售之郡城撫郡壬寅年出布之多以李家渡爲最計一萬二千簍崇邑次之宜邑撫布又次之崇仁每歲入款約十萬金光緒甲午曾擴充至十五萬金壬寅漢口銷二千餘簍上海七百餘簍鎮江二千簍省客販去千餘簍合五千簍每簍十六匹宜黃夏布出產向爲撫之冠今亦減落壬寅歲售御料百餘簍甯都莊二百餘簍連機布五百餘簍撫布壬寅歲亦售千餘簍金谿湖莊布每歲售三百餘卷卷八疋下江莊四百餘卷卷六匹其餘無的數合撫郡計之一歲之入大約三四十萬金樂宜二縣黃績

善績善漂宜邑有地名棠蔭者巨鎮也其水尤佳漂出之布潔白奪目甯都廣昌崇仁樂安各鄰邑多與布往漂之然織而後漂者多漂而後織者祇機上白一種則僅百分中之一二也夏布以先漂後織者爲佳此事必應改良撫郡出產之貨以夏布爲大宗而購麻之款每年約二十萬金本地之麻不及二十分之一所得者女紅紡戶染人手工之貲而已若能合郡種麻不必取材異地則獲利厚矣

火麻

火麻梗紅而葉背比苎麻較長樂安有之崇仁雖有不多

天時　六月栽七月開花八月收穫

地利　燥溼地均宜

人事　燒草灰和土培壅

物用　皮可爲繩索每觔價五六十錢賤則三四十錢運售崇仁宜黃各縣

藍

藍有兩種一名茶藍又曰莧菜藍葉如莧菜高尺餘一名角藍葉小如瓜子高三尺餘結子有莢成角故曰角藍角藍涵澱質較多染色特佳臨川之嵩湖崇仁之廖洲多植之崇之秋溪宜之仙崇二鄉東邑之東北二路暨樂邑俱種莧菜藍

天時　角藍二月種菜藍三月種俱七月收剪葉者可收四五次刈幹者衹二次東邑五月即收樂安則遲至寒露後忌大霜雪犯之常絕種雨水太多澱質亦不濃

地利　宜沙壤宜腴田畝田可得靛三十餘斤宜邑藝藍常擇山中有霧氣之地種之

人事　鋤地作溝溝寬尺許布種溝中覆以灰糞宜常鋤草常以水糞澆之刈後宜每次壅以麻枯四月太陽極烈東邑人常支松棚蔽覆之瓜子藍易傷蟲茶藍則否收時或剪或刈樂安有大小澱之分大澱取葉小澱並幹取之漚澱之法將所刈之藍分爲數十束置木桶中浸以水水淹過藍數分約一日一夜撈出榨乾以石灰水入之俟變淡黃色急以木耙攪之來往數十次便成蔚藍桶面水澄澱沈桶底則洩水取之木桶去底上截五寸鑿一方孔用木椒塞之宜置於近水之地以便取水洩水無桶用大缸亦可取藍葉者傾入桶中不必作束種藍最多之戶宜豫作坑四壁甃以草苫浸藍坑中熱時一宿冷時宿半取出藍汁另貯甕中入以石灰攪之如上法嘗種者白露時收藍截其根梢留中幹埋於土中明年種之

靛以樂平縣所產者爲佳撫郡之靛多購自樂平然其中新陳攙雜辨別極難其種漚之法亦不能盡相符合

物用　幹可爲豬汁可染布靛耗折甚重百斤衹有七十餘斤靛價歲昂百斤值錢十一二千濕靛百斤值錢七八千水靛百斤值錢五六千角藍靛價常倍之郡屬售用外多運往使于豐城福建等處

草子

紅花草即紫草花色鮮紅葉圓大如錢有莢纍纍長七八分莢內有子扁小而長如脂麻大其形式頗猶腰子色青綠臨川崇仁東鄉多有之

天時　寒露前後撒種次年春分開花穀雨莖殘成莢小滿後莢亦實熟可以收歸種後宜得雨最嚴霜大雪忌大霧蒸沙

地利　高下田均宜惟大禾田不可種臨業多種於豆田或旱稻蕎麥田內每畝籽種三升種時可得三分石之一歉歲遞減蓄種之田宜種棉若栽禾節候稍遲每畝少收穀一石

人事　種草之田先時犂一次耙一次然後下種下種宜漫撒宜用猪骨灰拌之其田有豆或麥則用長鋤拖溝溜撒草種於溝內夾沙有水田則漫撒之不拖溝天旱須車水灌溉之雨水大多應開溝洩水不使淹壞肥料宜鳥灰一二石大肥十餘石蓄種者刈割後久之莢落置米槽內碾之莢碎爲粉其子自出不蓄種者花草爭艷之際即使耖耙使花草翻壓田土之下田內須多蓄水期於腐爛

物用　紅花草比蘿蔔菜子尤肥田爲旱稻所必需可以固本助苗其力量可敵糞草一二十石無草者雖以重本肥料壅之其苗終不茂故鄉人種紅花草者極多不收以籽值貴而稍吝也草子一石最時值錢五六千貴則十餘千出產甚多運售建昌饒州各府縣花可染皂

甘蔗

蔗有三種臨金崇所植者較小統名之曰甘蔗可煎沙糖得糖少其幹大而節密味極甘脆者名肚子蔗出糖多約有白糖十之七沙糖十之三其幹小節疎葉離披似蘆者曰茅蔗專煎白糖肚子蔗東邑最多近亦兼種茅蔗

天時　立冬後掘窖藏種春分栽穀雨長苗夏至子苗旁出初伏抽幹白露每幹抽出十餘節汁甘可食立冬可剁窖煎糖宜晴雨相間六七八月忌天旱

地利　宜肥田略高而近水者略高則脫水近水則灌蔭易一畝田可種五百餘叢種蔗之田次年可改種五穀以滋息之不必加肥種茅蔗但須留老根三年不必換種

人事　立冬後取蔗之肥而長者將表紐轉束住連根埋向陽沙土內春分掘出一幹截分數段每段留兩端之節擇肥田分畦略劃淺坑相定節芽向上橫栽坑中以足踏按之兩端略掩細土任其露芽夏至後子苗旁出尺餘略起淺溝以土壅其根小暑後起深溝以土厚壅之凡種蔗分畦宜疎每種一株約橫離尺二三寸縱離二尺五六寸則蔗格外肥大苗長五六寸時以麻枯和土掩之以尿糞和水頻澆之六七八月溝內不可離水偶乾不可見白土每蔗百叢約肥料一千二百錢畝田五百餘叢計需錢六七千中秋後可斷肥重陽後可斷水茅蔗需肥可三分之二亦不甚畏乾肥料以豆枯或磨豆壅之極佳宜壅於深溝內

物用　畝田種蔗五百餘叢每叢可發子蔗十一二株一叢重二十餘斤輕亦十餘斤計畝田可得蔗萬餘斤臨川崇仁所産者多運售南昌各處計畝田可得錢三四十千金谿東鄉能煎沙糖東邑改煎白糖其利尤厚計畝田可得錢五六十千其渣可造紙東邑向煎沙糖辛丑冬張叔僞觀察權東邑聚雇匠人試煎白糖旣而郃事去邑紳使譜五拔元賡績爲之集股貸農廣爲勸導以大其利計蔗千斤可得白糖七十斤沙糖三十斤以畝田八千斤蔗計之可得白糖五百六十斤沙糖二百四十斤白糖每斤價百錢沙糖每斤價四十錢其利奇厚較之種稻不啻十倍

蓮藕

藕形圓有節中多孔色白味甘莖葉濃綠花有紅白二種白者蓮藕俱番紅者蓮實多而藕不茂香味亦差蓮乃藕花之實也撫郡藕不如鄱蓮不如建金邑係湘種與各屬稍別

天時　春分前後以藕節之生嫩芽者種之二三月出葉五六月開花花落則實出一房數十實即蓮子七八月結藕可以挖取花時西風多不結蓮實秋令忌燥燥則藕受損

地利　宜泥塘水淺而肥者水涸則藕死水出於泥至淺尺許深或二三尺初種之地四五年後方可取藕紅蓮金邑或以田種之種藕一畝需藕種五十餘頭

人事　種時須選藕節之有嫩芽者肥料宜人髮猪毛及人畜糞壅實播半月後收之去其外殼暴乾歷久不壞敷食之與新鮮者無異

物用　藕百斤值錢六七百蓮子百斤值錢二十千有奇荷葉百斤值二三百錢藕粉百斤值錢十千有奇紅藕粉較賤藕十斤率得粉一斤荷葉藕粉銷行較廣

勃薺

勃臍苗一莖直上無枝葉青色高二三尺與燈芯草相類較匾較短實淡紫色臍有聚毛肉白多汁俗或呼爲慈姑悞也勃臍撫屬均有之

天時　六月栽與栽二遍稻同時秋後結實

地利　宜低濕肥田不能離水土肥而有水則粒大多汁而少渣滓畝田需種六七百枚可收勃臍四五千斤種勃臍地明年宜改種稻

人事　宜牛糞宜勤灌溉缺水則不生

物用　可磨粉其汁可治眼翳孩童誤吞銅錢食入藏勃臍可以下之勃臍一斤值十餘錢上熟之歲畝田可售得錢二十餘千勃臍粉一斤值七八十錢運售南昌各處贛屬會昌縣勃臍大如杯汁多而無渣磨粉銷售其利甚大撫產遠不及也

百合

百合形如蓮瓣苗青花白另有一種野生者質大如盤其味更佳宜黃軍峯山石厓上有之樂安五十都之山査坳一帶出產亦旺臨金崇東亦間有之一云百合有雌雄二種其雄者磨之爲粉雪白奪目星光甚大比雌者尤貴

天時　穀雨前種立夏開花七八月可食有遲至霜降後挖取者

地利　產於深山窮谷之中亦有植於園圃內者宜沙地燥濕均勻

人事　與栽芋頭同不用肥料地灰培之亦可

物用　磨漿汁濾以泉水七次晒乾是爲百合粉眞者有響光色每斤三百餘錢野生者倍之雄百合粉可治咳嗽近有以洋藕粉冒充者挑貯碗內以凉水冲入其粉沉底爲眞米僞者即浮水面可以立辨

葡萄

葡萄一名蒲桃果有紫白二種籐蔓極長花黃而小葡萄熟時紫色微青光潤可愛然較之北方馬齒葡萄其味殊遜臨川崇仁間有之

天時　二月分栽三月開花旋即結實七八月熟

地利　有種於牆角及檐溜下者用田種者未之見

人事　劚土極鬆極細鋤小窩深一尺圓徑尺許取有根蒲萄納之窩中以土輕覆之勿築實冬日以穀殼子蓋之上加稻草藤蔓漫長宜支以架不支架者花穗下垂易傷蟲摯

撫郡農產攷略　十四

芳譜取肥枝如拇指大者從有孔盆底穿過盤一尺於盆內實以土放原架下時澆之秋間生根從盆底外面截斷另成一架或言擇壯枝剪留兩節壓入肥地乾則灌水兩頭全活剪分兩株一活一枯則取活者栽之兼枯者樹下宜起大窩注水其中乾復灌之發芽時用冷肉汁澆三五次著花多結果亦大宜米泔水殺蟲用石灰

物用　可鮮食可釀酒鮮者每斤價百餘錢製乾者每斤三百數十錢

落花生

花生籐梗雜出蔓延滿地葉綠花黃花心有苗如針倒入地即結實故又名曰落花生撫屬皆有之惟崇東二邑較多近有種洋花生者其殼與實較碩大

天時　清明前後栽種小暑揚花八九月可收有遲至十月經霜後收者揚花時宜有風暴一二次壓花覆地庶易結實雨不宜多但旱久田白亦宜車水灌溉

地利　宜燥不宜濕夾沙田易脫水者最好土貴瘠不貴肥肥地種之大而無實多空房東鄉則瘠土密栽肥土疏栽

撫郡農產攷略　十五

人事　鋤土鱗插小坑揀去殼留衣籽種每坑約種三四粒上覆以土有揀一房三仁者連殼種下一坑一枚用土封口出芽後鋤草二三次花開時則不宜鋤恐傷其子花時若無風暴須用晒穀篾篕滚壓之蓋花不倒地不能結實亦有用糞箕足踐之者收時連沙土摝起篩以竹篩則花生存而附殼之土盡去其爲泥汁黏結者用水洗淨晒乾收存留肥壯者備種不用殺蟲不用肥料唯金谿每畝用灰三四石臨樂用糞肥三四担及枯餅若干斤

物用　臨金畝收四五百斤東二三百斤價貴時每斤四五十錢賤時二三十錢可榨油油留久愈清三年不變味燃燈極亮而無烟枯可肥田花生百斤可榨油三十二斤每斤價七八十錢貴時百餘錢

蘿蔔即萊菔有紅白二種紅者其質小而長俗呼爲胡蘿蔔臨川東鄉間種之白者實肥大一枚有重至數斤撫屬皆有之以臨川之唐家灣金谿之瑱琚蔣灣崇仁之白鷺渡三山廟產者爲最佳

天時　紅蘿蔔立秋時種白蘿蔔白露秋分時種皆冬至結實實結於根下次年三月初開花結子則其實不可食唯收其子以備種留種者當十一月間蘿蔔氣足之時擇肥大榮白者去纓蒂葉移栽別地用稻稈縛帚覆之以防霜雪澆灌以時次年二三月開花結子三四月收而藏之九十月間再秧於田中又明年三四月收其子爲秋間籽種之用

蘿蔔須續種子乃可栽者初時子少不敷用故也陳者更佳

地利　宜腴田春初有草者夾沙田尤佳生沙地者脆而甘生瘠地泥地者堅而辣籽種一升可種二十畦畝田十餘畦可得蘿蔔四千餘斤

人事　種蘿蔔田須耖三四次再以厚木板一方人立其上乘以大耙鞭牛曳而盪之亦三四次其土粉碎籽種下土庶能全生叢生後應去其短小者留肥大者二頭謂之雙頭後復減爲一頭十餘日須鋤草一次鋤宜深不宜淺布種之先以大肥灌地爲底俗謂之腳肥腳肥要重繼以猪骨灰拌籽種下之每窠五六粒覆以牛糞灰則生氣盛而不稱弱若大肥不多則磨豆爲漿漚五六日和水灌之最妙初生時宜蔭水早晚不可間斷減雙頭後遇大旱以牛水牛尿和勻至夕陽時澆之忌用草木灰用則皮面生裂其心空洞治蟲之藥用木灰石灰趁朝露未乾時撒布葉面或以苦參水調石灰灑之金谿恒用藥名白布包者泡水澆之東鄉則用野桑木根碾末乘露未乾撒於菜心

物用　蘿蔔生熟均可食每百斤臨川值三四百錢東鄉倍之撫郡撫所產足供本地之用蘿蔔宜沙地故近河居民多種之山鄉足薪而無蘿蔔往往輿薪而往載蘿蔔而歸江蘇上海縣能以蘿蔔製糖其機器價亦甚廉若寄蘿蔔數百斤至上海試驗之果能成糖然後購機器請糖師來郡開辦此推廣土產之切實辦法也西法并能以蘿蔔釀酒聞本省信豐各縣蘿蔔乾統捐歲收萬金郡產蘿蔔甚多僅供蔬菜之用有利源而不知疏瀹日恃此涓滴之流以自給可惜也

蘿蔔子

蘿蔔菜子一名土蘿蔔葉青花白幹直上長二尺三四寸較大蘿蔔稍高蘿蔔有大小二種大者爲蔬菜小者專爲肥田之用大蘿蔔其子匾小蘿蔔子上圓而底平俱紅黄色外包以莢長寸餘其根下俱結蘿蔔惟大小異耳撫屬均有之臨崇東三縣較多

天時　霜降後種比花草遲半月故諺云寒露草子霜降菜種後三五日發芽次年立春後抽幹雨水開花花收成莢其莢由青變黄立夏可以收穫宜雨暘時若久旱則傷蟲盛凍則死

地利　高低田均宜不宜壠田冷漿田每畝將種半升畝可收四分石之一蒔種之田宜種棉若栽禾節候稍遲每畝少收穀一石

人事　種法如種草子而鋤土較深有專種者或雜種於草子内亦有因天旱草子不生而改種者種時用猪骨灰拌種下之畝田需猪骨一斤加攙鳥灰一石大肥十餘石收穫時連根拔歸槃之日中二三日摘取其莢搥碎之去莢留子不蓄種者春分後即便耖漚使根葉花莢翻壓田土之下瀦之以水種秧時再犂耙一次根葉均腐爛

物用　春初有菜其田大肥可以多收穀穀稃薄而米較大菜子一石價七八千錢賤時半之可榨油比油菜子得油較少油可搽髮其價與清油等枯可肥田

芋

芋葉似荷而略長幹似蕉根有紫白二色撫屬均有之臨川東路有人頭芋其魁大如人頭其子甚多東鄉有薑芋其子駢生如薑又有棕包白荷烏荷谷種諸芋以烏荷爲最劣以薑芋爲最佳臨宜間有種乾芋者

天時　臨金春分前後種東鄉清明後種樂安立夏種崇宜小滿種八月俱可取食霜降莖謝可全收宜數日一雨久旱則乾枯

地利　宜略高近水肥田及濕潤軟白沙地上田畝收二千斤次亦千餘斤

人事　耕地成壠壠旁作溝壠各廣一尺溝深尺許將芋秧栽入溝中二尺一株培以河泥及灰糞爛草再以枯末地灰壅之猪牛糞尤宜苗漸長成則漸削壠上之土覆之溝以種土而溝漸高壠以削土而日低壠將成溝芋行則高如小堤溝内宜注水缺水則芋不長乾芋需水較少草宜鋤盡鋤草須露未乾及雨後如有白蟻以石灰和水澆之又法掘地深三四尺滿貯百草灰糞約離地尺許撒種以土封之霜降後起出上層芋大數倍下層均係種子較常法收穫數倍藏種法與薑同次年平插熟地長數葉即蒔秧也金東於起芋時擇端正之芋豎置頭用煙熏之次年春自然生芽

物用　可代蔬可備荒莖亦可食葉可飼猪芋莖曬乾可當醃菜芋魁每斤價五六錢子芋值七八錢蜜煎醬漬均可又可磨粉每斤值五六十錢又以芋粉糯米粉白糖和勻外傅芝麻剁以油作大麻斑每斤值百錢隨同食單以生芋和白菜心

蒸熟爲蔬食佳品在他處試之皆不適口唯撫芋味甘質鬆和以菜心大有水乳交融之妙建昌山藥亦鬆脆可口甲於他郡二者均不馳名本地人亦無有涉及者物固有幸有不幸耶

薯

薯有田薯山薯二種田薯形圓而長重者五六兩有皮紫而肉紅黃者有皮白而肉深紅者有皮黃而肉淡紅者皆皮薄味甜質理膩潤皮黃白色肉微黑及有黑點者其味苦肉白者味淡山薯長而大俗謂之腳板薯重者一二斤田薯撫屬皆有之臨崇宜東四邑出產尤多間有山薯味極劣

天時　春分後秧種蔓生既盛常可移栽撫農多於大暑穫早秥後栽之秋分結實霜降前後收避至冬至掘諸則不敗烟栽時喜得雨以後宜半月一旬一雨久旱則多不結實

地利　田薯宜腴田宜高燥田宜夾沙田山薯凡山邊夾沙之土均宜畝田栽薯藤二三十斤上田可收薯一千二百斤瘠田五六百斤山地收成亦厚藝芳讀若非沙土先用柴灰或牛馬糞和土中使土脈散緩與沙土同

人事　擇潤澤有肥之田耕熟起薯種種於田內蓋以枯灰夏至生藤即薯秧也大暑時將藤逐節翦斷分栽各田或轉售於人薯藤宜順栽或順或逆則不能鋤草鋤法人立薯藤之後向前用鋤左右各一鋤中間一鋤鋤鬆其土而去其小根大根不可損動藤長不能用鋤可以木棍翻亂使無雜根否則根多而薄結實不大枝節偏地不能容者爲遊藤宜翦去每畝需肥二三石柴灰二三石瘠田加枯餅三四十斤用水澆之則薯心黑而味苦留種之薯冬月擇近根先長者或連根藤埋入向陽黃土乾窖內毋令受風寒風寒凍壞則不生發留法八月中揀近根老藤剪七八寸長凡七八根作一束耕地作畦栽之如栽韭法冬月用草蓋覆來春

分種、

物用　藷生熟均可食可切片儲爲乾糧可磨粉可做粉皮藤葉可飼猪藤浸之水中十餘日取出搗之去皮留肋作繩可然火藷百斤值錢六百藷粉百斤值錢三千藷粉皮百斤值錢九千製藷粉法用泥瓦盆磨之一日可磨藷二三百斤泥瓦盆口濶二尺內如瓜子形密排斜布縱橫深刻專爲磨藷粉之用臨崇交界之田心及崇仁上鄉有專做此瓦器者藷磨出後傾入高木桶中灌以清水用長木杵攪之漉以布袋渣在袋中汁之下凝者爲粉澄之一日去舊水換新水又以木杵攪之再澄再換以三次爲率澄一次者其粉不潔晒粉宜擇晴日一日晒乾者其粉潔白如雪兩日乾者色稍黑紅皮白心之藷多粉白皮紅心者少粉藷百斤有粉二十餘斤有渣十七斤渣可飼猪每斤值六七錢藷粉以山種者爲佳銷售南昌各府樂邑多切藷片泡之釜中不必熟取出晒乾春日炒爲果品福建恒切藷絲曬乾和米煮食之徐光啟言甘藷有十二勝收入多一也色白味甘二也益人與芋同功三也遍地傳生翦莖作種今歲一莖次年可種數十畝四也枝葉附地隨節生根風雨不能侵損五也可當米穀凶年不能災六也可充籩實七也可釀酒八也乾久收藏屑之旋作餅餌勝用餳蜜九也生熟皆食可十也用地少易於灌溉十一也春夏種初冬收入枝葉極盛草穢不容但須壅土不用鋤耘不妨農工十二也

大蒜葉匾而長其莖圓而白蒜結根下圓如大橘味香而熱多食傷目一蒜數瓣多者十餘瓣亦有獨顆者撫屬皆有之

天時　九月後種旋發嫩芽即可食至次年二月尚有之初貴後賤三月間心抽圓幹四月留種將葉扭結之使不上長下始結蒜實

地利　宜肥澤地舊說白軟地蒜美而科大黑軟次之剛強之地辛辣而瘦小畝田需種錢三四千

人事　鋤土宜極細爬成溝一窠一瓣不宜過深相距約一寸覆以稻稈猪牛藉尤好種後不宜鋤宜重肥每畝需肥十餘石宜糞不宜溺宜多用牛糞

物用　苗嫩時即掐食愈盛拔而售之初時一株可得一錢種蒜一畝可得錢二十餘千蒜實一斤值二三十錢郡中種蒜客蒜種多本地種少以留種則占地多故恒於二三月連根拔起客種貴時每斤三十錢賤二十五錢葉可爲蔬實可醃可醬生食辟暑穢之氣可爲藥被蜈螫者以生蒜久磨螫處自愈凡無名腫毒切蒜片以艾絨灸之有奇效大實并可榨油鄉人每攙入茶油內售之

薑

薑苗高尺許似箭竹葉稍長兩葉相對近梢者青近根者紫臨川金谿樂安東鄉皆有之

天時　清明種東邑多於芒種時種之大暑揚花結實九十月可食一云生薑不花七八月間遇東風則滋生不旺農人以爲瘟

地利　宜沙地臨川多附西瓜地內一壠西瓜一壠薑東邑多種黃土塥謂隴內落蔭田更佳云畝田可收薑一千七八百斤

人事　種時擇取老薑一塊三四芽者一尺一科芽俱向下用土灰蓋芽並用薪盤薑俟長六七葉從旁掘去老薑將已蓋薪移開用鋤刨草上土壅薑滿溝又用薪蓋久旱不雨宜傍晚車水灌之恐太陽曬水過熱致薑發瘟肥料宜大肥土灰最宜雜糞一畝田約需肥料四十擔薑種宜擇乾燥向陽地作一窖窖如甕式霜降後取薑層放窖內撒以糠秕用磚石壓之不令透風受凍次年清明取出薑已發芽放煙樓上薰芽格外茁壯

物用　薑一株可長薑二斤少亦十兩每百斤約值錢一千二百老薑倍之畝田約有錢二十千較種稻出息更厚運售南昌各處糖醃蜜餞　醬坊宜有做豆豉薑者尤佳

撫郡農產攷畧　廿四

雪瓜

雪瓜土人或呼爲西瓜南昌則呼爲撫州瓜藤葉皆淡綠色黃花實橢圓而大皮淡藍色瓤淡黃色其紋整者其瓤鬆謂之沙瓤其紋亂者其瓤黏謂之肉瓤肉瓤不及沙瓤之甘臨邑東路之丁家洲禹橋產者爲最佳金邑亦有之崇邑瓜種傳自臨邑其甘如之其大不及

天時　穀雨下種芒種前揚花夏至結實可食七八月尚有之

地利　宜沙土濕潤地宜四五尺一科畝地可下種二四百粒共地可間種生薑

人事　夏擇熟瓜端正而大者置之陰地候其自爛取中間黑子陰乾藏於透風曖處清明後以白布包子每包約一二百粒浸水內少許旋置熱竈台上受溫熱氣每日二三次子即開口先用木毛大盆或長篾箕盛以灰土將子嘴向上排插其中以灰撒蓋之晴天以水日晒夜露天氣寒則收進暖室五六日即發芽一二寸許穀雨時選土移栽之宜隨時除草宜澆清糞苗長時宜加牛糞畝地需清糞十二三擔灰擔餅灰若生蟲以帶髓之猪牛骨置瓜科左右俟蟲蟻附滿去之二三次則絕臨川種瓜只有兩村獨得妙法秘不肯傳與韻閣雪都之種紅瓜子同

物用　一枚有重至三十斤者瓜百斤約值錢一千瓜可消暑止渴子可取仁爲茶皮可蜜漬醃醬

撫郡農產攷略　廿五

西瓜

西瓜藤葉與雪瓜同其皮青綠其瓤紅其大如雪瓜味不如雪瓜之甘子黑色臨川嵩湖一帶多種之

天時　三月下種五月揚花六月結實

地利　宜夾沙肥田

人事　與雪瓜同羣芳譜以燒酒浸瓜子少時取出洗淨拌灰一宿相離六尺起一淺坑用糞和土壅之於四周中留鬆土種子其中不得復移瓜易活而甘美頂蔓長至六七尺則掐去其頂心令四旁生蔓欲瓜大者每科揀其端正旺相者止留一瓜餘蔓花皆掐則實大而味美宜清糞頻澆之

物用　西瓜性較雪瓜尤寒多服易泄其價視雪瓜爲賤

洗子瓜

洗子瓜崇仁呼爲子瓜爲西瓜之别種藤葉皮瓤皆與西瓜同惟其形較小視西瓜約輕四分之三其瓤較紅其瓜子較大瓤黑瓤多味不甚甜臨川之北鄉及崇仁均種之

天時　六月種八月實熟

地利　田地沙洲皆可栽宜透風地若墻下地不透風則長藤長葉而不結實

人事　比種西瓜較省力

物用　每枚一二錢實者皆不取錢只留其子賣之瓜子每斤值八九十錢雪瓜西瓜雖有子而不多鋪內所售者皆洗子瓜子也崇邑所產足敷本邑之用

香瓜

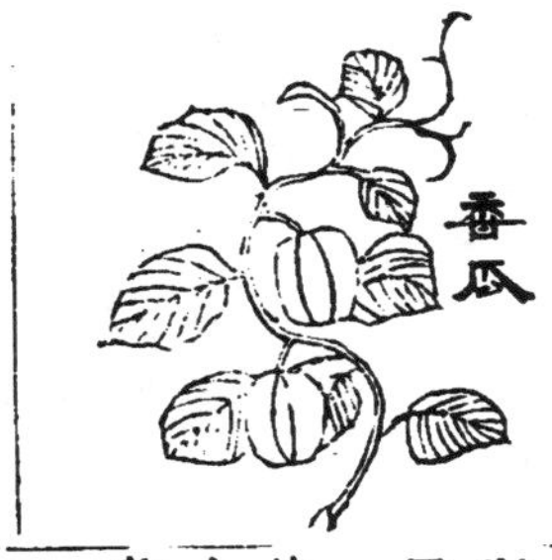

香瓜長三四寸重者約一斤小者三五兩皮色黃有瓣裹白味香脆臨川間有之

天時　布種與金瓜同時六月杪結實比金瓜稍遲

地利　宜園圃有水地

人事　宜小肥宜枯忌大糞

物用　可生食每枚約十一二錢

金瓜

金瓜表黃而裏白其質甚脆其形圓大而不長有重至五六斤者子紅者味甜子白者較淡臨川崇仁樂安均有之樂安較多

天時　三月種五月杪即結實隨結隨著可著至七月金瓜種後藤長七葉即試花結實

地利　宜沙田宜肥田宜高地

人事　種時先取金瓜將種置之懷中數日乃以瓦盆實細土種子其中日曝夜露夜寒仍應移置屋內俟霜露既過秧子萌芽乃移栽地中宜壅小肥雞糞

物用　可食可做醬瓜樂安製者色黑而味佳臨川醬瓜其色較黃味亦稍遜蓋多以土瓜爲之金瓜多食能解暑能醒酒瓜每斤四五錢樂邑醬瓜每斤八十錢臨邑則每斤五十錢畝田可出錢二十餘千

白瓜

白瓜長大與類苦瓜而兩頭般大遍體有泡紋其色深青其味甜殘老者結體較小味亦苦辣撫屬均有之

天時　三月種四月杪結實在諸瓜中結實爲最先

地利　宜夾沙爽水地忌潮溼田有潮濕不能結瓜

人事　不用肥料

物用　味甘寒止煩渴解酒熱質脆可生食瓜一條七八錢其利甚薄

南瓜

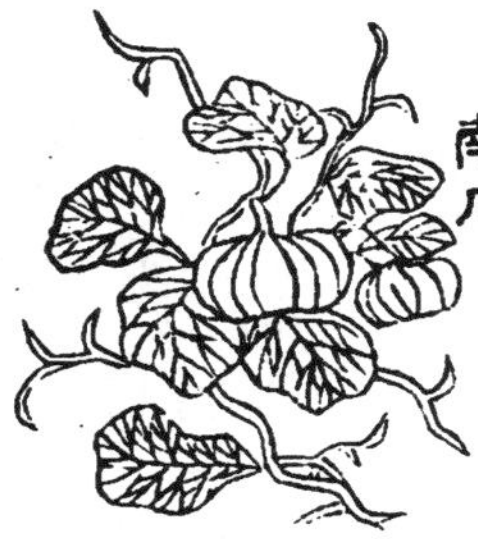

南瓜崇邑呼爲飯瓜蔓極長藤粗而空葉大而圓藤與葉俱淡綠色俱有毛黄花花長二三寸實結花下形横圓而豎匾最大者重二十餘斤皮深青色熟則變黄而微紅瓤亦紅黄色子白醋者甚佳撫屬均有之

天時　二月杪布種三月移秧分栽五月開花六月結實三伏内所結實俗謂伏瓜三伏後所結實俗謂秋瓜秋瓜凉食者較少

地利　宜園圃宜籬邊屋角宜肥溼地

人事　瓜藤長八九尺時宜斷其杪則藤從旁生結瓜更多宜支棚引之宜壅牛糞人糞地灰屑

物用　花葉均可食食花宜去其心與鬚鄉民恒取兩花套爲一捲其上瓣泡以開水蘸潑之者日以代乾菜菜則和莧菜煮食之南瓜味甜而膩可代飯可和肉作羹每斤三四錢或云可煎糖可製火藥泰西人嘗爲之

冬瓜

冬瓜藤葉皆淡綠色微白俱有毛刺白花甚小實生花下長圓如枕大者重二十斤皮厚而色青熟時則皮上微白如著霜然肉潔白子比南瓜子較小較薄其色白撫屬均有之

天時　二月杪布種三月移秧分栽五月開花六月結實實熟可食霜降藤葉俱枯槁按時通考經霜乃熟十月收之以氣候寒暑不同故也

地利　宜肥澤地宜向陰背陽地燥爽之區雖日以肥水灌溉之莖瘦葉悴終不結實

人事　瓜藤長八九尺時宜斷其杪則藤從旁生宜支棚引之宜壅牛糞地灰屑羣芳譜瓜蒂灣曲貼肉者雌瓜也俟極老取子收高燥處勿浥濕留作種齊民要術種冬瓜法傍牆陰地作區圍二尺深五寸以熟糞及土相和正月晦日種

物用　味平淡有熱病人宜食之食時宜切去其皮每斤值四五錢

土瓜

土瓜一名挽頭瓜又名背瓜表青而裏白其質視金瓜較頭其形長圓而不大長一尺餘重亦六七斤臨川之西鄉及崇仁均有之

天時　六月熟

地利　宜乾爽脫水肥田

人事　不用肥料

物用　可爲醬瓜瓜每斤三四錢醬瓜每斤五六十錢

苦瓜

苦瓜長尺餘大如酒鐘遍體有皺紋麻白色微青味苦性凉撫屬皆有之

天時　三四月種六月瓜熟可食九月尚有之

地利　宜山園宿地

人事　宜陸小肥宜雞糞

物用　切薄皮用熱水泡過復浸之冷水中炒食之其味不甚苦可辟暑氣取苦瓜霜者去瓤實以皮硝約一月久皮外有霜毛毵毵刮下即苦瓜霜也其性凉可治喉症并可治口內各病其蒂蔓可治痢疾瓜每斤價十餘錢

油菜

油菜一名蕓苔直幹挺生高二尺許葉長而圓花黃色子圓而小有苦甜二種甜者嫩時可採爲蔬子殼紅色苦者猪過之不食子紅色二種撫屬均有之

天時　九月種立春開花穀雨前後可收臨川有十月割大禾後種者宜黃有七月種者冬無蟲患春間或有之忌雪壓宜春雨諺云若要油二月田淌流

地利　宜腴田臨崇高低燥溼田均種之宜黃宜爽田東鄉宜低田畝需種一小鍾可收一石餘歉少者三分石之一收後可以栽稻種棉

人事　種時以大糞和水溜田內爲底以麻枯猪骨灰或鳥灰拌子撒播之苗始生漑以糞水宜鋤草二次宜撒鳥灰二三石宜用牛糞而莫宜于小肥每畝約需肥料數百錢

物用　菜子臨川每年約出五萬餘石崇宜東三邑所出不等每石價三四千錢除本地取用外多銷售省垣及廣信等處子可榨油俗謂之清油每石可得油三四十斤枯八十斤油點燈比他油間時較久崇邑每斤價百二十錢臨宜七八十錢東鄉與崇仁等枯可肥田壅棉花尤好每百斤價七百錢

蔓菁

蔓菁一名諸葛菜又曰九英菘形如胡蘿蔔莖粗葉大而厚闊莖末起薹開黃花四出如芥結角亦如芥子紫赤色臨川南鄉間有種者

天時　正月至八月皆可種取子者須七八月種來年三四月收若當春種仍與上年秋種者同熟但根小莖矮子少耳耕地必俟雨後否則先一日灌地使透既蒔水旱無憂

地利　沙土高者爲上坟圩壞墻尤佳畝需種三升每畝可收根葉三四十石子三四石

人事　耕地作壠取種蔓撒之厚薶以土出甲後拔去小者爲茹留其大者一尺一株若欲移植俟苗長五六寸許擇肥大者移植熟地中土虛浮則根大倍常宜常鋤草以鬆其土下種後宜厚壅之宜頻頻澆溉畝田需肥十二三石治蟲用石灰木灰趁露未乾時撒葉莖根則絕一說先用鰻鱺汁浸子暴乾種之可無蟲患

物用　四時皆可食春食苗夏食心亦謂之薹秋食莖冬食根子可榨油然燈甚亮較蕓苔子每石少出油數斤油味較淡有和蕓苔油運售南昌者根葉一擔值數百錢子一担三十餘錢油每斤七十餘錢數口之家能蒔數百株可免菜荒凡遇水旱植他物已晚有隙地即可蒔此

莧菜

莧菜有紅莧白莧花莧馬齒莧過冬莧諸名赤莖白葉者爲紅莧一名金鳳花其汁紅莖葉背白者爲白莧其汁淡花莧則葉有花紋馬齒莧莖赤葉青葉如馬齒過冬莧葉粗厚逾於諸莧莧菜味俱淡惟紅莧差好諸莧撫屬均有之

天時　紅莧白莧花莧俱三月下種白莧花莧六月結子紅莧七月結子馬齒莧不種自生六月最盛過冬莧十一月下種次年五月結子莧菜種後二十天即可采食

地利　宜乾爽脫水之地

人事　耕地作壟佈種其中初生時宜蔭清水忌大肥長六七葉後宜每日當午以大肥灌之採食之時密者拔之疏者剪之剪後必生旁枝

物用　可爲蔬每斤四五錢穀貴時以米粉和莧菜煮食之便可果腹亦救荒良法也紅白莧忌用刀切切則變味過冬莧味較濃馬齒莧性清凉可治熱病愈痢疾

葵

葵名向日花又名錦葵花黃色莖葉皆青色約高五六尺盤大四五寸撫屬間種之

天時　春初種小滿後結盤夏至盤開黃花立秋滿盤結實秋末可收

地利　牆邊田畔隨地可種生長極易

人事　揀選飽滿葵子納於耕熟畦內縱橫尺許載子一科覆之以土俟葉大如錢時留佳者一株餘悉拔起四圍有草亦宜拔盡忌用鋤種時以熟糞和土壅之後偶灌以糞水

物用　葉嫩時可茹以筋將花瓣下浸蘇油中封固可治湯火傷瓜子炒熟味甘香每斤值三四十錢子可榨油其稭浸水中剝皮為繩可織布及搓繩又可熟火照夜行墻外門前種葵一株可保合宅不染瘟疫及一切時症

蕨

蕨形如鳳尾草其幹青色金谿縣內翠雲寺山上所出甚多

天時　春發冬收齊民要術二月中高八九寸三月中其端散為三枝枝有數葉

地利　宜山嶺高燥地

人事　不須肥料爾雅翼今歲焚山則來歲蕨菜繁生

物用　葉可代薪根可搗粉洗澄取粉性甚溫媛蕨粉每斤四十錢授時通考莖嫩時無葉採取以灰湯煮去涎滑曬乾作蔬味甘滑肉煮甚美薑醋拌食亦佳荒年可救饑

黃精

黃精形如生薑色黃葉青葉似玉簪花金邑有之

天時　春花夏秋之交結實

地利　生深山中得坤土之精

人事　自生自長不煩人力不須肥水

物用　可以治病充飢久服輕身益壽生者每斤二三十錢製者每兩二三百錢

煙葉

烟葉與菸葉相類葉大尺餘其色青碧臨川崇仁宜邑均種之以宜邑岱鄉之五都七都所產者爲最佳

天時　冬至前後佈種次年春分前後分栽至清明日爲止大暑前後收穫穫後其田可種二遍稻不患遲秧未出時忌霜雪北風已分栽後忌大風雨根本易搖若烈日中驟雨則葉上生瘡亦難滋養

地利　宜高厚黑壤忌卑濕沙燥之田

人事　撒種時用灰拌子以稻稈薄蓋之烟葉發芽撤去稻稈搭蓋數尺高篷廠或稻草籬以蔽霜雪避北風次年分栽後每株長十七八葉即斷梢抹芽不可多畱大暑前後採取近根三葉遲數日取梢上三四葉又遲數日取中間四五葉最後乃盡取下葉烟葉收歸用格眼篾摺夾曬之晒以紫黃色爲上紅黃色次之肥料宜厚壅稈灰時以水和溺薄澆之後加豆枯殺蟲無藥其蟲名地蠶須每日太陽未出時捉除之

物用　頂葉爲上幹葉次之腳葉又次之葉可做烟即郡人所食之露葉烟也秧百頭值五六十錢烟葉百斤貴時售銀七兩有奇賤亦三四兩宜邑烟葉每歲出產一二千金

燈芯

燈芯草叢生長圓如稻稈而小一莖直出無枝高者四五尺短亦三尺許外殼青碧色內積白色花紫粉色燈草有二種粗者名泡草其中有小而勁者名鐵草臨川南鄉何家尚營山樓嶺宜邑岱鄉五六七都出產最多

天時　秋分發芽寒露霜降之交芽白而秀可分栽可栽一二月久次年立夏揭花小滿後穫小暑始穫畢先栽者穫早後栽者穫遲後栽者不如霜降節栽者之佳宜雨畏旱四季不可缺水

地利　宜黑壤深腳田有水者其田初年穀雨後可栽禾處暑後刈禾栽燈草次年小滿後刈燈草畢復栽晚糯霜降後十日亦可穫若合兩年有三收云

人事　種秧深二三寸縱橫相距七八寸秧擇白而秀者苗老變紅色栽下亦不發科其田宜於穫稻後即便犁耖三犁三耙栽後耘草宜勤年內年外各五六次深腳田不能用牛力犁耙者先以人力鋤深後用踏田架踏平之務燈草宜就泥刈歸曬乾用兩竹片夾小刀挑出之挑時宜浸濕不濕不能挑也挑工每捆二十餘錢燈草一畝需豆枯百斤麻枯亦好又加以水肥灰糞較之種稻肥料約三倍刈燈草後復栽晚糯犁爛其田插秧於燈草蔸中空行可也不必加肥

物用　可爲燈炷可做燭心可入藥其殼柔而堅可搓繩貫錢可織席臨川上田畝收草六七十捆宜邑約收四十餘捆每捆均約十斤燈草百斤價二十餘千賤亦十餘千有客商來此收買運售大江南北各行省每年出產約洋銀二十餘萬兩

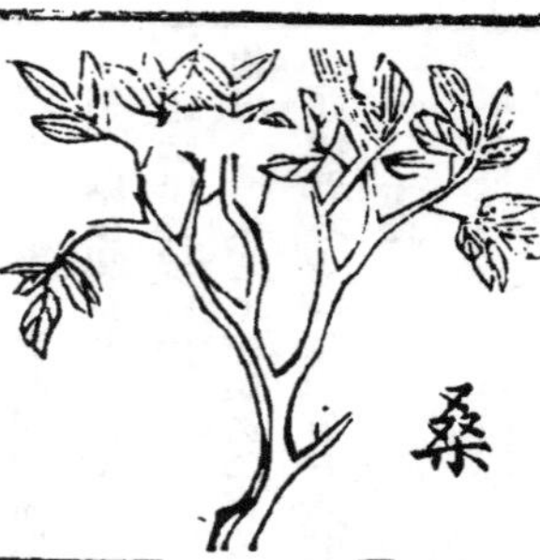

桑

桑有湖桑魯桑荆桑粵桑之別湖桑葉圓大多津而甘然枝條柔脆不高挺魯桑葉圓大豐厚結葚少津潤亦於湖桑荆桑葉小結葚多其本堅勁湖桑魯桑宜飼大蠶荆桑宜飼小蠶以湖桑魯桑條接荆桑身則根固而葉大粵桑草本繁植易收成速宜飼粵蠶湖桑魯桑荆桑出浙江臨川宜黃皆有之東邑向種魯桑今所存無幾粵桑出廣東崇仁種之金谿多土桑間種浙桑樂安所有皆土桑

天時　夏初葚種老種前後種之爲上時夏至後爲下時萌芽時忌大北風第二年春移栽爲小桑秧第三年春始移栽爲大桑秧栽後一年可接四五年可采葉

飼蠶粵桑春間移栽夏秋之交即可飼蠶桑每年四月結實

地利　熟地生地均可種宜燥土而肥者忌水漬忌泥塗瘠則下糞壓則勤墾溼則開溝乾則澆灌是在人事地一畝可栽桑自數十株狹者八十株每株橫距五尺斜距七尺有奇粵桑直距三尺橫距尺有六七寸種桑一畝可養三薄蠶

人事　擇葚作種宜新不宜陳宜黑不宜黃用中間棄兩頭搓洗水中取沉者棄浮者宜陰乾不宜日晒布種宜雨後種地一畝宜以葚子黍實各三升同下之桑黍俱生鋤以疏之十月刈以利鐮覆亂草逆風縱火雜燒之火不宜大大損桑根次年移栽宜留橫根去直根去一切腐根澆之糞桶中半刻鋤坑作品字形坑深一尺方倍之已接之桑併接頭壅之手執桑秧上提三四次土根相著無間隙乃築之移栽之明年清明前剪大桑秧去地二寸小桑秧去地一寸作砧盤傳皮剖少許以湖桑魯桑陽枝箸大者接之接枝長二三寸斜剪斷之其斜斷處外向縛以稻草一莖四圍護以泥以小丸套接枝之上頭防雨漬接枝下樹後放陰淨處五六日乃可用忌見風日桑樹宜歲修修成五層則長葉多摘葉亦易接枝活後剪去枝杈去地留一尺長爲第一層春間叢長新枝擇留兩肥枝如錢大者餘悉剪去臘月去其所留兩肥枝之梢去分枝處留一尺長爲第二層次年春兩枝上新條各擇留兩枝餘復剪去臘月又去其所留四肥枝之梢去分枝處亦一尺長爲第三層第三四五年剪留亦如前至第五層十六枝去梢後上結一拳後不再長粵桑用力較易每年臘月剪去枝梗去地留三四寸凡桑樹高大而葉小者臘月鋸斷留其本高三尺明年抽條擇留五肥枝餘悉剪去次臘去其所留五枝之梢距分枝處留一尺長第三年五枝上各留五枝得二十五枝再去

其梢亦不再長凡移桑須記舊向易位則不活凡春時剪桑枝插肥地長大茂盛與布桑秧種者無異種桑之書又有繩種烙種盤條壓條諸法繩種者置葚掌中以淺濕爛草繩握而捋之葚粘於繩埋熟地中深寸許秧出時排列如繩式烙種者擇桑肥枝砍斷處置熱鍋中微烙之長芽分栽不用再接盤條者當九十月間盤枝作圈掘土實糞圈築土中梢露土外壓條者近土柔枝壓之地中引枝梢出地面長至二三尺時斷老條剪新梢連根合二尺分栽之桑宜重肥忌新糞下種時以草灰拌種漫撒之春初吐芽澆以嚏糞三分水七分凡兩次每年冬月正月暨清明剪葉後用水糞各半和勻澆之凡四次六月天熱不宜糞浙桑宜糞樹下再以新土覆之粵桑則每行距桑尺餘灌糞一道凡用肥宜在立春前塘湖溝渠淤泥蠶草及蠶糞豬羊牛馬糞豆棉枯均可培壅以晒乾粉碎爲佳凡桑初栽用

糞乾後漸加倍惟出蠶時不宜澆糞澆糞過七日者飼蠶不忌治蟲用百倍巴豆各汁以椋帝藤漉之樹身有洞滲以桐油或用鐵絲深入截殺之白點黑者俱爲蟲胎宜速刮淨

物用　桑葉可飼蠶餵羊桑葚可釀酒桑枝可造紙桑榦可爲弓爲車桑枝可編筐籃簸箕等具桑寄生桑螵蛸桑白皮皆可入藥桑葉百六十斤可養蟻一錢頭二三眠蠶需葉三十斤四眠蠶需葉百三十斤臨川蠶局壬寅年春蠶得絲一百八十兩夏蠶得絲二百四十兩東西兩鄉無實數宜邑五隅及崇仙二鄉有桑二萬株初年出絲二三千金近二年頗虧折壬寅年夏蠶約出絲千餘元崇邑近年春夏二蠶三眠後即瘟得絲無幾金樂東三邑未養蠶臨絲百兩倍得洋銀三十六元宜絲每把九十六兩售銀二十兩

附養蠶說

蠶有鹹種淡種金種花蠶大造輪月諸種有三眠三起四眠四起之別金種身小而繭實花蠶遍體斑爛鹹淡各隨本質育之鹹種繭小絲重淡實繭大絲輕大造輪月俱粵蠶粵人謂之火種疑即金種也大造春夏間可養一二造輪月四季皆有月月可養繭小而絲多成繭一斤視湖蠶絲加二三蠶性深宜靜宜溫宜向陽通風蠶子在紙謂之蓮宜極寒蠶初生謂之蟻宜極暖極暗蠶眠時宜溫宜暗眠後宜暖大眠起後宜涼宜明臨老宜漸暖上山宜極煖極暗成繭惡宜明宜透風蠶室宜可煖可涼處天寒不宜驟加煖宜漸益火天煖不宜驟加風涼宜漸開窗收子宜擇身長體實頭小而色顯之雌雄蛾守候配合未對對之待時而浴之鹽葉而養之浴鹹種宜鹽滷浴淡種宜石灰汁蠶先出者爲行馬蟻後出者爲殘病蟻皆棄不取取其接續齊出者齊出而齊飼之則眠之時同上山之時亦同飼蠶之葉初時切之細於絲頭二眠切葉如指大三眠不切扯爛入之大眠後剪條去枝甚而已天煖飼葉多天寒宜少減采桑宜日初出候葉乾或日初入候熱氣退飼濕葉蠶病泄飼熱葉腹結不能作繭天欲雨宜預采葉葉蒙霧雨霜塵沙宜拭宜洗宜攤乾病蠶宜別出蠶有滓穢宜隨刮薅糯稻草爲山粗下五寸細上尺許宜深挺分張下如覆碗上如仰盂宜挨次錯列疏密得宜宜通猫路忌孤立忌倚墻壁忌蠶多山少摘繭宜晾乾宜分別美惡繰絲水宜清薪宜乾鍋宜潔淨大約蟻一錢二十五日而蠶老得絲二十四五兩遲則絲減養蠶之法至細至密茲撮舉宜忌大要著之於此臨川生員喻愼佑輯有蠶桑便易一書采錄甚詳崇仁縣丞粵東胡廷鑅有蠶桑韻語使於習讀皆宜家置一冊以當南針

茶

茶樹叢生抽條無枝葉如瓜子生於條上樹高尺許撫屬皆有之

天時　十月種立春發芽穀雨採取爲頭茶四月採取爲二茶五月採取爲三茶穀雨前摘之茶最嫩五月摘者次之立秋後摘者爲粗茶茶樹三年後即可摘每年六月揚花結子其子結於摘葉處

地利　宜乾燥忌汙濕茶地南向爲佳向陰者劣鄉人多栽於楂地中楂樹長大有收則去茶留楂茶解茶園不宜加以惡木惟桂梅松竹與之間植足蔽霜雪掩秋陽其下可植芳蘭幽菊清芬之物最忌菜畦相逼不免滲漉滓厥清眞

人事　十月間鋤地種茶每窠下茶百餘粒覆之以土次年三月分栽或於十月挖叢中茶樹栽之亦活鋤草宜盡不可使茅根雜木滋蔓其間鋤草時沃肥一次其茶必茂

物用　茶一叢可得茶一二兩臨邑西鄉茶向通商販今皆衰歇茶每斤價二百餘錢金邑穀雨前摘者值三四百錢五月後摘者百餘錢立秋後摘者數十錢東邑茶上者但百二三十錢黃沙巖茶葉粗味厚價稍昂郡人製茶日烘鐺炒均不得法揀選亦不細茶子亦可榨油惟得油不如楂子之多

竹

竹有茅竹筀竹紫竹斑竹苦竹錫竹淡竹箭竹水竹慈竹實竹觀音竹桃竹篁竹白竹各類諸竹撫郡皆有之以茅竹爲最多竹近蔸節密者爲雌疏者爲雄枝葉下垂者爲雌上竦者爲雄

天時　立春前後移栽次年發笋又次年成小竹高七八尺以後愈大可以砍伐竹每年立春萌笋春分出土穀雨上林以後可日高一尺竹之大小在出土後辨之出土後其末大者後日之大如之其末小者後日之小亦如之不稍增減種竹宜雨後竹忌大風雪易致壓倒冬令陽和則生笋嚴寒則無凡竹本年當年次年爲忘年當年之竹前歲冬間多冬笋本年仍有春笋本年冬及次年春則無笋多笋則多竹故謂之當年無笋則無竹故次年謂之忘年當年忘年民間俗語也黃皮竹三屆當年青皮竹兩屆當年白皮竹本屆當年俱可用本年者可以做紙

地利　喜潤惡燥宜大山窠窠大而深尤好宜栽於東北隅竹性趨西南東北隅有竹其西南隅不種自長然土鬆之地竹鞭即趨赴之不專在西南也

人事　種鞭生竹以舊笋已成新笋未行之雌竹劚向陽地使鬆用馬糞和土實之積土稍高令雨潦不浸種叢生竹以新笋成竿之雌竹斧其根去其梢留六尺長洞其節使穿宜斜栽使兩竹交加中用篾縛竹內灌水無乾生笋即止或掘新竹根莖去葉與梢窩地中窩深尺餘闊倍之每窩下樹杙作品字格竹居其中四圍縛以篾則本固而不搖引笋之法鋤地溝將嫩笋連頭梢臥土中則節節生笋伐

竹宜將餘晚砍破積久自爛所剩之竹亦不致氣壞肥料宜塘沙馬糞腐草宰猪毛血水竹生實則滿林枯死初生時擇大竹於近根三尺許截斷通其節灌以人糞即止

物用　筀竹幹小襪薄可織器可爲籃篛竹葉可造蓬可裹粽幹可爲筆管麪箸淡竹可入藥箭竹可作釣竿實竹可作杖觀音竹可供盆玩桃竹可爲簟蓋竹可爲笛白竹可爲紮篾爲籃盤茅竹幹最大其用最廣大者每株值二百餘錢小者亦值錢數十竹始生爲笋冬月生者爲冬笋立春後生者爲春笋冬笋每斤值二三十錢春笋半之笋曬乾上者爲玉蘭片次合笋再次明笋竹與笋均可造紙金邑斷笋杪造毛邊紙中節造表心紙挨根者最老造粗紙紙坊各村多以種竹造紙致富宜邑亦以山棚戶爲富戶樹竹多故也樂邑毛邊紙分上次兩色崇仁宜黃斗方紙有殿紙薄紙口紙三種凡紅竹參用禾稈者爲粗草紙新竹未發枝葉者爲白玉泉紙有枝葉而竹尚嫩者爲毛邊紙新老竹四六參用者爲膏紙老竹皮參用禾稈者爲爆竹紙新老竹參用者爲小竹庄紙毛邊紙每擔上者貴時值錢七千賤亦六千次者貴時值錢六千賤則五千草紙每綑值錢二百有餘爆竹紙八九塊可售英洋壹元小竹庄紙五塊可售英洋壹元崇邑工造紙宜邑供販運宜黃紙蓋多購自崇邑崇邑所產每歲約四十萬塊值銀八萬餘兩宜邑所產每歲十餘萬塊值銀二萬兩樂邑所產歲入約四千兩臨東二邑不能造紙造紙之法取竹皮放泉水中用石灰壓浸約五六個月竹即成絲仍放活水中揉淨在空山挖大竈用頂大土鍋上放木桶置竹絲桶中火蒸半日復放活水中揉淨以水碓打之細爛成粉傾放紙槽內清水攪勻用竹簾撈取凡竹簾式紙之長短廣狹

即因之挨次撈放架上積至尺許壓乾而曬之金邑截竹入土窖不必取皮石灰壓浸約二十天融爛如泥不用水洗煮之鍋中火烈水沸竹如豆漿鍋上有無底木桶置木簾桶中竹漿浮於簾上即便提出攤貼牆上冬則置火牆下以烘之紙之粗嫩不同故其做法亦不一律然非有山泉可用水碓之地不能造也

棕

棕即棕櫚初生時葉如小劍色青出土二三寸即有棕包裹葉自棕包裹内發出剝取一層棕即去其一層葉葉如蒲扇惟蒲扇皆相連續此則葉葉分張耳花黄白色實大如豆撫屬皆有之然出產不多

天時　三月結苞吐花十月實結

地利　宜園圃

人事　棕樹雖長移栽多不活鄉人種棕棕下多墊瓦片或砌瓦片約二三寸高如尾式蓋附會宗子維城語也若徑置之土中成長自當較易棕一歲可剝三四次數剝則傷其心不剝則其樹易枯使民圃棕櫚三月間撒種長尺餘移栽成行至四尺餘始可剝每年四季剝之

物用　棕一張三錢一斤約可值錢六十有販運至南昌者可縫蓑衣可絞繩索可襯鞋底東邑棕蓑棕繩爲本地土貨之一宗

松

松直幹千霄枝杈層出其葉如鍼其皮皴裂如龍鱗其實長圓似魚鱗所成日炙火蒸則鱗甲皆張撫屬六縣山谷之木惟松最多

天時　春社前栽每年春二三月抽蕤生花秋後結實栽時宜得雨初栽三四年每年長不及二尺再閱三四年則高逾尋丈故諺有三年人不見三年不見人忌東風東風生蟲百物經霜雪則蔫松獨蒼翠如故

地利　岡巒壑谷皆可種最宜黄壤肥潤之地

人事　種松築土宜實不宜鬆不須肥料種後得雨全生久晴則枯殺蟲無藥西風起則蟲盡死

物用　大松合抱以上一株值錢數千或十數千不等其幹可以鋸板爲舟車器具之用松板從廣一丈值錢四五千其雜枝與松毛可以爲薪每百斤值錢二百其皮與子可以入藥其脂可爲松香脂墜入地久之化爲琥珀然不易得薪之有脂者可以代燭樹小者置地窨中燒去煙即爲木炭炭百斤值錢三百有奇烟之浮而黴者可以製墨

杉樹

杉一名沙樹直幹迸生上開旁枝次第橫出葉微匾而長青色尖利刺人實與楓子相類杉木有高至三五丈者又有種小者粗如實心竹撫屬皆有宜邑爲多

天時　驚蟄前後五日栽栽時宜陰雨忌晴每年冬結實二三十年後方成大樹可砍伐清明伐者爲陽木易生白蟻十一月後伐者方適用其小者生叢木中不見風日故高而不大

地利　土地滋潤則易長大

人事　取老杉兜上新枝連根劙起移栽之新枝下截原在土中處必須築在土中不可露築土宜實不宜鬆初年宜鋤土去草久旱宜以水灌溉之不須肥料逐年宜剪其附枝只留上三層餘俱去之去杉枝宜從下剗上如剗時白子不可順砍凡栽樹木花與剏時最畏風吹必須以竹條木枝扶之尤忌用手撼動

物用　杉樹大者可爲棟樑之用以平心圍圓幾尺爲準上下如一更佳最大者一株值洋銀數十圓中者值錢數千小或數百錢最小數十錢撫郡杉木中小之材居多運往南昌售之杉樹皮堅厚可代瓦其小杉破園木桶能耐久與鐵箍無異

樟樹

樟樹枝繁葉細四時不凋花淡黃色六瓣實形如鈕釦有黑光樟樹大者十數圍高五六丈遠望之葐蒀如車蓋氣芬烈觸鼻樹老心空枝葉仍復茂密撫屬皆有之

天時　立夏後芒種前揚花夏至後結實百年後可用材百五十年可製腦樟樹冬季腦多於油夏季油多於腦

地利　岡阜山谷均可植宜黏土宜煖土土質宜厚故村落之樟無不茂盛者

人事　種樟之法鄉人不之知聽其自生自長而已或云秋間子熟時陰乾去其外皮至來年春間水浸三兩日俟其潤透搓而剝之擇其沉者晒乾貯之箱桶春分前二三日以米泔水浸子二日許取出漉之次日撮種覆以嫩土或以稻稈及礱糠鋸屑加蓋之四十日即發芽一株有數芽留其肥碩高出之一芽餘悉掐去逐年須洗伐其枝條如杉樹然又云截樟枝長約一尺二三寸圍自二寸至五寸者削其下端如錐用槌打地成孔約九寸餘種植之如遇陰雨十活六七樟性畏寒幼時必留稍四旁之樹以庇蔭之易罹火災防護宜得法

物用　樟樹之材可爲居室器皿車船之用樹大者每株值錢數十千中下者則數千數百不等樂邑多鋸板發售每板一方值洋銀三圓數角樟子有仁可取油東邑人於霜降後收買大桶中用水浸之其殼自落碾碎蒸熟以之榨油樟子一石可得油四十斤油能辟蟲毒每斤值錢三百有奇樟樹有腦恒結晶於樹身節孔

中鄉人採之以供藥劑之用每斤值一千三四百錢泰西人則取脳製造火藥歲收大利或云赤樟多脳或云樹有青條血條者適於製脳或云以刀削之能成捲片者可製脳或云脳多聚於根上製脳之說亦言人人殊今春將樟木截成小段寄閩試煎以歷時太久油多脳少據厦門匠云熬樟須就山場結寮而居就老榦捲成小片煎熬之近根者脳尤足議雇兩匠薄給月束得脳後議分紅利酬之并派人往金谿樂安各處考求樟質議樟價嗣因招股未定事暫擱現在建昌已經雇匠看樹知贛樟遜於台樟台樟每灶日可得脳十斤贛樟僅能得半俟樹價議後即可開灶試熬

樗

樗樹葉大如掌皮厚而赧紅花實大如金橘亦紅色折枝插地即生大樹就地鋸斷春間萌櫱上枝條叢生次年高可逾丈撫屬俱有之

天時　春初種植秋末揚花結實久雨久晴均不無害

地利　宜高燥地

人事　栽插砍鋸外無他事不須肥料

物用　樹身有白漿以刀橫截之則白漿迸出濃而黏物治癬疥有奇效以漿書字可以貼金樹葉可飼蠶皮堅厚可做棉紙其材可供炊爨之用一株有薪數百斤種樗百株一年用五十株循環取之永無盡期

較種松收效尤捷惟樹質堅而無焰比松柴稍遜

楂

楂樹俗呼爲槻樹楂茶音相近故亦訾爲茶枝幹淡黃色葉青色四季不彫花白瓣黃心實大如胡桃一苞數粒殼栗色內仁白而膩粒小者名珍珠子亦曰寒露子大者名霜降子撫屬皆有之以臨邑之發西鄉堯山下宜邑之崇鄉及樂邑之忠義雲蓋二鄉爲多臨之東路崇之西下鄉卯春亦種有三四萬株

天時　驚蟄後種七八年方結實每年九月內揚花十二月結實蓄至次年寒露後摘取之則其實氣足而油多寒露子先摘霜降子後半月摘楂子收成有大小年之別豐收之歲爲大年歉收之歲爲小年甲年爲大年則乙年爲必歉收蓋楂子在樹將近期年甲年結實纍纍則枝幹間無隙處可以著花花少則實少故乙年必歉收乙年結實既稀則甲年遍樹皆花實又爲大年然楂實長圓不一種類甚多種時擇各項楂實備之一窠則成樹後此種不結實別種又可結實歲歲有收無所謂大小年矣結實十年舊枝漸老花實不繁伐其老枝使重生新枝則結實又多忌嚴寒大凍六月六日忌雨七月七日忌風忌七八月雨水過多忌黃霧

地利　高阜曠野均宜肥地尤佳種楂之地宜背陽向陰忌山有嵐瘴氣

人事　種時取楂種未見太陽其內質與外殼緊湊未離脅者用水浸泡待其出芽乃種之鋤地宜深下種宜淺宜六七粒宜每科相去五六尺下宜藝以鳥灰若以麻枯壅之生長尤速如先習植秧其法與種菜相似鋤地作小溝撒子溝內以燃

土和鳥灰覆之秧芽高二三寸時可以移栽每科四莖樂邑人恒種楂子於桐樹地中桐樹十餘年即朽楂樹方大則去桐留楂而地無棄時楂實既熟當摘取勿令墮地皆種宜候其氣足時摘下貯之陰處不可見日見日則不生

物用　寒露子結實不多而多油子一石有油廿七八斤霜降子大樹每株可收實八升小者四五升子一石有油二十一二斤楂油味最佳可食可然燈可搽髮可治瘡疥油百斤貴時值錢十三四千賤時八九千臨川歲出楂油四五千石每石通以八十斤計約有油三四十萬斤癸卯春油百斤值銀八兩二錢計共有銀三千餘兩樂安稱是崇仁所出稍減臨崇之油銷售南昌建昌各郡樂邑又西售永豐各縣皆肩運而去撫郡楂油色較濁不如河口所產者之白故河口油方舟而上每年灌入郡境者正復不少楂枯每餅十錢可治衣垢可署火楂子殼可取鹹

桐

桐有二種一名歲週桐其樹易朽一名百年桐年久不枯枝葉均與梧桐樹相類花白色實一苞數子週歲桐子檳黑色百年桐子灰色其外苞有紋故亦名花桐子內仁俱白而膩撫屬俱有之臨之西鄉較多

天時　驚蟄前後種週歲桐次年卽試花百年桐則六七年後方試花俱每年清明揚花小滿後結實霜降後收子老熟乃取之嫩則少油

地利　桐喜濕必擇偏陰之山谷近水之溪岸肥澤之平地方可移植燥土易生堅壤難長

人事　種桐宜縱橫相距各六尺每窠二粒鋤地宜深下種宜淺宜鋤深溝洩水無爲水所漬漬則不生宜常鋤草桐實熟而墮地乃取之不必摘收初種時宜以烏灰墊底宜常用木葉草根蓋覆桐樹生蟲用錐挖開撒石灰入內治之

物用　樹大者一株有實一石少亦一二斗桐子一石值錢二千可榨油二十七八斤每斤貴時價一百二三十錢賤時百錢油可搽木器可逼烟子可和灰艌船可和漆其用甚廣其殼燒灰可製水碱

烏柏

烏柏一名木子臨之西鄉人呼爲子樹葉圓而綠花淡黃色實大如衣鈕內白外黑撫屬均有之

天時　春日播種次年高二三尺可移栽三年卽結實每年四月揚花七月結實九十月可鐮收

地利　田塍溝畔澤水所聚處均宜不畏水淹

人事　或種子或移栽均可收時用鐵鐮連其小枝割之鐵鐮刃向上管在下貫以長竹柄種柏不用肥料然肥厚處結實多瘠薄地結實少田塍有烏柏其田收穀必減以烏柏根深力大能吸取田內之肥與水故也

物用　烏柏樹大者可收子二分石之一小者或不足一斗柏子一石值錢三千其內仁可榨水油燃燈極亮又可入漆水油一斤值錢一百子外白瓤可榨皮油造蠟燭皮油一斤值錢一百七八十計柏子一石可得水油十六斤皮油十八斤本地榨油多粗工不能别瓤與仁而二之混雜打油致色濁而價賤水油不可食食之易泄食熟豆便止枯肥田葉可染皂柏樹二重皮煎飲可解烟毒

櫟

櫟有二種大葉者名板櫟又名矮櫟其樹不高小葉名楮櫟高三四丈園𡊨𡏖撫屬均有之

天時　七月揚花十月結實板櫟初年即結實比楮櫟結實較速

地利　荒山曠野均可種植

人事　不須人力不須肥水

物用　可研粉其粉可以爲糞并可爲膠櫟粉每斤五六十錢櫟粉膠每斤五六錢取櫟粉法曬乾去壳浸水中數日磨研成粉用布袋澄去渣滓提中層結白者爲佳

椑

椑花白葉綠其實似柿而小色碧味澁或云柿之未剝者爲椑崇樂交界之地多有東邑亦有之

天時　四月揚花五月結實霜降後色漸黃可食

地利　隨地皆宜

人事　不甚費肥料

物用　可爲油油可漆傘質軟能耐日不過雨亦能解洋煙毒悞服者灌椑油少許即吐無害

黃梔

黃梔有家梔山梔二種家梔樹高而實大係家種者山梔樹矮而實小係野生者俱白花花芳甘可食一花一實實黃色有稜以閒種八稜者爲佳山梔郡屬皆有之家種者崇之上鄉宜之崇二都出產最多宜之仙鄉岱鄉亦之臨之二渡橋亦有以田種者

天時　二月內南風起便分枝栽種三年即結實每年四月揚花九十月結實冬至後收摘新樹結實無多愈結愈繁十餘年便老以子種者氣較厚閱歲較久

地利　荒山曠野沙洲均可種鬆土稻田尤宜

人事　剪嫩枝每段均五六寸長三四枝共一科每科相距三尺先以木樁鍼地插枝其中堅築之扶以小樹枝免被惡風吹倒栽後宜略壅清糞不可多多則傷根以後不必加肥宜鋤草宜培地灰屑歲久根露即添土培之齊民要術十月選成熟梔子淘淨曬乾來年春三月劚區深一尺全去舊土收地上濕潤淨土篩細填滿畦區下種稠密如種茄法

物用　梔可製藥可染色一株可收梔子四五斤本地收買生梔每斤賤時七八錢貴時二三十錢生梔二斤半可晒乾梔一斤運售天津漢口者蒸以甑焙以爐以筏裝之每隻二百斤或三百斤

桃

桃有紅桃白桃鶯嘴桃石桃臙脂桃櫻桃諸種以扁斜蛋大者爲佳石桃實硬櫻桃樹矮而結實少花俱粉紅色實內有仁曰桃仁撫屬皆有之

天時　春初種三年便結子每年二月揚花花後結實六月初可食

地利　高岡平壤皆可種植然根本浮淺不耐旱宜擇肥潤之土種之

人事　桃秧易生多移栽者不甚費力種樹書種時尖頭向上羣芳譜種桃淺則生深則不出故其根淺不耐旱而易枯開初結實五年斫去其樹復生又斫但覺生氣即斫則其根入地深而盤結固百年猶結實如初宜糞土初生時天旱則以水灌溉勿令枯槁羣芳譜樹有蟲如蚊俗名蚜蟲以多年竹燈檠掛懸樹間則蟲自落

物用　桃實可食桃仁可入藥桃每斤值錢十七八文桃仁每斤值錢三四十文

李

李葉綠而密花白而繁四瓣實有內紅外紅麥黃柿餅茅包錦諸名柿餅李最大茅包錦李味最佳撫屬皆有之臨川之萬湖出產最多

天時　春初種四年便結實每年三月揚花花後結實五月實熟可食李樹揚花在桃後實熟在桃前

地利　隨地皆可種

人事　移秧種核俱可生或春月取近根小枝栽之亦可栽時宜疎不宜密密則實小而味不佳樹下宜勤去草不用耕耕則肥而無力以桃樹接之則實大而紅不用肥殺蟲用膽礬十兩熟水五升調勻另用未融石灰十餘兩漬以水以收乾爲度篩成細粉再加清水一斗膽礬調和尋蟲穴噴入則虫蠹死如患癰病治法亦同

物用　可作脯以蜜煎之尤佳每斤值錢十六七文運售省城各處

柚花白而大葉與柑橘同實圓大如瓜有紅瓤白瓤之分紅瓤者味佳柚皮青色熟則變黃皮厚而多瓤撫屬皆有之

天時　春分時種次年春分移栽三年即揚花結實每年三月揚花四月結實八月實黃熟可食留在樹上不摘下至次年春食之其味尤佳

地利　宜肥地園林屋角多有植者

人事　霜降後用糞灰核次年春分撮種之苗出頻頻鋤草澆以肥水冬用草樣蓋之又次年可移栽樹小時常有蟲患枝幹有孔眼處須用鐵絲鉤出或用硫磺烟薰之樹大便無蟲凡果木均宜接用枳樹接柚實多而大橘錄取朱欒核洗淨下土中一年而長名曰柑明年移而疏之又明年木大如小兒拳迨春月乃接取諸柑之佳與橘之美者經年向陽之枝以爲貼去地尺餘細鋸截之剔其皮兩枝對接勒土實其中以防水蟲護其外麻束之過時而不接則花實復爲朱欒矣按朱欒柚也

物用　一樹結實六七十枚少或十餘枚每枚值十餘錢皮能消食下氣可爲糖醬可蜜餞可糖製味均甚美

柑樹似橘而無刺樹皮微白葉綠色實大於橘皮紅黃色有瓤視橘皮爲厚味甘者爲上甜而酸者次之價低於橘味亦不及撫屬均有之臨川之外西鄉及東路較多

天時　春初佈種種後五六年即成樹每年四月揚花花後結實九十月可收經霜則實熟味佳　柑樹最畏氷雪不如橘樹之稍能耐寒

地利　宜斥鹵之地

人事　柑樹以接者爲佳結實酸者將樹身鋸斷去地約留尺餘作砧盤斜剖一口仍須留樹皮少許勿斷乃取甜柑樹之新發嫩枝削成牛耳形接插砧盤之上併原留之皮掩蓋紮好復以草席或竹簟裹之內實以土再用小麻繩縛之土略乾則蔭水自能生活結實亦變甜味

物用　柑實較大一斤只八九枚柑百斤值錢七八百柑易腐敗宜盛以甕瓶用乾潮沙覆之柑皮可爲藥不如廣皮之佳

橘

橘樹高丈許枝多刺綠葉兩頭俱尖闊一寸餘長倍之花白而香實比柑較小青綠色熟則轉紅黃色臨川之南鄉金谿之西南二鄉及崇邑均有之

天時　隨時可植十二月尤宜植後五年即成樹每年四月揚花花後結實九十月可收雨暘時若則結實多過於亢旱則減收下樹太遲致入泄氣明歲亦減收

地利　宜洲地沙地宜向陽地

人事　鋤地宜細淨不可雜以瓦礫佈種時宜尖頭向上劃破之全埋土內壅之以灰發芽成枝即便移栽旱則以米泔水灌之冬日培以茅灰羊糞橘已成樹於根下作盤窩每年十一月以麻枯大肥壅之菜枯亦可或以死鼠埋根下結實必多樹有蟲孔以銅絲鈎鈎出之勿傷枝葉

物用　味甘而不酸可熬服能順氣化痰皮與絡可以入藥橘較南豐產者稍大味亦略遜百斤值錢一千六七百用簍裝貯運售南昌饒廣各府亦有以舟來郡購買者貨青色即便取下裝之簍中即轉紅黃色若待紅黃色始收恐不能銷行遠地橘貨可久留不致壞

金橘

金橘土名金蛋樹高大不及橘綠葉白花實大如蠶繭皮甜肉酸皮青色熟則變黃金邑滸灣十九都二十九都均有之臨邑東南路較多

天時　春初接條五六年便成大叢每歲二月揚花三月結實七月收金橘花先後迭開故其實亦可陸續剪收七月剪者爲頭幫八月上旬爲二幫九月下旬爲三幫以頭幫爲佳二幫次之三幫爲下

地利　宜肥腴之地

人事　欲種金橘先樹枳殼擇枳殼子種之曠地中壅以糞半月發芽三四年後將樹截斷去地留五六寸向樹皮開一口擇金橘枝條長一二寸者接之於上包以稻稈塗之以泥春初接條本年即可成叢揚花結實特不多耳或以柑子樹接之亦可每年冬季以糞壅之每樹需肥料數十錢此種培植要得法或須蘇水或須修剪有專習此藝者樹易生蟲凡有蟲糞溺之處用鐵針刺之

物用　可生食可製金錢餅製餅之法大鍋燒水水沸時投以金蛋隨即撈起置木桶中搭以竹篩壓以石塊用清水浸二三日運至河流洗淨每枚以刀劃四孔用指一捻而金蛋扁矣放鍋內以糖煮之金蛋百斤用白糖七八十斤煮好曬乾名曰清水貨餅百斤價銀八兩有奇銷售湖北漢江河口各處鍋內餘糖加糖匹十斤煮之亦係鍋做金蛋百斤是謂水貨餅百斤價銀七兩銷售近地又法先以水浸橘一二日再入食鹽白礬滌淨壓扁用白糖煎熬成餅

梨樹高大青葉花白如雪實大者如拳小者如杯有數種皮黃者名秋露白皮青者名禾花梨皮麻赤色者名麻梨肉俱白色秋露白味甘而質脆比諸梨爲佳梨實內有子黑色其形長圓而微扁撫屬均有之以崇邑之九都沙港爲多

天時　初春下種或移他處野生者栽之二三年成樹取美梨枝條接之又數年即著花實禾花梨麻梨二月揚花五月結實六七月收秋露白揚花結實均遲八月始收

地利　宜低濕地宜近塘畔水圳地易於灌溉

人事　鋤土種子入土便生成樹後於離土上距七八寸處鋸斷之劈開幾木預取佳梨嫩枝揷入幾內勿破皮紮以小索外加棕皮包裹蓋之以土宜常澆肥水

物用　梨味甘潤可以解熱止渴取汁熬膏可治消渴之症梨百斤價三千歉收之年倍之崇邑價最賤

柿樹枝繁葉大花黃白而小初結實青綠熟則變黃其形有正圓扁圓之別撫屬俱有之崇邑尤多

天時　十月後種每年四月揚花八九月實熟可食

地利　宜高燥地

人事　十月天氣暖時埋柿地中來春發芽移栽他處或取樹傍小枝接以桃樹亦可連接三次則無核種樹嘗柿樹接桃枝便爲金桃肥料宜石灰宜以糞少許壅根下

物用　可製脯可做柿餅柿霜可爲凍柿可做柿糠用石羔粉拌白糖併柿壓之曬乾是爲柿餅味清美取柿餅放甕缸內便結成霜名曰柿霜其甘如飴凍柿之法以芝麻梗插柿肉內藏以穀殼肉朽似腐名曰凍柿味亦不澁又或取腐爛之柿積置大缸內和以米糠攪爛作圓如梨大曬乾藏之十餘年不壞可以充食可以調糊有未乾者糊於墻壁更可久留生柿每枚五六文柿餅每斤八十文販運省城銷售柿糠山西省人常爲之光緒戊寅晉省大饑黎城縣民賴柿糠全活無一餓斃者

石榴

石榴有甜榴酸榴兩種甜榴汁多而味甜酸榴汁少而味酸榴葉狹而長綠色花有大紅粉紅黃白四色撫屬皆有之

天時　五月揚花七八月結實經霜後則實自裂其味更佳

地利　宜肥地園圃中皆可種

人事　三月初取指大嫩枝長尺有半八九枝共爲一窠燒其末勿使瀋水先掘圓坑深尺七寸廣徑尺豎枝坑畔環布停勻築以堅土令沒枝頭寸許以水澆之常令潤澤既生之後十月天寒即以藁裹之一云葉初苞時折肥嫩枝插肥土內用水頻澆自然生根又義未生時從鶴膝處用脫果法俟生根截下栽之揚花結實與大樹無異澆以米泔水極佳廣羣芳譜石榴不結子者以石塊或枯骨安樹叉間或根下則結子不落

物用　石榴百斤值三千七八百臨川有運至南昌銷售者皮可入染子可釀酒

栗

栗俗謂之大栗以其大於茅栗也苞生外殼刺如蝟毛栗在殼內色白開殼曝地色近朱壘或三瓣或二瓣亦有獨股者每瓣外包小殼殼之內實之外尙隔薄膜色紅而黑外毛內光臨邑之醫田崇邑霽坡及九都枯樹下暘陂皆樹栗樂邑亦有之

天時　栗種二月生芽每年清明發葉四月開花黃白色八月結實九月實熟苞漸裂口風吹自墮開花時忌狂風大雨花英殘落不能結實

地利　燥地沙土均宜崇邑多種於園圃內

人事　栗種須由樹摘下開口毛核勿令爆裂用篾籮藏貯毋受風次年春間核自開口萌芽種入土芽口務須向下以期芽根入土漸長樹高數丈閱數十年根下之栽尙在若移栽時慢掐落根下之栗栽他日樹雖長成而不結實故諺云栗樹子樹高三四尺取生子樹枝接之結實多而大不離母栗實收歸須懸空處令風吹乾可數日不爛若俟苞微開時摘下留外苞用蘿藏貯則過冬不壞畏酒氣近酒即變味醉人持竿擊栗則此後全樹之栗皆帶酒味按時通考稱時芽口向上種樹審采栗時要得披殘明年其枝葉益茂

物用　栗樹大者一株可得栗四五十斤小者十餘斤或僅數斤每百斤值錢三千餘崇邑價較賤樂邑尤賤栗粉每斤值錢一百七十文銷售南昌各處客燕雜記栗生食則動氣熟食則滯氣唯曝乾或火烘汗出食之良其外層毛殼煮汁和墨染衣作水墨色伏天煎湯服之可去暑熱

棗

棗樹高丈許葉圓而尖花淡黃色實初青漸大漸白至純紅乃熟有大棗小蜜棗二種蜜棗較小味極甜故謂之蜜棗與大棗做成之蜜棗大小不同金谿西南二鄉近河洲地多種棗臨川亦有之

天時　二三月栽種四五年可成樹每年四月揚花五月結實七月實熟可食棗根散漫遠長由根發新枝芽春二三月可以移栽

地利　宜近河淤洲凡旱澇之地不任稼穡者均可種

人事　樹棗以三步一行為率未發芽前勿遽删去久後仍可復生實熟時撼而落

之為上久則皮皺而汁乾矣譜元旦日未出時反斧斑駁椎之謂嫁棗不椎則花不結實候大蠶入簇以杖擊其枝間振去狂花則結實多不須壅溉

物用　大棗做成蜜棗每斤價約二百錢蜜棗曬乾是為紅棗黑棗每斤價約八十錢製蜜棗法當未剝棗之先預向產棗處購定俟棗赤時收取就草地晒之用無齒木扒攤開不使成堆夜間亦然使得露氣間日取回用刀細劃以缸分貯一層棗蓋一層糖糖棗拌勻何日後變成黑色即為蜜棗味甘而質大臨邑每年計得四五千斤用木桶裝貯每桶八九斤或四五斤由商人販運南昌饒州各府銷售

枇杷

枇杷一名盧橘花白葉極長形如枇杷背有黃毛實大如龍眼味酸郡城有之臨川西南鄉亦有之

天時　春分時種四五年即成樹每年冬揚白花正月結實熟可食相傳此果秋萌芽冬揚花春結實夏成熟備四時之氣

地利　宜岡厓燥亢地

人事　取子陰乾春分時鋤地作窠一窠一粒窠相距五六寸次年春間可移栽此樹易種亦不必以他樹接之初種時以灰覆之長芽後時時蔭水不宜糞

物用　可蜜煎葉可入藥刷去黃毛可代茶熬膏為化痰潤肺每斤值錢二十餘

蓬棚子

蓬棚子即涼粉子一名土木瓜樹高丈餘結實如鴨蛋大末尖而底平皮青色內裹數千百子子與脂麻相似撫屬皆有之

天時　大暑結實

地利　生高山穢野中

人事　不煩人力不須糞溉

物用　可為涼粉服之能解暑熱取蓬棚子剖之以刀刮其子出晒乾與之以布置清水桶搓洗之其汁自出凝以布巾須臾即成涼粉樹大者每株有子三分石之二本地收買于一石值錢四千崇邑每年有百餘石運往上海九江漢口零售獲利亦厚

種田雜說

臨川縣知縣江召棠

臨川南鄉山多而田高田低者莫如西鄉然西鄉有內外之別外西鄉田最低內西鄉田仍高東鄉高低田各半北鄉則高者少而低者較多高田苦旱低田苦潦南鄉及內西鄉高田十分之中以八分種旱稻餘則以種麥種棉種芝麻以春季雨足而地高又無水患也秋季則以八分種豆及各色雜糧餘乃以種晚稻以秋季雨少而豆又不如晚稻之畏旱也北鄉低田除極低者留種大禾外餘皆盡種早稻雖雨少猶可望六成收成晚季仍可種稻若早稻爲春水淹則改種大禾水後田肥必獲倍收之利故農人雖春耕不獲一粒而終不悔種早稻爲多事倘秋又苦雨則無可補救矣大抵高田宜早稻晚季則利在雜糧低田則早稻間或有收而大禾郤非得任通而計之春夏雨多早稻當可收五成春夏而旱則僅得十分之三秋而雨多晚稻僅可收十分之三秋而旱猶可收十分之五蓋天時地利之不齊亦恃人事有以調劑之也

人有恒言皆曰五風十雨而此間農人所求更有奢者初春之時農田多種紅花草土蘿蔔以爲肥田之用一旬內必得雨一二次則草菜蕃殖肥料自足二月犁田一旬內須得雨二三次而不宜過多斯田肥不至泛濫而草菜又得陽氣以腐爛之土脈乃能饒沃此後自種秧以至五月揚花之時每旬亦要得雨二次使田間恰可滋潤至六月每旬必須得雨二三次則由灌漿而結實者不至旱壞其幹而米粒方能圓滿且早稻一穫即可犁田或種豆或仍種稻亦可及時播種而穫自是而至秋末仍須甘雨二次而三時之事始畢此一說也或謂仲春播種以前正農夫深耕之日雖十日皆雨不爲多若秧苗長發之時雖十日不雨不爲過大抵春時大雨傾盆陂塘盆滿春夏之交可以備旱若夏秋時以五日一大雨爲率不宜多否則大水成灾即高田亦有所碍且五月多雨稻當揚花之後縱菁葱而實不飽若日久不雨則稻必薄而不厚並恐乾極而生蟲此又一說也總之欲晴欲雨人情之常而天定者究未嘗不可以人力勝也

田有九等土有五色不辨土性地利無由興也曲盡人力以變化地質未有不足以補天時之缺憾者土人云高田近山或多土泥或多冷漿其田底深或二三尺淺亦尺許得一雨可耐半月之久兼有山泉可資挹注且平時築陂塘以蓄水旱則決水以灌溉稻自種至收不過十旬左右即遇旱乾不過灌溉八九次此尚有可補救者也低田多在平陽當春夏大水漲發瀕築圍堤日夜防護冬令加高培厚更種樹固堤以備不虞此固一定不易之法但低田有土泥沙泥兩種土泥之田多不近河水

不易退且平地多泉井亦尚可濟急即或夏間多雨臨時放乾田水烈日曝晒俟四五日後再行灌水則苗根堅固不畏雨淫不畏肥浪亦尚不至十分損歉唯沙泥低田多近河道水極易洩縱大雨傾盆不兩日而即涸或連日苦雨又恐大水爲灾旱乾稍久戽水維艱更恐牛疲而泉竭此等田土補救實無良法然此亦知其一不知其二耳田無論高下肥瘠燥濕冷熱但能精於化學無不能妙於轉移者化學不必西人知之即撫農亦何嘗不知特知之不精而不能隨時改良耳改良之道無他亦於糞其田加之意已矣

糞不一類人糞畜糞之外如草灰豆枯及一切穢雜渣滓凡可以肥田而變化地質者均可以糞概之此間農人惜糞如金農居之側必置糞屋低爲簷楹以避風雨屋中砌深池爲窖以免滲漏所有腐草敗葉均拉雜漏漬其中附郭農民在三十里內

外洋多入城收買糞穢近城市者每日擔擔往各處代滌便溺穢器且老稚四出多方搜聚兼收各種畜糞及陰溝泥汙道路穢堆并柴木之灰猝鳥獸之毛骨無不各有其用推之極草菜腐稻根收藥料亦莫不取精用宏藉然而施肥之法有原肥補肥之分有大肥雜肥之別而其時候亦有不同施之於未種之先謂之墊底施之於既種之後謂之接力墊底之糞在土下根得之而愈深接力之糞在土上根見之而上吸故善稼者皆於未下種時設法糞壅尤爲著意大都用糞者要使化土不徒滋苗化土則用糞於先而使瘠者以肥滋苗則用糞於後徒使苗枝暢茂而實不繁故糞田最宜斟酌得宜若驟用生糞及布糞過多糞力峻熱反爲害矣至於田之冷者多在於樹蔭過密及東西高山日光少透之處或以不見日光之冷水滲田禾感陰濕之氣禾質必柔弱無大精采治法引向陽遠流灌溉以取其溫常用石灰搿撒禾

田並日放田水使吸太陽溫氣土脈一經調和禾卽生發俗云土性陰冷者宜骨灰蘸秧根石灰淹苗足卽此意也田之熱起於土脈焦瘠向陽淡氣不生或糞灰過量草肥少壅致養質有過不及或種穀正當午時收藏烈日暑氣在內均患熱症苗莖而黃葉有斑點治法速將田水放去一半用手扒根耘泥仍灌以井水及近流之冷水次日放盡再耘用石膏粉握撒禾葉○一畝熱田石膏不過一石○旬日間禾苗便可轉機若田濕而膠凝則加粗土煤渣肥沙○沙色不發亮則肥○田燥而沙礦則以海塘肥泥或用湖草及路旁草穢奮秕攙入土內時常耕犁翻轉使日光易透空氣之氣漸疏則濕者鬆燥者亦融矣且燥土少淡氣必用停種之法則地面日吸生機土內常含養質能增淡氣使土肥沃而濕土自有淡氣若停種則養氣隨水流去而生機日減不易留存則尤以更迭換種爲宜變而通之神而明之無非化地質

以便生殖而已但何土宜何糞何糞值何價同一用糞而收成盈歉何以互歧此化學所以必參以算學而糞之種類價值又不可不衡其貴賤而取其便利也爰就市值而區其類言之果能略知大概善於比例則農資不至虛擲矣

動物之糞　牛骨每担二千二三百錢　牛蹄角屑每担二千六七百錢　猪骨每担二千三四百錢　猪毛每担三千五六百錢　鷄毛每担千四五百錢　鴨毛每担千六七百錢　馬糞每担百餘錢溼而不乾者四五十錢　猪糞上者每担六七十錢次者四五十錢　鷄鴿糞每担百餘錢　鴨雀糞每担八十錢

植物之糞　木柴灰每擔千一二百錢　草柴灰每担八九十錢　花生蔴豆等餅每担千一二百錢　桐柏餅每擔五六百錢　稻穰秕每担五百錢　雜糧糠粃每担三百錢　芝蔴殼每担五六十錢　稻殼每担百餘錢　朽爛布草上者每担七

八十錢次者四五十錢

又有不屬動植而爲肥田所通用者　人糞上者每担一百二三十錢次者七八十錢　人尿每担三四十錢　石灰細末者每担四百錢白塊者三百錢　石膏白色每担七八百錢黑黃色者三四百錢

從來農田植物大患有二其一爲天災其二爲蟲災及病災天災非可以人力制而蟲災病災則人力得預防而消滅之病之災有二曰冷曰熱多半因田而生治田之法前章言之詳矣蟲之災有四螟螣蟊賊各有專治之法撫農或知其名而不知其形或知其形而不辨其名其治法亦或略知其大概或試之稍不驗或嫌費重便置而不講第執西北風殺蟲之說束手而聽命於天是豈計之得哉今先卽蟲之形質及驅治之法言之

一曰螟䘃蟲長六七分不等初白色長二分許背淡褐色腹灰白色腳有四體生粗毛寄生於稻之莖心或於葉腋發生二十日後化蛹又羽化爲白蛾產卵於稻葉後卽化爲螟蟲一發其害禾葉先起黑斑點苗黃衰萎亦有未及抽穗被咬心而死害至輕者穗亦少結實

一曰螣卽特也名苞虫其形似蠶長五六分不等背顯亦黃色腳有四腹灰色俗名泥蟲五六月產子寸化爲蛹長三四分寄生於葉底喜食稻葉循莖葉而下棲於根際吸其發液禾黃枯而死

一曰蟊又曰浮塵大小不一大者長四五分背灰黑色腳有六兩長四短小者灰色寄生稻桿喜食稻根吸取液汁禾日見衰枯而死

一曰賊長五六分不等背腹灰色腳有四兩翔只長浮游水面俗名水賊寄生叢葉食禾穗之節幾四者之中賊蟲尚少螟蟲之禍最烈當於耘泥除草時注意葉間殺卵捉蟲并每畝用芥子油三合或石油四合灑葉莖蟲害卽絕除螣蟲用藝台菜浸於尿內注之稻中除蟊蟲當其翅力未足時注水田中用油少許浮水面以帚掃蟲入水中令觸油氣而死後再放水流去治蛾之法於四五月夜間或苗長成五六寸其時蛾未產卵須在田園八九丈處行誘殺法用徑一尺五寸許之盆貯八分度之水注以煤油以長約三尺五寸許之竹木立於其側其上部懸一洋燈〇或玻璃燈〇使其光力不減而達於水每於黃昏點至夜半誘而殺之又有用小口竹筒貯水上面用燈火令蛾飛入水內集而滅之此四者之外如遇東南風發熱禾內生蟲形如蠶齧禾葉卽起黑斑若無西風雨吹散必用上年雪水氷水灑潑禾田以除其害又如蝗蟲陡起則必張網於蟲飛所向之路驅鋪於中殺之其餘蟲類不一治法亦

大略相同然殺蟲於既生之後不如防之於未生之前或於未下種時防之冬季燒燕畦畔雜草絕其遺卵又將田土犁翻吸受淡氣使一切蟲類蟄藏土內者暴露地面霜雪殺之禽鳥啄食之遞譯不至復萌或於浸種下種時防之則於清明前後每石種以數碗燒酒和水浸之或用冰雪水浸之任從東南風熱禾既無蟲苗更清秀又平時禁捉蝦蟆使在田間捕食諸蟲其患自絕此雖於殺蟲之法未必盡無遺策然亦思已過半矣

附跋

謹按臨川之土宜稻俗以禾米山目之而沃野千頃地脈腴潤即百果草木亦無乎不宜考土產之最盛者如南鄉之燈芯草西鄉之樟油桐子皆以一物而獲萬金之利西南鄉西北鄉之甘蔗黃黑豆種植最廣獲利獨豐東鄉丁家洲之西瓜味埒北產尤爲諸郡縣所罕覯薑芋兩種雖甚微物亦逈非尋常醬菜橘餅外卑馳名又皆取給於是其餘有賫於百姓日用者尙不一而足此非沃土之效乎唯是地利無窮百產精英必愈闢而愈發臨農故步自封不思振作產米雖富而或惰其力或嗇於財凡辨種糞肥殺蟲諸法未能精益求精即築堤濬塘鑿井諸大端亦不免得過且過他如古榨盈野而製腦無法辨材不明大利尙待籌度也蠶桑設局而但解賭秧不謀種湛推行終虞阻滯也竹可造紙質粗而價不高棉可紡紗花劣而用不適夏

布爲土貨大宗而麻種弗良漚治未善苟且遷就甘讓美鄰邑而不辭至於畜牧之饒礦產之厚更有志而未之逮此又非官斯土者所深審而猶有憾乎今奉　憲檄考求農產日進老農而討論之務其獨得言人人殊反覆推勘三占從二略具梗概繪圖而演說之諸甚難詳聊資印證但願一邑之農用所長而知所短漸開智慧觀其會通庶幾物土辨方不悖法則張華云五土之宜得其宜則利百倍未始不可操券得之也　署臨川縣知縣江召棠謹識

中國之貧至茲已極理財者莫不以興利爲亟矣然欲興利必先除弊而金邑之弊大要有二一由於游惰者多一由於戕害者衆盍金邑號膏腴無不可種之物無不可致之利比歲以來人心不古游惰之民偷安苟且即如早晚兩稻既日食所必需又本業所素習猶且耕耨不時灌溉不力遂使上田變爲下田樂土變爲荒土四鄉無論也近在城郭而田園荒蕪者已不下數百畝之多謂非惰農實階之厲乎此弊之由於游惰也雖然惰農多矣而勤者亦間有之詎無及時盡力隨事課功講土宜而開風氣者乎而戕害者或挾嫌蹂躪或暗地偷竊或縱物踐踏經歲爲之而不足頃刻敗之而有餘經中經保在賫艱難送局送官大非容易良懦畏事祇好釋手而近來且有聚盜割者未見其利先受其害鄉民何樂而爲此風氣何由而得開此弊之由於戕害也今蒙　憲台下詢土宜謹繪數種呈　覽竊因其自然之利而推廣之則物產豐而利源自遠矣然而興利必自除弊始除弊必自警游惰禁戕害始語云芻蕘有言聖人採焉用陳梗概伏乞　鑒原　署金谿縣知縣張仁荃謹識

謹按宜邑境內向分崇仙岱三鄉崇南岱北仙跨東西都分則崇鄉最多仙次之岱又次之地勢平原少而岡多南益高而北較下因有宜黃兩水源分流合故邑以

名土性堅燥以隱藏山谷者佳種植五穀兼及桑麻果蔬之屬陰陽宜而流泉注旱潦無憂夙稱沃壤窮僻之區間產百合磨粉最良其兩水發源各都春夏水漲即遭淹浸難於播種附近沙土略栽薯蕷蔆藕花生之類空曠之地泉水所不能溉每虞久旱其竹木等類遍山皆有崇岱兩鄉較多土性潤者兼產冬筍以時斸鬻皆爲利源然稻禾而外大宗究竟無多若菸葉若黃梔歲產三四千金種桑者不少而飼蠶者尙未得法出絲成數難定餘若夏布草紙歲出二十萬或十萬金然夏布薈萃鄰邑草紙販自崇仁僅由宜行運出售若農民講求蒔麻並草紙另厰改良其利益溥特宜民狃於積習好逸惡勞即畎畝耕耘尙未肯盡力茲逢　憲台考察農務不憚詳求谷屬遵飭勸導將見風氣漸開家喻戶曉因地制宜生植繁衍異日黃童白叟鼓腹而歌謳殖田疇曰惟　憲台教養相成之賜　代理宜黃縣知縣夏瑚宸謹識

樂邑環境皆山東西廣八十里南北長二百里叠嶂重巒平衍之區較少水性寒涼土質薄且多砂石出產較他邑稍次分四鄉曰忠義曰雲蓋曰樂安曰添授四鄉之中統謂之上下鄉五穀果蔬竹木之屬咸備焉上鄉兼忠義雲蓋居民皆背山面谷竹樹松杉錯生於山之中者茂密而枝交稻田蔬圃姜芋瓜豆靛藷等植於山之下者接壤而靑不斷尤多種蔴故忠義鄉之增田墟雲蓋鄉之南村萬崇木南等墟婦女皆績蔴爲布銷售撫湖鎮江各處歲獲洋三萬餘兩若雲蓋鄉之招攜上庄桃單石等處又能以所產竹製造毛邊紙及草紙行銷遠處可得三四千金其茶子之可以榨油者亦惟忠義鄉之白竹大石門雲蓋鄉之小江上庄李樹坪諸村落較多每歲出二三千金不等五十都之山查坳一帶多產百合造粉者皆有利焉下鄉兼樂安添授物產較上鄉稍遜即遲稻亦次於上鄉而早稻則過之以地少水泉稻生全賴雨澤春夏雨多而秋冬少也縣城在上鄉之忠義境城內有山二曰象山曰仕山街市湫隘隙地甚多皆向之室於茲而燬於兵燹者也城外有水如帶其東南有石壁森峭立沙際吳怒若靈鰲之負山名曰鰲溪源出芙蓉山之陽日夜潺湲涓涓不絕然河身平淺水不盈尺故不能通舟楫資灌溉雖產稻多一遇旱乾則束手無策其穀之銷行第於鄰境不能及遠以質重而價輕人功有所不足也且樂民之業田者但知播種收穫而農學水利不甚得法茲逢 憲台鄭重本圖特設農務局以濬自然之利飭將境內所出五穀草木之屬有關民食用者詳考土宜分門別類繪圖帖說勸爲成冊俾業農者有所遵循得以深悉其衰旺之故種植之方人力所至地利暢興而天時可挽歲豐固可慶有餘即遭歉歲亦無患不足則富强之效不難旋踵而立致其有益於 國計民生者誠非淺尠矣 署樂安縣知縣馮由謙識

採訪校勘姓名

總司採訪校勘兼齋敎習馬紳汝艮

臨川紳董 伍致中 邱麟書 饒士勤 陳廷喆 羅廷棟 廖金城 喻懷祐
梁耀椿 鄧培心 張福仁

金谿紳董 嚴炳照 龔庭昂 雙 修 李龍蓀

崇仁紳董 陳 岡 李友陶 李如鑑 甯廷芳 鄒師舜 鄧虞懷 傅家祥
黃立大 黃 瀾 黃祖培

宜黃紳董 歐陽昱 吳 壎 李文蔚 程其琨 黃啓鑾

樂安紳董 楊懷芳 丁文炳 何廷恩 游乃安

東鄉紳董 夏雲開 邱屏藩 危廷弼 余日章 饒立準 艾 芬 艾延年

張獻書 樂鳴周 謝希祖 周維楨 易炳章 林韻和 樂咸池
李宗唐 揭向寅 陳朝熙 吳輝漢 饒宗魯

撫郡學堂肄業生童 花增榮 何景藩 李慶棠 郭維屏 鄒建寧 朱士偉
程壽祺 傅士鎏 萬象春

夏小正

（漢）戴　德　傳
（宋）金履祥　注
（清）張爾岐　輯定
（清）黄叔琳　增訂

《夏小正》，（漢）戴德傳，（宋）金履祥注，（清）張爾岐輯定，（清）黃叔琳增訂。黃叔琳（一六七二——一七五六），字昆圃，又字宏獻，號金墩，晚年又號守魁。清直隸順天府大興（今屬北京）人，祖籍安徽歙縣。康熙三十年（一六九一）進士，授編修，歷康雍乾三朝，先後任職刑部、吏部侍郎，浙江巡撫等職。與方苞關係甚密，當時被稱爲巨儒，著有《史通訓故補》《文心雕龍輯注》《硯北易抄》《詩經統説》等。

張爾岐（一六一二——一六七七），字稷若，自號蒿庵居士，山東濟南府濟陽縣（今濟南市濟陽區）人，明諸生，擅長古文詞，與顧炎武交往密切，撰有《儀禮鄭注句讀》《老子説略》《蒿庵集》等。

《夏小正》原爲《大戴禮記》之一篇，漢代戴德（字延君，西漢梁國人）爲之作傳，《隋書·經籍志》著録爲一卷。此書以夏曆十二個月爲順序，分别記載了各月的物候、氣象、星象與重大農事、政事活動等，爲月令雛形。書中所記載的内容涉及採集、種植、蠶桑、畜牧、漁獵等活動，亦包含有早期農業生産工具等資訊，保存了先秦時期豐富的農業生産與科學知識，是研究夏商西周時期農業史與其他相關學科的寶貴文獻。

由於時代久遠，書中偶有錯簡及少量殘缺，經、傳也有混淆或互相誤入的地方。傅崧卿（字子駿，號樵風，宋山陰人，政和五年［一一一五］進士）曾得到古本校勘《夏小正》，並仿杜預編次《左傳》的體例，列正文於前，列傳於下，附以注釋，重新編訂，以四時爲序分四卷，每月一篇，前爲經文，後爲戴氏傳文，名爲《夏小正戴氏傳》。金履祥（字吉父，自號次農，宋婺州蘭溪人）又在傳的基礎上，旁徵博引，補充前人之未詳之處，並對經文作注。到了清代，張爾岐把戴氏傳與金氏注合在一起，其下附以自己的見解，考證得失，辨析疑異。黃氏又認爲張氏本傳與注多重複，遂在其基礎上，删繁取要，增訂成書，不分卷。書中稱『傳』者，指的是《大戴禮記》的原文，稱『注』者，是指金履祥之説，稱『張氏曰』者，乃爲張爾岐的見解，黃氏的注釋内容則加『案』字表示。

黃氏增訂内容細緻、詳備，也增添了不少新的見解，尤其重視對與農業生産相關的名物進行解釋，使原來艱澀的語句變得更爲淺白、易懂，對《夏小正》原文的理解很有幫助。然而全書注文遠遠超過原文，難免顯得繁冗；同時，書中偶以清代之農業生産技術注解早期農業生産狀況，也有牽強附會之處，且部分名物的解説也不一定正確。

該書版本較少，有清乾隆刻本，華南農業大學農史室藏有清刻本（綫裝一册）。今據清乾隆間刻本影印。

（熊帝兵）

序

三代之文唯夏后氏爲最古洪濛乃樵得之於廬阜字青石赤紫之於岣嶁雖皆蘚剝落斷碣殘碑好古者猶披荆撥霧而探之例經傳紀載備有全文如大戴禮夏小正尤有信而可徵者顧大戴既爲之傳與小正本文合而爲一自漢訖唐無異至宋儒朱子儀禮通解始特標本文而别出之蓋自唐一行創立大衍考訂前譌如小正中南門正參中則旦皆一一推步測驗而仁山金氏又廣稽博引以補戴傳所未及

朱西山蔡氏及前輩張氏爾岐亦各有考證得失辨析疑義之處似無待後人之補綴矣然往往各述所聞各是所見至或以小正一書爲子夏所譔或以蜮鳴爲射工菽糜爲菽糜糜爲獻糜爽死爲蘘乃瓜爲乃衣丹鳥爲螢白鳥爲蚊蚋卵蒜爲本大如卵則所記有可疑者又不少也余不揣譾陋薈萃諸法復加參酌竊以爲二典所載敬授人時璿璣齊政其大者也竹書紀年夏后元年正月頒小正其小者也何小乎爾以所載多訓民之事故小也士生三代之後掇拾於煨燼之餘幸得三代之全書而卒讀之以視嗜奇好古諸君子披荆撥霧而探索之者其勞逸爲何如也旁搜冥討辨晳奇疑雖未敢自負博雅之林而所藉以銓品前脩津梁後學者或庶幾管闚蠡測爲高深之一助乎時

乾隆十年歲在旃蒙赤奮若清和既望北平黃叔琳崑圃氏序

原序

大戴禮記夏小正第四十七其書重複煩難讀朱子始覺其爲經傳參和所致乃簡別之錄附儀禮仁山金氏履祥作通鑑綱目前編據朱子所定系夏禹元年正月下而爲之註與戴傳多異同愚並錄傳註庶幾得失互形自見俯愧寡昧不能折衷姑以俟諸君子濟北張爾岐書

夏小正附錄

考異

十有二月納蒜卵卵蒜也者本如卵者也納者何也納之君也偏考經傳祭品皆用韭不用蒜夏小正納卵蒜疑當爲納韭卵正月囿有見韭記韭之初生也十二月納韭卵記農人收之納之有司以昭祭事王彪之賦曰蒲韭冬藏謂卵蒜者本如卵納者納之君夫卵蒜納之君將何用此語蓋漢以後人附會

五月蓄蘭傳爲沐浴也唐徐堅初學記歲時部採艾懸於戶上注引玉燭寶典云以禳毒氣又引荆楚歲時記曰宗則字文度常以五月五日採艾用灸有驗是日競採雜藥夏小正此月日當作蓄藥以蠲除毒氣據上文所引書知引夏小正蓄藥字非誤蓋古本也諸書說五月五日採藥者甚多今作蓄蘭徐氏所引同案楚辭浴蘭湯兮沐芳蕙今本蓋出此然小正所記皆要事若言爲沐浴蓄之淺矣當從歲時記所引作蓄藥以蠲除毒氣方有關燮理陰陽之事此傳蓋非原文後人見誤本如此因附會之也

右二則見臧玉林經義序說

凡例

夏小正一卷戴氏傳元金仁山別爲之注濟陽張稷若輯合傳注附以己說今用張氏本其注與傳文重出者於義無取概從刪薙又注之在經下者如辨音正字之類張本併列傳後特別出之繫於經下

凡注義與傳違異者張氏既有論說愚更折以異聞并備錄諸家之說參異証同以求其當或皆無訓釋輒以鄙意增補悉用按字識別不敢與前輩相混

經傳中句讀離合文字錯舛諸本互有異同琴依朱[illegible]爲正[illegible]他本作某

[illegible]

夏小正

漢戴德傳　宋金履祥註

濟陽張爾岐稷若輯定

北平黃叔琳崑圃增訂

傳曰：何以謂之小？以小著名也。註曰：小正記候之書，謂之小，則固非其大也。孔子得夏時以說夏禮，必有大於此者。觀周單子所述夏令，時微則當時必有制度教條之詳，不可得聞矣。又曰：戴德作傳，與正文合，朱子纂禮別出之。張氏曰：仁山綱目前編據朱子所定，繫夏禹元年正月下，而別為之註，與傳頗異同，今並錄之，得失互形自見。按竹書記年：夏后氏帝禹元年正月頒夏小正，即是書。舊傳或云子夏作，謬也。

正月

啓蟄。金氏於上增春字，後亦增夏秋冬字。今刪。呂氏春秋高誘註：蟄讀如什。

傳曰：啓蟄，言始發蟄也。註曰：今驚蟄二月節，漢正月中。月令孟春蟄蟲始振。豈古陽氣特盛，啓蟄早歟？國語云：陽癉憤盈，土氣震發，蟄蟲振冏，宜然亦始動，非出蟄也。按正月建寅之月，子曰行夏之時。漢三統歷驚蟄先雨水，後四分歷始易之。

鴈北鄉。呂氏春秋作候鴈北。唐月令作鴻鴈。隸隸古歸字。今陳註月令作鴻鴈來，蓋因唐本字誤耳。鄉讀如向。

傳曰：先言鴈而後言鄉者，何也？見鴈而後數其鄉也。鄉者何也？鄉其居也。鴈以北方為居。何以謂之居？生且長丁丈反焉耳。九月遰鴻鴈，先言遰而後言鴻鴈，何也？見其遰而後數之，則鴻鴈也。何不謂南鄉也？曰：非其居也，故不謂南鄉。記鴻鴈之遰也，如古而通不記其鄉，何也？曰：鴻不必當小正之遰者也。按謂鴈南首必在七月，中國所不見，故不記；必當九月見其遰，乃記之也。

雉震呴。呴雊通。書越有雊雉。

傳曰：震也者，鳴也。呴也者，鼓其翼也。正月必雷，雷不必聞，唯雉為必聞。何以謂之？震。舊本無震字。雷則雉震呴，相識以雷。註曰：震，振也。呴，鳴也。其音云。張氏曰：雉振翼乃鳴，當作振震也。震，鼓其翼也；呴也者，鳴也。戴氏於二字乃互誤也。按震，雷也。五行志：雉性剛明，故獨先聞雷氣通也。呴之言勾，雉鳴句其頸。雞鼓翼乃鳴，雉鳴乃鼓翼。蓋雞，昴日，日將出震而鳴，故鼓翼先之，陰已微也；雉，胃土，雷未出地而鳴，故鼓翼後之，陽未奮也。傳意言惟震故鳴，鳴乃鼓翼耳。張謂傳文釋二字互誤，恐非。

魚陟負冰。淮南子作魚上負冰。

傳曰：陟，升也。負冰云者，言解蟄也。註曰：月令魚上冰是也。春冰薄，魚既升，背若負之。魚冬則氣在腴，故降；春則氣在背，故升。按禮冬右腴，以陽在下而腹肥；夏右鬐，以陽在上而背肥。正月肥猶在腹，非以背肥而欲升，傳言解蟄是也。

農緯厥耒。

傳曰：緯，束也。束其耒云爾者，用是見君之亦有耒

也。註曰。古者立春先時命農大夫咸勸農因求田器也。張氏曰。爲將耕故脩耒。按農農官也。農
求覛耒。置之於參保介之御間是也。季冬已令民
脩耒耜。及至是繕之。蓋古斲木爲耜。揉木爲耒。後
人以鐵爲耜。耒耜二物。至此合之。月
令天子親載耒耜。知君亦有耒也。

初歲祭耒始用暢。暢、鬯通。一作暘。

傳曰。初歲祭耒始用暢也。暢也者。終歲之用祭也。
其曰初云爾也者。言是月始用之也。初者始也。或
曰祭韭也。註曰。王將耕籍則鬱人薦鬯。王祼鬯之言暢也。祭耒而用鬯也。祭始爲耒耜
之人。按古之君子使之必報之。迎貓迎虎。以及
郵表畷坊與水庸。皆祭之。則此有事於耒。即祭耒
焉。然社祭土而句龍食焉。稷祭穀而柱食焉。易
大傳言神農始爲耒耜。蓋取諸益。則配食者其諸

神農氏之臣歟。暢也者。酒也。築鬱焉芬芳條暢。故
謂之暢。其曰鬯者。象其形。曰暢者。名其德也。宗廟
祼鬯焉。郊社祼鬯焉。獻之屬莫重於祼。而始用之
祭耒何也。將有事於耕也。耕藉以奉天地社稷之粢盛。
故天子諸侯非莫耕也。身致其誠信之謂敬。敬其
事則命以始初歲祭耒。粢盛之始也。故始用之。

囿有見韭。此句舊本脫

傳曰。囿也者。園之燕者也。註曰。韭陽菜。春有之。見露也。按種蔬菜者謂
之圃。有蘠沼焉謂之囿。得有其樂。故謂之囿也。韭
也者。蔬之美者也。剡之即生。爲時最久。故謂之韭。
韭文。肖其形。名韭。著其義也。老曰覓。蠙稱曰黃。囿
有見韭。尚其黃也。陽氣之始升。木德之先見者也。
貞之。故園之燕者亦有之。君子之觀物也。皆以著
德焉。樹樹瓜韭。不斂藏之種。以爲遠於利也。有見
韭。歷霜雪而不凋。以爲近於貞也。木竭於火。故六
月則病焉。至七月復榮矣。蔬之屬莫有久於此者

也。故君子樂有之也。

時有俊風。

傳曰。俊者。大也。大風。南風也。何大於南風也。合冰
必於南風。解冰必於南風。生必於南風。收必於南
風。故大之也。按君子之感時也。有所慶焉。有所發焉。時有俊風。慶之也。風之爲言萌
也。俊風至而草木皆萌焉。其文几中虫。昆蟲之屬
皆以風化也。易緯曰立春條風。春分明庶風。立夏
清明風。夏至景風。立秋涼風。秋分閶闔風。立冬不
周風。冬至廣莫風。爾雅東谷風。南凱風。西泰風。北
涼風。此於春不舉條風谷風而舉俊風。以爲此長
養萬物之風也。君子之於物也。生之則即思所以
長也。惟夭札不榮是
懼。故於俊風慶之也。

寒日滌凍塗。寒日滌句。金氏通凍塗爲句。非

傳曰。滌也者。變也。變而暖也。凍塗者。凍下而澤上
多也。註曰。日滌凍解而爲塗也。張氏曰。寒日滌言寒氣日變而暖也。金註則遺寒字義。按凍
塗者。凍土融而化爲塗泥也。天地之道。有陽必有
陰。君子於陽喜之。爲其剛且明者之近於仁也。於
陰抑之。爲其柔且暗者之鄰於惡也。然君子非有
怒於陰也。定發陰之所成焉爾。至此陽和之氣日
盛。而積寒之氣遂日滌而去焉。陽善於變而陰自
從而化。妙於無形。轉於無迹也。易坤之初六曰履
霜堅冰至。危乎其履之者也。此於初歲曰寒日滌
凍塗。幸乎其滌之者也。夫君子之自新以新民亦
若此之滌也。

田鼠出。

傳曰田鼠者嗛戶䶖反爾雅作鼸鼠也記時也註曰爾雅鼸鼠郭璞云以頰裹藏食按易曰艮爲鼠星象則虛爲鼠焉虛也者耗散之名也北方之宿牛主耕農畝之勤也女主織女紅之勞也而虛之耗卽隨之是可懼也爾雅鼠名十二而無釋文蓋以二名互相釋也是謂鼢鼠卽鼸鼠也田鼠有二曰小尾長者鼸目深尾短者鼢皆貪殘而害稼曰田惡其出也然則何以記傳曰記時也以爲是能穴田且藏食者人可以爲力耕多藏之兆也故記之以爲民也

農率均田

傳曰率者循也均田始除田也言農夫急除田也

註曰率相率也夏后氏一夫五十畝均之以脩其疆畔不相侵越按均者墾治之徧詩曰畇畇原隰均之故畇畇爾也若夫脩封疆審端徑術僩遴則必命田正爲之而農乃循也

獺獻魚今本作獺祭魚祭本作獺獸祭魚張氏曰據傳小正舊文當是獺獻魚不知何時更作祭

傳曰其必與朱子曰疑作謂之獻何也曰非其類也祭也者得多也善其祭而後食之十月豺祭獸謂之祭獺祭魚謂之獻何也豺祭其類獺祭非其類故謂之獻大之也按獺似小狗而短足紫毛穴居能入水亦休木上預卜水之高下以定穴是其知也正月十月兩祭魚是其仁且禮也其必與之以獻大之也

鷹則爲鳩

傳曰鷹也者其殺之時也鳩也者非其殺之時也善變而之仁也故其一作具言之也曰則盡其辭也

鳩爲鷹變而之不仁也故不盡其辭也註曰月令在仲春漢初以雨水爲二月節蓋因秦之舊張氏曰註意謂夏小正農及雪澤卽雨水也與鷹化同在正月旨氏既以雨水爲二月節故連類收入按鷹鵴鳩也少昊氏之立也以鳥紀官左傳曰祝鳩氏司徒也雎鳩氏司馬也鳲鳩氏司空也爽鳩氏司寇也鶻鳩氏司事也五鳩鳩民者也蓋祝鳩取其孝也雎鳩取其摯也鳲鳩取其均也爽鳩取其猛也鶻鳩朝鳴取其勤也各有義焉爾鳥惟鳩善聚文以九鳥善其聚之聚也鷹善搏鳥鷹至而鳥驚鳥在其爲鳩也高氏誘曰鷹之鉤鳥以喙感春之仁其喙正直不復能食鳥矣時而取小鳥抱之以溫其爪朝則縱之若與羣也則鷹也而爲鳩矣古君子之用刑也以禁殺也非以爲殺也故於司寇曰爽鳩焉是神武不殺之道也

農及雪澤

傳曰言雪澤之無高下也註曰雪澤猶凍解也及謂汲汲也及此凍解便往治田農書曰春土長冒陳根可拔耕者急發是也按雪澤者雪之澤也雪也者穀之精也臘月三白者年必豐故以雪爲年之占也雨之流也迅雨於高注於下蓄以昳滑而後禾濡焉雪之化則已入土也故高下悉飫其澤也老農藏雪以漬穀種螟螣之災皆不及焉管子農耕及雪釋耕始焉則此澤字卽釋也

初服于公田

傳曰古者有公田焉者古張本無古字言先服公田而後服其田也註曰孟子曰詩云雨我公田遂及我私由此觀之雖周亦助也夏小正曰初服于公田由此觀之雖夏亦助也按夏后氏五十而貢民受田五十各貢其五畝之入於公家

二曰惟助爲有公田夏問無公田也夏無公田矣曰公何也古者有是言也君曰爾私民曰我公矣凡服於田也必有其初以初耕者爲公耦如之耘如之耔如之穫亦如之曰此我公之田也納穗必以是秫以是聚米亦以是民無時不言公也是古時言公田者民之心有公田也

采芸

傳曰爲廟采也註曰雜禮圖云芸蒿也香美可食傅註云芸似邪蒿可食　按芸有三紫者味辛其上也黃者味甘其次也青者味鹹其下也廟采嘗爲祭祀時所采能使常芬且辟諸蟲耳類函作爲朝采恐誤

鞠則見

傳曰鞠者何也星名也鞠則見者歲再見爾註曰　按天

夏小正　七

文書不見鞠星是時初昏參中則晨所見者危室諸星耳古鞠菊通用蓋謂菊始苗九月榮鞠則菊華也按鞠星蓋黃星也辟時黃星見或夏后時亦有之後書不見無傳焉爾金氏以鞠爲菊恐正月非菊苗時也

初昏參中斗柄縣在下縣懸通

傳曰初昏參中蓋記時也言斗柄者所以著參之中也註曰是時初昏則日當在室壁之間與月令不異也　按唐一行曰夏時立春日在營室之末昏東井三度中古既以參右肩爲距故曰初昏斗柄懸在下魁枕參首所以著參中也參西方白虎之宿南其首北其尾其前觜星即虎之口也參七星三心二肩二足古法先觜後參參十度觜一度今法先參後觜觜十度參一度蓋觜在參上二星合體此贏彼縮其度實一也舊云參七星令測參二十四星

柳稊張作梯誤

傳曰稊也者發孚也註曰柳始綻如稊也　按易大過九二枯楊生稊虞翻曰稊穉也楊葉未舒稱稊柳之與楊一物而二種本草強而揚起謂之楊弱而垂流謂之柳蓋楊之言揚柳之言流柳性喜隱流又柳之言褸褸形褸褸然與波紋若相織也初春生黃即開黃蘂至晚蘂成結小黑子花落絮飛蘂其花絮其子也入水爲萍著瓦爲瓦松著裘蔚爲蚳隨物而化無自性也無自性者陰之至也

梅杏杝桃則華梅古作某亦作呆杝音夷

傳曰杝山桃也按梅也者木之先也百花之魁也冬春之際陽始與陰交若人有

夏小正　八

媒焉是生物之始也故謂之梅古文呆在木上口也者象也見蘂未有葉也杏反之口在木下見葉乃見蘂也書曰木作曲直曲直作酸梅爲木主故最酸杏次之故次酸也杏熟則肉與核離陽中有陰能自辨焉爾農書曰杏花如何可耕白沙其志亦以占時也杝小桃也正月必花實皆自隕不可食桃則兼食桃也月令仲春桃始華此不再記者已從其類言之也桃者少陽之木其華之序先梅次杏次杝次桃曰則者盡其詞焉爾謂至此而陽盡出也易雜曰大壯初九桃不始華倉庫必火爲陽鬱也故君子樂其發也

緹縞緹縞大戴作娓縞今從金氏本鄭樵云縞音浩緹音堤

傳曰縞也者莎隨也緹也者其實也先言緹而後言縞者何也緹先見者也註曰鄭云莎草也張氏曰大戴本縞作稿隨作

隨字典作隨又作蓨莎草可爲笠亦可爲蓑雖而不沾雨故謂之莎按爾雅薃侯莎其實媞是薃即莎又廣雅地毛莎隨也鄭樵爾雅註云莎草即香附子其根生塊似實爾雅誤以爲實也如莎草之類皆無實

雞孚粥。孚今本多作桴非粥音育義同下仿此

傳曰：粥也者，相粥之時也。呼一作時或曰：孚，嫗伏也。粥，養也。按易曰巽爲雞春秋題辭曰雞者積陽所生南方之象火陽精物炎上故日將出應之鳴以類感也徐鉉曰雞之言稽也能稽時也或曰雞之言期也爲日期也雞以卵生積卵十餘乃嫗伏之孚之文從爪從子伏子時以爪轉之恐其嫗之不均也至十八日則雞自坼而出矣故曰孚孚者誠也誠之所感未有不化者也其既坼則育之獸之育劬以乳雞無乳也則祝之曰喙

喙矣韓子云祝祝庭中拾螻蟻此之謂也故曰相粥呼也易巽爲雞九家易曰應八風也二九十八主風精爲雞故雞十八日剖而成雛

二月往耰黍禪。張氏曰禪從衣從示者誤

傳曰：二月往耰黍禪。禪，單也。註曰耰覆種也耰當作種二月漸暖耰黍者可衣單張氏曰二月非種黍之時此謂耰其種黍之地耳地既耕又摩使平不謂之耰今謂之勞古謂之耰按往往于田也所謂四之日舉趾也耕欲其深耰之言憂也憂其未深復耕之也黍之言暑也黍以大暑種書大傳曰夏昏火中可以黍稷此未種其言耰黍何也爲黍而耰也孔子曰黍穀之最貴者也以薦宗廟尸始飯必以黍終飯必以黍黍穀之最貴者也故特言黍尊黍也耰農事之勞者也力勞則陽氣憤盈於外故衣單蓋野者于是已不急衣也

初俊羔助厥母粥。

傳曰：俊也者，大也。粥也者，養也。言大羔能食草木而不食於母也。羊羔非其子而後養之，善養而記之也。或曰：憂朱子疑作作夏有煮暑祭，祭者用羔。正月獻羔開冰以享司農爲暑憂也是時也，不足喜樂，善羔之爲生而記之與羔。一作牛

羊腹時也。按腹猶之腹下以乳之釋粥字之義他獸非其子不乳之獨羊有乳鹿者是非其子亦乳之也在易象兌爲羊廣象兌爲羔而後天兌與坤大坤母也故羊最恤其母乳於母必跪恤母也稍長能食草即不乳於母恤母也母義而子孝可謂祥矣故羊之言祥也又詳也草必擇而食之穢惡不食知也董子曰有角而不觸好仁也至死不哀鳴守義也跪乳

禮也四德具焉故善與義之文必從羊也蔡謂不食乳則羔母得以自養釋傳意當是謂羔之大者不食乳則母可專養劬羔且有餘力非非其子亦養之是助母粥也

綏多女士。綏闕檢本作綏

傳曰：綏，安也。冠子取婦之時也。註曰周禮會合男女即此也男有室女有家所以安之也按禮始於冠本於昏冠成人之道也教以爲人子爲人臣爲人少之禮行焉昏人道之始也有夫婦然後有父子有兄弟有君臣上下而禮義有所措嘉事之重也二月大壯亨之至也嘉會足以合禮必於是乎行之子曰夏道尊命近人而忠即此可想也

丁亥萬用入學。

傳曰：丁亥者，吉日也。萬也者，干戚舞也。入學也者

大學也謂今時大舍采也註曰萬者舞也此月令所謂上丁命樂正習舞釋菜也二月不必有丁亥或以干取丁以支取亥敗按月令上丁命樂正習舞釋菜仲丁命樂正入學習樂知必用丁也少牢禮來日丁亥鄭註祇于太廟禮日不得丁亥則已亥辛亥亦用之賈疏必須亥者月令乃擇元辰註曰郊後吉亥陰陽法式亥爲天倉祭祀求福宜稼於田故先取亥無亥乃用餘辰此入學用丁馬融謂取文明之義則壬必用丁支不必亥也春夏陽而仲春尤陽之正中故習舞以養和舍采高誘謂釋采幣以禮神考呂氏春秋作釋采金註作釋菜因俗本之訛也

祭鮪

傳曰祭不必記記鮪何也鮪之至有時美物也鮪也者魚之先至者也其至有時謹記其時註曰此所謂春

獻王鮪者也按月令季春薦鮪于寢廟乃爲麥祈實似薦鮪以祈麥也小正祈麥實在三月祭鮪在二月則以美物薦非有祈也故別之也埤雅鮪似鱣而青黑體無鱗甲肉色白大者長七八尺岫居至春始出

榮堇堇音謹別有靳音者爾雅所謂芨郭璞所謂烏頭有毒是草非菜與此迥別

傳曰堇采也也或作色誤○註曰爾雅郭璞註堇葵葉似柳子如米汋食之滑本草註此菜野生非人所種俗謂之堇菜榮華也張氏曰葉似蕺花紫色者是按爾雅華荂榮也木謂之華草謂之榮先言榮而後言堇何也望其榮乃知其堇也本草味甘爾雅云苦者古人語倒猶甘草謂之大苦也內則堇荁以滑之冬用堇夏用荁亦春夏用生秋冬用薧也詩堇荼如飴朱子注云堇烏頭也陸佃謂堇毒荼苦即國語所謂置堇於肉者是當音靳朱子誤音爲謹若本經榮堇乃音謹

耳

采蘩張氏本下有田胡字乃是誤以傳文合經文又誤由作田

傳曰蘩由胡由胡者蘩母也蘩旁朱子作方或作勃或作方張本作蒡皆誤勃也皆豆實也故記之註曰爾雅蘩皤蒿即白蒿也或曰蘩所以生蠶張氏曰爾雅蘩皤蒿又曰蘩由胡是蘩與蘩二物戴云皆豆實是蘩與由胡二物按蒿有二種初生相似者氣惡不可食唯入藥治產後俗謂之苦蒿其白者味美陸璣云春始生及秋香美可生食又可烝一名游胡北海人謂之旁勃蓋蘩之言繁也蘩始生一莖耳採食其上體酋下體寸許四旁皆勃然生又採其上食之則旁生彌衆故謂之旁勃謂其母曰由胡謂由此而叢生散出如胡也由一作游或曰游胡游散之義傳曰皆豆食謂自毋及子自春及秋皆用之也廣雅埤雅俱以

由胡爲白蒿一名旁勃張氏特未深考耳

昆小蟲

傳曰昆者衆也由張作田誤蒐蒐張作螺誤也方本脫此四字由蒐蒐也者動也小蟲動也其先言動而後言蟲者何也萬物至是動動而後著按昆之由蒐蒐者何也子曰精氣爲物由蒐爲變氣也者神之盛也則蒐也者神之方至而伸云云然其未定也小蟲初蘇之象似之

抵蚳抵音祁蚳直其反

傳曰抵猶推也蚳蟻卵也爲祭醢也取之則必推之推之不必取之取必推而不言取疑脫不必取也句○註曰

爾雅注疏蝝子在卵者名蝝此云昆及小蟲之微大抵皆卵屬也按北戶錄廣人掘取大蝗爲之螘倦游錄嶺南村木中生白蟻能飛見火則聚飛入水拔脫卽爲蝦土人以土漉取之爲醬名天蝦擬又有大赤蝗爲窠木杪大如數升器土人升蝗及卵以糝及薑鹽釀之爲醬味極美是古人取爲祭醢以示儆物之敬也來舊矣然不多取故言推不言取蓄蟲食蚳蝝以蕃庶物仁未嘗不行也抵有二音音祇者說文云蚳蠥也音祇者集韻云擬手期蚳也此當音祇金氏訓作大抵誤

來降燕乃睇

傳曰燕乙也降者下也言來者何也莫能見其始出也故曰來降言乃睇何也睇者眄也眄者視可爲室者也百鳥皆曰巢突穴取（突穴上疑脫一燕字）與之室何也操泥而就家人入（入一作人）內也（註曰月令所謂元鳥至者也　按類函引小正無突穴等字止作燕言室何也摻泥而入人之室也詩天命元鳥降而生商孔氏曰元鳥來而謂之降者重之若自天來蓋自高辛時祈于郊禖而有是祥故先言來降而後言燕是也）

夏小正　十三

剝鱓（鱓古本作鼉）

傳曰以爲鼓也（按鱓卽鼉也似蜥差小四足長丈餘橫飛善睡向日吐水日入則沒夜鳴如鼓其聲應更江淮間謂之鼉更又聞鼓則鳴與枹應也其皮堅厚可以冒鼓因其材而用之也詩曰鼉鼓逢逢）

有鳴倉庚（鶬目前編作鶬鶊）

傳曰倉庚者商庚也商庚者長股也（註曰黃鸝也　按倉庚卽黃鳥埤雅云詩凡言黃鳥者興也凡言倉庚者賦也又名鶯黃名楚雀齊曰搏黍秦曰黃栗留大于鸜鵒黃羽黑眉素脚其項有文如女著襭故謂之鸝又倉庚曰其鳴嚶嚶故謂之鸝詩曰有鶯其領鳥鳴嚶嚶皆是鳥也冬以土自裹而入於穴春則坼而出故詩曰出自幽谷遷于喬木正月已鳴采麥黃桑葚則鳴尤甚如織機聲爲鶯從也故古諺曰鶯黃鳴蠶事勤曰有鳴美其鳴也曰商庚又曰倉庚者商秋聲倉春色秋蓄而藏春始而出庚更也）

榮芸

無傳（註曰芸至是始華也　按淮南子曰芸草可以死復生埤雅云芸亦辟蠹）

時有見稊始收

傳曰有見稊而後始收是小正序也小正之序時也皆若是也稊者所爲豆實（註曰稊一名英蕛稊稗之草以其穖苗故稊如生卽收刈之張氏曰傳以稊爲豆實是萌蘖之可食者如筍蒲椿楮之屬　按周禮豆實有韭菹昌本菁菹茆菹葵菹芹菹深蒲筍菹箈菹此草木初見稊則耐久而味足如今之茗以穀雨前收者爲佳也若稊稗之稊則春方耕夏又耘不必一一而刈之矣稊音題木之稊者春仲時有見稊如椿芽枸杞之類皆可採以爲豆實與柳稊之稊意同草則曰荑木則曰稊稊木之稊者金氏說非）

夏小正　十四

三月參則伏

傳曰伏者非亡之辭也星無時而不見我有不見之時故曰伏云（註曰至此參初昏而西沒也唐開元歷推夏時季春日在昴十一度半去參距星十八度故曰三月參則伏　按月令昏七星中七星星星也唐柳星也）

攝桑。

傳曰：桑攝而記之，急桑也。張氏曰：葉始出而尚合也。按：葉未敷而已記之，故曰急桑也。李時珍曰：白桑葉大而厚，雞桑葉小而薄，山桑葉細而長，子桑先葚後葉。王盤曰：荊桑多甚，枝葉堅勁；魯桑少甚，枝葉豐腴。

荾楊。一作委。

傳曰：楊則花而後記之。註曰：舊註委作苑。按：楊花必委地，故謂之荾，至荾而後記之，非所急也。

羵羊。

傳曰：羊有相還之時，其類羵羵然，記變爾。或曰：羵，羝也。按：羵之言圍也。蔡氏曰：羊性熱則聚。埤雅云：羊性善羣，故羣字從羊。每一羣以一雄爲主，衆牝皆聽之，俗謂之壓羣。此之羵羊，蓋謂使牝羊羣從牡羊，若牛馬之遊牝于牧也。

鼤則鳴。鼤音斛。

傳曰：鼤，天螻也。註曰：天螻，螻蛄。按：揚雄曰：一名社狗。崔豹曰：一名石鼠。孫炎曰：鼤雄者善飛亦善鳴，雌者腹大羽小，不能飛。腰以前甚澀，腰以後甚利，故用其前爲塞藥，用其後爲利藥。以能穴土，故謂之土狗。或以爲五技鼠，非也。

頒冰。

傳曰：頒冰者，分冰以授大夫也。註曰：月令仲春開冰，而夏用三月。蘇氏曰：古者藏冰發冰，以節陽氣之盛。夫陽氣之在天地，譬猶火之著於物也，故常有以解之。十二月陽氣邇伏，錮而未發，其盛在下，則納冰於地中。至於二月，四陽作，蟄蟲發，陽始用事，則啓冰而朝薦之。至于四月，陽氣畢達，陰氣將絕，則冰於是大發，食肉之祿，老病喪祭，冰無不及。是以冬無愆陽，夏無伏陰，春無淒風，秋無苦雨，雷出不震，無災霜雹，厲疾不降，民無夭札。胡氏曰：冰，聖人輔相調燮之一事也。

采識。

傳曰：識，草也。註曰：識當作蘵。爾雅：蘵，黃蒢。注：蘵葉似酸漿，花小而白，中心黃，江東以作葅食。按：蘵、黃蒢，亦苦菜也，詳顏氏家訓。

妾子始蠶，執養宮事。

傳曰：先妾而後子，何也？曰：事有漸也。言事自卑者始也。執，操也。養，長也。註曰：言蠶事也。張氏曰：妾，媵御；子，內子。按：妾子，妾及女子也。古者女謂之子，論語「以其子妻之」，詩「之子于歸」是也。執，專執也。月令所謂「禁婦女毋觀，省婦使，以勸蠶事」也。曰過分而可長矣，曰長而執事與之俱長，王者之勸民，甚樂乎其長也。曰宮事，勸之化自宮中始也。

祈麥實。

傳曰：麥實者，五穀之先見者，故急祈而記之也。按：黍稷自神農以來有之，若麥則后稷始別識之而樹藝之，故頌曰「貽我來牟，帝命率育」。劉向曰：來牟，麥也。始自天降，名之曰來，謂至是始來；曰牟，伴也，其功與黍稷伴也。繼乏續無，于是爲急，故祈之。

越有小旱。

傳曰越于也記是時恆有小旱詁曰所以祈麥實者恐或有小旱也正月於農事三月於蠶麥實之不厭其詳按此特記時爾與後越有大旱時有霖雨為類君子之於時也辨之也審於民也慼之也詳於旱有發戢於雨有憂焉其命節也曰雨水曰穀雨曰寒露曰霜降汲汲乎乘時也切切乎憂時也皇皇乎因時補救之也

田鼠化為鴽

傳曰鴽鵪也變而之善故盡其辭也鴽為鼠變而之不善故不盡其辭也按田鼠夜行而貪殘陰類之惡者鴽即鶉一名鴾母其雄名鴿其鵪名𪂿鶉夜則羣飛晝則草伏無常居而有常匹詩曰鶉之賁賁埤雅言鶉能不亂其匹也乃陰類之善者陰從陽化故走化而飛戀化而善也故言化盡其辭也其夜飛猶有陰焉猶未離其類故秋感陰復為鼠也

夏小正　七

拂桐芭

傳曰拂也者拂也桐芭之時也或曰言桐芭始生貌拂拂然也按拂言有白乳如拂拭之也桐無子者桼有子者椒又名梧脂脉如膠亦木之陰者陰為陽所散故曰乳盡乃華芭華也

鳴鳩

傳曰鳴鳩言始相命也先鳴而後鳩何也鳩者鳴而後知其鳩也按鳩鸒鳩也一名鶻鳩江東亦呼鶻鳩鵃左傳鶻鳩氏司事埤雅曰月令所謂鳴鳩拂其羽者是也朝鳴則晴莫鳴則雨其飛最高故詩曰宛彼鳴鳩翰飛戾天廣雅謂為斑鳩誤矣斑鳩乃鶻鳩也

四月昴則見

傳曰四月昴則見下闕文○詁曰是時日在畢觜之間故且昴則先見按昴一名旄頭西方白虎七宿之一其廣十度今以窺微鏡測之凡三十六星昴酉之宿也房卯之宿也日出於卯而房之宿為兔月生于酉而昴之宿為雞雞日精兔月精陰陽之精互藏其宅也昴日精故盡其辭也陳子龍史記測議曰昴宿皆云七星或云六星近測之實三十六星也

初昏南門正

傳曰南門者星也歲再見壹正蓋大正所取法蔡氏曰南門二星屬角宿庫樓上唐一行曰立夏之日日在井四度昏角中南門右星入角距西五度其左星入角距東六度故曰初昏南門正昴則見按再見謂春初昏見秋初晨見壹正則夏初昏正也南門者北辰所向王者向明而治故于南門重之星傳庫樓十星在角舍南維南門二星在庫樓下西大星近樓前蔡氏云在庫樓上誤

夏小正　八

鳴札綱目前編作蚻

傳曰札者寧縣也縣音懸鳴而後知之故先鳴而後札詁曰按爾雅如蟬而小有文謂之蚻小者謂麥蚻張氏曰今按爾雅蚻蜻蜻詁方言云蟬小者謂麥蚻有文者謂之螓夏小正鳴蚻虎懸也與傳及所引皆小異按考蟬類最多或云蟧母似蟬而小傳所謂寧縣疑即蟧母然蟧母二月已鳴與四月鳴者異矣或云蟪蛄小而紫四月五月鳴然蟪蛄謂之螇螰或謂之蛉蛄與虎懸別出未可指為一物也邢疏引某氏解此云鳴蚻蚻者也緣其

音而名之，其說近是。

囿有見杏。

傳曰：囿者，山之燕者也。按見杏，杏實正熟，可供籩豆之實也。盧諶祭法曰：夏祠用杏。

鳴蜮。蜮音或

傳曰：蜮也者，或曰屈造之屬也。舊註：射工、含沙、射人者。按彼何人斯詩云：為鬼為蜮，則不可得。不可得，烏知其鳴？是鳴者非此蜮也。傳所云屈造亦不知何物。月令：是月螻蟈鳴。高誘曰：蝦蟆。又淮南子曰：鼓造辟兵，壽止五月之望。許慎注：鼓造蓋謂梟也，亦曰蝦蟆。豈蜮即蟈之省文，而屈造即鼓造歟。

王萯莠。萯房九反

無傳。註曰：王萯即王瓜，莠當作秀。本草陶註即土瓜也。按古月令作赤箭生，末月令作王萯生，苦苿秀。今本月令作王瓜生，苦苿秀。此疑有脫文也。王萯疑即王瓜。王瓜有四種：一生平澤田野及垣墉間，葉如栝樓而又缺，有刺如毛，初開黃花，子如彈丸，生青熟赤，爾雅所稱黃蒢瓜者是也；生北地者，苗葉相似，子纍纍如棗，皮黃肉白；一種生吳地，大徑寸，長五六寸，鹽以為菹，柔脆可食，初生黃白，老則赤黃；一種實如瓟角，瓜色正赤，味苦，爾雅所謂鉤藈菇者是也。別一種王瓜草，以葉似王瓜名，根作塊，赤黃，能祛風去濕，一名菝葜，一名菝挈，即所謂赤箭也。皆未知孰是。然合之俱當曰王萯生，不當曰秀。或曰莠如字，莠者似瓜非瓜，若苗之莠也。

取荼。

傳曰：荼也者，以為君薦蔣也。註曰：荼，苦菜也。爾雅疏云：苦菜葉似苦苣而細，斷之有白汁，即今苦蕒也。張氏曰：荼有二，詩謂荼苦，此苦荼也；有女如荼，此茅秀也。茅秀輕白，故以狀女色。傳以為薦蔣者是。按周禮掌荼取以供喪事。又詩予所捋荼，傳云荼苦，疏云亂之秀穗。嚴華谷謂亦茢茢之類。英茶即茅秀，張說是也。金氏以苦蕒當之，謂似苦苣而細，斷之有白汁者，非。

莠幽。金氏以莠字連上取荼為句，幽字自為句，非。

無傳。註曰：莠當作秀，即月令苦菜秀。張氏曰：秀幽未詳，詩豳風四月秀葽，得非以葽幽聲相近而誤歟。毛奇齡曰：小正秀幽，詩秀葽，一也。爾雅葽繞棘菀，郭注今遠志是也，一名蕿，一名葽，其根為遠志，其苗為小草。按秀葽，鄭疑為王萯秀，陳蠢則以為秀幽，李迂仲云鄭氏為誤。又內經註引月令作吳葵華，吳葵即葽，然則秀幽之為秀葽，蓋有本矣。

越有大旱。金氏以為上必有闕文，非。張氏曰：以幽字作句，故疑有闕。

傳曰：記時爾。按此月令仲夏雩祀所為作也。金氏謂上必有闕文，則因前以小旱屬祈麥實而云耳。然月令雩祀何嘗不曰祈穀實歟。

執陟攻駒。

傳曰：執也者，始執駒也。執駒也者，離之去母也。陟，升也。執而升之君也。攻駒也者，教之服車，數舍之也。按學記曰：始駕馬者反之，車在馬前。攻也者，專治之。善教者如攻堅木，先其易者，後其節目。以老馬引車，而繫駒于車後，使習見老馬之服轅，則以之駕而不驚也。數舍之，使有餘力，不以為勞。

也易曰發蒙利用刑人以正發也若馬駕中刑在前也曰川說枚之而數舍之不竭其力使可悅也不然桎梏以往吝之拊也故曰君子察此可以有志於學矣

五月參則見見賢遍反

傳曰五月參則見參也者伐一作牧星也故盡其辭也按唐一行曰五月節日在輿鬼一度半參去日道最遠始見其肩股猶在濁中房星正中故曰五月參則見○星傳參七星九度半太中央三小星曰伐故謂之參伐也一作牧非

浮游有殷

傳曰殷衆也浮游殷之時也浮游者渠畧也朝生而莫死稱有何也有見也註曰陸云似甲蟲有角大如指長三四寸甲下有翅能飛夏月陰雨時地中出人燒炙噉之美如蟬也樊光謂糞中蝎蟲所化按浮游似蛣蜣身狹而長叢生糞中掘土而出故詩曰蜉蝣掘閱掘閱猶門也甲下翅有文采故詩曰衣裳楚楚能浮水上而游故謂之浮游死即隨流而去也

鴂則鳴鴂詩作鵙

傳曰鴂百鷯也一名博勞博與伯勞與鴂一也鳴者相命也其不辜之時也辜負之也命人不負此時是善之故盡其辭也註曰離騷恐鶗鴂之先鳴兮使夫百草為之不芳蓋五月一陰生乃百草不芳之候也按郭璞謂鵙似鶷鶡而稍大張華謂似鸜鵒而喙黑易緯云好單棲其飛[illegible]其聲嗅左傳伯趙氏司至者也樊光云以夏至來以冬至去也亦能殺蛇磔之於樹故蛇聞其聲即止不動蓋鳥之陰者其鳴陰始生也

埤雅云倉庚知分鳴鳩知至故陽氣分而倉庚鳴可蠶之候也陰氣至而鵙鳴可績之候也詩曰七月鳴鵙八月載績是促人績者為衣也故善之

時有養日日大戴記作白非

傳曰養長也一則在本一則在末故其記曰時有養日云一作之也按此即月令所謂日長至也古法日百刻日長六十二刻夜短三十八刻今法日九十六刻日長五十九刻十分夜短三十六刻五分夏陽故舉日冬陰故舉夜堯典日中星鳥宵中星虛春陽秋陰舉其義一也本始末終陽始陰終陰陽各有始終夏至陽盛極即陰之始冬至陰盛極即陽之始不可不察也君子見微知著故於夏至曰陰陽爭死生分言死生懼陰也於冬至曰陰陽爭諸生蕩不言死蓚陽也戒慎乎其所不睹恐懼乎其所不聞終日不違仁仮天君常泰所以安陽無暴其氣使百體從令亦善養陰也

乃衣大戴記無衣字作乃瓜

一傳曰乃衣者他本作乃者急衣他本作急瓜之辭也衣也者始創衣也他本無衣也者始創衣也七字朱子曰傳本有此句○註曰舊註作乃衣試新衣也張氏曰所引舊註不知所本按月令孟夏天子始絺孟冬天子始裘小正不記始絺絺者適情之事非所急也可不記也若民則惟知禦寒而已詩曰無衣無褐何以卒歲於夏無辭蓋二月往穫黍而民已禪矣由燠而之暑民方苦暑焉袒裼裸裎者有之所謂處必揜身者謂何君子之愛人也養以道不徇其情謹其幾不流於縱命民乃衣所以飭其躬并欲令禦寒者豫之早故傳曰急衣也坊本作急瓜之辭瓜以適口而何急焉蔡氏連下以字讀謂衣瓜以巾覆瓜按小正記時候非記

禮制恐非

瓜。蔡氏以瓜字連上作句，非。

傳曰：瓜也者，始食瓜也。張氏曰：衣瓜疑有誤羨。按詩曰：中田有廬，疆場有瓜，是剝是菹，獻之皇祖。後八月言剝瓜，此不言剝，疑不獻也。時物不薦不嘗新，不獻而先食之，何記歟？物有貴賤，其薦者必其貴者也。瓜之爲物也小，而善腐。易曰：包瓜。象始生必潰之陰物，不可以久留也。謂是瓜可以爽口，可以解暑，則食焉而已。然考禮玉藻，瓜祭上環，瓜非不可獻之物，或始食瓜而祭之，故亦云急瓜也。不言乃瓜者，蒙上乃衣之文也。張承蔡氏作乃衣瓜，故疑有誤羨耳。

良蜩鳴。

傳曰：良蜩也者，五采具。註曰：按爾雅當作蜋蜩。按五行之爲德也，發於音，

見於色。五采者，五行之色也。蜩，微物也，而五采具，故美之而稱良焉。爾雅曰：蜩，蜋蜩，螗蜩，蚻，蜻蜻，蠽，茅蜩，蝒，馬蜩，蜺，寒蜩，蜓蚞，螇螰，蓋蜩之類最多，各以時鳴，而良與唐又別也。

匽之興五日翕，望乃伏。據傳，五日上疑有漏脫字。

傳曰：其不言生而稱興，何也？不知其生之時，故曰興。以其興也，故言之興。五日翕也，以其字釋之字。望也者，月之望也。而伏云者，不知其死也，故謂之伏。五日也者，十五日也。翕也者，合也。伏也者，入而不見也。按匽，蟬也。何以謂之匽？匽猶伏也。傳曰：蠐螬爲腹育，腹育爲蟬。又曰：朽木爲轉丸，轉丸爲蟬。人有掘地得蟬腹尚爲朽木者，以其遞禪，故謂之蟬；以初假伏，故謂之匽。初自土出，已爲蟬形，猶抱木而不鳴，又折背而出，泥上蟄落，乃登高而發聲。蝱無口而鳴，以旁其翼，初生處若魚之鯢，與風相吸，乃作聲。蟬之升也近陽，其鳴又以日之陰。淮南子曰：蟬三十日而死。疑五日上當有三字，謂既興十五日而鳴，又十五日而伏也。蔡氏謂匽疑蝙蝠，興，出也；翕，飛貌；望，十五日也。按此訓與下傳唐蜩者匽也全背，且鼠伏甲子，蝙蝠伏庚申，未聞以十五日伏也。

啓灌藍蓼。

傳曰：啓者，別也，陶而疏之也。灌也者，聚生者也。註曰：啓灌，取其汁也。藍可以染者，五月取以爲澱；蓼，草名，取以爲麫。張氏曰：月令五月令民毋艾藍以染，鄭註：此月藍始可別。種藍之法，先蒔於畦，生五六寸許，乃分別栽之，所謂啓也。藍，蓼藍之似蓼者，今名小藍，有數種，此種最優，五月始栽，八月方可爲澱；五月取汁，唯大葉藍耳。金以啓灌爲取汁，

誤。按大藍染碧，蓼藍染綠，槐藍染青，凡數種也。但本文云藍蓼，不云蓼藍。古禮經濡雞、濡魚、濡鱉皆實蓼；漢楊雄種蓼以供食母；劉向別錄有尹都尉種蓼篇；本草蓼有七種，紫蓼、赤蓼、青蓼、香蓼、馬蓼、水蓼、木蓼，諸蓼皆冬死，惟香蓼宿根重生，可爲生菜。李時珍曰：古人種蓼爲蔬，收子入藥，後世飲食不用，惟麯用其汁。則藍蓼當是二物，皆于是別蓺之也。蔡氏謂灌，澆灌也。又埤雅引夏小正啓灌作灌沐，釋云：灌，澆灌也；沐，剝沐也。俱與後灌荼灌字異訓。

鳩爲鷹。

傳見前。按其喙始曲，能搏擊也。既善矣，復變而惡，蘖閔之，故不言化，不盡其辭也。亦不言則，君子之望人善也，樂其速；其之不善也，遲且閔之，而況於速乎。

唐蜩鳴。

傳曰唐蜩者匽也。註曰按爾雅當作螗蜩張氏曰良蜩者蟬聲清長者也唐蜩則其今蟟也。按唐之爲言大也其采具者謂之良其聲大者謂之唐甚哉古人察物之精也蟄也良蜩也匽也唐蜩也寒蟬也聰其鳴之先後而悉忘之若是乎其感物而陽無虛時也則唐蜩之非匽也唐蜩馬蜩也大而黑五月鳴又名蜘蟟謗曰蜘蟟蟄狂不稱生若其小而紫者爲蟪蛄蟄月而止故曰蟪蛄不知春秋則匽也

初昏大火中。

傳曰大火者心也。註曰心星也今則亢中矣按心東方蒼龍七宿之一明堂之位中帝前太子後庶子其廣七度說苑曰古有四時主春者星張中可播種主夏者火昏中可種黍稷主秋者虛昏中可種麥主冬者昴昏正可斬伐田獵蓋藏皆上告天子下告之民此惟記火中重火也火也者天子明堂之位也。

種黍菽糜。大戴記脫此句○註曰前稷黍當作種此種當作稷張氏曰菽有二月種而五月始稷者本文爲正按糜音門下從禾舊作糜誤糜訓粥粥豈可種者耶。

傳曰心中種黍菽糜時也。朱子曰菽豆也糜赤粱粟按黍已見前豆類最多蠶豆扁大如指頭冬種夏收收當蠶時謂之蠶豆此菽火中而種實間色黃間有純黑及青者統謂之黃豆莢枯乃取子二三可煮可炒可醬磨之腐醉之油取用爲最多有實如背形者食馬名料豆赤豆綠豆種稍遲子小莢中子五七數者莢皆附幹蹄豆蔓生子似綠豆扁豆莢扁大長豆莢長皆蔓生取其莢以爲蔬又刀豆莢殼大似刀可爲蔬料豆補腎赤豆滲脾綠豆清心火扁豆白者補脾皆入藥也。

煑梅。

傳曰爲豆實也。註曰書言若作和羹爾惟鹽梅古人飲食用梅猶今之用醋按經經屢言醯醢醯醋也古人未嘗無醋然食加豆有梅諸梅諸王肅曰諸菹也周禮謂之乾橑蓋必先煑之加鹽曝之乃乾可藏久或加飴蜜焉

蓄蘭。

傳曰爲沐浴也。註曰爲沐浴及佩也卽今澤蘭俗名蘭草香可辟不祥亦可爲藥按本草一名水香俗呼燕尾香煑水療風四時常青花黃春色深秋色淡閩粵澤蘭生水澤中及下濕地葉尖微有毛不光潤方莖紫節離騷浴蘭湯兮沐芳周禮註三月上巳以香藥草沐浴是也又晏子言湛之麋醢而賈匹馬是蘭亦可食也若家語所稱生於深林不以無人而不芳則山蘭也

菽麋。麋舊作糜誤。

傳曰以。已通孟子無以則王乎。在經中又言之何也是食矩關而記之。張氏曰金氏無此節所言亦不詳其語愚意菽當作叔取也苗而取之又周禮獻人夏獻麋菽或獻之訛歟按張氏此條都不審的菽叔不同義麋麋不同文又獻狼獻鹿豕本經皆不著何獨於獻麋記之且與傳義不符蓋戴氏誤麋爲糜故曰經中又言之張氏改糜爲麋豈得謂經中又言乎今按上種黍菽糜糜字從禾穀名也此糜字從米豆粥也仲夏之抄暑氣通人令氏爲豆粥以辟暑氣非法也以爲食法之所闕而記之也

頒馬。將閒諸則。大戴記及金氏綱目前編俱無將閒諸則四字

傳曰頒馬分夫婦之駒也將閒諸則或取離駒納

之則法也。物四驪閑之維則。按閑閑通，詩曰比

六月初昏斗柄正在上。

傳曰五月大火中，六月斗柄正在上，用此見斗柄之不當在心也，蓋當依依尾也。按依當如依烏鄭位之依尾言依畢別名亦前翰星之類也尾主子孫故日依九子如鉤其廣十九度今十五度

煑桃

傳曰桃也者杝桃也，杝桃也者山桃也，煑以為豆實也。按本文言桃不言杝桃實可食杝桃之實不可食也禮豆實曰桃桃諸無舉杝者傳似小誤

鷹始摯。

傳曰始摯而言之何也？諱煞之辭也，殺同一作煞誤故言摯云。註曰始摯搏也按月令季夏鷹乃學習孟秋鷹乃祭鳥用始行戮此始摯即學習之謂也於此一言之而後祭鳥行戮皆不言諱殺不忍盡其辭也君子於鳥之殺且不忍盡其辭而況於人乎

七月莠雚葦。註曰莠讀爲秀

傳曰未莠則不爲雚葦，莠然後爲雚葦，故先言莠。按長而中空皮薄色白者曰葭曰蘆曰葦短小而中空皮厚色青曰菼曰亂曰荻曰萑最短小而中實曰蒹曰薕未莠則名蒹葭而已詩曰蒹葭蒼蒼葭莠曰未莠時也

狸子肇肆。狸一作狸誤

傳曰肇始也，肆遂也，言其始遂也。其或曰肆殺也。註曰狸伏獸蓋至此時而始肆也按狸伏獸故於文從埋方身文黃黑彬彬其搏物善爲小步以擬度發無不獲故爲擬度之形而後肆若鷹之學習然也徐廣曰狸一名不來

湟潦生苹。

傳曰湟下處也，有湟然後有潦，有潦而有苹草也。註曰苹一名萍大者名蘋鄭曰水中浮萍江南謂之薸按湟人所聚易城復于湟湟城下池也潦道上無源之水凡水小急流者不能生萍故曰有潦而後有萍也爾雅疏小曰萍大曰蘋小者如萩圓淺水所有之不可食大者如蕕根細如須亦有花季春始生可蒸爲茹詩所謂于以采蘋南澗之濱

者也此專以小言蓋是時土潤溽暑大雨時行故湟潦皆生萍

爽死。

傳曰爽也者猶疏也。註曰未詳按爽死疑即左傳之爽鳩時多殺鳥取其死者而祭之因曰爽死以紀時也或曰爽薅也草名蓋夏枯草之屬其志亦記時也能明目故謂之爽稟陽之純故感初陰即死

莠荓。綱目前編作荓誤

傳曰荓也者有馬帚也。註曰荓亦有華者即蘋也張氏曰爾雅荓一名馬帚似蓍可以爲箒按今名落帚科以掃地可斷螻蟻古人以爲雪馬之箒馬者國之大用重馬故荓馬之帚記之曰有馬帚也明所以記之金氏誤爲苹失其旨矣別有苹名藾蕭者高三四尺葉大於

掌紅花似蓼。詩云呦呦鹿鳴食野之苹。非萍，亦非蘋，更非苹也。

漢案戶。

傳曰：漢也者，河也。案戶也者，直戶也，言正南北也。註曰：漢，天河也，起箕尾間，分兩道。案戶者，直戶也。古者戶皆南向，則是時初昏天漢直南也。按漢起尾宿，分道一經天江、南海、市樓，過宗人，涉天津，主螣蛇，一由箕斗、天弁、河鼓、左旗、右旗，涉天津，至東府，會於螣蛇，過造父，直趨閣道、天船，漸下而南行，歷五車、天關、水府，傍東井，入四瀆，過狐矢，涉天狗之墟，抵天社、海石之南，踰南船，帶海山，貫十字架、蜜蜂，傍馬腹，經南門，絡三角、龜杵，而屬於尾宿，繞天一周。朱子謂其長竟天，信也。又云漢皆無數小星，不可別，似白光耳。

寒蟬鳴。

傳曰：寒蟬者，蝭蠑也。註曰：爾雅疏：蜺，一名寒蜩，又名寒螿，似蟬而小，青赤色。張氏曰：爾雅註云青色，不云青赤色。按埤雅亦云青赤，與疏同。又方言云：寒蟬，瘖蟬。然考蔡邕月令云：鳴則天涼，故謂之寒蟬。蓩蕘論云：秋風至而寒蟬吟，則知寒蟬非瘖也。寒蟬初不能鳴，得冷風寒露乃鳴。方言原其始，故云瘖耳。別有一種不能鳴者，陶隱君謂之啞蟬，此雌蟬，非寒蟬也。○爾雅：蜓蚨桔螇螰。註云：蝭蟧也，一名蟪蛄。陸佃以寒螿、蟪蛄爲兩物，此傳云蝭蠑，疑誤。

初昏織女正東鄉。

無傳。註曰：織女三星。按詩：跂彼織女，其廣九度。蔡氏曰：織女當斗柄之東，斗柄直指，則織女正東矣。荆州占曰：織女三星在牽牛西北，星足常向牽牛扶筐。

時有霖雨。

無傳。註曰：小正四月越有大旱，而霖雨在七月。莊子亦言秋水時至。今則霖雨在四五月。呂令溽暑在季夏，今則在仲夏。蓋古今風氣不同，而南北風土亦異故也。故凡書傳所載與今不同者，率以是推之。

灌荼。

傳曰：灌，聚也。荼，萑葦之莠，爲蔣褚（別本作楮）之也。萑未莠（朱子作秀，下同）爲菼，葦未莠爲蘆。張氏曰：以綿絮裝衣曰萑葦之秀，亦可裝衣，故聚之。今猶有取蒲萊者，荼則不復用矣。

斗柄縣在下，則旦。

無傳。

八月剝瓜。

傳曰：畜瓜之時也。按曲禮：爲天子削瓜副婧通之，爲國君削瓜華之。陸佃曰：剝絕而不屬，華析而不絕也。又郊特牲：天子樹瓜華，不斂藏之種。陸佃云：瓜性少延，輒腐，故以戒諸侯畜藏。此傳言畜瓜，則可爲菹者。形小肉厚長者近咫，以鹽及醬醃之爲旨蓄。一種色微白如枕極長大者曰東瓜。一種老赤黃，亦長大，如錘如餅者曰南瓜。皆可煑爲蔬，南瓜并可飽貧人以代飯，亦名飯瓜。此詩所謂七月食瓜，食我農夫者也。○埤雅：瓜性惡香，觸麝氣，至一蔕不收。制字象其實在花蔓之間。傳不訓剝者，剝字義在剝棗條。

玄校。

傳曰：玄也者，黑也。校也者，若綠（傳本作綠）色，然婦人未嫁者衣之。張氏曰：時藍蓼既成，可染也。詩載玄載黃，亦在八月。按月令令婦官染采在季夏，蓋黃蒼赤諸色貴，以爲朝祭諸服者，先染之。此二色稍早，故悉染之，以九月授衣，於是始也。蔡氏曰：染必三月而後用，此染於六月，用於八月也。

剝棗。

傳曰：剝也者，取也。按詩曰：八月剝棗，以養老也。埤雅棗大者棗小者棘，蓋若酸棗所謂棘也。剝者，擊而落之。齊民要術所謂全赤即收，收法撼而落之爲上是也。本草云：九月採取日曝乾之，補中益氣，久服延年。故易林師之象曰：北山有棗，使叔壽考。

栗零。

傳曰：零也者，降也。零而後取之，故不言剝也。按㯮言剝，人取之，不待其落也。栗苞生外殼，刺如蝟，手不可近，八九月熟則苞自裂而子或一或二或三自隕於地，乃隨取之，故曰零也。東觀書曰：栗駭蓬轉，蓋栗房秋熟，罅發其實，驚躍如爆，去根幹甚遠，所謂栗駭，其以此歟。禮婦人之贄棗栗，取其早起以示勤，栗取其戰栗以明敬也。亦以供豆實籩謹。祭法曰：春祠用棗，夏祠用杏，秋冬祠用栗。內則棗日新之，栗曰撰之。陸佃云：儀禮棗烝栗擇，蓋烝之之謂新，擇之之謂撰。

丹鳥羞白鳥。

傳曰：丹鳥者，謂丹良也。白鳥者，謂蚊傳本作閩蚋也。其謂之鳥也，重其養者也。有翼者爲鳥。羞也者，進也，不盡食也。周月令作君鳥養羞。陸佃曰：凡欲羞之，必先養之，養在八月，羞在九月，養之已也，羞之義也。先仁後義，不遠取之於下，是君道也。按舊傳丹鳥螢也，季夏腐草化爲螢，稟離明之氣，蚊則水草之交所生，螢稟陰有君象，故謂之君鳥。逸周書時訓曰：君鳥不養，羞下臣驕慢。蓋螢在七月但食風露，不進食白鳥，所以養之，養之而後食之，則君之不虛取於下也。八月乃食之，然不盡食，器進之而已，故羞者不盡食也。明君之不盡取於下也，故曰是君道也。自今月令訛爲羣鳥養羞，而說者紛紛矣。蔡以丹鳥爲蝙蝠，尤不然，蝠於蚊四五月久食之矣。○或曰：夏時色赤曰丹鳥，秋時色白曰白鳥，蓋是時則鳥獸希革者又進而毛毨也。觀呂令羣鳥養羞，則丹白非蚊蚋螢火之謂矣。愚更證之。

辰則伏。

傳曰：辰也者，謂星也。伏也者，入而不見也。註曰：大火初昏而沒也。心星也，心爲天子明堂之位，故於星爲大辰。

鹿人從。

傳曰：人從者，從羣也。鹿之養也離羣而善，而之離而生，非所知時也，故記從不記離。君子之居幽也不言。或曰：人從一本作人人從，一本有兩人從也者，大者於外，小者於內，率之也。註曰：鹿人者，古山虞掌獸之官。從，從禽也，謂始從禽也。鹿羣而善淫，春聚麀焉，獸道也。又曰：人從也者，謂若人之相從，樂而不淫，則獸也而有人道矣。鹿春聚麀，故多瘵，夏至以後，始復肥焉，是鹿之養以離羣而善也。善則不志其離，何也？其離之時不可知，君子之立言，言其著，不言其幽，則但言人從，而其之離而生者已可知也。按鹿人，虞人也。從，即易象曰即鹿无麕以從禽也之從是時獸居山林而鹿人往從之也鹿人往而人從之故古本一作人人從也從有云离人不從從與不從各以其時也金氏以爲若人之相從樂而不淫則獸也而有人道非正解也

鴽爲鼠。

傳見前。按既善矣復變而惡君子閔之故不言化不盡其辭也并不言田絕其屬也

參中則旦。

無傳。註曰當作參見張氏曰五月旦參見矣何至八月參中則曙失傳也辰伏則參見非中也故曰當作參見不知此議殊乖事實八月辰伏自以昏時伏參中自以平旦中何得以昏時之辰與平旦之參謂其始見乎。按月令仲秋旦觜觿中唐月令八月節曉畢中八月中曉東井中參在觜之下畢與東井之間則旦參中不誤也

九月內火。

傳曰內火也者大火也大火也者心也。註曰古者三月大辰旦見故出火八月辰伏故內火張氏曰三月大辰昏見金云旦見誤 按左傳火朝覿在霜降後則張駁金甚是

遰鴻鴈。遰音遞

傳曰遰往也。註曰去也 按月令八月鴻鴈來九月鴻鴈來賓八月曰來言自北起行未至南也九月來賓謂至中國若賓客之來也竹書於四裔之朝皆曰來賓鴈非中國之鳥而知有中國故其來也曰賓貴之也遰之爲言遞也長幼相序飛遞遞然見其遰而知其鴻鴈也或曰遞遞以迎之是時稻粱稜畝若委積以迎之而賓至如歸也故言遰也金氏曰去失其旨矣

主夫出火。此節當在內火下註曰夫當作火

傳曰主夫也者主以時縱火也。註曰古者季春出火所以焚萊於是民之用火於野者不禁季秋雖內火然火之用有不可廢者如昆蟲既蟄而以火田之類於是使主火度其用而出之若民則不得擅其用而不禁也○或曰主夫謂主火之官蔡氏謂主掌也夫燧也謂取火於日者

陟玄鳥蟄。

傳曰陟升也玄鳥者燕也先言陟而後言蟄何也陟而後蟄也。註曰古人重玄鳥當其至而祠之故其來書降其去也書陟皆貴之也蟄者玄鳥去則多蟄於島岸土穴中沈存中筆談常載其事

能羆貊貉鼶鼬則穴。能羆一作熊羆貊綱目前編作豹○張本誤以若蟄二字入經今刪

傳曰能羆貊貉鼶鼬則穴若蟄。註曰此周官所謂蟄獸也張氏曰謂伏處穴中如蟲之蟄也 按在水則爲能似黿而三足在陸則爲熊似豕而四足故能之文加三點爲熊加四點爲熊羆似熊而縱目有髭高腳能緣木亦能人立故熊上加縱目爲羆熊黑色羆黃白色熊好舉木引氣謂之熊經莊子所謂熊經鳥伸是也熊饑則自舐其掌故美在掌當心有白脂如玉其臘春在首夏在腹秋左足冬右足冬蟄則不饑至春乃出貊郎豹也能勺物而取程度而食故文從勺亦名曰程自惜其采棲於山林伏於巖穴若霧雨則十日不出故亦能蟄貉貓貍也其性善睡能爲曲穴以避雨暘亦以防患爾雅引小正鼶鼬作鼪鼬鼬鼠大而赤黃一名地猴一名鼠須其氣

貞惡善入穴捕鼠，亦能制蛇虺，莊子所謂卑身而伏者。鼯鼠最小，若鼠初生，故謂之鼯，能入牛象之耳，亦謂之耳鼠，象最畏之，故於地築小穴，語象以耳鼠在，則象以足蹴穴不敢移。此六者於此時皆穴也，若蟄，傳因上元鳥之蟄而言。

榮鞠。張氏曰：榮上有而字，羨文。

傳曰：鞠，草也。註曰：月令鞠有黃華，是也。按爾雅鞠治牆，能治風，若牆之禦風，故名。亦名節華，以重九節名也。感金之氣，故華獨舉黃者，金以黃為貴，月中德也。陶隱居云：莖紫氣香味甘，葉可作羹者真菊；若莖青作蒿艾氣味苦者，不堪食，乃薏非菊也。

樹麥。

傳曰：鞠榮而樹麥，時之急也。張氏曰：戴記傳脫樹麥二字。按麥，金穀，故金王而生，火王而死，得四時之氣之全。然今江南種麥，必於登稼之後，在十一月者多；若北地則八九月種之，至來年一月猶有下種者，謂之春麥。但樹之早則根深而穫多，遲則獲亦薄矣，故曰時之急也。

王始裘。

傳曰：王始裘，何也？衣裘之時也。張氏曰：戴記傳脫王始裘句。按月令孟冬，天子始裘；周禮司裘，仲秋獻良裘以供王，季秋獻功裘以賜群臣。則於季秋言王始裘，正也。

辰繫于日。朱子有，金氏無。

無傳。張氏曰：辰，大火也。九月日在大火，故曰辰繫于日。古人重火，故于火必詳之。

雀入于海為蛤。

傳曰：蓋有矣，非常入也。註曰：蛤，蚌屬。按雀為蛤，飛化為潛，感陰藏也。蛤，水屬，殼堅厚如盞大，殼有黃紫花紋，以雀毛，俗名昌訊，即雀所化者也。

十月，豺祭獸。

傳曰：善其祭而食之也。註曰：月令在季秋。古人豺祭獸然後田獵，蓋古人於禽獸每有不忍殺之意，惟天地肅殺之時，豺獸自相食，故此時取之以為乾豆賓客之用。按豺似狗而前高後廣，長尾色黃，霜降之日必殺獸而陳之以祭。獺祭魚，象天陽也；豺祭方，象地陰也。祭，仁者之事也；豺獺，不仁之物也。不仁之物而有似於仁，則君子斯進之矣。獺祭魚，非其類也；鷹祭鳥，豺祭獸，則其類也。君子惡傷其類，故月令於鷹祭鳥言，而小正并不言，不忍遽盡其辭也。於豺始姑許其祭，時已十月也，蓋時變為已急矣。月令，秦法也，於鷹言始行戮，於豺并言戮禽，時變為急急矣。愚於是而想見夏之先賞後罰，先祿後威也，仁之至也。

初昏南門見。

傳曰：南門者，星名也，及此再見矣。張氏曰：唐一行云：十月初昏南門見，亦失傳也。定星方中則南門伏，非昏見也。岐按前識八月參中則非，此識則是。按月令孟冬昏危中，唐月令十月節昏虛中，十月中昏危中，則南門之見其鄉晨歟。

黑鳥浴。

傳曰：黑鳥者，何也？烏也。浴者，飛乍高乍下也。張氏曰：戴記傳缺黑鳥浴三字。按烏有三種，大而巨喙白頸為老雅，亦名鶻鵃；小而白腹為雅烏，亦名鸒斯。

尤小而細喙，母哺之六十日，子反哺如之，謂之慈孝鳥。冬月成群，其鳴啞啞，謂之寒雅，則此是也。蔡氏曰：十月氣寒，日暖乘暖而浴也。

時有養夜。

傳曰：養者，長也，若曰之長也。張氏曰：若日之長者，若夏日之長也。按此卽月令所謂日短至也。古法日長六十二刻，夜長三十八刻；今法日長三十六刻十分，夜長五十九刻五分。詩曰：夏之日，冬之夜。此時夜之長，如夏時日之長也。餘見前。

雉入于淮爲蜃。

傳曰：蜃也者，蒲盧也。註曰：蜃，大蛤也。按古人凡圓而長者皆謂之蒲盧，亦謂之果蠃，故謂大蛤爲蒲盧。此雉所化則蜄也，似蛇而大，背有紅鬣，自腰以下皆逆鱗。蓋蛇能化雉，而雉亦與蛇交，其所下卵不聞雷則爲雉，若下卵時適值雷震，則卵入地五尺，積久成蜄，因大雷雨則發地而出，地泉瀵湧，水色皆紅，謂之發異，隨流入海，五百年而成蛟，蛟五百年而成龍，亦有未成蜄而發者，或拄巖木及峭石而槁。蜃能吐氣如樓臺，蓋陰陽之異氣所生也。其大蛤名蜃者，則用飾器以頒祭肉，故名祭肉爲脤，別一物也。豈雉入淮時又各有所感，感陰則爲蛤，感陽則爲蜄，如雉卵之聞雷不聞雷歟。

織女正北鄉則旦。

傳曰：織女，星名也。按何以記重織也，農耕而女織，人之所以生也，而天則有象焉，女北鄉而南面者，舉目而心怵矣。

十有一月：王狩。

傳曰：狩者，王之時田也，冬獵爲狩。按爾雅春獵爲蒐，蒐者索不孕者也；夏獵爲苗，爲苗除害也；秋獵爲獮，順殺氣也；冬獵爲狩，閗守取之，無所擇也。周禮仲春教振旅，遂以蒐；仲夏教茇舍，遂以苗；仲秋教治兵，遂以獮；仲冬教大閱，遂以狩。公羊子曰：夏不田，止以驅害苗之獸而已，原不必殺也。豈惟夏不田而已，卽春擇其不孕，所殺幾何，至秋乃殺，冬殺更多，陰盛也。小正惟仲冬王狩，然則三時皆不獵歟。於物如此，於人可知，則夏政之先祿而後威，先賞而後罰，亦可想見矣。

陳筋革。

傳曰：陳筋革者，省兵甲也。註曰：爲弓甲器用之備。按取所獲之獸，其筋革可供兵甲之用者，則陳之。左傳所謂皮革齒牙骨角毛羽不登於器，則君不射也。

嗇人不從。

傳曰：不從者，弗行于時月也。張氏曰：時，是也。是月農務未畢者，猶不從徭也。詩曰：二之日其同，則無不從者矣。按如張說，則嗇穡通。詩十月滌場，則穡事宜畢矣，而猶有不從者，重農事也。如今江南冬至前正穫麥時，此亦所謂不求備、不大望於民也。

萬物不通。綱目前編無此句。

無傳。張氏曰：月令所載閉藏諸事，皆此義也。按此四字，朱子不別爲經，但存弗行于時月也之下，似卽嗇人不從句傳文，然義亦難曉，姑從張蔡氏別出之，若金氏竟刪之則敢矣。

隕麋角。

傳曰：隕，墜也。日冬至，陽氣至，始動，諸向生皆蒙符矣故麋角隕記時焉爾註曰夏至鹿角解冬至麋角解按爾雅鹿壯麚牝麀其子麛其跡速麋牡麔牝麎其子麌其跡躔蓋鹿居山陽獸鹿之言祿也祿祿然奔走而不息麋居澤陰獸麋之言迷也多欲而善迷鹿陽故夏至感微陰而角爲之解麋陰故冬至感微陽而角爲之解不言麋角爲之解而言隕麋角何其隕也有隕之者也天地之氣動於至微而象於至著易有隕自天陽甫至而隕者已在麋角者焉爾

十有二月鳴弋

傳曰弋也者禽也先言鳴而後言弋者何也鳴而後知其弋也註曰弋當作鳶今雲霽霜風之晨則鳶鳴一說鳴弋猶言鳴弦弋者以生綵繫矢而射謂繳射禽也按金氏二說前說是與鳴鳶例爲合若以爲鳴弦則射者男子之事弋鳧

與鷹何時茂有而必係之十二月乎古文引小正皆作劋駒不知何時改爲玄

劋駒賁

傳曰劋駒也者螘也賁者何也走于地中也按爾雅小者螘又曰蛾蚶大者蚍蜉飛者螢赤色斑駁者螱一名打螘一名蠪螘一名石宮齊魯謂之蚼蝶梁益謂之玄蚼物小而有力能舉等身之鐵其行甚捷故曰賁知君臣之義朋友之信雖粒粟必與衆共之其用法最嚴欺妄則死蓋微物之具德者將雨則先出垤他物至此多蟄而蟻獨奔行地中感陽動也

納卵蒜

傳曰卵蒜也者本如卵者也納者納之君也註曰納者收藏之蒜者菜之葷者也能補陽獲胃按納卵蒜者當是卵與蒜二種古有小蒜無胡蒜未有本大如卵者疑納卵蒜爲二種抱朴子曰夏后時始食卵此正記其食卵之始也

虞人入梁

傳曰虞人官也梁主設罔罟者也張氏曰月令命漁師始漁即此按虞人澤虞也周禮𢿐人掌以時𢿐爲梁月令季冬命漁師始漁而此名虞人者舜命益作虞曰若上下草木鳥獸古稱漁曰川禽夏承虞制猶未分官也

隕麋角

傳曰蓋陽氣旦睹也故記之也註曰山重出按月令夏至鹿角解冬至麋角解小正於夏至不言隕鹿角諱之也於冬之再言隕麋角者之也陽生於子長於丑氣至此如

夜之將旦而曙矣蓋陰陽迭爲消長自然之道也其氣也然天地之大德以生其生陽也天地之心特藏於陰之中而不見爾故曰復其見天地之心乎天地之用有斂有餘天地之心有生無殺也聖人體之每扶陽而抑陰非聖人之心有軒輊其間聖人之心即天地之心也凡物之體上爲陽下爲陰首者諸陽之會角尤陽中之陽也鹿又陽獸而微陰甫至角遽爲之隕乎易於姤曰女壯甚危乎其壯也曰勿用取女甚戒乎其取之者也姤之上九曰姤其角鹿特其陽之盛也一麕而數麀環之日數交而不惓其爲取女也甚矣陰一至而即姤其角角爲之隕焉君子之所羞言也故諱之也若夫麋本獸之陰也陰不宜角而麋之角且大於鹿是陰盛而與陽爭幾爲坤之龍戰於野矣且麋之言迷也迷復之凶君子懼焉乃陽一至而角爲之隕不敢亢也易於復之初曰不遠復於二曰休復以下仁於上乃曰迷復凶麋之隕角於子者其不遠之元吉乎隕角於丑者其休復之下仁乎何其性

迷而獨不迷於復也故君子甚幾乎其著之也然其隕也非與自隕有隕之者也在易之臨十二月之卦也初九曰咸臨九二曰咸臨咸者無心之感天地之氣動於至微而象於至著易之再言咸臨者動於至微而小正之再書隕麋角者象於至著也

夏小正

夏小正終

學山園張氏校刊正本

夏小正註一卷編修勵守謙家藏本

國朝黄叔琳撰叔琳有硯北易鈔已著錄夏小正一書原載大戴禮中自隋志始別爲一卷宋傅崧卿始分別經傳而爲之註朱子沿用其例稍加考定附於儀禮經傳通解中而未言所本元金履祥亦未見傅氏之書遂以爲朱子舊本采附通鑑前編夏禹元年下而句爲之註與傳頗有異同

國朝濟陽張爾岐合輯傳註爲一編附以已說叔琳以傳註多相重複乃汰其繁蕪以成是註亦以已說附之其稱傳者大戴禮之文其稱註者履祥之說註中稱張氏曰者爾岐說稱按者叔琳說也其中如改種黍菽糜作菽糜而下菽糜作菽麋鹿八從引易即鹿從禽丹鳥白鳥不主螢火蝙蝠及蚊蚋之說以匽爲蟬以納卵蒜爲二物皆與舊說不同至鳴蜮傳中屈造之屬引淮南子鼓造之文謂爲蝦蟆則牽合甚矣

田家五行

（明）婁元禮　撰

《田家五行》，（明）婁元禮撰。婁元禮，字鶴天，號田舍子江浙行省湖州路（今浙江湖州市）人。作者深入鄉間，勤於收集民間氣象諺語，總結農民經驗，並且做了大量驗證和鑒別工作。

書分爲上、中、下三卷，每卷分爲若干類。上卷自正月類至十二月類，每月都按日序記載占候、諺語，並加以驗證；中卷爲天文、地理、草木、鳥獸、鱗魚等類，以物候加以記述，其中引證諺語較多；下卷是三旬、六甲、氣候、涓吉、祥瑞等類，以迷信内容爲多。全書五百餘條，其中記載了用天象、物象預測天氣的農諺有一百四十餘條，關於中長期預報的農諺一百餘條，農業氣象方面的諺語四十條。這些農諺從不同角度揭示了天氣、氣候變化的一些規律，具有一定的科學性和應用價值。

該書流傳較廣，版本頗多。行世的有《居家必備》《居家要覽》《田園經濟》《百名家書》《格致叢書》《廣百川學海》《説郛續》《眉玉叢談》等本。國家圖書館藏明刻大本《田家五行》，題『田舍子婁元禮鶴天述』，是現有版本中最好的。今據南京圖書館藏《廣百川學海》本影印。

（惠富平）

田家五行

吳郡婁元禮

雜占

論日

日暈則雨諺云月暈主風日暈主雨　日脚占晴雨諺云朝又天暮又地主晴反此則雨　日沒後起青白光數道下狹上濶直起亘天此特夏秋間有之俗呼青白路主來日酷熱　日生耳主晴雨諺云南耳晴北耳雨日生雙耳斷風截雨若是長而下垂通地

則又名白日幢生久晴　日出早主雨出晏主晴老農云此時言久陰之餘夜雨連旦正當天明之際雲忽一掃而捲即光日出所以言早少刻必雨立驗言晏者日出之後雲晏開也必晴亦甚準葢日之出入自有定刻實無早晏也愚謂但當云晴得早主雨晏開主晴不當言日出早晏也占者悟此理　日外自雲障中起主晴諺云日頭甞雲障晒殺老和尚　日没返照主晴俗名爲日返塢一云日没胭脂紅無雨也有風𢦏問二候相似而所主不同何也老農云返

照在日沒之前胭脂紅在日沒之後不可不知也
諺云烏雲接日明朝不如今日又云日落雲沒不雨定寒又云日落雲裏走雨在半夜後巳上皆主雨此言一朶烏雲漸起而日正落其中者　諺云日落烏雲半夜枵明朝晒得背皮焦此言半天元有黑雲日落雲外其雲夜必開散明必甚晴也又云今夜日沒烏雲洞明朝晒得背皮痛此言半天上雖有雲及日沒下去都無雲而見日狀如岩洞者也　巳上皆主晴甚驗

論月

月暈主風何方有闕即此方風來　新月卜雨諺云月如挂弓少雨多風月如偃瓦不求自下又云月偃偃水漾漾月子側水無滴　新月落北主米貴荒諺云月照後壁人食狗食　作竊者易敗果驗　月初始生前月大盡初二晩見前小盡初三晩見諺云大二小三　初五夜裏更半月初八廿三上落半夜十二夜裏天亮月十三四大明月著地十五十六正團圓十七十八正轟喧十八九坐可守二十二十一月

上一更急二十二三月上半闌殘二十四五六月上好煮粥二十七與八日月東方一齊發二十九夜略有上弦初七八九下弦二三四

論星

諺云一個星保夜晴此言雨後天陰但見一兩星此夜必晴　星光閃爍不定主有風　夏夜見星密主熱　諺云明星照爛地來朝依舊雨言久雨正當黄昏卒然雨住雲開便見滿天星斗則豈但明日有雨當夜亦未必晴

論風

夏秋之交大風及有海沙雲起俗呼謂之風潮古人名之曰颶風言其具四方之風故名颶風有此風必有霖淫大雨同作甚則拔木偃禾壞房室決堤堰其先必有如斷虹之狀者見名曰颶母航海之人見此則又名破帆風一凡風單日起單日止雙日起雙日止　諺云西南轉西北搓繩來絆屋又云半夜五更西天明拔樹枝又云日晩風和明朝再多又云惡風盡日沒又云日出三竿不急便寬大凡風日出之時

必晷靜謂之風讓日大抵風自日內起者必善夜起者必毒日內息者亦和夜半息者必大凍已上並言隆冬之風　諺云風急雨落人急客作又云東風急備簑笠風急雲起愈急必雨　諺云東北風雨太公言艮方風雨卒難得晴俗名曰牛筋風雨指丑位故也　諺云行得春風有夏雨言有夏雨應時可種田也非謂水必大也經驗　諺云春風踏脚報言易轉方如人傳報不停脚也一云既吹一日南風必還一日北風報答也二說俱應　諺云西南早到晏弗動

草言早有此風向晚必靜　諺云南風尾北風頭言南風愈吹愈急北風初起便大　春南夏北有風必雨　冬天南風三兩日必有雪

論雨

諺云雨打五更日晒水坑言五更忽有雨日中必晴甚驗　晏雨不晴　雨著水面上有浮泡主卒未晴　諺云一點雨似一個釘落到明朝也不晴一點雨似一個泡落到明朝未得了　諺云天下太平夜雨日晴言不妨農也　諺云上牽晝暮牽齋下晝雨嚌

齊　諺云病人怕肚脹雨落怕天亮亦言久雨正當昏黑忽自明亮則是雨候也　雨夾雪難得晴　諺云夾雨夾雪無休無歇　諺云快雨快晴道德經云飄風不終朝驟雨不終日　凡雨喜少惡多　諺云千日晴不厭一日雨落便厭

論雲

雲行占晴雨諺云雲行東雨無踪車馬通雲行西馬濺泥水没犂雲行南雨潺潺水漲潭雲行北雨便是好晒穀　上風雖開下風不散主雨　諺云上風皇

下風隘無簑衣莫出外　雲若砲車形起主風起諺云西南陣單過也落三寸言雲陣起自西南來者雨必多尋常陰天西南陣上亦雨　諺云太婆年八十八弗曾見東南陣頭發又云千歲老人不曾見東南陣頭雨沒子田言雲起自東南來者絕無雨　凡雨陣自西北起者必雲黑如潑墨又必起作眉梁陣主先大風而後雨終易晴　天河中有黑雲生謂之河作堰又謂之黑豬渡河黑雲對起一路相接亘天謂之女作橋雨下闊則又謂之合羅陣皆主大雨立

至少須必作滿天陣名通界雨言廣濶普徧也若是天陰之際或作或止忽有雨作橋則必有挂帆雨脚又是雨脚將斷之兆也不可一例而取　凡雨陣雲疾如飛或暴雨乍傾乍止其中必有神龍隱見易曰雲從龍是也　諺云旱年只怕沿江挑水年只怕北江紅一云太湖精上文言亢旱之年望雨如望恩纔是四方遠處雲生陣起或自東引而西自西而東俗所謂挑也則此雨非但今日不至必每日如之即是久旱之兆也此吳語也故指北江爲太湖若是晩霽

必兼西天但晴無雨諺云西北赤好晒麥　陰天卜
晴諺云朝要頂穿暮要四脚懸又云朝看東南暮看
西北　諺云魚鱗天不雨也風顛此言細細如魚鱗
斑者一云老鯉斑雲障晒殺老和尚此言滿天雲大
片如鱗故云老鯉往往試驗各有准　秋天雲陰若
無風則無雨　冬天近晚忽有老鯉斑雲起漸合成
濃陰者必無雨名曰護霜天諺云識每護霜天不識
每著子一夜眠

論霞

諺云朝霞暮霞無水煎茶主旱此言久晴之霞也諺云朝霞不出市暮霞走千里此皆言雨後乍晴之霞暮霞若有火焰形而乾紅者非但主晴必主久旱之兆朝霞雨後乍有定雨無疑或是晴天隔夜雖無今朝忽有則要看顏色斷之乾紅主晴間有褐色主雨滿天謂之霞得過主晴霞不過主雨若西方有浮雲稍厚雨當立至

論虹

俗呼曰鱟　諺云東鱟晴西鱟雨諺云對日鱟不到

晝主雨言西黨也若黨下便雨還主晴

論雷

諺云未雨先雷船去步來主無雨　諺云當頭雷無雨卯前雷有雨凡雷聲響烈者雨陣雖大而易過雷聲殷殷然響者卒不晴　雷初發聲微和者歲內吉猛烈者凶甲子日尤吉　雪中有雷主陰雨百日方晴　東州人云一夜起雷三日雨言雷自夜起必連陰

論霜

每年初下只一朝謂之孤霜主來年歉連得兩朝以上主熟上有鎗芒者吉平者凶春多主旱

論雪

其詳在十二月下雪而不消名曰等伴主再有雪久經日照而不消亦是來年多水之兆也

論電

夏秋之間夜晴而見遠電俗謂之熱閃在南主久晴在北主便雨諺云南閃千年北閃眼前　北閃俗謂之北辰閃主雨立至諺云北辰三夜無雨大怪言必

有大風雨也

論氣候

凡春宜和而反寒必多雨諺云春寒多雨水元宵前後必有料峭之風謂之元宵風　凡春有二十四番花信風梅花風打頭楝花風打末　二月初有水謂之春水　二月八日張大帝生日前後必有風雨極準俗號爲請客風送客雨正月謂之洗街雨初十謂之洗廚雨　二月二上工故諺云河東西好使犁此時之雨正是一犁春雨諺云水成田衣成人無衣不

成入無水不成田種田不稱水田僅可種豆　立春後五戊爲社其日雖晴亦多有微雨數點謂社公不喫乾糧果驗　諺云清明斷雪穀雨斷霜言天氣之常　東作既興早起夜眠春間最爲要緊古語云一年之計在春一日之計在寅　夏四月清和天氣爲正　必作寒數日謂之麥秀寒即月令麥秋至之後

芒種後雨爲黃梅雨夏至後爲時雨此時天公陰晴易變諺云黃梅天日多幾番顛　諺云黃梅天氣莡向老婆頭邊也要擔了簑衣箬帽去　夏至日最

長諺云夏至日莫與人種秧冬至日莫與人打更
夏至日九九氣候諺云一九二九扇子弗離手三九
二十七氷水甜如蜜四九三十六出汗如出浴五九
四十五頭帶秋葉舞六九五十四乘涼不入寺七九
六十三上牀尋被單八九七十二思量蓋夾被九九
八十一家家打炭墼　六月有水謂之賊水言不當
有也　秋稍涼氣候之正即月令涼風至之候　八
月又作新涼諺云處暑後十八盆湯　又云立秋後
四十五日浴堂乾　中旬作熱謂之潮熱又名八月

小春　十八日潮生日前後有水謂之橫港水　九月初有雨多謂之秋水　社日應候田園樂事並與春社同但景物異耳唐詩云楓林社日鼓茅屋午時雞　早稻嵐晚稻嵐落縵天蓼花水浴車嵐路雨中氣前後起西北風謂之霜降信有雨謂之濕信未風光雨謂之料信雨霜降前來信前信易過善後來信了信必嚴毒此信乾濕後信必如之諺云霜降了布衲著得言已有暴寒之色　又云暴寒難忍熱難當　水到此必退古語云霜降水痕收　維時酒家

開沽諺云香橙螃蠏月　季秋刈穫之忙俗諺云畚金取寶月　冬初和暖謂之十月小春又謂之晒糯穀天此時禾稼已登正是農家爲沉醉佳處詩云一年好景君須記最是橙黃橘綠時　漸見天寒日短必須夜作諺云十月無工只有梳頭喫飯工　又云河東西好使犂河射角好夜作　立冬前後起西北風謂之立冬信月内風頻作謂之十月五風信　諺云冬至前後瀉水不走　至後九九氣候諺云一九二九相喚弗出手三九廿七離頭吹觱篥四九三十

六夜眠如鷺宿五九四十五太陽開門戶六九五十四貧兒爭意氣七九六十三布衲擔頭擔八九七十二猫狗尋陰地九九八十一犁耙一齊出　十二月謂之大禁月忽有一日稍暖即是大寒之候諺云一日赤膊三日齷齪　諺云大寒須守火無事不出門又云大寒無過丑寅大熱無過未申　諺云臘月廿四五錐刀不出土

論朔日

晴主月內晴　雨謂之交月雨主久陰雨若此先連

綿有雨反輕　風吹月建方位主米貴自建方來爲得其正萬物各得其所晴雨各得其宜

論旬中尅應

新月下有黑雲橫截主來日雨諺云初三月下有橫雲初四日裏雨傾盆　月盡無雨則來月初必有風雨諺云廿五廿六若無雨初三初四莫行船　廿五日謂之月交日　有雨主久陰　廿七日最宜晴諺云交月無過廿七晴

論甲子

諺云春雨甲子乘船入市夏雨甲子赤地千里秋雨甲子禾頭生耳冬雨甲子飛雪千里　一說甲子春雨主夏旱六十日夏雨主秋旱四十日此說蓋取其久陰之後必有久晴諺云半年雨落半年晴甲子遇雙日是雌甲子雖雨不妨

論壬子

春雨人無食夏雨牛無食秋雨魚無食冬雨鳥無食又云春雨壬子秧爛蚕死又云雨打六壬頭低田便罷休一云更須看甲寅日若晴拗得過不妨諺云壬

子是哥哥爭奈甲寅何若得連晴爲上不然二日內亦當以壬子日爲主　一說壬子雨丁丑晴則陰晴相半二日俱晴六十日內少雨二日俱雨主六十日內雨多近聞此說累試有驗

論甲申

諺云甲申尤自可乙酉怕殺我言申日雨尚庶幾酉上雨主久雨一云春甲申日則主米暴貴又云閩中見四時甲申日雨則　家閉糴價必踊貴也吳地宜最畏此二日雨故特以怕殺二字表其可畏之甚也

每試極准

論甲戌庚必變

諺云久雨久晴多看換甲　又云甲午旬中無燥土

又云甲雨乙拗　又云甲日雨乙日晴乙日雨直

到庚　又云久晴逢戌雨久雨望庚晴　又云逢庚

須變逢戌須晴又云久雨不晴且看丙丁　又云上

火不落下火滴沰言丙丁日也

論鶴神

巳酉日下地東北方乙卯轉正東庚申轉東南丙寅

轉正南辛未轉西南丁丑轉正西壬午轉西北戊子轉正北癸巳上天在天上之北戊戌日轉天上之南甲辰轉天上之東己酉復下周而復始括云纔逢癸巳上天堂己酉還居東北方上天下地之日晴主久晴雨主久雨轉方稍輕若大旱年雖轉方天並不作變諺云荒年無六親旱年無鶴神　己亥庚子己巳庚午謂之水主土多是值雨　庚申日晴甲子必晴

丁未日雨殺白虫

論山

遠山之色清朗明爽主晴嵐氣昏暗主作雨　起雲主雨收雲主晴尋常不曾出雲小山忽然雲起主大雨　久雨在半山之上山水暴發一月則主山崩却非尋常之水

論地

地面濕潤甚者水珠出如流汗主暴雨若得西北風解散無雨　石礫水流亦然　四野鬱蒸亦然

論水

夏初水底生苔主有暴水諺云水底起青苔卒逢大

水來　水際生靛青主有風雨諺云水面生青靛天公又作變　諺云大水無過一周時　諺云大旱不過周時雨大水無非百日晴言天道須是久晴則水方能退也故論潮者云晴乾無大汛合而言之可見水漲之易退之難也如此　凡東南風退水西北反爾此理蓋只是吳中太湖東南之常事往年初冬大西北風湖水泛起吳江人家皆俱浸水中風息復平謂之翻湖水纔是南風連吹半月十日便可退水三二尺又不還漲　水邊經行聞得水有香氣主雨水

縣至極驗或聞水腥氣亦然　河内浸成包稻種既沒復浮主有水

論潮

毎半月逐日候潮時有詩訣云午未未申甲寅寅卯卯辰辰巳巳午午半月一遭輪夜潮相對起仔細與君論　十三二十七名曰水起是爲大汛各七日二十初五名曰下岸是爲小汛亦各七日　諺云初一月半五時潮又云初五二十夜岸潮天亮白遙遙又云下岸三潮登大汛　凡天道久晴雖當大汛水

亦不長諺云乾晴無大汛雨落無小汛

論草

五穀草占稻色草有五穗近本莖爲早色腰末爲晚禾隨其穗之美惡以斷豐歉未必極驗但其草無年根根相似　茆蕩内春初雨過菌生俗呼爲雷蕈多則主旱無則主水　草屋久雨菌生其上朝出晴暮出雨諺云朝出晒殺暮出濯殺　看窠草一名千戈謂其有刺故也蘆葦之屬叢生於地夏月暴熱之時忽自枯死主有水　諺云頭苧生子沒殺二苧二苧

生子旱殺三苧　茭草水草也村人嘗剝其小白嘗之以卜水旱味甘甜主水巳來亦未止味鹺氣主旱巳來亦巳定

論花

梧桐花初生時赤色主旱白色主水　匾豆五月開花主水　杞夏月開結主水　藕花謂之水花魁開在夏前主水　冬青花詳見五月類　野薔薇開在立夏前主水　麥花晝放主水　鳳仙花開在五月主水　槐花開一遍糯米長一遍價一豐苦水旱四

等草花雜占云薺菜先生歲欲甘葶藶先生歲欲苦藕先生歲欲雨蒺藜先生歲欲旱蓬先生歲欲荒水藻先生歲欲惡艾先生歲欲病皆以孟春占之係江南農事云

論木

凡竹笋透林者多有水　楊樹頭並水際根乾紅者主水此說恐每年如此不甚應

論飛禽

諺云鴉浴風鵲浴雨八八兒洗浴斷風雨鳩鳴有還

聲者謂之呼婦主晴無還聲者謂之逐婦主雨　鵲巢低主水高主旱俗傳鵲意既預知水則云終不使我没殺故意愈低既愈知旱則云終不使晒殺故意愈高朝野僉載云鵲巢近地其年大水　海燕忽成羣而來主風雨諺云烏肚雨白肚風　赤老鴉含水叫雨則未晴晴亦主雨老鴉作此聲者亦然　鴉旧叫早主雨多人辛苦叫晏晴多人安閑農作次第夜間聽九逍遥鳥叫卜風雨諺云一聲風二聲雨三聲四聲斷風雨　鸛鳥仰鳴則晴俯鳴則雨　鵲噪

早報晴明曰乾鵲　冬寒天雀羣飛翅聲重必有雨

雪　鬼車鳥即是九頭虫夜聽其聲出入以卜晴雨

自北而南謂之出窠主雨自南而北謂之歸窠主晴

古詩云月黑夜深聞鬼車　喫鵲叫主晴俗謂之賣

簑衣　鸛叫諺云朝鸛晴暮鸛雨　夏秋間雨陣將

至忽有白露飛過雨竟不至名曰截雨　家鷄上宿

遲主陰雨　燕巢做不乾淨主田内草多　母鷄背

負鷄雛謂之鷄駝兒主雨　喫井鵓鴣並載五月下

論走獸

獺窟近水主旱登岸主水有驗　圍塍上野鼠爬池主有水必到所爬處方止　鼠咬麥苗主不見收咬稻苗亦然（倒在根下主礱下米貴，銜在洞口主圍頭米貴）狗爬地主陰雨每眠灰堆高處亦主雨狗咬青草喫主晴　狗向河邊喫水主水退　鐵鼠其臭可惡白日銜尾成行而出主雨　猫兒喫青草主雨　䋣毛狗褪毛不盡主梅水未止

論龍

龍下便雨主晴凡見黑龍下主無雨縱有亦不多白

龍下雨必到水鄉諺云黑龍護世界白龍壞世界

龍下頻生旱諺云多龍多旱　龍陣雨始自何一路

只多行此路無處絕無諺云龍行熟路

論魚

魚躍離水面謂之秤水主水漲高多少增水多少

凡鯉鯽魚在四五月間得暴漲必散子散不盡水未

止盛散水聲必定夏至前後得黃鱨魚甚散子將雨

必止雖散不甚水終未定最緊　車溝內魚來攻水

逆上得鮎主晴得鯉主水諺云鮎乾鯉濕又鯽魚主

水鰌魚主晴　黑鯉魚脊翼長接其尾主旱　夏初食鯽魚脊骨有曲主水　漁者網得死鱖謂之水惡故魚着網即死也口開主水立至易過口閉來遲水旱不定　鰕籠中張得鱓魚主風水

論祥瑞

兩岐麥謂一稈而秀兩穗也主時年祥瑞又主其田秋必倍收其家日必驟進又主太平之兆漢史云桑無附枝麥岐兩穗張君爲政樂不可支　紫燕來巢主其家益富此燕與烏燕同類而異凡名曰舍鵰兒

又名黃腰燕子營巢却與烏燕絕不相似余所居村巷有此燕巢者僅二家一巷之最溫潤者亦僅此二家又凡燕巢長及大者主吉祥北向者令人家道興旺更利田蚕也　凡六畜自來占吉凶諺云猪來貧狗來富猫兒來開質庫　一云鷄來貧薹鷄之得失尋常有之何足爲異因猪鷄音相近俗傳之誤昔有一人言其家主翁召是富室長者忽隣家走一猪入其猪闌未遠長者取之長者故意妄言多之猪數以擭其猪其人不敢索而去遂致廢弛富室　破碗上

下作兩截斷而齊者名曰無底碗大吉往往以上截書古語於其中懸東壁謂祥瑞也　近者一友人云數年前曾見上洋高仲明家有一無底碗謂其祥瑞懸之東壁其齊如截愛若至寶不三年其家財貨大進田連阡陌今則爲當地田戶　凡牛退齒每每凡不得而知見若有見其齒已脫在口候而得之者大吉利主三年內大發　貓洗面至耳主有遠親至之喜　黃昏鷄啼主有天恩好事或有減放稅糧之喜　臘月廿五日夜赤豆粥餵豢則三年大發　貓犬

生子皆雄主其家有喜事　三白大吉謂白雀巢簷白鼠穿屋白魚入舟也　鼠咬人幞頭帽子衫領主得財喜百日內至　半夜前作數錢聲者主招財吉　鼠狼來窟其家必長吉　犬生一子其家興旺諺云犬生獨家富足　春初獺祭魚忽有人拾得其遺殘者食之大吉　鵲噪簷前主有佳客至及有喜事　蛇脫殼人有見之者主大發迹　燈花不可剔去至一更不謝明日有吉事半夜不謝主有連綿喜慶之事或有遠親信物至諺云燈花今夜開明朝喜事

來久陰天息燈燈煤如炭紅良久不過明日喜晴諺云火留星必定晴久晴後火煤便滅主喜雨　長墩忽然門内泥土自然墳去聲起成墩者謂之長墩主其家長進余嘗記幼時曾見東郊有一村店始於賣酒營生僅以自已忽門内泥土自然墳起店主謂其祥瑞愛護不鋤日見漸高家亦日益遂添賣香燭麩麵之類踰年愈高成墩不勝添進人口積蓄米麥乃大興販京果海錯南貨等物無所不有離百里之外或富室或寺院咸來垂顧動以千緡毎歲年及春季月

有數千緡交易長夏門亦如市四方馳名遠近自爲巨富三十年後墩漸平下家亦墻消　凡見鼠立主大吉慶　嘗聞余大父言昔中年一元旦曾於庭前溝口獨見一鼠對面拱立心雖不以爲怪亦謂頗奇因向之曰爾亦知泰來之賀耶其鼠復如揖拜之狀而去大父晩年子孫蕃衍家事從容至老康健壽享八十九歲可謂吉慶矣因以此事問前輩乃云嘗於雜書中曾見此説名曰狠恭鼠拱主大吉慶必有陰德所致而然　已上數事初非好奇以惑衆皆以目

擊耳聞實確可考之言始附卷末以備田家五行中
之一事云爾
祥補拾遺凡出入遇合物及犬過橋大吉所謀皆
遂錢穀豐盈

卜歲恆言

（清）吳　鵠　撰

《卜歲恆言》，（清）吳鵠撰。吳鵠，字斗文，江蘇揚州人。讀書廣博，於經書制藝而外，凡一切子、史以及農圃、醫卜之書，無不究心，曾補揚郡博士弟子員。生平事迹散見於《卜歲恆言》序言。《（嘉慶）兩淮鹽法志·仕宦表》載有「吳鵠」，祖籍休寧，康熙間任國子監典簿。二者是否爲同一人，待考。

該書約成於清康熙三十七年（一六九八），清《續文獻通考·經籍考》農家類著錄。鑒於已有天文、卜筮之書理深文奧，非普通農民所能理解，於是吳氏取前人著述、方言、諺語，彙編成書，以幫助農民占卜陰陽、寒燠及年成豐歉。全書重在摘錄成説，多選擇語言淺近易明的内容，尤其重視採用占候、氣象諺語，偶加個人見解，特別強調占候須因時、因地靈活運用。書共四卷，主要以月令爲序，兼以天象、物象爲綱，於各内容之下，明載出處。所引用的《農桑要覽》《農譜春秋》《農事須知》等都是不常見的農書。

該書主要是經驗性内容總結，但是也不乏科學資訊，「風暴」一節列風暴出現之大致日期，載錄全年八十餘個風暴日，多與冷空氣南下有關，對氣象學研究頗具參考價值。受時代與占驗類著作自身的局限，其中難免充斥神秘與非科學成分。

該書有清康熙三十七年（一六八九）李氏光明刻本、嘉慶八年（一八〇三）重刻本、光緒四年（一八七八）刻本等。今據清嘉慶八年刻本影印。

（熊帝兵）

嘉慶八年季春

邗上吳斗文先生偶集

卜歲恒言

步雲閣梓行

序

吳子斗文，余嘉先生之令嗣也。性純孝，其交友也必誠必信，見富貴驕人者則疏而遠之，見困苦無告者必竭力以拯救之。少隨侍余嘉先生讀書于愛日堂，徹夜不眠，經書制藝而外，凡一切子史以及農圃醫卜之書，罔不究心焉。未幾補揚郡博士弟子員，後困塲屋，感憤過甚而成心疾，往師于無我道人而得精導引之術。嘗于山庄習静，值彌月不雨，農人咸怨之曰：「早知如是其旱乾也，則當取穀之宜于旱者而藝之，今苗將槁矣，可若何？」未期年而值霖雨不止，農人又怨之曰：「早知如是其陰雨也，則當取穀之宜于雨者而藝之，今禾將腐矣，可若何？」吳子曰：「曷不豫卜之乎？」農人曰：「何以卜之？」吳子曰：「天文有志，卜筮有書，但其理深，其文奧，恐非爾農人所能粹解也。而欲其言之最明而最驗者，其惟方言諺語乎？」因取方言諺語之載于傳編者，彙為一册，名曰卜歲恒言。農人爭而[illegible]

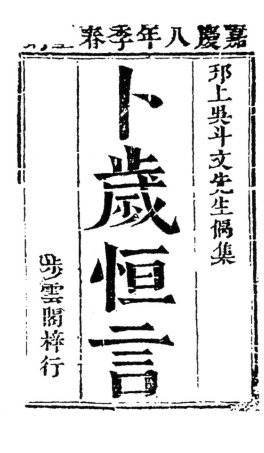

之且卽取所言而卜其陰晴陰晴驗焉又取所言而卜其寒燠寒燠又驗焉更取所言而卜歲之豐歉歲之豐歉又靡不驗焉客聞之趣而進曰先生澤及一鄉何不梓之以公之天下乎吳子猶然笑曰此俗語也烏足以行世客曰先生此書原爲農人設也何傷乎圖請之爰不得已而付之梓時予與吳子砥礪文字相與最善欲予一言以冠篇首予不敢辭爰卽其本末而爲之序年家同學弟汪曾孝升氏譔

凡例

一晴雨各以本境所致爲占候按田家五行曰至正壬辰春末夏初水至既非桃花亦非黃梅去而復來進退不已余家所種低田數多正苦于揷種過時田中積水車戽又下未有乾期此日尚且勉强督工雖值天晴然八風周旋正不知吉凶若何至申時忽東南陣起見掛帆風隨有雷三四聲方且驚愕忽見一老農拱手仰天且連稱謝不已因問其故答曰今日無雨而有雷謂之鎖龍門自今以後天無雨矣或問之曰此處無雨他處却雨如何老農曰凡晴雨各以本境所致爲占候也其年果熟晴多雨少自此以至立秋止雨二次見農政全書

一每月占卜必候交過節氣方驗如立春正月節然必交過立春節方可作正月節不然則仍是去歲十二月節氣也餘月倣此

一占卜年歲必瞻泰乃驗否則少驗以氣候不調故

也如北方多晴明南方多陰雨旱潦則陰晴無驗
是謂氣候不調否則反是
一凡占卜草木者先審其地如師曠占云桃杏是多
來年謂之穰然桃杏有生于沃土者有生于瘠土
者地土既有肥瘠之不同則結果自有多寡之不
一占卜者正當易地而觀不可執一草一木以爲
定論也
一是集雖曰恒言然皆出之簡編未有一語杜撰故

其出處皆載于各說之下使閲者知其說之有本
非爲無稽之言也
一是集專爲農人占卜而設故惟取其言之淺近而
易明者錄之至其理深其文奥非農人所能解者
一槩不載

邗上吳鵠斗文氏識

卜歲恒言目錄

目錄終

新鐫卜歲恒言卷一

邗上吳鵠斗文偶集

日

日者陽精也又君象也群芳譜　人君德政皆備則日色精明而揚光宋志　聖君在上則日光明五色備具易緯

日暈主雨農圃春秋　暈黑則穀傷大水暈青則糴貴音狄糴穀也貴多風暈赤則旱雨蝗暈黃則風雨時農田治歟見則大安祥異賦　日暈兩半相向天下大風宋志

日生耳諺云南耳晴北耳雨日生雙耳斷風雨若生長耳而下垂至地名曰日幢音床主久雨久雨當天明忽見日仍有雨久雨後天已明徐徐雲開見日是日必晴諺云日出早雨淋腦日出晏曬殺南來雁日沒返照主晴諺云日沒返照曬得猫兒叫日落胭脂紅主風雨諺云日落胭脂紅無雨也有風返照在日沒前看脂紅在日沒後看烏雲接日主雨諺云日落雲裏走雨在半夜後日没後起青白光数道下狭上濶直起亘天俗云青白路主來日酷熱惟夏秋間有之群芳譜　農圃春秋

月

月者闕也太陰之精也陰不可抗陽臣不可敵君故于文闕者為月以其闕之時多也說文　君道福昌則有黃芒或紫氣宋志　月赤則天將旱隋書　月望而月中蟾蜍不見者主大水月旁有兩耳十日有雨水終歲無虞天下偃兵宋志　雲如人頭在月旁白風黑雨

大風將至月暈先圓暈而珥時歲平康祥異賦　月暈主風看何方有缺風從缺處來新月下有雲橫截主來日雨諺云初三月下有橫雲初四日裏雨翻盆群芳譜　新月落北主年荒穀貴諺云月照後壁人食狗食要問月出遲早但看前月月大小前月大則初二夜見月前月小則初三夜見月農圃春秋　月如仰瓦不求自下月如彎弓少雨多風范湖志

星

星之爲言精也，陽之榮也。陽精爲日，日分爲星，故其字從日下生。（春秋説題辭）至德之朝，五星若貫珠。（坤靈圖）星圓大如口，四邊小星拱之，國興。（帝紀）星太光明，奪月者，出忠臣孝子。（天文志）異星如火，國有火災。（宋書占）

陰雨初晴明，星不宜多見，多則復雨。諺云：乾星照濕土，來日依舊雨。（姚令威叢話）星光閃爍不定，主風。夏夜星密，來日熱。（農圃春秋）星明滅不動，主雨。星墜，主風。（羣芳譜）星自東向西移，主來日雨。東向南移，主來日火災。東向北移，主境内有盜。西向東移，主三日内有風雨。西向南移，主當年水旱災傷。西向北移，主來日風雨。南向東移，主旱。南向西移，主秋霜冬雪。南向北移，主來月有霧。北向東移，主連日雨不斷。北向西移，主雨浸田禾。北向南移，主來日陰而不雨。（農圃六書）

風

大塊噫氣，其名爲風。（莊子）得怒之氣則暴，得喜之氣則和。得金之氣則凉，得木之氣則温，得火之氣則焱，得水之氣則烈。春風自下而上，夏風橫行空中，秋風自上而下，冬風著土而行。（羣芳譜）太平之世，風不鳴條，開甲散萌而已。（董仲舒）春風多，夏雨必多。諺云：行得春風有夏雨。一云春風多，秋雨必多。諺云：一場春風對一場秋雨。春天東風必雨。諺云：春發東風連夜雨。（農占）夏天北風主雨，冬天南風主雪。諺云：冬南夏北，有風便雨。諺云：南北風頭言南風漸漸大，北風一起便大。一云西風頭，南風脚。蓋西風初起飄發，以漸而緩；南風初來甚緩，後則漸急而雨隨之。西南風早起，至晚必靜。諺云：西南早，到晏弗動草。風起東北，必有雨。俗云：東北風，雨太公。又云：東風急，備蓑笠。大抵東風必雨，此理之常。詩云：習習谷風，以陰以雨。谷風，東風也。東風主發生，故陰陽和而雨澤降。西風剛燥，自能致旱。凡風單日起者，亦于單日止；雙日起者，亦于雙日止。但晨起者善，夜間起者毒，日内息者和，冬月夜半忽起者必大，須晓起大風不久必息。古云：飄風不終日。

風之大者，于日出時必稍靜，謂之風讓日。諺云：日上三竿，不急便寬。諺云：西南轉西北，搓繩來絆屋。半夜五更西，天明拔樹枝。又云：日晚風和，明朝再多。又云：東風連夜走，西風不過酉。北風兩頭暄，南風旺于午。春巳卯風，樹頭空；夏巳卯風，禾頭空；秋巳卯風，水裏空；冬巳卯風，欄裏空。農桑撮要 群芳譜 五雜俎 農圃春秋

風暴

正月初三、初八、十一、二十五日、晦日，龍會日，主大風。初十日、晦日，大將軍下界，逢大殺星午時三刻，主惡風，無風即雨。如期皆宜慎渡江河。以上出神樞　初九玉皇暴，二十九龍神會暴。以上出士商要覽

二月初三、初九、十二日、晦日，龍神朝上帝，主大風。初九、十二、二十四、十七日，酉時後三刻，主惡風，無風即雨，並宜謹慎。神樞　初七春期暴，十七馬和尚過江暴，廿九觀音暴，廿九龍王朝玉帝暴。士商要覽

三月初三、初七、二十七日，龍神朝星辰，主大風。初三、十七、二十七日，諸靈祇朝上界，主午後大風雨，並宜慎。神樞　初三真武暴，初七閻王暴，十五真君暴，廿三天妃誕暴，廿八諸神朝上帝暴。士商要覽

四月初八、十二、十七、十九日，龍會太白，主大風。初八、十九、二十三日，諸神會逢太白辰時三刻，主惡風雨，並宜慎。神樞　初一白龍暴，初八太子暴，廿五龍神

太白暴。士商要覽

五月初五日、十一日、二十九日，天帝朝玉皇，主有大風。又云：初五日、十一日、十九日，天帝釋朝玉皇，逢九曜申酉時有惡風，並宜慎。神樞　初五屈原暴，十三關帝暴，廿一龍母暴。士商要覽

六月初九日、二十七日，地神龍王朝玉皇，主大風。十六、十九日、二十七日是地合日，卯辰時七刻有惡風，並宜慎。神樞　十二彭祖暴，廿四雷公暴。士商要覽

七月初七、初九、十五、二十七，神煞交會，主大風，又西
海龍王下，魚鬼登天訴事，午時後有惡風，無風即
雨，並宜慎。（神樞）初八神煞交會暴（士商要覽）
八月初三、初八、十五、二十七日，龍神大會，主大風。初
六、初八、十七、十九、二十日，歲星惡星月建交會，有
惡風雨，並宜慎。（神樞）十四伽藍暴，廿一龍神大會暴
（士商要覽）
九月十一、十五、十九日，龍神朝玉帝，主大風，宜慎（神樞）

初九重陽暴，廿七冷風暴（士商要覽）
十月初八、十五、二十、二十二日，東岳府君朝玉帝，主有大
風，宜慎（神樞）初五風信暴，二十日東嶽朝天暴（士商要覽）
十一月初一、初三、十九、二十、二十二、二十八日，六合，主惡
風雨，宜慎（神樞）十四水信暴，廿七西嶽朝天暴（士商要覽）
十二月初三、初五、初六、初八、二十、二十二、十六日、晦日，天
地神王上天界，辰時主有惡風或雨，宜慎（神樞）廿四
掃塵暴（士商要覽）凡渡江河，朱書禹字佩之吉，寫土字

手心，下船無恐怖（月令廣義）

附燈火占

焰明作聲，皆主大風。光焰尖者晴，焰尧不明主雨。晦
無故而炮，主驚；有花主喜事（月令廣義）

雲

雲，山川之氣也。易曰：天降時雨，山川發雲。陰重則色
深黑而風，陰稍輕則色淺黑而雨，惟晴明則白雲
遊颺，乃雲之本相（羣芳譜）常以二分二至觀雲氣，青

為虫，白為喪，赤為兵荒，黑為水，黃為豐年（隋書）雲
陣起自西南者，雨必多。諺云：西南陣，單過也三寸。
起自東南者無雨。諺云：太婆八十八，不曾見東南
陣頭發。雲自東北起，多風雨，風愈急雨愈連綿。雲
自西北起，必黑如潑墨，先大風而後雨，終易晴。又
曰：雲行東，雨無蹤；雲行西，水沒犁；雲行南，雨潺占
雲行北，好曬穀。朝看東南，晚看西北。又曰：朝看天
頂穿，暮看四腳懸。但晴則無雨。上風雲雖開，下風

雲不散主雨。諺云：魚鱗天，不雨也風顛。言滿天細紋雲起如魚鱗也。又云：老鯉斑雲障，晒殺老和尚。言滿天大片雲起如鯉魚背上紋也。秋多雲而無風不雨。農事須知 雲起如樓梯樣主晴。諺云：樓梯天，晒破磚。切用格言 冬天近晚忽有老鯉斑雲起，漸漸合成濃陰者，必無雨，名曰護霜天。群芳譜 天河中有黑雲生，謂之黑猪渡天河，主雨。昔蕭氷崖詩：黑猪渡河天不風，蒼龍啣燭不敢紅。切用格言

霞

日與雲相射，則紅而成霞。○霞如長練，主人民安康。農家要覽 諺云：朝霞暮霞，無水煎茶。此言久晴之霞也。朝霞不出市，暮霞走千里。此言雨後乍晴之霞也。農圃春秋 暮霞有火焰形而乾紅者主旱。朝霞雨後乍有，定雨無疑。若晴天隔夜原無，今朝忽有，則當看顏色斷之：乾紅主晴，有褐色主雨。滿天謂之霞，得過主晴；略有謂之霞，不過主雨。若西方有浮雲稍厚，雨當立至。霞如墨洒，來日午時大雨。霞如牛肋，來日辰時大雨。霞如此狀，主人民飢餓。群芳譜

雷

陰陽相薄，感而爲雷，激而爲霆。淮南子 霹靂者，天地之怒氣也。程正叔 仲春之月，雷乃發聲，出地雷出則萬物出；仲秋之月，雷始收聲，入地雷入則萬物入。雷之迅疾者爲霆，一名霹靂。群芳譜 發雷喜甲子日，主歲熟；秋雷忌甲子日，主人多暑病，歲凶。農桑要覽 雷初發聲在北方者，其年有水；雷從西方起，上田旱，下田熟。陶朱公書 雷自夜起，必至連陰。諺云：一夜起雷三日雨。雷初發聲微和者，歲內平安；猛烈者凶。雷聲猛烈，雨雖大而易過；殷匕然者，反不易晴。卯前雷主有雨，當晴雷主無雨。諺云：未雨先雷，船去步回。言不雨也。雲中有雷主陰雨，百日無雲而雷主飢疫。雷初起，其聲格匕霹靂者，雄雷，旱氣也；其鳴依匕不大霹靂者，雌雷，水氣也。

電

電雷光也陰陽激射有火生焉其光爲電又電爲陽光陽微則光不見仲春陽氣漸盛以擊于陰其光乃見以故仲春始電（群芳譜）在南主晴在北主雨諺云南閃千年北閃眼前又云北閃三夜無雨大怪異言必有風雨也（田家雜占）夏秋之夜晴而見電謂之熱閃（農占）

雨

雨者輔也水從雲下輔時以生養萬物也（群芳譜）天下太平夜雨日晴言不妨農事也太平之世雨不破塊潤葉津莖而已矣（董仲舒）五更忽雨日中必晴諺云雨打五更日曬水坑卒然有雨不久必晴道德經云暴雨不終日雨着水面上有浮泡謂之水戴帽主卒未晴諺云一點雨一個釘下到來朝也不晴久雨雲黑忽然明亮主大雨諺云亮一亮下一丈又云病人怕肚脹雨落怕天亮晏雨難晴謂之

卜歲恒言　卷一　電　雨　十一

黃昏雨諺云開門風閉門雨久雨若午後少住或可望晴久雨若午時乍晴有日色午後雨必多諺云雨住午下無休夾雨夾雪無休無歇甲子日晴主雨月多晴雨則久雨（群芳譜）一云甲子値隻日多驗雙日謂之雌甲子雖雨無妨（歲時雜占法）三季甲子皆宜晴獨冬甲子宜雨（瑣碎錄）春甲子雨乘船入市夏甲子雨赤地千里（赤尺古字通用言爲雨阻跬步若千里之難）秋甲子雨禾頭生耳冬甲子雨雪飛千里四季壬子宜晴此日名水生日春雨人無食夏雨牛無食秋雨魚無食冬雨鳥無食又云雨打六壬頭低田只索休一說壬子是哥七爭奈甲寅何更須看甲寅日此日若晴拗得過則不妨諺云甲寅日雨四十九日天不晴一說壬子雨丁丑晴則陰晴相半二日俱晴則六十日內少雨二日俱雨則六十日內不晴凡久雨久晴皆看換甲又云甲日雨下乙日晴乙日雨下十日陰甲午

卜歲恒言　卷一　雨　十二

句中無燥土逢庚必變逢戊必晴久晴逢戊雨久雨望庚晴（農圃春秋）久雨不晴但看丙丁久晴不雨且看戊巳又云丙不藏日是日雖陰雨日必暑現也（五雜組）壬子癸丑甲寅晴木套釘靴掛斷縴雨打丁巳頭四十五日無日頭（圃史）

雹

雹者陰陽相搏之氣蓋沴氣也（朱子）陰包陽爲雹陽包陰爲霰雪六出而成花雹三出而成雹是陰陽之辨也（陸農師語錄）凡雹皆冬之愆陽夏之伏陰也主歲穀不豐（京房）雹乃陰陽不順之氣結成亦有懶龍鱗甲之内寒凍生氷爲雷所發飛走墮落大者如斗升小者如彈丸又蜥蜴含水亦能做雹○人食雹患疫疾大風顛邪之症（五雷經）春雹主豐年夏雹小殺秋雹不遲熟冬雹大臣死（農桑要覽）正月雹大臣有暴死者人多瘡疫（月令通考）元旦雹主盜賊瘡疥五月雹殺雞犬婦人任事民不安（京房易占）九月雹不利牛馬

（月令通考）醬味不正者取雹一二升入甕内即還本味（本草）

虹

日與雨交倏然成質天地之淫氣也（朱子）雄曰虹雌曰霓虹常雙見鮮盛者雄闇者雌赤白色爲虹青白色爲霓清明後十日虹霓始見小雪日虹藏不見（春秋運斗樞）虹俗名鱟東鱟晴西鱟雨括云東西日頭西出雨南見刀兵北太平虹食雨主晴雨食虹主雨（農桑要覽）雲合則雨虹見則止（朱子）朋而長者主晴短而聳者主雨（搭切用）諺云對日鱟不到晝主雨言西鱟也若鱟下便雨返主晴（田家雜占）虹掛東一場空虹掛西雨瀰瀰（太玄經）

卜歲恒言卷一終

新鐫卜歲恒言卷二

邗上輿　鵲斗文偶集

露附甘露

露者陰液也釋爲露結爲霜月令章句和氣津液凝而爲露露從地出五經通義凌霄花上露入目損目柏葉上露與菖蒲上露並能明目旦洗之本草露氣濃甘者爲甘露王者敬養耆老則降于松柏尊賢容衆則降于竹葦晉中興徵祥書甘露美露也神靈之精仁瑞之

澤其凝如脂其甘如飴。一名膏露一名天酒瑞應圖

雪

天地積陰溫則爲雨寒則爲雪大戴禮太平之世雪不封樹凌沴毒害而已矣拾遺記諺云若要麥見三白又云冬無雪麥不結此言雪多主來歲年豐之兆也又云冬雪年豐春雪無用萬寶全書雪晴而不消謂之等伴主再雪久經日照而不化是來年多水之兆也春雪應大水應在一百二十日農圃春秋雪者洗也洗

除瘴癘虫蝗也凡花五出雪花六出陰之成數也冬至後三戊爲臘臘前三雪大宜菜麥又殺虫蝗臘雪密封陰處數十年亦不壞用水浸五穀種則耐旱不生虫洒几席間則蠅自去淹藏一切果食不蛀蠹豈非除虫蝗之驗乎本草綱目

霜

天氣下降而爲露清風薄之而成霜乾象占陰盛則露凝爲霜。霜能殺物而露能滋物性隨時異也本草綱目

王者誅不原情則霜附木不下地不教而誅其霜反在草下京房易傳唐寧王憲疾時寒甚凝霜封樹名曰樹介憲歎曰此俗所謂樹稼者也諺云凌樹稼達官怕吾其死乎已而果薨唐書霜初下只一朝謂之孤霜主來歲歉連得兩朝以上主歲豐霜降日見霜則清明日霜止或前或後日數皆同田家出秧必待霜止甚驗群芳譜霜降上有鋒芒者吉平者凶主來年旱春霜主雨萬寶全書諺云一夜春霜三日

雨。三夜春霜九日晴。便民圖纂

霧

陰陽之氣亂則爲霧。曾子 霧者百邪之氣，爲陰冒陽，本于地而行于天。五行志 太平之世，霧不塞望，浸淫被泊而已矣。漢書 霧氣不順，爲陰陽錯亂，陰積不解，雨未降。有霧不可冒行，冒之者有毒，故田禾花果之類莫不畏霧。一云旱霧有毒，雨後者無毒。農家五行 陰霧凝封樹上，數日不開，凍而成冰，名爲樹介，兵象也。宋史 王肅、張衡、馬均三人俱冒重霧行，一人無恙，一人病，一人死。究其故，無恙者飲酒，病者飽食，死者空腹。博物志 江淮間以立春連三日看湖中霧氣高尺寸，則水亦至其處。如無霧，必旱。又以一九日占霧，定四月之水高下；二九日定五月；三九日定六月；四九日定七月；五九日定八月。每以首日看霧高幾寸，濃淡以占其月有無水及大小，極驗。又諺云：春霧晴，夏霧熱，秋霧不收雨颯七〇霧不

收。定是雨，黑霧硫黃氣主火災。月令廣義

正月

立春正月節，晴明少雲，歲熟；陰則虫傷禾豆。風從西北來，主暴霜殺物，穀貴；正北來，主大寒；東北來，風雨調，五穀熟；正東來，多暴雷；東南來，多風，有虫災；正南來，旱傷萬物；西南來，冲方爲逆氣，主春寒，六月有大水；兑來正西，旱霜，疾疫；又西風爲虛邪，賊中之必病。如夜半至，無害。群芳譜 立春天陰無風，民安，蠶麥倍收；東風吉，人民安，果穀盛。臞仙占 東方青雲，人病多雨；赤雲，春旱；白雲，八月旱；黑雲，春多雨。南方赤雲，主夏旱，米貴。群芳譜 虹見正東，春多雨，夏有火災，秋多水；下雨主水；雪先春一日，年豐。花鏡 立春後五戊爲社。農圃春秋

元旦百年難遇歲朝春，遇者其年豐熟。農圃春秋 元旦晴和，人安國泰，歲豐；又主雞蕃息興旺。連三日內無風雨而陰和，不見日色，其年必大豐。農圃史 群芳譜 東方朔占

書雨主春旱農占雨雪年豐主秋水花鏡唐長壽七年元旦大雪上謂羣臣曰元日雪百穀豐此語有何故實姚璹曰汜勝之書云雪是五穀之精唐書唐歲朝西北風大水害農功歲朝東北五穀大熟史圖元旦東南及南風皆主旱農圃六書四方有黃雲主熟青主蝗赤主旱東井有雲歲澇便民書日未出時東方有黑雲春多雨南方有黑雲夏多雨西方主秋北方主冬皆如之圖史霞主虫蝗蚕少果菜盛婦女災

紅色絲貴羣芳譜虹見多旱花鏡雷鳴一方不安七月有霜霧主人疫桑賤又主大水羣芳譜霜主七月旱花鏡四方有黃氣大熟白氣凶青氣蝗虫赤氣旱黑氣水元旦值甲穀賤人疫乙穀貴民病丙四月旱丁絲棉貴戊米麥魚鹽貴己米貴蚕傷多風雨庚田熟民病金鐵貴辛米平麥麻貴壬絹布豆貴米麥平癸主禾傷多雨人民死一說元日值戊主春旱四十五日值卯大熟值辰雨多值酉大熟羣芳譜

二日晴大熟主大安泰蕃息得甲爲上歲得辛小收得卯低田半收得辰風多先旱得酉大熟羣芳譜東方朔占書

三日晴主上下安又主猪安泰蕃息月旱所宿地小熟東北風水旱調東南風晴主旱西北風主水得辛主水得卯大水得辰晴雨勻得酉民安羣芳譜

四日晴主春暖羊安泰蕃息值甲爲中歲得辛主水得卯大水得辰七分收得酉民安羣芳譜東方朔占書

五日晴明民安又主馬安泰蕃息雨田大收吾不收霧傷穀得甲爲下歲得辛小旱得卯半收得辰歲稔得酉中歲羣芳譜東方朔占書花鏡

六日晴明大熟又主牛安泰蕃息得辛小旱得卯半收得辰大稔得酉中歲羣芳譜東方朔占書花鏡

七日晴民安君臣和會風雨多災得辛半收得卯春澇得辰水得酉中歲家農占東方朔占書

八日晴暖宜穀高田大熟此夕雨低田收八日雨元

夜亦雨雲掩月主春雨多是日不見參星月半看
見紅燈得辛歲稔。一云春旱不收得卯春澇主全
收得辰先旱後水得酉中歲桑農占東方朔占書
九日得辰主仲夏水災得酉中歲農占
十日得辰主旱。得酉中歲月暈主大旱農占
十一日得辰五穀不收冬大雪得酉歲大熟農占
十二日得辰五穀收冬大雪得酉歲大熟月暈主飛
虫多死大冷農占

上元日晴主三春少雨百果熟又云雨打上元燈雲
罩中秋月又云雨打上元燈早稻一束草羣芳譜花鏡
風吹上元燈雨打寒食墳農圃春秋有霧主水花鏡
雨水正月中。陰多主水少高下並吉花鏡月食粟賤多
盜羣芳譜
十六日夜晴主旱。惟水鄉宜之雨歲俱收最喜西南
風為入門風低田大熟羣芳譜
十七日為秋收日晴主秋成百果蕃茂花鏡

二十三日月暈五穀不成農占
二十四日月暈五穀不成農占
二十五日月暈米貴農占
晦日風雨歲惡農占
凡月內日蝕人病穀貴齊大飢黃帝占又主秦大旱。
日赤如血主旱日上有黑雲大旱。月蝕人災多盜
齊大惡米貴一曰秦地大旱。南風多主旱。北風多
主澇。虹見七月穀貴雷鳴為失時主疾疫不收應

所發之方又云春雷須見冰弗冰弗肯晴電主人
民多殃雹主大臣有暴死者。人多瘴疫霜下着物
見日不消五穀萬物不實雪至地三日內即化歲
熟人安七日不消秋穀不成甲乙日雨春雨多。丙
丁戊己夏雨多。庚辛秋雨多。壬癸冬雨多。羣芳譜圃史
霧主水諺云正月霧雨水遍滿路。時令新書甲子豐年
丙子旱。戊子蝗虫庚子亂惟有壬子水滔滔都在
正月上旬看。通書日暈丙丁日主旱。戊己水庚辛兵

壬癸江河洪溢四月同占書上旬月一暈主樹木生
虫。二暈禾穀虫。三暈主雷震物暈多至六七路多
死人羣芳譜正月得三亥湖田変成海在正月節氣
内方準周益公日記

二月

驚蟄二月節值朔日主蝗災。驚蟄日雷在上旬主春
寒。黄梅水大。中旬主禾傷。末旬主虫傷禾。一云驚
蟄聞雷米似泥。又云未蟄先雷須見冰羣芳譜農圃六書

朔日值驚蟄主蝗虫。春分主歲歉。風雨主人災歲歉農圃六書
二日田家謂之上工日。宜晴。見冰主旱羣芳譜
八日爲張大帝生日。前後必有風雨。俗謂請客風送
客雨。東南風主水。西北風主旱。夜雨桑柘貴農圃六書
十二日爲花朝。晴則百果實。最怕夜雨。若得是夜晴
一年晴雨調匀花鏡十二日夜宜晴。如晴徹後雖夜
雨多亦不怕時令新書

十三日謂之收花日。晴明主百穀果實倍收圖史
十五日爲勸農日。晴主年豐。百果宜羣芳譜
春社立春後五戊爲社。社在春分前主歲豐。在春分
後主歲惡。晴明草木蕃茂六書大旺畧有微雨不
妨花鏡社公不喫乾粮。社婆不食舊水。是日雖晴亦
必有微雨圖史
春分二月中。晴明煖熱。萬物不成羣芳譜春分無雨病
人稀農圃六書月無光有災花鏡風從西北來多寒。正北

來人多疾。東北來主水發出。正東來人安年豐。東
南來草木生虫。主四月暴寒。正南來五月先水後
旱。西南來多水。正西來爲逆氣。主春寒。有青雲歲
豐羣芳譜
二十日晴主穀平羣芳譜
凡月内月食主粟賤人飢。月無光有災。虹見東。秋
米貴。見西。絲貴。民災。雷不鳴五穀不成。小兒多災
羣芳譜有霜主旱。是月宜速霜。諺云。一夜春霜三日

雨三夜春霜九日晴（便民纂）是月夜雨爲酹頭雨。黄梅中雨之多寡應之。以十夜爲率。主雨水調勻。若過則水。不及則旱。（圖史）霧主歲凶。諺云。二月霧。父子不相顧。（時令新書）

三月

清明三月節。喜晴惡雨。諺云。簷前插柳青。農人休望晴。簷前插柳焦。農人好作驕。又午前晴。早蠶收。午後晴。晚蠶收。（月令通考）清明日雨。主梅裏有水。晴則旱。又清明日雨。百果損。（圖史）清明無雨。少黄梅。（農圃春秋）東北風。末市桑賤。東南風。中市桑貴。末市賤。西南風。晴損桑。末市貴。西北風。中市貴。雷鳴。主小麥貴。清明前二日爲寒食。人家墓祭。謂之掃松。多值風雨。是日雨。主歲豐。諺云。雨打墓頭錢。今歲好豐年。（羣芳譜）

朔日值清明。草木茂。值穀雨。主年豐。雨。民疾疫。百虫生。又云。井泉空。主旱。雷鳴旱。（羣芳譜）

二日雨。澤無餘。（圖史）

三日晴。主桑貴。雨宜蠶。主水旱不時。三月初三雨。桑葉無人取。三月初三晴。桑上掛銀瓶。是日東風。葉稍賤。雷鳴。小麥貴。（花鏡）上巳有霜。三月冷。（五雜俎）

四日雨。主澇。主桑貴。（圖史）

六日雨。壞墻屋。（圖史）

七日雨。決堤防。無雨。下秧晴。南風。歲歉。（羣芳譜）（圖史）

八日雨。乘船行。（羣芳譜）

九日雨。難可期。（羣芳譜）

十一日。麥生日。喜天晴。（圖史）

穀雨。三月中。前一日有霜。主旱。（羣芳譜）是日雨。主魚多。（農圃六書）

十六日。西南風。主大旱。風愈急則愈旱。是日爲黄姑浸種日。故南方上鄉人有撩起已浸稻種之說。又懸錢百文于簷下。風力能動則皆失声相争。（羣芳譜）

十七日無雨。蒔秧晴。（圖史）

廿七日無雨收稻晴（湖史）
晦日有雨麥不收（湖史）
凡月內值日食大人憂絲綿布米貴蟄地大凶（黃帝
占）月食絲綿米貴無光主水災風不衰九月霜不
降（羣芳譜）雲甚潤厚大暴雨將至（隋書占）虹見九月米
貴魚鹽貴雷電多歲稔暴雨至名桃花水主梅雨
多（農圃六書）雪經三日不消秋禾不成米貴又主九月
霜不降有三卯宜豆（諸書羣芳）三月無三卯田家米不

飽初一雨飄七人民常食草三月溝內白溝底一
畝麥（言三月晴則麥有收）是月若連雨四日主穀貴（圃史）霧主
人災諺云三月霧病人無限數（時令新書）

四月

立夏四月節晴主旱大晴其年必旱日暈主水宜雨
諺云立夏不下田家莫耙夜雨多損麥及蠶有風
主熱風從西北來麥不利從正北來多雨人病疫
從東北來人[illegible]損穀正東來[illegible]不時難物一云羅

貴東南來歲稔民安正南來憂旱西南來人不安
草木傷正西來有螟六畜災北方有雲歲豐（羣芳譜）
巳時東南有青氣歲豐否則歲多災應在十月（萬寶
全書）虹見正南貴糴僱主旱有火災（羣芳譜）
朔日值立夏地動人不安小滿主災晴歲豐晴而燠
主旱日暈主水主風主熱有重頹雨禾之患風主
大風一云大風雨主大水小風雨主小水歲惡米
貴諺云四月初一見青天高山平地任開田四月

初一滿地塗丟了高田去種湖農夫謂此日最要
緊（羣芳譜）
初四日稻生日晴雨主穀貴（圃史）
初五日至初八日微雨宜早麥（羣芳譜）
初八日晝雨主旱夜雨果實少麥不收諺云小麥不
怕神共鬼（吳音叫鬼）只怕四月初八夜內雨大的北方
麥喜花忌日雨南方麥夜花忌夜雨又云四月八
日雨魚兒岸上死四月八日晴魚兒上樹林（羣芳譜）

（圃史農圖六書）

十三日有雨麥不收（圖史）

十四日晴主歲稔。諺云有利無利只看四月十四（五雜俎）黃昏時日月對照生秋旱（月令通考）是日晴明得東南風尤吉（羣芳譜）

小滿四月中有雨主歲大熟（花鏡）

十六日宜雨如日月對照主秋旱（月令通考）有穀無穀只看四月十六四月十六烏漉禿高低田稻一齊熟

十六月上早低田好種稻（圖史）月上早色紅主旱遲而白主水（花鏡）

十八日四月十八雨飄飄高田好種雜牢嘈主旱（圖史）

二十日為小分龍晴則分嫩龍主旱。雨則分健龍主水。東南風分黑龍主旱。正南風分赤龍主大旱。西北風分白龍主大水。東北風分青龍主小水。西南風分黃龍上下大熟（四時占候）一云二十八日方是分龍日（圖史）

邗江吳鵠斗安偶集

五月

芒種五月節晴明主豐（東方朔占書）一云芒種宜雨但須過。諺云雨芒種頭河魚淚洗雨芒種脚魚捉不著。諺云芒種端午前處處有荒田。主無收（羣芳譜）吳楚以芒種後逢丙日進黴小暑逢未日出黴（五雜俎）閩人以芒種後壬日進黴遇辰則絕（花鏡）諺云雨打梅頭無水飲牛。雨打梅額井底開拆。又云田家忌

迎梅雨。迎梅一寸。送梅一尺。然南方應而北方則不應也（五雜俎）按天道自南而北凡物候每先南方故閩粵萬物早熟半月始及吳楚今驗江南梅雨將罷而淮上方梅雨又踰河北至七月少有濕氣而不覺以此言之壬丙進梅不足定擬當因易地而論（風土記）夏至前芒種後雨謂之梅雨半月內驗西南風以定雨候西南風時名曰哭雨風主雨立至

若風散最毒應在時裏諺云梅裏一日西南時裏
三日潭潭梅裏不宜雷諺云梅裏一声雷時中三
日雨（群芳譜）月内寒主旱諺云黄梅寒井底乾（圖史）日
暖夜寒東海也乾（五雜俎）
曬日值芒種六畜災值夏至冬米貴晴主年豐（群芳譜）
此日至十日不雨大風大旱（四時氣候）雨主歉初一雨
落水泉浮牆崩壁倒難收捉（圖史）
初二雨落井泉枯（圖史）

初三雨落連大湖（圖史）
端午值夏至穀不收大晴主水諺云端陽晒得蓬頭
乾十片高田九片浮雨主絲貴（農圃六書）只喜薄陰大
風雨主田内無邊蒼青風水多也一云雨主來年
大熟（四時類占）主大水（群芳）
十日得辰主禾半收（群芳譜）
十一得辰主蠶不收（群芳譜）
十三爲白龍生日當有風雨（農圃六書）五月十三是竹醉
日栽竹多茂盛（五雜俎）
夏至五月中在端午前主雨水調諺云夏至端午前
坐了種田年（田家五行）夏至連端午家家賣兒女夏至
在五六不賣牛車便賣屋（圖史）上旬米貴中旬大豐
米大賤末旬大歉米大貴（歲時記）諺云夏至在月頭
邊吃邊愁夏至在月中耽閣糶米翁無雨主旱諺
云夏至無雨碓裏無米一說至日晴主三伏晴亡
則必熱夏至屬水主旱屬金主大暑毒值甲寅丁

卯粟貴（群芳譜）日暈主大水（便民圖纂）日月無光五穀不
成人病（歲時雜占）有雨謂之淋時雨主久雨（便民圖纂）夏至
日雨其年必豐（農家春秋）夏至日个雨一點值千金（圖史）
夏至後半月爲三時半月内雨謂之時雨頭時三
日中時五日三時七日（農圃六書）時雨最怕在中時中
時雨主大水若到末時縱有雨亦無諺云夏至未
過水袋未破（四時占候）風從西北來寒傷萬物正北來
寒暑不時山水暴發東北來泉湧山崩正東來八

月入災東南來九月風落草木傷百果正南來五
穀熟西南來六月雨水橫流正西來秋雨多。又青
雲爲虫白爲喪赤爲兵荒黑爲水黄爲豐年羣芳譜
夏至有雲三伏熱夏至有雲六月旱重陽戊遇一
冬晴史闆夏至有雷三伏冷重陽無雨一冬晴五雜組
有雷主久雨。末時雷主久晴諺云迎梅雨送時
雷送了去再不回夏至後四十六日內虹出西南
貫坤位主水及蝗災魚少夏至午時正南方有赤

氣百穀豐出右萬物平。出左赤地千里羣芳譜夏至
後九九氣候諺云一九二九扇子不離手三九二
十七氷水甜如蜜四九三十六汗出如洗浴五九
四十五頭戴秋葉舞六九五十四乘凉入佛寺七
九六十三床頭尋被單八九七十二思量蓋夾被
九九八十一。階前鳴蟋蟀。夏至後三庚入伏々
者何也凡四時之相禪皆相生獨夏禪于秋以火
克金々所畏也故謂之伏五雜組

二十日爲大分龍占同小分龍○兩浙諺云廿日有
雨歲豐無雨則旱羣芳譜 二十分龍廿一雨。水車閣
在衖堂裏農圃春秋
二十三日雨謂之回龍雨。百二十日曬龍衣主旱
農圃六書
二十五六日諺云熟不熟但看五月二十五六大晴
則大旱。楚俗以廿九三十爲分龍節。水則多水閩
俗以夏至後爲分龍四時占候此日陰沉々穀子。歷田

塍羣芳譜
三十日不雨主人多病羣芳譜
凡月內日食大旱大饑人死六畜貴粱大凶占[illegible]
月食主旱夾地惡六畜貴齊地虫月無光大災旱
砲車雲起主暴風拔木東坡詩云今日江頭天色
惡砲車雲起風暴作虹見主小水雷不鳴五穀減
壬辰上巳日雨主蝗災羣芳譜霧主旱諺云五月
底全無借時令彙書

六月

小暑六月節有雨主久雨是日東南風兼有白雲成塊主有半月船舶風必大旱群芳譜花鏡

朔日值夏至大荒值小暑山崩河溢值大暑民病遇甲飢風雨穀貴西南風主虫傷禾群芳譜

初三日晴山篠盡枯零初三一陣雨夜夜七風潮到處暑五雜俎霧大熱群芳譜

初六日晴主收乾稻雨主有秋水月令通考

大暑六月中夏至日爲金主大暑群芳譜

晦日值立秋旱稻遲南風主虫災不雨人多疾農占

凡月内甘食六畜五穀貴主旱沛大凶月令通考月食主旱六畜貴沛國惡魯有水災月无光六畜大貴

三伏内有西北風主稻秕冬冰堅諺云伏内西北風臘月船不通月内宜熱諺云六月不熱五穀不結六月有白雲橫斗下或東方生雲皆主雨虹見米麻貴雷若不鳴蝗生冬民不安電夜見南方主

晴北方主雨夜晴而見遠電謂之熱閃七月亦然黑霧相連主雨一云主旱諺云六月裏霧要雨直到白露農圃史群芳譜

七月

立秋七月節七月秋蔣到秋六月秋便罷休圖史朝立秋涼颼颼暮立秋熱到頭五雜俎立秋日晴萬物多不成熟小雨吉大雨傷和風凉吉熱主來年災旱風從西北來暴寒多雨正北來冬多雨雪陰寒東北來爲逆氣穀不熟糴貴正東來秋多暴雨人不和草木再榮東南來凶正南來旱西南來田禾倍收正西來秋多雨霜亚旱禾怕北風晚禾怕南風是日西方有雲及微雨吉補訂西南黃雲如羣羊是坤氣至也主五穀果蔬有成黑氣相雜宜桑麻如無此氣主歲多霜赤雲主來年旱西南有赤雲宜粟秋後四十六日内虹出正西暂兌位主旱立秋後虹見爲天收雖大稔亦減分數雷多損晚禾已

酉日立秋多晴羣芳譜
朔日值立秋或處暑人多病日食人流亡大水壞城
郭繒帛貴歲惡秦國惡之虹見主年内米貴有雷
損晚禾占書
初三有霧主年豐草木榮盛花鏡
七夕有雨名洗車雨麥麻豆賤諺云七月無洗車八
月无麥花是日過西南風謂之金風無粃穀農占
八日得觜斗主秋成花鏡

十五日月食人災來年牛馬貴楚地大旱是日謂稻
竿生日要晴有雨主撈水稻有雷謂之打折竿頭
撈不成一云十四十五十六有雨俱主撈水稻傛
又謂稻秆生日農圃六書
處暑七月中處暑内喜雨秋前無雨水白露枉來淋
故諺云處暑若還天不雨總然結實也無收羣芳譜
十六月上旱熱乃上遲秋雨至有雨主來歲荒是日
名爲洗鉢雨十方寺觀每年四月十五日結夏七

堂七月十五日解夏散堂十六洗鉢有雨便知來
年必荒僧堂甚驗田家五行
晦日風雨主人多病宜麥布貴油麻貴羣芳譜
凡月内日食人災大水歲惡秦國惡之占庚辛日无
光虫災歲凶家塾事親月食人災來年牛馬貴楚地大
旱雷大吼有急令雨雪大飢民多死人物相食霧
主水諺云七月霧煞行人大路時令新書有三卯田禾
熟無則早種麥雨小吉雨大傷穀彙花鏡羣芳譜

八月

白露八月節日晴主收稻納音屬火主虫多難種菜羣芳譜有雨損穀圃史諺云白露前是雨白露後是鬼
稻花見日方吐其時雨來不及收花所以多粃穀農圃六書若逢白露日白露有雨不損苗單日有雨則損落如
連陰雨不爲害羣芳譜
朔日值白露主果穀不登秋分主物貴花鏡晴主連冬
旱宜蓄晚滑雨宜麥一云月七初一要晴惟此月

初一要雨諺云八月初一難得雨九月初一難得
晴農圃六書大風雨人不安南風禾不熟花鏡
十一日半晴吉是日看水深淺可卜來年水旱花鏡
中秋晴主來年大水无月蚌无胎蕎麥无寔月有光
主兎多魚少雨主來年低田熟上元无燈諺云雲
掩中秋月雨打上元燈花鏡
秋分八月中晴主不收月令通攷微雨或陰天最吉秋分
宜在社前諺云分後社穀米遍天下社後分穀米

如錦堆得雨則米粒圓滿多收諺云田怕秋旱人
怕老窮旱必熟七則損稻農圃六書分社同一日低田
盡叫屈月令通攷風從西北來主下年陰雨正北來多
寒東北來風急主十二月陰寒正東來爲逆氣百
花虛發東南來主十月多暴氣正南來歲惡西南
來主工與民憂正西來大熟酉時西方有白雲主
大稔黑雲相雜宜麻豆赤雲主來年旱秋分後四
十六日虹見西北其乾位多水主虎傷人有霜人

多病花鏡
秋社立秋後五戊爲社來年豐月令廣义
十六夜萬里无雲來年大熟諺云十六雲遮月來年
防水沒農圃六書
十八日爲潮生日前後必有大雨名橫港水花鏡
廿四日爲稻藁生日雨則藁腐圃史
凡月內日食人多疾月食主飢鄉大凶魚鹽貴
人災花鏡有三卯三庚低田麥稻吉三庚二卯麥宜

高田諺云三卯三庚麥出低坑三庚二卯麥出掏
巧也高鄉八月浮雲不歸二月雷不行是月不宜聞
雷有雹雪多病人[illegible]霧主歲凶諺云八月霧切莫
開倉庫時令新書月大有水災少菜羣芳譜

九月

寒露九月節前後有雷主次年有水農圃六書
朔日值寒露主冬冷値霜降多雨來歲稔晴明萬物
不成風雨來年春旱夏多水微雨吉大雨傷禾虹

見主麻貴人災（花鏡）一日至九日。凡北風則來年米賤，以日占月，如一日北風正月賤，二日北風二月賤也（圃史）

重陽晴則冬至元旦、上元清明四日皆晴，雨則皆雨主飢荒。諺云：九日雨，禾成脯。又云：重陽濕漉漉，穣草千錢束（田家五行）重陽無雨一冬乾。或謂無字當作霧（群芳譜）重陽戊遇一冬晴（圃史）重陽東北風名石崇口內風，萬物盡結。是西北風爲范丹口內風，有寒不教吃（農事須知）

十三日晴則一冬多晴（農占）九月十三晴，釘靴掛斷繩（五雜俎）

霜降九月中。前後水必退。古云：霜降水痕收（農事須知）

凡月內日食，主飢疫，布帛貴，鹽貴，女工貴，韓大凶（已巳占）月食韓國惡揆分牛羊災，月常無光，主虫災布帛貴，草木不凋，主來年三月草木傷。虹出西方，大小豆貴，有疫，牛馬不利。無霜，來年三月多陰寒草木皆傷。雷鳴主穀大貴（花鏡）霧主凶。諺云：九月霧貧人便欺富（農占）

十月

立冬十月節。晴主冬暖，多魚（月令通攷）風從西北來，歲豐正北來多霜，東北來人病，正東來深雪酷寒，東南來冬溫，來年夏旱。正南來五月大疫，西南來水泛溢，魚鹽貴。正西來米貴（群芳譜）雷震萬物不成。立冬四十日內虹出正北，貫坎位，冬少雨，春多水。冬前霜來年早禾好，冬後霜來年晚禾好（花鏡）

朔日立冬有災異，值小雪有東風，春米賤，西風春米貴。其日用斗量米，若有米綴斗外，主來春米陡貴（群芳譜）晴則一冬多晴（月令通攷）十月初一晴，柴炭灰樣平。十月初一陰，柴炭貴如金（田園史）賣絮婆子看冬朝無風無雨哭號咷（五雜俎）雷鳴人災。風雨來年夏旱西北風來年熟（花鏡）

三日雨，芝麻貴（群芳譜）

十五日爲五風生日，此月有風，主終年風雨如期，謂
之五風信。羣芳譜 十五、十六晴，主冬暖。月令通攷
小雪十月中。雪主穀賤。圖史 東風春米賤，西風春米貴。
羣芳譜
晦日占與朔日同。羣芳譜
凡月内日食，主冬旱，六畜魚鹽貴，泰地大凶，來秋
穀貴。黃帝占 月食，秋穀魚鹽貴，衛國惡。月无光，六畜
貴。有三卯，米價平。又十月无壬子，留寒待後春雷

鳴，人災。花鏡 有霧爲沐露，主來年水大，相去二百單
五日水至。須看霧着水面則輕，離水面則重。諺云：
十月沐露塘瀊，十一月沐露塘乾。田家五行 十月霧水
牛罔上臥。時令新書 立冬後十日爲入液，至小雪爲出
液。得雨謂之液雨，亦曰藥雨。百虫飲此，皆伏蟄，至
來春雷鳴起蟄乃出也。本草綱目 雨打冬，丁卯飛禽不
得飽。圖史

十一月

大雪十一月節。朔日值大雪，主有災。出炎開六書
朔日值冬至節，主年荒，有風雨，宜麥。值大雪節，主年
荒，歲凶，民災。羣芳譜 朔日得壬主旱，二日得壬小旱，
三日得壬赤旱，四日得壬大熟，五日得壬小水，六
日得壬大水，七日得壬河決，八日得壬海翻，九日
得壬大熟，十日得壬少收，十一、十二日得壬五穀
不收。田家五行

冬至十一月中。晴，萬物不成，又主年内多雨。便民圖纂 風
寒吉。風從西北來，明年夏旱；正北來，明歲稔；東北
來，正月多陰雨；正東來，雷不止，大雨連行；東南來，
百虫害草木；正南來，名賊風，冬溫，乳母多死，水旱
不時，穀貴，人疫，避之吉，夜至則无害；西南來，多水；
正西來，明秋多雨，一云禾熟；東南風，名歲露，若值
而中其氣，闔年癃，謹避之。羣芳譜 西南風主久陰。諺
云：冬至西南百日陰，半晴半雨到清明。纂圖六帖 青雲
北起，歲熟民安；赤旱，黑水，白災，黃熟，无雲凶。羣芳譜

四十六日内虹出東北方貫艮位春多旱夏多火
災京房易占雨則年必晴乜則年必雨露主來年旱雪
大來年熟少則來年旱冬至前後有雪主來年水
多群芳譜至前米價長貧兒有憂蓄至前米價落貧
兒轉蕭索農事須知冬至日数至元旦五十日者民食
足若不満五十日者一日減一升有餘日益一升
最驗四時纂要冬至後三戊爲入臘圖史冬至後九九氣
候諺云一九二九相逢不出手三九二十七籬頭

吹觱篥四九三十六夜眠如露宿五九四十五太
陽開門六九五十四貧兒爭意氣七九六十三
布衲担頭担八九七十二猫犬尋陰地九九八十一
犁耙一齊出京師諺又云一九二九相逢不出
手三九四九圍炉飲酒五九六九訪親探友七九
八九沿河看柳五雜俎冬至後一百零五日爲寒食
容齋隨筆
十七日東北風天有雲主來年有雨大熟圖史

晦日有風雨主來春少水農圃六書
凡月内日食人畜俱疫魚鹽貴絲貴牛死燕大凶
乙巳占月食米貴趙燕惡月无光魚鹽貴雷雨春米
貴有霧主來年旱雪少主來年旱群芳譜仲冬行夏
令主大旱月令

十二月

小寒十二月節有風雨損畜群芳譜
朔日値小寒主有祥瑞有風雨來春主旱東風主六

畜災圖史
上酉日有雨主冬春連陰雨月雪主來年旱澇不均
群芳譜
大寒十二月中有風雨主損鳥獸花鏡
除夜東北風吉諺云今夜東北來年大熟東南風主
來年水大除夜犬不吠新年无疫癘五雜俎
凡月内有日食主來年水災夏麥不收穀貴牛多
死趙大凶黄帝占月食主來年大水穀貴秦國惡九

月至十二月常无光主來年穀大貴（群芳譜）霧主來年旱。酉日尤驗。諺云臘月有霧露无水做酒醋（湘潭記）臘月雷地白雨來催（田家史）雷鳴主來年旱澇不均又云雷鳴雪裏陰雨百日。虹見黍穀貴（群芳譜）冰後水長主來年大水。冰後水退主來年旱。兩春夾一冬。十個牛欄九個空（農家事親）有暴雨來年六七月內有水（群芳譜）十二月為大禁月宜寒。忽有一日稍煖即是大寒之信。諺云一朝赤晴三日頭縮大寒不過丑寅大熱不過未申過此必稍和（農事須知）立春在殘年主冬煖。諺云兩春夾一冬。无被煖烘烘。又云立春日煖凍殺百鳥卵。冬至後第三戌為臘。臘前得兩三番雪謂之臘前三白。諺云若要麥見三白（農圃六書）又云凍殺蝗虫子。又云臘雪是被春雪是鬼（農圃六書）十二月上旬中旬有雪。來年梅水盛。凡雪日間不積謂之羞明。雪而不消謂之等伴。主再雪。又主來年多水（群芳譜）

卜歲恒言　卷三　十二月　十八

閏月

欲知來年閏先算至之餘要看大小盡決定不差殊如來年該置閏。只以今歲冬至後餘日為率如今歲十一月二十二日冬至本月尚餘八日則來年當閏八月。如係小盡則閏七月若冬至在上旬則以望日為斷十二日足則不復起一數若餘十三日則無閏（曆曝偶談）

卜歲恒言卷三終

卜歲恒言卷四

邢上史　鵑孚文偶集

地土

坤者易也言能養物懷任交易變化含吐應節故其字土力于一者爲地。地當陰陽之中能吐生萬物者謂之土天中記 一年三百六十日五行各司七十二日而土分旺于辰戌丑未四季之月各十八日是謂土王用事通書 王者德至于地則嘉禾生援神契 揚州荆州地土宜稻豫州并州地土宜五種黍稷菽麥稻 青州地土宜稻麥兖州地土宜四種黍稷麥稻 雍州冀州地土宜黍稷幽州地土宜三種黍稷稻出周官 亢旱太甚作雨日久不爲星變即爲地震或大風作而爲地震蓋地寒盛則裂風盛則震也玉歷通政經 地陷主兵亂京房 地生毛人勞兵起地鏡 地折裂有聲則兵大起境土不寧抱朴子 地無故自成泉主兵亂大水來志 地面濕潤主雨地出水珠如汗主暴雨石

滌水流四野氣蒸主暴雨立至若得西北風解散則無雨月令廣義 冬月地不凍主其鄉人流亡鵑鳧集 戊巳日燕不啣泥處巢不堅凡舍宇土工等事亦宜避土日月令廣義

山川

天將時雨山川出雲孔子 遠山之色清明主晴昏暗主雨土商要覽 小山不出雲者忽然雲起主大雨有霧亦主大雨諺云山頭戴帽平地淤泥農占 山色昏濛主天變忽生雲接天立時雨月令廣義 廬山記天將雨則有白雲或冠峰巖或亘中嶺謂之山帶不出三日必有大雨然不獨廬山爲然凡山極高而有洞穴者皆能吐雲作雨海錄碎事云大雨由天小雨由山想不誣耳五雜俎 山移徙及山石自動或濕或血皆主兵亂凡入山念儀方二字以卻蛇虫念儀康二字以卻虎狼念林兵二字以卻百邪地鏡 夏月水底生苔主有暴雨若溝水面立時大雨水作

青色亦然。諺云：水面生青靛，天公又作變。切用捕言 冰
有香氣或腥氣，皆主雨冰驟至。士商要覽 正月初一日
至十二日，一日主一月，每旦以瓶秤水，視其輕
重，重則雨多，輕則雨少。月令通纂 除夕取長流水秤輕
重，元日又取水秤之，以較兩年之高下。歲占 三月冰，
歲不成；四月冰，天下荒；五月冰，其國亡；六月冰，天
下亂；夏冰，歲飢民流；冬不冰，兵荒民疫。閒見集 水堅
先冰後水長，主來年水；冰後水退，主來年旱。若

卜歲恒言 卷四 水 三

冰堅可渡，亦主水。家塾事親 謝肇淛曰：客中若遇無甘
泉去處，但以古水煮之數沸，後澄至冷，去其泥滓，
復煮之，即甘矣。此亦古人煉炭之法也。爲客者不
可不知。五雜組 凡適他方，不伏水土，將鞋底下土刮
下和水服，即止。本草綱目

附穿井法

凡穿井之地，覆以多碗，次早揭視，碗中潤水多者下
有脈泉。五雜組 凡井以黑鉛爲底，能水散結，人飲之無

疾。入丹砂鎮之，令人多壽。本草綱目

人

王者盛德則嘉禾生。嘉禾者，仁卉也，其大盈箱，一稃
二米。晉中興徵祥記 王者出號施令合民心，作樂制禮得
天心，則草木有益于人者長，以養民。稽命徵 元旦聽
人民之聲，宮則主歲善吉，商則有兵，徵旱，羽水，
角惡。呂覽 凡聽聲，徵如負豕覺駭，羽如鳴馬在野，宮
如牛鳴窌中，商如離羣羊，角如雉登木以鳴，其音
凄清。此言呼以聽土地之音，非謂他音皆然也。

卜歲恒言 卷四 人 四

合乎五音，其首聲聽其共協而詳之也。務部吏所致
侵漁百姓，則蝗食穀，身黑頭赤，武吏也；頭黑身赤，
文吏也。酉陽雜組 食心曰螟，食葉曰蟘，食根曰蟊，食節曰
賊。四者皆蝗之名也。說文 吏冥冥犯法則生螟，說文
應苛政。春秋合孳 使乞貸則生蟘，許慎 吏抵冒取民財則
生蟊。說文 妖害忠孝，蟲食苗根。京房易傳 王者與諸侯爭
則蟲食苗節。京房易傳 人生三子主太平。人生三女

國淫。失政。人生四子。諸侯競位。人生肉塊。天下飢荒。（玉冰玄珠密節）男化爲女。宮刑濫也。女化爲男。婦政行也。（京房易占）男化爲女。賢人去位。女化爲男。賤人爲王。（春秋潛潭巴）天將雨。人之病先動。是陰相應而起也。天將陰雨。又使人熙臥者。陰氣也。（臣瓚名）奏人首頰熱。太白晝見。日月昏暈。燈火焰明。搖動。皆主大風。（士商要覽）南方有人長二三尺。裸形。目在頂上。行走如飛。名曰旱魃。所見之國必大旱。赤地千里。一名各遇者得之投于溷中則死。旱災除。（神異經）

芒神

服色。以立春日支神受剋爲衣色。剋衣之色爲繫腰色。亥子日黃衣青繫腰。寅卯日白衣紅繫腰。巳午日黑衣黃繫腰。辰戌丑未日青衣白繫腰。頭髻以立春日納音爲法。金日平梳兩髻在耳前。木日平梳兩髻在耳後。水日平梳兩髻。右髻在耳後。左髻在耳前。火日平梳兩髻。右前左後。土日平梳兩髻在頂直上。罨耳。以立春時爲法。從卯至戌八時。芒神手提罨耳。卯巳酉未時右手提。辰子申戌時左手提。八時見日溫和。寅時芒神戴罨耳揭起左邊。亥時戴罨耳揭起右邊。寅亥時爲通氣。故揭起一邊。子丑時芒神全戴罨耳。爲嚴凝時。故全掩也。鞋袴行纏。以立春日納音。金日繫行纏鞋袴全。左行纏在腰左懸。木日繫行纏鞋袴全。右行纏在腰右懸。水日繫行纏鞋袴俱全。火日行纏鞋袴。只無。土日着袴無行纏鞋子。閑忙。以每年正旦前後各五日內。立春者是農忙。則芒神與牛並立。正旦前五日外。立春者是農早忙。芒神在牛前。立正旦後五日外。立春者是農晚閑。芒神在牛後。立左右。立六支陽年在右邊立。陰年在左立。身像芒神身高三尺六寸。按一年三百六十日。鞭結鞭子用柳枝長二尺四寸。按二十四氣。上用結子。以立春四孟用麻。四仲用苧。四季用絲。俱以五采染色。老少高低

寅申巳亥年老像子午卯酉年少壯辰戌丑未年
童像譜通
春牛
頭色黄主歲熟又專主菜麥大熟青主春多瘟赤主
春旱取水土方位以冬至節後辰日于歲德方取
水土牛像牛頭至尾椿八尺按八卦牛尾一尺二
寸按十二時高四尺按四時以骨用桑柘木踏板
用本衙門扇以六爻陽年用左陰年用右頭色牛

顏色以立春日爲法日干爲頭角耳色甲乙日青
丙丁日紅庚辛日白壬癸日黑戊己日黄日支爲
身色亥子日黑寅卯日青巳午日紅申酉日白辰
戌丑未日黄納音爲蹄尾肚色金日白木日青水
日黑火日紅土日黄籠頭拘索以立春日支色四
孟日用麻四仲日用苧四季日用絲拘子用桑柘
朝向祭拜方位隨牛頭所向之方祭拜牛頭向東
祭拜譜通

草木
王者德澤純洽八方同一則木連理連理者仁木也
或異枝還合或兩樹共合建元元年木連理四一
生膏山一生武昌一生汝陰一生汝陽譜中典故詳說欲
知歲之所宜當于冬至日將諸穀豆菜等種各量
一升以布囊盛埋于陰地候至五十日取出量之
則知來歲所宜重者大熟輕者不收氾勝之書歲欲豐
則甘草先生甘草薺也歲欲苦苦草先生苦草葶

藶也歲欲雨雨草先生雨草蘩也歲欲旱旱草先
生旱草蒺藜也歲欲流流草先生流草
蓬也歲欲惡惡草先生惡草藻也歲欲病病草
先生病草艾也皆以孟春占之○梅桃杏實多來
歲秋禾善五木者五穀之先欲知五穀先視五木
擇其木盛者來年多種之萬不失一也故五果分
五行所以表五穀也○杏多實不蟲來年秋之穗
俱出師曠占 梅實少則秝亦少杏花開值清明時必有

雨（月令廣義）。桃李實多者，來歲必穰（鹽鐵論）。五時見生而
樹生，見死而穫死，天下時地生財，不與民謀（鹽鐵論）。陳
註云：樹生穫死，后稷教民種藝之法也。氾勝之農
書曰：五穀生于五木，禾生于榆，大豆生于槐，小豆
生于李，麻生于楊，大麥生于杏，小麥生于桃，稻生
于柳。五木自天生，五穀待人生，故曰見生而樹生；
靡草死而麥秋，草木黄落而禾登，故曰見死而穫死
也。下，降也，謂春夏陽氣下降也。地生財，謂地生百

穀爲財實也。天時地財，乃造化生物自然之道，非
因人稼穡而始有，故曰不與民謀也（月令廣義）。若欲知
五穀之收否，但看五果盛衰：李主小豆，杏主大麥，
桃主小麥，栗主稻，棗主禾（本草）。茅屋久雨，菌生其上，
可占晴雨：朝出晴，暮出雨。蒹葭初生，剝其小白花
嘗之，甘甜主水，酸主旱。即蒹草也（月令廣義）。頭莩生子，
水殺二莩；二莩生子，旱殺三莩（士商要覽）。蘋花謂之水
花魁，開在夏前主水（士商要覽）。扁豆鳳仙花，遲種前開花

花，夏月開結豇。薔薇開在立夏前，麥花盡放，竹笋
透林，皆主水。槐花一遍，糯米長一遍價（占貴）。五月
暴熱之時，看窠草忽自枯死，主有水（便民圖纂）。一名
干戈草，芦葦之屬。苡種前豆開花，主有水（月令廣義）。凡梅雨
中冬青花開主旱，蓋此花不落濕地，關係水旱。諺
云：冬青花未破，黄梅雨未過；冬青花已開，黄梅不
來（常氏日抄）。清明之日桐始華，桐若不華，歲有大寒
（周書時訓）。桐花初生時赤色主旱，白色主水。梧桐可知

月：正閏歲生十二葉，一邊六月，從下數一葉爲一
月，有閏則十三葉，視葉小處則知閏何月。立秋之
日，如某時立秋，至期一葉先墜，故云梧桐一葉落，
天下盡皆秋（遁甲書）。藕生應月，閏月益一節。芋以十
二子爲衛，亦應數（續博物志）。棕櫚亦應月生片，遇閏則生
半片，歲長十二節，閏年增半節（石室奇方）。雨着樹凝
而成冰，名曰木介，兵與饑荒之兆也（農占）。以木炭與
物稱之，使輕重等，懸室中，天將雨則炭重，天晴則

歲徵感應類 從志

鳥獸

羽虫三百六十而鳳爲之長，毛虫三百六十而麟爲之長。家語 國安其主好文，則鳳凰居之；國亂其主好武，則鳳凰去之。淮南子 王者恩至虫羽，則麒麟至；張網焚林，則麒麟去。春秋繁露 唐虞之世，麟鳳遊于田。孔叢子 禹時鳳凰棲于木，麒麟步于庭。吳越春秋 巢居知風，穴居知雨。董仲舒 鵲巢識風之多少，獺穴知水之淺深。淮南子 鵲季冬始巢，巢開戶背太歲向太乙，知來歲風多，巢必卑下。博物志 鵲知歲之多風也，去喬木而巢扶枝。扶枝，旁枝也。大人過之則探鷇，嬰兒過之則挑其卵，知避遠難而忘近患。淮南子 鵲卑噪報晴，謂之乾鵲。又主行人信喜等事。鵲巢近地，其年大雨兼多風。述異記 齊有一足鳥，飛集殿前，舒翅而跳。齊侯使人問孔子。孔子曰：此鳥名商羊，昔童兒屈其一足，振迅兩眉而跳，且謡曰：天將大雨，商羊鼓舞。今齊

有之，其應至矣。急告民治溝渠，修堤防。果大霖雨，諸國俱傷，惟齊有備。家語 閩廣有獨足鳥，文身赤口，晝伏夜飛，或時晝出，羣鳥譟之。惟食虫豸，不食穀粱。聲如人嘯，將雨則鳴，即孔子所謂一足之鳥商羊者也。臨海志 班鳩性慤孝而拙于爲巢，纔架數枝，往往破卵。無巢不能於，天將雨即逐其雌，霽則呼而反之。其鳴有還聲者謂之呼婦，主晴；無還聲者謂之逐婦，主雨。今人辨其聲以爲無屋住。爾雅翼 山鵲亦名鷽，處處山林有之，狀如鵲而烏色，有文采，赤嘴赤足，尾長不能遠飛。諺云：朝鷽叫晴，暮鷽叫雨。字說云：能效鷹鸇之聲而性惡，其類相値則搏者，此也。鄭樵以爲喜鵲，誤矣。○ 鸛知天將雨則鳴，故知天文者冠鸛。鸛如鶴，色蒼，喙長，在泥塗間作鸛鸛聲者是也。本草綱目 俗候烏飛翅重，知天將雨。酉陽雜俎 烏之白頸者謂之鬼雀，鳴則凶。[illegible] 鷸，水鳥也。其雄謂之遵日，其雌謂之陰諧。遵日知晏，陰諧知雨。

天晏靜無雲則運日先鳴，天陰雨將至，陰諧則鳴。（天中記）雉介鳥也，商人置雉尾于舟車之上，以候陰晴。天當晴則尾直竪，天將雨則尾下垂。（中和集）鬼車鳥一名九頭虫，出秦中，嶺外尤多。晦暝則飛鳴，声自北而南，謂之出巢，主雨；自南而北，謂之歸巢，主晴。（便民纂）焦明至為雨候。焦明，水鳥也。（天中記）鸛鳥仰鳴則晴，俯鳴則雨。（禽經）母雞負雛而行，主雨。雞母栖名曰化鬼，主雨。雞以三更啼，名為荒雞，主荒亂。

子日中則正，日昃則偏。（祛疑說）白毛烏骨雞，每日以子午卯酉四時，其毛翻竪竦立。（攷微錄）雞上宿遲，亦主雨。諺云：雞鴉七，雞上籠來朝多陰雨。（切用諺言）鴉浴風，鵲浴雨，八哥浴，斷風雨。（酉陽雜俎）八哥亦名寒皋。皋者告也，天寒欲雪則群飛，如告，故曰寒皋。（本草綱目）鶺鴒亦名雪姑，其色蒼白似雪，鳴則天當大雪，最驗。（物理相感志）海燕成群而來，主風雨。○朝鵓晴，暮鵓雨，朝鵓暮鳴雨，又鳴晴，一聲晴，二声雨。○夏秋雨降，將至，忽有白鷺飛過，竟不雨，謂之截雨。（月令廣義）元日牛俱臥，則苗難立；牛起牛臥，歲中平；俱立則五穀熟。（群芳譜）除夜聽犬声，以安靜為吉。諺云：除夜犬不吠，新年無疫癘。除夜遊犬吠，新年多賊盜。或因公私作鬧，驚動閭里，村中來年必遭橫事。（農家五行）獺穴近水主旱，登岸主雨。狗爬地，併眠灰堆上，主雨。狗食青草主晴，猫食青草主雨。狗向河邊吃水，主水退。（農事須知）偃鼠頭脚似鼠，口銳，蒼色，大如水牛，而

畏狗，見則走水。（異物志）闘塍上，野鼠爬泥，主大水。迨到所爬之處，鼠咬麥稻苗，主不收，倒在根邊，米貴。銜洞口，囤穀貴。（月令廣義）

附養猫法

凡買猫用斗或桶，并筯一根，和猫置于其內，以袋盛之，勿令人見。每過水溝缺處，將石置之，使不過家。從吉方歸，取猫出拜堂灶，犬畢，將猫筯插于土堆上，使不在家撒屎，然後復牀睡，數日內勿令走出。

相猫之法大約以尾長腰短目如金銀及上齶多稜者爲良或云口中三坎捉一季五坎捉二季七坎捉三季九坎捉四季耳薄者不畏寒其色以純黃白黑爲佳身上有花者次之訣曰猫兒身短最爲良眼似金銀尾用長面如虎威声要喊老鼠聞之自避藏又訣曰露爪能翻瓦腰長會走家面長雞種絕尾大懶如蛇有病烏葯磨水灌之踏傷蘇木煎湯灌之即愈其睛可以定時辰歌曰子午卯酉一條線辰戌丑未兩頭尖寅申巳亥滴溜圓其鼻端常冷惟夏至一日則暖性畏寒而不畏暑蓋陰類也其孕也兩月而生一乳數子養之法在初吃食之時用以硫黃少許拌食物飼之冬不畏冷世傳薄荷醉猫死猫引竹文云凡猫洗面過耳則有客至本草云小猫與小犬食糯米則脚屈不能行語云朝喂猫夜喂狗取其力以時也彙天中記書牧須知本草綱目

鱗介

鱗虫三百六十而龍爲之長介虫三百六十而神龜爲之長大戴禮 黃龍者四龍之長四方之正色也神靈之精也王者不漉池而漁則應和氣而遊于池沼不衆行不羣處必待風雨而遊乎青氣之中以及乎天外之野出入應命以時上下有聖則見無聖則處○青龍者木之精至雨而下不處深泉有聖仁君子在位不肖斥退則見瑞應圖 凡見龍下垂雨見黑龍下則不雨即有雨亦不多龍若頻下無雨諺云多龍多旱龍始自何方則行何方諺云龍行熟路上商要覽 自歲旦數去過辰日爲龍治水如一日得辰便爲一龍治水也通齋 宣和己亥都城北小民家晨起見一物如龍伏床下大驚都人競往觀之禁中取去驗之蠶也杖殺之已而大水數年有金人之禍函唐類 魚浮水而主陰雨魚躍離水而謂之秤水躍高幾寸則增水幾寸故諺云[illegible][illegible]雜上

龍躍七魚超水（用切格言）金魚浮水而上者則雨必至蓋其水底如沸湯也（琴物奇制）夏初食鯽魚背脊骨有曲主水（月令廣义）天將雨也魚已唸之（唸音言淮南子）黑蜧潛泉而居將雨則躍（許慎）朱鼈浮波大雨江豚拜浪迎風（淮南子）鰕荒蟹亂俗說披堅執鋭之義歲或暴至主兵荒兆（蟹譜）夏至前蟹上岸夏至後水到岸（士商要覽）水蛇高蟠主水至其處上望來速下望來遲水蛇鰕魚入鰕籠主大風大水魚逆水游東溝得鮎鯽晴鯉鯽雨（月令廣義）

昆蟲

虫乃生物之微者其類甚繁故字從三蟲今惟取其可以占卜者詳列于後（燕貢曰）蟻封穴戶大雨將至（易林）唐詩曰田家無五行水旱卜蛙聲（注云三月三日田雞上晝叫上鄉熟下晝叫下鄉熟終日叫上下鄉俱熟声啞低田熟声响低田澇）（閩見集）又蝦蟆石蛤夜鳴响亮主晴田雞噴水叫主雨（農占曰）

六月無蒼蠅新舊米相登蚯蚓朝出晴暮出雨又云雨則先出晴則夜鳴。天牛處處有之大如蟬黑甲光如漆甲上有黄白點甲下有翅能飛目前有二角甚長前向如水牛角能動其喙黑而扁如鉗甚利六足在腹乃諸樹蠹虫所化也夏月有之出則有雨（本草綱目）平地蟻成陣主雨（月令廣义）蜻蜓乱飛主風蜘蛛添絲主晴吊水主雨。乾鵲噪而行人至蜘蛛集而百事佳（西京雜記）蚱蜢蜻蜓黄蛮等虫小滿以前生主雨（田家五行）介虫有甲能蜚揚之類陽氣所生于春秋爲螽〻者蝗之類也螽生于春秋旱氣動象至矣（洪範五行傳）相傳蝗虫爲魚子所化故當大水之歲魚遺子于陸地翌歲不得水則変而爲蝗雌雄既交一生九十九子故種類日繁。蝗虫盛時飛蔽天凡所至禾黍無復孑遺然間有留一二頃不食者界畔截然若有神焉此虫惟赴火如燎若夜能積薪燎原且焚且瘞百里之內可以立盡江南人收成後多用火焚不惟去穢莨。亦所以防此等種類也（五雜俎）蝗虫腹下有梵字。首有王字。乃沴氣所生也。敝天而飛大爲禾害而性惟畏金声北人炒食之一生八十一子。冬有大雪則子入土而死。（本草綱目）螺旋飛如磴則風一上一下如舂。則雨（爾雅注）

卜歲恒言卷四終

農候雜占

（清）梁章鉅 撰
梁恭辰 校

《農候雜占》，（清）梁章鉅撰，梁恭辰校。梁章鉅（一七七五—一八四九），字茝中，又字閎林，號茝鄰，晚年號退庵，福建長樂（今福州市長樂區）人。嘉慶七年（一八〇二）進士，官至江蘇巡撫，兩次兼署兩江總督。仕學兼優，於水利、財政、漕運、吏治等方面皆有貢獻，政績彪炳。著有《文選旁證》《論語集注旁證》《退庵隨筆》等著作八十餘種。

該書約成於清同治十二年（一八七三）以前，《清史稿・藝文志》農家類著錄。梁氏主要針對南方農事活動，輯錄、參校歷代月令、農時、氣候等資料，自正月至十二月，自天文、地理、人事、時令以至草木蟲魚，凡有涉占驗的内容，無不分別部居，備列無遺。全書四卷，前面存有俞樾序，末附以梁氏子梁恭辰跋。

該書引農書、史書、方志等文獻近百種，皆標明出處，其中引《月令廣義》《田家五行》的内容較多，且大量輯錄福建、湖南、江西等氣象農諺和民間農業俗語，堪稱農業占驗集成之作。書中頗富合理性認識與推理，注重從不同側面論述氣象現象成因，以及與農事之關係，可體現出早期農業氣象學成就。梁氏還選錄了部分與占驗、農事相關的古詩，爲其書增色不少。但是全書新增内容不多，且作爲占驗類文獻，難免混雜有迷信内容。

該書有清同治十二年浙江書局刻印本，同治二年（一八六三）福州梁氏刻本及光緒元年（一八七五）二思堂刻本等。今據南京圖書館藏同治十二年浙江書局刻本影印。

（熊帝兵）

農候雜占

福州梁氏㦝板

同治十二年九月
精刻于浙江書局

校對無譌
勿許翻刻

漢藝文志有泰壹襍子候歲二十二卷子贛襍子候歲二十六卷隋經籍志有東方朔歲占一卷此皆唐以前古籍今雖亡佚然可見雨暘寒燠關乎農事推測占驗著有成書自昔然矣長樂梁茝林先生八閩碩彥歷封疆政績彪炳弱冠即嗜筆墨五十餘年手不釋卷葢仕學兼優者矣撰述之富我

朝居一其已刻各種風行海內已不下六十餘種而嗣君敬叔觀察以名孝廉筮仕之江三十年來一官需次藉得淸閒從事鉛槧近復蒐輯其未刻之書手自編纂次弟刊布農候襍占其一也是書自正月至十二月自天文地理人事時令至草木蟲魚凡有涉占驗者旁徵博引備列無遺分別部居有條不紊視隋志所收田家歷十二卷或加詳矣昔齊有一足之鳥孔子以童謠占之曰天將大雨商羊起舞於是諸國水溢齊獨有備無患劉子政載其事於說苑而曰聖人非獨守道而已睹物紀即得其應矣夫欲睹物而得其應非求之占驗不可然則先生此書其有裨於旱澇之備而足以爲

聖天子敬授民時之助者豈小也哉樾幸與觀察爲同年

生託於年家子之末得與校讎之役旣畢書數語於其簡端異日買田數畝歸老於烏巾山之陽攜此書與村夫子共讀之課晴雨話桑麻不至爲老農老圃所笑則先生之惠我多矣

同治十有二年正月穀日年家子俞樾謹序

農候雜占目錄

農候雜占卷一

福州梁章鉅撰　男恭辰校刊

正月占

元旦値甲穀賤人疫値乙穀貴民病値丙四月旱値丁絲綿貴値戊米麥魚鹽貴値己米貴蠶傷多風雨値庚田熟民病金鐵貴値辛禾平麥麻貴値壬絹布豆貴米麥平値癸主禾傷人民厄　見月令廣義

雞拜年易種田　田家五行云元旦雨雪吉引諺云云

歲朝東北五禾大熟　羣芳譜東北風主大熟引諺云云

元旦淸晨風自東南來歲大稔東風次之東北又次之西則歉西北有紅黃雲則稔白黑則歉　見蘇州府志

歲旦西北風大水妨農功　田家五行云壬癸亥子之方謂之水門其方風來主大水引諺云云

正旦決八風風從南來大旱西南小旱西方有兵西北豆成北方中歲東北上歲東方大水東南疾疫　見漢天文志

元日甲寅穀畜貴丙寅油鹽貴戊寅壬寅穀先貴後賤庚寅穀畜貴如上旬內先得丙寅雨少夏至雨多戊寅秋

雨多壬寅冬雨多　同上按開元占經云正月一日得寅穀貴盡十二日以占十二月

元日甲申五穀有收丙申穀損蟲食菜戊申六畜災壬申澇　同上

元日乙卯荆楚米貴丁卯周秦米貴辛卯韓魏米貴癸卯宋魯米貴　同上

一日雞晴主人安國泰二日犬晴主大熟三日猪晴主君安四日羊晴主春暖臣順五日馬晴明四望無怨氣六日牛晴明日月光明大熟七日人晴明民安君臣和八

日穀夜晴五穀熟所值之日晴暖則安泰蕃息　此通行占書按開元占經引京房占亦略同又九日主蠶

江南民言正旦晴萬物皆不成元豐四年正旦九江郡天無片雲風日明快是年果旱　見玉芝堂談薈引談苑按通行諺有云元旦黑農事吉談苑引便民書亦云元日晴和無日色主有年其説屢驗今人但知元旦要晴明實未確也

一日値雨人食百草　見農占

一日晴一年豐一日雨一年歉　同上今人謂元日宜晴亦有所本

元旦有雷主禾麥皆吉　見田家五行

上旬得辛一日旱二日小收三四日主水麥半收五六日主小旱七分收七日八日主歲稔一云八日得辛主春旱不收又占書云一日得辛麥收十分二日禾蠶收三日四日田蠶全收五日六日麻粟麥蠶平收七日八日宜早禾麻麥粟少收絲貴　見月令廣義兩説微有不同

上旬三日得甲爲上歲四日爲中歲五日爲下歲又貪生

書云月内有甲寅主米賤　同上

上旬一日得卯主十分收二日低田半收三日四日大水五日六日半收七日八日主春澇秋收　同上

上旬一日得辰雨多二日風多先旱低田全收七月雨多麻豆全收三日雨晴匀四日七分收五日六日豐稔七日水損田蕎麥收八日先旱後澇九月大麥收主仲夏水灾十日旱禾半收十一日主冬大雪五穀不收十二日主大雪五穀收　同上

上旬一日二日得酉歲豐三日四日民安五日至十日中

歲民不安十一十二日大熟一日乙酉荆楚吉丁酉周
秦吉辛酉韓魏吉癸酉齊魯吉己酉燕趙吉　同上
甲子豐年丙子旱戊子蝗蟲庚子亂惟有壬子水滔滔只
在正月上旬看　見周益公日記　按田家五行云十
日無子人死一半
田本命　研北雜志云世謂正月三日爲田本命又爲田
生日浙西人謂之夏正三言夏正之三日也俗以是日
稱水以重爲上有年極驗　見無顏錄
年八風括到三月終　此揚州諺謂正月初八也

十二日爲花朝晴則百果實夜尤宜晴雨則四十日夜雨
久陰　見田家五行　按今人但知二月十二日爲花
朝而不知正月十二日亦爲花朝也
上元日晴春雨少諺云上元無雨多春旱清明無雨少黃
梅　見臺笠須知
立春日貯水謂之神水釀酒不壞　見四時纂要
立春日雨傷五禾　見師曠占
上旬甲乙日雨主春雨多丙丁戊己日雨主夏雨多庚辛
日雨主秋雨多壬癸日雨主冬雨多　見月令廣義

正月内有三子則葉少蠶多無三子則葉多蠶少有三卯
則早豆有收無則少收有三亥主大水　見談薈引周
益公日記
百年難遇歲朝春　見歲時通考凡元日立春主民大安
引諺云云　按藜牀瀋餘崇禎元年元旦立春適值改
元天道更始人事聿新聖作物覩其以不言示歟又按
三岡識略則言節氣相值之難非以爲瑞也
正月有甲子糴初貴後賤　見開元占經引神農占
熟不熟但看年頭三箇六　此通行諺謂正月初六十六

二十六三日晴明則主豐熟也
正月逢三亥湖田變成海　浩然齋視聽鈔引吳諺云謂
水之大也　按道光壬辰正月初六日己亥十八辛亥
三十癸亥是歲大潦癸巳正月亦有三亥然一亥在立
春前是歲無水災
正月日食人疫夏旱月食衆貴盜多　見月令廣義
上元一夕晴麻小熟兩夕晴麻中熟三日晴麻大熟　見
談苑禪師惠南云絶有驗
上元霧主水　見臺笠須知

上元雨灌百物減半　見樂清縣志

風吹上元燈雨打寒夕墳　見紀歷撮要

正月十六日東南風爲入門風主大熟　見田家五行

正月十六日古謂之磨耗日唐張説耗日飲詩云磨耗傳茲日縱横道未宜但令不忌醉翻是樂無爲　見田家五行謂此日以不事事爲宜如今社日謂之耗日官司不開倉庫也

正月十六謂之落燈夜晴主高低皆熟西北風主旱　見陶朱公書

秋收日　月令廣義云正月二十爲秋收日晴主秋成百果蕃茂　按吴俗以正月二十日爲天穿日晴則雨少如遇雨則雨水必多又按田家五行以十七爲秋收日亦晴主秋成也

正月見三白田公笑嚇嚇　見朝野僉載

晦日風雨糴貴禾惡　見田家五行

二月占

二月朔値驚蟄主蝗蟲値春分主歲歉風雨主米貴　見陶朱公書

二月內有三卯則宜豆無則早種禾　見經世民事錄

二月甲戌日風從南來者稻熟乙卯日不雨者稻不熟　見師曠占

春分無雨病人稀　陶朱公書云春分雨人災引諺云云禮記月令擇元日命民社注春事興故祀社稷以祈農祥元日謂近春分前後戊日元吉也　按潛確類書立春

後第五戊日爲春社立秋後第五戊日爲秋社又按周禮社之日涖卜來歲之稼

春社無雨莫種田　歲時通考云春社日雨年豐果少　按談苑云社公社母不食舊水故社日必有雨謂之社公雨　田家五行亦引諺云社公不喫乾糧社日雨則穀重而果稀故曰社雨報年豐陸龜蒙詩幾點社公雨一番花信風

初二天晴東作興初七八日看年成花朝此夜晴明好何慮連綿夜雨傾　見陶朱公書

二月八日東南風主水西北風主旱　見月令廣義　按陶朱公書東南風謂之上山旗西北風謂之下山旗

二月八日張大帝生日前後必有風雨甚準俗謂請客風送客雨正日謂之洗街雨初十日謂之洗厨雨　見田家五行

二月十九日爲觀音大士生日晴明爲吉雨則穀菜百物少收　同上

二月十五日爲勸農日晴明主豐風雨主歉　見談苑

有利無利但看二月十二　此吳諺見明詩綜謂花朝日晴則百果少實也

驚蟄聞雷米似泥　同上引雜占

春分日風自東來麥賤年豐南來五月先水後旱西來麥貴北來價倍　見月令廣義

社了分米穀如錦墩分了社米穀如苔鮓社了分米穀不出村分了社米穀偏天下　同上又田家五行云社在春分前主歲豐社在春分後主歲惡引諺云云

花朝　同上云云二月十五爲花朝晴則百果實夜不宜晴宜陰雨

二月朔日雨稻惡糴貴晦日雨人多疾　見四時占候

茶是草箬是寶　農桑衣食撮要卷上二月摘茶略蒸色小變攤開搧氣通用手揉以竹箬燒烟火氣焙乾以箬葉收故諺云云

二月初二爲上工日雨主妨農　見陶朱公書

三月占

三月朔値淸明主草木茂値穀雨主年豐風雨主民病木多蟲雷主五穀熟雨猛主旱　見月令廣義

三月朔日雷主旱無雷多盜　見田家五行

三月初三雨落至繭頭白　此杭州通諺又云三月初六爲露白日是日雨則道路一白即雨　一説三月三日淸明之節將修事於水側禱祀以祈豐年　見卷施閣文集

上巳有風梨有蠹　本草綱目云梨花如雪六出上巳無

風則結實必佳故古語云云

四日雷歲熟五日陰蠶吉七日十六日南風主旱歉　同上

五日寒食便下田　吳下田家志方言

雨打墓頭錢今歲好豐年　一作雨打紙錢頭麻麥不見收雨打墓頭錢今年好種田　月令廣義云寒食日雨主歲豐引諺云云

淸明插柳靑農夫休望晴門前插柳焦農夫好作嬌　農政全書引諺云云

淸明嫁九娘一去不還鄉　見田汝成游覽志餘

一點雨一箇魚　農政全書云穀雨日雨主多魚引諺云云淸明要晴穀雨要雨

河朔人謂淸明雨爲潑火雨　見退齋雅聞

穀雨日辰値甲辰蠶麥相登大喜忻穀雨日辰値甲午每箔絲棉得三觔　田家五行引諺云云

三月無三卯田家米不飽　同上亦見周益公日記　按開元占經亦云三月有三卯大豆好無三卯旱

三月十一日爲麥生日喜晴　見嘉定縣志

三月十六日爲黄姑浸種日其日西南風主大旱或云上鄉人見此風即懸百文錢於簷下風力能動則舉家失聲相弔言風愈急愈旱也　見月令廣義

廿七廿八吹得廟門開螄螺蟛蜆哭哀哀　見崑新合志言三月廿七廿八兩日南風主旱引諺云云

三月溝底白莎草變成麥　嘉定縣志云此月無雨麥乃有秋

三月雪經日不消秋禾不成米貴三倍人相食　見田家五行

清明前一日爲寒食必有疾風甚雨是日雨必多梅雨諺云晴明無雨旱黃梅　見陶朱公書

十六日風主桑葉貴諺云三月十六晈晈晴桑樹頭上見人情　同上

穀雨前一兩朝霜主大旱是巳雨主雨多　同上

四月占

四月謂之雩月　左傳龍見而雩續漢書注稱服虔云雩遠也遠爲百穀求膏雨也

四月初一見青天高山平地任開田四月初頭滿地塗丟了高田去種湖　按四時占候云四月朔大風雨主大水小風雨主小水引諺云云此日最要緊

四月朔値立夏主地動値小滿主歲凶　雨主水晴主旱見文林廣記

四月朔風從南來西來者秋糴賤逆此者貴　見師曠占

四月初一雨濛淞六陽湖裏好栽葱　此揚州諺謂旱也

立夏日南方有雲主歲豐　見田家五行

立夏得食李能令顏色美　立夏日俗尚啖李故是日婦人作李會取李汁和酒飲之謂之駐色酒一日是日啖李不病夏　見元池說林

立夏不下田家莫耙　月令廣義謂立夏宜雨引諺云云按若夜雨多損麥及蠶

立夏晴蓑笠滿田臨立夏雨蓑笠挂屋柱　同上

小滿不滿苡種莫管　同上謂小滿宜有雨則歲熟也

有利無利只看四月十二　紀歷撮要云此日宜晴忌西南風　按此與田家五行所引先後差兩日其爲宜晴則一也

四月一日雨百泉枯言旱也二日雨傍山居言避水也三日雨騎木驢言踏車取水亦旱也四日雨餘有餘言大熟也　見談苑

一番暈添一番湖塘　農政全書云立夏日日暈主水引諺云云

四月初八晴料峭高田好張釣四月初八烏漉秃不論上

下一齊熟　廣信府志引周益公日記云云又引通考云四月初八日最宜密雲不雨　按沅湘農諺又云四月八日晴打鼓蒔茅坪四月八日雨打鼓求木主

四月八日晴魚兒上高坪　此湘邵間農謠按四時占候亦云四月八日雨魚兒岸下死四月八日晴魚兒上蒿林廣信府志蒿林亦作高坪

四月八日佛生日晴明果子好收成　見田家五行

虹見主米貴月蝕主歲饑晦朔大雨主蝗災　同上

四月十二日忌西風生喜東南風　同上

四月十四得東南風吉十六黃昏時日月對照主夏秋之交旱月上遲有白色主大水　見月令廣義

有利無利但看四月十四　田家五行云十四日晴主歲稔引諺云云又曰呂洞賓生日晴主歲稔

有穀無穀但看四月十六　同上引諺云云言是日可卜月影也見下羣芳譜

四月十六日卜月諺云月上早低田收好稻月上遲高田賸者稀　見月令廣義　又按羣芳譜云是月十六日立一竿量月影月當中時影過竿雨水多没田夏旱人

饑長九尺主三時雨水八尺七尺主雨水六尺低田大熟高田半收五尺主夏旱四尺蝗三尺人饑

四月十六雨飄飄高鄉播種褋嘮曹四月十六多雨點鄉人只把腳來趕俱主水　見田家五行

熟不熟但看四月二十六　此通行諺吾郡又相傳四月二十六天上一剝啄地下去一斛蓋是日最忌雷聲

致富書云月內虹見主米貴

五月占

五月朔日當熱而風雨者米貴人食草木　此開元占經引京房占

初一雨落井泉浮初二雨落井泉枯初三雨落連太湖　周益公日記引諺云云

朔日夏至晦日夏至並主五穀熟二日三日六日二十五日三十日同二十二日二十四日夏至主歲不熟　見月令占候圖　又田家五行引諺云夏至端午前坐了種田年　按玉芝堂談薈坐了作抄手

朔日風雨大饑風從北來人相殘米貴十日得辰早禾半收十一日得辰五穀不收　見月令廣義

端午晴乾農夫喜歡　同上引諺云云

夏至雨名黃梅雨沾衣服皆敗黦　見周處風土記

五月十三連夜雨來年早種白頭田　見田家五行

五月十三雨滿饒州好販大碗　見樂清縣志

夏至連端午家家賣兒女　同上引諺云或作夏至伴端陽家家饑斷腸連或作逢兒或作男　又歲時記云夏至在初二三主米麥貴初七八米麥平二十大饑上旬米賤中旬大豐末旬大歉　按此與月令占候圖微有不同又按塵史大觀戊子五月五日夏至安陸老農相謂云云秋稼不登冬艱食賣子以自給至有委於路隅者明年大旱人相食棄子不可勝數

十五日謂之五日前十日謂之端午　按古人五日皆當是十五日今楚俗亦以十五日爲大端陽初五日爲小端陽

芒種端午前處處有荒田　同上引諺云云　又云雨芒種頭河魚淚流雨芒種腳魚捉不著

芒種雨百姓苦　見談苑

芒種火燒天夏至雨連綿　見古占年語

芒種後逢壬立梅夏至後逢壬斷梅　通書芒種後逢壬日或庚或丙日進梅前半月爲立梅立梅宜雨遲有雨主旱諺云雨打梅頭無水飲牛雨打梅額河底開坼

田家五行云一說主水諺云迎梅一寸送梅一尺大抵梅雨主旱雖有雨亦不多　又雨打梅頭云云更見四民月令　按何景福詩雷聲塡塡雲冪冪雨打梅頭麥穗黑老翁倚耒向天泣汙邪水深耕不得與諺語相反

今農家所占仍以古諺爲驗　又按湧幢小品引俗語云芒種逢壬便立霉梅作霉霉後積水烹茶甚香冽可久藏一交夏至便迥別矣試之良驗細思其理有不可曉者或者夏至一陰初生前數日陰正潛伏水陰物也當其伏時極淨一切飛潛草木之氣不能雜故獨存本色爲佳但取法甚難須以磁盆布空盛之霑一物即變貯之亦難其地宜高潔某年無雨挑河水貯之亦與常水異而香冽不及遠矣

芒種逢丙進黴小暑得未出黴　見神樞經

梅裏西南時裏潭潭　風土記芒種後夏至前雨爲黃梅雨最長久有一日西南風主時裏三日雨又云西南風急名哭雨風主雨立至易過

黃梅天日多幾番顛　見田家五行志言此時陰晴易變又云黃梅天氣⿺辶豈向老婆頭邊也要帶了蓑衣箬帽去

倒轉黃梅四十天　此通行諺

黃梅雨未過冬青花未破冬青花若開黃梅便不來　黃氏日鈔梅雨中冬青花開主旱蓋此花不落溼地引諺云云

芒種爲節者言時可以種有芒之穀故以芒種爲名　見三禮義宗

芒種一聲雷時中三日雨　見農政全書

打鼓送黃梅一去不復回　此吳中諺言送霉日有雷則後少雨　田家五行又引諺云迎梅雨送時雷送了並不回又云三梅三送低田白弄

夏至在月頭農家不須愁夏至在月中耽擱糶米翁　月令廣義云夏至在月初端午前則雨水調引諺云云又按古占年語云夏至月頭一邊喫一邊愁夏至月中白

飯滿童童夏至月尾禾黃米價起則微有異

急風急沒慢風慢沒　月令廣義云夏至日西南風主六月橫水人殃引諺云云

夏至無雨碓裏無米　月令廣義云夏至日雨謂之霖時雨主雨調歲稔引諺云云　田家五行引諺云夏至日箇雨一點值千金

月內有三卯宜稻及大豆　見月令廣義　按京房占亦云五月無三卯旱

甲申猶自可乙酉怕殺我　蘇州府志五月尤忌甲申乙

酉日雨則有大水引諺云云　按吳中舊事云是二日雨則大小麥不收又按二語宋時即有之見范石湖詩注

五月壬子破大水穿山過　此湘邵間農謠按今東南河防亦忌此日

迎時雨送時雨　嘉定縣志云夏至後分爲三節共十五日若初雨爲迎時末雨爲送時諺云高田只怕迎時雨低田只怕送三時蓋初時雨主旱末時雨主潦也若中時而雷謂之腰報亦主多雨諺云中時腰報没低田

按臺笠須知云末時得雷主久晴

五月小種瓜喫不了　見田家五行

五月小水浸楊柳杪　同上

黄梅三時纔出門蓑衣蒻笠必隨身　陸泳吳下田家志引方言如此

時裏一日風準黄梅三日雨　羣芳譜夏至後半月名三時首三日爲頭時次五日中時後七日末時風在中時前二日大凶諺云云　又按四時占候云五月雨忌中時若到末時微雨亦善故諺又云夏至末過水袋未破

夏至先後各五日可種牡麻注牡麻有花無實　見齊民要術

種大豆夏至後二十日尚可種戴甲而生不用深耕　同上

陶朱公書云端午日晴主水雨主絲貴諺云端陽曬得乾蓬頭十片高田九片浮

夏至在月初主水是日雨主風水大諺云夏至無雲三伏熱其日若雨年必豐　見同上

六月占

六月初一一劑雨夜夜風潮到立秋　農政全書引諺

六月初三雨七月多晡時　此福州諺俗以夏令午後雷雨一陣謂之晡時雨每發必連三日又月令廣義云六月三日雨一陣上晝耕田下晝困俗謂眠爲困也　又紀歷撮要云六月初三晴山篠盡枯零　按玉芝堂談薈作六月三日一陣雨夜夜風潮到處暑　又諺云六月初三一箇陣早起耕田下晚困六月初六一箇陣七十二箇趕狗陣又諺云六月初三打一暴高山頂上都

收稻義同

朔日值夏至主大荒值小暑主大水值大暑主大疫　見月令廣義

小暑一聲雷稻熟做黃梅　此杭州通行諺稻熟或作倒轉頗驗　按談苑稱小暑雨名黃梅顛倒轉主水

六月雷不鳴蝗蟲生　見四時占候

伏裏西北風臘裏船不通　同上引諺主秋稻秕冬冰堅也又云夏末一陣雨賽過萬斛珠言及時雨絕勝無價寶也　按與羣芳譜天譜暑同又按夏至後三庚爲初伏四庚爲中伏立秋後初庚爲後伏謂之三伏曹植謂之三旬見初學記陰陽書又魏氏春秋何晏以伏日食湯餅取巾拭汗面色皎然

秋前生蟲損一莖發一莖秋後生蟲損一莖没一莖　月令廣義云月內西南風主蟲傷稻秋前損根可再抽萌秋後損者不復抽矣引諺云云

六月丙逢甲乙丙丁無雨主旱月食亦主旱丙寅丁卯有雨主米貴虹見及晦日風亦主米貴　見月令廣義

六月防初七月防半　此福州諺也福州六七月間必有

暴風俗呼爲風颱拔木偃禾百果皆空六月多發在初旬七月多發在中旬發必連三日初起北風轉南風愈大而止

六月秋要到秋七月秋不到秋謂早稻收穫時也又南風吹過北有錢糴不得北風吹過南倉下無人擔　見古占年語

六月必有三時雨田家以爲甘澤農人相賀曰喜雨　見荊楚歲時記

六月有大雨名濯枝雨　見周處風土記

陶朱公書云六月六日晴主收乾稻雨主有秋水又日蝕
主旱

七月占

七月朔日虹見主年內米貴　見田家五行

秋霹靂損晚穀　或作秋歷鹿損萬斛　月令廣義云立秋日有雷損晚稻農政全書云大抵秋雷多總損禾非但忌立秋日也

立秋日天氣晴明萬物多不成　見紀歷撮要

三日三石四日四石　紀歷撮要云立秋日有西南風主田禾倍收引諺云云

立秋日虹見西方萬物皆貴　見田家五行

立秋後虹見爲天收雖大稔亦減分數　見蘇州府志

月內有三卯田禾熟無三卯宜晚麥日月蝕主人灾甲子雷多暴疾　見農政全書

或問蕭勵云七月七日爲良日飲食不同者何勵曰七月黍熟七日爲陽數所以糜爲珍　見北堂書鈔

七月七無洗車八月八無薆花　同上云七日有雨名洗車雨主八月有薆花引諺云云　按荆楚時記云七月六日爲洗車雨七日爲灑淚雨稍異

周書時訓解處暑後又五日天地始肅又五日禾乃登按

月令呂氏春秋並作農乃登穀　又國語云處暑之既至蘊𧃃之既多

處暑雨不通白露枉相逢　同上又見月令廣義枉相逢作空用功又引諺云處暑根頭白白露枉來霖　田家五行云處暑喜雨引諺同枉相逢作枉用功

處暑若還天不雨總然結實也無收　此吳諺見崑新合志及嘉定縣志

七月十五日爲藸杆生日雨主水　見談苑　田家五行云十五藸杆生日雨謂之做藸生日主撩水稻有雷謂之打折杆頭撩不成

艮田畏七月　見鏖史葢百穀秀實之時正需雨也

立秋坤卦用事晡時西南涼風至黃雲如羣羊宜粟穀　見月令占候圖

十六日雨謂之洗鉢盂主年荒葢十方大刹每年四月十六結夏上堂七月十六解夏散堂若雨來年荒歉必停堂也　見陶朱公書

八月占

八月朔日值白露果穀不實值秋分主物價貴　見歲時通考

旱禾怕北風晚禾怕南風　見農政全書

朔日晴主冬旱　同上又云凡朔日宜晴惟此月朔日宜雨好種麥　田家五行又云八月初一下一陣旱到來年五月盡則又一說也

八月一日雨則角田下熟　見談叢角田豆也

白露雨來一路苦一路　農政全書云白露雨爲苦雨稻

禾沾之則白颯蔬菜沾之則味苦引諺云云又云白露前是雨白露後是鬼其時有片雲即雨稻花見日正吐遇雨即收正吐之時暴雨忽來卒不能收遂致白颯之患若連朝雨反不爲灾惟不免擔閣吐秀有皮殼厚之病耳

三日前雨稻三日後雨草　見樂清縣志白露雨占

白露逢壬便立霑　月令廣義云八月初三至二十三爲霑天雨

入霑有雨出霑晴　蜀語秋分後逢壬謂之入霑十日滿

謂之出霑霑謂雨多也十日內謂之霑天引諺云云
按此語又與白露逢壬異而詹字則不如霑字之有意宜並存之

八月雨謂之豆花雨　見荆楚歲時記

麥秀風揺稻秀雨澆　月令廣義引諺云云言將秀得雨則堂肚大穀穗長秀實後得雨則米粒圓收數足

秋分日陰雨來歲吉晴明主無年　同上又云是時酉時西方有白雲起如羣羊爲正氣主大有年

秋分秋社同一日低田盡叫屈　同上引諺云云又云秋

分在社前斗米換斗錢秋分在社後斗米換斗豆

有三卯低田吉無三卯不宜麥　同上　按開元占經引神農占云八月有三卯麥大善故月令通考云八月有三卯三庚低田麥稻吉三庚二卯麥宜高田　又杭州諺云三卯三庚麥出低坑三庚三卯麥出坳巧　見田家五行

秋社無雨莫種田園　見農政全書

八月一日二日三日以準來年正二三月之雨凡月色黄者其月少雨月色青者其月多雨　同上

八月十一日可卜來年水旱侵晨或隔夜於水邊無風浪處作一水測字至晚看之若没主水露主旱平主小水名曰横港　見田家五行

八月十二日爲鹽生日十三日爲滷生日雨則鹽貴　見嘉定縣志

八月十五晴正月十五看龍燈　此通行諺又云雲蔽中秋月雨打上元燈　按月令廣義作雲罩中秋月雨打上元燈謂中秋無月主來年燈時雨又引一則云雨打上元燈早稻一束草

八月二十四日爲竈君生日若雨主柴荒米貴　見田家五行

八月二十四日爲稻藁日是日雨雖得藁亦腐重九晴則藁乾　見蘇州府志

八月大無果賣　見田家五行按以大字叶賣南方諺也

十六夜看月色萬里無雲主來年大熟一云十六雲遮月來年防水沒　見陶朱公書

九月占

九月自一日至九日以日占月遇此日風則此月穀賤
見戎事類占
九月朔日值寒露主冬寒值霜降主歲歉　見文林廣記
及月令廣義
九月朔日風雨主春旱若東風半日不止主米麥貴　見
田家雜占
重陽無雨一冬晴　田家五行云重九晴則冬至元日上
元清明四日皆晴雨則皆雨　或作重陽戊雨一冬晴

或作重陽霧雨一冬晴又作重陽戊遇一冬晴重陽酉
遇一冬陰
九月一日晴不如九日明九日明又不如十三靈　月令
廣義引諺云云　嘉定縣志云九月十三日爲稻籠生
日宜晴又云十三晴不如十四靈十四晴釘鞾挂斷鼻
頭繩　按杭州諺亦云九月十三晴釘鞾挂斷繩占書
亦謂是日晴主冬晴柴賤又九月十三晴二句見馮夢
禎快雪堂日記
九日雨米成脯　農政全書引諺云云又云重陽溼漉漉

穰草千錢束
重陽黑洞洞一年好收冬　月令廣義云九月九日是雨
歸路日有雨主來年熟
九月重陽菱母消洋　見吳下田家志
重陽無雨望十三十三無雨一冬乾　同上引諺云云
九月庚辰辛卯日雨主冬穀貴一倍　見文林廣記
九月上卯日北風主來年三七月米大貴東風亦然西北
平平　見田家雜占
九月雨爲黃雀雨　見提要錄

重陽占風色卜來年豐歉西北風名范丹口裏風主荒東
北風名石崇口裏風主稔　見陶朱公書

十月占

十月朔日風從東來春糴賤逆此者貴　見齊民要術

十月朔日爲靴生日以其日陰晴卜一冬寒燠　見苑署雜記一云是日晴則一冬晴雨則一冬雨最驗

十月朔日值立冬主灾異值小雪有東風春米賤西風春米貴其日用斗量米若綴在斗底來春米陡貴甚驗　見家塾事親

吳俗以十月初五日爲五風生日此日有風則每五日風雨如期而至終歲皆然謂之五風信　見天中記

賣絮婆子看冬朝無風無雨哭號咷　農政全書云立冬晴則一冬多晴雨則一冬多雨亦多陰寒引諺云云

十月雷人死用耙推　同上云月內有雷主灾疫

立冬値朔日主灾異天雨血地出毛大雨則米大貴小雨則米小貴晦占與朔同　見月令廣義

立冬日東南風爲闕倉風主來夏米貴　見田家五行

十五日晴主冬暖十六日晴主冬晴　見月令廣義

十月有三卯主糴平無三卯主穀貴　同上

十月癸巳霧赤爲兵青爲殃　見望氣經

十月十五十八十九二十七日太山府君上天卯時後有惡風如無風即雨又初八十五二十二日東岳府君朝玉帝主有大風　見肘後神樞

十月初一日初三日十九日二十日乃冬天會合日主有惡風　同上

小雪日東風春米賤西風春米貴　見田家五行

立冬之日水始冰又五日地始凍　見周書時訓解　按易卦通驗立冬不周風至水始冰而符瑞圖云立冬北方廣莫風至今考淮南王書不周風至後又四十五日

廣莫風乃至符瑞圖說誤也

後漢書烏桓傳其土地宜穄及東牆東牆似蓬草實如穄子至十月而熟

十一月占

十一月一日得壬主旱二日小旱三日赤旱四日五穀大熟五日小水六日大水七日河決八日海翻九日大熟十日小收十一十二日五穀不成　見田家五行又紀歷撮要引清臺占法亦略同

冬至年必晴冬至晴年必雨　農政全書又引諺云乾冬溼年坐了種田又云鬧熱冬至冷淡年蓋吳人尚冬至欲晴故也　又諺云燥冬至溼年晏溼冬至燥年晏

冬至前米價長貧兒受長養冬至後米價落貧兒轉蕭索

按紀歷撮要云冬至前若米價長往後必賤落則反貴引諺云云

冬至在月頭當了棉被買牛頭冬至在月尾賣了牛頭買棉被　見農政全書

冬至日數至元旦五十日者民食足若不滿五十日者一日減一升有餘日益一升最驗　見淮南術

冬至日子時至平旦觀雲若青雲北起歲豐民安黃雲大熟黑雲主水白雲主人災無雲主凶前後日雪主來年饑餒兵革本日雪主有大盜橫行　見陶朱公書

冬至西南百日陰半晴半雨到清明　田家五行引諺云云

南風吹我面有米也不賤北風吹我背無米也不貴　嘉定縣志云十一月十七爲彌陀生日忌南風相傳有偈云云極驗

冬至日南風晝至者民皆中於虛風則多病　見京房易占

續漢書禮儀志云冬至鑽木改火　按北堂書鈔稱西域諸國志云天竺十一月十六日爲冬至麥秀十二月十

六日爲臘麥熟

冬至日樹八尺之表日中視其晷晷如度者歲美人和否則歲惡　見易卦通驗

十七彌陀生日西北風主米賤月內雨雪多主冬春米賤有雷主春米貴　見陶朱公書

十二月占

冬至後三戌臘祭百神　續漢書禮儀志云季冬之月星回歲終陰陽以交勞農大享臘或云臘者接也新故交接也蓋自秦以後臘皆屬十二月

朔日値大寒有虎灾値小寒祥瑞來　見月令廣義

上酉日雪主來年旱澇不均　見田家五行

十二月初三日俗呼爲拗貓日他月初三晴則主半月之晴獨此日宜雨　見天中記

立春在殘年主冬暖諺云立春日晙凍殺百鳥卵　見陶

朱公書

江湖間人常於歲除汲江水秤之至元日又秤重則主大水　見臞史

除夕可以秤水取長流水秤其輕重元旦又換取新水秤之以較雨年之高下　見田家五行

臘鼓鳴春草生　荆楚歲時記十二月八日爲臘日引諺語云云

除夕占風東北爲上諺云今夜東北來年大熟東南風主來年水大又除夕燒盆爆竹與照田蠶看火色同兼看火占

見陶朱公書

農候雜占卷二

福州梁章鉅撰　男恭辰校刊

閏占

閏者陽之餘　見白虎通　按春秋元命苞夫閏正時以作事厚民生之道

閏所以正中朔也　見漢書律歷志

三年長一寸雷驚縮一寸　七修類稿辨證類諸木中黄楊爲難長按埤雅云黄楊木性堅俗言歲長一寸閏年倒退一寸亦不盡然然東坡詩云園中草木應無數只

有黄楊厄閏年按本草云今試之但閏年不長耳

梧桐可知日月正閏生十二葉一邊有六葉自下數一葉爲一月至上共十二葉有閏則十三葉視葉小者卽知閏何月也　見李昉太平御覽遁甲經

堯時有草生階每月朔生一莢月半則生十五莢十六日後日落一莢月晦而盡若月小餘一莢每以是占歷名曰蓂莢又曰瑞草　見帝王世紀　按此或定閏之所由來歟唐元稹數蓂詩辨時常有素數閏或餘青

蓮曰芙渠其根曰藕其行根如竹行鞭節生一葉一花花葉相耦故曰藕藕生應月月生一節遇閏則益一節　見廣雅釋

菲實一名慈姑其苗直而葉三角倒鋭種之水田一株結十二實若歲之有閏則有十三實　見蘇軾物類相感志

張季友閏賦以風以雨兮各得其序曰寒曰燠兮無悖於初

夜占

上八夜弗見參星月半夜弗見紅燈　農政全書上八日宜晴主收成此夜若雨元宵亦雨引諺云云　按吳俗以正月八日爲上八以參星卜一歲之水旱逮夜則老稚聚觀參星過月西則多旱否則多水又八日爲穀以此卜元日之晴雨故諺云云　見蘇州府志

吳農率以正月十五夜月明時立一尺五寸之表于地於其夜子正一刻候之以驗水旱大抵據表之長而中分之爲七寸半者二若影適及七寸半爲中正則是歲雨

暘以時五穀豐稔又以兩七寸半各十分之如影在七寸半以下爲不及不及則是歲主旱每短七分半則旱至一分又短則旱之分數亦如之影在七寸半以上爲太過過則主水每長七分半則水漲一分又長則水之分數亦如之　見負暄野錄

二月十二夜宜晴蓋二月最怕夜雨若此夜晴雖雨多亦無妨越人云二月內得十二個夜晴則一年內晴雨調勻又諺云十夜以上雨低田盡叫苦　見歲時通考

一夜春霜三日雨三夜春霜九日晴　田家五行云驚蟄多霜主旱是月宜連夜霜

二麥不怕神共鬼只怕四月八夜雨　農政全書云立夏夜雨多損麥蓋麥花夜吐雨多損花引諺云云　按田家五行云八日晝雨主豐熟果實少大抵北方麥晝花忌晝雨南方麥夜花忌夜雨

日暖夜中寒東海水也乾　同上言四月夜涼主少水引諺云云按此旱年通行諺

十月雷鳴所當之鄉骸骨盈野入夜尤甚　見田家五行

冬至日南風爲虛風舊傳入夜半發者其民皆卧而弗犯

故其歲民得少病夜發而透至晝者民則中于虛風故多病　見京房易占

除夜東北風主五禾大熟　見紀歷撮要

除夜犬不吠新年無癘疫除夜犬惡嗥新年多火盜　月令廣義引諺云云

雨打五更日曬水坑　農政全書云五更有雨次日必晴甚驗引諺云云　按吾閩亦有雨打五更頭行人不用愁之說極驗惟一連至天明則不驗故又有雨怕落天明之語

田家五行引諺云半夜五更西天明拔樹枝又云日晚風和明朝再多又風自日中起者必善夜間起者必毒日内息者亦和夜半息者必大凍

一夜起雷三日雨　見樂清縣志引東州人諺云云言雷自夜起必連日陰雨也吳諺亦云夜雷三日雨

農政全書云夏秋之間夜晴而見遠電俗謂之熱閃在南主久晴在北主便雨引諺云云又云北閃俗謂之北辰閃主雨立至諺云北閃三夜無雨大怪言必有大風雨也　又見臺笠須知

一個星保夜晴　同上引諺云云此言雨後陰久但見一二明星此夜可晴

天下太平夜雨日晴　見田家五行言不妨農也

明星照爛地來朝依舊雨　同上言久雨天正當昏黑卒然雲開便見滿天星斗豈但明日不晴當夜即恐雨至若夜半後漸漸雲開雨止星月朗然則又主晴無疑也按西溪叢話亦引諺云乾星照溼土來日依舊雨又按王建詩照泥星出依然黑陸放翁詩夜夜溼星占雨候僧善珍詩照泥星復雨皆用此諺

氣占

正月朔旦四面有黃氣其歲大豐有青氣雜黃主螟蟲赤氣大旱黑氣大水　見物理論按黃帝用事土氣均和四方大熟

河有雲氣狀如船若一匹布維河不出十日大雨　見天文要集

斗旁有氣往往而黑狀如禽獸大如皮席不出三日必雨　同上

暴有黑雲氣如船發于日下當即雨　見京房易飛候

凡氣欲出似甑上氣勃勃上升氣積爲霧霧爲陰陰氣結爲虹霓暈珥之屬　見隋書

六月三日有霧則歲大熟　見望氣經按六月亦作七月

地氣發天不應曰霧　見爾雅

蜺日旁氣也妻乘夫則見之　見京房易占　又按楊慎總錄引諺云日出雨落公姥相撲謂陰陽之氣不和當時必有虹也

十一月一陽爻初起至此始徹陰氣出地方盡寒氣迸在上寒氣之逆極故謂大寒　見三禮義宗

十一月中遇東南風謂之歲露有大毒若饑感其氣開年
著腹疾　見臺笠須知
夏至日中赤氣出直離正氣出右萬物半死出左赤地千
里　見易通卦驗
保章氏以五雲之物辨吉凶水旱豐荒之祲象　周禮註
云雲氣青爲蟲氣白爲喪氣赤爲兵荒氣黑爲水氣黃
爲豐年
埤雅水氣在天爲雲水象在天爲漢又詩雲漢箋天河水
氣也精光轉運于天按天官書漢者金之精氣又漢者

金之散氣其本曰水漢星多則多水少則旱故曰河漢
者水之氣
天氣蒸溽溼氣蒸騰望遠氣模糊將有雨　見謝厚菴仰
觀錄
天低氣昏遊氣迷漫雲氣四塞者雨徵也　見同上
雷者太陽之激氣也正月陽氣動故始雷五月陽氣盛故
雷迅秋冬陽氣衰故雷潛　見王充論衡
白氣掩北斗並日月廣密者大風惡雨之象每月初一日
看北斗間有白氣潤澤主本月多風雨每月交節氣日

早晨有丹霞之氣主節內風雨順時　見陶朱公書
曉看東方有五色氣如錦過西者當日風雨如雲霧氣至
中天而止者應三日後雨日沒時看五色氣自西而東
者亦然　同上

寒熱占

春寒多雨水　農政全書云春月宜和煖而反寒必多雨引諺云云又田家五行志云元宵前後必有料峭之風謂之元宵風故春寒

驚蟄不東蟲寒到五月中　見沅湘農諺

清明斷雪穀雨斷霜　見吳下田家志言天氣之常可漸暖也

上巳有霜三月冷　見月令廣義

四月麥秀寒五月溫和暖　見吳下田家志方言

四月八凍殺鴨　明詩綜引黔中諺

黃梅寒井底乾　見月令廣義謂立夏不宜熱熱則有暴水也

清明穀雨寒死老鼠小滿立夏寒死老郎爸　此閩諺謂四月以前多見寒也

未喫端午糭寒衣未可送　見吳下田家志　又陸務觀五月十日曉寒詩短褐竟未送自註引此諺作布襖未可送俗謂典質曰送也

土候地中寒溫以宜　見李庚西都賦

夏至有雷三伏冷　湧幢小品引俗諺又作夏至有風三伏熱又感精符作夏至酉逢三伏熱

六月六曬得雞蛋熟　見古占年語謂六月宜熱于田有益也

別錄云燕有谷寒不生五穀鄒衍吹律而氣暖穀生因名黍谷

雨下便寒晴便熱不論春夏與秋冬　嶺外問答云桂林氣候與江浙相似再南數十里便異冬月久晴不離葛衣紈扇夏月苦雨則須襲被重裘大抵早溫晝熱晚涼夜寒一日而四時之氣備

六月不熱五穀不結　農政全書引諺云云又云六月蓋夾被田裏不生米言天氣涼則雨多水大没田也按明詩綜亦用此諺

熱極生風　此通行諺

六月蓋夾被田裏無張屁　玉芝堂談薈引諺

早立秋暮颼颼夜立秋熱到頭　此通行諺頗不爽熱到頭一作熱不休此于一日之早晚辨立秋也　按田家五行云六月秋便罷休七月秋熱到頭此于兩月之間

分立秋之早晚同一義也

過了七月半人似鐵羅漢　見古占年語謂酷暑已退可望秋收農人有恃也

田怕秋乾人怕老窮　月令廣義引諺云云言秋中畏旱旱則必熱秋熱則傷稻也　按通俗編亦云田怕秋旱人怕老貧

踏梯摘茄子把扇吃餛飩　嶺南地暖草萊經冬不衰故蔬圃之中栽茄者宿根二三年漸長枝幹乃成大樹每熟時梯樹摘之又其俗入冬好食餛飩往往稍熱食須

用扇故俗語云云　見羣居解頤

十月十六日爲寒婆生日晴主冬暖　農政全書云此說得之崇德舉人徐伯和言彼處客旅遠出專看此日若晴暖則不必多備衣服極有驗也

一日赤膊三日頭縮　同上言十二月謂之大禁月忽有一日稍暖即是大寒將至故諺又云大寒須守火無事不出門又云臘月廿四五錐刀不出土按田家五行志亦作脫頭縮作齷齪

大熱無過未申大寒無過丑寅　見田家五行志

火中寒暑乃退　見左傳

兩春夾一冬無被暖烘烘　農政全書云立春在殘年主冬暖引諺云云　月令廣義又作兩春夾一冬牛欄九个空傳家寶又作一年兩頭春餓死經紀人

夏至未來莫道熱冬至未來莫道寒　豹隱紀談引鄉語云云土俗以二至後九日爲寒燠之候也

夏至後　一九至二九扇子不離手按通俗編不作弗三九二十七吃茶如蜜汁按通俗編作氷水如蜜汁四九三十六爭向路頭宿按吳下田家志作拭汗如出浴五九四十五樹頭秋葉舞按田家五行志並通俗編

同秋作楸六九五十四乘涼不入寺按吳下田家志作乘涼入佛寺七九六十三夜眠尋被單按田家五行志作上牀尋被單八九七十二被單添夾被按吳下田家志作思量蓋單被九九八十一家家打灰墼按墼塼坯也

冬至後　一九至二九相喚不出手按委巷叢談相換作招呼三九二十七籬頭吹篳篥按帝城景物略作觱篥通俗編籬作簷四九三十六夜眠如路宿按帝城景物略古今諺路作露通俗編路宿作鷺縮五九四十五太陽開門戶按通俗編作窮漢街前舞六九五十四貧兒爭意氣按帝城景物略作口中咽暖氣七九六十三布衲兩肩攤按田家五行志作布衲簷頭簷八九七十二猫狗尋陰地按吳下田家志委巷叢談又帝城景物略狗作兒九九八

十一犁爬一齊出（按田家五行志爬作耙）
四時皆是夏一雨便成秋　海南地多暖少寒木葉冬夏常青然彫謝則寓於四時不似中土之必在冬也四時晴冽穿單衣陰晦須挾纊　見海槎餘錄
冬至極低天運近南故日去人遠斗去人近北天氣至故寒冽也夏至極起天運近北故斗去人遠日去人近南天氣至故蒸熱也　見姚信昕天論
冬寒而數日忽暖者雪候也冷而羣鳥飛者亦雪候　見仰觀錄

冬雨必暖夏雨必涼　見葛洪西京雜記

水占

汾水宜麻濟水宜麥河水宜菽雒水宜禾渭水宜黍江水宜稻　淮南子云稻生於水而不能生於湍瀨之流
水面生青靛天公又作變　農政全書云水際生靛青主有風雨引諺云云
正月上旬稱水可卜一年水旱初一起用一瓦瓶每朝取之重則雨多輕則雨少初一日占正月初二日占二月餘倣此　見陶朱公書
水底生青苔卒逢暴水來　田家雜占云水底生苔主有

暴水引諺云云
大水無過一時周　同上云此是吳中太湖東南之常事凡初冬大西北風湖水泛起吳江人家俱浸水中風息復平謂之翻湖水引諺云云
水邊經行聞得水有香氣主雨水驟至極驗或聞水腥氣亦然　同上
河內浸成包稻種既沒復浮主有水　同上
十月水過灘大小麥一定灘　樂清縣志云十月水則來歲麥歉引諺云云

一點雨似一個釘落到明朝也不晴一點雨似一個泡落到明朝未得了　農政全書引諺云云言雨著水面上若起釘或有浮泡主卒未晴

冬至前後瀉水不走　吳下田家志引方言

四川嘉定州有金燈山山趾有淵每歲人日太守于此脩油卜故事謂以油灑水面觀其紋占一歲豐歉

洛陽婦女每於二月以薺花點油祝而灑之水中若成龍鳳花卉之狀則歲豐人吉謂之油花占　見圖經

四川通志篆水在廣安州其年豐水紋宛成篆籀文人羣

見以之爲占云

新喻州有水湍沸湧白沙如米兩岸堆積無窮呼爲米沙以之候歲若一岸偏饒則其方必豐收　見王孚安成記

新昌水有一沙堆在縣東北形如覆船每年豐稔水沙堆積不動若沙移向岸則其年儉　見劉澄之鄱陽記

史記趙中大夫白公復穿渠引涇水首起谷口尾入櫟陽溉田四千餘頃名之曰白渠人歌曰鄭國在前白渠起後舉插爲雲決渠爲雨涇水一石其泥數斗且溉且糞

長我禾黍衣食京師億萬之口

魏史起爲鄴令引漳水灌鄴田河內人歌曰引漳水灌鄴旁千古斥鹵生稻粱　見文獻通考

史記云水工鄭國鑿涇水自中山西邸瓠口爲渠並北山東注洛三百餘里以溉田收皆畝一鍾于是關中爲沃野

杜家溝在成都府資縣池水一泓澄徹淸冷下即龍泉祠將雨雲生竅穴霧瀰空谷　見成都志

陶朱公書云地面溼并出水珠如汗主暴雨柱磉水流亦

然得西北風解散則無雨

重則水大輕則水小　范致能岳陽風土記云傍湘之民歲暮取江水一斗歲旦取江水一斗較其輕重則知其年水勢高下按此與除夕占同

火占

火耕水耨　見前漢成帝紀

田祖有神秉畀炎火　見詩小雅

燒薙行水利以殺草如以熱湯可以糞田疇可以美土疆　見禮月令

火日多雨　七修類稿云納音雖火日其實得一數則天一已生水故火日多雨

上火不落下火滴沰　見崔寔農家諺言丙日不雨丁日必雨也滴沰雨聲

火流星必定晴　田家五行志久陰天息燈燈煤如炭紅艮久不過明日喜晴故諺又云久晴後火煤便滅主來日雨

大火中則種黍菽　淮南子術注　大火東方蒼龍之宿又按火大星也

扶南東有火山國其山雖經霖雨火常燃山中有鼠時出山邊求食人捕得之以毛作布名火浣布可以爲衣　見山海經

南方有炎火山四月生火十二月火滅火滅之後草木漸生枝葉至火然草木葉落如中國寒時也取此木爲薪炊飯燃之不盡其皮可織布服之亦名火浣布　見元中記

積油萬石則自然生火　見博物志云昔泰始中武庫火積油所致也

火井沈熒于幽泉　左思蜀都賦注火井在臨邛縣欲出其火先以家火投之須臾隆隆如雷聲焰出通天光輝十里以筒接之有光無炭又按火井即鹽井也

槁竹有火弗鑽不燃　見淮南子

陸游曰火山其地鋤深則烈燄不妨耕種　見正字通

連渾府遙火山西有井深不見底炎氣上升常若微雷以草爨之則煙生火發故名熒臺　見郡國志

太原郡東有崖山每農田亢旱土人燒山以求雨俗傳崖山神娶河伯女故河伯見火必降雨救之　見酉陽雜俎

薙氏殺草夏至日而夷之秋繩而芟之冬至日而耜之若欲其化也則以火火變之註謂以火燒其所芟薙之草已而水之則土亦和美　見周禮

積灰知風懸炭識雨　釋贊甯感應類從志注云以榆化灰聚置幽室中天若將風則灰皆飛揚秤土炭二物使輕重等懸之雨則炭重晴則炭輕

麥金也金王而生火王而死　見許氏說文

山占

山海者財用之寶也田野闢則五穀熟而寶路開　見鹽鐵論

豐山著帽豐年之兆　滁州豐山在州西南五里沛豐人常居之故名上有漢高祖廟天欲雨常有雲氣發山椒若巾帽然州志豐山北爲幽谷地污下邃密四周皆山昏旭異態東下百餘步爲柏子龍坑一名龍潭西北頂上有雙燕洞深四五丈能出龍雨故諺云云

峴山張蓋雨滂沱　三水小牘安定郡有峴陽峰峰上有池如雨則雲起池中若車然故諺云云

射的白米一百射的元米一千　水經注會稽有射的山遠望如射侯土人以見之明暗占米價之低昂一百一千言價之高下也

朐山戴帽卽雨蓋　東原錄海州朐山俗言云云蓋謂雲出覆冒其上爲雨候也

五蓋雪普米賤如土雪若不均米貴如銀　一統志郴州五蓋山於冬至以雪占年按湘中記五蓋山山有五峰望之如蓋鄉人每歲以雪占年豐故土語云云

雨未晴看雲靈　肇慶府射木山在陽春縣東南十五里巍峩葱鬱爲縣治山一名雲靈山雲幕其上則雨立至故諺云云　見一統書并潛確類書

鄱陽長壽山形似馬白雲出於鞍中崇朝而雨　見宋永初山川記

南山瀑布非朝則暮　武功縣太白山甚高上常積雪無草木半山有橫雪如瀑布則澍雨人常以爲候驗之如離畢焉故語云云

廬山戴帽平地安竈廬山繫腰平地安橋　廬山雖號九

屏然其實不甚深山行皆繞大峰之足遠望只一獨山然比他山爲最高雲繞山腹則雨雲翳山頂則晴故諺云云　見吳船錄又按述異記云廬山有康王谷北嶺上有一城號爲劉城天每欲雨輒聞山有鼓角笳簫之聲村人以爲候又按廬山記云天將雨則山有白雲或冠峰巖或亘中嶺謂之山帶不出三日必雨又云天將雨山氣如車馬

襄陽石梁山出雲應驗符合農人候之若白雲起定雨黃雲起則風黑雲起則多病　見物類相感志

朝鮮有鼇山東一谷名曰高沙天將雨先期而鳴噴出雲氣雲入洞則雨出洞則風大鳴則卽日有驗小鳴二三日乃驗　見朝鮮志

汝南臨汝縣有小山曰崆峒其山洞穴如盎將大雨則白犬自穴出田夫以爲候亦名玉燭峰　見三水小牘

陶朱公書云凡遠山之色清朗主晴昏暗主雨小山不出雲者忽然雲起主非常大雨

海占

海水熱穀不結海水涼穀登場　明詩綜瓊州以海水占年每海水熱則荒土諺故云

海嘯風雨多　見玉芝堂談薈

海水知天寒　見古詩

十月忌初五海豬要起舞　見測海錄言海風于此日起也

十一月初八日得壬主海翻　見田家五行

流波山下有然海千里民每汲之以代油秦始皇使人泛多艘往山島取仙草舟人不知水性以燭跋投海火大發遍海延燒傷舟無數自此罕舟行惟於海畔汲用而已　見漯渠手牘

華亭市有一物如水桶而無底非金石竹木所製未有知其名與所用者有舶商見之以三百緡易之曰此名海井能收鹹味海航必載淡水今得此但以大器貯海水置海井於中就中汲之皆淡水矣　見癸辛雜志

潮占

初一月半午時潮　初五二十夜岸潮天亮白遥遥　下岸之潮登大汛　乾晴無大汛雨落無小汛　田家五行志每半月逐日候潮時詩訣云午未未申申寅寅卯卯辰辰巳巳午午半月一遭輪夜潮相對起仔細與君論故諺云云十三二十七名曰水起是爲大汛各七日二十初五名曰下岸是爲小汛亦各七日故諺歷云云凡天道久晴雖當大汛水亦不長若小汛雖雨落亦不以爲意也

卯酉之月陰陽之交故潮大于餘月大梁析木河漢之津也朔望之後天地之變故潮大於餘日日月會于酉曰大梁會于寅曰析木　見宜昭潮候記

月有盈虛潮有起伏故盈於朔望虛於兩弦息於朒朓消于朏魄而大小準焉　同上

月之精主水是以月盛而潮大　見抱朴子

潮至八月十五獨大於常潮遠觀若素練橫江混混庉庉聲若雷鼓　見錢唐潮候圖　又按叢語姚寛曰或問四海潮皆平惟浙江濤至則亘如山岳奮如雷霆其故

何也或云夾岸有山南曰龕北曰赭二山相對謂之海門岸狹勢逼激而爲濤

錢武肅王以潮爲田患始築捍海塘在候潮門外潮水晝夜衝激版築不就因命强弩數百以射潮頭又禱于胥山祠既而潮水避錢唐東激西陵遂成隄岸　見五代史

東海有牛魚狀如牛剝其皮懸之潮至則毛起潮退則毛伏　見博物志

鯆魚長數千里穴居海底入穴則潮上出則潮下出入有

定故潮長有期　見風土記

瓊海之潮半月東流半月西流　見寰宇記

移風縣有鷄鳴聲清長如吹角潮至則鳴故名潮雞　見異物記又孫綽望海賦石鷄淸響而應潮

候潮草葉間有莢潮至即開退即合　見興化府志

金陵鍾山頭陀寺第一峰有應潮井其泉與江潮盈縮相應　見地志

桂林聖水巖子時潮上午時潮落　見廣西志

唐書地理志注云福州長樂郡太和七年築立十斗門以禦潮旱則豬水雨則洩之盡成良田

樂史太平寰宇記云蠣山在海中潮上半沒潮落方見故其上多蠣

海上人云蛤蜊文蛤皆一潮生一暈　見姚寬西溪叢語

朱子名臣言行錄云運河失湖水之利遂取給於江潮潮濁多淤河行闤闠中三年一淘爲市井大患公始至浚二河以茅山一河受江潮以鹽橋一河受湖水復造堰閘以爲潮水蓄洩之限然後潮不入市　按公卽蘇軾也

石占

五嶽皆觸石而出雲不崇朝而雨　見尚書大傳

臨賀有石方二丈有磨刀斧迹春秋常明淨秋冬則苔穢名雷公磨石　見孟奧北征記

假山縣有一山獨立峻絶西北有石穴以燭行百步許有大石相去丈許俗名一爲陰石一爲陽石每水旱爲災鞭陰石則雨鞭陽石則晴　見荆州記

萍鄉西城津有玉女岡天欲雨輒先涌五色氣于石間俗稱玉女披衣　見王釆安成記

零陵山有石燕雨卽飛止還爲石　見湘州記

荆州永豐縣東鄉有卧石長九尺六寸其形似人而通體青黄隱起田若遇旱衆農舉而祭之小舉小雨大舉大雨　見酉陽雜俎

武昌城西有石鼓山山上有三石鼓鼓鳴則雨至　見武昌志

蘇頲有一錦紋花石鏤爲筆架置於席間每天欲雨卽津如汗逡巡而雨農人望雨者每就此爲候　見王仁裕開天遺事

鬱林郡有大石牛歲旱殺牛取血和泥泥石牛背則天雨去泥卽晴　見廣州記

臨封縣西石龍巖中有長石如龍歲旱洗之卽雨至　見一統志

吳興故彰縣有梅溪山山根直豎一石高可百餘丈四面陡絶其上有盤石員如車蓋恆轉如磨聲若風雨土人號爲石磨轉駛則年豐遲則年儉農人每以爲候　見續齊諧記

南康記覆笥山平湖中有石雁浮水面每至炎氣代序則

飛翔若知感候又漢陽記廬山頂上有池中列三石雁每霜降則飛

汶山有鹽石煎之得鹽　見華陽國志

臨川記縣中石廩其中可容千斛廩口暗中有收放開則歲豐閉則歲歉

井占

鬱林郡有古井名曰司命井半甘半淡潛通江海冬夏常盈周給闔境其水若竭卽有荒歉之災每以爲候　見廣州記

聖井岡在臨城東北井四時不竭每遇田旱禱雨立應　見南昌志

夏至是日浚井改水　見續漢書　按春秋考異郵曰夏至井水躍故于是日改水

隴中之鹽惟天水一井汲之可煮爲鹽　見十六國春秋

藍田縣玉案山有井水在井中常作冰雖夏不釋長安不藏冰于此取之　見輿地記

藝文類聚稱養生要術十二月臘夜持椒卧井旁無與人言內椒井中可除溫病甚驗

凡欲穿井于夜氣清明時置水數盆于地看何盆星光最大而明其下定有泉源　見玉歷

廬陵城中有一井分二色水或青或黃黃者若灰汁取作糜粥皆作金色每以濟饑土人名灰汁爲金因名金井　見廬陵異物志

衞有一夫負缶入井出而灌田終日竟一區鄧晳過下車敎之曰有機重後輕前命曰桔槔終日溉田百區不倦　見說苑

青州刺史張士平中年夫婦皆瞽一日遇書生爲開井一眼汲新泉洗之目均如初因留其說以救世其要曰子午之年五月酉戌十一月卯辰爲吉丑未之年六月戌亥十二月辰巳爲吉寅申之年七月亥子正月巳午爲吉卯酉之年八月子丑二月午未爲吉辰戌之年九月未申三月丑寅爲吉巳亥之年十月申酉四月寅卯爲

吉按其方位年月日時鑿井卽爲福地士平拜受訖書生轉瞬失去葢太白星官也　見神仙感遇傳

穿井多有毒氣五月五日以雞毛試投井毛直下者無毒若迴旋不可食　見葛仙翁傳

冰占

春無冰梓愼曰今兹宋鄭其饑乎歲在星紀而淫於元枵以有時灾陰不堪陽蛇乘龍龍宋鄭之星也宋鄭必饑元枵虚中也枵耗名也土虚民耗不饑何爲　見左傳

光和六年冬東海東萊瑯琊井中冰厚尺餘冬大有年　見後漢書

冰者兵之象　見公羊成十六年傳

冰方盛水澤腹堅令告民出五種　見禮記

冰結後水落主來年旱冰結後水漲名上水冰若堅厚主來年大水　見農政全書

冰泮而農桑起　見家語

東海員嶠山有冰蠶長七寸有鱗角以雪覆之始爲繭色五采織爲文錦入水不濡入火不燎　見拾遺記

見一葉之落知歲將暮覩瓶中之冰知天下之寒　見淮南子

景公伐魯得東門無澤問曰魯年穀何如對曰陰不凝陽冰厚五寸者寒溫節也寒溫節則政平政平則年穀熟請禮魯以息怨　見晏子

北人驗時以天明三星入地爲冰河之候正德丙寅冬至在十一月二十八日都下寒最遲而河冰亦遲凍是月望日與諸吉士早朝共試觀之黎明三星正入地而河冰亦適合云　見金臺記聞

二月二日見冰主旱　見陶朱公書

天占

神農之時天雨粟神農耕而種之　見周書

力田不如逢年　見史記

天乃雨反風禾則盡起　見書金縢

椹䵹䵹種黍時　凡黍穄三月上旬種時爲上時四月上旬爲中時五月下旬爲下時夏種黍穄與植穀同時非夏者大率以椹赤爲候故諺云云　見齊民要術

夏至後不没狗　但雨多没橐駝　五月及澤父子不相借　凡種麻夏至前十日爲上時至日爲中時至後十

日爲下時孫注云麥黃種麻麻黃種麥均良候也諺云云者言及澤急也夏至後則匪惟淺短皮亦輕薄此亦趨時不可失也父子之間尙不相假借極言天時之可貴耳　同上

五月鋒八月耩　見楊愼古今諺按鋒鋤也耩壅苗根

五月穙種八月犁種畝收十倍　見齊民要術

頭有二毛好種桃立不踰膝好種橘　果中易生者莫如桃而結實遲者莫如橘諺云云者言桃易待橘難待須及時爲之也　見曲洧舊聞

寒食過了無時節娘養花蠶郎種田　見吳下田家志方言

上旬種者全收中旬中收下旬下收　見齊民要術又引襍陰陽書曰禾生于寅壯于丁午長于丙老于戌死于申惡于壬癸忌于乙丑凡種五穀以生長壯者多實老惡死日種者收薄以忌日種者敗傷又用成收滿平日爲佳又引氾勝之書曰小豆忌卯稻麻忌辰禾忌丙黍忌丑秫忌寅未小麥忌戌大麥忌子大豆忌申卯凡九穀各有忌日種之不避其忌則多傷敗

十月無工只有梳頭喫飯工　吳下田家志言天漸短而時可貴也

社後種麥爭回耬社前種麥爭回牛　士農必用引農語云云言奪時之急也

雨師好黔風伯好滇　龍洞田皆石底上惟寸土五日不雨則苗枯槁諺云云者言無五日不雨也雨師豈眞有所好哉良由彼蒼愛人之至惟恐禾荒民饑耳又云大理有風花雪月四景下關風上關花蒼山雪洱海月今花斬伐無種風則處處有之下關稍盛耳自九月起至

次年五月無日不排山倒嶽聲如嘶吼惟黎明稍息辰刻復起過下關橋必下簦整冠否則飛颺而去矣下關南望萬里壁立一水中通其曲折處即風穴故雖晴和日此處仍大風不息豈風雨果有所好哉蓋滇西瘴氣特甚有風則散亦上天愛人之至故生風穴於其間耳

要開吳淞江除是海龍王　湧幢小品吳淞江久湮童謠云云均謂工決難成後巡撫海忠介倡議開濬而董其事者則推官龍宗武同知王成樂也其言始驗當時累月不雨工故易集是貴天時焉按二申野錄所載除是

作須是憶余於道光七年在蘇撫任內留心水利以吳淞江湮塞多年　奏請籌欵挑濬適值累月不雨半年竣事至今賴之雖曰人事豈非天時哉次年　奏入以挑濬吳淞江議敘加一級前塵昨夢回首廿年附記於此

地占

周公時天下太平邱陵高下皆熟　見鹽鐵論

一季種田三季收稻　三佛齊西北濱海舶入淡港入彭家裏舍易小舟入港達其國土沃人稠地宜稼穡諺云云言收獲廣也　見瀛涯勝覽

三月榆筴雨時高地彊土可種秝　見氾勝之書

雄田　交阯田最爲高腴舊有君曰雄王其佐曰雄侯其田亦曰雄田　見番禺雜記

溼耕澤耡不如歸去　齊民要術耕田篇凡耕高下田不

問春秋不須燥溼得所爲佳若水旱不調甯燥不溼孫注云燥雖耕塊一經得雨地則粉解溼耕堅垎數年不佳諺云云者言其不審土宜而終于無益也

戽水插秧乘船割稻　譚苑醍醐卷五周禮三農有兩訓先鄭云山農澤農平地農也後鄭云原與隰及平地余謂先鄭之說爲是山農南方之刀耕火種巴蜀之雷鳴田是澤農廣東之葑田雲南之海𤗈是即諺云云者也若原隰平地只可言中原不可該邊甸也

坐賈行商不如開荒　荆川稗編王盤農書今漢沔淮潁

率創開荒地當年多種脂麻等有痛收致富者如舊稻塍內開畢便撒稻種直至成熟不須薅拔緣新開地內草根死淨無荒可生更年年揀剔別無稗莠所收常倍于熟田蓋曠閒既久地力甚足也諺云云言其獲利多也

十年九不收一收勝十秋　武定府聶家窪在商河縣西舊治縣界有七十二窪遇豐大收遇潦則一苗不遺故諺云云

懶漢種蕎麥懶婦種菉豆　羣芳譜穀譜耕蕎麥地若耕

二遍只耘一遍言不論地之瘠薄亦可種也諺又云種菉豆地不宜肥而宜瘦

東路檳榔西路米粮　明時綜瓊州東界地瘠雖以羊骨壅田終鮮獲腴壤多在西故諺云云　元黃鎮成詩土薄艮苗稀稊稗日以長言土薄則苗少而莠多也

高田種小麥終久不成穗　見羣芳譜按爾雅翼古稱高田宜黍稷下田宜稻麥小麥例須下田故古歌亦云云

上鄉熟不抵下鄉一鍋粥　論浙西閉糴狀本路惟蘇湖常秀等州出米浩瀚常飽數路漕輸京師自杭睦以東衢婺等州所產微薄不了本莊所食諺云云蓋全仰蘇秀等州來路以足官民之用　見東坡集

蘇常熟天下足吳都文粹常作湖　常州犇牛閘記方朝廷在故都時實仰東南財賦而吳中又爲東南根柢語云云蓋謂此閘尤爲國用所仰遲速豐耗天下休戚在焉　見渭南文集又按大學衍義補邱濬論國用臣按東南財賦之淵藪也韓愈謂賦出天下而江南居十九以今觀之浙東西又居江南十九而蘇松常嘉湖又居兩浙十九也考洪武中天下夏稅秋糧以石計者總二千九百

四十三萬餘而浙江布政使司二百七十五萬二千餘蘇州府二百八十萬九千餘松江府一百二十萬九千餘常州府五十五萬二千餘是則一藩三府之地其民租比天下爲重其糧額比天下爲多竊以蘇州一府計之以準其餘蘇州一府七縣其墾田九萬六千五百六頃而居天下八百四十九萬六千餘頃田數之中竟出二百八十萬九千石稅于天下二千九百四十三萬額內其科徵之重如此故諺又云蘇松熟天下足考渭南文集松作常蓋宋時松江屬秀州也

湖廣熟天下足　湖廣古荆州地江漢若帶衡荆作枕洞庭雲夢爲池中國之地四通八達莫楚若也楚固澤國耕稼甚饒一歲再獲柴桑多仰給焉諺云云者言土地廣沃而長江轉輸便易非他省比也　見地圖綜要湖廣總論

姜思度有巧思知溝洫之利所在必發衆穿鑿先是太史令傅孝忠善占星時人語曰傅孝忠兩眼看天姜師度一心穿地　見唐書

夏旱修倉秋旱離鄉　浙西地卑積水春夏厭雨故諺云

云若浙東地高燥過雨即乾得雨即耕然常患少耳　見後山叢談

荆州記城南六里有溫泉下數十畝十二月下種三月便登一年可三收

紹興五年江東帥臣李光言閩越之境皆有湖陂湖高于田田高於江海旱則放湖溉田澇則決田水入海故無水旱之災　見宋食貨志

人占

最喜立春晴一日農夫耕田不費力　見沅湘農諺言田于此日最要緊好著力也

子欲富欲黃金覆　麥生黃色傷於太稠稠者鋤而稀之秋鋤以棘柴耬之以壅麥根至春凍解轉柴曳之突絕其乾黃頂麥生復鋤之到榆莢時注雨止候土白背復鋤似此不惜力則收必倍　見齊民要術

土之生五穀也人善治之則畝數盆一歲而再獲之　見荀子

智如禹湯不如常耕　齊民要術序自天子至庶人四肢不勤思慮不周而事治求贍者未之聞也神農倉頡聖人也其於事也有所不能矣故趙過始於牛耕實勝耒耜之利蔡倫立意造紙豈方縑牘之煩且耿壽昌之常平倉桑宏羊之均輸法益國利民不朽之術也故諺云云樊遲請學稼孔子答曰吾不如老農聖賢有所未達而況于凡庸者乎書云不昏作勞不服田畝越其罔有黍稷信然

長老種芝麻此事差又差　按七修類稿事物類種芝麻

必夫婦同下種收時倍多否則結稀且不實也諺云云
者以僧無婦言雖用力而不得其人耳

一年之計莫如種穀十年之計莫如樹木　齊民要術序天子親耕皇后親蠶況夫田父而懷窳惰乎李衡於武陵龍陽汎洲上作宅種橘千樹臨卒勅兒曰吾州里有千頭木奴歲上一匹絹亦足用矣吳末甘橘成歲得絹數千疋恆稱太史公所謂江陵千樹橘與千戶侯等者也樊重欲作器物先種梓漆時人嗤之然積以歲月皆得其用向之笑之者咸求假焉此人功之不可已也

鋤頭三尺澤　凡種麻地須耕五六遍倍蓋之以夏至前十日下子又鋤兩遍仍須用意抽拔細弱不堪留者即去卻一切但依此法除蟲災外雖小旱不至損何者緣蓋磨數多故也又鋤耨不斷其時故諺云云古人云耕鋤不以水旱息功必獲豐年之收　見齊民要術雜說

糞田勝如買田　凡農圃之家務要計置糞壤須用一人一牛或驢駕雙輪小車諸處搬運積糞日久積少成多施之種藝稼穡倍收歲有增羨此人工之上計也夫掃除之隈腐朽之物人視之而輕忽田得之爲膏腴惟勤於力田者知之誠以糞非貴重到處可立致所貴惜糞如惜金變惡爲美種少收多故諺云云　見荊川稗篇王盤農書

北人水旱聽命於天　黃河之爲中州患固矣然而有利存焉人自棄之耳使近河之民效南方水車之製而又分區築港可通百里之遠則人力正可爲利也或仿古井田之制每田百畝四隅及中各穿一井每井可灌田二十畝四圍築以長溝深闊各丈餘旱則掣井之水以灌田潦則放田之水以入溝無非盡力乎溝洫耳且穿

田築溝之費可按畝科派從此一勞永逸不但免害即以興利隨時用力不誠足恃哉　見天下郡國利病書引諺云云

荷鋤待雨不如決渚　見天祿閣外史言勿貪天功而廢人力也

農勤於朝女勤於宵宵必顧杼朝必顧雨　同上言得時無怠也

收麥如救火　羣芳譜大抵農家之忙無過蠶麥若遷延從事秋苗亦悞鋤治言人力之不可緩也

麻耘地豆耘花　種樹書種諸豆子油大麻等若不及時去草必爲草所蠹耗雖結實亦不多諺云云者麻須初生時耘豆雖開花亦可耘言須相緩急以施力也

八月初一雁門開懶婦催將刀尺裁　見吳下田家志

近家無瘦地遥田不富人　農書居處篇引諺云云言民去田近色色利便可施力以致富也

農候雜占卷三

福州梁章鉅撰　男恭辰校刊

晴雨

春雨乙卯夏糴貴夏雨丁卯秋糴貴秋雨辛卯冬糴貴冬雨癸卯春糴貴　開元占經引黃帝要經

春雨甲子赤地千里夏雨甲子乘船入市秋雨甲子禾頭生耳冬雨甲子牛羊凍死　此見朝野僉載其來最古其占亦最準赤地千里或作麥爛蠶死牛羊凍死或作雪飛千里　田家五行云赤地或作尺地言行者苦雨

尺地若千里也然則麥爛蠶死亦或作雨占歟　又云一說夏雨甲子主秋旱四十日蓋取久陰之後必有久晴諺云半年雨落半年晴亦此理也往年夏月忽值甲子日雨正以妨農爲憂老農曰喜遇雙日是雌甲子雖雨無妨後果少雨因考歲時雜占注云甲子值雙日多驗雙日少驗乃知老農之言有稽也迨至秋大收穫

驟雨不終朝迅雷不終日又望雨看天光望雪看天黃　並見月令廣義　按田家五行志引道德經亦云驟雨不終日故又有快雨快晴之語

雨住午下無數　田家五行志久雨後若午前少住午後雨必多引諺如此

春壬子雨人無食夏壬子雨牛無食秋壬子雨魚無食冬壬子雨鳥無食一云壬子雨更須看甲寅日若晴謂之拗得過則不妨一說壬子雨丁丑晴則陰晴相半二日俱晴六十日內少雨二日俱雨六十日內多雨　見田家五行故諺又有春雨壬子秧爛蠶死云云

春丙寅光無水下秧夏丙寅光曬殺秧娘秋丙寅光乾曬入倉冬丙寅光無雪無霜　此延建間土諺光謂晴明謂丙寅日無雨卽成旱象也

春甲申雨主米貴秋甲申雨稻禾吐茅亦主穀貴　見道山紀聞

冬雨是麥命春雨是麥病　樂清縣志引諺

甲午旬中無燥土　田家五行引諺　按吳下方言午作子

甲雨乙拗　同上又云甲日雨乙日晴乙日雨直到庚又云庚辛自拗寅午不同又云久晴逢戊雨久雨望庚晴　按吳下方言云甲子日雨乙酉晴乙日雨直到庚申

雨打六壬頭低田便罷休　同上又引諺云壬子是哥哥爭奈甲寅何謂甲寅可望晴也按農田餘話云世俗占候雨晴惟甲子壬子甲申甲寅四日最可憑

甲申猶自可乙酉怕殺我　田家五行云言申日雨尚庶幾酉日雨主久雨閩中見四時甲申日雨則富家閉糶價必踊貴也

初一下雨初二晴初二下雨不得晴　此通行諺或曰初三雨過月半或曰初二雨上半月皆雨十六日雨下半月皆雨頗有驗　田家五行亦云朔日晴主月內晴

日出早雨日出晏晴　農政全書載老農云言久陰之餘夜雨連旦正當天明之際雲忽一掃而捲卽日光出所以言早少刻必雨言晏者日出之後雲晏開也是日必晴非日出眞有早晏也

雲籠日雨不止　見田家五行

開門落雨喫飯晴　此嘉湖俗諺謂春間清晨雨則午刻必晴也

閉門雨開門晴　田家五行云晏雨難晴俗謂之黃昏雨引諺云云

十日晴不厭一日雨便厭　同上凡雨喜少惡多
十日雨連連高山也是田　見明詩綜載廣信府田家諺
按辰州田家諺亦云云
大小漏天在雅州西北山谷高洸深晦多雨又黎縣多風
俗謂黎風雅雨　見宋任弁梁益記
日頭晾晝大雨即到　此福州諺故晝與到叶韻晝謂當
午也久雨之日而當午忽現日光則仍雨也農政全書
云凡久雨至午少止謂之遣在正午時遣或可晴午前
遣則午後雨不可勝　按俗諺亦云日若當晝見三日

不見面
占鶴神　田家五行志鶴神己酉日下地東北方乙卯轉
正東庚申轉東南丙寅轉正南辛未轉西南丁丑轉正
西壬午轉西北戊子轉正北癸巳上天在天上之北戊
戌日轉天上之南甲辰轉天上之東己酉復下周而復
始上天下地之日晴主久晴雨主久雨轉方稍輕若大
旱年雖轉方天並不變諺云荒年無六親旱年無鶴神
又吳下方言云風吹鶴神口米長千錢斗後有一條云
纔逢癸巳上天堂己酉還歸東北方乙卯正東纔五日
庚申還上六朝藏離位丙寅坤辛未值丙之日正當彊
壬午乾宮戊子坎對衝其位定相妨今以五行志校之
乃知是論鶴神歌括
亮一丈下一丈　田家五行云久雨雲黑忽然明亮主大
雨至又云病人怕肚脹雨落怕天亮亦謂天亮即是雨
候俄頃復雨耳
夏末秋初一劑雨賽過唐朝百斛珠　見羣芳譜天譜一
說斛作囤
早禾壯宜白撞　見廣東新語凡暴雨忽作雨不避日日

不避雨雨點大而疎粤人謂之白撞雨引諺云云
丙丁相鬬拗戊己不同天　此建甯府諺謂丙丁戊己此
兩日晴雨往往不同也　福州亦有庚辛相拗之說
未雨先雷到夜不來未雨先風來也不凶　見古占雨語
以五卯日候西北有雲如羣羊者即有雨　見師曠占
雨月額千里赤　金樓子余初至荆州時孟秋之月陽亢
日久月旦雖雨俄而便晴有人引諺云云蓋旱徵也
交月無過念七晴　農政全書引諺云云謂此日最宜晴
也又云廿七廿八交月雨初二初三忽肯晴　田家雜

占又云二十五日謂之月交日有雨主久陰
廿五廿六若無雨初三初四莫行船　田家五行云月盡
無雨則來月初必有風雨
久雨不晴且看丙丁　田家五行志引諺
久雨久晴多看换甲　同上
久雨逢庚必晴久晴逢庚必雨　此語到處有之庚取更
變之意往往有驗　或曰久雨逢庚單日晴久晴逢庚
雙日雨以單日屬陽於晴爲近雙日屬陰於雨爲近則
所占愈精矣按田家四時占亦云久雨望庚晴

逢庚則變遇甲方晴　范石湖大雨紀事詩或云逢庚變
或云换甲始盍用此諺　月令廣義又云逢庚隻變遇
甲雙晴
西南陣單過也落三寸　見田家五行志言雲陣起自西
南來者必多雨
每月廿四五間有雨往往成潦連至後月謂之騎月雨
見陸放翁詩自注
太婆年八十八弗曾見東南陣頭發　見田家五行志言
雲起自東南無雨又云千歲老人不曾見東南陣頭雨
没了田
下旬雨不肯止　談苑云九江人最畏下旬雨引諺云云
陰天卜晴　諺云朝要看頂穿暮要四脚懸又云朝看東
南晚看西北又云西北赤好曬麥　並見田家五行
戊午己未甲子齊便將七日定天機七日有雨兩月泥七
日無雨兩月灰　見楊慎古今諺
甲寅乙卯晴四十五日放光明甲寅乙卯雨四十五日看
泥水　同上
壬辰裝擔子癸巳上天堂甲午乙未雨茫茫　同上

執破無雨危成當災　同上
神農治天下欲雨則至五日爲行雨旬日爲穀雨旬五日
爲時雨萬物咸利故謂之神　見尸子
漢書董仲舒止雨閉諸陰門縱諸陽門
管子云如天雨然澤下尺生上尺注澤從土降潤有一尺
則苗從下生上引一尺

陰占

元旦晴主人安國泰歲豐寇息若三日無風雨而陰和不見日色一歲大美　見田家五行

正旦微陰主大熟　見羣芳譜

開歲微陰不雨法當有年　見陸游詩註

立春天陰東風吉人民安果穀盛　見臞仙神隱

自正月一日至八日爲雞狗猪羊牛馬人穀其日晴所主之物育陰則災　見東方朔占歲書　按占歲書莫知由來其說已見于論衡物勢篇及北史魏收傳遂史以

五日爲馬六日爲牛微異

雨水後陰多主少水高下田均大熟諺云正月陰坑好種田　見臺笠須知謝眺詩連陰盛農節臺笠聚東菑

三月三日陰不見日主蠶大吉　見月令廣義

蘇州府志云四月十六日晴則旱雨則水惟陰雲爲佳

重午只喜薄陰但欲曬得蓬艾主豐　見四時雜占

熟不熟但看五月廿五六　見月令廣義又引諺云二十五六陰沈沈穀子壓田塍按據羣芳譜五月二十六諺云則此日陰沈沈穀子壓田塍專指二十六一日也

秋分要微雨或陰天最妙　見月令廣義

田家五行云雙日白露有雨不損苗惟單日白露雨則損苗如連陰則不爲害此日名天收

十月初一陰柴炭貴如金　玉芝堂談薈引諺

冬至西南風主久陰　見田家五行

十二月上旬酉日雨主冬春連陰兩月　見月令廣義

天將陰鳴鳩逐婦啼中林鳩婦怒啼無好音此土語也按梅堯臣詩天欲陰鵓鴣怒鳴鳩出又云楚人因此卜陰晴陰逐晴呼無定聲

土日多晴水日多陰　七修類稿引諺語而釋之曰土日其實得二數則地二已生火至水日其實得五數則天五已生土矣故土日多晴水日多陰

急脫急著勝如服藥　粵述晁錯曰粵地多陰少陽李待制曰南方地卑而土薄故陽氣常泄陰氣常盛陽氣泄故四時常花三冬不雪一歲之蒸熱過甚人居其間氣多上壅膚多汗出腠理不密蓋陽不反本而然陰氣盛故晨昏多霧春秋雨淫一歲之間蒸淫過半盛夏連雨卽復淒寒人易中溼肢體重倦多腳氣等疾蓋陰常盛

而然陰陽之氣偏而相搏一日之內氣候屢變故諺云云

日占

大司徒以土圭之法測土深正日景以求地中日南則景短多暑日北則景長多寒日東則景夕多風日西則景朝多陰　見周禮

日暈主雨　農政全書引諺　按田家五行云凡正月丙丁日暈主旱戊己日主水庚辛日主兵壬癸日主江河決四月占同

日暈黃主風雨時農田治　同上

南耳晴北耳雨日生雙耳斷風截雨　同上日生耳主晴雨引諺云云又云若耳長而下垂通地則又名曰日幢主久晴

日没臙脂紅無雨也有風　同上日没返照主晴俗名為日返鳴又云日返鳴明朝水没路日打洞明朝曬背痛或問二候相似而所主不同何也老農云返照在日没之前臙脂紅在日没之後　按山海經注云日西入則景反東照故曰反景楊雄賦所謂倒景也尚書宅西曰昧谷寅餞納日屬之仲秋蓋倒景反照在秋為多其變千狀有作胭脂紅者故諺云云

日頭[illegible]雲障曬殺老和尚　田家五行志日自雲障起主晴引諺云云

烏雲接日明朝不如今日　同上引諺云云又云日落雲没不雨定寒又云日落雲裏走雨在夜半後以上皆主雨此言一朶烏雲漸起而日正落其中者　按陸放翁詩頗憂晴夜雲吞日猶幸今朝雨壓風自注俗以黑雲接落日爲風雨之候

日落烏雲半夜枵明朝曬得背皮焦　同上言半天原有黑雲日落雲外其雲必開散明日必甚晴也

今夜日没黑雲洞明朝曬得背皮痛　見田家五行亦云日没後返照曬得貓兒叫

日出早雨淋腦日出晏曬殺雁　同上引諺亦見鶴林玉露　按羣芳譜引范石湖占雨詩注作曬殺南來雁

日初升有黑雲在上下如飛烏花瓣狀本日申未時有雨　見測海錄

日出生紅雲日没黑雲接有大風雨　同上

早間日珥狂風卽起申後日珥明日有雨午前日暈風起北方午後日暈風勢愈狂早白暮赤飛沙走石日没暗紅無雨無風返照黃光明日風狂　同上

雷掩日不動天色黃復赤皆主大風　同上

日落時西北方雲起重疊數十層如層巒複嶂各各矗起主大風大水應在七日之內暈主雨重亦然　同上

太陽未出將晨時看日邊黑雲如旗幟如山峰如陣鳥如龍頭如魚如蛇如靈芝如牡丹主當日下午雨或日上下有紫黑雲貫穿者應上午卽雨　見陶朱公書

月占

月離於畢俾滂沱矣　見詩經又春秋緯引古語月麗於畢雨滂沱月麗於箕風揚沙

月暈主風　農政全書引諺云何方有缺即此方風來玉歴璇璣云凡孟月七日仲月八日季月九日之夜月暈不已三日內有暴風甚雨　田家五行云大風將至月暈重圍

月赤天將旱　同上又云月色鮮紅明日雷雨青色亦同

初三月下有橫雲初四日裏雨傾盆　同上云新月下有

黑雲橫截名曰繳雲不出三日有暴雨又云雲如人頭在月旁白風黑雨

月仰船雨綿綿月挂弓晝夜雨　見樂清縣志

月暈上難盪槳月暈落好扦篙　同上

月如鉤米價貴月如衡米價平　見天文秘苑

月如彎弓少雨多風月如仰瓦不求自下　見江鄰幾雜志又羅大經鶴林玉露王逵蠡海錄皆引此諺

月偃偃水漾漾月子側水無滴　見玉芝堂談薈

月光生毛大水推濠　此湘邵間農諺

月照後壁人食狗食　田家五行云新月落北主年荒米貴引諺云云

月終歲無暈則天下偃兵　同上

月兒仰水漸長月兒昃水無滴　七脩類稿引此而釋之曰月有九行青白黑赤各二道皆出入於黃道之中不中而過南則爲陽道不中而過北則爲陰道行陽道旱行陰道水月借日爲光月生時如仰瓦是行陰道矣如弓絃昃樣是行陽道矣故知旱潦者以此

月上早好收稻月上遲秋雨徐　按謂六月十六日之月

亦見羣芳譜

月珥且戴不出百日主有大喜　見荆州占

月有圓光大如車輪者來日大風或三日後應之　見陶朱公書

星占

星光閃爍不定主來日風星明滅不動主雨夏月星密主來日熱　見田家五行

凡星自東流向西來日有雨自北流向東連日雨不斷自北流向南來日陰而無雨自西流向東二日內有風自西流向北來日風雨交作自南流向東主旱自北流向西主水自東流向北主霧自東流向南主火自西流向南水旱灾傷并自南流向西秋霜冬雪自東流向北七日內報盜賊　同上

孝經援神契歲星守星年豐又晉書天文志太白在南歲星在北名曰牝牡年穀大熟

二月昏參星夕杏花盛桑葉赤　見四民月令　按一作桑葉白又按學津討源本齊民要術桑作椹

春秋元命苞咸池主五穀其星五者各以其職以精委其地也

太乙一星乃天使之神主使十六神知風雨水旱兵革饑饉疾疫明而有光則吉暗則凶　見星經

八穀八星在垣外華蓋之西主歲豐凶土官也一主稻二黍三大麥四小麥五大豆六小豆七粟八麻子明則八穀成暗則不熟　同上

天田二星在角之北主畿內之田火守之則旱水守之則潦　同上

箕四星狀如簸箕明大而直則五穀熟箕口斂則雨開則風箕以簸揚調弄爲象又爲播揚五穀之器詩曰維南有箕不可以簸揚　同上又按荆州星占箕星一名卷舌動則大風至

杵三星在箕南主杵臼之用縱主豐橫主饑糠星在箕口

前主簸揚糠粃明潤則豐熟不見人相食　同上

農丈人一星在南斗西南主稼穡明則天下大稔　按天元歷理農坐箕東繞箕偃仰東熟西饑南旱北水此星當入箕度　同上

九坎九星在天田南主溝渠水旱所以導達泉流星小而明則吉　同上

羅堰三星在牛東南亦爲拒馬主隄塘壅蓄水潦灌溉田苗明大則有水灾黃河驟決　同上

內杵三星在人星東旁主舂糧儲正直與臼星相當則吉

否則凶荒杵下四星爲臼覆則大饑　同上

天倉六星在婁南倉穀所藏也明大而戶開中多小星則豐稔多積聚其東南　四星曰天庾主露積場圃之所也　同上

胃三星鼎足河之次又名大粱天中府天庫密宮金星也爲天之廚藏五穀之倉明則五穀豐稔天下和平　同上　按天官書胃爲天倉又天皇會通云胃主五穀之府

四瀆四星在井南江淮河濟之精也明大動搖則水泛濫

同上

天罇三星在井東北主盛饘粥積薪一星在積水東備庖廚之用與積水相去五尺以內則禾茂年豐若相去一丈以外則凶荒　同上

陶朱公書曰金水二星初出初入之日多主風雨蓋月犯畢星分野必雨也又云月離箕宿則風月離畢宿則雨所謂箕畢好風雨也

斗占

夜占北斗若有雲氣蒼潤如魚龍鱗狀主當日大雨又北斗前方四星名魁有黑雲掩於斗口主當夜雨北斗後斜三星名杓第七星曰天罡罡星前黃氣明潤主來日雨　見陶朱公書

黃昏時看北斗上雲氣之有無如烏雲徧掩北斗主三日有雨斗開或一二星被雲遮蔽主五日內有雨如斗中黑雲低而廣厚主當時有雨又云斗中有赤雲氣主旱諺云赤雲蔽斗明日大熱如黃雲昏黑蔽斗亦主多風

之象　見同上

白雲遮北斗明日天變應未申時斗下有白雲氣皓色如水明日大風斗上下有雲如飛絮止有大風斗中有雲如魚鱗明日變風雲斗下黑雲湧上者當夜風雨至如斗口有紫色黑氣三日後有雷雨青色應木日赤色應火日黃色應土日白色應金日黑色應水日雲氣與霞彩亦同驗斗下有電閃過斗及斗口者當夜有雨若閃不過斗應在明日黃雲貫斗亦主來日大雨白雲氣不過三日內黑雲貫斗卽日風雨最驗　見同上

河漢占

星者元氣之英水之精氣上浮宛轉隨流名曰天河又名雲漢銀漢天漢天津絳河明河更曰長河曰秋河衆星出焉　見楊泉物理論

天河從北極分爲兩條至於南極其一經南斗中過其一經東斗中過兩河夾天轉入地中過而下水相得又與海水合三水相蕩而天運之故激湧而成潮　見抱朴子　按此可與潮占條參看

爾雅析木謂之津箕斗之間漢津也注云箕龍尾斗南斗

天漢之津梁也

七夕天河去探米價回快米賤回遲米貴　見紀歷撮要去回謂隱見也　按七月七夕覗天河顯晦卜價之豐歉蓋老農有驗之占云故諺又云日暈長江水月暈草頭空又按丹鉛總錄卷二十一詩話類予舊日秋成詩云草頭占月暈米價問天河即用此諺語

王者有道則河繩直　見緯書

天河東西漿洗寒衣　見玉芝堂談薈

河射角堪夜作犁星没水生骨　見四民月令　按田家五行志引諺云河東西好使犁河射角可夜作上句謂田家二月二上工也

天河中有黑雲生謂之河作堰又謂之黑豬渡河黑雲對起一路相接亘天謂之天女作橋橋下涸又謂之合羅陣皆主大雨立至少頃必作滿天陣名通界雨言廣潤普徧也　見農政全書　按太平御覽引黄子發相雨詩天河中有雲如浴豬豨三日大雨蕭立等謂之黑豬渡河

熒惑火星也火星守天河及天河中星象稀少皆主旱辰

星水星也漢泊即天河乃天之餘氣也水星守天河及天河中星象煩多皆主雨　見陶朱公書

風占

春己卯風樹頭空夏己卯風禾頭空秋己卯風水裏空冬己卯風欄裏空　此通行諺田家五行則單言乙卯風樹頭空乙字或是己字之誤

一場春風對一場秋雨　田家五行云春風多秋雨必多引諺云云

凡風單日起者單日止雙日起者雙日止　見田家五行

西南轉西北搓繩來絆屋　同上引諺云云又云惡風盡日没又云日出三竿不急便寬大凡風至日出之時必

略靜謂之風讓日并言隆冬之風

行得春風有夏雨　同上引諺云云言有夏時應雨可種田也非謂水必大又按後山叢談爲春之風數爲夏之雨數小大緩急亦如之

風急雨落人急客作　同上引諺云云又諺云東風急備蓑笠言必雨也

春風踏脚報　同上引經驗諺云云言易轉方如人傳報不停脚也一云既吹一日南風必還一日北風報答也二說俱應

西南旱到晏弗動草　同上言旱有此風而晚必靜引諺云云

東北風雨太公　同上引諺云云言艮方風雨卒難得晴俗名曰牛筋風雨指丑位故也

南風尾北風頭　同上言南風愈吹愈急北風初起便大引諺云云

颶母　同上船家名曰破篷挂蓋言見此物則篷必爲風所破　按國史補云南海人言海風四面而至名曰颶風颶風將至則多虹蜺名曰颶母然三五十年始一見

舶舻風　田家五行云吴中梅雨過風彌日海人謂之舶舻風是日舶舻初回云此風與海棹俱至諺云白舻風雲起旱魃精空歡喜仰面看青天頭巾落在麻圻裏一說白棹作舶舻無精字

五月有落梅風江淮以爲信風　見風俗通

六月秋極早收七月秋慢慢收　樂清縣志云此言秋旱則多颶風也

六月西南天皎潔十二月西南天落雪　同上

礟車雲起舟人急避又云雲似礟車形没雨定有風　田

家五行云此風候也按雲起下散四野滿目如烟如霧名風花主大風立至故諺云云蘇詩云今日江頭天色惡砲車雲起風暴作又按李國史補云暴風之後有礮車雲

夏至前芒種後西南風急名曰哭雨風主雨立至　見田家五行

西風吹過午三日內有火　此福州諺

甯下甲申雨莫發乙酉風雨下猶自可風吹餓殺我　樂淸縣志云冬月最忌乙酉風

粤中瀕海多風正二三四月發者爲颶五六七八九月發者爲颱颱甚於颶而颶急於颱習海道者設爲占候之法或按節序或辨雲物正月初四日爲接神颶初九日爲玉皇颶（此日驗則一年皆驗）十三日爲關王颶二十九日爲烏狗颶二月初四日爲白鬚颶三月初三日爲元帝颶十五日爲眞人颶二十三日爲媽祖颶（即天后誕辰也凡眞人颶多風媽祖颶多雨）四月初八日爲佛子颶五月初五日爲屈原颶十三日又爲關王颶六月十三日爲彭祖颶十八日爲彭祖婆颶二十四日爲洗炊籠颶（自十二日至二十四日皆大颱旬）七月十五日爲鬼颶八月初五日爲大颶旬九月九曰九降（自初一日起至十八日止往往風迅發不常）十月初一日亦爲大颱旬十八日爲彌陀颶十二月二十四日爲送神颶舟行大洋颶可支颱不可支蓋颶散而颱聚也大約三月九月均多風故諺云三月三九月九無事莫到江邊走

正月初至八行船去還泊十三至十七觀燈雨最急　二月二與九元武風必有　三月三日晴還要過淸明　五月端午前風高雨亦連　七月降黃姑望後風始和　重陽前後三四日忌九廟風又曰九降風凡颶風多

挾雨九降風恆不雨而風　春暴畏始冬暴畏終南風多間北風少斷　以上俱見測海錄

冬南夏北有風必雨　田家五行志夏天北風主雨冬天南風主雪諺云云

朝三暮七晝不過一　廣東風土記云南中五六月多風迄七月止朝發或三日止暮發或七日止晝發不過一日耳大害農穡　按南越志南海熙安間多颶風颶者具西方之風也或曰懼風怖懼也將發則兆以斷虹時爲颶母初則自東而北而西而南乃止未止時三日鷄

犬爲之不甯甚至林宇悉拔覆舟殺稼

暴風不終日 田家五行志云凡風終日至晚必稍息

南風之時兮可以阜吾民之財兮 松窗夢語卷二蒲州爲古蒲坂卽虞帝都鹽池所産爲形鹽又曰解鹽不俟人工煎煮惟夜有南風卽水面如冰實天地自然之利大舜撫絃歌風以阜民財正指此也

春分明庶風至正封彊修田疇立秋涼風至報土功祀四鄉 見易卦通驗

南中六月有東南長風俗號黃雀風時海魚變爲黃雀因

以名也 見風土記

河朔春時疾風數日一作三日乃止名吹花擘柳風 見韻齋

立秋坤卦用事晡時西南涼風至黃雲如羣羊宜粟穀 見占候圖

陶朱公書云伏裏西北風主秋稻旱冬冰堅諺云伏多西北風到臘船弗通

青龍風急大雨將來朱雀風回烈日晴燥白虎風至必有雨霧元武風生雨水相尋 按寅卯時爲青龍巳午時爲朱雀申酉時爲白虎亥子時爲元武隨時起風應於雨晴 見同上

雲占

雲行東雨無蹤車馬通雲行西馬濺泥水没犁雲行南雨潺潺水漲潭雲行北雨便足好曬穀　農政全書引諺云云亦見四民月令　按中州方言亦云雲朝東一場空雲朝西觀音老母披蓑衣雲朝南水潭潭雲朝北乾硯墨　見鐵槎山房見聞錄又孔平仲談苑引占諺云雲向南雨潭潭雲向北老鸛尋河哭雲向西雨没犁雲向東塵埃没老翁

雲往東一場空雲往西馬濺泥雲往北好曬麥　見楊慎

升庵經說　按易曰密雲不雨自我西郊天地之氣東北陽也西南陰也雲起東北陽倡陰必和故雨雲起西南陰倡陽不和故不雨引諺云云是其驗也

京東一講僧云雲向南與西行則有雨向北與東行則無雨每試之絕有效驗

雲走邵陽曬破腦漿雲走安化衝爛新壩　此湘邵間農諺見沅湘耆舊集

旱年只怕沿江跳水年只怕北江紅　農政全書北江紅一作太湖晴上句言亢旱之年望雨如望恩纔見四方遠處雲生陣起或自東引而西自西引而東所謂沿江跳也則此雨非但今日不至必每日如之即是久旱之兆也澇年每至晚時雨忽至雲稍浮北似霞非霞紅光耀日雨必隨作當主夜夜如此直至大暑而後已謂之北江紅此吳語也故指北江爲太湖

魚鱗天不雨也風顛　同上此言雲細細如魚鱗斑者一云老鯉斑雲障曬殺老和尚此言滿天雲大片如鱗故云老鯉往往試驗各有準又云冬天近晚忽有老鯉斑雲起漸合成濃陰者必有雨名曰護霜天

黃雲覆車五穀大熟　見東方朔別傳

日旁雲氣青爲蟲白爲兵赤爲旱黑爲水黃爲豐　此事類賦載周禮保章氏以五色雲物辨吉凶之祲象又按易通卦驗云冬至日見雲迎送從其鄉來歲美人和又春秋感精符云南至有雲迎日者來歲大美

五卯日候西北有雲如羣羊者雨至矣　見師曠占按京房易飛候凡候雨有黑雲如羣羊奔如飛鳥五日必雨

飾羅天海湖雲　謝華啟秀卷一風花下注云雲如斑駁形舟人謂之風花見濟北集諺云

京房易飛候曰有蒼雲細如杼軸蔽日月五日必雨
山雲蒸柱礎潤　見淮南子
四方有濯魚雲疾者立雨遲者雨少難至江漢雲疾駛者即日雨　見黄子發相雨書
早看日出處有黑雲積土之狀主雨晚看日入處有黑雲氣狀如累盃疊疊而起主雨又云晨旦雲掩日當日主大雨　見陶朱公書
張仲才文始眞經云五雲之變可以卜當年之豐歉
旱雲烟火雨雲水波　見呂氏春秋

霧占

春霧花香夏霧熱秋霧涼風冬霧雪　此杭紹間諺花香謂晴也
大霧三日必有甚雨雨未降不可冒行也　此事類賦引帝王世紀語　按測海錄云霧三日濃必起狂風
江淮人以立春連三日看湖中霧氣高尺寸則水亦至其處如無霧必旱又以一九日占霧定四月之水二九日占五月三九日占六月四九日占七月五九日占八月以霧高之尺寸定水之有無及大小極驗　見月令廣義

霿淞重霧淞窮漢置飯甕　曾子固齊州冬夜詩自注引諺云云以爲豐年之兆　按東坡除夜大雪詩施注引農諺作霜淞打霧淞窮漢備飯甕又見墨莊漫錄引齊魯人諺語冬月寒甚夜氣塞空如霧著於林木凝結如珠玉旦起視之乃薄雪也見晛乃消謂之霧淞升菴詩話作霜淞打雪淞堇戶錄雪作霜
一場冬霧一場春雪　此吳中諺
霧溝晴霧山雨　蜀語山頂霧曰山戴帽引諺如此凡霧

在山顛必雨按王充論衡云雲霧雨之徵也

十月沫露塘瀊十一月沫露塘乾　田家五行云十月有霧俗呼為沫霧主來年水大相去百有五日水至老農咸謂極驗或云霧著水面則輕離水面則重

丹山天晴時忽有霧起迴轉如烟不過再朝雨必降　見宜都山川記

五月有霧主水諺云五月有迷霧行舟不問路　見陶朱公書

六月有霧主旱諺云六月有迷霧要雨直到白露　見同

上按雨月相連所占不同如此

十一月有霧主來年旱月令云仲冬行夏令大旱　見同上

臘月有霧露無水做酒醋　農政全書云酉日尤準主旱引諺云云

霞占

早霞紅丢丢晌午雨瀏瀏晚了紅丢丢早晨大日頭　見明楊慎古今諺

早霞暮雨晚霞晴　此通行諺孔氏談苑云京東人言朝霞不出門暮霞行千里言雨後朝晴尚有雨須得晚晴乃眞晴也　按范石湖詩亦載吳諺云朝霞不出市暮霞行千里又沅湘農諺亦云朝霞雨漣漣晚霞火燒天按又云朝霞於雨後乍有則定雨無疑或本晴天隔夜雖無今朝忽有則斷之顏色倘間有褐色仍主雨滿天

謂之霞得過主晴霞不過主雨若西北有雲雨當立至故京師諺云火燒雲者晴雲燒火者雨

朝霞暮霞無水煎茶　農政全書言此久晴之霞主旱又云暮霞若有火焰形而乾紅者非但主晴必主久旱之兆　按朝霞晴作雨　見李嘉祐詩報雨早霞生　見耿湋詩落日燒霧明農夫知雨止　見儲光羲詩

侵早火雲不過中晩來火雲一場空　此吳中諺亦謂朝霞則雨暮霞則晴也

元日日出時有紅霞主絲貴　見陶朱公書

虹霓占

蝃蝀在東　見詩經謂虹霓也

朝隮於西崇朝其雨　見詩經多驗

虹霓者天之忌也又曰虹霓不出賊星不行　見淮南子

豆盧署曰夫虹霓天使也降於邪則爲沴降於正則爲祥　見祥驗集

東鱟晴西鱟雨　農政全書云虹俗呼爲鱟引諺云云又諺云對日鱟不到晝主雨言西鱟也若鱟下便雨則還主晴

雨久而晚見于東則晴晴久而早見于西則雨　見詩經注又鄭元注曰旁氣白者爲虹青赤者爲霓

虹霓紛錯陰陽之沴也　見宋務光論

東霓日頭西霓雨　同上引諺云云又諺云南霓刀鎗北霓災殃

霓者斗之亂精也斗失度則虹霓見　見春秋孔演圖

東扛日頭西扛雨　見傳家寶扛謂虹也　田家五行亦云虹挂東一場空虹挂西雨瀰瀰

虹食雨主晴雨食虹主雨　見田家五行云萬歷壬寅六月望日雨後偶出郊外忽東南鱟出旋爲雲蔽亟歸來抵舍大雨如注且連雨數日

虹下雨垂晴明可期斷虹早挂有風不怕　見測海錄

虹雙出色鮮盛者爲雄雄曰虹闇者爲雌雌曰霓　見爾雅注　按霓亦作蜺常依陰雲而晝見于日旁無雲不見大陰亦不見率以日西見於東方四時常有之惟雄虹見藏有時

蔡邕曰陰陽不和則見爲虹虹有青赤之色輒與日相互朝陽射之則在西夕陽射之則在東大率又與霞相映

莊子曰陽炎陰成虹禮疏云日照雨滴則虹生蓋雲心漏日日脚射雲故虹明耀異常詩謂之蝃蝀其字從虫俗謂之鱟其字從魚又謂之旱龍依其形質而名之也

五月二十九日有黑氣墮溫德殿東黑如車蓋騰起奮迅五色有頭體長十餘丈形完似龍占者以虹蜺對　見蔡邕奏議

正月至八月凡有虹見主米麥貴　見陶朱公書

蝃蝀出自東無雨必生風　同上

雷占

凡雷初發聲微和者歲內吉猛烈者凶　見農政全書

當頭雷無雨卯前雷有雨　同上引諺云云吾閩有上晝雷下晝雨下晝雷三日雨之諺與卯前雷有雨占同

未雨先雷船去步回　同上引諺云云主無雨　又見四民月令　按凡雷聲響烈者雨陣雖大而易過雷聲殷殷然響者卒不晴

未雨轟轟戽車莫停　徐禎稷恥言引諺如此喻成事者後言也

雷聲浩大雨點全無　見五燈會元錄鼓山永安師語云今俗諺雷聲大雨點小本此

驚蟄前動雷一月斷火灰　見樂清縣志　按福州諺亦云驚蟄未至雷先起四十九日雨不止

春雷始發其聲拍拍格格歷歷者雄雷也旱氣也其聲音音依依大不震者雌雷也水氣也　見月令廣義又見師曠經

秋孛轆損萬斛　見范成大秋雷歎詩注

雷初發在北方歲吉　同上引耀仙占

正月一日雷則七月有霜二月一日雷則八月有霜　見談苑

雷發於春分前後一日主歲稔　見羣芳譜

春甲子雷五穀豐登　田家五行云發雷喜甲子日主歲熟秋雷忌甲子日主歲凶

八月一聲雷遍地都是賊　田家五行云八月內不宜雷引諺云云　按賊字叶作平聲當是北方之諺

雷從金門起上旬者田熟　見師曠占

九月雷主穀貴　見戎事類占

雷鳴雪裏主陰雨百日不止　見農政全書

梅雨雷低田拆舍回　月令廣義云言低田遇巨浸屋舍無用也大抵芒種後半月不宜雷謂之禁雷天故諺云云　田家五行云或言雷聲多及震響反旱往往有驗

雷時不蓋醬俗言令人腹中雷鳴　見風俗通

積風成雷　見物理論

驚蟄前後有雷謂之發蟄雷聲初起從乾方來主人民災坎方來主水艮方來主米賤震方來主歲稔巽坤方來主蝗離方來主旱兌方來主五金長價一云未蟄先雷

須見冰　見陶朱公書

十月雷主疫諺云十月雷路白雨來催又云正月雷多主人民不安　見同上

凡先雷後雨其雨小先雨後雷其雨大　同上

千里不同風百里不共雷　見王充論衡

雷耕　房千里投荒雜錄云雷入陰冥雲霧之夕呼爲雷耕晚視田中必有開墾之迹乃爲嘉祥

電占

電激氣也以爲鞭策　見淮南子

天笑　神異經注云笑者天口流火照灼今天不下雨而有電光是天笑也

南閃半年北閃眼前　楊愼補占陰晴諺詩電光分南北陰霽在俄頃自注引此二句半或作千言北閃必有大風雨也

電光東南明日炎炎電光西北雨下連宿　見廣輿記

按杭州諺亦有南閃火門開北閃雨就來之語

電北來則南風起南風來則雨　見測海錄

寒露前後有雷電主來年有水　見陶朱公書

電收麥　酉陽雜俎云介休百姓夜止晉祠宇下有人叩門云介休王暫借霹靂車收麥遂見數人共持一物如幢授之扛上環綴旗旛十八葉每葉有電光起百姓遍報鄰村及午注雨如綆風雷震電凡損麥千餘頃

霜占

露凝爲霜　見蔡邕月令又按國語駟見而隕霜隕霜而冬裘具注云駟房星也

每年初下只一朝謂之孤霜主來年歉連得兩日以上主熟上有鋒芒者吉平者凶　見農政全書

春霜不出三日雨　此福州諺

穀雨前一兩朝霜主旱　見月令廣義

冬前霜多主來年旱冬後霜多主晚年好　見農政全書

春宜連霜　見樂清縣志又云冬忌單日霜日孤霜連夕

則愈佳

秋霜白露下桑葉鬱爲黃　見古豔歌

布穀鳴小蒜成秋霜熟蕓薹足　見田家歲時占引諺

霜降而婦功成　見家語

卷簾莊秋冬不下霜　明詩綜諸城縣漢王山西南五里有卷簾莊雖嚴冬無霜降里諺云云

逸周書霜降之日豺乃祭獸又古今詩話北方白雁來則霜降謂之霜信

霜始降則百工休　見

齊民要術云凡麥穄於十月十一月十二月凍樹日種之萬不失一注凍樹者凝霜封著木條也又云天雨新晴北風寒切是夜必霜

二月三月有霜主大旱　見陶朱公書

露占

立秋白露下　易通卦驗

露陰陽之氣也陰氣盛則凝爲霜雪陽氣盛則散爲雨露　見大戴禮

觸露不掐葵日中不剪韭　齊民要術卷三種葵篇凡掐葵必待露解故諺云云

桓帝永康元年秋八月魏郡言嘉禾生甘露降　見後漢書

東方朔游吉雲之地漢武問之曰其國以雲氣占吉凶苦

樂之事吉則滿室雲氣五色照人著於草木皆成五色露味甘帝曰可得否朔乃東走至夕而還得元精青露盛之琉璃器以授帝帝遍賜羣臣得嘗者老者皆少病者皆愈　見洞冥記

春秋佐助期武露布文露沈注甘露降其國布散者人尙武沈重者人尙文

周處風土記白鶴性警至八月露降流於草葉上滴滴有聲則鳴又春秋元命苞云霜以殺木露以潤草又述征記作五明囊盛取百草頭露洗眼眼明

崑崙山有甘露以瑤器盛之如飴人君有盛德則下　見拾遺記

露爲上池水　史記扁鵲傳注上池水謂水未至地蓋承取露及竹木上水以和藥

天乳星在氐東北主雨露明則甘露降雨澤均　見星經並列星圖

黍心初生畏天露令兩人對持長索槩去其露日出乃止　見齊民要術

背明國有含露麥穗中有露味甘如飴　見王嘉拾遺記

甘露淋漉以霄墜嘉穗阿娜而盈箱　見抱朴子

甘露時雨厥壤可游　見史記司馬相如傳

甘露降和花雪表年　見宋書樂志

雪占

農及雪澤　夏小正註澤釋也

要宜麥見三白　朝野僉載引西北人諺云云謂臘月有三番雪也　按農政全書云冬至後第三戌爲臘臘前三番雪謂之臘前三白大宜菜麥　又李壁注王安石雪霽詩亦用此諺又韓琦詩嘗聞老翁語一臘見三白是爲豐年兆占驗勝著策俱本此説

冬無雪麥不結　見種樹書

夾雨夾雪無休無歇　農政全書言雨夾雪難得晴也引

諺云云　按宋詩中亦有夾雪雨難晴之句又按丹鉛總録天文類霄雪兩字音義各異霄音屑説文雨霓爲霄爾雅雨霓爲霄雪注冰雪雜下曰霄雪説文霰稷雪也詩補傳曰粒雪郭璞爾雅注謂雨雜下也雪初作未成花圓如稷粒撒而下杜詩所云帶雨不成花是也

冬雪年豐春雪無　見石成金傳家寶

臘雪是箇被春雪是箇鬼　此吳中諺　按種樹書云臘雪宜菜麥若立春後雪則不宜

凡雪日闇不積謂之羞明霽而不消謂之等伴主再有雪又是來年多水之兆　見田家五行

雪至地三日內卽化者歲成民安七日不消者秋穀不成　同上

正月雪等雪二月雨不歇　見樂清縣志

立春後遇火日雪則後一百二十日有疾風驟雨謂之雪報　見臺笠須知一作立春後遇何日雪則數至一百二十日後必有風名雪報風

取雪汁漬原蠶屎五六日和穀種之能禦旱故謂雪爲五穀精也　見氾勝之書　按齊民要術謂雪汁使稼耐

旱冬令以器埋土中治以此則收十倍

董仲舒曰太平之世雪不封條彌毒害而已謝惠連賦云盈尺則呈瑞於豐年袤丈則表沴於陰德

陶朱公書引農書云以雪汁浸種倍收且不生蟲

霰占

暴雪　詩先集維霰傳霰暴雪也箋雪自上遇溫氣而摶謂之霰又大戴禮云陽之專氣爲霰按釋名霰星也氷雪相摶如星而散

花雪　大明五年元日花雪降殿庭謝莊下殿花雪集衣還白上以爲豐瑞於是公卿竝作花雪詩史臣案霰爲花雪草木花多五出花雪獨六出　見宋符瑞志

米雪　埤雅霰閩俗謂之米雪言其霰粒如米卽所謂稷雪是也今名澀雪亦曰溼雪白居易詩風飄細雪落如

米

雪前鋒　楊萬里詩雪花遣霰作前鋒埶頗張皇欲暗空篩瓦巧尋疏處漏跳階誤到暖邊融

雹占

雹凍傷穀　見禮記

後漢書延光二年河西雹如斗安帝問孔季彥對曰此陰乘陽之徵又西京雜記董江都曰雹陰脅陽也　按左傳曰聖人在上無雹雖有不爲災

十六國春秋石勒時雹起西河界平地三尺行人鳥獸死者萬餘樹木摧折禾稼蕩然勒問徐光光曰去年禁寒食介推帝鄉之神故有此災

韓稜字伯師爲下邳令吏民愛慕鄰縣皆雨雹傷稼稜界

獨無　見東觀漢記

齊有山泉如井深不測春秋時雹從井出敗傷五穀以柴塞之則止

當雨不雨故反雹下夏雹者爲蝗蟲傷穀　見易緯

曾子曰陽之專氣爲雹氣化荅沴也唐張鼎禦雹賦當純陽之用事有伏陰之相蒸

九月雨雹不利牛馬　見文林廣記

劉居中至嵩山見大蜥蜴數百皆長三四尺各飲氷入口卽吐雹如彈丸積之於側忽震雷一聲彈丸皆失明日

人言昨午雹大作於某地乃知蜥蜴所為

農候雜占卷四

福州梁章鉅撰　男恭辰校刊

穀蔬占

美田之法菉豆為上胡麻次之　見齊民要術

麥花晝開主水　見農政全書　按北方麥開花在晝南方麥開花在夜此言南土忽晝麥開花則主水也

銀花賤金花貴　戒菴漫筆言稻花白而瓣少者米賤多而色黃則米貴

麥過口不入口　靖康元年麥多高於人者既而大雨損其十八鷄肋編引諺云云

農政全書云麥宜肥地有雨佳故諺云無雨莫種麥又云麥怕胎裏旱又云要喫麪泥裏纏春雨更宜故又云麥收三月雨若三春有雨入夏時有微風此大有之年也

黃帝始蒸穀為飯　見周書

南海晉安有九熟稻一歲九登　見抱朴子

正月之朝穀始也日至百日黍秫之始也九月斂實牟麥之始也　見管子

番禺有菜四葉相對晝開夜合名合歡菜　見盧言雜記

甘藷薯蕷之類生朱崖海中人種食之壽百餘歲可以代穀　見稽含南方草木狀按淸異錄云嶺外有玉枕藷又號三家藷又按吾鄉山邑貧民每以藷切作米代飯罕有以米炊飯者則代穀之說益信

有神曰紫相公主一方蔬菜之屬所隸有天使主豐有辣判官主儉　見淸異錄

豆花憎見日見日則黃爛而根焦　齊民要術

種瞿麥法以伏爲時注一名地麥　同上

蘿宜白軟良地三轉乃佳　同上

種葱四月始鋤鋤遍乃剪剪與地平剪欲旦起避熱時良地三剪薄地再剪八月止剪韭如葱法一歲不過五剪　同上

種韭法以升盞合地爲處布子於圍內注韭性內生不向外畏圍種令科成　同上

種椒熟時收取黑子四月初畦種之注黑子一名椒目不用人手數近促則不生也　同上

薺以冬美芥以夏成　見春秋繁露

稻有蓋下白正月種五月穫穫其莖根復生九月復熟　見郭義恭廣志

胡麻俗呼芝麻性有八拗謂雨暘時薄收大旱方大熟開花向下結子向上炒焦壓榨才得生油膏車則滑鑽針乃澀也　見莊綽雞肋編

凡田燒去野草犂過種芝麻一年使草根腐化再種五穀諺云荒地種芝麻一年不出草葢芝麻葉上瀉下雨露最苦草木沾之必萎凡花果之旁最忌芝麻　見陶朱公書

薑以通州出者佳宜沙地淸明後三日取母薑種之培以

麤沙壅以灰糞立夏後芽出棚遮烈日秋社採之遲則漸老成絲小雪前後將種曬乾藏窖內免致凍損諺云養羊種姜子利相當　同上

草占

黃帝問師曠曰吾欲知歲苦樂善惡可知否對曰歲欲豐甘草先生甘草薺也歲欲苦苦草先生苦草葶藶也歲欲惡惡草先生惡草水藻也歲欲旱旱草先生旱草蒺藜也歲欲疫病草先生病草艾也　見師曠占　按農政全書云草得氣之先者皆有所驗薺菜先生歲欲甘葶藶先生歲欲苦藕先生歲欲雨蒺藜先生歲欲旱蓬先生歲欲惡艾先生歲欲疫孟月占之此與師曠占所云大同小異

冬至後五旬七日菖始生百草之先生者也乃始耕　見呂氏春秋

茆蕩內春初雨過菌生俗呼爲雷蕈多則主旱小則主水　見農政全書

草屋久雨菌生其上朝出晴暮出雨諺云朝出曬殺暮出濯殺　同上

看窠草一名千戈草謂其有刺故也蘆茅之屬叢生於地夏月暴熱之時忽自枯死主有水　同上

茭草水草也村人嘗剝其小白嘗之以卜水旱甘甜主水餿氣主旱　同上

取乾艾藏之瓦器麥一石以艾一把閒之順時種之則收常倍　見齊民要術

南海有草叢生如藤蔓土人視其節以占一歲之風每一節則一風無節則無風名曰知風草　見郭義恭廣志

頭苧生子沒殺二苧二苧生子旱殺三苧　見農政全書

不育五穀沙中生草名登相收之可食　見宋史高昌國傳

藏麥先宜烈日中曬極乾卽將稻草灰鋪缸底帶熱收藏

復以草灰蓋之用蒼耳剉碎或和蠶沙入其中可免化蛾　見陶朱公書

早稻清明前晚稻穀雨後將稻種揀去粒長色紅者河水浸之瓦器盛之晝浸夜收芽長二三分候晴明天氣抖鬆撒種蓋以稻草灰　同上

花木占

樹無梅手無杯　見羣芳譜果譜言梅實少秫亦少

梧桐花初生時赤色主旱白色主水　見農政全書

扁豆鳳仙五月開花主水　同上並見花史

杞夏月開結主水　同上

藕花謂之水花魁開在夏至前主水　同上

野薔薇開在立夏前主水　同上

松栢之地其土不肥　見國語

襄陽山竹結實其米可食　見舊唐書

槐花開一徧糯米價長一徧　同上

夏至前後梓花落時多雨杭俗爲梓花雨翟晴江詩梓花香散雨凄凄是也　見東苑雜存

凡竹笋透林者多有水　見農政全書

插柳莫教春知　羣芳譜謂正二月皆可栽諺云云謂宜插在立春之前

黃梅雨未過冬青花未破冬青花已開黃梅水不來　田家五行云冬青花可占水旱引諺云云月令廣義云梅雨中冬青花開主旱蓋此花不落溼地故關係水旱也

冬青花不落溼沙　四民月令農家諺

夏至日取菊爲灰以止小麥蠹　見荆楚歲時記

春分分芍藥到老不開花　羣芳譜言芍藥大約三年或二年一分分花自八月至十二月其津脈在根可移栽春月不宜以津脈發散在外也故諺云云

木再花夏有雹李再花秋大霜　見明楊慎古今諺　按木不知何指惟酉陽雜俎曰杏再花云云

杏花生種百穀　見四民月令並梁武帝策文

杏子開花可耕白沙商陸子熟杜鵑不哭　見歲時雜占

又按四民月令曰二月杏花盛可菑白沙輕土之田

杏多實不蟲本年秋熟　見師曠占

杏熟當年麥棗熟當年禾　後山叢談引諺云云

棗樹三年不算死　羣芳譜棗性硬其生晚芽未出移恐難出如本年芽未出弗遽刪除亦有久而后生者故諺云云

諸榆性皆扇地故其下五穀不生　見本草

榆莢脫桑椹落　見楊愼古今諺

鞠榮而樹麥時之急也　見大戴禮

鋤花要趁黄梅信鋤頭落地長三寸　羣芳譜棉譜鋤棉者鋤必七遍以上又當在夏至前諺云云者大抵苗宜稀鋤宜密此要訣也

桄榔樹似栟櫚而堅斫其木取麵多者至百斛以牛酪食之不饑　見中南志

熙甯十年六月己未饒州長山雨木子數畝狀如山芋子味香而辛土人以爲桂子亦曰菩提子是歲大稔　見宋五行志

溫陵城留從守重加板築植桐環繞枝葉蔚茂初夏花開

極鮮紅如葉先萌芽而花遲發則是秋五穀豐熟　見泉州郡志

孫炎云楓有寄生枝生毛名楓子天旱以泥泥之卽雨

永嘉大羅山有龍芽竹節稀長四五尺取之必有風雨雷電　見彙苑詳註

三月桃花水下　師古注桃方花時卽有雨水川谷氷泮波瀾盛漲故謂之桃花水葢三月桃花盛農人每候時而種云　見崔實月令

吳中無盡菴有樹春槁夏生梅雨過而舒葉旣開則水定以卜水候最準有人辨之知爲望水檀　按二如亭木譜江南有一木至夏不發葉忽而葉生必有大水農人候之以占水旱卽此　見瞖雲樓雜說

齊民要術云五木者五穀之先欲知五穀但視五木擇其木盛者來年多種之萬不失一也

飛禽占

獨春鳥聲有似春鳴聲多者五穀傷鳴聲少者五穀熟
見臨海異物志

鵶浴風鵲浴雨八哥兒洗浴斷風雨　農政全書引諺云
云又云鵲巢低主水高主旱俗傳鵲意既預知水則云
終不使沒殺故意愈低既預知旱則云終不使曬殺故
意愈高　又朝野僉載云鵲巢近地其年大水

烏肚雨白肚風　同上云海燕忽成羣而來主風雨引諺
云云

釋義泰施三山觀水出焉西流注於流沙是多文鰩魚
身而鳥翼常遊行東海以夜飛見則天下大穰　見山
海經

朝鸎叫晴暮鸎叫雨　本草綱目云山鵲處處有之狀如
鵲而烏色有文采赤嘴赤足尾長不能遠飛說文以此
謂知來事之鳥

鳴鳩一名鵠鵴卽今布穀也農事方起此鳥飛鳴桑間若
云五穀可布種故云布穀　見爾雅注又杜甫詩布穀
催春種

鵓鳩陰則屏逐其匹晴則呼之語云天將雨鳩逐婦是也
見稗雅　按本草釋名布穀之名甚多皆因其聲之近
似而呼之如俗呼阿公阿婆割麥插禾脫卻布袴之類
又陳造布穀吟序人以布穀爲催耕其聲曰脫了潑袴
淮農傳其言云郭嫂打婆浙人解云一百八箇皆以意
測之

風翔則風雨舞則雨　師曠禽經注云風禽鳶類越人謂
之風伯飛翔則天大風一足鳥一名商羊一名雨伯天
將雨則飛鳴　按天將大雨商羊鼓儛說苑鼓儛作起

舞

鳩鳴有還聲者謂之呼婦主晴無還聲者謂之逐婦主雨
同上

赤好鵶含水叫早主雨多人辛苦叫晏主晴多人安閒農
作次第　同上

夜間聽九逍遙鳥叫可卜風雨諺云一聲風二聲雨三聲
四聲斷風雨　同上

本草鸛仰天鳴號必有雨酉陽雜俎鸛羣飛旋繞必有風
雨埤雅天將雨鸛長鳴而喜蓋知雨者也又按禽經鸛

俯鳴則陰仰鳴則晴又云人探巢取鶴子六十里旱以其能飛激雲雲散雨歇雨說微異

鶴羣飛翅聲重必有雨雪　同上

鬼車鳥北人呼爲九頭蟲夜聽其聲可卜晴雨自北而南謂之出窠主雨自南而北謂之歸窠主晴　同上

朝鸛晴暮鸛雨　同上

夏秋間雨陣將至忽有白鷺飛過雨竟不至名曰截雨　同上

燕能興波祈雨故有游波之號　見本草釋名　按東坡

物類相感志雷斆云河竭江枯投游波而立泛蓋言河水旱乾投燕於其中立漲也

母雞背負雞雛謂之雞馱兒主雨　見禽經

夏前喫井叫有車個恰喫無車個啼　同上云喫井水禽也在夏至前叫主旱引諺云云

鬫內呼黃鶯爲水鴉兒旱乾時氣如焚柴忽樹頭睍睆數聲則滂沱立至　見說苑

鵜鶘一名淘河鵝鸛之屬其狀異常每來必主大水　同上云近至正庚寅五月十八日方梅水漲忽見此怪數十自西而來眾謂沒田之兆一老農云不妨夏至前來曰犁湖至後曰犁塗以其嘴之形狀似犁湖言水深塗言水淺今至後八日此後雨腳斷水退矣後果天晴高下皆得成熟田家五行同此云至前至後便分禍福兩端可謂奇驗占候者慎之又本草綱目卷四十七禽部鵜鶘原註按山海經云沙水多犁鶘其名自呼後人轉爲鵜鶘耳吳諺云至前來曰犁鶘主水至後來曰犁塗主旱其占同

鵲巢知風之所在歲多風則巢於下枝　見淮南子又云

鵲巢口背何方則何方風大頗驗

乾祐五年鸜鵒食蝗乃禁捕鸜鵒　見五代史

黃鶺口噤蕎麥斗金　後山叢談引諺言夏中候黃鶺不鳴則蕎麥可廣種

農人置雉尾於田中天將晴則尾直豎將雨則尾下垂　見中和集

上虞有鴈爲民治田春則銜拔草根秋則啄去其穢是以縣官禁民不得害此鳥犯則有刑無赦　見十三洲記

黃鳥黃鸝也或謂之黃栗留自關而東謂之倉庚又謂商

庚自關而西謂之鸝黃或謂楚雀齊人謂之搏黍當椹熟時常鳴桑樹間蓋應節趨時之鳥性嗜雙飛故里語云黃栗留看我麥黃椹熟否

春扈趣耕夏扈耘　見左傳　按崔實政論夏扈趣耘鋤即竊脂鳥亦名播穀

高興縣多容鳥其形似雞而具五彩見則年豐　見南越志

長安城西雙員闕上有一雙銅雀一鳴五穀生再鳴五穀熟　見魏文帝歌一云銅雀鳥名鳴則五穀熟

輅過淸河倪太守時大旱輅言樹上已有少女微風樹間又有陰鳥和鳴雨應至矣果如所言　見魏志管輅傳

焚鷄羽於空中能致風　見淮南畢萬術

炎帝時有丹雀銜九穗禾帝拾其墜地者植於田食者老而不死　見王嘉拾遺記

走獸占

欽山有獸狀如豕而有牙名曰當康其名自叫見則天下大穰　見山海經

元日牛俱臥則苗難立臥半起則歲中平俱立則五穀熟　見田家五行

田畔園塍上有野鼠爬沙主大水至必到所爬處方止　見農政全書

鼠咬麥苗主不見收咬稻苗亦然　同上又云倒在根下主礱下米貴銜在洞口主囤頭米貴

狗爬地主陰雨或眠灰堆高處亦主雨又狗咬青草吃則主晴又狗向吃水主水退　同上

鐵鼠其臭可惡白日銜尾成行而出主雨　同上

貓兒吃青草主雨　同上

絲毛狗褪毛不盡主梅水未止　同上

猪來貧狗來富猫來開質庫　田家五行志凡六畜自來以占吉凶引諺云云

犬生獨家富足　同上言犬生一子其家興旺引諺云云

麋十百爲羣掘食草根其處成泥名曰麋畯傍此種稻不

耕而獲其利百倍　見後漢郡國志
南中久旱即以長繩繫虎頭骨投有龍處入水即數人牽制不定俄頃雲起潭中雨亦隨降龍虎敵也雖枯骨猶能激動　見韋絢賓客嘉話　按李綽尚書故實云徐州石潭與泗水通投虎頭潭中可致雷雨
象能耕　舜葬蒼梧下有羣象耕田禹葬會稽祠下亦有羣象耕田　均見帝王世紀
鹿能耕　高啟詩老鹿耕田馴似牛
江豚見雖極晴亦風　杜詩江豚吹浪夜還風

有客詣董仲舒談論微奧仲舒疑之客又云天欲雨仲舒戲之曰巢居知風穴居知雨卿非狐狸即是老鼠客化爲老狸而去　見劉義慶幽明錄

魚占

魚兒秤水面水來沒高岓　見玉芝堂談薈歲時雜占
凡魚躍離水面謂之秤水主水漲高多少則離水多少　見農政全書
凡鯉鯽等魚在四五月間暴漲時必散子散不盡水未止盛散則水勢必定　同上
車溝內魚來攻水逆上得鮎主晴得鯉主水諺云鮎乾鯉溼又云鯽魚主水鰌魚主晴　同上
黑鯉魚脊翼長接其尾主旱　同上

開元初石鯨吼歲大熟　見朝野僉載
夏初食鯽魚脊骨有曲主水　見田家雜占
漁者網得死鱖謂之水惡其魚著網即死也口開主水立至易過閉則來遲水旱無定　同上
蝦籠中張得鱓魚主水　同上
夏至前田內曬死小魚主水口開即至易過閉則反是　同上
獺窟近水主旱登岸主水有驗　見農政全書
海鷂風伯使白袋雨師奴　異魚圖贊補引雨航雜錄海

鴿魚亦文鴿類也形如鴿有肉翅能飛石頭齒如石板出主風又白袋魚似牛而白自海入江則兆水患

廬陵異物志開寶四年黔南上言江心有石魚見　按古記云廣德元年二月大水退石魚見部民相傳以爲豐年之兆

關中有金魚神相傳周平王時十旬不雨遣祭天神金魚躍出而雨降　見述異記

粵西桂林府安龍蟠山潭中有龍盤魚四足有角丹腹修尾狀似守宮能致風雨　見酉陽雜俎

新瀧等州山田揀荒平處開爲畦伺春雨邱中滿貯水買魚子散於田内一二年後魚長大食草根並盡既爲熟田又收魚利及種稻且無稗草　見嶺表錄異

淮南子云天之雨也陰曀未集而魚已喚矣注魚潛居知雨

龍占

鱗蟲三百六十龍爲之長能幽能明能小能大能短能長春分而登天秋分而入淵　見說文

龍能變水　東園叢說天將雨必先蒸溼雲氣騰結而後降雨又龍見而雨必旋至以雨主於龍乎則何待于蒸鬱而後作雨也又有薄雲而能作雨者且龍所取江河之水曾幾何而竟爲泛溢懷襄之患何哉蓋雲之爲氣水實存焉水無以自見可以爲霡霂而不可致霶霈龍乃以一勺之水變之則雲俱水也雲從龍假龍之力以

致之也

立夏分龍之說到處有之蓋龍于是時始分界行雨各有區域故有咫尺之間晴雨頓殊者龍爲之也　見謝肇淛五雜俎

五月二十六日雨爲分龍雨惟閩俗以夏至後雨爲分龍雨　見月令廣義

田家五行志云凡見黑龍主無雨縱有亦不多白龍下雨必到諺云黑龍護世界白龍壞世界又龍陣雨始自何一路只多行此路無處絕無諺云龍行熟路又龍下頻

主旱又諺云龍多乃旱
交州水淵有神龍每旱州人以芮草置淵上流魚則多死
龍怒即時大雨　見水經注
四月二十日小分龍晴分懶龍主旱雨分健龍主雨　見
田家五行志
五月十三日爲龍生日當有風雨　同上
五月二十分龍次日有雨則歲豐無雨則旱　同上云五
月二十爲大分龍日引兩浙諺云云
二十分龍廿一雨破車閣在弄堂裏二十分龍廿一鷺掖

到黄秧便種豆　農政全書引諺云云　又杭州諺云
二十分龍二十雨四十九日曬龍衣二十分龍廿一雨
車兒閣在衕堂裏
鎖龍門　分龍日無雨而有雷謂之鎖龍門　見田家五
行志
六月六下雨龍袍反曬四十天　此揚州諺
六月初八西北風驚動海中龍　見陶朱公書
立夏清風至而龍昇天　見易通卦驗
龍舉而景雲屬　見淮南子上句虎嘯而谷風至

有僧講經山寺一叟來聽問其姓氏曰山下老龍也幸歲
旱得閒聽法僧曰能救旱乎曰天帝封閉江湖禁妄用
僧曰此硯水可乎龍乃就硯吸水去俄雷雨大作水色
多黑　見幕齋燕談
僧涉者西域人能以秘咒下神龍每旱堅使咒龍請雨久
之龍下鉢中天乃大雨　見晉書

介占

夏至日蠏上岸夏至後水到岸　見農政全書

㹠將風則踊鼉欲雨則鳴故里俗以鼉識雨　見埤雅

月望則蚌蛤實羣陰盈月晦則蚌蛤虛羣陰虧　按吳都賦蚌蛤珠胎與月虧全又唐書李敬貞取明水於秋中用蚌蛤一尺二寸者依法試之自入定至夜半得水四五升

鱉探頭可占晴雨諺云南望晴北望雨　見農政全書

朱鱉浮於波上必有大雨　見淮南子又云黑蜧神蚪潛

泉而居將雨則躍

羅浮山有龜淵淵有神龜龜鼻貫銅環若有人穢此淵便卽澍雨　見羅浮山記

蝦荒蠏亂　合璧事類別集亂作兵　按吳俗有此語謂其披堅執銳歲或暴至有兵象也又按平江紀事大德丁未吳中蠏厄如蝗平田皆滿稻穀食盡故吳諺云云

雜蟲占

上晝叫上鄉熟下晝叫下鄉熟終日叫上下齊熟　月令通考上巳日聽蛙聲占水旱上下鄉卽高低田也引諺如此　按南越筆記首句有田雞二字叫字均作鳴

田雞叫得啞低田好稻把田雞叫得響田內好蕩槳　玉芝堂談薈引歲時雜占卽唐人詩所謂田家無五行水旱卜蛙聲是也

蟻封戶穴大雨將集　見焦氏易林

天將雨螻蟻徙　見論衡　按民間占雨有蟻搬家之謠

則其來亦古矣

齊桓公伐孤竹山中無水隰朋曰蟻冬居歲陽夏居歲陰蟻壤土寸而有水乃掘之遂得水　見韓子

蜻蜓高穀子焦蜻蜓低一壩泥　玉芝堂談薈引諺

水蛇蟠在蘆青高處主水高若干漲若干回頭望下水卽至望上稍緩至　見農政全書

越裳國出百樂蛇每至春日融和則出鳴草中作絲竹金石之聲人聞其聲大喜謂年必豐蓋瑞蛇也　見蛇譜

水蛇及白鱓入蝦籠中皆主大風水　同上

富貴蛇色黃而青穴入家倉囷下米粟必多倍於所入其家大發　見同上

春暮暴暖屋木中出飛蟻主風雨平地中蟻陣作亦然　見農政全書亦見田家五行

泰華山有蛇名肥遺六足四翼見則天下大旱　見山海經

田角小螺兒名曰鬼螄浮於水面主有風雨　見農政全書

杜恰叫三通不用問家公　同上言石蛤蝦蟆之屬叫得

響亮成通主晴引諺云云

蚱蜢蜻蜓黃蚻等蟲在小滿以前生者主水　同上

宛苦宛苦我是蠍虎似恁昏昏怎得甘雨　墨客揮犀卷三熙甯中京師久旱古法令坊巷各以大瓮貯水插柳枝泛蜥蜴使青衣小兒環繞呼曰蜥蜴蜥蜴興雲吐霧降雨滂沱放汝歸去開封府准堂劄責坊巷寺觀祈雨甚急而不能多得蜥蜴每代以蠍虎蠍虎入水即死故京師小兒語云云　按七脩類稿亦云禱雨用蜥蜴廣捕無獲多以壁虎代之民諺云壁虎壁虎你好喫苦想壁虎即蠍虎耳

黃梅時內蝦蟆尿曲主雨大曲大雨小曲小雨　見農政全書

蚯蚓俗名曲蟮朝出晴暮出雨　同上

地龍鳴來日晴　此閩諺地龍蚓也

久雨之後忽蚯蚓長鳴主晴諺云蚯蚓唱歌有雨不多　同上

蜻蛉鳴衣裘成蟋蟀鳴嬾婦驚　見四民月令　按古音錄引通卦驗注蛉作蜓又古今諺蛉作蚓又文鈔引詩

疏蟋蟀作絡緯又按毛詩草木蟲魚疏僅載趣織鳴懶婦驚二句然不及此條完備故兼錄之

六月無蠅新舊相登　見羣芳譜言米價平也

螢入榻主水發　通行諺

蝍蛛蟬叫稻生芒　見吳下田家志方言

天牛黑甲蟲也長安夏中此蟲出於籬壁間天必雨　見酉陽雜俎

郭璞曰蠓飛磑則天風春則天雨言蠛蠓旋飛如磑則風至一上一下如春則雨至矣

蜡知雨至世謂之猥狗如天雨則豫於草木橋下乾處藏
其身矣　見淮南子
石尤江中蟲名出必惡風舟人目打頭風曰石尤風嶺南
人曰颶風黃河人曰孟婆也　見楊愼外集
貞觀中終南縣蝗損禾太宗至苑中取蝗數枚而咒之曰
百姓有過在余一人爾其有靈但當毒我無害生靈將
吞之侍臣恐致疾遽諫止太宗曰所冀移災朕躬何疾
之避遂吞之是歲蝗不爲灾　見唐書
蝦蟆羣聚從天請雨　見焦氏易林

蝸池鳴呵生我水潦雲雨大會流成河海　同上

田家宜忌

田祖卽神農氏甲寅日死
田主乙巳日死
田父丁亥日死
田母丙戌日死
田夫丁亥日死
后稷癸日死
以上各日並忌開田播種
種麥吉日　庚午　辛卯　辛巳　庚戌　庚子　辛丑

種菜吉日　庚寅　辛卯　壬戌　戊寅
種瓜吉日　甲子　己丑　庚子　壬寅　乙卯　辛巳
種麻豆吉日　甲子　乙丑　壬申　丙子　戊寅　壬
午　壬寅
禪師惠言嘗言上元一夕晴麻小熟兩夕晴麻中熟三夕
晴麻大熟若陰雨麻不登占亦如此云絕有驗
買牛吉日　丙寅　丁卯　庚午　甲申　丁酉　戊戌
庚戌　戊午　又正月寅戌戌日　六月申卯未日
穿牛吉日　己丑　戊辰　辛未　甲戌　乙亥　乙酉

辛巳　戊子　乙巳　乙卯　戊午　己未

教牛吉日　庚午　壬午　甲午　辛亥　壬子　甲寅

發牛吉日　驚蟄後五子日　甲丙戊三寅日　丁癸二卯日　己辛二未日　乙丁己癸四酉日　乙癸二亥日

立春日占舊名東方朔探春訣　甲子日立春高鄉熟　丙子日立春同上　戊子日立春同上　庚子日立春低鄉熟高鄉不熟　壬子日立春高低並熟　乙丑日立春低鄉熟　丁丑日立春低鄉熟高鄉豆好　己丑日立春低鄉熟　辛丑日立春高低並熟　癸丑日立春同上

丙寅日立春同上　戊寅日立春低田熟　庚寅日立春高低並熟　壬寅日立春同上　甲寅日立春低鄉熟　丁卯日立春高低並熟　己卯日立春低鄉大熟高鄉不熟　辛卯日立春高鄉熟　癸卯日立春同上

乙卯日立春低鄉熟　戊辰日立春高低並熟　庚辰日立春高低大熟　壬辰日立春高低好施工　甲辰日立春高低並熟　丙辰日立春低鄉熟　己巳日立春低鄉熟高處旱　辛巳日立春高鄉熟　癸巳日立春同上　乙巳日立春同上　丁巳日立春低鄉熟

庚午日立春高鄉熟　壬午日立春高低並熟　甲午日立春同上　丙午日立春低鄉大熟　戊午日立春低鄉熟　辛未日立春高鄉小熟　癸未日立春高低並熟　乙未日立春低鄉熟　丁未日立春高低大熟　己未日立春高低並熟　壬申日立春高鄉大熟

甲申日立春高鄉熟　丙申日立春低鄉熟　戊申日立春高低並熟　庚申日立春低鄉熟　癸酉日立春高低弃熟　乙酉日立春低鄉熟　丁酉日立春高

低並熟　己酉日立春高低大熟　辛酉日立春低鄉熟　壬戌日立春同上　戊戌日立春高低大熟　庚戌日立春高鄉熟　甲戌日立春同上　乙亥日立春同上　丁亥日立春同上　己亥日立春同上　辛亥日立春同上　癸亥日立春高低並熟

以上並見田家五行節錄如右

橫十五豎十六一畝田穩穩足　碧里雜存畝法古今不同漢書鹽鐵議曰古以百步爲畝漢高帝以二百四十步爲畝今俗語云云蓋以十五乘十六正是二百四十

若古之百步以今弓準之則一畝當今四分強耳
稻初發時用㩲鈀于稞行中搜鬆其根則旺㩲所横根則
根生向下五六日後耘去稗草再五六日又耘一次諺
云一粥一飯餓不殺一耘一㩲荒不殺　見陶朱公書

燒田吉日

己未

燒田凶日

火隔　此日亦忌燒山炭

壅田吉日

用火爲吉如丙寅丁卯甲戌乙亥之類

壅田忌土鬼有九日

癸巳　甲午　乙酉　辛丑　壬寅　己酉　庚戌　丁巳　戊午

浸穀種吉日

甲戌　乙亥　壬午　乙酉　壬辰　乙卯

下秧吉日

辛未　癸酉　壬午　癸未　甲午　甲辰　乙巳　丙午　丁未　戊申　己酉　乙卯　辛酉　己亥　乙未

種五穀總忌

丁亥

種麥吉日

庚午　辛未　辛巳　庚戌　庚子　辛卯

八月三卯日種麥爲上

種麥忌日

十二月丁日

種粟吉日

丁巳　己卯　乙卯　己未　辛卯

三月三卯日種粟爲上

種豆吉日

甲子　乙丑　壬申　丙子　戊寅　壬午　壬寅

六月三卯日種豆爲上又六月戌日爲忌

種黍吉日

戊戌　己亥　庚子　庚申　壬申

種蕎麥吉日

甲子　壬申　辛巳　壬午　癸未

種麻吉日

己亥　戊申　壬申　甲申　辛亥　庚申

正月三卯日種麻爲上

龍變忌日

年月執破二辰

龍變坐向忌方

年月執破二方

穀米入倉吉日

庚午　甲戌　乙亥　丙子　己卯　辛巳　壬子　癸未　己酉　戊子　己丑　庚寅　乙未　壬寅　癸卯

甲辰　乙酉　丙辰　癸亥

典田買田佃田吉日

開滿成收及黃道日

典田買田佃田凶日

戊己及赤口日　見同上

蠶桑宜忌

蠶爲龍精　見秦觀蠶書

元日值己多風雨蠶傷　見月令廣義

正月九日主蠶此日晴暖則滋生杭民亦多候之

立春天無風民安蠶麥十倍　見耀仙神隱

正月半作白粥泛膏于上以祭神令蠶桑百倍　見荆楚歲時記　按以酒脯及豆粥插箸而祭之其夕迎紫姑以卜將來蠶桑義同

正月有三子則葉少蠶多無三子則葉多蠶少　見談薈

引周益公日記

正月上甲風從東方來宜蠶　見史天官書

二月內虹見在西主蠶貴上旬云在東主米貴　見陶朱公書

三月三日晴桑上掛銀瓶三月三日雨桑葉生苔痕　談薈作三月三日雨桑葉無人取又月令廣義云三日陰雨主年豐晴主旱而桑貴陰不見日主蠶大吉引諺云云　按種樹書云常以三月三日雨卜桑葉之貴賤諺云雨打石頭偏桑葉三錢片或曰四日尤甚故杭人云

三日猶可四日殺我又按歲時雜占引諺云雨打石頭班桑葉錢價難雨在石上流桑葉好喂牛卽三月三日占也又按三月三日天陰是日不雨蠶大熟　又見五行志

清明喜晴惡雨是日午前晴宜早蠶午後晴宜晚蠶　見農政全書　按立夏夜雨損蠶

古詩云枯桑知天風下句云海水知天寒

臘月栽桑桑不知　便民纂要十二月掘坑深濶各二尺桑根埋下與地平次日築實其桑倍榮故諺云云

仙人難斷葉價　湖之畜蠶者多自栽桑不則豫租別姓之桑俗曰秒桑凡蠶一斤用葉百六十斤秒者先期約用銀四錢既收而償者約用五錢再加雜費五分蠶佳者用二十日辛苦收絲可收銀一兩餘爲棉爲線矢可冀田皆貧民家切用此農桑爲國之根本民之命脈也湖郡在在有之德清尤多本地葉不足又販于桐鄉洞庭價隨時高下倏忽懸絶故諺云云惟自栽與秒最爲穩當不則謂之看空頭蠶有天幸者往往趣之　見湧幢小品　按羣芳譜葉價作桑價

舍北種榆九株蠶大得　見雜五行書

五月取桑椹濯以水取子陰乾每肥田一畝荒久者善耕之以黍及椹子各三升三合和種之黍桑俱出鋤令疏密調適黍熟獲之桑生正與黍平以利鎌刈之曝燥並火燒之桑至春生一畝食三箔蠶　見氾勝之書

蜀人以二月望鬻蠶器于市因作樂縱觀謂之蠶市　見統略　按成都記三月三日遠近祈福于龍橋命曰蠶市

扶桑葉似桐初生如筍人競食之實如棃而赤績其皮爲

布爲棉亦爲紙　見談苑

浴蠶吉日　甲子　丁卯　庚午　壬午　戊午

出蠶吉日　甲子　庚午（蠶父生日）　癸酉　壬午　乙酉　甲午　乙未　癸卯　乙巳　丙午　丁未　戊申　甲寅　戊午

繅蠶吉日　子　寅　午　申　酉　亥及成收開日

庚戌爲蠶姑死日應避之

陶朱公書云浙之嘉湖南潯等處徧地植桑吳郡亦然二月撒子苗長尺許糞壅冬月燒去其梢以草蓋之春發

止留旺者一枝餘皆芟去明年鋤熟地寬行栽之行不可正對壓法春初以長枝攀下燥土壓之則根易生臘月斫斷移栽修法正月間削去枯枝及低小亂枝掘開根旁壅以糞泥接法仲春擇桑木大如臂者約去地二三尺以刀劙去樹皮取桑枝大如筯長一尺者削如馬耳插入皮中卽以桑皮纏定糞土包縛令不洩氣卽活有蟲名桑牛急尋其穴桐油抹之卽死占桑葉貴賤只看正月上旬木在一日則爲蠶食一葉爲甚貴木在九日則爲蠶食九葉爲甚賤凡遇午日忌鋤桑園

農候雜占四　蠶桑宜忌　三六

先資政公箸書最富行世者已不下六十種其待刻者向多恭筮仕浙省需次多暇蒐羅遺稿纂輯成編思欲畢先人之志舉付梓人而寇擾以來已刻板片半歸劫灰心滋痛焉又以多年浮沈羈宦枵如之橐何以勝茲因循者久之比提調書局棗梨丹墨日所講求勉竭心力先以農候雜占四卷付刊此書於古今占驗之說凡有涉農候者無不采錄而東南蠶桑利甲天下亦附後焉問雨課晴率時興作其亦豳風流火授衣之意乎先以此稿本就正同年俞蔭甫學使輒謂有用之書寵之以序勸付手民以公

農候雜占　跋　一

同好因勉副其意爲之非惟繼先志亦以重民事也遺編具在他日次第舉行此書其嚆矢矣

同治癸酉秋七月中澣梁恭辰敬識於知足知不足齋

出版後記

早在二〇一四年十月，我們第一次與南京農業大學農遺室的王思明先生取得聯繫，商量出版一套中國古代農書，一晃居然十年過去了。

十年間，世間事紛紛擾擾，今天終於可以將這套書奉獻給讀者，不勝感慨。

當初確定選題時，經過調查，我們發現，作爲一個有著上萬年農耕文化歷史的農業大國，我們整理的農業古籍叢書只有兩套，且規模較小，一是農業出版社自一九五九年開始陸續出版的《中國古農書叢刊》，收書四十多種；一是農業出版社一九八二年出版的《中國農學珍本叢刊》，收書三種。其他點校整理的單品種農書倒是不少。基於這一點，王思明先生認爲，我們的項目還是很有價值的。

經與王思明先生協商，最後確定，以張芳、王思明主編的《中國農業古籍目錄》爲藍本，精選一百五十二種中國古代最具代表性的農業典籍，影印出版，書名初訂爲『中國古農書集成』。接下來就是正常的流程，先確定編委會，確定選目，再確定底本。看起來很平常，實際工作起來，卻遇到了不少困難。

古籍影印最大的困難就是找底本。本書所選一百五十二種古籍，有不少存藏於南農大等高校圖書館。但由於種種原因，不少原來准備提供給我們使用的南農大農遺室的底本，當時未能順利複製。最後所有底本均由出版社出面徵集，從其他藏書單位獲取。

本書所選古農書的提要撰寫工作，倒是相對順利。書目確定後，由主編王思明先生親自撰寫樣稿，副主編惠富平教授（現就職於南京信息工程大學）、熊帝兵教授（現就職於淮北師範大學）及編委何彦超博士（現就職於江蘇開放大學）及時拿出了初稿，爲本書的順利出版打下了基礎。

本書於二〇二三年獲得國家古籍整理出版資助，二〇二四年五月以『中國古農書集粹』爲書名正式出版。

二〇二二年一月，王思明先生不幸逝世。没能在先生生前出版此書，是我們的遺憾。本書的出版，或可告慰先生在天之靈吧。

是爲出版後記。

鳳凰出版社

二〇二四年三月

《中國古農書集粹》總目

六

七

八

九

十

十一

十二